出　版　说　明

1.《中国国家标准汇编》是一部大型综合性国家标准全集。自1983年起，按国家标准顺序号以精装本、平装本两种装帧形式陆续分册汇编出版。它在一定程度上反映了我国建国以来标准化事业发展的基本情况和主要成就，是各级标准化管理机构，工矿企事业单位，农林牧副渔系统，科研、设计、教学等部门必不可少的工具书。

2.《中国国家标准汇编》收入我国每年正式发布的全部国家标准，分为"制定"卷和"修订"卷两种编辑版本。

"制定"卷收入上一年度我国发布的、新制定的国家标准，顺延前年度标准编号分成若干分册，封面和书脊上注明"20××年制定"字样及分册号，分册号一直连续。各分册中的标准是按照标准编号顺序连续排列的，如有标准顺序号缺号的，除特殊情况注明外，暂为空号。

"修订"卷收入上一年度我国发布的、被修订的国家标准，视篇幅分设若干分册，但与"制定"卷分册号无关联，仅在封面和书脊上注明"20××年修订-1，-2，-3，……"字样。"修订"卷各分册中的标准，仍按标准编号顺序排列(但不连续)；如有遗漏的，均在当年最后一分册中补齐。需提请读者注意的是，个别非顺延前年度标准编号的新制定的国家标准没有收入在"制定"卷中，而是收入在"修订"卷中。

读者配套购买《中国国家标准汇编》"制定"卷和"修订"卷则可收齐由我社出版的上一年度我国制定和修订的全部国家标准。

3. 由于读者需求的变化，自1996年起，《中国国家标准汇编》仅出版精装本。

4. 2011年我国制修订国家标准共1 989项。本分册为"2011年制定"卷第518分册，收入国家标准GB 27945～27962的最新版本。

中国标准出版社

2012年8月

中国国家标准汇编

518

GB 27945～27962

（2011 年制定）

中国标准出版社　编

中国标准出版社

北　京

图书在版编目(CIP)数据

中国国家标准汇编:2011年制定.518:
GB 27945～27962/中国标准出版社编.—北京:中国
标准出版社,2012
ISBN 978-7-5066-6983-2

Ⅰ.①中… Ⅱ.①中… Ⅲ.①国家标准-汇编-中国
-2011 Ⅳ.①T-652.1

中国版本图书馆CIP数据核字(2012)第197074号

中国标准出版社出版发行
北京市朝阳区和平里西街甲2号(100013)
北京市西城区三里河北街16号(100045)

网址 www.spc.net.cn
总编室:(010)64275323 发行中心:(010)51780235
读者服务部:(010)68523946
中国标准出版社秦皇岛印刷厂印刷
各地新华书店经销

*

开本 880×1230 1/16 印张 33.75 字数 1 007 千字
2012年10月第一版 2012年10月第一次印刷

*

定价 220.00 元

目　　录

ICS 25.200
J 36

中华人民共和国国家标准

GB/T 27945.1—2011

热处理盐浴有害固体废物的管理
第1部分：一般管理

The management of hazardous solid wastes from heat treatment salt—
Part 1: General management

2011-12-30 发布　　　　2012-10-01 实施

中华人民共和国国家质量监督检验检疫总局
中国国家标准化管理委员会　发布

前　言

GB/T 27945《热处理盐浴有害固体废物的管理》分为3个部分：

——第1部分：一般管理；

——第2部分：浸出液检测方法；

——第3部分：无害化处理方法。

本部分为GB/T 27945的第1部分。

本标准按照GB/T 1.1—2009给出的规则起草。

本部分由全国热处理标准化技术委员会(SAC/TC 75)提出并归口。

本部分主要起草单位：上海市机械制造工艺研究所有限公司、北京机电研究所、安徽省欧萨卫生检测技术有限公司、上海欧萨环境资源管理咨询有限公司。

本部分参加起草单位：广东世创金属科技有限公司、西安福莱特热处理有限公司。

本部分主要起草人：蔡红、徐跃明、许雯、叶俭、王小兵、王志强、孙晓东、田静美、任颂赞。

本部分参加起草人：苏宇辉、梁航、杨鸿飞。

热处理盐浴有害固体废物的管理 第1部分:一般管理

1 范围

GB/T 27945的本部分规定了热处理盐浴有害固体废物的定义、技术要求及管理。

本部分适用于钡盐渣、氰盐渣和硝盐渣等热处理盐浴有害固体废物的一般管理。

2 规范性引用文件

下列文件对于本文件的应用是必不可少的。凡是注日期的引用文件,仅注日期的版本适用于本文件。凡是不注日期的引用文件,其最新版本(包括所有的修改单)适用于本文件。

GB/T 699 优质碳素结构钢

GB 5085.1 危险废物鉴别标准 腐蚀性鉴别

GB 5085.2—2007 危险废物鉴别标准 急性毒性初筛

GB 5085.3 危险废物鉴别标准 浸出毒性鉴别

GB/T 15555.12 固体废物 腐蚀性测定 玻璃电极法

GB 15562.2 环境保护图形标志 固体废物堆放(填埋)场

GB/T 27945.2 热处理盐浴有害固体废物的管理 第2部分:浸出液检测方法

GB/T 27945.3 热处理盐浴有害固体废物的管理 第3部分:无害化处理方法

GBZ/T 224—2010 职业卫生名词术语

HJ/T 299—2007 固体废物 浸出毒性浸出方法 硫酸硝酸法

HJ 484 水质 氰化物的测定 容量法和分光光度法

3 术语和定义

GB 5085.1、GB 5085.2—2007、GBZ/T 224—2010和HJ/T 299—2007界定的以及下列术语和定义适用于本文件。为了便于使用,以下重复列出了GB 5085.1、GB 5085.2—2007、GBZ/T 224—2010和HJ/T 299—2007中的某些术语和定义。

3.1

固体废物 solid wastes

在生产建设、日常生活和其他活动中产生的固态、半固态废弃物质。

3.2

盐浴固体废物 salt bath solid wastes

热处理熔盐在使用过程中产生的一些固态废弃物质。

3.3

浸出液 extract

可溶性组分从固相进入液相后的溶液。

3.4

浸出毒性　leaching toxicity

固体废物遇水浸沥，浸出的有害物质迁移转化并污染环境，这种危害特性称为浸出毒性。

［HJ/T 299—2007，定义 2.2］

3.5

急性毒性　acute toxicity

一次或 24 h 内多次给实验动物染毒化学物质所致的中毒效应。

［GBZ/T 224—2010，定义 11.2.3］

3.6

口服毒性半数致死量 LD_{50}　LD_{50}(median lethal dose) for acute oral toxicity

是经过统计学方法得出的一种物质的单一计量，可使青年白鼠口服后，在 14 d 内死亡一半的物质剂量。

［GB 5085.2—2007，定义 3.1］

3.7

皮肤接触毒性半数致死 LD_{50}　LD_{50} for acute dermal toxicity

是使白兔的裸露皮肤持续接触 24 h，最可能引起这些试验动物在 14 d 内死亡一半的物质剂量。

［GB 5085.2—2007，定义 3.2］

3.8

吸入毒性半数致死浓度 LC_{50}　LC_{50} for acute toxicity on inhalation

是使雌雄青年白鼠连续吸入 1 h，最可能引起这些试验动物在 14 d 内死亡一半的蒸气、烟雾或粉尘的浓度。

［GB 5085.2—2007，定义 3.3］

3.9

浸出液发光细菌急性毒性　inhibitory effect of extract on the light emission of luminescent bacteria

发光细菌在干净水体中发光恒定，当受到污染毒物影响时，发光受到抑制，受抑制的程度与水体中毒物的总体程度相关，急性毒性大小为特征参比物(如氯化汞、苯酚等)浓度的毒性当量。

3.10

腐蚀性　corrodibility

符合下列条件之一的固体废物即被认为具有腐蚀性：

按 GB/T 15555.12 的规定制备的浸出液，pH 值≥12.5 或 pH 值≤2.0；按 GB 5085.1 的规定在 55 ℃条件下对 GB/T 699 中规定的 20 钢的腐蚀速率≥6.35 mm/a。

4　技术要求

4.1　有害固体废物无害化处理

应对盐浴固体废物的急性毒性、浸出毒性和腐蚀性进行鉴别，凡具有一种或多种上述特性的有害固体废物应进行无害化处理。

4.2　急性毒性的初筛及其试验方法

4.2.1　浸出液发光细菌急性毒性 $HgCl_2$ 毒性当量≤0.07 mg/L。浸出液发光细菌急性毒性检测方法按 GB/T 27945.2 的规定执行。

4.2.2　口服毒性半数致死量 LD_{50}、皮肤接触毒性半数致死量 LD_{50} 和吸入毒性半数致死浓度 LC_{50} 应符合 GB 5085.2—2007 的规定。

4.3 浸出毒性鉴别

4.3.1 盐浴固体废物浸出毒性浸出方法按 GB/T 27945.2 的规定执行。

4.3.2 盐浴固体废物浸出液中任何一种有害成分的浓度超过表 1 所列的浓度限值，定为有害固体废物。

表 1 盐浴固体废物浸出毒性鉴别标准值

序号	有害物质	浸出液有害物质浓度限值 mg/L
1	钡及其化合物(以 Ba^{2+} 计)	100
2	氰化物(以 CN^- 计)	1.0
3	亚硝酸盐(以 NO_2^- 计)	100

4.3.3 盐浴固体废物浸出液中有害物质检测方法见表 2。

表 2 盐浴固体废物浸出液中有害物质检测方法

序号	有害物质	检测方法	检测方法来源
1	钡及其化合物(以 Ba^{2+} 计)	电感耦合等离子发射光谱法	GB 5085.3
		沉淀-氧化滴定法	GB/T 27945.2
2	氰化物(以 CN^- 计)	离子色谱法	GB 5085.3
		硝酸银滴定法	HJ 484
		异烟酸-巴比妥酸分光光度法	
3	亚硝酸盐(以 NO_2^- 计)	离子色谱法	GB 5085.3
		氧化还原滴定法	GB/T 27945.2

4.4 腐蚀性的鉴别与测定

腐蚀性的测定方法应符合 GB/T 15555.12 的规定。腐蚀性鉴别应符合 GB 5085.1 的规定。

5 盐浴有害固体废物的管理

5.1 盐浴有害固体废物种类见表 3。

表 3 盐浴有害固体废物

序 号	种 类	来 源
1	钡盐渣	高、中温盐浴
2	氰盐渣	碳氮共渗、渗碳、氮碳共渗、硫氮共渗、硫氮碳共渗和碳氮硼共渗等盐浴
3	硝盐渣	等温、分级淬火和回火等盐浴

5.2 盐浴有害固体废物的申报登记管理，应按照国家现行的有关规定执行。

5.3 热处理盐浴使用单位应对产生的盐浴固体废物尽可能加以利用；应对暂时不利用的盐浴固体废物按国家有关规定贮存，安全分类存放和管理；应对不能利用的盐浴固体废物按 GB/T 27945.3 进行无害化处理。对热处理盐浴使用单位无能力处理的有害固体废物，应委托有资质的部门处理。处理单位应有处理过程、处理结果和排放批准的记录，并保存。处理单位应接受当地环保部门的检查、监督和管理。

5.4 收集、贮存、运输、利用和处置固体废物的单位和个人，应采取防扬散、防流失、防渗漏或者其他防止污染环境的措施，不得擅自倾倒、堆放、丢弃和遗撒固体废物。盐浴有害固体废物贮存、处置设施和场所环境保护图形标志应符合 GB 15562.2 的规定。

5.5 当本标准与当地环境要求不一致时，按当地地方环保标准的规定执行。

ICS 25.200
J 36

中华人民共和国国家标准

GB/T 27945.2—2011

热处理盐浴有害固体废物的管理 第2部分:浸出液检测方法

The management of hazardous solid wastes from heat treatment salts—Part 2: Test method of extractives

2011-12-30 发布 2012-10-01 实施

中华人民共和国国家质量监督检验检疫总局
中国国家标准化管理委员会 发布

前　言

GB/T 27945《热处理盐浴有害固体废物的管理》分为3部分：

——第1部分：一般管理；

——第2部分：浸出液检测方法；

——第3部分：无害化处理方法。

本部分为GB/T 27945的第2部分。

本标准按照GB/T 1.1—2009给出的规则起草。

本部分由全国热处理标准化技术委员会(SAC/TC 75)提出并归口。

本部分主要起草单位：上海市机械制造工艺研究所有限公司、安徽省欧萨卫生检测技术有限公司、北京机电研究所、上海欧萨环境资源管理咨询有限公司。

本部分参加起草单位：广东世创金属科技有限公司、西安福莱特热处理有限公司。

本部分主要起草人：张佳伟、王小兵、叶俭、徐跃明、蔡红、孙晓东、丁国荣、王志强、田静美、任颂赞。

本部分参加起草人：苏宇辉、梁航、杨鸿飞。

热处理盐浴有害固体废物的管理
第2部分：浸出液检测方法

1 范围

GB/T 27945 的本部分规定了热处理盐浴（钡盐渣、硝盐渣、氰盐渣）有害固体废物浸出液检测方法。

本部分适用于热处理盐浴有害固体废物的钡盐渣浸出液氯化钡、硝盐渣浸出液亚硝酸盐、氰盐渣浸出液氰化物的检测以及急性毒性、腐蚀性的检测。

2 规范性引用文件

下列文件对于本文件的应用是必不可少的。凡是注日期的引用文件，仅注日期的版本适用于本文件。凡是不注日期的引用文件，其最新版本（包括所有的修改单）适用于本文件。

GB/T 699 优质碳素结构钢

GB 5085.1 危险废物鉴别标准 腐蚀性鉴别

GB 5085.2—2007 危险废物鉴别标准 急性毒性初筛

GB 5085.3 危险废物鉴别标准 浸出毒性鉴别

GB/T 15441 水质 急性毒性的测定 发光细菌法

GB/T 15555.12 固体废物 腐蚀性测定 玻璃电极法

GB/T 27945.1 热处理盐浴有害固体废物的管理 第1部分：一般管理

GBZ/T 224—2010 职业卫生名词术语

HJ/T 20 工业固体废物采样制样技术规范

HJ/T 299—2007 固体废物 浸出毒性浸出方法 硫酸硝酸法

HJ 484 水质 氰化物的测定 容量法和分光光度法

3 术语和定义

GB 5085.1、GB 5085.2—2007、GB/T 27945.1、GBZ/T 224—2010 和 HJ/T 299—2007 界定的以及下列术语和定义适用于本文件。为了便于使用，以下重复列出了 GB 5085.1、GB 5085.2—2007、GB/T 27945.1、GBZ/T 224—2010 和 HJ/T 299—2007 中的某些术语和定义。

3.1

固体废物 solid wastes

在生产建设、日常生活和其他活动中产生的固态、半固态废弃物质。

3.2

盐浴固体废物 salt bath solid wastes

热处理熔盐在使用过程中产生的一些固态废弃物质。

3.3

浸出液 extract

可溶性组分从固相进入液相后的溶液。

3.4

浸出毒性　leaching toxicity

固体废物遇水浸沥,浸出的有害物质迁移转化并污染环境,这种危害特性称为浸出毒性。

[HJ/T 299—2007,定义 2.2]

3.5

急性毒性　acute toxicity

一次或 24 h 内多次给实验动物染毒化学物质所致的中毒效应。

[GBZ/T 224—2010,定义 11.2.3]

3.6

口服毒性半数致死量 LD_{50}　LD_{50}(median lethal dose) for acute oral toxicity

经过统计学方法得出的一种物质的单一计量,可使青年白鼠口服后,在 14 d 内死亡一半的物质剂量。

[GB 5085.2—2007,定义 3.1]

3.7

皮肤接触毒性半数致死量 LD_{50}　LD_{50} for acute dermal toxicity

使白兔的裸露皮肤持续接触 24 h,最可能引起这些试验动物在 14 d 内死亡一半的物质剂量。

[GB 5085.2—2007,定义 3.2]

3.8

吸入毒性半数致死浓度 LC_{50}　LC_{50} for acute toxicity on inhalation

使雌雄青年白鼠连续吸入 1 h,最可能引起这些试验动物在 14 d 内死亡一半的蒸气、烟雾或粉尘的浓度。

[GB 5085.2—2007,定义 3.3]

3.9

浸出液发光细菌急性毒性　inhibitory effect of extract on the light emission of luminescent bacteria

发光细菌在干净水体中发光恒定,当受到污染毒物影响时,发光受到抑制,受抑制的程度与水体中毒物的总体程度相关,急性毒性大小为特征参比物(如氯化汞、苯酚等)浓度的毒性当量。

[GB/T 27945.1—2011,定义 3.9]

3.10

腐蚀性　corrodibility

符合下列条件之一的固体废物即被认为具有腐蚀性:按 GB/T 15555.12 的规定制备的浸出液,pH 值≥12.5 或 pH 值≤2.0;按 GB 5085.1 的规定在 55 ℃条件下对 GB/T 699 中规定的 20 钢的腐蚀速率≥6.35 mm/a。

3.11

相对发光强度　relative light intensity

$$相对发光强度=\frac{样品发光强度}{对照发光强度}\times 100\%。$$

3.12

发光抑制率　inhibition rate of light intensity

发光抑制率＝ 1－相对发光强度。

3.13

20%抑制浓度(EC20)　effective concentration 20%

15 min 能产生发光抑制率为 20%的被测样品的质量浓度。

4 浸出液的制备

4.1 采样

在本标准第1部分中所规定的热处理盐浴固体废物中采样，采样方法应符合HJ/T 20的规定。

4.2 制样

控制颗粒度在1 mm～10 mm之间，对于粒径大的颗粒可通过破碎、切割或研磨降低粒径。称取100 g～200 g上述所采集的试样置于具盖容器中，在105 ℃温度下烘干。

4.2.1 用于发光细菌急性毒性测试的浸出液制备：在室温下称取上述烘干试样50.0 g于烧杯中，加入0.000 1 mol/L硫酸溶液500 mL，加热搅拌煮沸2 h，然后将浸出液过滤于500 mL容量瓶中，用水稀释至刻度，摇匀。

4.2.2 钡盐渣浸出液、硝盐渣浸出液、氰盐渣浸出液和用于腐蚀性测试的浸出液制备应符合GB/T 15555.12的规定。

5 钡盐渣浸出液中氯化钡的测定

5.1 采用电感耦合等离子体原子发射光谱法，并符合GB 5085.3的规定。

5.2 采用沉淀-氧化还原滴定法，具体检测方法见附录A。

6 氰盐渣浸出液中氰化物的测定

6.1 采用离子色谱法，并符合GB 5085.3的规定。

6.2 采用硝酸银滴定法，并符合HJ/T 484的规定。

6.3 采用异烟酸-巴比妥酸分光光度法，并符合HJ/T 484的规定。

7 硝盐渣浸出液中亚硝酸盐的测定

7.1 采用离子色谱法，并符合GB 5085.3的规定。

7.2 采用氧化还原滴定法，具体检测方法见附录B。

8 浸出液发光细菌急性毒性的测定

8.1 采用发光细菌法（明亮发光杆菌），并符合GB/T 15441的规定。

8.2 采用发光细菌法（青海弧菌），具体检测方法见附录C。

9 浸出液腐蚀性的测定

采用玻璃电极法，并符合GB/T 15555.12规定。

附 录 A
（规范性附录）
钡盐渣浸出液中氯化钡的测定（沉淀-氧化还原滴定法）

A.1 原理

在弱酸性溶液中，加入过量的重铬酸钾标准溶液，与 Ba^{2+} 生成铬酸钡沉淀。其化学反应式：

$$K_2Cr_2O_7 \rightleftharpoons 2K^+ + Cr_2O_7^{2-}$$

$$Cr_2O_7^{2-} + H_2O \rightleftharpoons 2HCrO_4^- \rightleftharpoons 2H^+ + 2CrO_4^{2-}$$

$$Ba^{2+} + CrO_4^{2-} \longrightarrow BaCrO_4^-$$

过量的重铬酸钾标准溶液，以苯基代邻氨基苯甲酸为指示剂，以硫酸亚铁铵标准溶液返滴定。其化学反应式：

$$2H_2CrO_4 + 6(NH_4)_2Fe(SO_4)_2 + 6H_2SO_4 \longrightarrow Cr_2(SO_4)_3 + 3Fe_2(SO_4)_3 + 6(NH_4)_2SO_4 + 8H_2O$$

由重铬酸钾标准溶液前后用量差值计算氯化钡含量。

A.2 试剂

本方法所用试剂除另有说明外，均为分析纯试剂，实验中所用的水，均应用蒸馏水或同等纯度的水。

A.2.1 硫酸(1+1)，取 500 mL 浓硫酸(ρ=1.84 g/mL)加入到 400 mL 水中，然后稀释至 1 L。

A.2.2 磷酸，ρ=1.68 g/mL。

A.2.3 重铬酸钾标准溶液，0.05 mol/L。

A.2.4 硫酸亚铁铵标准溶液，0.25 mol/L。

A.2.5 醋酸铵，15%。

A.2.6 苯基代邻氨基苯甲酸指示剂，称取 0.270 0 g 指示剂溶于 5 mL 5%碳酸钠溶液中，并用水定容至 250 mL 容量瓶中。

A.3 仪器和设备

一般通用分析仪器及酸式滴定管等。

A.4 分析步骤

A.4.1 准确移取浸出液 20.0 mL 于 250 mL 容量瓶中，用水稀释至刻度，摇匀。

A.4.2 移取稀释溶液 25.0 mL 于烧杯中，加水 75 mL，醋酸铵溶液 2.0 mL，加热至 50 ℃～60 ℃，准确加入重铬酸钾标准溶液 20.0 mL，充分搅拌。

A.4.3 放置 30 min 以上，然后以快速滤纸过滤，用 0.5%醋酸铵溶液洗涤沉淀 5 次～8 次至洗涤液不呈现黄色为止。

A.4.4 滤液中加硫酸(1+1)12.0 mL，磷酸 2.0 mL，苯基代邻氨基苯甲酸指示剂 3 滴，以硫酸亚铁铵标准溶液滴定至试样溶液由紫红色变成亮绿色即为终点。

A.5 钡盐渣浸出液中氯化钡浓度的计算

钡盐渣浸出液中氯化钡浓度按公式(A.1)计算。

$$W_{BaCl_2}=\frac{(M_1V_1-M_2V_2)\times 0.0694\times 10^7}{20} \qquad \cdots\cdots(A.1)$$

式中：

W_{BaCl_2} ——钡盐渣浸出液中氯化钡的浓度，单位为毫克每升(mg/L)；

M_1 ——重铬酸钾标准溶液的摩尔浓度，单位为摩尔每升(mol/L)；

V_1 ——重铬酸钾标准溶液的用量，单位为毫升(mL)；

M_2 ——硫酸亚铁铵标准溶液的摩尔浓度，单位为摩尔每升(mol/L)；

V_2 ——硫酸亚铁铵标准溶液的用量，单位为毫升(mL)；

20 ——移取浸出液体积，单位为毫升(mL)；

0.069 4——每毫摩尔氯化钡的质量，单位为克每毫摩尔(g/mmol)。

A.6 允许偏差

钡盐渣氯化钡(按 Ba^{2+} 计)浓度≤1 000 mg/L，允许相对标准偏差≤1.0%；浓度>1 000 mg/L，允许相对标准偏差≤0.5%。

附 录 B
（规范性附录）
硝盐渣浸出液中亚硝酸盐的测定（氧化还原法）

B.1 原理

在酸性溶液中，高锰酸钾将亚硝酸盐氧化为硝酸盐。

化学反应式：

$$2KMnO_4+5NO_2^-+3H_2SO_4 \rightleftharpoons 2MnSO_4+K_2SO_4+5NO_3^-+3H_2O$$

由消耗的高锰酸钾标准溶液的体积来计算亚硝酸盐的含量。

B.2 试剂

B.2.1 硫酸（1+1），取 500 mL 浓硫酸加入到 400 mL 水中，然后稀释至 1 L。

B.2.2 高锰酸钾标准溶液，0.1 mol/L。

B.3 仪器和设备

一般通用分析仪器及酸式滴定管等。

B.4 分析步骤

B.4.1 准确移取浸出液 20.0 mL 于 250 mL 容量瓶中，用水稀释至刻度，摇匀。

B.4.2 准确吸取高锰酸钾标准溶液 20.0 mL 于 300 mL 锥形瓶中，加硫酸（1+1）50 mL，摇匀，加热至 50 ℃～60 ℃后，用稀释溶液滴定至红色消失即为终点。

B.5 硝盐渣浸出液中亚硝酸盐浓度（按 NO_2^- 计）的计算

硝盐渣浸出液中亚硝酸盐浓度（按 NO_2^- 计）按公式（B.1）计算。

$$W_{XNO_2}=\frac{2.5\times V_1\times V_2\times M\times 0.0345\times 10^6}{V\times V_3} \quad \cdots\cdots\cdots\cdots(B.1)$$

式中：

W_{XNO_2} ——硝盐渣浸出液中亚硝酸盐的浓度（按 NO_2^- 计），单位为毫克每升（mg/L）；

V ——消耗的浸出液稀释溶液的体积，单位为毫升（mL）；

V_1 ——准确移取浸出液的定容体积，单位为毫升（mL）；

V_2 ——准确吸取的高锰酸钾标准溶液的体积量，单位为毫升（mL）；

V_3 ——准确移取浸出液的体积量，单位为毫升（mL）；

M ——高锰酸钾标准溶液的物质的量浓度，单位为摩尔每升（mol/L）；

2.5 ——滴定反应中每摩尔高锰酸钾消耗的亚硝酸盐（按 NO_2^- 计）的物质的量，单位为摩尔每摩尔(mol/mol)；

0.034 5——每毫摩尔 NO_2^- 的质量，单位为克每毫摩尔(g/mmol)。

B.6 允许偏差

硝盐渣亚硝酸盐(按 NO_2^- 计)浓度在 500 mg/L 以下时，允许相对标准偏差≤1.0%；浓度>500 mg/L，允许相对标准偏差≤0.5%。

附　录　C
（规范性附录）
急性毒性测试仪测定法（青海弧菌发光细菌法）

C.1　原理

发光细菌本身体内可以合成一种酶，称为细菌荧光酶，它可以催化还原型的黄素单核苷酸发生氧化反应而放出光子，其光波范围是 420 nm～670 nm，最大发射波长为 490 nm。其简略的反应方程式为：

$$FMNH_2 + O_2 + RCHO \xrightarrow{\text{细菌荧光酶}} RCOOH + FMN + H_2O + hv$$

青海弧菌为淡水发光细菌在干净水体中发光恒定，但受到污染物影响时，发光受到抑制，受抑制的程度与水体中毒物的性质以及总体浓度有关，故而指定测试用试管，加入定量的发光菌悬液及水样或经稀释的水样，作用一定的时间，用发光菌急性毒性测试仪测定其发光强度，比对发光被抑制的大小程度，即可评估该浸出液发光细菌急性毒性大小。

C.2　仪器

发光菌急性毒性测试仪，是一种专门用于发光细菌检测化学发光测光仪。该类测试仪的工作模块简图见图 C.1。仪器的样品室提供多个管位，便于多个样本、单个样品不同指标同时检测。每个测试的管位由传动系统根据设定自动精确定位。数据采集与处理部分对样品的发光采集、完成对样品的情况的实时检测，通过与标准点的比较，得到检测结果的判定。

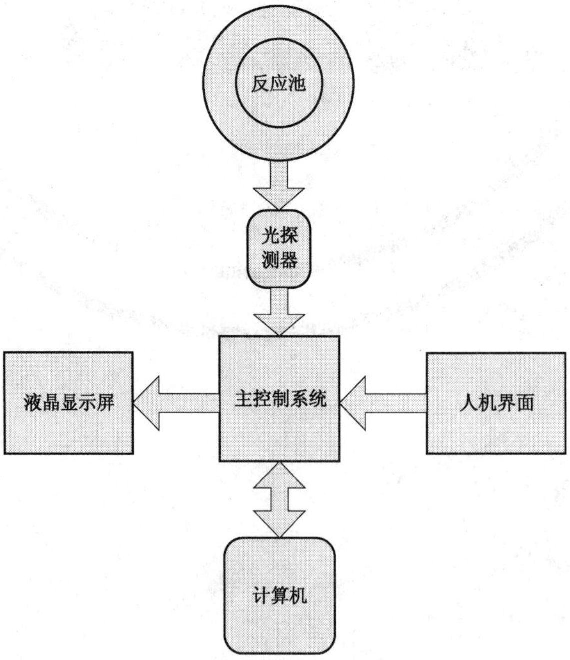

图 C.1　发光菌急性毒性测试仪（ALK601Q 型、ToxScreen 型等）工作模块简图

C.3 发光菌种类

目前用于急性毒性检测的发光菌菌体有两大类3种，见表C.1。用于实验用菌种需冷藏保存，实验时再进行复苏处理。

表 C.1 发光菌菌体种类

发光菌种类	海洋型		淡水型
	明亮发光杆菌	费氏弧菌	青海弧菌
适用仪器	生物化学光度计如：ALK601Q型、ToxScreen型等		生物化学光度计如：ALK601Q型等

C.4 浸出液急性毒性测定

通过将特定体积的浸出液或浸出液的稀释样品与发光菌在测试管中混合后进行测定。当反应15 min后进行发光量的测定，同时考虑一个修正系数fkt(可以减小在测试过程中菌剂自身产生的发光强度的变化所引起的偏差)。浸出液对发光菌的发光强度的抑制可以通过对浸出液的系列稀释样品测定发光抑制率来得到达到EC20的稀释比例来反映，通过浸出液达到EC20的稀释比例得到浸出液发光细菌急性毒性 $HgCl_2$ 毒性当量。按要求完成发光细菌的复苏及被测样品的预处理，具体按仪器使用说明书进行操作，可测得浸出液发光细菌急性毒性。

ICS 25.200
J 36

中华人民共和国国家标准

GB/T 27945.3—2011

热处理盐浴有害固体废物的管理 第3部分:无害化处理方法

The management of hazardous solid wastes from heat treatment salts—Part 3: Method of innocent treatment

2011-12-30 发布 2012-10-01 实施

中华人民共和国国家质量监督检验检疫总局
中国国家标准化管理委员会 发布

前　言

GB/T 27945《热处理盐浴有害固体废物的管理》分为3部分：

——第1部分：一般管理；

——第2部分：浸出液检测方法；

——第3部分：无害化处理方法。

本部分为GB/T 27945的第3部分。

本标准按照GB/T 1.1—2009给出的规则起草。

本部分由全国热处理标准化技术委员会(SAC/TC 75)提出并归口。

本部分主要起草单位：上海市机械制造工艺研究所有限公司、北京机电研究所、安徽省欧萨卫生检测技术有限公司、上海欧萨环境资源管理咨询有限公司。

本部分参加起草单位：广东世创金属科技有限公司、西安福莱特热处理有限公司。

本标准主要起草人：王志强、蔡红、徐跃明、叶俭、王小兵、孙晓东、田静美、任颂赞。

本部分参加起草人：苏宇辉、梁航、杨鸿飞。

热处理盐浴有害固体废物的管理 第3部分:无害化处理方法

1 范围

GB/T 27945的本部分规定了热处理盐浴有害固体废物的无害化处理工艺和安全技术要求。

本部分适用于热处理盐浴有害固体废物(钡盐渣、硝盐渣、氰盐渣)的无害化处理。

2 规范性引用文件

下列文件对于本文件的应用是必不可少的。凡是注日期的引用文件,仅注日期的版本适用于本文件。凡是不注日期的引用文件,其最新版本(包括所有的修改单)适用于本文件。

GB 209 工业用氢氧化钠

GB 320 工业用合成盐酸

GB/T 534 工业硫酸

GB/T 639 化学试剂 无水碳酸钠

GB/T 6009 工业无水硫酸钠

GB 10531 水处理剂 硫酸亚铁

GB 19106 次氯酸钠溶液

GB/T 27945.1 热处理盐浴有害固体废物的管理 第1部分:一般管理

GB/T 27945.2 热处理盐浴有害固体废物的管理 第2部分:浸出液检测方法

HG/T 3474 化学试剂 三氯化铁

HJ/T 299—2007 固体废物 浸出毒性浸出方法 硫酸硝酸法

3 术语和定义

HJ/T 299—2007界定的以及下列术语与定义适用于本文件。为了便于使用,以下重复列出了HJ/T 299—2007中的某些术语与定义。

3.1

固体废物 solid wastes

在生产建设、日常生活和其他活动中产生的污染环境的固态、半固态废弃物质。

3.2

盐浴固体废物 salt bath solid wastes

热处理熔盐在使用过程中产生的一些固态废弃物质。

3.3

浸出液 extract

可溶性组分从固相进入液相后的溶液。

3.4

浸出毒性　leaching toxicity

固体废物遇水浸沥,浸出的有害物质迁移转化并污染环境,这种危害特性称为浸出毒性。

[HJ/T 299—2007,定义 2.2]

4　基本原理

4.1　盐浴有害固体废物种类和来源

盐浴有害固体废物种类和来源见表1。

表1　盐浴有害固体废物种类和来源

种类	钡盐渣	硝盐渣	氰盐渣
来源	高、中温盐浴	等温、分级淬火和回火等盐浴	碳氮共渗、渗碳、氮碳共渗、硫碳共渗、硫氮碳共渗和碳氮硼共渗等盐浴

4.2　钡盐渣处理原理

钡盐渣处理采用沉淀法。加入沉淀剂硫酸钠或碳酸钠+硫酸,将可溶性钡盐转变成难溶于水的硫酸钡沉淀。其化学反应式:

$$BaCl_2 + Na_2SO_4 \longrightarrow BaSO_4 \downarrow + 2NaCl$$

或

$$BaCl_2 + Na_2CO_3 + H_2SO_4 \longrightarrow BaSO_4 \downarrow + 2NaCl + CO_2 \uparrow + H_2O$$

4.3　硝盐渣处理原理

硝盐渣处理采用氧化法。加入氧化剂次氯酸钠,将易溶于水的亚硝酸盐氧化成硝酸盐溶液。其化学反应式:

$$NaNO_2 + NaClO \longrightarrow NaNO_3 + NaCl$$

4.4　氰盐渣处理原理

氰盐渣处理采用络合法+沉淀法。加入硫酸亚铁,先将 CN^- 络合成亚铁氰化盐,再加入氯化铁将亚铁氰化盐转变为铁氰化盐沉淀。其化学反应式:

$$6NaCN + FeSO_4 \longrightarrow Na_4Fe(CN)_6 + Na_2SO_4$$

$$3Na_4Fe(CN)_6 + 4FeCl_3 \longrightarrow Fe_4[Fe(CN)_6]_3 \downarrow + 12NaCl$$

5　试剂、材料和设备

5.1　试剂、材料

试剂、材料见表2。

表 2　试剂、材料

名称	分子式	状态	纯度	标准
硫酸	H_2SO_4	液体	工业级($\rho \approx 1.84$)	GB/T 534
盐酸	HCl	液体	工业级($\rho \approx 1.19$)	GB 320
氢氧化钠	$NaOH$	固体	工业级	GB 209
次氯酸钠	$NaClO$	液体	含有效氯 13%($\rho \approx 1.1$)	GB 19106
无水硫酸钠	Na_2SO_4	液体	工业级(Ⅲ类)	GB/T 6009
无水碳酸钠	Na_2CO_3	固体	工业级	GB/T 639
硫酸亚铁	$FeSO_4 \cdot 7H_2O$	固体	工业级	GB 10531
三氯化铁	$FeCl_3 \cdot 6H_2O$	固体	工业级	HG/T 3474

5.2　设备

粉碎机、搅拌机、溶渣槽、过滤器、贮液池和处理槽(缸)等。

6　盐浴有害固体废物处理条件及工艺

6.1　盐浴有害固体废物浸出液制备方法及处理条件

盐浴有害固体废物浸出液制备方法及处理条件见表 3 。

表 3　盐浴有害固体废物浸出液制备方法及处理条件

项　　目	有害固体废物类别		
	钡盐渣	硝盐渣	氰盐渣
颗粒度/mm	1～10		
溶剂	水		
	pH 值≈7		pH 值≥8 (用 NaOH 调节)
固液比(渣质量∶水质量)	1∶10		
溶渣方法	浸出 20 h 以上或搅拌 8 h 或加热煮沸 1 h～2 h		浸出 20 h 以上 或搅拌 4 h
浸出液处理前酸碱度调节至	6≤pH 值≤7	6≤pH 值≤8	4≤pH 值≤5
沉淀剂或氧化剂加入量与有害物质含量之比	Na_2SO_4 或 Na_2CO_3∶$BaCl_2$ 为 1.5∶1～2∶1	$NaClO$∶$NaNO_2$ 为 1.2∶1～2∶1	$FeCl_3 \cdot 6H_2O$∶$NaCN$ 为 3∶1～4∶1
沉淀或氧化反应时间/h	1～2		
处理温度/℃	15～35		

6.2　盐浴有害固体废物处理工艺流程

盐浴有害固体废物处理工艺流程见图 1，按本标准第 1 部分规定鉴别浸出液的有害毒性。

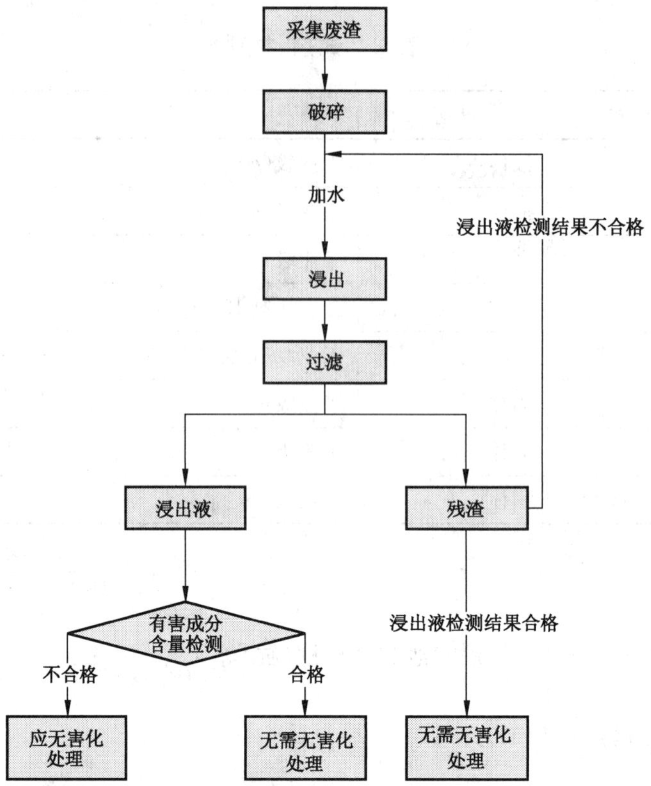

图 1　盐浴有害固体废物处理工艺流程

6.3　有害浸出液处理工艺流程

6.3.1　钡盐渣浸出液处理工艺流程

6.3.1.1　沉淀剂为硫酸钠的钡盐渣浸出液处理工艺流程见图 2。

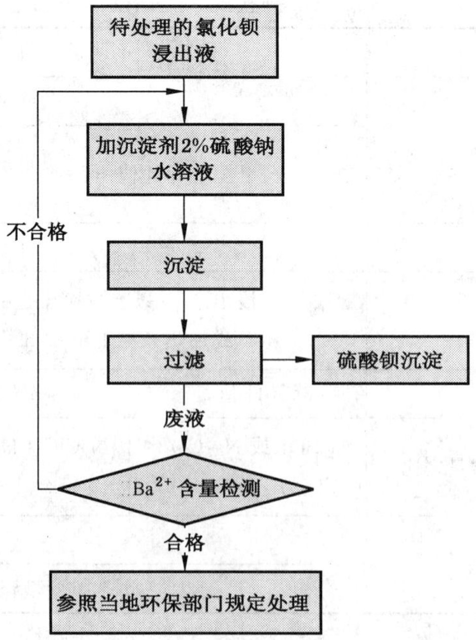

图 2　沉淀剂为硫酸钠的钡盐渣浸出液处理工艺流程

6.3.1.2　沉淀剂为碳酸钠＋硫酸的钡盐渣浸出液处理工艺流程见图3。

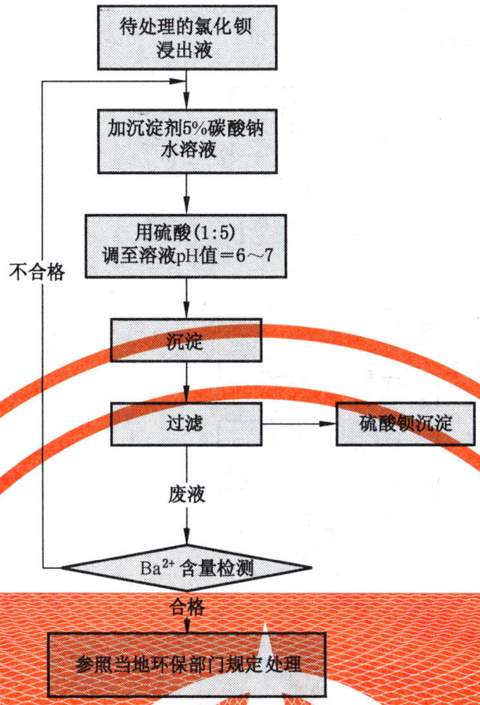

图3　沉淀剂为碳酸钠加硫酸的钡盐渣浸出液处理工艺流程

6.3.2　硝盐渣浸出液处理工艺流程

硝盐渣浸出液处理工艺流程见图4。

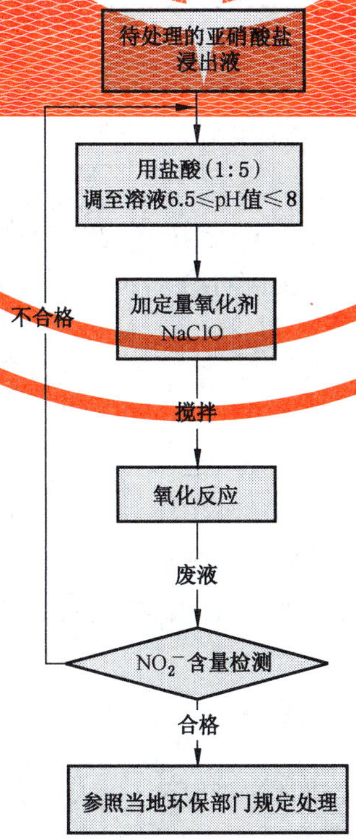

图4　硝盐渣浸出液处理工艺流程

6.3.3 氰盐渣浸出液处理工艺流程

氰盐渣浸出液处理工艺流程见图5。

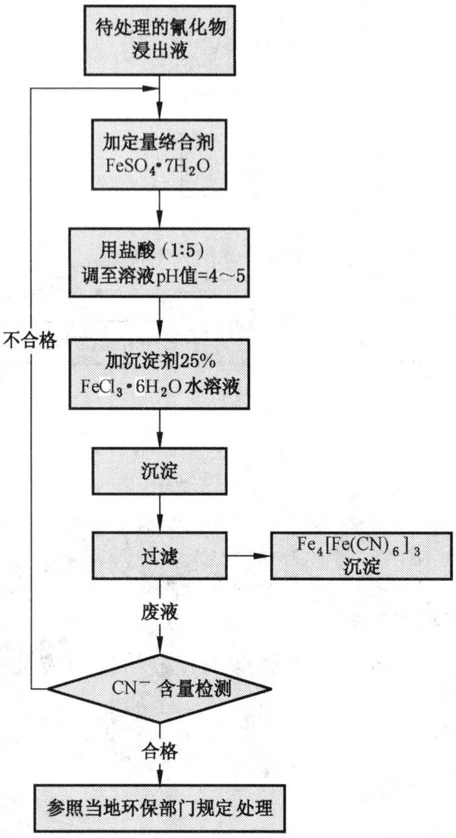

图5 氰盐渣浸出液处理工艺流程

7 有害物质处置

7.1 钡盐渣、硝盐渣和氰盐渣浸出液的分析方法，按GB/T 27945.2的规定进行。

7.2 钡盐渣、硝盐渣和氰盐渣浸出液的浓度应符合GB/T 27945.1的规定，方可参照当地环保部门规定处理。

8 安全保护要求

8.1 操作人员在进行无害化处理时，应符合安全卫生、劳动保护的有关规定。

8.2 破碎及处理废渣时（特别是氰盐渣），应在有通风管道、排气、吸尘和湿法贮存装置的厂房进行。

8.3 处理设备、容器应加盖，防渗漏，防腐蚀，严防有害物质流失。

9 监督管理

9.1 处理单位应有处理过程、处理结果和排放批准的记录，并保存。

9.2 处理单位应接受当地环保部门的检查、监督和管理。

ICS 25.200
J 36

中华人民共和国国家标准

GB/T 27946—2011

热处理工作场所空气中有害物质的限值

Limited value of hazardous substance in the air of heat treatment working place

2011-12-30 发布 2012-10-01 实施

中华人民共和国国家质量监督检验检疫总局
中国国家标准化管理委员会 发布

前　言

本标准按照 GB/T 1.1—2009 给出的规则起草。

本标准由全国热处理标准化技术委员会(SAC/TC 75)提出并归口。

本标准主要起草单位:上海市机械制造工艺研究所有限公司、安徽省欧萨卫生检测技术有限公司、上海欧萨环境资源管理咨询有限公司、北京机电研究所。

本标准参加起草单位:广东世创金属科技有限公司、西安福莱特热处理有限公司、天津热处理研究所有限公司。

本标准主要起草人:蔡红、叶俭、田静美、徐跃明、王小兵、卢军、孙晓东、王志强、任颂赞。

本标准参加起草人:苏宇辉、王桂茂、杨鸿飞、宋宝敬、邢志松。

热处理工作场所空气中有害物质的限值

1 范围

本标准规定了热处理工作场所空气中有害物质的术语和定义、技术要求等。

本标准适用于热处理生产过程中，对热处理工作场所空气中有害物质的职业接触限值。

2 术语和定义

下列术语和定义适用于本文件。

2.1

有害物质 hazardous substance

空气中的气体、粉尘、烟和雾气等，经由呼吸道或与皮肤、眼睛接触而有害于人体健康的物质。

2.2

有害物质的浓度 concentration of hazardous substance

单位体积的工作场所空气中所含有害物质的质量。

2.3

工作场所 work place

劳动者进行职业活动的全部地点。

2.4

职业接触限值 occupational exposure limits, OELs

劳动者在职业活动过程中长期反复接触，对绝大多数接触者的健康不引起有害作用的容许接触水平。

2.5

时间加权平均容许浓度 permissible concentration-time weighted average, PC-TWA

以时间为权数规定的 8 h 工作日、40 h 工作周的平均容许接触浓度。

2.6

短时间接触容许浓度 permissible concentration-short term exposure limit, PC-STEL

在遵守 PC-TWA 的前提下容许短时间(15 min)接触的浓度。

2.7

最高容许浓度 maximum allowable concentration, MAC

在工作地点，一个工作日内，任何时间有害物质均不能超过的浓度。

2.8

总粉尘 total dust

可进入呼吸道(鼻、咽和喉、胸腔支气管、细支气管和肺泡)的粉尘。技术上是用总粉尘采样器按标准方法在呼吸带测得的所有粉尘。

2.9

呼吸性粉尘 respirable dust

按呼吸性粉尘标准测定方法所采集的可进入肺泡的粉尘粒子，其空气动力学直径均在 7.07 μm 以下，空气动力学直径 5 μm 粉尘粒子的采样效率为 50%的粉尘。

2.10

超限倍数　excursion limits

对未制定 PC-STEL 的化学有害因素，在符合 8 h 时间加权平均容许浓度的情况下，任何一次短时间(15 min)接触的浓度均不应超过的 PC-TWA 的倍数值。

2.11

剧毒物质　extremely-toxic substance

小剂量或少剂量侵入机体，短时间内即能致人、畜死亡或严重中毒的物质。

3　技术要求

3.1　热处理工作场所空气中的有害物质

现行热处理工作场所空气中的有害物质见表 1。

表 1　热处理工作场所空气中的有害物质

有害物质	有害物质来源
氯、氯化氢及盐酸、钡及化合物、氟化物、氰化氢及氰化物	高、中温盐浴
二氧化氮、氯化氢及盐酸、氨、氢氧化钾、氢氧化钠、二氧化碳、二氧化硫、氰化氢及氰化物	等温、分级淬火和回火等低温盐浴、铝合金固溶时效盐浴
一氧化碳、氨、氰化氢及氰化物、甲醇、苯、甲苯、二甲苯、丙酮、二氧化硫、二甲基甲酰胺	气体渗碳、渗氮、碳氮共渗、氮碳共渗和控制气氛等
氢氧化钾、氢氧化钠、二氧化硫、三氯乙烯、盐酸、丙酮、苯、甲苯、二甲苯	清洗、发蓝等
油雾、二氧化氮、一氧化碳、二氧化碳、炭黑尘	渗碳、碳氮共渗的气氛及淬火、回火用油
二氧化碳、一氧化碳、二氧化硫、二氧化氮、炭黑尘	控制气氛或保护气氛炉产生的气体及燃料燃烧
总尘及呼吸性粉尘(包括但不限于石墨粉尘、炭黑粉尘、铁粉尘等)	喷丸和喷砂、流态粒子炉、固体渗碳等

3.2　热处理工作场所空气中有害物质容许浓度

3.2.1　应对热处理工作场所的有害物质进行鉴别。

3.2.2　热处理工作场所空气中有害物质容许浓度见表 2 和表 3。

表 2　热处理工作场所空气中有害物质容许浓度(化学物质)

序号	有　害　物　质	职业接触限值　OELs mg/m³			超限倍数	备 注
		最高容许浓度 MAC	时间加权平均容许浓度 PC-TWA	短时间接触容许浓度 PC-STEL		
1	氨	—	20	30	—	—
2	钡及其可溶性化合物(按 Ba^{2+} 计)	—	0.5	1.5	—	—

表 2（续）

序号	有　害　物　质	职业接触限值　OELs mg/m³			超限倍数	备　注
		最高容许浓度 MAC	时间加权平均容许浓度 PC-TWA	短时间接触容许浓度 PC-STEL		
3	苯	—	6	10	—	皮[a]，G1[b]
4	甲苯	—	50	100	—	—
5	二甲苯(全部异构体)	—	50	100	—	—
6	丙酮	—	300	450	—	—
7	二甲基甲酰胺	—	20	—	2.0	皮[a]
8	二氧化氮	—	4.5	9	—	—
9	二氧化硫	—	5	10	—	—
10	氟化物(不含氟化氢)(按 F^- 计)	—	2	—	2.5	—
11	甲醇	—	25	50	—	皮[a]
12	氯	1	—	—	—	—
13	氯化氢及盐酸	7	—	—	—	—
14	氢氧化钾	2	—	—	—	—
15	氢氧化钠	2	—	—	—	—
16	氰化氢及氰化物(按 CN^- 计)	1	—	—	—	皮[a]
17	三氯乙烯	—	30	—	2.0	—
18	一氧化碳	—	20	30	—	—
19	二氧化碳	—	9 000	18 000	—	—
20	油雾	—	5	10	—	—

[a] 表示即使化学物质浓度低于 PC-TWA 时，通过皮肤接触也可引起全身效应。应符合相关法律、法规的规定。

[b] 为引入 G1、G2B 致癌物质分级标识，作为职业病危害预防的参考。应符合相关法律、法规的规定。

表 3　热处理工作场所空气中有害物质容许浓度(粉尘)

序号	有　害　物　质	职业接触限值　OELs mg/m³ 时间加权平均容许浓度 PC-TWA		超限倍数	备　注
		总粉尘	呼吸性粉尘		
1	矽尘 10%≤游离 SiO_2 含量≤50% 50%<游离 SiO_2 含量≤80% 游离 SiO_2 含量>80%	 1 0.7 0.5	 0.7 0.3 0.2	2.0	G1[b](结晶型)

表 3（续）

序号	有　害　物　质	职业接触限值　OELs mg/m³		超限倍数	备　注
		时间加权平均容许浓度 PC-TWA			
		总粉尘	呼吸性粉尘		
2	石墨粉尘	4	2	2.0	—
3	炭黑粉尘	4	—	2.0	G2B[b]
4	其他粉尘[a]	8	—	2.0	—

[a] 指游离 SiO_2 含量低于 10%，不含石棉和有毒物质，而尚未制定容许浓度的粉尘。

[b] 为引入 G1、G2B 致癌物质分级标识，作为职业病危害预防的参考。应符合相关法律、法规的规定。

3.3　热处理工作场所空气中有害物质的检测

3.3.1　热处理工作场所空气中有害物质的现场采样，应符合相关法律、法规的规定。

3.3.2　热处理工作场所空气中有害物质的测定方法应按表 4 的规定执行。

表 4　热处理工作场所空气中有害物质的测定方法

序号	有害物质	测定方法
1	氨	纳氏试剂分光光度法
2	钡及其可溶性化合物(按 Ba^{2+})计	等离子体发射光谱法
3	苯	溶剂解吸-气相色谱法[a] 热解吸-气相色谱法 无泵型采样-气相色谱法
4	甲苯	
5	二甲苯(全部异构体)	
6	丙酮	溶剂解吸-气相色谱法[a] 热解吸-气相色谱法
7	二甲基甲酰胺	溶液采集-气相色谱法
8	二氧化氮	盐酸萘乙二胺分光光度法
9	氯	甲基橙分光光度法
10	二氧化硫	四氯汞钾-盐酸副玫瑰苯胺分光光度法[a] 甲醛缓冲液-盐酸副玫瑰苯胺分光光度法
11	氟化物(不含氟化氢)(按 F^- 计)	离子选择电极法
12	甲醇	溶剂解吸-气相色谱法[a] 热解吸-气相色谱法
13	氯化氢及盐酸	离子色谱法[a] 硫氰酸汞分光光度法
14	氢氧化钾	火焰原子吸收光谱法
15	氢氧化钠	火焰原子吸收光谱法

表 4（续）

序号	有害物质	测定方法
16	氰化氢及氰化物（按 CN^- 计）	异菸酸钠-巴比妥酸钠分光光度法
17	三氯乙烯	溶剂解吸-气相色谱法[a] 热解吸-气相色谱法
18	一氧化碳	不分光红外线气体分析仪法
19	二氧化碳	不分光红外线气体分析仪法
20	油雾	红外分光光度法
21	总尘	称重法
22	呼吸性粉尘	称重法

[a] 为仲裁法。

3.4 热处理工作场所空气中有害物质的处理及排放

3.4.1 热处理工作场所空气中有害物质的处理及排放，应符合相关法律法规的规定。排气装置排出浓度超标的有害物质时应净化处理，达标后方可向大气排放。

3.4.2 对剧毒物质的发生源应采取有效措施，合理安装通风装置，不得采用循环空气作空气调节。

3.4.3 有害物质的发生源，应布置在工作地点机械通风设备的下风侧。

3.4.4 工作场所内应设事故排风装置，以排除车间内可能突然产生过量的有害物质。

3.4.5 气体渗碳、气体渗氮、气体碳氮共渗和气体氮碳共渗等排气应点燃，并充分燃烧。

附　录　A
（规范性附录）
工作场所空气中油雾的测定方法　红外分光光度法[1)]

A.1　原理

空气中油雾用微孔滤膜采集，四氯化碳解析，用红外分光光度法测定油雾的含量。

A.2　试剂

A.2.1　解吸液（四氯化碳）

将四氯化碳在波长 3 200 cm^{-1}～2 700 cm^{-1}之间扫描，不超过 0.03 吸光度（4 cm 比色皿，空气池做参比）。一般情况下，分析纯四氯化碳蒸馏（控制温度为 70 ℃～74 ℃）一次便能满足要求。

A.2.2　标准油

在 500 mL 三角瓶中加入 300 mL 食用花生油，插入量程为 500 ℃的温度计，先控制温度为 120 ℃，敞口加热 30 min，然后在正上方安装空气冷凝管，升温至 300 ℃，回流 2 h。

A.2.3　标准溶液

用精度为万分之一的天平称取 1.000 0 g 标准油，置于 50 mL 容量瓶中，用解吸液稀释至刻度，此溶液为 20 mg/mL 标准油。或用国家认可的标准溶液配制。

A.3　仪器

A.3.1　微孔滤膜

0.8 μm 孔径（或聚氯乙烯滤膜、聚四氟乙烯滤膜、或玻璃纤维滤膜）。

A.3.2　红外分光光度仪（或红外测油仪）

能在波长 3 200 cm^{-1}～2 700 cm^{-1}之间扫描操作，并配有 4 cm 带盖石英比色皿。

A.3.3　空气采样器

流量 0 L/min～5 L/min。

A.3.4　容量瓶

容量瓶为 25 mL。

A.4　样品采集

现场采样应符合相关法律、法规的规定。

1）　本规范性附录参考了美国职业安全卫生研究所 NIOSH 5026 的技术内容。

A.4.1 短时间采样

在采样点，将装好微孔滤膜的采样夹，以 3 L/min 流量采集 15 min 空气样品。

A.4.2 长时间采样

在采样点，将装好微孔滤膜的采样夹，以 1 L/min 流量采集 2 h～8 h 空气样品。

A.4.3 个体采样

将装好微孔滤膜的采样夹佩戴在采样对象的前胸上部，进气口尽量接近呼吸带，以 1 L/min 流量采集 2 h～8 h 空气样品。

A.4.4 运输和保存

采样后，将滤膜的接尘面朝里对折 2 次，放入清洁的容器内运输和保存。

A.5 分析步骤

A.5.1 对照试验

将装好微孔滤膜的采样夹带至采样点，除不连接空气采样器采集空气样品外，其余操作同样品，作为样品的空白对照。

A.5.2 样品处理

将采过样的滤膜置于溶剂解吸瓶中，加入 10 mL 解吸液，摇匀为样品解吸液，供测定。若样品液中待测物的浓度超过测定范围，可用解吸液稀释后测定，计算时乘以稀释倍数。

A.5.3 标准曲线的绘制

取上述标准溶液 1.0 mL 于 50 mL 容量瓶中，用解吸液定容，得到浓度为 400.00 mg/L 的中间液。分别取中间液 0.50 mL，1.50 mL，2.50 mL 和 3.50 mL 于 4 个 25 mL 的容量瓶中，用解吸液定容分别得到浓度为 8.00 mg/L，24.00 mg/L，40.00 mg/L 和 56.00 mg/L 的标准系列。打开红外分光光度仪（或红外测油仪），预热 30 min 以上，按照仪器使用说明书使用，在 3 200 cm^{-1}～2 700 cm^{-1}之间扫描，得出四氯化碳的扫描曲线，再分别对标准系列各浓度进行测定，绘出标准曲线。

A.5.4 样品测定

用测定标准系列的操作条件测定样品解吸液和空白对照，测得的样品解吸液吸光度值减去空白对照吸光度值后，由标准曲线得样品油雾含量（μg/mL）。

A.6 计算

A.6.1 按公式（A.1）将采样体积换算成标准采样体积：

$$V_0 = V \times \frac{293}{273 + t} \times \frac{P}{101.3} \qquad \text{(A.1)}$$

式中：

V_0——标准采样体积，单位为升（L）；

V——在温度为 t℃，大气压为 P 时的采样体积，单位为升（L）；

t ——采样点的温度,单位为摄氏度(℃);

P ——采样点的大气压,单位为千帕(kPa)。

A.6.2 按公式(A.2)计算空气中油雾的浓度:

$$C=\frac{10\times(W-B)}{V_0} \qquad \cdots\cdots\cdots\cdots(A.2)$$

式中:

C ——空气中油雾的浓度,单位为毫克每立方米(mg/m^3);

W ——测得样品中油雾的含量,单位为微克每毫升($\mu g/mL$);

B ——测得样品空白中油雾的含量,单位为微克每毫升($\mu g/mL$);

V_0——换算成标准采样体积,单位升(L);

10——样品溶液体积,单位毫升(mL)。

A.6.3 时间加权平均容许浓度按相关法律、法规的规定计算。

ICS 11.080
C 59

中华人民共和国国家标准

GB 27947—2011

酚类消毒剂卫生要求

Hygienic requirements for phenol disinfectant

2011-12-30 发布　　　　2012-05-01 实施

中华人民共和国卫生部
中国国家标准化管理委员会　发布

前　　言

本标准的全部技术内容为强制性。

本标准按照 GB/T 1.1—2009 给出的规则起草。

本标准由中华人民共和国卫生部提出并归口。

本标准起草单位：浙江省疾病预防控制中心、浙江省卫生监督所、杭州市疾病预防控制中心、汽巴精化（中国）有限公司、利洁时家化（中国）有限公司、莱曼赫斯健康产品（广州）有限公司、天津市百灵消毒剂有限责任公司。

本标准主要起草人：魏兰芬、陆龙喜、徐浩行、孙建荣、马明洁、王裕荣、黄少峰、刘贤忠。

酚类消毒剂卫生要求

1 范围

本标准规定了酚类消毒剂的原料、产品质量、应用范围、使用方式、检验方法、标志和包装、运输和贮存、标签和说明书以及注意事项等要求。

本标准适用于以苯酚、甲酚、对氯间二甲苯酚、三氯羟基二苯醚等酚类化合物为主要原料，采用适当表面活性剂、乙醇或异丙醇为增溶剂，以乙醇或异丙醇(或)水作为溶剂、不添加其他具有杀菌成分的消毒剂。

本标准不适用于其他单方或复方酚类消毒剂。

2 规范性引用文件

下列文件对于本文件的应用是必不可少的。凡是注日期的引用文件，仅注日期的版本适用于本文件。凡是不注日期的引用文件，其最新版本(包括所有的修改单)适用于本文件。

GB/T 191 包装储运图示标志

GB/T 2600 焦化二甲酚

中华人民共和国药典

消毒技术规范 卫生部

消毒产品生产企业卫生规范 卫生部

消毒产品标签说明书管理规范 卫生部

3 术语和定义

下列术语和定义适用本文件。

3.1

酚类化合物 phenolic compounds

芳香烃中苯环上的氢原子被羟基取代所生成的化合物，本标准中特指苯酚、甲酚、对氯间二甲苯酚、三氯羟基二苯醚。

3.2

酚类消毒剂 phenol disinfectant

以酚类化合物为主要原料，添加表面活性剂、乙醇或异丙醇为增溶剂，以乙醇或异丙醇或者水作为溶剂、不添加其他杀菌成分的消毒剂。

4 原料要求

4.1 总则

产品原料应符合相应的卫生标准、规范及有关规定，并有相应的质检合格证明材料。凡被列入《危险化学品目录》的消毒剂原料，应符合《中华人民共和国安全生产法》、《化学危险品安全管理条例》等规定的相应要求。

4.2 苯酚(C_6H_6O)

应符合《中华人民共和国药典》要求,含量≥99.0%。

4.3 甲酚(C_7H_8O)

应符合《中华人民共和国药典》要求,在190 ℃～205 ℃的馏出量≥85%。

4.4 二甲酚($C_8H_{10}O$)

应符合GB/T 2600要求,纯度≥95%。

4.5 对氯间二甲苯酚(C_8H_9OCl)

纯度≥98%,硫化灰份≤1%。

4.6 三氯羟基二苯醚($C_{12}H_2Cl_3O_2$)

原料纯度应在97%～103%之间(以不含结晶水计),2,4二氯酚含量应≤10 mg/kg、3-氯酚及4-氯酚含量应≤10 mg/kg、2,3,7,8四氯代二并苯-*p*-二噁英<1.0 ng/kg、2,3,7,8四氯呋喃<1.0 ng/kg、2,8二氯代二并苯-*p*-二噁英≤0.5 mg/kg、1,3,7三氯代二并苯-*p*-二噁英≤0.25 mg/kg、2,8二氯呋喃≤0.25 mg/kg、2,4,8三氯呋喃≤0.5 mg/kg。

4.7 乙醇、异丙醇

符合《中华人民共和国药典》相关规定。

4.8 生产用水质要求

应符合《消毒产品生产企业卫生规范》规定生产用水的要求。

5 酚类消毒剂产品质量要求

5.1 产品感官

应符合酚类消毒剂特有的嗅觉特征,并符合产品规定的色泽,无明显杂质。

5.2 理化指标

产品的理化指标应符合表1要求。

表1 理化指标

项目			指标
有效成分含量[a](质量分数)%	苯酚,应用液[a]		≤5.0
	甲酚,应用液[a]		≤5.0
	对氯间二甲苯酚	皮肤消毒用,应用液	≤2.0
		物体表面消毒用,应用液	≤2.0
		卫生洗手用,应用液	≤1.0
		黏膜消毒用,应用液	≤1.0

表 1（续）

项　　目			指　　标
有效成分含量[a]（质量分数）%	三氯羟基二苯醚	皮肤消毒用，应用液	≤2.0
		黏膜消毒用，应用液	≤0.35
pH	苯酚、甲酚		6.0～10.0
	对氯间二甲苯酚		7.5～10.5
	三氯羟基二苯醚		5.5～8.5
[a] 各应用液含有效成分之限量，未做分类者，所有应用液中有效成分均不应超过该限量。			

5.3 稳定性

产品在常温避光条件下储存，有效期应不低于 1 年，储存期间有效成分含量下降率应≤10%，且产品外观不发生明显改变。

5.4 杀灭微生物指标

杀灭微生物效果应符合表 2 要求。

表 2　杀灭微生物效果

受试微生物	作用时间 min				杀灭对数值	
	外科洗手用	卫生洗手用	物体表面擦拭用	物品浸泡消毒用	悬液法[a]	载体法[b]
大肠杆菌	≤5	≤1	≤15	≤30	≥5.00	≥3.00
金黄色葡萄球菌	≤5	≤1	≤15	≤30	≥5.00	≥3.00
铜绿假单胞菌	≤5	≤1	≤15	≤30	≥5.00	≥3.00
白色念珠菌	≤5	≤1	≤15	≤30	≥4.00	≥3.00
自然菌[c]（现场消毒试验）	≤5	≤1	≤15	≤30	≥1.00	≥1.00
人工染菌[c]（模拟现场消毒试验）	≤5	≤1	≤15	≤30	≥3.00	≥3.00

[a] 试样稀薄状或稀释后使用者宜采用悬液法定量法进行实验室定量杀菌试验。

[b] 试样黏稠状或原液使用者宜采用载体法定量法进行实验室定量杀菌试验。

[c] 根据产品使用说明书选择适当的消毒处理及检测方法。

5.5 安全性指标

产品原液或最高使用浓度的 5 倍量应属实际无毒，对皮肤、眼黏膜、阴道黏膜等无刺激性，对皮肤弱致敏性、无致突变、致畸变作用，无体内遗传毒性。

6 应用范围

6.1 苯酚、甲酚为主要杀菌成分的消毒剂适用于物体表面和织物等消毒。
6.2 对氯间二甲苯酚为主要杀菌成分的消毒剂适用于卫生洗手、皮肤、黏膜、物体表面和织物等消毒，其中黏膜消毒仅限于医疗机构诊疗处理前后使用。
6.3 三氯羟基二苯醚为主要杀菌成分的消毒剂适用于卫生洗手、皮肤、黏膜、物品表面和织物等消毒，其中黏膜消毒仅限于医疗机构诊疗处理前后使用。

7 使用方法

7.1 苯酚、甲酚为主要杀菌成分的消毒剂

应用液中有效成分含量≤5.0%，对物体表面、织物的消毒擦拭后作用时间≤15 min，浸泡消毒作用时间不超过30 min。

7.2 对氯间二甲苯酚为主要杀菌成分的消毒剂

7.2.1 卫生手消毒：应用液中有效成分含量≤1.0%，对手擦拭或浸泡消毒，作用时间≤1 min。
7.2.2 皮肤消毒：应用液中有效成分含量≤2.0%擦拭消毒，作用时间≤5 min。
7.2.3 物体表面消毒：应用液中有效成分含量≤2.0%，擦拭后作用时间≤15 min，浸泡消毒作用时间≤30 min。
7.2.4 黏膜消毒：应用液中有效成分含量≤1.0%，擦拭或冲洗消毒作用时间≤5 min。

7.3 三氯羟基二苯醚为主要杀菌成分的消毒剂

7.3.1 卫生手消毒：应用液中有效成分含量≤2.0%，对手擦拭或浸泡消毒，作用时间为≤1 min。
7.3.2 皮肤消毒：应用液中有效成分含量≤2.0%，擦拭消毒，作用时间≤5 min。
7.3.3 物体表面消毒：应用液中有效成分含量≤2.0%，擦拭后作用时间≤15 min，浸泡消毒作用时间≤30 min。
7.3.4 黏膜消毒：应用液中有效成分含量≤0.35%，擦拭或冲洗消毒作用时间≤5 min。

8 检验方法

8.1 外观

将样品置于无色透明玻璃瓶或玻璃杯内，对光目测检查、鼻嗅。

8.2 理化指标

检验方法参见附录A、附录B、附录C、附录D或者按《消毒技术规范》、《中华人民共和国药典》的要求，采用液相色谱或其他合适的方法测试产品中有效成分含量。

8.3 杀灭微生物效果

按照《消毒技术规范》中规定的试验方法进行测定。

8.4 毒理学安全性

按照《消毒技术规范》中规定的试验方法进行测定。

9 标志和包装

符合 GB/T 191 规定要求。

10 运输和贮存

10.1 运输

运输时要密闭，装运容器要求防腐，装卸要轻拿轻放，严禁抛掷。运输时应防晒、防雨、防潮。

10.2 贮存

阴凉干燥避光处保存，包装应严密，防止潮湿，堆垛要垫离地面 10 cm 以上，垛高不超过 12 箱，与墙面距离保持 20 cm 以上。

11 标签和说明书

按《消毒产品标签说明书管理规范》的规定执行。

12 注意事项

12.1 外用消毒剂，不得口服，黏膜消毒仅限于医疗卫生机构的诊疗过程。

12.2 苯酚、甲酚对人体具有毒性，在对环境和物体表面进行消毒处理时，应做好个人防护，如有高浓度溶液接触到皮肤，可用乙醇擦去或大量清水冲洗。

12.3 消毒皮肤前，必须先清洁皮肤。带污垢的物体表面消毒前也应做好清洁去污工作。

12.4 消毒结束后，应对所处理的物体表面、织物等对象以清水进行擦拭或洗涤，去除残留的消毒剂。

12.5 产品不能用于细菌芽孢污染物品的消毒；不能用于医疗器械的高、中水平消毒；苯酚、甲酚为主要杀菌成分的消毒剂不适用于皮肤、黏膜消毒。

附 录 A
（资料性附录）
消毒剂中苯酚含量的测定方法

A.1 原理

采用容量分析法。试样中的苯酚在酸性条件下与过量的溴充分作用后，多余的溴与碘化钾反应产生碘，以硫代硫酸钠标准溶液滴定，依据试样消耗的溴量，计算消毒剂中苯酚的含量。

A.2 方法

A.2.1 硫代硫酸钠（0.1 mol/L）配制与标定

A.2.1.1 配制

称取 $Na_2S_2O_3 \cdot 5H_2O$ 26 g，加无水碳酸钠 0.20 g，用蒸馏水溶解成 1 000 mL，摇匀。装于棕色玻璃瓶中，置暗处，30 d 后经过滤并标定其浓度。

A.2.1.2 标定

称取经 120 ℃ 烘干至恒重的基准重铬酸钾 0.15 g（精确至 0.000 1 g），置于 250 mL 碘量瓶中，加蒸馏水 50 mL 溶解。加 2 mol/L 硫酸 15 mL 和 200 g/L 碘化钾溶液 10 mL，盖上盖并混匀，加蒸馏水数滴于碘量瓶盖缘，置暗处 10 min 后再加蒸馏水 90 mL。在室温 20 ℃～25 ℃，用装于 50 mL 滴定管中的硫代硫酸钠滴定液滴定至溶液呈淡黄色，加 5 g/L 淀粉溶液 10 滴（溶液立即变蓝），继续滴定到溶液由蓝色变成亮绿色。记录硫代硫酸钠滴定液总毫升数，并将滴定结果用空白试验校正。若空白试验中有硫代硫酸钠消耗，则将滴定用去的硫代硫酸钠滴定液毫升数减去空白试验中其用量，得校正后的硫代硫酸钠滴定液毫升数。因为 1 mol/L 硫代硫酸钠滴定液 1 mL 相当于 0.049 03 g 重铬酸钾，故可按式（A.1）计算硫代硫酸钠滴定液浓度：

$$c(\text{mol/L}) = \frac{m}{0.049\,03 \times V} \qquad \cdots\cdots\cdots\cdots(\text{A.1})$$

式中：

c ——硫代硫酸钠滴定液浓度，单位为摩尔每升（mol/L）；

m ——碘量瓶中重铬酸钾质量，单位为克（g）；

V ——硫代硫酸钠滴定液（减空白）体积，单位为毫升（mL）。

0.049 03——与 1.00 mL 硫代硫酸钠标准溶液[$c(NaS_2O_3)$=1.000 mg/L]相当的以克表示的重铬酸钾的质量。

A.2.2 溴滴定液（0.05 mol/L）配制与标定

A.2.2.1 配制

取溴酸钾 3.0 g 与溴化钾 15 g，加适量水溶解并稀释至 1 000 mL，混匀。

A.2.2.2 标定

精密吸取本液 25 mL 置碘量瓶中，加水 100 mL 与碘化钾 2.0 g，振摇使溶解，加盐酸 5 mL，立即振摇 30 s，暗处放置 5 min。以用硫代硫酸钠标准溶液（0.1 mol/L）滴定，至近终点时，加 0.5%淀粉指示液2 mL，继续滴定至蓝色消失。根据硫代硫酸钠消耗量，计算本液的浓度，即得。本液每次临用前均应标定浓度。

A.2.3 消毒剂中苯酚含量的测定

取适量消毒剂（使含苯酚约 0.75 g）置于 500 mL 容量瓶中，加水适量使溶解并稀释至刻度，充分混匀；精密吸取 25 mL 置碘量瓶中，精密加溴滴定液（0.05 mol/L）30 mL，再加盐酸 5 mL，立即密塞，振摇 30 min，静置 15 min 后，注意微开瓶塞，加碘化钾试液 6 mL，立即密塞，充分振摇后，加三氯甲烷 1 mL，以硫代硫酸钠标准溶液（0.1 mol/L）滴定，至近终点时，加 0.5%淀粉指示液 1 mL，继续滴定至蓝色消失，并将滴定结果以空白试验校正。每 1 mL（0.05 mol/L）相当于 1.569 mg 的苯酚（C_6H_6）。

附 录 B
（资料性附录）
消毒剂中甲酚异构体含量的测试方法

B.1 原理

采用色谱柱分离，氢火焰离子化检测器检测，根据保留时间定性，峰高或峰面积定量。

B.2 色谱参考条件与系统适用性试验

以含2%磷酸的己二酸乙二醇聚酯为固定相，涂布浓度为4%～10%，氢火焰检测器，柱温为145 ℃，进样口和检测器温度为200 ℃。

B.3 校正因子测定

精密称取水杨醛约1.3 g，置50 mL容量瓶中，加乙醚使溶解并稀释至刻度，摇匀，作为内标溶液。另精密称取邻位甲酚对照品约0.65 g，至25 mL容量瓶中，加乙醚使溶解并稀释至刻度，摇匀，作为对照品溶液。精密量取对照品溶液和内标溶液各5 mL，置具塞试管中，密塞，摇匀。取1 μL注入气相色谱仪，计算邻位甲酚的校正因子，再乘以1.042，即间，对位甲酚的校正因子。

B.4 样品测定

精密称取本品1.0 g置分液漏斗中，加浓盐酸0.1 mL，摇匀，加水3 mL，摇匀，精密加入乙醚20 mL，轻轻振摇，静置分层，弃去水层，加水5 mL，轻轻振摇，分层，弃去水层。精密量取乙醚提取液5 mL和内标溶液5 mL，置具塞试管中，摇匀，取1 μL注入气相色谱仪，测定。

B.5 计算公式

$$x=\frac{(A_1\times f_1+A_2\times f_2)\times m_1}{A\times m}\times 100\% \qquad \cdots\cdots(B.1)$$

式中：

x ——甲酚含量，%；

A ——内标物质峰面积；

A_1——邻位甲酚峰面积；

A_2——间、对位甲酚峰面积；

f_1——邻位甲酚校正因子；

f_2——间、对位甲酚校正因子；

m_1——内标物质质量，单位为克(g)；

m ——样品中甲酚质量，单位为克(g)。

附 录 C
（资料性附录）
消毒剂中对氯间二甲苯酚含量的测定

C.1 原理

对氯间二甲苯酚在 220 nm 波长处有紫外吸收，可用反相高效液相色谱（HPLC）分离，并根据保留时间定性，峰面积定量。本方法适用于测定消毒剂中的对氯间二甲苯酚有效成分。

C.2 试剂配制

甲醇（色谱纯）；对氯间二甲苯酚标准溶液：称取对氯间二甲苯酚标准品 0.1 g，用少量甲醇溶解后并定容至 100 mL，此溶液每 1 L 含对氯间二甲苯酚 1 g。

C.3 色谱参考条件

色谱柱：C_{18}柱（150 mm×4.6 mm 内径，5 μm）；流动相：甲醇/水（70/30），分析前，经 0.45 μm 滤膜过滤及真空脱气；流量：1.00 mL/min；紫外检测波长：220 nm；柱温：25 ℃。

C.4 标准曲线的绘制

用对氯间二甲苯酚标准溶液配制质量浓度分别为 0 mg/L、200 mg/L、400 mg/L、600 mg/L 和 800 mg/L 的标准系列。在设定色谱条件下，分别取 5 μL 进行分析。以标准系列质量浓度为横坐标 C，峰面积为纵坐标 Y，进行线性回归处理，得到线性方程。

C.5 样品测定

若消毒剂中对氯间二甲苯酚的标示浓度过高，需适当稀释，使其稀释后浓度在标准曲线线性范围内。对于膏体样品应先用流动相配制成水溶液。经 0.45 μm 滤膜过滤备用。在设定的色谱条件下，进 5 μL 样品溶液进行分析。根据峰面积，从线性方程计算出相应的对氯间二甲苯酚浓度。根据取样量和稀释倍数，换算出样品中对氯间二甲苯酚的最终浓度。

C.6 注意事项

如果遇到某些有干扰的消毒剂，可适当调整流动相或在流动相中加入适当的添加剂以达到最佳分离效果。

附 录 D
（资料性附录）
消毒剂中2,4,4′-三氯-2′-羟基二苯醚含量的测定

D.1 原理

2,4,4′-三氯-2′-羟基二苯醚在280 nm处有紫外吸收，可用反相高效液相色谱（HPLC）分离，并根据保留时间定性，峰面积定量。本方法适用于测定消毒剂中的2,4,4′-三氯-2′-羟基二苯醚有效成分。

D.2 试剂配制

甲醇（色谱纯）；2,4,4′-三氯-2′-羟基二苯醚标准溶液：称取2,4,4′-三氯-2′-羟基二苯醚标准品0.1 g，用少量甲醇溶解后并定容至100 mL，此溶液每1 L含2,4,4′-三氯-2′-羟基二苯醚1 g。

D.3 色谱参考条件

色谱柱：C_{18}柱（150 mm×4.6 mm内径，5 μm）；流动相：甲醇/水（80/20），分析前，经0.45 μm滤膜过滤及真空脱气；流量：1.5 mL/min；紫外检测波长：280 nm；柱温：25 ℃。

D.4 标准曲线的绘制

用2,4,4′-三氯-2′-羟基二苯醚标准溶液配制质量浓度分别为0 mg/L、200 mg/L、400 mg/L、600 mg/L和800 mg/L的标准系列。在设定色谱条件下，分别取5 μL进行分析。以标准系列质量浓度为横坐标C，峰面积为纵坐标Y，进行线性回归处理，得到线性方程。

D.5 样品测定

若消毒剂中2,4,4′-三氯-2′-羟基二苯醚的标示浓度过高，需适当稀释，使其稀释后浓度在标准曲线线性范围内。对于膏体样品应先用流动相配制成水溶液。经0.45 μm滤膜过滤备用。在设定的色谱条件下，进5 μL样品溶液进行分析。根据峰面积，从线性方程计算出相应的2,4,4′-三氯-2′-羟基二苯醚浓度。根据取样量和稀释倍数，换算出样品中2,4,4′-三氯-2′-羟基二苯醚的最终浓度。

ICS 11.080
C 59

中华人民共和国国家标准

GB 27948—2011

空气消毒剂卫生要求

Hygienic requirements for air disinfectant

2011-12-30 发布

2012-05-01 实施

中华人民共和国卫生部
中国国家标准化管理委员会 发布

前　言

本标准的全部技术内容为强制性。

本标准按照GB/T 1.1—2009给出的规则起草。

本标准由中华人民共和国卫生部提出并归口。

本标准起草单位：中国人民解放军疾病预防控制所、中国疾病预防控制中心环境与健康相关产品安全所、广东省疾病预防控制中心、北京四环卫生药械厂有限公司。

本标准主要起草人：姚楚水、王长德、袁庆霞、张文福、蒋莉、王妍彦、钟昱文、陈惠珍、于平。

空气消毒剂卫生要求

1 范围

本标准规定了用于室内空气消毒的常用消毒剂的技术要求、杀灭微生物要求、安全性要求以及使用、试验方法、标签和说明书、使用注意事项。

本标准适用于以杀灭空气中微生物为目的,并能达到消毒要求的室内空气消毒剂。

本标准不适用于以实现室内物体表面消毒为目的,兼有空气消毒作用的消毒剂。

2 规范性引用文件

下列文件对于本文件的应用是必不可少的。凡是注日期的引用文件,仅注日期的版本适用于本文件。凡是不注日期的引用文件,其最新版本(包括所有的修改单)适用于本文件。

GB 1616 工业过氧化氢

GB 19104 过氧乙酸溶液

消毒技术规范(2002 年) 卫生部

消毒产品标签说明书管理规范(2005 年) 卫生部

3 术语和定义

下列术语和定义适用于本文件。

3.1

空气消毒 air disinfection

利用消毒剂将密闭房间内空气中悬浮的病原微生物杀灭,使达到无害化的处理。

3.2

空气消毒剂 air disinfectant

用于杀灭空气中病原微生物使达到消毒要求的制剂。

3.3

气溶胶喷雾器 aerosol sprayer

可发生雾粒直径范围在 50 μm 以下,其中雾粒直径小于 20 μm 的粒子占 90% 以上,喷雾流量 100 mL/min 以上的喷雾器。

3.4

熏蒸消毒 fumigation disinfection

利用消毒剂气体杀灭在密闭空间内的病原微生物,使达到无害化的处理方法。

4 常用消毒剂技术要求

4.1 理化指标要求

4.1.1 消毒剂有效成分含量、pH 值等理化指标应符合产品质量的相关标准。过氧乙酸应符合 GB 19104、过氧化氢应符合 GB 1616 的要求。

4.1.2 稳定性要求：液体消毒剂在产品有效期内的有效成分下降率应≤15%；固体消毒剂在产品有效期内的有效成分含量下降率≤10%。

4.1.3 消毒后的残留及在环境中的残留毒性应符合国家相关标准及规范的要求。

4.1.4 消毒过程中，不易发生燃烧、爆炸。

4.2 杀灭微生物要求

4.2.1 实验室杀菌试验或消毒模拟现场试验，使用气溶胶喷雾法消毒时，消毒剂用量应≤10 mL/m³。在20 ℃～25 ℃，相对湿度50%～70%条件下，作用≤1 h，对空气中白色葡萄球菌的杀灭率应≥99.9%。

4.2.2 现场自然条件下，使用气溶胶喷雾法消毒时，消毒剂用量应≤10 mL/m³。作用≤1 h，对空气中自然菌的消亡率应≥90.0%。

4.3 毒理学安全性要求

4.3.1 急性经口毒性属实际无毒。

4.3.2 急性吸入毒性属实际无毒。

4.3.3 致突变试验为阴性。

5 试验方法

5.1 理化指标

按《消毒技术规范》有关规定进行测定。

5.2 杀灭微生物试验

按《消毒技术规范》有关规定进行测定。

5.3 毒理学安全性试验

按《消毒技术规范》有关规定进行测定。

6 使用方法

6.1 气溶胶喷雾消毒法

喷雾时，关好门窗，操作者手持喷头朝向空中，从里到外，自上而下，由左至右均匀喷雾。作用预定时间后，打开门窗，驱除空气中残留的消毒剂雾粒。

6.2 加热熏蒸消毒法

将消毒剂溶液盛装容器放于加热源上，关闭好门窗，接通加热源，消毒剂熏蒸完后关闭热源，作用预定时间后开窗通风（约30 min）。熏蒸时如室内相对湿度较低，可喷洒一定量的水以提高室内相对湿度。

6.3 气体熏蒸消毒法

按使用说明书要求安放和操作使用有关消毒器，关闭门窗，开启消毒器电源，按使用说明书设定相关消毒参数，消毒预定时间后，关闭消毒器电源，待消毒剂浓度降至安全范围时，方可进入。必要时，消毒结束后可开窗通风，以加速残留消毒剂的排出速度。

7 标签和说明书

7.1 产品使用说明书和标签应符合《消毒产品标签说明书管理规范》的要求。

7.2 应注明只能用于无人条件下的空气消毒。

8 使用注意事项

8.1 消毒剂不能用于有人在环境的空气消毒，消毒时，无关人员应撤离现场。

8.2 该类消毒剂对人有毒性，对皮肤、黏膜、眼睛有刺激性，配制和使用时应注意个人防护，尤其在使用时应戴好防护口罩、防护眼镜及防护手套，必要时使用全面型呼吸防护器，如不慎接触，应立即用大量清水连续冲洗，严重时应及早就医。

8.3 进行空气消毒时，应密闭门窗，消毒结束后应待室内消毒剂降低至对人无影响时，方可进入，情况允许时可开窗通风，以使消毒剂尽快扩散、中和。

8.4 过氧乙酸、二氧化氯、过氧化氢等消毒剂对金属物品有腐蚀性，对织物有漂白作用，臭氧对橡胶制品有损坏，消毒时应尽量避免消毒剂直接作用于这些物品上。

8.5 熏蒸消毒时，应注意防火、防止烫伤。

8.6 稀释液应现用现配。

ICS 11.080
C 59

中华人民共和国国家标准

GB/T 27949—2011

医疗器械消毒剂卫生要求

Hygienic requirements for medical items disinfection

2011-12-30 发布　　2012-04-01 实施

中华人民共和国卫生部
中国国家标准化管理委员会　发布

前　言

本标准按照 GB/T 1.1—2009 给出的规则起草。

本标准由中华人民共和国卫生部提出并归口。

本标准主要起草单位:浙江省疾病预防控制中心、江苏省疾病预防控制中心、上海利康消毒高科技有限公司、山东利尔康消毒科技有限公司。

本标准主要起草人:魏兰芬、陆龙喜、林军明、徐燕、孙文胜、傅桂明、朱汉泉。

医疗器械消毒剂卫生要求

1 范围

本标准规定了医疗器械消毒剂的技术要求、试验方法、使用方法、标志、标签和说明书及注意事项。

本标准适用于医疗器械消毒、灭菌用消毒剂。

本标准不适用于带消毒因子发生装置的消毒器械及气体类或在特定条件下气化后发挥作用的消毒、灭菌产品。

2 规范性引用文件

下列文件对于本文件的应用是必不可少的。凡是注日期的引用文件，仅注日期的版本适用于本文件。凡是不注日期的引用文件，其最新版本(包括所有的修改单)适用于本文件。

GB/T 191 包装储运图示标志

中华人民共和国药典

消毒技术规范 卫生部

消毒产品标签说明书管理规范 卫生部

3 术语和定义

下列术语和定义适用本文件。

3.1

医疗器械 medical items

单独或者组合使用于人体的仪器、设备、器具、材料或者其他物品。

3.2

关键性医疗器械 critical items

穿过皮肤或黏膜而进入无菌的组织或器官内部的器材，或与破损的组织、皮肤、黏膜密切接触的医疗器材。如手术器械，心、尿导管，植入物以及针等。

3.3

半关键性医疗器械 semicritical items

仅和破损皮肤、黏膜相接触，而不进入无菌组织内的医疗器材。如呼吸治疗设备和麻醉设备、内窥镜和子宫帽避孕环等。

3.4

非关键性医疗器械 noncritical items

直接或间接地和健康无损的皮肤相接触的医疗器械。如便盆、拐杖、床护栏、部分食品器具、床头柜以及病人使用的家具等。

3.5

医疗器械用消毒剂 disinfectant for medical items disinfection

用于医疗器械处理，使其达到消毒或灭菌效果的化学制剂。

3.6

灭菌剂　sterilant

可杀灭一切微生物(包括细菌芽孢)使其达到灭菌要求的制剂。

3.7

高效消毒剂　high-efficacy disinfectant

可杀灭大多数细菌芽孢及其他各类微生物,如分支杆菌、病毒、真菌及细菌繁殖体等的消毒剂。

3.8

中效消毒剂　intermediate-efficacy disinfectant

可杀灭除细菌芽孢外的其他微生物,如分支杆菌、病毒、真菌及细菌繁殖体等的消毒剂。

3.9

低效消毒剂　low-efficacy disinfectant

可杀灭细菌繁殖体和亲脂病毒的消毒剂。

4　技术要求

4.1　原料要求

4.1.1　产品原料应符合《中华人民共和国药典》、相应的国家或行业标准等有关规定。

4.1.2　生产用水应为纯化水。

4.2　消毒剂产品要求

4.2.1　感官性状

应符合消毒剂特有的气味,并符合产品规定的色泽,无明显沉淀。

4.2.2　理化指标

4.2.2.1　产品有效成分含量、pH 值应符合产品质量的相关标准。

4.2.2.2　有效期

原包装产品有效期应≥12 个月。

4.2.2.3　连续使用稳定性

消毒剂如需连续使用,使用期间,对医疗器械模拟现场灭菌或消毒效果应符合相应要求。

4.2.2.4　对金属及器械腐蚀性

消毒剂在使用剂量下,对不锈钢应无腐蚀性,对碳钢、铝、铜等金属应无腐蚀性或仅具轻度腐蚀性;长期使用对医疗器械整机及各元件无明显腐蚀性。

4.2.3　杀灭微生物指标

4.2.3.1　**灭菌剂**

在使用说明书规定的作用浓度及 50%作用时间的剂量下,杀灭微生物效果应符合表 1 要求。

表 1　灭菌剂杀灭微生物指标

受试微生物	试验项目	指标
枯草杆菌黑色变种芽孢	实验室定性灭菌试验	合格
	医疗器械模拟现场灭菌试验	合格

4.2.3.2 高效消毒剂

在使用说明书规定的作用剂量下,杀灭微生物效果应符合表 2 要求。

表 2 高效消毒剂杀灭微生物指标

受试微生物	试验项目	杀灭对数值
枯草杆菌黑色变种芽孢	实验室定量杀菌试验,悬液法[a]	≥5.00
	实验室定量杀菌试验,载体法[b]	≥3.00
	医疗器械模拟现场消毒试验	≥3.00

[a] 试样稀薄状或稀释后使用者宜采用悬液法定量法进行杀菌试验。
[b] 试样粘稠状或原液使用者宜采用载体法定量法进行杀菌试验。

4.2.3.3 中效消毒剂

在使用说明书规定的作用剂量下,实验室杀灭微生物效果应符合表 3 要求。

表 3 中效消毒剂杀灭微生物指标

受试微生物	杀灭或灭活对数值	
	悬液法[a]	载体法[b]
金黄色葡萄球菌	≥5.00	≥3.00
铜绿假单胞菌	≥5.00	≥3.00
分枝杆菌	≥4.00	≥3.00
脊髓灰质炎病毒	≥4.00	≥3.00

[a] 试样稀薄状或稀释后使用者宜采用悬液法定量法进行杀菌试验。
[b] 试样粘稠状或原液使用者宜采用载体法定量法进行杀菌试验。

在消毒剂使用说明书规定的作用剂量下,医疗器械的消毒模拟现场试验,对微生物的杀灭对数值应≥3.00。

4.2.3.4 低效消毒剂

在使用说明书规定的作用剂量下,实验室杀灭微生物效果应符合表 4 要求。

表 4 低效消毒剂杀灭微生物指标

受试微生物	杀灭对数值	
	悬液法[a]	载体法[b]
金黄色葡萄球菌	≥5.00	≥3.00
铜绿假单胞菌	≥5.00	≥3.00
白色念珠菌	≥4.00	≥3.00

[a] 试样稀薄状或稀释后使用者宜采用悬液法定量法进行杀菌试验。
[b] 试样粘稠状或原液使用者宜采用载体法定量法进行杀菌试验。

在消毒剂使用说明书规定的作用剂量下，医疗器械的消毒模拟现场试验，对微生物的杀灭对数值应≥3.00。

4.2.4 毒理学安全性要求

消毒剂原液急性经口毒性试验应呈实际无毒或低毒，应用液应属于实际无毒类；致突变试验应呈无致突变性。

5 试验方法

5.1 感官性状检查

将样品置于无色透明玻璃瓶或玻璃杯内，对光目测检查、鼻嗅。

5.2 理化指标

按《消毒技术规范》或相应的国家标准的方法进行测试。

5.3 杀灭微生物效果

按照卫生部《消毒技术规范》中相关试验方法进行测定。

5.4 毒理学安全性试验

按照卫生部《消毒技术规范》中相关试验方法进行测定。

6 使用方法

6.1 医疗器械的浸泡消毒与灭菌

医疗器械消毒灭菌前，充分清洗干净，将清洗后的医疗器械放入消毒剂中浸泡，使其完全淹没，再将消毒容器加盖，作用至规定时间。消毒或灭菌后的医疗器械在使用前用无菌蒸馏水冲洗干净。

6.2 医疗器械的擦拭消毒

按消毒剂说明书规定要求，对待处理的医疗器械进行擦拭消毒处理后，视情况采用酒精棉球擦拭或无菌去离子水冲洗以去除残留的消毒剂。

7 标志、标签和说明书

应符合 GB/T 191、《消毒产品标签说明书管理规范》等有关要求。

8 使用注意事项

8.1 根据医疗器械的性能、污染的病原体及消毒处理的目的，选择合适的消毒剂。

8.2 污染的器械消毒或灭菌处理前应充分清洗干净、干燥，处理时打开轴节，使充分暴露于消毒剂中。

8.3 关键性、半关键性医疗器械消毒、灭菌结束后，使用前应以无菌水冲洗干净。

8.4 对金属具有腐蚀性、对织物具漂白性的消毒剂，在使用说明书中应明确标明，并注明相应的注意事项。

8.5 需稀释后使用的灭菌及高、中水平消毒剂，应采用无菌蒸馏水稀释，以避免钙、镁等其他杂质对消毒效果的影响。

8.6 勿与拮抗物质混合使用。

8.7 使用场所应注意通风，并作好个人安全防护工作。

8.8 产品应密封，避光，置于阴凉、干燥、通风处保存，特殊要求者，如过氧乙酸溶液，应在最小包装上留置有排气孔。不得露天存放，不得与其他有毒物品混贮。

8.9 运输中不得倒置，防压、防撞、防挤、防止曝晒、雨淋。

ICS 11.080
C 59

中华人民共和国国家标准

GB 27950—2011

手消毒剂卫生要求

Hygienic requirements for hand antiseptic agents

2011-12-30 发布　　　　2012-05-01 实施

中华人民共和国卫生部
中国国家标准化管理委员会　发布

前　言

本标准的全部技术内容为强制性。

本标准按照GB/T 1.1—2009给出的规则起草。

本标准由中华人民共和国卫生部提出并归口。

本标准起草单位:湖南省疾病预防控制中心、中南大学湘雅医院、深圳市疾病预防控制中心、深圳市安多福实业发展有限公司和山东利尔康消毒科技有限公司。

本标准主要起草人:陈贵秋、黄跃龙、吴安华、朱子犁、吴岗、朱汉泉、朱应凯、宋江南、庄世锋、梁进军、李世康、高琼。

手消毒剂卫生要求

1 范围

本标准规定了手消毒剂的技术要求、检验方法、使用方法、标签说明书及使用注意事项。

本标准适用于以碘类、醇类、胍类、季铵盐类、酚类为原料，以水或者乙醇为溶剂制成的用于手消毒的消毒剂。

本标准不适用于用于皮肤消毒的消毒剂。

2 规范性引用文件

下列文件对于本文件的应用是必不可少的。凡是注日期的引用文件，仅注日期的版本适用于本文件。凡是不注日期的引用文件，其最新版本(包括所有的修改单)适用于本文件。

GB 15982 医院消毒卫生标准

中华人民共和国药典(2005年)

消毒技术规范 卫生部

化妆品卫生规范 卫生部

消毒产品标签说明书管理规范 卫生部

3 术语和定义

下列术语和定义适用于本文件。

3.1

手消毒 hand antisepsis

杀灭或清除手部病原微生物的过程，并达到消毒要求。可分为卫生手消毒和外科手消毒。

3.2

手消毒剂 hand antiseptic agent

应用于手消毒的化学制剂。

3.3

卫生手消毒 hygienic hand antisepsis

手的预防性消毒的过程。

3.4

外科手消毒 surgical hand antisepsis

手术前医务人员手与前臂的消毒的过程。

4 技术要求

4.1 原料要求

4.1.1 原料应符合《中华人民共和国药典》、医用级、食品级或化学纯的质量要求，不得使用工业级。

4.1.2 配方中不得含有激素、抗生素、抗真菌药物等各种处方药成分和卫生部规定的禁用物质。

4.1.3 生产用水采用去离子水或者蒸馏水。

4.2 产品质量要求

4.2.1 感官性状

消毒剂均匀不分层，无沉淀和悬浮物，无异味。

4.2.2 理化指标

4.2.2.1 质量标准

消毒剂的有效成分含量、pH 值等理化指标符合产品质量标准。产品有效期≥12 个月。

4.2.2.2 有效成分限量

胍类消毒剂有效含量应≤4.5%，苯扎溴铵或苯氯扎铵≤0.5%，2，4，4'-三氯-2'-羟基二苯丙醚≤2.0%。

4.2.2.3 杂质限量

铅<40 mg/L、汞<1 mg/L、砷<10 mg/L。

4.2.3 杀灭微生物指标

杀灭微生物指标应符合表 1 要求。

表 1 杀灭微生物指标

微生物种类	作用时间 min		杀灭对数值	
	卫生手消毒	外科手消毒	悬液法	载体法
大肠杆菌 8099	1.0	3.0	≥5.00	≥3.00
金黄色葡萄球菌 ATCC6538	1.0	3.0	≥5.00	≥3.00
白色念珠菌 ATCC10231	1.0	3.0	≥4.00	≥3.00
自然菌	1.0	3.0	≥1.0	

4.2.4 毒理学安全性要求

手消毒剂毒理学指标见表 2。

表 2 毒理学指标

项　　目	判 定 指 标
急性经口毒性试验	实际无毒或低毒
多次完整皮肤刺激试验	无刺激或轻度刺激
亚急性毒性试验(反复用)	未观察到毒性作用
致突变试验	阴性

4.2.5 开瓶后使用有效期

4.2.5.1 在使用有效期内消毒剂有效含量不低于成品标示有效含量的下限值。

4.2.5.2 易挥发性的醇类产品开瓶后的使用期不超过30 d。

4.2.5.3 不易挥发的产品开瓶后的使用期不超过60 d。

5 检验方法

5.1 感官性状检查

用目测方法检查消毒剂颜色、澄清度等。

5.2 理化指标

5.2.1 pH值测定

按《消毒技术规范》有关方法进行测定。

5.2.2 有效成分含量

按《消毒技术规范》及国家标准等有关方法进行测定。

5.2.3 稳定性试验

按《消毒技术规范》有关方法进行测定。

5.2.4 铅、汞、砷限量测定

按《化妆品卫生规范》有关方法进行测定。

5.3 杀灭微生物试验

按《消毒技术规范》有关方法进行测定。

5.4 毒理学安全性试验

按《消毒技术规范》有关方法进行测定。

6 使用方法

6.1 卫生手消毒

取适量的手消毒剂于手心，双手互搓使均匀涂布每个部位，作用1.0 min。

6.2 外科手消毒

外科洗手后，取适量的手消毒剂均匀涂布与双手、前臂和上臂下1/3的皮肤，作用3 min～5 min。

7 标签和说明书

符合《消毒产品标签说明书管理规范》有关规定。

8 使用注意事项

8.1 外用消毒剂，不得口服，置于儿童不易触及处。

8.2 避免与拮抗药物同用。

8.3 过敏者慎用。

8.4 避光、密封、防潮，置于阴凉、干燥处保存。

8.5 易燃者，远离火源。

8.6 开瓶用后应将盖拧紧，有效期内使用。

8.7 手消毒后残留菌数应符合 GB 15982 标准中相应区域要求（如Ⅱ类区域工作人员消毒后手上残留的自然菌不得大于 5 CFU/cm^2）。

ICS 11.080
C 59

GB

中华人民共和国国家标准

GB 27951—2011

皮肤消毒剂卫生要求

Hygiene requirements for skin disinfectant

2011-12-30 发布　　2012-05-01 实施

中华人民共和国卫生部
中国国家标准化管理委员会　发布

前　言

本标准的全部技术内容为强制性。

本标准按照GB/T 1.1—2009给出的规则起草。

本标准由中华人民共和国卫生部提出并归口。

本标准负责起草单位：山东省疾病预防控制中心、中国疾病预防控制中心、深圳市疾病预防控制中心。

本标准参与起草单位：福伟科技有限公司、深圳市安多福实业发展有限公司、济南鑫永泰实业有限公司、山东利尔康消毒科技有限责任公司、山东新华医疗器械股份有限公司。

本标准主要起草人：崔树玉、孙启华、张流波、格里申·亚历山大、谢永军、朱汉泉、李永强、温宪芹、李爱萍、赵克义、刘文杰、王超、朱子犁、吴刚。

皮肤消毒剂卫生要求

1 范围

本标准规定了皮肤消毒剂的技术要求、试验方法、使用方法、标签和说明书以及使用注意事项。

本标准适用于完整皮肤和破损皮肤消毒的消毒剂，不适用于手消毒剂。

2 规范性引用文件

下列文件对于本文件的应用是必不可少的。凡是注日期的引用文件，仅注日期的版本适用于本文件。凡是不注日期的引用文件，其最新版本(包括所有的修改单)适用于本文件。

GB/T 601 化学试剂滴定分析用标准溶液制备

GB/T 6680 液体化工产品采样通则

GB 15603 常用化学危险品贮存通则

GB 15982 医院消毒卫生标准

中华人民共和国药典

消毒技术规范 卫生部

化妆品卫生规范 卫生部

消毒产品标签说明书管理规范 卫生部

3 术语和定义

下列术语和定义适用于本文件。

3.1

皮肤消毒 skin disinfection

杀灭或清除人体皮肤上的病原微生物，并达到消毒要求。

3.2

皮肤消毒剂 skin disinfectant

用于人体皮肤上消毒的制剂。

3.3

完整皮肤 intact skin

人体表面的正常无损伤的皮肤。

3.4

破损皮肤 damaged skin

人体表面有损伤的皮肤。

4 技术要求

4.1 有效成分的种类

4.1.1 完整皮肤常用消毒剂的种类

醇类、碘类、胍类、季胺盐类、酚类、过氧化物类等。

4.1.2 破损皮肤常用消毒剂的种类

季胺盐类、胍类消毒剂以及过氧化氢、碘伏、三氯羟基二苯醚、酸性氧化电位水等。

4.2 原料要求

4.2.1 原料

应符合《中华人民共和国药典》、国家及行业标准等有关规定。

4.2.2 生产用水

应符合《中华人民共和国药典》中纯化水的要求。

4.2.3 禁用物质

各种处方药成分如抗生素、抗真菌药物、激素等和卫生行政部门规定的禁用物质。

4.3 产品质量要求

4.3.1 感官性状

消毒剂应均匀不分层，无沉淀和悬浮物，无异味。

4.3.2 理化指标

4.3.2.1 消毒剂的有效成分含量、pH 值应符合产品质量的相关标准。

4.3.2.2 有效成分与杂质限量 葡萄糖酸氯己定或醋酸氯己定有效总量＜45 g/L，三氯羟基二苯醚消毒剂有效总量＜20 g/L，苯扎溴胺或苯扎氯胺消毒剂有效总量＜5 g/L。铅＜40 mg/L、汞＜1 mg/L、砷＜10 mg/L。

4.3.3 微生物指标

4.3.3.1 杀灭微生物指标 应符合表 1 的要求。

表 1 杀灭微生物指标

项目	指标	
	作用时间 min	杀灭对数值
金黄色葡萄球菌杀灭试验	≤5.0	≥5.00
铜绿假单胞菌杀灭试验	≤5.0	≥5.00
白色念珠菌杀灭试验	≤5.0	≥4.00
现场试验(自然菌)	≤5.0	≥1.0
注：注射或穿刺部位皮肤消毒时间≤1 min。		

4.3.3.2 微生物污染指标 完整皮肤消毒剂菌落总数≤10 CFU/mL(g)，霉菌和酵母菌≤10 CFU/mL(g)，不得检出致病菌；破损皮肤的消毒剂应无菌。

4.3.4 安全性要求

皮肤消毒剂毒理学指标见表 2。

表 2 毒理学指标

项　　目	判定指标
急性经口毒性试验	实际无毒或低毒
一次完整皮肤刺激试验	无刺激或轻度刺激
破损皮肤刺激试验[a]	无刺激或轻度刺激
急性眼刺激试验[a]	无刺激或轻度刺激
皮肤变态试验[b]	未见或极轻度
致突变试验	阴性

[a] 破损皮肤消毒剂，需做该试验。

[b] 估计消毒剂有致敏作用者，需做该试验。

4.3.5 稳定性

原包装产品的有效期≥12 个月。

4.3.6 对使用中消毒剂的要求

开封后使用中的消毒剂感官性状、有效成分含量、pH 等符合产品质量要求，菌落总数≤50 CFU/mL(g)，霉菌和酵母菌≤10 CFU/mL(g)。应符合 GB 15982 的要求，不得检出致病菌(金黄色葡萄球菌、铜绿假单胞菌、乙型溶血性链球菌)。使用中破损皮肤消毒剂应符合出厂要求。

5 试验方法

5.1 感官性状检查

用目测方法检查消毒剂颜色、澄清度等。

5.2 理化指标的测定

5.2.1 pH 值测定

按《消毒技术规范》有关方法进行测定。

5.2.2 有效成分含量

按《消毒技术规范》、GB 6680、GB/T 601 等有关规定进行测定。

5.2.3 铅、汞、砷限量测定

按《化妆品卫生规范》有关方法进行测定。

5.2.4 稳定性试验

按《消毒技术规范》有关方法进行测定。

5.3 杀灭微生物试验

按《消毒技术规范》有关方法进行测定。

5.4 微生物污染鉴定

菌落总数、霉菌和酵母菌、致病菌和无菌检验见附录 A。

5.5 毒理学试验

按《消毒技术规范》有关方法进行测定。

6 使用方法

6.1 完整皮肤消毒

用消毒剂擦拭或揉搓消毒 2 次～3 次，作用 1 min～5 min 达到消毒效果。

6.2 破损皮肤消毒

用消毒剂涂擦或冲洗消毒，作用 1 min～5 min 达到消毒效果。

6.3 注射或穿刺部位皮肤消毒

用消毒剂擦拭消毒 2 次～3 次，作用≤1 min 达到消毒效果。

7 标签和说明书

符合《消毒产品标签说明书管理规范》有关规定。

8 使用注意事项

8.1 避光、密封、防潮，置于阴凉、干燥处保存。
8.2 避免与拮抗药物同用。
8.3 过敏者慎用。
8.4 外用消毒剂，不得口服，置于儿童不易触及处。
8.5 使用碘类消毒剂消毒后，应脱碘。
8.6 储存应符合 GB 15603 的要求，易燃者，远离火源。
8.7 有效期内使用。

附 录 A
（规范性附录）
微生物检验方法

A.1 菌落总数的测定

A.1.1 试验器材

A.1.1.1 锥形瓶：250 mL。

A.1.1.2 量筒：200 mL。

A.1.1.3 高压灭菌器。

A.1.1.4 100 级洁净室或 100 级层流超净工作台。

A.1.1.5 试管：15 mm×150 mm。

A.1.1.6 灭菌平皿：直径 9 cm。

A.1.1.7 灭菌刻度吸管：10 mL、1 mL。

A.1.1.8 酒精灯。

A.1.1.9 恒温培养箱：36 ℃±1 ℃。

A.1.1.10 放大镜。

A.1.1.11 生理盐水。

A.1.1.12 普通营养琼脂培养基。

A.1.1.13 中和剂。

A.1.2 方法

A.1.2.1 样品处理

用无菌吸管吸取消毒液 1.0 mL，加入到 9.0 mL 含相应中和剂的无菌生理盐水中，震荡 20 s 或振打 80 次，取 1∶10 稀释液进行检测。

A.1.2.2 操作步骤

用灭菌吸管吸取 1∶10 稀释的检液 2 mL，分别注入到两个灭菌平皿内，每皿 1 mL。另取 1 mL 注入到 9 mL 灭菌生理盐水试管中，并震荡 20 s 或振打 80 次，分混匀，制成 1∶100 检液。吸取 2 mL，分别注入到两个灭菌平皿内，每皿 1 mL。如样品含菌量高，还可再继续稀释，每种稀释度应换 1 支吸管。将融化并冷至 45 ℃～50 ℃的普通营养琼脂培养基倾注到平皿内，每皿约 15 mL，随即转动平皿，使样品与培养基充分混合均匀，待琼脂凝固后，翻转平皿，置 36 ℃±1 ℃培养箱内培养 48 h±2 h。另取一个不加样品的灭菌空平皿，加入约 15 mL 普通营养琼脂培养基，待琼脂凝固后，翻转平皿，置 36 ℃±1 ℃培养箱内培养 48 h±2 h，为空白对照。

A.1.2.3 结果报告

先用肉眼观察，点数菌落数，然后再用放大 5 倍～10 倍的放大镜检查，以防遗漏。记下各平皿的菌落数后，求出同一稀释度各平皿生长的平均菌落数。判定结果时，应选取菌落数在 30 个～300 个范围之内的平皿计数，乘以稀释度报告 1 mL(1 g)消毒剂中所含菌落的总数(CFU)，以 CFU/mL(g)表示。若所有的稀释度均无菌生长，报告数为<10 CFU/mL(g)。

A.2　霉菌和酵母菌的检测方法

A.2.1　试验器材

A.2.1.1　培养箱:28 ℃±2 ℃。

A.2.1.2　振荡器。

A.2.1.3　天平。

A.2.1.4　锥形瓶,250 mL。

A.2.1.5　试管:15 mm×150 mm。

A.2.1.6　平皿:直径 9 cm。

A.2.1.7　吸管:1 mL、10 mL。

A.2.1.8　量筒:200 mL。

A.2.1.9　酒精灯。

A.2.1.10　高压灭菌器。

A.2.1.11　沙堡罗琼脂培养基。

A.2.1.12　生理盐水。

A.2.2　方法

A.2.2.1　样品处理:见 A.1.2.1。

A.2.2.2　操作步骤:取 1∶10、1∶100、1∶1 000 的检液各 1 mL 分别注入灭菌平皿内,每个稀释度各用 2 个平皿,注入融化并冷至 45 ℃±1 ℃左右的沙堡罗琼脂培养基,充分摇匀。凝固后,翻转平板,置 28 ℃±1 ℃培养 72 h±2 h,计数平板内生长的霉菌和酵母菌数。若有霉菌蔓延生长,为避免影响其他霉菌和酵母菌的计数时,于 48 h±2 h 应及时将此平板取出计数。另取一个不加样品的灭菌空平皿,加入约 15 mL 沙堡罗琼脂培养基,待琼脂凝固后,翻转平皿,置 28 ℃±1 ℃培养 72 h±2 h,为空白对照。

A.2.2.3　结果报告:先点数每个平板上生长的霉菌和酵母菌菌落数,求出每个稀释度的平均菌落数。判定结果时,应选取菌落数在 5 个~50 个范围之内的平皿计数,乘以稀释倍数即为每毫升(或每克)消毒剂中所含的霉菌和酵母菌数。以 CFU/mL(g)表示。若所有的稀释度均无菌生长,报告数为<10 CFU/mL(g)。

A.3　致病菌的检测方法

A.3.1　金黄色葡萄球菌的检测方法

A.3.1.1　试验器材

A.3.1.1.1　显微镜。

A.3.1.1.2　恒温培养箱:36 ℃±1 ℃。

A.3.1.1.3　离心机。

A.3.1.1.4　灭菌吸管:1 mL、10 mL。

A.3.1.1.5　灭菌试管:15 mm×150 mm。

A.3.1.1.6　载玻片。

A.3.1.1.7　酒精灯。

A.3.1.1.8　7.5%的氯化钠肉汤。

A.3.1.1.9　血琼脂培养基。

A.3.1.1.10 甘露醇发酵培养基。

A.3.1.1.11 兔(人)血浆。

A.3.1.2 试验步骤

A.3.1.2.1 样品处理

见A.1.2.1。

A.3.1.2.2 增菌培养

取1∶10稀释的样品10mL接种到2倍浓缩10 mL 7.5%氯化钠肉汤中,置36 ℃±1 ℃培养24 h±2 h。

A.3.1.2.3 分离培养

自上述增菌培养液中,取1～2接种环,划线接种在血琼脂培养基,置36 ℃±1 ℃培养24 h～48 h。本菌在血琼脂平板上菌落呈金黄色,大而突起,圆形,不透明,表面光滑,周围有溶血圈。挑取单个菌落分纯在血琼脂平板上,置36 ℃±1 ℃培养24 h±2 h。

A.3.1.2.4 染色镜检

挑取分纯菌落,涂片,进行革兰染色,镜检。金黄色葡萄球菌为革兰氏阳性菌,排列成葡萄状,无芽孢,无夹膜,致病性葡萄球菌,菌体较小,直径约为0.5 μm～1 μm。

A.3.1.2.5 甘露醇发酵试验

取上述可疑菌落接种于甘露醇培养基,于36 ℃±1 ℃培养24 h,发酵甘露醇产酸者为阳性。

A.3.1.2.6 血浆凝固试验

吸取1∶4新鲜血浆0.5 mL,放入灭菌小试管中,加入待检菌24 h±2 h肉汤培养物0.5 mL。混匀,放36 ℃±1 ℃恒温箱或恒温水浴中,每30 min观察一次,6 h之内如呈现凝块即为阳性。同时以已知血浆凝固酶阳性和阴性菌株肉汤培养物及肉汤培养基各0.5 mL,分别加入灭菌1∶4血浆0.5 mL,混匀,作为对照。

A.3.1.3 结果报告

凡在上述选择平板上有可疑菌落生长,经染色镜检,证明为革兰阳性葡萄球菌,并能发酵甘露醇产酸,血浆凝固酶试验阳性者,可报告检出金黄色葡萄球菌。

A.3.2 铜绿假单胞菌的检测方法

A.3.2.1 试验器材

A.3.2.1.1 培养箱:42 ℃±1 ℃、36 ℃±1 ℃。

A.3.2.1.2 锥形瓶:250 mL。

A.3.2.1.3 试管:15 mm×150 mm。

A.3.2.1.4 灭菌平皿:直径90 mm。

A.3.2.1.5 灭菌刻度吸管:10 mL、1 mL。

A.3.2.1.6 显微镜。

A.3.2.1.7 载玻片。

A.3.2.1.8 接种针、接种环。

A.3.2.1.9 电磁炉。

A.3.2.1.10 高压灭菌器。

A.3.2.1.11 普通肉汤。

A.3.2.1.12 十六烷基三甲基溴化铵培养基。

A.3.2.1.13 绿脓菌素测定用培养基。

A.3.2.1.14 明胶培养基。

A.3.2.1.15 硝酸盐蛋白胨水培养基。

A.3.2.1.16 普通琼脂斜面培养基。

A.3.2.1.17 1%二甲基对苯二胺试液。

A.3.2.2 试验步骤

A.3.2.2.1 样品处理：见 A.1.2.1。

A.3.2.2.2 增菌培养：取 1∶10 稀释的样品 10 mL 接种到 2 倍浓缩 10 mL 普通肉汤中。置 36 ℃±1 ℃培养 18 h～24 h。如有铜绿假单胞菌生长，培养液表面多有一层薄菌膜，培养液常呈黄绿色或蓝绿色。

A.3.2.2.3 分离培养：从培养液的薄膜处挑取培养物，划线接种在十六烷三甲基溴化铵琼脂平板上，置 36 ℃±1 ℃培养 18 h～24 h。铜绿假单胞菌在该培养基上，其菌落扁平无定型，向周边扩散或略有蔓延，表面湿润，菌落呈灰白色，菌落周围培养基常扩散有水溶性绿色色素。

A.3.2.2.4 染色镜检：挑取可疑菌落，涂片，革兰染色，镜检为革兰阴性者应进行氧化酶试验。

A.3.2.2.5 氧化酶试验：取一小块洁净的白色滤纸片放在灭菌平皿内，用无菌玻璃棒挑取铜绿假单胞菌可疑菌落涂在滤纸片上，然后在其上滴加一滴新配制的1%二甲基对苯二胺试液，在 15 s～30 s 之内，出现粉红色或紫红色时，为氧化酶试验阳性；若培养物不变色，为氧化酶试验阴性。

A.3.2.2.6 绿脓菌素试验：取可疑菌落 2 个～3 个，分别接种在绿脓菌素测定培养基上，置 36 ℃±1 ℃培养 24 h±2 h，加入氯仿 3 mL～5 mL，充分振荡使培养物中的绿脓菌素溶解于氯仿液内，待氯仿提取液呈蓝色时，用吸管将氯仿移到另一试管中并加入 1 mol/L 的盐酸 1 mL 左右，振荡后，静置片刻。如上层盐酸液内出现粉红色到紫红色时为阳性，表示被检物中有绿脓菌素存在。

A.3.2.2.7 硝酸盐还原产气试验：挑取可疑的铜绿假单胞菌纯培养物，接种在硝酸盐蛋白胨水培养基中，置 36 ℃±1 ℃培养 24 h±2 h，观察结果。凡在硝酸盐胨水培养基内的小倒管中有气体者，即为阳性，表明该菌能还原硝酸盐，并将亚硝酸盐分解产生氮气。

A.3.2.2.8 明胶液化试验：取铜绿假单胞菌可疑菌落的纯培养物，穿刺接种在明胶培养基内，置 36 ℃±1 ℃培养 24 h±2 h，取出放冰箱 10 min～30 min，如仍呈溶解状或表面溶解时即为明胶液化试验阳性；如凝固不溶者为阴性。

A.3.2.2.9 42 ℃生长试验：挑取可疑的铜绿假单胞菌纯培养物，接种在普通琼脂斜面培养基上，放在 42 ℃±1 ℃培养箱中，培养 24 h～48 h，铜绿假单胞菌能生长，为阳性，而同属的荧光假单胞菌则不能生长。

A.3.2.3 结果报告

被检消毒剂经增菌分离培养后，证实为革兰阴性杆菌，氧化酶及绿脓菌素试验均为阳性者，即可报告被检样品中检出铜绿假单胞菌；如绿脓菌素试验阴性而液化明胶、硝酸盐还原产气和 42 ℃生长试验三者为阳性时，仍可报告被检样品中检出铜绿假单胞菌。

A.3.3 乙型溶血性链球菌的检测方法

A.3.3.1 试验器材

A.3.3.1.1 培养箱:36 ℃±1 ℃。

A.3.3.1.2 锥形瓶:250 mL。

A.3.3.1.3 试管:15 mm×150 mm。

A.3.3.1.4 灭菌平皿:直径 90 mm。

A.3.3.1.5 灭菌刻度吸管:10 mL、1 mL。

A.3.3.1.6 显微镜。

A.3.3.1.7 载玻片。

A.3.3.1.8 接种针、接种环。

A.3.3.1.9 电磁炉。

A.3.3.1.10 高压灭菌器。

A.3.3.1.11 1%葡萄糖肉汤。

A.3.3.1.12 血琼脂培养基。

A.3.3.1.13 30% H_2O_2。

A.3.3.1.14 兔(人)血浆。

A.3.3.1.15 生理盐水。

A.3.3.1.16 0.25%氯化钙。

A.3.3.2 试验步骤

A.3.3.2.1 样品处理:见 A.1.2.1。

A.3.3.2.2 增菌培养:取 1∶10 稀释的样品 10 mL 接种到 2 倍浓缩 10 mL 1%葡萄糖肉汤,置 36 ℃±1 ℃培养 18 h~24 h。

A.3.3.2.3 分离培养:从培养液的薄膜处挑取培养物,划线接种在血平板上,置 36 ℃±1 ℃培养 18 h~24 h。乙型溶血性链球菌在血平板上菌落形态为灰白色、半透明或不透明、针尖状突起、表面光滑、边缘整齐、周围有 β 溶血圈。

A.3.3.2.4 染色镜检:挑取可疑的菌落,涂片,革兰染色,镜下为革兰阳性、呈链状排列的球菌。

A.3.3.2.5 触酶试验:用接种环挑取孵育 18 h~24 h 单个菌落的中心培养物放在洁净玻片上,用滴管在玻片的细菌上滴加 30% H_2O_2(操作顺序不能颠倒,否则易出现假阳性)立刻观察有无冒泡,并记录结果,有气泡者为阳性,乙型溶血性链球菌呈阴性。

A.3.3.2.6 链激酶试验:吸取草酸钾血浆 0.2 mL(0.02 g 草酸钾加 5 mL 人血浆混匀,经离心沉淀,吸取上清),加入 0.8 mL 灭菌生理盐水混匀后再加入待检菌 24 h 肉汤培养物 0.5 mL 和 0.25%氯化钙 0.25 mL,混匀,放入 36 ℃±1 ℃水浴中,每 2 min 观察一次(一般 10 min 内可凝固),待血浆凝固后继续观察并记录溶化的时间,如 2 h 内不溶化,移入孵箱观察 24 h 的结果,如全部溶化为阳性;24 h 仍不溶解者为阴性。

A.3.3.2.7 杆菌肽敏感试验:将被检菌浓菌液涂于血平板上,用灭菌镊子取含 0.04 单位杆菌肽纸片放在平板表面上。同时以已知阳性菌株作对照,于 36 ℃±1 ℃培养 18 h~24 h,有抑菌带者为阳性。

A.3.3.3 结果报告

被检消毒剂经增菌分离培养后,经证实为革兰阳性、呈链状排列的球菌,触酶阴性、链激酶试验阳性、对杆菌肽敏感者,即可报告为检出乙型溶血性链球菌。

A.3.4 无菌检验

A.3.4.1 试验器材

A.3.4.1.1 需氧-厌氧菌培养基。

A.3.4.1.2 无菌试验用真菌培养基(下简称真菌培养基)。

A.3.4.1.3 中和剂。

A.3.4.1.4 100级洁净室或100级层流超净工作台(下分别简称洁净室与超净台)。

A.3.4.2 采样前准备

A.3.4.2.1 采用平板尘降法检测洁净室或超净台内空气的含菌量:用 ϕ9 cm 双平板暴露 30 min 对空气采样后进行培养。平均菌落数≤1.0 CFU/平板为合格。

A.3.4.2.2 需氧-厌氧培养基培养性能检查:接种 1.0 mL 含 10 个以下的藤黄微球菌[Micrococcus Lutea,CMCC(B)28001]菌悬液,置 30 ℃～35 ℃培养 24 h 后,应生长良好。另接种 1.0 mL 含 50 个以下的生孢梭菌[CLostridium sporogenes,CMCC(B)64941]菌悬液,置同样条件,亦应生长良好。

A.3.4.2.3 真菌培养基培养性能检验:接种 1.0 mL 含 50 CFU 以下的白色念珠菌[Candida aLbicans, CMCC(F)98001]菌悬液,置 20 ℃～25 ℃培养 24 h 后应生长良好。

A.3.4.2.4 中和剂无菌检查:于无菌检查前 3 d,向需氧-厌氧菌培养基与真菌培养基内各接种 1.0 mL 中和剂,分别置 30 ℃～35 ℃与 20 ℃～25 ℃条件下,培养 72 h 后应无菌生长。

A.3.4.2.5 培养基无菌检查:于无菌检查 3 d,将未种菌的需氧-厌氧菌培养基与真菌培养基分别置 30 ℃～35 ℃与 20 ℃～25 ℃条件下,培养 72 h 后应无菌生长。

A.3.4.2.6 阳性对照菌悬液制备:于无菌试验前一天,取金黄色葡萄球菌[CMCC(B)26003]普通琼脂斜面新鲜培养物 1 接种环,接种于需氧-厌氧菌培养基内,在 30 ℃～35 ℃培养 16 h～18 h 备用。用时以无菌生理盐水稀释至 $1:10^6$。

A.3.4.2.7 无菌室与试验台消毒:对无菌室地面与桌面以及试验台台面擦净消毒后,将无菌试验用的培养基、洗脱液、供试品及其他需用器材放妥。开启紫外线灯消毒 1 h。

A.3.4.3 操作步骤

A.3.4.3.1 工作人员穿戴无菌隔离衣、帽、口罩、鞋后进入无菌室,用 75%乙醇消毒双手。

A.3.4.3.2 将供试品外包装用 75%乙醇擦拭消毒后放于试验台上。

A.3.4.3.3 样品处理:见 A.1.2.1。

A.3.4.3.4 取 1:10 稀释的样品 7 mL 分别接种到于需氧-厌氧培养管 5 管与真菌培养管 2 管,每管含培养基 9 mL,在其中一支加有样本的需氧-厌氧菌培养管中接种 1.0 mL 金黄色葡萄球菌稀释悬液作为阳性对照。取需氧-厌氧培养管与真菌培养管各 1 支,打开盖(或塞)置试验台上,直至样本无菌检查试验完毕。盖上盖(或塞)与供试品一起培养,作为阴性对照。

A.3.4.3.5 将上述接种消毒剂稀释液后的需氧-厌氧菌培养管、阳性对照管与阴性对照管同时放入 30 ℃～35 ℃恒温培养箱内、连续培养 5 d,逐日观察培养结果。将上述接种消毒剂稀释液后的真菌培养管、阳性对照管与阴性对照管同时放入 20 ℃～25 ℃恒温培养箱内、连续培养 7 d,逐日观察培养结果。阳性对照管应有菌生长,阴性对照应无菌生长,否则试验重做。

A.3.4.4 结果报告

A.3.4.4.1 当阳性和阴性对照管培养的结果符合要求,接种消毒剂的需氧-厌氧菌培养管及真菌培养管均呈澄清(或虽浑浊但经证明并非有菌生长者),判定供试品合格。

A.3.4.4.2 接种消毒剂的需氧-厌氧菌培养管及真菌培养管中有任何一管呈浑浊，并确认有菌生长时，应用同批样本进行复测。复测中，除阳性对照管外，其他各管均无菌生长，仍可判为合格，否则判定消毒剂不合格。

ICS 11.080
C 59

中华人民共和国国家标准

GB 27952—2011

普通物体表面消毒剂的卫生要求

Hygienic requirements for surface disinfectants

2011-12-30 发布　　2012-05-01 实施

中华人民共和国卫生部
中国国家标准化管理委员会　发布

前　言

本标准的全部技术内容为强制性。

本标准按照 GB/T 1.1—2009 给出的规则起草。

本标准由中华人民共和国卫生部提出并归口。

本标准负责起草单位:湖北省疾病预防控制中心、中国疾病预防控制中心环境与健康相关产品安全所。

本标准参加起草单位:山东利尔康消毒科技有限公司。

本标准主要起草人:张险峰、岳木生、张天宝、江永忠、张流波、郑立国、黄晓波、刘斯、张令要、何钢、朱汉泉。

普通物体表面消毒剂的卫生要求

1 范围

本标准规定了用于普通物体表面消毒的消毒剂技术要求、检验方法、使用方法、说明书和标签及使用注意事项。

本标准适用于普通物体表面预防性消毒的各类消毒剂。

2 规范性引用文件

下列文件对于本文件的应用是必不可少的。凡是注日期的引用文件，仅注日期的版本适用于本文件。凡是不注日期的引用文件，其最新版本(包括所有的修改单)适用于本文件。

GB 190 危险货物包装标志

GB/T 191 包装储运图示标志

GB 1616 工业过氧化氢

GB/T 10666 次氯酸钙(漂粉精)

GB 19104 过氧乙酸溶液

GB 19106 次氯酸钠溶液

中华人民共和国药典

消毒技术规范 卫生部

消毒产品标签说明书管理规范 卫生部

3 术语和定义

下列术语和定义适用于本文件。

3.1

预防性消毒 preventive disinfection

对可能受到病原微生物污染的物品和场所进行的消毒。

3.2

普通物体表面 general subject surface

各种场所如学校、托幼机构、医疗卫生机构、公共场所、家庭等的用具、物品及设施的表面。

3.3

普通物体表面消毒剂 general subject surface disinfectant

用于杀灭普通物体表面的微生物使其达到消毒效果的制剂。

4 技术要求

4.1 常用消毒剂

4.1.1 含氯类消毒剂:次氯酸钙应符合 GB/T 10666 的要求;次氯酸钠应符合 GB 19106 的要求。

4.1.2 含溴消毒剂,应符合国家有关的质量要求。

4.1.3 过氧化物类消毒剂:过氧化氢应符合 GB 1616 的质量要求;过氧乙酸应符合 GB 19104 的质量要求;二氧化氯,包括液体和固体制剂及二氧化氯发生器产生的二氧化氯气体,并应符合国家有关的质量要求。

4.1.4 醇类消毒剂:乙醇应符合《中华人民共和国药典》的要求。

4.1.5 酚类消毒剂:甲酚、对氯间二苯酚与三氯羟基二苯醚,应符合国家有关的质量要求。

4.1.6 季胺盐类消毒剂:新洁尔灭应符合《中华人民共和国药典》的要求。

4.2 原料要求

原料应符合国家及行业标准等有关规定。

4.3 产品质量要求

4.3.1 感官性状

固体消毒剂外观应均一,无异物;液体消毒剂无沉淀,无分层;气雾型消毒剂应雾粒均匀。

4.3.2 理化性能

消毒剂的有效成分含量、pH 值等理化指标应符合产品质量的相关标准。

4.3.3 杀灭微生物要求

采用悬液定量杀灭试验或载体浸泡定量杀灭试验,在作用时间≤30 min 对微生物杀灭效果应符合表 1 要求。

表 1 杀灭微生物效果要求

项　　目	杀灭对数值	
大肠杆菌杀灭试验	≥5.00(悬液法)	≥3.00(载体法)
金黄色葡萄球菌杀灭试验	≥5.00(悬液法)	≥3.00(载体法)
现场或模拟现场试验	≥1.00(现场试验)	≥3.00(模拟现场试验)

4.3.4 毒理学安全性要求

4.3.4.1 急性经口毒性试验属实际无毒级。

4.3.4.2 一次完整皮肤刺激试验无刺激性或轻刺激性。

4.3.4.3 致突变试验阴性。

4.3.5 有效期

液体消毒剂的有效期应≥6 个月,固体消毒剂的有效期应≥12 个月。

5 检验方法

5.1 外观:在自然光源或日光灯前裸视观察。

5.2 有效成分含量、pH 值、有效期:按照《消毒技术规范》规定的方法进行检测。

5.3 微生物杀灭试验和毒理学安全性试验按照《消毒技术规范》规定的方法进行。

6 使用方法

6.1 使用方式

6.1.1 擦拭:将消毒剂用自来水稀释成使用浓度,用干净抹布沾湿后,对物品进行擦拭。

6.1.2 浸泡:将消毒剂用自来水稀释成使用浓度,将物品完全浸没于消毒液中,作用至规定时间。

6.1.3 喷雾:将消毒剂用自来水稀释成使用浓度,使用常规喷雾器或超低容量喷雾器进行喷洒,作用至规定时间后,开窗通风。

6.2 使用剂量

常见消毒剂的使用剂量见附录A。

6.3 流动冲洗:对于现场制备现场使用的消毒剂,可将拟消毒物品置于消毒液出液口处,连续冲洗至规定时间。

7 说明书、标签和包装标示

说明书、标签符合《消毒产品标签说明书管理规范》有关规定;**包装标示** GB 190 和 GB/T 191 的规定。

8 使用注意事项

8.1 根据拟消毒对象的不同特点,选择使用不同的消毒剂。

8.2 本类别的消毒剂仅用于普通物体表面消毒,不得口服,置于儿童不易触及处。

8.3 在使用浓度下,对金属有中度腐蚀性的消毒剂慎用于相应金属物品的消毒,对金属有重度腐蚀性的消毒剂慎用于普通物体表面的消毒。对金属有一定腐蚀性,对织物有漂白、褪色作用,应慎用。对金属有中度以上腐蚀性的消毒剂不得长期使用。当使用的消毒液对物品有腐蚀时,作用至规定时间后,应用清水擦拭或冲洗干净。

8.4 使用超低容量喷雾方式对物体表面进行消毒的消毒剂,在消毒完毕后,应通风 30 min 以上,环境空气中的消毒剂残留量应低于相应的国家标准要求。采用喷洒方式对物品进行消毒时,应注意个人防护,密封门窗。作用至规定时间后打开门窗进行充分通风后人员才能进入。

8.5 在室温条件下,除季铵盐类、乙醇、过氧化氢与酚类消毒剂外,其他消毒剂的应用液应现场配制,24 h 内使用。

8.6 必要时,消毒至规定时间后,应用自来水擦拭或冲洗干净。

8.7 如不慎接触,应立即用清水连续冲洗,如伤及眼睛还应及早就医。

附 录 A
（资料性附录）
物体表面消毒常用消毒剂的使用剂量与使用方式

在进行预防性消毒现场使用时，应根据现场使用条件和消毒对象的特性，选择相应的消毒剂种类，按下表推荐的方式与剂量进行消毒处理（见表 A.1）。

表 A.1 物体表面常用消毒剂的使用剂量与使用方式

消毒剂类别	清洁条件下		污染条件下		使用方式
	有效成分浓度	作用时间 min	有效成分浓度	作用时间 min	
含氯类	100 mg/L～250 mg/L	30	400 mg/L～500 mg/L	30	擦拭、浸泡、喷洒
二氧化氯	50 mg/L～100 mg/L	10～15	100 mg/L～200 mg/L	15～30	擦拭、浸泡、喷洒
过氧乙酸	50 mg/L～100 mg/L	5～10	100 mg/L～200 mg/L	15～30	浸泡、喷洒
含溴类	200 mg/L～400 mg/L	10～20	500 mg/L～1 000 mg/L	15～30	擦拭、浸泡、喷洒
季铵盐类	200 mg/L～1 000 mg/L	1～10	400 mg/L～1 200 mg/L	5～20	擦拭、浸泡、冲洗
	800 mg/L～1 200 mg/L	5～10	1 000 mg/L～2 000 mg/L	10～30	喷雾
酸性氧化电位水	50 mg/L～100 mg/L	10～15	—	—	冲洗、浸泡
臭氧水	5 mg/L～10 mg/L	10～15	—	—	冲洗、浸泡
甲酚	0.5%～1.0%	5～10	—	—	擦拭、浸泡、喷洒
对氯间二苯酚	1%～2%	5～10	2%～3%	15～30	擦拭、浸泡、喷洒
三氯羟基二苯醚	2.0%	15～30	—	—	擦拭、浸泡、喷洒
乙醇	70%～80%	3	—	—	擦拭、喷洒
过氧化氢	3%～4%	5～10	—	—	擦拭、喷洒

注：—表示不适用。

ICS 11.080
C 59

中华人民共和国国家标准

GB 27953—2011

疫源地消毒剂卫生要求

Hygienic requirements of disinfectant for infectious focus

2011-12-30 发布

2012-05-01 实施

中华人民共和国卫生部
中国国家标准化管理委员会 发布

前 言

本标准第 7 章为推荐性，其余的为强制性。

本标准按照 GB/T 1.1—2009 给出的规则起草。

本标准由中华人民共和国卫生部提出并归口。

本标准负责起草单位：河北省疾病预防控制中心、中国疾病预防控制中心环境与健康相关产品安全所、军事医学科学院疾病预防控制所、四川大学华西公共卫生学院。

本标准参加起草单位：山东利尔康消毒科技有限公司。

本标准主要起草人：陈素良、崔玉杰、韩艳淑、张流波、李新武、姚楚水、张朝武、朱汉泉。

疫源地消毒剂卫生要求

1 范围

本标准规定了疫源地消毒剂的技术要求、检验方法、常用的消毒剂、使用方法和注意事项等。

本标准适用于对人类传染病的疫源地消毒或对已知有传染病病原体污染场所消毒的消毒剂。

2 规范性引用文件

下列文件对于本文件的应用是必不可少的。凡是注日期的引用文件，仅注日期的版本适用于本文件。凡是不注日期的引用文件，其最新版本(包括所有的修改单)适用于本文件。

消毒技术规范　卫生部

3 术语和定义

下列术语和定义适用于本文件。

3.1

疫源地消毒剂　disinfectant for infectious focus

对存在或曾经存在传染源的场所进行消毒，使传染源排出的病原体达到无害化要求的制剂。

4 技术要求

4.1　生产消毒剂的原料应符合国家相关标准、药典及相关规定。

4.2　消毒剂的感官性状、有效成分含量、稳定性、pH 值、金属腐蚀性、重金属含量等理化指标均应符合国家标准及相关规定。

4.3　消毒剂的杀灭微生物效果应达到国家标准及相关规定的要求。

4.4　消毒剂的毒理学安全性应符合国家标准及相关规定。

4.5　储备用消毒剂的理化性质应稳定，有效期应在 2 年以上。

4.6　对使用者、工作人员的健康不得产生危害，对消毒对象的损害较轻。

4.7　对环境污染较轻。

4.8　消毒后达到国家规定的现场消毒效果的评价要求并不得检出相应疾病的病原体。

4.9　消毒剂的规格和包装应便于现场消毒的应用。

5 常用的消毒剂

5.1　根据污染病原体的种类与抗力确定的常用消毒剂

5.1.1　芽孢污染物(如炭疽杆菌芽孢、破伤风杆菌芽孢污染物等)：选择含氯类、过氧化物类、含溴类和醛类等消毒剂。

5.1.2　分枝杆菌及亲水病毒污染物(如结核杆菌、脊髓灰质炎病毒、甲型肝炎病毒、戊型肝炎病毒等病原体的污染物等)：选择含氯类、含溴类、过氧化物类、醛类和含碘类等消毒剂。

5.1.3 细菌繁殖体及亲脂病毒污染物(如霍乱弧菌、痢疾杆菌、白喉棒状杆菌、伤寒沙门菌和副伤寒沙门菌、布鲁杆菌、淋病奈瑟菌、麻风杆菌、流感病毒、乙型肝炎病毒、丙型肝炎病毒、丁型肝炎病毒、麻疹病毒、汉坦病毒等病原体的污染物等):选择含氯类、含溴类、过氧化物类、醛类、含碘类、双胍类、季铵盐类、醇类等消毒剂。

5.1.4 未查明病原体的污染物或可引起严重传染病的病原体污染物(如SARS-冠状病毒、高致病性禽流感病毒、鼠疫耶尔森菌和狂犬病病毒等),应按照5.1.1确定适用的消毒剂。

5.2 根据病原体污染的消毒对象确定的常用消毒剂

5.2.1 常用的物体表面消毒剂:含氯类、含溴类和过氧化物类消毒剂等。

5.2.2 常用的空气消毒剂:过氧化物类消毒剂(如过氧乙酸、二氧化氯、过氧化氢、臭氧等)。

5.2.3 常用的生活饮用水和污水消毒剂:含氯类、含溴类和过氧化物类消毒剂。

5.2.4 常用的餐饮具和果蔬消毒剂:含氯类、含溴类和过氧化物类消毒剂。

5.2.5 常用的排泄物、分泌物及尸体消毒剂:含氯类和过氧化物类消毒剂。

5.2.6 常用的手和皮肤消毒剂:含碘类、双胍类、季铵盐类和醇类消毒剂。

5.3 根据环境保护要求确定的常用消毒剂

在确保消毒效果的情况下,尽量选择过氧化物类消毒剂(如过氧化氢、过氧乙酸、二氧化氯)、季铵盐类消毒剂等对环境影响较小的消毒产品。

6 检验方法

6.1 理化指标检验方法

按《消毒技术规范》或国家标准中规定的方法进行。

6.2 杀灭微生物效果指标的检测方法

按《消毒技术规范》或国家标准中规定的方法进行。

6.3 毒理学检验方法

按《消毒技术规范》的有关方法进行。

7 使用方法

使用方法参见附录A。

8 注意事项

8.1 应符合相应消毒剂国家标准中规定的注意事项,消毒剂不得口服。

8.2 对已知传染病患者的排泄物、分泌物及死于传染病的病人尸体的消毒,应有相应级别的个人防护措施。对不明原因的传染病,应采取最高级别的防护措施。

8.3 消毒剂的使用者应做好适当防护,一旦发生消毒剂对使用者有损伤时,应及时采取应对措施,或及时就医。

8.4 有些消毒剂对消毒对象有损害,应根据物品的贵重程度,合理选用消毒因子,既要保证消毒效果,又要尽量降低其损害程度。

8.5 空气消毒应在无人、密闭情况下进行，消毒后开窗通风。

8.6 稳定性较差的消毒剂要求现用现配，如过氧乙酸、含氯消毒剂、含溴消毒剂等。

8.7 季铵盐类消毒剂、胍类消毒剂不得与肥皂、阴离子等合用。

8.8 对易燃、易爆、易挥发、易腐蚀的消毒剂应采取防燃、防爆、防挥发和防腐蚀措施。

8.9 本标准中提出的消毒剂使用剂量不适用于预防性消毒。

附 录 A
（资料性附录）
疫源地常用消毒剂使用方法

A.1 含氯消毒剂的使用方法（见表 A.1）

表 A.1 含氯消毒剂的适用对象、剂量及使用方法

消毒对象	芽孢污染物		分枝杆菌及亲水病毒污染物		细菌繁殖体及亲脂病毒污染物	
	使用方法	剂量	使用方法	剂量	使用方法	剂量
物体表面	擦拭 浸泡 喷洒	10 g/L～15 g/L 有效氯，作用 2 h，用量 100 mL/m^2～300 mL/m^2	擦拭 浸泡 喷洒	1 g/L～2 g/L 有效氯，作用 1 h 用量 100 mL/m^2～300 mL/m^2	擦拭 浸泡 喷洒	500 mg/L～1 g/L 有效氯，作用 1 h 用量 100 mL/m^2～300 mL/m^2
餐（饮）具	浸泡	5 g/L～10 g/L 有效氯作用 1 h	浸泡	1 g/L～2 g/L 有效氯作用 0.5 h	浸泡	500 mg/L 有效氯作用 0.5 h
排泄物、分泌物	浸泡	稀薄排泄物呕吐物：1 L 加漂白粉 50 g 或 20 g/L 有效氯消毒剂溶液 2 L，搅匀放置 6 h。 成型粪便：50 g/L 有效氯消毒剂溶液 2 份加于 1 份粪便中，混匀后，作用 6 h。 尿液：每 1 L 加入漂白粉 5 g 或次氯酸钙 1.5 g 或 10 g/L 有效氯消毒剂溶液 100 mL 混匀放置 6 h	浸泡	稀薄的排泄物、呕吐物：1 L 加漂白粉 50 g 或 20 g/L 有效氯含氯消毒剂溶液 2 L，搅匀放置 2 h。 成型粪便：50 g/L 有效氯含氯消毒剂溶液 2 份加于 1 份粪便中，混匀后，作用 2 h。 尿液：每 1 L 加入漂白粉 5 g 或次氯酸钙 1.5 g 或 10 g/L 有效氯含氯消毒剂溶液 100 mL 混匀放置 2 h	浸泡	稀薄排泄物呕吐物：2 L 加漂白粉 50 g 或 20 g/L 有效氯含氯消毒剂溶液 2 L，搅匀放置 2 h。 成型粪便：50 g/L 有效氯消毒剂溶液 2 份加于 1 份粪便中，混匀后，作用 2 h。 尿液：每 2 L 加入漂白粉 5 g 或次氯酸钙 1.5 g 或 10 g/L有效氯消毒剂溶液 100 mL 混匀放置 2 h
尸体	铺垫 喷洒	前处理：用有效氯 20 g/L 含氯消毒液浸泡的纱布堵住开放口，用纱布包裹全身再用上述消毒液喷湿。尽快火化。 埋葬尸体的消毒处理：两侧及底部用消毒剂干粉喷洒厚达 3 cm～5 cm 漂白粉，棺外底部铺垫厚 3 cm～5 cm 漂白粉	铺垫 喷洒	前处理：用有效氯 10 g/L 含氯消毒液浸泡的纱布堵住开放口，用纱布包裹全身再用上述消毒液喷湿。尽快火化。 埋葬尸体的消毒处理：两侧及底部用消毒剂干粉喷洒厚达 3 cm～5 cm 漂白粉，棺外底部铺垫厚 3 cm～5 cm 漂白粉	铺垫 喷洒	前处理：用有效氯 5 g/L 含氯消毒液浸泡的纱布堵住开放口，用纱布包裹全身再用上述消毒液喷湿。尽快火化。 埋葬尸体的消毒处理：尸体两侧及底部用消毒剂干粉喷洒厚达 3 cm～5 cm 漂白粉，棺外底部铺垫厚 3 cm～5 cm 漂白粉

表 A.1(续)

消毒对象	芽孢污染物		分枝杆菌及亲水病毒污染物		细菌繁殖体及亲脂病毒污染物	
	使用方法	剂量	使用方法	剂量	使用方法	剂量
污水	投加	疫点污水:10 L 污水加入 50 g/L 有效氯含氯消毒剂溶液 400 mL,或加漂白粉 80 g,作用 4 h～6 h,余氯不低于100 mg/L。 疫区污水:有效氯 1 g/L～1.5 g/L,作用 4 h～6 h,余氯不低于 10 mg/L	投加	疫点污水:10 L 污水加入 50 g/L 有效氯含氯消毒剂溶液 200 mL,或加漂白粉 40 g,作用 1 h～2 h,余氯不低于 10 mg/L。 疫区污水:有效氯 500 mg/L～1 000 mg/L,作用 1 h～2 h,余氯为 4 mg/L～6 mg/L	投加	疫点污水:10 L 污水加入 20 g/L 有效氯含氯消毒剂溶液 100 mL,或加漂白粉 8 g,作用 1 h,余氯为 4 mg/L～6 mg/L。 疫区污水:有效氯80 mg/L～100 mg/L,作用 1 h～2 h,余氯为 4 mg/L～6 mg/L
衣物	浸泡	有效氯 2 g/L 的含氯消毒剂溶液作用 2 h	浸泡	有效氯 1 g/L 的含氯消毒剂溶液作用 1 h	浸泡	有效氯 500 mg/L 的含氯消毒剂溶液作用 0.5 h
病人剩余食物	浸泡	50 g/L 有效氯的含氯消毒剂溶液(20%漂白粉乳剂)浸泡消毒 6 h。消毒后丢弃,不可食用	浸泡	50 g/L 有效氯含氯消毒剂溶液(20%漂白粉乳剂)浸泡消毒 2 h,消毒后丢弃,不可食用	浸泡	有效氯 50 g/L 的含氯消毒剂溶液(20%漂白粉乳剂)浸泡消毒 2 h。消毒后丢弃,不可食用
果蔬	浸泡	有效氯 2 g/L～5 g/L 的含氯消毒剂溶液作用 6 h,消毒后丢弃	浸泡	有效氯 1 g/L～2 g/L 的含氯消毒剂溶液作用 0.5 h,消毒后丢弃	浸泡	有效氯 500 mg/L 的含氯消毒剂溶液作用 0.5 h,消毒后用生活饮用水将残留消毒剂冲净
生活饮用水	投加	如发现污染,应参照疫区污水进行消毒处理,消毒后的水按污水进行排放处理,不得饮用	投加	如发现污染,应参照疫区污水进行消毒处理,消毒后的水按污水进行排放处理,不得饮用	投加	5 mg/L～10 mg/L 有效氯作用 0.5 h,余氯为 0.5 mg/L

A.2 含溴消毒剂的使用方法(见表 A.2)

表 A.2 含溴消毒剂的适用对象、剂量及使用方法

消毒对象	芽孢污染物		分枝杆菌及亲水病毒污染物		细菌繁殖体及亲脂病毒污染物	
	使用方法	剂量	使用方法	剂量	使用方法	剂量
物体表面	擦拭 浸泡 喷洒	有效溴 5 g/L～10 g/L 的二溴海因溶液或有效卤素 5 g/L～10 g/L 的溴氯海因溶液作用 6 h	擦拭 浸泡 喷洒	有效溴 1 g/L～2 g/L 的二溴海因溶液或有效卤素 1 g/L～2 g/L 的溴氯海因溶液作用 1 h,用量 100 mL/m^2～300 mL/m^2	擦拭 浸泡 喷洒	有效溴 500 mg/L～1 000 mg/L 的二溴海因溶液或有效卤素 500 mg/L～1 000 mg/L 的溴氯海因溶液作用 1 h,用量 100 mL/m^2～300 mL/m^2

表 A.2(续)

消毒对象	芽孢污染物		分枝杆菌及亲水病毒污染物		细菌繁殖体及亲脂病毒污染物	
	使用方法	剂量	使用方法	剂量	使用方法	剂量
餐(饮)具	浸泡	有效溴 5 g/L～10 g/L 的二溴海因溶液或有效卤素 5 g/L～10 g/L 的溴氯海因溶液作用 6 h	浸泡	有效溴 1 g/L～2 g/L 的二溴海因溶液或有效卤素 1 g/L～2 g/L 的溴氯海因溶液作用 6 h	浸泡	有效溴 500 mg/L 的二溴海因溶液或有效卤素 500 mg/L 的溴氯海因溶液作用 0.5 h
污水	投加	疫点污水：10 L 污水加入 50 g/L 有效溴的二溴海因溶液或 50 g/L 有效卤素的溴氯海因溶液 400 mL 作用 4 h～6 h。 疫区污水：按有效溴 1 g/L～2 g/L 投加二溴海因，或按有效卤素 1 g/L～2 g/L 投加溴氯海因，作用 6 h	投加	疫点污水：10 L 污水加入 50 g/L 有效溴的二溴海因溶液或 50 g/L 有效卤素的溴氯海因溶液 200 mL 作用 1 h～2 h。 疫区污水：按有效溴 500 mg/L～1 000 mg/L 投加二溴海因，或按有效卤素 500 mg/L～1 000 mg/L 投加溴氯海因，作用 1 h～2 h	投加	疫点污水：10 L 污水加入 20 g/L 有效溴的二溴海因溶液或 20 g/L 有效卤素的溴氯海因溶液 100 mL 作用 1 h。 疫区污水：按有效溴 100 mg/L投加二溴海因，或按有效卤素 500 mg/L～1 000 mg/L 投加溴氯海因，作用 1 h～2 h
生活饮用水	投加	发现污染或可能污染，应参照疫区污水进行消毒处理，消毒后的水按污水进行排放处理，不得饮用	投加	发现污染或可能污染，应参照疫区污水进行消毒处理，消毒后的水按污水进行排放处理，不得饮用	投加	按有效溴 3 mg/L～5 mg/L投加二溴海因，或按有效卤素 3 mg/L～5 mg/L 投加溴氯海因，作用 0.5 h
衣物	浸泡	有效溴 2 g/L 的二溴海因溶液或有效卤素 2 g/L 的溴氯海因溶液，作用 2 h	浸泡	有效溴 1 g/L 的二溴海因溶液或有效卤素 1 g/L 的溴氯海因溶液，作用 2 h	浸泡	有效溴 500 mg/L 的二溴海因溶液或有效卤素 500 mg/L 的溴氯海因溶液，作用 0.5 h
果蔬	浸泡	有效溴 2 g/L～5 g/L 的二溴海因溶液或有效卤素 2 g/L～5 g/L 的溴氯海因溶液作用 6 h，消毒后丢弃	浸泡	有效溴 1 g/L～2 g/L 的二溴海因溶液或有效卤素 1 g/L～2 g/L 的溴氯海因溶液作用 1 h，消毒后丢弃	浸泡	有效溴 500 mg/L 的二溴海因溶液或有效卤素 500 mg/L 的溴氯海因溶液作用 0.5 h，消毒后用生活饮用水将残留消毒剂冲净

A.3 过氧化物消毒剂的使用方法(见表 A.3)

表 A.3 过氧化物消毒剂消毒适用对象、剂量及使用方法

消毒对象	芽孢污染物		分枝杆菌及亲水病毒污染物		细菌繁殖体及亲脂病毒污染物	
	使用方法	剂量	使用方法	剂量	使用方法	剂量
物体表面	擦拭浸泡喷洒	10 g/L 过氧乙酸作用 2 h，用量 100 mL/m^2～300 mL/m^2	擦拭浸泡喷洒	5 g/L 过氧乙酸作用 1 h，用量 100 mL/m^2～300 mL/m^2	擦拭浸泡喷洒	5 g/L 过氧乙酸作用 1 h，用量 100 mL/m^2～300 mL/m^2
	气溶胶喷雾	20 g/L 过氧乙酸作用 1 h～2 h，用量 8 mL/m^3	气溶胶喷雾	20 g/L 过氧乙酸作用 1 h，用量 8 mL/m^3	气溶胶喷雾	20 g/L 过氧乙酸作用 1 h，用量 8 mL/m^3
	熏蒸	150 g/L 过氧乙酸加热蒸发，用量按 20 mL/m^3(3 g/m^3)计算，熏蒸作用 2 h	熏蒸	150 g/L 过氧乙酸加热蒸发，用量按 7 mL/m^3(1 g/m^3)计算，熏蒸作用 1 h～2 h	熏蒸	150 g/L 过氧乙酸加热蒸发，用量按 7 mL/m^3(1 g/m^3)计算，熏蒸作用 1 h～2 h
	擦拭浸泡喷洒	60 g/L 过氧化氢作用 2 h	擦拭浸泡喷洒	30 g/L 过氧化氢作用 1 h	擦拭浸泡喷洒	30 g/L 过氧化氢作用 1 h
	擦拭浸泡喷洒	2 g/L 二氧化氯作用 2 h	擦拭浸泡喷洒	500 mg/L～1 000 mg/L 二氧化氯作用 1 h	擦拭浸泡喷洒	500 mg/L 二氧化氯作用 0.5 h
空气	熏蒸	150 g/L 过氧乙酸加热蒸发，用量按 20 mL/m^3(3 g/m^3)计算，熏蒸作用 2 h	熏蒸	150 g/L 过氧乙酸加热蒸发，用量按 7 mL/m^3(1 g/m^3)计算，熏蒸作用 1 h～2 h	熏蒸	150 g/L 过氧乙酸加热蒸发，用量按 7 mL/m^3(1 g/m^3)计算，熏蒸作用 1 h
	气溶胶喷雾	5 g/L 过氧乙酸作用 2 h，用量 20 mL/m^3	气溶胶喷雾	5 g/L 过氧乙酸作用 1 h，用量 20 mL/m^3	气溶胶喷雾	5 g/L 过氧乙酸作用 1 h，用量 20 mL/m^3
	气溶胶喷雾	60 g/L 过氧化氢作用 2 h，用量 20 mL/m^3	气溶胶喷雾	30 g/L 过氧化氢作用 2 h，用量 20 mL/m^3	气溶胶喷雾	30 g/L 过氧化氢作用 1 h，用量 20 mL/m^3
餐、饮具	浸泡	5 g/L 过氧乙酸作用 2 h	浸泡	5 g/L 过氧乙酸作用 1 h	浸泡	5 g/L 过氧乙酸作用 0.5 h
	浸泡	2 g/L 二氧化氯作用 2 h	浸泡	500 mg/L～1 000 mg/L 二氧化氯作用 1 h	浸泡	500 mg/L 二氧化氯作用 0.5 h
排泄物分泌物	浸泡	20 g/L 过氧乙酸，与被消毒物搅拌均匀，作用 6 h	浸泡	20 g/L 过氧乙酸，与被消毒物搅拌均匀，作用 2 h	浸泡	20 g/L 过氧乙酸，与被消毒物搅拌均匀，作用 1 h

表 A.3(续)

<table>
<tr><td rowspan="2">消毒对象</td><td colspan="2">芽孢污染物</td><td colspan="2">分枝杆菌及亲水病毒污染物</td><td colspan="2">细菌繁殖体及亲脂病毒污染物</td></tr>
<tr><td>使用方法</td><td>剂量</td><td>使用方法</td><td>剂量</td><td>使用方法</td><td>剂量</td></tr>
<tr><td>尸体</td><td>喷洒
浸泡</td><td>口、鼻、耳、肛门、阴道要用浸过5 g/L过氧乙酸溶液的棉球堵塞,再用5 g/L过氧乙酸溶液浸湿的布单严密包裹,尽快火化</td><td>喷洒
浸泡</td><td>口、鼻、耳、肛门、阴道要用浸过5 g/L过氧乙酸溶液的棉球堵塞,再用5 g/L过氧乙酸溶液浸湿的布单严密包裹,尽快火化</td><td>喷洒
浸泡</td><td>口、鼻、耳、肛门、阴道要用浸过5 g/L过氧乙酸溶液的棉球堵塞,再用5 g/L过氧乙酸溶液浸湿的布单严密包裹,尽快火化</td></tr>
<tr><td rowspan="2">衣物</td><td>浸泡</td><td>5 g/L过氧乙酸作用2 h</td><td>浸泡</td><td>5 g/L过氧乙酸作用1 h</td><td>浸泡</td><td>5 g/L过氧乙酸作用0.5 h</td></tr>
<tr><td>浸泡</td><td>5 g/L二氧化氯作用2 h</td><td>浸泡</td><td>2 g/L二氧化氯作用1 h</td><td>浸泡</td><td>500 mg/L二氧化氯作用0.5 h</td></tr>
<tr><td rowspan="3">果蔬</td><td>浸泡</td><td>5 g/L过氧乙酸作用2 h。消毒后丢弃</td><td>浸泡</td><td>5 g/L过氧乙酸作用0.5 h。消毒后丢弃</td><td>浸泡</td><td>5 g/L过氧乙酸作用0.5 h。消毒后丢弃</td></tr>
<tr><td rowspan="2">浸泡</td><td rowspan="2">2 g/L二氧化氯作用2 h</td><td>浸泡</td><td>1 g/L二氧化氯作用1 h</td><td>浸泡</td><td>500 mg/L二氧化氯作用0.5 h</td></tr>
<tr><td>浸泡</td><td>30 g/L过氧化氢作用1 h</td><td>浸泡</td><td>30 g/L过氧化氢作用1 h</td></tr>
<tr><td>生活饮用水</td><td></td><td></td><td></td><td></td><td>投加</td><td>5 mg/L～10 mg/L二氧化氯作用0.5 h</td></tr>
</table>

A.4 含碘消毒剂的使用方法

含碘消毒剂可用于结核分枝杆菌、细菌繁殖体、病毒污染的手和皮肤的消毒处理。

手消毒:5 g/L有效碘的碘伏,擦拭2遍,作用1 min～3 min。

皮肤消毒:2 g/L～5 g/L有效碘的碘伏,或20 g/L有效碘的碘酊,擦拭2遍,作用1 min～3 min。

A.5 季铵盐类消毒剂的使用方法

季铵盐类消毒剂可用于细菌繁殖体污染的物体表面的消毒处理。

使用剂量为2 g/L,作用时间为15 min。

A.6 胍类消毒剂的使用方法

胍类消毒剂可用于细菌繁殖体污染的物体表面的消毒处理。

使用剂量为2 g/L～5 g/L,作用时间为10 min～15 min。

A.7 醇类消毒剂的使用方法

醇类消毒剂可用于细菌繁殖体污染的手和皮肤的消毒处理。手消毒可用75%乙醇溶液或70%异丙醇溶液，揉搓1 min～3 min；也可用于皮肤消毒，擦拭2遍，作用1 min～3 min。

A.8 醛类消毒剂的使用方法

甲醛可用于被污染设施和大型设备的消毒处理。

加热熏蒸法：在温度≥18 ℃，相对湿度≥70%的条件下，用量为25 mL/m^3～50 mL/m^3 的甲醛，加热熏蒸12 h～24 h，适用于细菌芽孢、分枝杆菌及亲水病毒污染物的熏蒸消毒处理；在温度≥18 ℃，相对湿度≥70%的条件下，用量为12.5 mL/m^3～25 mL/m^3 的甲醛，加热熏蒸12 h～24 h，适用于繁殖体及亲脂病毒污染物的熏蒸消毒处理。

化学熏蒸法：在温度≥18 ℃，相对湿度≥70%的条件下，40 mL/m^3 的甲醛与30 g/m^3 的高锰酸钾混合，熏蒸12 h～24 h，适用于细菌芽孢、分枝杆菌及亲水病毒污染物、繁殖体及亲脂病毒污染物的熏蒸消毒处理。

ICS 11.080
C 59

中华人民共和国国家标准

GB 27954—2011

黏膜消毒剂通用要求

General standard for disinfectant of mucous membrane

2011-12-30 发布　　2012-05-01 实施

中华人民共和国卫生部
中国国家标准化管理委员会　发布

前　　言

本标准的全部技术内容为强制性。

本标准按照GB/T 1.1—2009给出的规则起草。

本标准由中华人民共和国卫生部提出并归口。

本标准主要起草单位：江苏省疾病预防控制中心、中国疾病预防控制中心、深圳市疾病预防控制中心。

本标准参加起草单位：江苏爱特福保健品有限公司、深圳市安多福实业发展有限公司。

本标准主要起草人：徐燕、孙俊、张流波、沈开成、谈智、吴岗、陈越英、吴晓松、朱子梨、戎毅、王晓蕾、王玲。

黏膜消毒剂通用要求

1 范围

本标准规定了黏膜消毒剂的技术要求、检验方法、使用方法、标签和说明书以及注意事项。

本标准适用于医疗卫生机构诊疗前后用于黏膜消毒的消毒剂。

本标准不适用于黏膜抗抑菌产品和非医疗使用的黏膜消毒的消毒剂。

2 规范性引用文件

下列文件对于本文件的应用是必不可少的。凡是注日期的引用文件，仅注日期的版本适用于本文件。凡是不注日期的引用文件，其最新版本(包括所有的修改单)适用于本文件。

中华人民共和国药典

消毒技术规范　卫生部

化妆品卫生规范　卫生部

消毒产品标签说明书管理规范　卫生部

3 术语和定义

下列术语和定义适用于本文件。

3.1

黏膜消毒　disinfection of mucous membrane

杀灭或清除口腔、鼻腔、阴道及外生殖器等黏膜病原微生物的过程，并达到消毒要求。

3.2

黏膜消毒剂　disinfectant for mucous membrane

用于黏膜消毒的化学制剂。

4 技术要求

4.1 原料要求

4.1.1 原料

应符合《中华人民共和国药典》、医用级、食品级或化学纯的质量要求，不得使用工业级。

4.1.2 禁用物质

各种处方药成分如抗生素、抗真菌药物、激素等和卫生行政部门规定的禁用物质。

4.1.3 生产用水

应符合《中华人民共和国药典》中纯化水的要求。

4.2 产品质量要求

4.2.1 感官性状

消毒剂均匀不分层，无沉淀和悬浮物，无异味。

4.2.2 理化指标

4.2.2.1 消毒剂的有效成分含量、pH 值等理化指标符合产品质量标准。产品有效期≥12 个月。

4.2.2.2 有效成分与杂质限量 碘伏应用液中有效成分含量≤500 mg/L，葡萄糖酸氯己定或醋酸氯己定应用液中有效成分总量≤5 000 mg/L，三氯羟基二苯醚消毒剂应用液中有效成分总量≤3 500 mg/L，苯扎溴胺或苯扎氯胺消毒剂应用液中有效成分总量≤2 000 mg/L。铅＜40 mg/L、汞＜1 mg/L、砷＜10 mg/L。

4.2.3 杀灭微生物指标

按产品说明书使用浓度的情况下，杀灭微生物指标应符合表 1 的要求。

表 1 杀灭微生物指标

项目	指标	
	作用时间 min	杀灭对数值
金黄色葡萄球菌 ATCC6538	≤5.0	≥5.00
铜绿假单胞菌 ATCC15442	≤5.0	≥5.00
白色念珠菌 ATCC10231	≤5.0	≥4.00
自然菌（现场试验）	≤5.0	≥1.0
注：现场试验为黏膜现场试验（可用皮肤代替）。		

4.2.4 毒理学安全性指标

毒理学试验结果应符合表 2 的要求。

表 2 毒理学安全性指标

项目	判定指标
急性经口毒性试验	实际无毒或低毒
一项致突变试验	无致突变性
一次眼刺激试验（偶尔用）	无刺激或轻刺激性
多次眼刺激试验（反复用）	无刺激或轻刺激性
一次阴道黏膜刺激试验（偶尔用）	无刺激或极轻刺激性
多次阴道黏膜刺激试验（反复用）	无刺激或极轻刺激性
亚急性经口毒性试验（反复用）	未观察到毒性作用
注：偶尔用：指偶尔使用或间隔数日使用，反复用：每日使用或连续数日使用。	

5 检验方法

5.1 外观

目测。

5.2 理化指标

5.2.1 稳定性

按《消毒技术规范》有关规定进行测定。

5.2.2 有效成分含量检测

按《消毒技术规范》、附录A规定的方法测定。

5.2.3 铅、汞、砷限量测定

按《化妆品卫生规范》有关方法进行测定。

5.3 杀灭微生物试验

按《消毒技术规范》有关规定进行测定。

5.4 毒理学安全性试验

按《消毒技术规范》有关规定进行测定。

6 使用方法

6.1 口腔黏膜消毒：棉拭子擦拭、含漱。
6.2 阴道黏膜消毒：棉拭子擦拭、灌洗法。
6.3 鼻黏膜消毒：棉拭子擦拭。
6.4 外生殖器消毒：棉拭子擦拭、冲洗。

7 标签和说明书

按《消毒产品标签说明书管理规范》有关规定执行。

8 注意事项

8.1 黏膜消毒剂从原包装倒出后应一次性使用。
8.2 外用消毒剂，不得口服，置于儿童不易触及处。
8.3 避免与拮抗药物同用。
8.4 过敏者慎用。
8.5 避光、密封、防潮，置于阴凉、干燥处保存。
8.6 有效期限。
8.7 不得作为黏膜治疗药物使用，仅限医疗卫生机构诊疗用。
8.8 阴道黏膜消毒剂“不得用于性生活中性病的预防”。

附 录 A
（规范性附录）
聚六亚甲基双胍含量的测定方法（比色法）

A.1 原理

检测原理是聚六亚甲基双胍（PHMB）和曙红（Eosin 染料）之间显色反应，颜色改变可以通过在波长 545 nm 处测量吸光度值。

A.2 仪器

A.2.1 可见光分光光度计。
A.2.2 1 cm 比色杯。
A.2.3 玻璃仪器：
8 个 25 mL 的容量瓶；
1 个 100 mL 的容量瓶；
1 个 250 mL 的容量瓶；
1 个 500 mL 的容量瓶；
1.0 mL，2.0 mL，2.5 mL，4.0 mL，6.0 mL，8.0 mL 和 10.0 mL 的移液管。

A.3 需要的反应物

A.3.1 Eosin Y（曙红 Y 水溶）。
A.3.2 PHMB 标准品。
A.3.3 三水合醋酸钠。

A.4 程序步骤

A.4.1 指示溶液的准备

称 0.6 g 水溶性曙红 Y，放入 250 mL 的烧杯，以大约 50 mL 的温蒸馏水溶解并冷却。转移至 100 mL 的标准容量瓶中，用蒸馏水定容到 100 mL。充分混匀，得到溶液 A。

用移液管吸取 10 mL A 液，以蒸馏水定容至 250 mL，得到指示液。

A.4.2 醋酸盐溶液的准备

将 10 g 醋酸钠溶解于 100 mL 蒸馏水中。

A.4.3 标准曲线的准备

用标准品分别配制浓度为 0.8 mg/L，1.6 mg/L，3.2 mg/L，4.8 mg/L，6.4 mg/L 的 PHMB 标准液。

将波长调至 545 nm，测定上述不同浓度标准溶液的吸光值，并绘制标准曲线。

A.4.4 未知溶液的计算

用移液管吸取 10 mL 浓度未知的 PHMB 溶液至 25 mL 容量瓶，加 1 mL 醋酸溶液和 2.5 mL 指示液，以蒸馏水定容至 25 mL，用力振摇，充分混匀。

用分光光度计测未知浓度的 PHMB 溶液的吸光度值。

A.4.5 结果/计算

根据标准曲线，计算未知溶液的 PHMB 含量。

ICS 11.080
C 59

中华人民共和国国家标准

GB 27955—2011

过氧化氢气体等离子体低温灭菌装置的通用要求

General requirements for low-temperature hydrogen peroxide gas plasma sterilizer

2011-12-30 发布　　2012-05-01 实施

中华人民共和国卫生部
中国国家标准化管理委员会　发布

前　言

本标准的全部技术内容为强制性。

本标准按照GB/T 1.1—2009给出的规则起草。

本标准由中华人民共和国卫生部提出并归口。

本标准起草单位：上海市卫生局卫生监督所、上海市疾病预防控制中心、强生（上海）医疗器材有限公司。

本标准主要起草人：周密、郭常义、张曦、陈华、王晔。

过氧化氢气体等离子体低温灭菌装置的通用要求

1 范围

本标准规定了过氧化氢气体等离子体低温灭菌装置的命名、技术要求、检验方法、使用范围、标签、标识、包装、产品标签和使用说明。

本标准适用于医疗器械灭菌的过氧化氢气体等离子体低温灭菌装置。

2 规范性引用文件

下列文件对于本文件的应用是必不可少的。凡是注日期的引用文件，仅注日期的版本适用于本文件。凡是不注日期的引用文件，其最新版本(包括所有的修改单)适用于本文件。

GB/T 191 包装储运图示标志

GB 4793.1 测量、控制和实验室用电气设备的安全要求 第1部分：通用要求

GB/T 16886.5 医疗器械生物学评价 第5部分：体外细胞毒性试验

GB/T 16886.10 医疗器械生物学评价 第10部分：刺激与迟发型超敏反应试验

GB/T 16886.11 医疗器械生物学评价 第11部分：全身毒性试验

GB 18281.1 医疗保健产品灭菌 生物指示物 第1部分：通则

GB/T 19972 医疗保健产品灭菌 生物指示物选择、使用及检验结果判断指南

GBZ 2.1 工作场所有害因素职业接触限值 化学有害因素

消毒技术规范 卫生部

消毒产品标签说明书管理规范 卫生部

3 术语和定义

《消毒技术规范》界定的以及下列术语和定义适用于本文件。

3.1

等离子体 plasma

等离子体为物质的第四种形态，是由气体分子发生电离反应，部分或全部被电离成正离子和电子，这些离子、电子和中性的分子、原子混合在一起构成了等离子体，其显著特征是具有高流动性和高导电性。人工产生等离子体的方法有多种，只要外界供给气体足够的能量都可以成为等离子体。

3.2

过氧化氢气体等离子体 hydrogen peroxide gas plasma

过氧化氢气体在外界给予一定能量后发生电离反应，形成包括正电氢离子(H^+)和自由电子：氢氧电子(OH^-)、二氧化氢电子(HOO^-)等的电离气体。

3.3

过氧化氢气体等离子体低温灭菌装置 low-temperature hydrogen peroxide gas plasma sterilizer

装置的灭菌舱内过氧化氢有效挥发，扩散到整个灭菌舱体。低温环境下通过等离子发生器使气化的过氧化氢形成过氧化氢等离子态，结合过氧化氢气体及过氧化氢等离子体对舱内器物进行低温、干燥

灭菌，并能有效解离残余过氧化氢的效果。

装置包含对灭菌过程监测的报警装置。

4 命名

XH KZGN

KZGN——代表通用名，如过氧化氢气体等离子体低温灭菌装置

XH——代表厂商型号的编号

5 技术要求

5.1 有效性

5.1.1 产品理化性能

5.1.1.1 灭菌过程应包含下列步骤：

a) 抽真空：舱内压力内由正压至负压，压力波动范围±10％；

b) 注射：注入定量的过氧化氢气体溶液；

c) 扩散：使过氧化氢气体迅速、有效、均匀扩散到灭菌舱内；

d) 等离子态：启动等离子发生器，频率波动范围在±10％，使气化的过氧化氢进入等离子态；

e) 通风：排除舱内的气体。

a)～c)三个步骤使进入舱内的过氧化氢气化、均匀扩散。a)～e)五个步骤可以根据设计重复、交叉多次。

5.1.1.2 装置技术参数应标示下列指标：

a) 灭菌舱最高温度＜60 ℃及其波动范围±5 ℃；

b) 灭菌舱的最大真空度；

c) 注射的过氧化氢溶液的用量和纯度；

d) 通风时间；

e) 设定灭菌周期中上述参数的范围、步骤和次数。

5.1.2 灭菌效果

按附录 A 的方法，用嗜热脂肪杆菌芽孢和枯草杆菌黑色变种芽孢分别进行半周期循环验证，无细菌生长，达到灭菌要求。

5.1.3 产生等离子体功效

按照装置技术参数的规定完成灭菌周期后，达到灭菌效果；同时灭菌舱内无过氧化氢残留。

5.2 安全性

5.2.1 空气中过氧化氢残留

工作场所过氧化氢残留量应符合 GBZ 2.1 的要求，即 8 h 时间加权允许浓度（TWA）≤1.5 mg/m^3。

5.2.2 被灭菌器物的生物相容性

灭菌对象的材料应与人体生物相容。

5.2.3 过氧化氢对材质、器械的相容性

灭菌装置技术参数中需标明对器械进行检验的最小灭菌次数，对金属及非金属材质器械的兼容性的评价，应为无腐蚀、不影响预期临床使用寿命的结果。评价结果只限用于经过测试的材质。

5.2.4 电器安全性

电器安全性能应符合 GB 4793.1 规定的要求。

6 检验方法

6.1 有效性检测

6.1.1 理化性能检测：

a) 温度：在灭菌舱内，前、中、后分别放置三支留点温度计，当装置完成预热阶段，取出留点温度计，读出实测值。

b) 真空度：拆卸灭菌器外壳，将压力表与灭菌舱的压力测试端口连结，抽真空后，读取压力表上的数值。

c) 等离子态：拆卸灭菌器外壳，将功率测量计与等离子发生器的输出端连接，正(+)级连正(+)级、负(—)级连负(—)级，读取功率计上的数值。

d) 工作时间：使用 2 个电子秒表，循环检测灭菌装置每一步骤的工作时间，读取所测试的数值。

e) 报警：将压力测试端口人工放气，使舱内压力范围超过装置技术参数的数值范围；改变过氧化氢的浓度；启动设备，造成非正常工作状态；报警设备会发出报警音并指示工作状态异常。

上述各项测试结果符合 5.1.1 的要求。

6.1.2 灭菌效果检测：检测管腔器械的材质、长度、内径必须与装置技术参数要求相对应，检测方法见附录 A，结果应符合 5.1.2 的要求。

6.1.3 等离子体间接检测：检测方法见附录 B，检测结果的细菌培养均阳性则认为灭菌后自含式生物指示物内无残留过氧化氢，结果符合 5.1.3 的要求。

6.2 安全性测定

6.2.1 空气中过氧化氢残留检测

按照 GBZ 2.1 中附录 A 的方法测量工作环境空气中的过氧化氢残留量，结果应符合 5.2.1 的要求。

6.2.2 被灭菌器物的生物相容性检测

样品制备见附录 C。金属及非金属材质器械经过氧化氢气体等离子体低温灭菌后 4 h 内测试，按照 GB/T 16886.5 进行细胞毒性试验，结果应为阴性；如细胞毒性试验为阳性则按照 GB/T 16886.10 刺激与延迟式超灵敏性试验方法进行皮下注射反应试验及按照 GB/T 16886.11 全身毒性试验方法进行皮下静脉注射反应试验，结果均为阴性则与人体生物相容。

6.2.3 过氧化氢对材质、器械的相容性检测

金属及非金属材质样品制备见附录 D，样品按照《消毒技术规范》(2002 版)2.2.4 的规定评价金属表面腐蚀性；非金属材质腐蚀性由器械生产厂家负责评价。结果应符合 5.2.3 的要求。

按照装置技术参数标注次数进行灭菌后，经检验，判定不影响器械预期使用功能，结果应符合5.2.3的要求。

6.2.4 电器安全性检测

按照GB 4793.1进行电器安全性测试，结果应符合5.2.4的要求。

7 使用范围

7.1 过氧化氢气体等离子体低温灭菌装置适用于不耐湿、不耐高温的医疗器械。

7.2 装置不得用于以下对象的灭菌：

a) 不完全干燥的物品；

b) 吸收液体的物品或材料；

c) 由含纤维素的材料制成的物品或其他任何含有木质纸浆的物品；

d) 一头闭塞的内腔；

e) 液体或粉末；

f) 一次性使用物品；

g) 植入物；

h) 不能承受真空的器械；

i) 标示为仅使用压力蒸汽灭菌法的器械；

j) 器械具有内部部件，难以清洁的。

8 使用注意事项

8.1 在装载入灭菌设备前，所有物品都必需被正确地清洗和干燥。

8.2 包装材料应由不吸收过氧化氢及不解离过氧化氢的材料制成，并经过测试。

8.3 操作说明需包含正确装载灭菌物品说明，避免因装载不正确干扰等离子体产生从而影响消毒灭菌效果。

8.4 高浓度的过氧化氢会灼伤皮肤，正确操作灭菌设备同时采取个人防护措施如：口罩、手套。

8.5 设备需包含报警装置，监控灭菌过程的物理参数。

8.6 灭菌设备配套耗材如：与机器配套使用的生物指示物、器械包装物等的选择、使用符合GB/T 19972的要求注明其来源、使用有效期限、使用注意事项；耗材的测试数据经过设备检验，过氧化氢（H_2O_2）的浓度及剂量与装置技术参数的要求一致。

9 标志与包装

9.1 标志

所使用的标志及标签应符合GB/T 191的要求。

9.2 包装

包装标识应符合《消毒产品标签说明书管理规范》的有关规定。

10 运输和贮存

10.1 运输

运输用一般交通工具或按合同要求运输,并有防雨、防潮、防冲击和剧烈振动措施。

10.2 贮存

包装后贮存在温度≥0 ℃,相对湿度≤93%,无腐蚀物体和通风良好的室内。

附　录　A
（规范性附录）
灭菌效果

A.1　原理

本试验以常见的硬式镜不锈钢材料管腔、软式镜聚四氟乙烯材料管腔为模拟管腔，验证微生物的灭菌效果。本试验应采用两端开口的无缝测试管腔，如有接缝，则应保证气密性。在管腔中央放置染有细菌芽孢的载体，通过半周期灭菌循环，灭菌效果应达 10^{-6} CFU/载体灭菌水平。以嗜热脂肪杆菌芽孢和枯草杆菌黑色变种芽孢为指标菌，共同进行微生物灭菌效果评价，所有试验均为阴性培养结果，则判定结果合格。

按照本试验方法对管腔极限进行微生物灭菌效果测试。

A.2　生物指示物

嗜热脂肪杆菌芽孢（ATCC 7953）、枯草杆菌黑色变种芽孢（ATCC 9372）；菌种参数符合 GB 18281.1 的要求。

A.3　验证器材

载体：将芽孢悬液均匀涂布在直径为 0.4 mm，长度为 20 mm～30 mm 不锈钢材质检测材质上，以染菌后不堵塞管腔为限。嗜热脂肪杆菌芽孢阳性回收菌量应为 1×10^{6} CFU/载体～5×10^{6} CFU/载体；枯草杆菌黑色变种芽孢阳性回收菌量应为 1×10^{6} CFU/载体～5×10^{6} CFU/载体。分别在 56 ℃的条件下恒温干燥嗜热脂肪杆菌芽孢 72 h；在 37 ℃的条件下恒温干燥枯草杆菌黑色变种芽孢 72 h，制成实验用染菌载体。

检测管腔：本试验宜采用两端开口的无缝测试管腔，如有接缝，则应保证气密性。

不锈钢材质无接缝管腔：10 根。

聚四氟乙烯无接缝管腔：10 根。

嗜热脂肪杆菌芽孢的 TSB 培养基：

干粉胰蛋白胨 17.0 g，植物蛋白胨 3.0 g，氯化钠 5.0 g，磷酸氢二钾 2.5 g，葡萄糖 2.5 g，共 30 g 溶于 1 L 蒸馏水中，制成胰蛋白胨大豆肉汤（TSB）培养基。

枯草杆菌黑色变种芽孢的培养基参见《消毒技术规范》。

阳性对照物：将未经灭菌处理的生物指示物中含培养液的玻璃管压碎放入培养箱内培养。

阴性对照物：压碎不含生物指示物载片的培养液玻璃管放入培养箱内培养。

A.4　操作步骤

A.4.1　将染菌的载体送达不锈钢管腔的正中央，制作 10 根测试样本。将 10 根测试样本均匀平行摆放在器械盒内，用双层无纺布包裹，放置在灭菌舱内，灭菌舱内如仅一层隔架，则 10 根样本平行摆放在器械盒内放置在灭菌舱中央（见图 A.1）；若灭菌舱内可摆放上下两层隔架，则将 10 根样本均匀摆放在两个器械盒内，分别放置在灭菌舱内上下两层隔架中央（见图 A.2）。

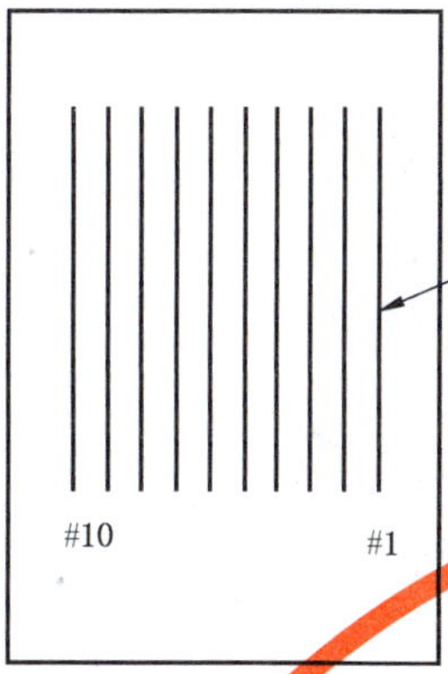

图 A.1

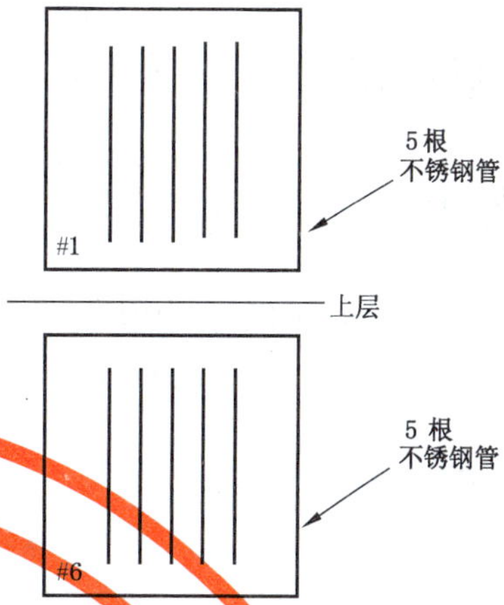

图 A.2

按照《消毒技术规范》中的灭菌操作步骤进行半周期灭菌，灭菌结束后以无菌操作取出细菌芽孢载体，均放到TSB培养基中，在合适的温度下（嗜热脂肪杆菌芽孢在56 ℃、枯草杆菌黑色变种芽孢在37 ℃）的条件下培养48 h，观察培养结果，如无细菌生长则继续培养至7 d，培养结果仍无细菌生长则判断为阴性。

A.4.2　将染菌的载体用细丝送达聚四氟乙烯管腔的正中间，制作10根测试样本。将10根测试样本均匀平行摆放在器械盒内，用双层无纺布包裹，放置在灭菌舱内，灭菌舱内如仅一层隔架，则10根样本平行摆放在器械盒内放置在灭菌舱中央（见图A.3）；若灭菌舱内可摆放上下两层隔架，则将10根样本均匀摆放在两个器械盒内，分别放置在灭菌舱内上下两层隔架中央（见图A.4）。

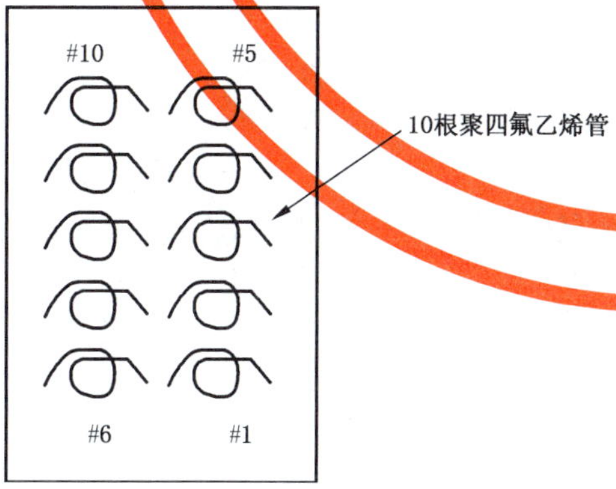

图 A.3

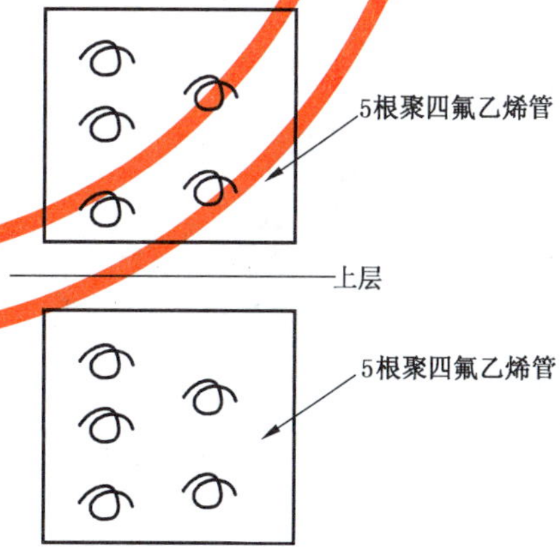

图 A.4

按照《消毒技术规范》中的灭菌操作步骤进行半周期灭菌，灭菌结束后取出细菌芽孢载体，全部放到TSB培养基中，在合适的温度下（嗜热脂肪杆菌芽孢在56 ℃、枯草杆菌黑色变种芽孢37 ℃）培养48 h，观察培养结果如无细菌生长则继续培养至7 d，培养结果仍无细菌生长则判断为阴性。

A.5 结果计算

以嗜热脂肪杆菌芽孢和枯草杆菌黑色变种芽孢分别重复以上两种材质的微生物测试各5次。

A.6 结果判定

测试结果均无细菌生长，为阴性，则判定无菌合格。

附 录 B
（规范性附录）
等离子体间接检测方法

B.1 原理

灭菌结束后被电离的过氧化氢等离子体将重新结合成水和氧气，灭菌物品表面无过氧化氢残留。因此灭菌效果符合《消毒技术规范》的要求后，检测配套的自含式生物指示物中过氧化氢的残留量可以判断过氧化氢等离子体生成并充分解离过氧化氢气体。

B.2 检验器材

装置配套的临床用自含式生物指示物，其载片为无菌；

生物指示物芽孢：嗜热脂肪杆菌芽孢（ATCC 7953）

枯草杆菌黑色变种芽孢（ATCC 9372）

阴性对照物：将不含生物指示物载片的培养液的玻璃管放入培养箱内培养。

阳性对照物：将未经灭菌处理的载片为无菌的生物指示物中含培养液的玻璃管压碎后，再加入含不超过 10 CFU 指示菌芽孢的悬浮液，放入合适温度培养箱内培养。

B.3 操作步骤

B.3.1 在灭菌舱内上层，正对过氧化氢注入器口处前、后、左、右放置 4 个载片不含菌的自含式生物指示物。

B.3.2 进行全周期灭菌。

B.3.3 灭菌结束后立即取出生物指示物，压碎其中含培养液的玻璃管。

B.3.4 于灭菌结束后的 0.5 h 内将含不超过 10 CFU 指示菌芽孢的悬浮液加入自含式生物指示物中。

B.3.5 密封自含式生物指示物瓶盖两侧的孔，将 4 个分别含有 10 CFU 指示菌芽孢的自含式生物指示物、阳性对照物、阴性对照物分别在合适温度（嗜热脂肪杆菌芽孢在 56 ℃、枯黑杆菌黑色变种芽孢在 37 ℃）培养箱内培养 48 h 后，观察培养结果，如无细菌生长则继续培养至 7 d，培养结果仍无细菌生长则判断为阴性。

B.3.6 重复以上操作步骤 3 次。

B.4 结果判定

上述 3 次测试结果均有指示物细菌生长，为阳性则判定装置配套的自含式生物指示物的载片上无过氧化氢残余，过氧化氢等离子解离过氧化氢完全。

附 录 C
（规范性附录）
检测样品的制备方法

C.1 取装置说明书中所列的金属和非金属器械材质为检验材质，每种材质制作成 60 cm^2（100 mm×60 mm）大小样本 3 个。材质必需为医用级。

C.2 用中性仪器洗涤液漂洗每个样品然后用蒸馏水彻底漂清，去除表面污染物和残留清洁剂。

C.3 用无纺棉布揩干每个材料。用洁净过滤空气（或等效物）吹干，除去样品上任何残留的纤维。

C.4 将干燥清洁的样品放在干净的实验环境中，防止与化学药品和过氧化氢蒸气接触。

C.5 用单层 Tyvek 包装袋分别包裹每一材料样品，防止细菌进入同时保证过氧化氢的渗入。

C.6 将检验样品平放放入灭菌设备械盒内，不加盖器械盒盖，将器械盒放置在灭菌舱上层中央。

C.7 按照生产厂商的操作说明将灭菌舱温度设定在最低允许极限，注入最大剂量过氧化氢灭菌剂。

C.8 进行全周期灭菌。

附 录 D
（规范性附录）
材质相容性检测

D.1 原理

器械经过多次过氧化氢气体等离子体低温灭菌后，器械表面无腐蚀。测定灭菌后器械材质的相容性，可以判断灭菌过程中过氧化氢对器械的相容性。

D.2 样品制备及操作步骤

D.2.1 制造器械的原材料为检验材质，每种材质制作成 60 cm^2（100 mm×60 mm）大小样本 3 个。用中性仪器洗涤液漂洗每个样品然后用蒸馏水彻底漂清，去除表面污染物和残留清洁剂。用无纺棉布揩干每个材料。用洁净过滤空气（或等效物）吹干，除去样品上任何残留的纤维。样品称重，每片样品待天平回零后称重 3 次，精确至 0.1 mg，取其平均值作为试验前重量（称重时，应戴洁净手套，勿以手直接接触样片）。用单层 Tyvek 包装袋分别包裹每种材质的检验样品，防止细菌进入同时保证过氧化氢的渗入。

D.2.2 将检验样品平放放入灭菌设备器械盒内，不加器械盒盖，将器械盒放置在灭菌舱上层中央。按照生产厂商的操作说明将灭菌舱温度设定在最低允许极限，注入最大剂量过氧化氢灭菌剂进行全周期灭菌。

D.2.3 按照装置技术参数中标明的进行器械无腐蚀验证灭菌的次数重复上述步骤。

D.3 检测

灭菌结束后，将装载样品取出，按照《消毒技术规范》进行金属腐蚀性评价。

D.4 结果判定

金属表面的腐蚀速率 $R<0.01$，基本无腐蚀。非金属表面的腐蚀结果按器械生产厂家的标准进行判定。

ICS 07.060
A 47

中华人民共和国国家标准

GB/T 27956—2011

中期天气预报

Medium-range weather forecast

2011-12-30 发布　　　　2012-03-01 实施

中华人民共和国国家质量监督检验检疫总局
中国国家标准化管理委员会　发布

前　言

本标准按照 GB/T 1.1—2009 给出的规则起草。

本标准由中国气象局提出。

本标准由全国气象防灾减灾标准化技术委员会(SAC/TC 345)归口。

本标准起草单位:国家气象中心。

本标准主要起草人:鲍媛媛、康志明、金荣花、王秀文、牛若芸。

引　言

中期天气预报是天气预报的重要组成部分。随着科学技术的发展，中期天气预报准确率不断提高，在保障社会经济发展和人民生活等方面发挥着越来越重要的作用。本标准旨在规范中期天气预报内容，促进中期天气预报服务水平提高，更好地发挥其社会和经济效益。

中期天气预报

1 范围

本标准规定了中期天气预报的内容。

本标准适用于开展中期天气预报服务。

2 规范性引用文件

下列文件对于本文件的应用是必不可少的。凡是注日期的引用文件,仅注日期的版本适用于本文件。凡是不注日期的引用文件,其最新版本(包括所有的修改单)适用于本文件。

GB/T 20481—2006 气象干旱等级

GB/T 21984—2008 短期天气预报

3 术语和定义

下列术语和定义适用于本文件。

3.1

中期天气预报 medium-range weather forecast

某一区域未来 72 h 以上,240 h 内天气变化的预先估计和预告。

3.2

气候平均值 climatic normal

气象要素 30 年或以上的平均值。见 GB/T 20481—2006 中 2.11。

注:本标准根据 WMO 有关规定,取最近三个年代的平均值作为气候平均值。如:2001 年～2010 年期间,气候平均值取 1971 年～2000 年共 30 年的平均值。

3.3

平均气温距平 mean temperature anomaly

某时段平均气温与常年同期气候平均值的差,单位为摄氏度(℃)。

3.4

气温异常等级 grade of temperature anomaly

描述气温异常程度的级别。

3.5

降水量距平百分率 percentage of precipitation anomaly

某时段的降水量与常年同期气候平均降水量之差与常年同期气候平均降水量相比的百分率,以%表示。见 GB/T 20481—2006 中 2.20。

3.6

灾害性天气 disastrous weather

对人类生命、生产、生活及其生存环境造成严重影响的天气。例如台风、暴雨、寒潮、暴雪、大风、沙尘暴、低温阴雨、霜冻、高温、干旱、寒露风、干热风、雾、冰雹、雷电等。

3.7

天气过程　weather process

影响某一区域的天气及其相应天气系统的演变过程。

3.8

天气趋势预报　weather trend forecast

对中期天气预报时效内天气演变的总体趋势和天气过程等的预测。

3.9

天空状况　sky condition

天空中云量、云的属性、云距地高度等大气状况。

[GB/T 21984—2008,定义 2.2]

3.10

天气现象　weather phenomenon

在测站上和视区内出现的降水现象、水汽凝结现象(云除外)、冻结物、大气尘粒现象、光、电现象及一些风的特征。

[GB/T 21984—2008,定义 2.3]

3.11

逐日天气预报　daily weather forecast

对某一区域中期天气预报时效内的逐日天空状况、天气现象、气温、降水量、风向、风速、相对湿度、能见度等气象要素的预报。

4　中期天气预报的内容

4.1　天气趋势预报

4.1.1　气温趋势预报

气温趋势预报包括下列内容:

a) 气温

预报时段内的平均气温、极端最高气温、极端最低气温等,单位为摄氏度(℃)。

b) 平均气温距平

预报时段内的平均气温距平,单位为摄氏度(℃)。

c) 气温异常等级

气温异常等级见附录 A。

4.1.2　降水趋势预报

降水趋势预报包括下列内容:

a) 降水

预报时段内总降水量的预报值,单位为毫米(mm);同时应指明降水性质,如降雨、降雪、雨夹雪、冻雨等。

b) 降水量距平百分率

预报时段内的降水量距平百分率。若绝对值小于 20%,表述为接近常年同期;若降水量距平百分率大于或等于 20%时,用偏多的成数或倍数表示;当降水量距平百分率小于或等于 −20%时,用偏少的成数或无降水表示。

4.1.3 灾害性天气趋势预报

灾害性天气及其出现时段和可能造成的不利影响。

4.1.4 天气过程预报

天气过程的类型、起讫时间、强度及其影响。

4.2 逐日天气预报

4.2.1 天空状况

直接给出总云量等级,总云量等级划分参照附录B。见GB/T 21984—2008中3.2.1。

4.2.2 天气现象

直接给出可能出现的天气现象术语。见GB/T 21984—2008中3.2.2。

4.2.3 日最低气温、最高气温

直接给出预报温度,预报跨度不大于2℃。见GB/T 21984—2008中3.2.5。

4.2.4 日降水量或降水量等级

直接给出日降水量,单位为毫米(mm)或日降水量等级,日降水量等级划分参照附录C。

4.2.5 风向

风向预报可有以下三种表示方式。见GB/T 21984—2008中3.2.3。

a) 八个方位方式。即东(E)、南(S)、西(W)、北(N)、东南(SE)、西南(SW)、西北(NW)和东北(NE)。还可用偏北风、偏南风等名称,偏字表示风向围绕某个方位作小范围摆动。
b) 十六个方位方式。即在列项a)基础上增加北东北(NNE)、东东北(ENE)、东东南(ESE)、南东南(SSE)、南西南(SSW)、西西南(WSW)、西西北(WNW)、北西北(NNW)表示。
c) 角度表示方式。即用0°~360°范围内度数表示风向。以0°表示北,90°为东,180°为南,270°为西,余类推。

4.2.6 风力等级或风速

直接给出风力等级或风速预报风的强度。风速单位为米每秒(m/s)。预报的风力等级跨度不大于2级,风力等级划分参照附录D。见GB/T 21984—2008中3.2.4。

4.2.7 其他

中期天气预报可根据需要增加预报要素。如降水概率、能见度、相对湿度等。

附 录 A
（规范性附录）
气温异常等级

A.1 平均气温标准差的计算公式[见式(A.1)]

$$\sigma=\sqrt{\frac{1}{n}\sum_{j=1}^{n}(t_j-\overline{T})^2} \qquad \cdots\cdots(A.1)$$

式中：

σ——与预报时段同期的平均气温标准差；

t_j——最近三个年代逐年同期平均气温；

j——年份序号；

n——序列长度，为30；

$\overline{T}$——同期平均气温的气候平均值。

$\overline{T}$ 的计算公式见式(A.2)：

$$\overline{T}=\frac{1}{n}\sum_{j=1}^{n}t_j \qquad \cdots\cdots(A.2)$$

A.2 气温异常等级

分7级，参见表A.1。

表 A.1 气温异常等级

等级名称	指 标
异常偏高	$\Delta T \geqslant 2\sigma$
明显偏高	$\sigma \leqslant \Delta T < 2\sigma$
偏高	$0.3\sigma \leqslant \Delta T < \sigma$
接近常年同期	$-0.3\sigma < \Delta T < 0.3\sigma$
偏低	$-\sigma < \Delta T \leqslant -0.3\sigma$
明显偏低	$-2\sigma < \Delta T \leqslant -\sigma$
异常偏低	$\Delta T \leqslant -2\sigma$
注：表中 ΔT 为预报时段内的平均气温距平。	

附　录　B
（资料性附录）
总云量等级划分表

B.1　总云量等级划分表见表 B.1。

表 B.1　总云量等级划分表

名　　称	总　云　量
晴	0～2
少云	3～5
多云	6～8
阴	9～10

附 录 C
（资料性附录）
日降水量等级划分表

C.1 日降水量等级划分表见表C.1。

表C.1 日降水量等级划分表

名 称	24 h降水总量/mm
毛毛雨、小雨	<10.0
中雨	10.0～24.9
大雨	25.0～49.9
暴雨	50.0～99.9
大暴雨	100～249.9
特大暴雨	≥250.0
零星小雪、小雪	<2.5
中雪	2.5～4.9
大雪	5.0～9.9
暴雪	≥10.0

附　录　D
（资料性附录）
蒲福风力等级表

D.1　蒲福风力等级表见表 D.1。

表 D.1　蒲福风力等级表

风力级数	名称	海面状况 海浪高度/m		海岸船只征象	陆地地面征象	相当于空旷平地上标准高度 10 m 处的风速		
		一般	最高			n mile/h	m/s	km/h
0	静风	—	—	静	静，烟直上	小于 1	0～0.2	小于 1
1	软风	0.1	0.1	平常渔船略觉摇动	烟能表示风向，但风向标不能动	1～3	0.3～1.5	1～5
2	轻风	0.2	0.3	渔船张帆时，每小时可随风移行 2 km～3 km	人面感觉有风，树叶微响，风向标能转动	4～6	1.6～3.3	6～11
3	微风	0.6	1.0	渔船渐觉颠簸，每小时可随风移行 5 km～6 km	树叶及微枝摇动不息，旌旗展开	7～10	3.4～5.4	12～19
4	和风	1.0	1.5	渔船满帆时，可使船身倾向一侧	能吹起地面灰尘和纸张，树的小枝摇动	11～16	5.5～7.9	20～28
5	清劲风	2.0	2.5	渔船缩帆（即收去帆之一部）	有叶的小树摇摆，内陆的水面有小波	17～21	8.0～10.7	29～38
6	强风	3.0	4.0	渔船加倍缩帆，捕鱼须注意风险	大树枝摇动，电线呼呼有声，举伞困难	22～27	10.8～13.8	39～49
7	疾风	4.0	5.5	渔船停泊港中，在海者下锚	全树摇动，迎风步行感觉不便	28～33	13.9～17.1	50～61
8	大风	5.5	7.5	进港的渔船皆停留不出	微枝拆毁，人行向前，感觉阻力甚大	34～40	17.2～20.7	62～74
9	烈风	7.0	10.0	汽船航行困难	建筑物有小损（烟囱顶部及平屋摇动）	41～47	20.8～24.4	75～88
10	狂风	9.0	12.5	汽船航行颇危险	陆上少见，见时可使树木拔起或使建筑物损坏严重	48～55	24.5～28.4	89～102
11	暴风	11.5	16.0	汽船遇之极危险	陆上很少见，有则必有广泛损坏	56～63	28.5～32.6	103～117
12	飓风	14.0	—	海浪滔天	陆上绝少见，摧毁力极大	64～71	32.7～36.9	118～133
13	—	—	—	—	—	72～80	37.0～41.4	134～149
14	—	—	—	—	—	81～89	41.5～46.1	150～166
15	—	—	—	—	—	90～99	46.2～50.9	167～183
16	—	—	—	—	—	100～108	51.0～56.0	184～201
17	—	—	—	—	—	109～118	56.1～61.2	202～220

参 考 文 献

[1] 中华人民共和国气象法.1999年10月31日
[2] 章基嘉,葛玲.中长期天气预报基础[M].北京:气象出版社,1983
[3] 叶笃正,朱抱真.大气环流的若干基本问题[M].北京:科学出版社,1958
[4] 《大气科学辞典》编委会.大气科学辞典.北京:气象出版社,1994

ICS 07.060
A 47

GB

中华人民共和国国家标准

GB/T 27957—2011

冰雹等级

Grade of hail

2011-12-30 发布　　　　2012-03-01 实施

中华人民共和国国家质量监督检验检疫总局
中国国家标准化管理委员会　发布

前　言

本标准按照 GB/T 1.1—2009 给出的规则起草。

本标准由中国气象局提出。

本标准由全国气象防灾减灾标准化技术委员会(SAC/TC 345)归口。

本标准起草单位:国家气象中心(中央气象台)。

本标准主要起草人:杨贵名、宗志平、林建。

引　言

冰雹是影响我国的主要灾害性天气之一。冰雹具有持续时间短、影响范围集中和破坏性强等特点。冰雹给农业、畜牧业和交通运输业等带来灾害。

制定国家统一的冰雹等级标准有助于规范冰雹预报预警服务工作，预防和减轻冰雹危害。

冰 雹 等 级

1 范围

本标准规定了冰雹的等级。

本标准适用于冰雹的监测、预报和预警。

2 术语和定义

下列术语和定义适用于本文件。

2.1

冰雹 hail

坚硬的球状、锥形或不规则的固体降水物。

2.2

冰雹直径 diameter of hail

根据地面气象观测规范测得的冰雹的最大直径，以毫米(mm)为单位，取整数。

2.3

冰雹等级 grade of hail

按照冰雹的直径进行划分后的分级。

3 冰雹等级

3.1 划分原则

按照冰雹的直径进行划分。

3.2 冰雹等级

用 D 表示冰雹直径，冰雹等级见表1。

表 1 冰雹等级

等级	冰雹直径
小冰雹	$D<5$ mm
中冰雹	5 mm$\leqslant D<20$ mm
大冰雹	20 mm$\leqslant D<50$ mm
特大冰雹	$D\geqslant 50$ mm

参 考 文 献

[1] 《大气科学辞典》编委会.大气科学辞典[M].北京:气象出版社,1994:29
[2] 中国气象局.地面气象观测规范[M].北京:气象出版社,2004:22
[3] 彭治班,刘健文,郭虎等.国外强对流天气的应用研究[M].北京:气象出版社,2001:392

ICS 07.060
A 47

中华人民共和国国家标准

GB/T 27958—2011

海上大风预警等级

Grade of marine wind warning

2011-12-30 发布

2012-03-01 实施

中华人民共和国国家质量监督检验检疫总局
中国国家标准化管理委员会 发布

前　言

本标准按照 GB/T 1.1—2009 给出的规则起草。

本标准由中国气象局提出。

本标准由全国气象防灾减灾标准化技术委员会(SAC/TC 345)归口。

本标准由国家气象中心负责起草。

本标准主要起草人:尹尽勇、刘涛。

海上大风预警等级

1 范围

本标准规定了中国近海海上大风预警等级及其发布规范。

本标准适用于我国海洋气象业务，相关涉海部门的业务可参照本标准执行。

本标准不适用于因热带气旋所引起的海上大风。

2 术语和定义

下列术语和定义适用于本文件。

2.1

风速 wind speed

气象观测规范中，以正点前 2 min 至正点内的平均风速作为该正点的风速。

2.2

风力等级 wind scale

风级 wind scale

根据风对地面(或海面)物体影响程度或破坏程度确定的等级。

注：蒲福风力等级表参见附录 A。

3 海上大风预警等级

3.1 海上大风预警等级分级

海上大风预警分为三个等级，分别为“海上大风蓝色预警”、“海上大风黄色预警”和“海上大风橙色警报”。

3.2 海上大风预警等级发布规范

3.2.1 预报海区未来 48 h 内可能出现 7～8 级风力(或阵风 9～10 级)时，或者已经出现并将持续时，发布“海上大风蓝色预警”。

3.2.2 预报海区未来 48 h 内可能出现 9～10 级风力(或阵风 11～12 级)时，或者已经出现并将持续时，发布“海上大风黄色预警”。

3.2.3 预报海区未来 48 h 内可能出现 11 级及以上风力(或阵风达 13 级及以上)时，或者已经出现并将持续时，发布“海上大风橙色预警”。见表 1。

表 1 “海上大风预警等级”对应风力等级表

海上大风警报等级	风力/级	阵风风力/级
海上大风蓝色警报	7～8	9～10
海上大风黄色警报	9～10	11～12
海上大风橙色警报	≥11	≥13

附　录　A
（资料性附录）
蒲福风力等级表

表 A.1　蒲福风力等级表

风力级数	名称	海面状况 海浪/m		海岸船只征象	陆地地面征象	相当于空旷平地上标准高度10 m处的风速		
		一般	最高			n mile/h	m/s	km/h
0	静风	—	—	静	静，烟直上	＜1	0～0.2	＜1
1	软风	0.1	0.1	平常渔船略觉摇动	烟能表示风向，但风向标不能动	1～3	0.3～1.5	1～5
2	轻风	0.2	0.3	渔船张帆时，每小时可随风移行 2 km～3 km	人面感觉有风，树叶微响，风向标能转动	4～6	1.6～3.3	6～11
3	微风	0.6	1.0	渔船渐觉颠簸，每小时可随风移行 5 km～6 km	树叶及微枝摇动不息，旌旗展开	7～10	3.4～5.4	12～19
4	和风	1.0	1.5	渔船满帆时，可使船身倾向一侧	能吹起地面灰尘和纸张，树的小枝摇动	11～16	5.5～7.9	20～28
5	清劲风	2.0	2.5	渔船缩帆（即收去帆之一部）	有叶的小树摇摆，内陆的水面有小波	17～21	8.0～10.7	29～38
6	强风	3.0	4.0	渔船加倍缩帆，捕鱼须注意风险	大树枝摇动，电线呼呼有声，举伞困难	22～27	10.8～13.8	39～49
7	疾风	4.0	5.5	渔船停泊港中，在海者下锚	全树摇动，迎风步行感觉不便	28～33	13.9～17.1	50～61
8	大风	5.5	7.5	进港的渔船皆停留不出	微枝折毁，人行向前，感觉阻力甚大	34～40	17.2～20.7	62～74
9	烈风	7.0	10.0	汽船航行困难	建筑物有小损（烟囱顶部及平屋摇动）	41～47	20.8～24.4	75～88
10	狂风	9.0	12.5	汽船航行颇危险	陆上少见，见时可使树木拔起或使建筑物损坏严重	48～55	24.5～28.4	89～102
11	暴风	11.5	16.0	汽船遇之极危险	陆上很少见，有则必有广泛损坏	56～63	28.5～32.6	103～117
12	飓风	14.0	—	海浪滔天	陆上绝少见，摧毁力极大	64～71	32.7～36.9	118～133
13	—	—	—	—	—	72～80	37.0～41.4	134～149
14	—	—	—	—	—	81～89	41.5～46.1	150～166
15	—	—	—	—	—	90～99	46.2～50.9	167～183
16	—	—	—	—	—	100～108	51.0～56.0	184～201
17	—	—	—	—	—	109～118	56.1～61.2	201～220
18	—	—	—	—	—	≥119	≥61.3	≥221

参 考 文 献

[1] 崔玉玺、陆家琏等.海洋气象服务手册与指南[M].北京:气象出版社

[2] 大气科学辞典编委会.大气科学辞典[M].北京:气象出版社

[3] 朱炳海,王鹏飞,束家鑫.气象学词典[M].上海:上海辞书出版社

[4] 中国气象局.地面气象观测规范.北京:气象出版社

ICS 07.060
A 47

中华人民共和国国家标准

GB/T 27959—2011

南方水稻、油菜和柑桔低温灾害

Low temperature disaster of southern rice, rapeseed and orange

2011-12-30 发布　　　　2012-03-01 实施

中华人民共和国国家质量监督检验检疫总局
中国国家标准化管理委员会　发布

前　言

本标准按照 GB/T 1.1—2009 给出的规则起草。

本标准由中国气象局提出。

本标准由全国气象防灾减灾标准化技术委员会(SAC/TC 345)归口。

本标准起草单位:湖南省气象科学研究所、国家气候中心、湖南省气象局法规处。

本标准主要起草人:陆魁东、黄晚华、叶殿秀、谢军安。

南方水稻、油菜和柑桔低温灾害

1 范围

本标准规定了南方水稻、油菜、柑桔致灾的低温灾害分类和等级。

本标准适用于各级气象、农业、统计、民政等有关部门对低温灾害监测、预报警报和发布及其评估。

2 术语与定义

下列术语和定义适用于本文件。

2.1

气温 air temperature

表示空气冷热程度的物理量。

注：地面气象观测中测定的是离地面 1.50 m 高度处的气温。

2.2

极端最低气温 extremely least temperature

一定时段内气温的最低值。

2.3

低温灾害 low temperature disaster

一时段内某一地域出现的气温明显偏低，并影响作物正常生长发育的一种农业气象灾害。

2.4

低温灾害类型 low temperature disaster types

主要包括冷害、寒害、霜冻和冻害四种。

2.5

冷害 cold injury

在农作物生长季节，生育期的重要阶段气温比要求的偏低(但仍在 0 ℃以上)，引起农作物发育期延迟，或使生殖器官的生理机能受到损害，造成农业减产的低温灾害。

2.6

寒害 chilling injury

华南热带作物遇到 10 ℃以下 0 ℃以上低温使植株枯萎、腐烂或感病，直到死亡，实际上是一种冷害。

3 水稻冷害

3.1 倒春寒

双季早稻播种至育秧期间旬平均气温低于该旬常年平均值 2 ℃或以上，并低于前旬平均气温，则该旬为倒春寒。

倒春寒等级分为三级：

1) 轻度倒春寒：-2 ℃$>\Delta T_i>-3.5$ ℃ ，且 T_i(平均值)$<T_{i-1}$(平均值)；

2) 中等倒春寒：-5.0 ℃$<\Delta T_i\leqslant-3.5$ ℃，且 T_i(平均值)$<T_{i-1}$(平均值)；

3） 重度倒春寒：$\Delta T_i \leqslant -5.0$ ℃或多旬(含两旬)出现倒春寒，且 T_i(平均值)＜T_{i-1}(平均值)。

注：ΔT_i 表示旬平均气温与历年同期旬平均气温的差值。

T_i 表示某旬平均气温。

T_{i-1} 表示前一旬平均气温。

3.2 五月低温

双季早稻分蘖期至幼穗分化期内连续 5 d 或以上日平均气温≤20 ℃。

五月低温等级分为三级：

1） 轻度五月低温：连续 5 d 日平均气温大于或等于 18 ℃小于或等于 20 ℃，即 18.0 ℃$\leqslant \overline{T}_{5d} \leqslant$ 20.0 ℃。

2） 中度五月低温：连续 7 d 日平均气温大于或等于 18 ℃小于或等于 20 ℃，即 18.0 ℃$\leqslant \overline{T}_{7d} \leqslant$ 20.0 ℃；或连续 5 d 日平均气温大于或等于 15.6 ℃小于或等于 17.9 ℃，即 15.6 ℃$\leqslant \overline{T}_{5d} \leqslant$ 17.9 ℃。

3） 重度五月低温：连续 10 d 日平均气温大于或等于 18 ℃小于或等于 20 ℃，即 18.0 ℃$\leqslant \overline{T}_{10d} \leqslant$ 20.0 ℃。或连续 7 d 日平均气温大于或等于 15.6 ℃小于或等于 17.9 ℃，即 15.6 ℃$\leqslant \overline{T}_{7d} \leqslant$ 17.9 ℃；或日平均气温≤15.5 ℃连续 5 d 或以上，即 $\overline{T}_{5d} \leqslant$ 15.5 ℃。

3.3 八月低温

长江中下游地区一季稻抽穗扬花期遭遇日平均气温≤23 ℃连续 3 d 或以上低温。

3.4 寒露风

双季晚稻抽穗扬花期间日平均气温≤20 ℃连续 3 d 或以上。

寒露风等级的划分以日平均气温、日最低气温、雨日为基础，分为干冷型、湿冷型两大类，并各分为轻度、重度两个等级。各级对应的日平均气温、日最低气温、雨日值见表 1。

表 1 寒露风等级划分表

寒露风等级	干冷型		湿冷型		
	日平均气温	日最低气温	日平均气温	日最低气温	雨日
轻度	≤22 ℃，持续≥3 d	＞16 ℃	≤23 ℃，持续≥3 d	＞16 ℃	≥1 d
	或≤22 ℃，持续 2 d	≤16 ℃			
重度	≤20 ℃，持续≥3 d	＞16 ℃	≤21 ℃，持续≥3 d	≤16 ℃	≥2 d
	或≤20 ℃，持续 2 d	≤16 ℃			

4 油菜冻害

油菜在苗期(或越冬期)遭遇极端最低气温在 0 ℃以下，出现叶片冻伤、植株死亡或不能正常开花授粉的一种低温灾害。

油菜苗期冰害等级分为三级：

1） 轻微冻害:日最低气温为－3 ℃～－5 ℃。

2） 中度冻害:日最低气温为－5.1 ℃～－7 ℃。

3） 重度冻害:日最低气温＜－7.1 ℃。

5 柑桔冻害

柑桔在越冬期间遭遇极端最低气温在－7 ℃以下,出现枝条因冻干枯或植株死亡的一种农业气象灾害。

柑桔冰害等级分为三级:

1） 轻度冻害:日最低气温为－7.1 ℃～－9 ℃。

2） 中度冻害:日最低气温－9.1 ℃～－11 ℃。

3） 严重冻害:日最低气温＜－11.1 ℃。

参 考 文 献

[1] 中国农业百科全书编务委员会. 中国农业百科全书·农业气象卷[M]. 北京:农业出版社,1986:205-357

[2] 张养才,何维勋,李世奎. 中国农业气象灾害概论[M]. 北京:气象出版社,1991:1-260

[3] 段若溪,姜会飞. 农业气象学[M]. 北京:气象出版社,2002:141-178

[4] 程德瑜. 农业气候学[M]. 北京:气象出版社,1994:135-195

[5] 许昌燊. 农业气象指标大全[M]. 北京:气象出版社,2004:1-123

[6] 高素华,林日暖,黄增明. 广东省冬季气温、冻害对荔枝产量的影响. 应用气象学报,2003,14(4):496～498

[7] QX 94—2008 寒露风等级

[8] QX 80—2007 香蕉、荔枝寒害等级

[9] 陈端生,龚绍先. 农业气象灾害[M]. 北京农业大学出版社

[10] 龚绍先. 粮食作物与气象[M]. 北京农业大学出版社

[11] DB43/T 234—2004 气象灾害 术语和等级

[12] QX/T 50—2007 地面气象观测规范 第6部分:空气温度和湿度观测

ICS 25.040
N 10

中华人民共和国国家标准

GB/T 27960—2011

以太网 POWERLINK 通信行规规范

Ethernet POWLINK communication profile specification

2011-12-30 发布　　2012-07-01 实施

中华人民共和国国家质量监督检验检疫总局
中国国家标准化管理委员会　发布

前　言

本标准按照 GB/T 1.1—2009 给出的规则起草。

本标准使用重新起草法修改采用 POWERLINK 国际标准化组织(EPSG)的技术规范 EPSG DS 301《以太网 POWERLINK 通信行规规范》(V1.1.0)。

本标准与 EPSG DS 301《以太网 POWERLINK 通信行规规范》(V1.1.0)相比在结构上做了以下调整:

——编写本标准的前言;

——根据 EPSG DS 301(V1.1.0)Pre.8 定义和缩略语,编写本标准的第 3 章术语、定义和缩略语;

——根据标准正文对其他标准的引用情况及 EPSG DS 301(V1.1.0)Pre.9,编写本标准的规范性引用文件和参考文献;

——将 EPSG DS 301(V1.1.0)的第 1 章作为本标准的第 4 章,并相应编排后续文本章条号。

本标准还做了下列编辑性修改:

——删除了 EPSG DS 301(V1.1.0)前言(Pre.1～Pre.9)。

本标准由机械工业联合会提出。

本标准由全国工业过程测量和控制标准化技术委员会(SAC/TC 124)归口。

本标准起草单位:机械工业仪器仪表综合技术经济研究所、上海自动化仪表股份有限公司、深圳步进科技有限公司、西南大学、清华大学、中国科学院沈阳自动化研究所、山东大学、北京交通大学、上海工业自动化仪表研究所、贝加莱工业自动化(上海)有限公司。

本标准主要起草人:刘丹、谢素芬、潘长清、丁露、包伟华、池家武、刘枫、王雪、杨志家、张承瑞、孙昕、彭瑜、张继培、宋华振、上官小晶、周靖、张桂玲。

以太网 POWERLINK 通信行规规范

1 范围

POWERLINK 是实时以太网(RTE)的一个通信行规。它对基于 GB/T 15629.3 标准的以太网进行扩展,使其传输数据具有可预测的定时和精确同步的机制。

POWERLINK 通信行规适用于高性能自动化与运动应用,可满足这些应用的苛刻实时要求。

2 规范性引用文件

下列文件对于本文件的应用是必不可少的。凡是注日期的引用文件,仅注日期的版本适用于本文件。凡是不注日期的引用文件,其最新版本(包括所有的修改单)适用于本文件。

GB/T 15629.3—1995 信息处理系统 局域网 第3部分:带碰撞检测的载波侦听多址访问(CSMA/CD)的访问方法和物理层规范(idt ISO/IEC 8802-3:1990)

GB/T 15969.3—2005 可编程序控制器 第3部分:编程语言(IEC 61131-3:2002,IDT)

EPSG DS 302-A 以太网 POWERLINK 第 A 部分:高可用性(V 1.0.0)[Ethernet POWERLINK,Part A:High Availability (Version 1.0.0)]

EPSG DS 302-B 以太网 POWERLINK 第 B 部分:多异步发送(V 1.0.0)[Ethernet POWERLINK,Part B:Multiple-ASnd (Version 1.0.0)]

3 术语、定义和缩略语

3.1 术语和定义

下列术语和定义适用于本文件。

3.1.1

时效 Ageing

时效是维护(高速缓存)表的一种公共机制。不使用的或未刷新的条目在规定时间后将被移除。

3.1.2

应用进程 Application Process

应用进程是应用层上的任务。

3.1.3

仅异步 CN Async-only CN

工作方式为:在等时同步时隙内,它不被 MN 周期性访问;在异步阶段,通过 StatusRequest 报文轮询该 CN。

3.1.4

异步数据 Asynchronous Data

在 POWERLINK 网络中对时间无严格要求的数据。在 POWERLINK 周期中保留一个特定阶段用于异步数据,该阶段由所有节点共用。连接到网络的每个节点都能通过向管理节点的请求来发送异步数据。管理节点保存一个所有异步数据请求的列表,随后逐个向各节点授予网络访问的权限。

3.1.5

异步阶段　Asynchronous Period

POWERLINK 周期的第二部分，从一个异步起始(SoA)帧开始。

3.1.6

异步调度　Asynchronous Scheduling

由 MN 的异步调度器决定，所请求的异步数据传输从何时开始。

3.1.7

基本以太网模式　Basic Ethernet Mode

提供传统以太网通信。

3.1.8

CANopen

一种用于工业控制环境、机器内部网络以及嵌入式系统(任意控制单元与电子器件一起被“嵌入”到设备中)的优化网络技术。CANopen 底层的实现基于 CAN(控制器局域网)。

3.1.9

连续类　Continuous

每个周期都发生等时同步通信的 POWERLINK 通信类(与复用类相对)。

3.1.10

受控节点　Controlled Node(CN)

POWERLINK 网络中不具备管理 SCNM 机制能力的节点。

3.1.11

周期状态机　Cycle State Machine

控制数据链路层上的 POWERLINK 周期，它本身受定义当前工作模式的 NMT 状态机的控制。

3.1.12

周期时间　Cycle Time

相继两个周期起始(SoC)帧之间(即重复过程)的时间。包括数据传输的时间和下一周期开始前的空闲时间。

3.1.13

确定性通信　Deterministic Communication

描述了其定时行为可被精确预测的通信过程。即报文到达接收者的时间是可预测的。

3.1.14

设备配置文件　Device Configuration File

设备配置文件(XDC)用于保存特定设备的配置参数。

3.1.15

设备描述文件　Device Description File

每个设备的设备描述文件(XDD)用于保存设备相关的所有信息。

3.1.16

D-NAT(目的 NAT)　D-NAT Destination NAT

D-NAT(目的网络地址转换)转换 IP/ICMP 数据包的目的地址。

3.1.17

域　Domain

在 CANopen 的环境中，域是指可在 POWERLINK 网络上传输的、具有任意类型与长度的数据对象。在因特网协议的环境中,域是指因特网名称空间的一部分,因特网名称空间由域名系统(DNS)支持。

3.1.18

POWERLINK 命令层　POWERLINK Command Layer

POWERLINK 命令层定义了访问对象字典参数的命令。该层处于顺序层之上,并区分快速传输与分段传输。

3.1.19

POWERLINK 周期　POWERLINK Cycle

POWERLINK 网络内的数据交换按固定时间间隔进行组织,该固定时间间隔称为周期。该周期细分为等时同步阶段和异步阶段,并由 MN 组织实施。

3.1.20

POWERLINK 节点 ID　POWERLINK NodeID

通过 POWERLINK 层上 8 比特的 POWERLINK 节点 ID(NodeID),可以对每个 POWERLINK 节点(MN、CN 和路由器)进行寻址。该 ID 仅在局部有意义(即在一个 POWERLINK 网段中是唯一的)。

3.1.21

POWERLINK

POWERLINK 对传统以太网在第二层进行扩展,以实现在硬实时约束下进行数据交换。POWERLINK 被开发用于工业自动化的确定性数据交换、短周期时间以及等时同步操作。

3.1.22

标识请求　IdentRequest

IdentRequest 是由 MN 发送的 POWERLINK 帧,以标识正在等待加入网络的活动 CN。

3.1.23

标识响应　IdentResponse

IdentResponse 是用于响应 IdentRequest 的 ASnd 帧的一个特殊形式。

3.1.24

空闲阶段　Idle Period

一个异步阶段结束到下一个周期开始前的时间间隔。

3.1.25

等时同步　Isochronous

适用于要求成功实现时间协调一致的过程。等时同步数据传输确保了数据按照连接设备所能提供的精确定时,连续地并以固定的速率进行传输。

3.1.26

等时同步数据　Isochronous Data

等时同步数据是 POWERLINK 网络中每个周期(或复用类等时同步数据情况下,每 n 个周期)都要传输的数据。

3.1.27

等时同步阶段　Isochronous Period

POWERLINK 周期的等时同步阶段提供确定性操作,即被保留用于(连续类或复用类)等时同步数据的交换。

3.1.28

传统以太网　Legacy Ethernet

符合 GB/T 15629.3 标准的以太网(在对时间没有严格要求的环境下的不确定性操作)。

3.1.29

管理节点 Managing Node;MN

POWERLINK 网络中具备 SCNM 机制管理能力的节点。

3.1.30

媒体访问控制 Media Access Control;MAC

POWERLINK 参考模型中数据链路层的子层之一,用来控制由哪个节点获得媒体访问来发送报文。

3.1.31

复用类 Multiplexed

POWERLINK 的一个通信类。在该通信类中循环通信以这样的方式实现:m 个节点的数据交换在 s 个周期内进行(与连续类相对)。

3.1.32

复用类 CN Multiplexed CN

允许每 n 个周期发送一次等时同步数据的节点。

3.1.33

复用类时隙 Multiplexed Timeslot

用于传输复用类等时同步数据的时隙,即该时隙由多个节点共用。

3.1.34

网络时间 NetTime

在 SoC 帧内向所有 CN 分发的 MN 时钟时间。

3.1.35

网络管理 Network Management;NMT

POWERLINK 模型中的网络管理功能和服务,在 POWERLINK 网络中执行初始化、配置和错误处理。

3.1.36

NMT 状态机 NMT State Machine

控制 POWERLINK 节点的全部工作模式与状态的状态机。

3.1.37

对象目录 Object Directory

通过 POWERLINK 通信可访问的所有数据对象的信息库。

3.1.38

轮询请求 PollRequest

在循环通信的等时同步部分中使用的帧。MN 使用该帧来请求 CN 发送其数据。

3.1.39

轮询响应 PollResponse

在循环通信的等时同步部分中使用的帧。CN 使用该帧来响应来自 MN 的 PollRequest 帧。

3.1.40

精确时间协议 Precision Time Protocol;PTP

IEEE 1588,网络测量和控制系统的精确时钟同步协议。

3.1.41

过程数据对象 Process Data Object;PDO

用于 POWERLINK 节点间等时同步数据交换的对象。

3.1.42

POWERLINK 模式　POWERLINK Mode

提供了等时同步通信和异步通信。节点通过专用的 POWERLINK 帧(该帧的抖动极低)进行同步。

3.1.43

保留　Reserved

保留的比特应由发送者将其设为 0。接收者对这些比特不应进行解释。不允许使用保留比特,它们被保留用于将来的开发或本标准的扩展。

3.1.44

路由器类型 1　Router Type1

网络中的耦合部件,允许在 POWERLINK 网段与带有 IP 的任何其他数据链路层协议(例如,传统以太网、POWERLINK 等)之间进行 IP 通信。它通常是独立的网络设备(部件),在 POWERLINK 网段中作为受控节点。

3.1.45

路由器类型 2　Router Type2

POWERLINK 网段与 CANopen 网络间的路由器。

3.1.46

服务数据对象　Service Data Object;SDO

用于访问设备对象字典的点到点通信。

3.1.47

顺序层　Sequence Layer

提供可靠的双向连接的服务,保证没有报文丢失或重复,并且保证所有报文以正确顺序到达。

3.1.48

时隙通信网络管理　Slot Communication Network Management;SCNM

在 POWERLINK 网络中,管理节点在确定的周期时间内,以循环的方式,为每个节点的数据分配数据传输时间。在每个周期内,既有用于等时同步数据的时隙,也有用于 ad-hoc 通信的异步数据的时隙。SCNM 机制保证任何网络节点的物理网络访问期间没有冲突发生,以实现利用传统以太网提供确定性通信。

3.1.49

S-NAT(源 NAT)　S-NAT Source NAT

S-NAT(源网络地址转换)转换 IP/ICMP 数据包的源地址。

3.1.50

StatusRequest/StatusResponse

StatusRequest 帧被用来轮询仅异步 CN。当通过 SoA 帧中的 StatusRequest 分配了异步时隙时,CN 发送 StatusResponse 帧。

3.1.51

StatusResponse

当通过 SoA 帧中的 StatusRequest 分配了异步时隙时,CN 发送 StatusResponse 帧。

3.2　缩略语

ACL	Access Control List	访问控制列表
ARP	Address Resolution Protocol	地址解析协议
ASnd	Asynchronous Send(POWERLINK frame type)	异步发送帧(POWERLINK 帧类型)
CAN	Controller Area Network	控制器局域网
CiA	CAN in Automation	CiA 是国际用户和制造商组织,开发

		和支持CANopen和基于CAN的高层协议
CN	POWERLINK Controlled Node	POWERLINK受控节点
DCF	Device Configuration File	设备配置文件
EIA	Electronic Industries Association	电子工业协会
EMC	Electro Magnetic Compatibility	电磁兼容性
EPL	ETHERNET POWERLINK	POWERLINK
EPSG	ETHERNET POWERLINK Standardisation Group	POWERLINK标准化组织
IAONA	Industrial Automation Open Networking Alliance	工业自动化开放网络联盟
ICMP	Internet Control Message Protocol	因特网控制报文协议
ID	Identifier	标识符
IEC	International Electrotechnical Commission	国际电工委员会
IEEE	Institute of Electrical and Electronic Engineers	电气电子工程师协会
IP	Internet Protocol	因特网协议
MAC	Media Access Control	媒体访问控制
MIB	Management Information Base	管理信息库
MN	POWERLINK Managing Node	POWERLINK管理节点
MS	Multiplexed Slot(flag in POWERLINK frame)	复用类时隙(POWERLINK帧中的标志)
MSS	Maximum Segment Size	最大数据段大小
MTU	Maximum Transmission Unit	最大传输单元
NAT	Network Address Translation	网络地址转换
NAPT	Network Address Port Translation	网络地址端口转换
NIL	Not in List(Basic Data Type)	不在列表中(基本数据类型)
NMT	Network Management	网络管理
PDO	Process Data Object	过程数据对象
PR	Priority(bit field in POWERLINK frame)	优先级(POWERLINK帧中的比特字段)
PReq	PollRequest(POWERLINK frame type)	轮询请求帧(POWERLINK帧类型)
PRes	PollResponse(POWERLINK frame type)	轮询响应帧(POWERLINK帧类型)
PS	PRescaled Slot(flag in POWERLINK frame)	预设时隙(POWERLINK帧中的标志)
PTP	Precision Time Protocol	精确时间协议
RD	Ready(flag in POWERLINK frame)	准备就绪(POWERLINK帧中的标志)
RFC	Requests for Comments	许多因特网的正式标准都以RFC文档出版，如IP、TCP和FTP等，但不是所有RFC文档都是正式标准，很多仅提供信息。每个RFC文档都用一个数字标识。RFC由IETP(因特网工程任务组)管理
RPDO	Receive Process Data Object	接收过程数据对象
RS	Request to Send(flag in POWERLINK frame)	请求发送(POWERLINK帧中的标志)
S/UTP	Screened Unshielded Twisted Pair	丝网总屏蔽的非屏蔽双绞线
EA	Exception Acknowledge(flag in POWERLINK frame)	异常确认(POWERLINK帧中的标志)
SCNM	Slot Communication Network Management	时隙通信网络管理
SDO	Service Data Object	服务数据对象

EN	Exception New(flag in POWERLINK frame)	新异常(POWERLINK 帧中的标志)
SNMP	Simple Network Management Protocol	简单网络管理协议
SoA	Start of Asynchronous(POWERLINK frame type)	异步起始帧(POWERLINK 帧类型)
SoC	Start of Cyclic(POWERLINK frame type)	周期起始帧(POWERLINK 帧类型)
TCP	Transmission Control Protocol	传输控制协议
TIA	Telecommunications Industry Association	电信工业协会
TPDO	Transmit Process Data Object	发送过程数据对象
UDP	User Datagram Protocol	用户数据报协议
UTP	Unshielded Twisted Pair	非屏蔽双绞线
VPN	Virtual Private Network	虚拟专用网络
XDC	XML device configuration file	XML 设备配置文件
XDD	XML device description file	XML 设备描述文件

4 概述

POWERLINK 是实时以太网(RTE)的一个通信行规。它对基于 GB/T 15629.3 标准的以太网进行扩展,使其传输数据具有可预测的定时和精确同步的机制。该通信行规满足典型的高性能自动化与运行应用的定时要求。它并不改变快速以太网标准 GB/T 15629.3 的基本原理,仅将其扩展为 RTE。因此,它可以支持继续使用任何标准以太网芯片、网络基础部件或测试与测量设备(如网络分析仪)。

4.1 时隙通信网络管理

POWERLINK 提供的工作机制可获得如下性能:

a) 在精确的等时同步周期中传输对时间有严格要求的数据。数据交换基于生产者/消费者关系。等时同步数据通信可用于交换自动化领域中运动控制应用的位置数据。

b) 高精度地同步网络化的节点。

c) 根据请求异步地传送对时间无严格要求的数据。异步数据通信可用于传送基于 IP 的协议,如 TCP 或 UPD,以及更高层的协议,如 HTTP、FTP 等

POWERLINK 管理网络通信的方式是:等时同步数据和异步数据使用专用时隙,这保证了在同一时间总是仅有一个网络设备能够对网络媒体进行访问。这样,等时同步数据的传输和异步数据的传输绝不冲突,并且保证了精确的通信定时。该机制称为时隙通信网络管理(SCNM),如图 1 所示。SCNM 由一个特殊的网络设备——管理节点(MN)来管理,它具有 MN 功能。所有的其他节点称为受控节点(CN)。

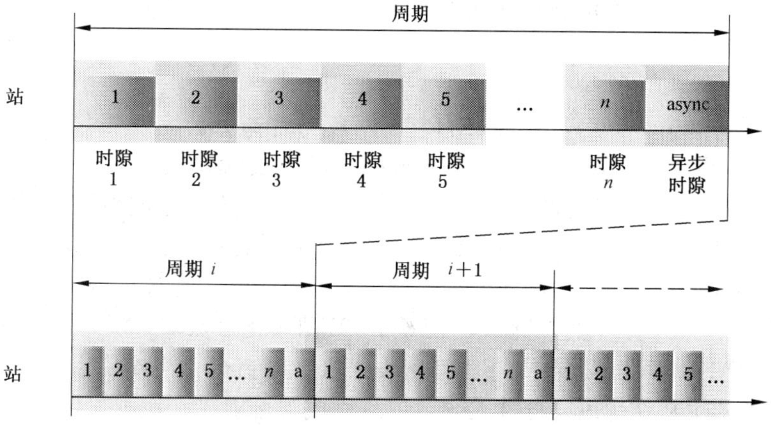

图 1 时隙通信网络管理(SCNM)

4.2 POWERLINK 主要特性

POWERLINK 具有如下主要特性：

——容易使用，可由不具备深入以太网知识的普通自动化工程师来操作；

——在一个网段内可有最多 240 个网络化的实时设备；

——保证确定性通信：

- IAONA 实时等级 4(最高性能)；
- 周期时间最小可达 200 μs；
- 网络化设备精确同步的超低抖动(<1 μs)；

——标准兼容：

- IEEE 802.3u 快速以太网；
- 支持基于 IP 的协议(TCP、UDP 等)；
- 为了设备互操作性集成 CANopen 行规 EN 50325-4；
- 基于标准以太网芯片的实现——不需要特定 ASIC；

——所有节点直接的点对点通信(生产者/消费者)；

——热拔插；

——无缝的 IT 集成——IP 协议路由。

POWERLINK 基于 ISO/OSI 层模型，并支持客户机/服务器和生产者/消费者通信关系。

EPSG 与 CiA 组织紧密合作将 CANopen 与 POWERLINK 集成。CANopen 标准定义了广泛应用的通信行规、设备行规和应用行规。这些行规在世界范围内被数以百万计次地应用。POWERLINK 与 CANopen 的集成将行规、高性能数据交换与使用 TCP/UDP/IP 协议的开放透明通信结合在一起。

POWERLINK 通信行规基于 CANopen 通信行规 DS 301 和 DS 302。基于该通信行规，大部分 CANopen 设备行规无需修改就可以用在 POWERLINK 环境中。

POWERLINK 的主要特色是易于使用。对于那些未必是网络专家的机器和设备制造商而言，以太网技术可能非常复杂且易于混淆。POWERLINK 已实现以下特性：

——容易布线，拓扑结构灵活(总线型、树型和星型结构)，网络可适应机器的需要；

——利用众所周知的工业网络基础部件；

——通过拨码开关可简单地实现地址分配；

——故障情况下替换设备简易可行；

——可进行直接的网络诊断；

——基本信息安全性能；

——与终端用户 IT 网络基础设施分离，工程应用简单；

——容易将 RTE 网络与 IT 网络基础设施集成。

4.3 集成

上述优点的取得是由于将 POWERLINK RTE 网段与普通办公室和工厂网络分离。这符合典型的机器和设备的概念。采用 POWERLINK 可满足机器的硬实时要求。POWERLINK 提供了对工厂网络及其上层网络的完全透明，但也考虑到对机器级的保护使其免受恶意攻击。将机器集成到已存在的 IT 网络基础设施中所进行的修改工作量被降至最低。为达到这一目的，POWERLINK 提供一种使用固定 IP 地址的专用 C 类 IP 网段的解决方案。路由器建立了到工厂底层网络或公司网络的连接。网络地址转换(NAT)机制允许将任意 IP 地址分配给 RTE 网络化节点。

基于 POWERLINK 的 RTE 适合支持现代模块化机器的概念。生产者/消费者和客户机/服务器通信关系使得集中式的主从结构以及分散式的多主结构成为可能。

基于 POWERLINK 的机器集成到终端用户的 IT 网络基础设施的示例如图 2 所示。

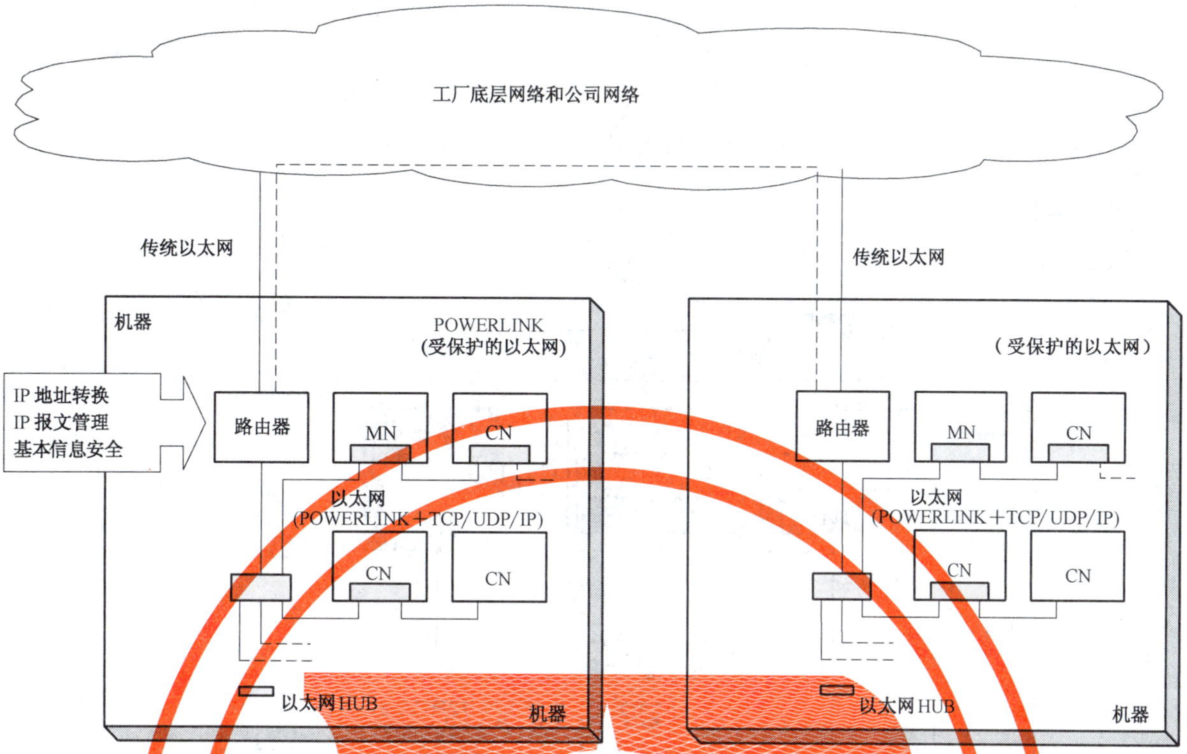

图 2　基于 POWERLINK 的机器集成到终端用户的 IT 网络基础设施

4.4　模块化机器

以下说明带有独立机器模块的机器概念。每个机器模块都可以单独设计，且具有其自身内部的通信关系。机器的组合可以一种灵活的方式，即通过添加机器模块之间附加的直接通信关系来实现。

典型的集中式与分散式控制器结构如图 3 所示。

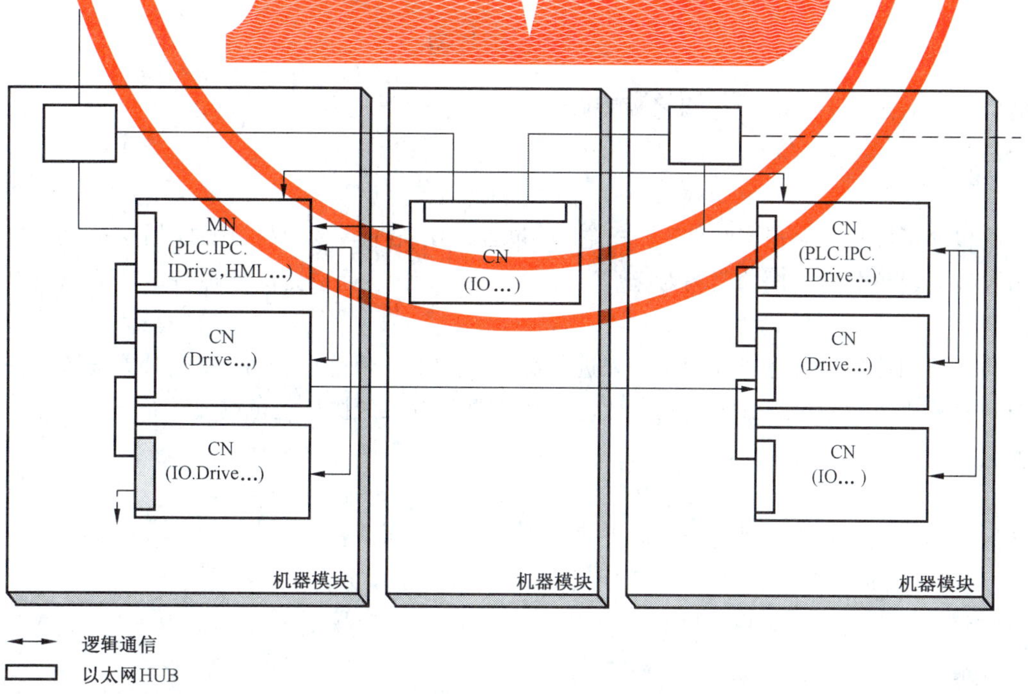

图 3　典型的集中式与分散式控制器结构

5 模型

基于 POWERLINK 的网络使用以下参考模型、设备模型和通信模型。

5.1 参考模型

参考模型如图 4 所示。

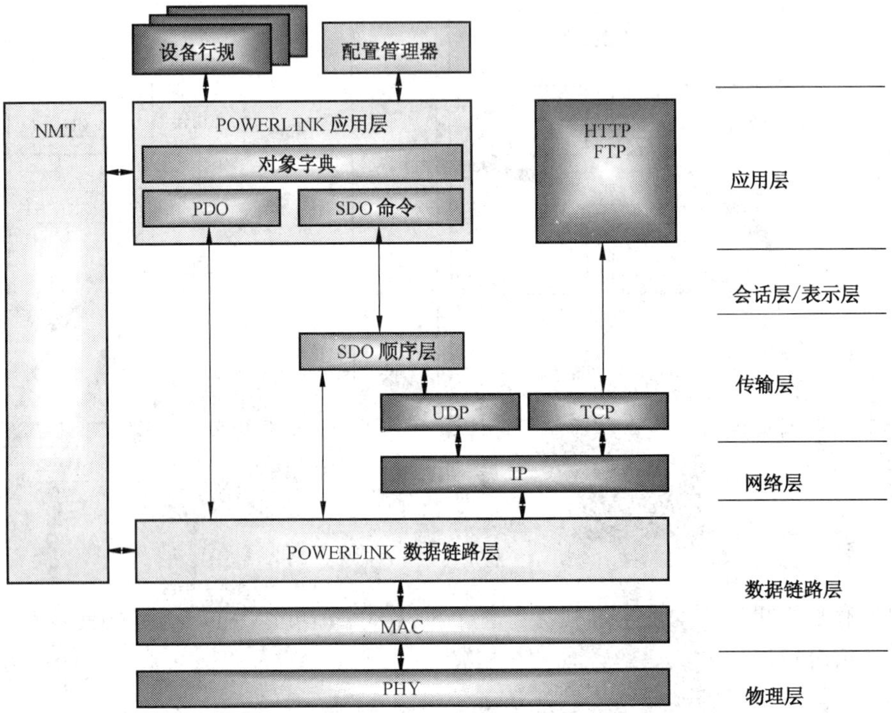

图 4 参考模型

通信概念可通过参考 ISO-OSI 参考模型(图 4 的右侧)来描述。

5.1.1 应用层

应用层包含了配置和通信实时数据的概念,还包含了设备间同步的机制。应用层提供给应用的功能在应用层被逻辑地分为不同的服务对象(见 SDO)。一个服务对象提供一种特定功能以及全部的相关服务。

应用通过调用应用层服务对象的服务来进行交互。为了实现这些服务,服务对象按照某一协议通过网络与对等的服务对象进行数据交换。此协议在该服务对象的协议规范内进行描述。

5.1.1.1 服务原语

服务原语是应用与应用层进行交互的方法。有以下四种原语:

——“请求(request)”是由应用发给应用层的,以请求一个服务;

——“指示(indication)”是由应用层发给应用的,以报告由应用层检测到的内部事件,或指示服务被请求;

——“响应(response)”是由应用发给应用层的,以响应之前接收到的指示;

——“证实(confirmation)”是由应用层发给应用的,以报告之前发出的请求的结果。

5.1.1.2 应用层服务类型

应用层服务类型如图 5 所示。

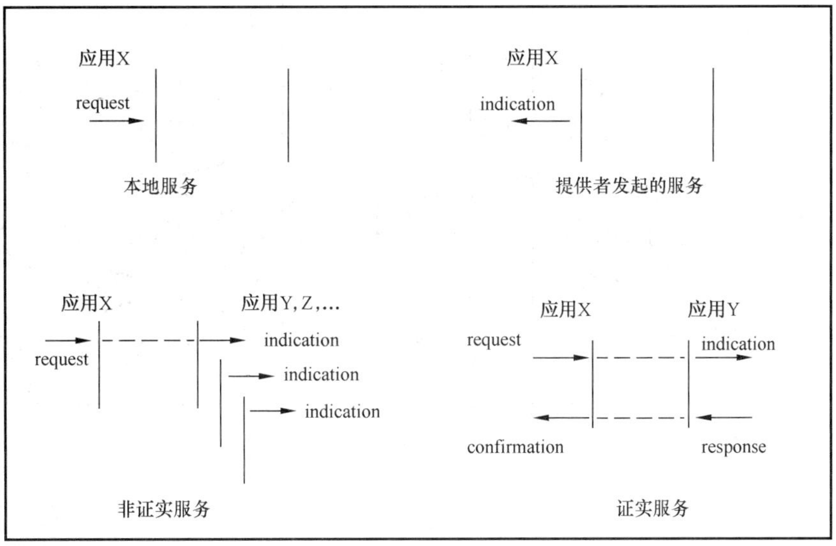

图 5 服务类型

服务类型为服务对象的特定服务定义了在应用层和协同运行的应用之间交换的原语：

——本地服务：仅涉及本地服务对象。应用向它的本地服务对象发出请求，该对象不与对等服务对象进行通信就执行所请求的服务。

——非证实服务：涉及一个或多个对等服务对象。应用向它的本地服务对象发出请求。该请求被传送到对等服务对象，每个服务对象将该请求作为指示传送给它们的应用。结果不被证实及返回。

——证实服务：仅涉及一个对等服务对象。应用向它的本地服务对象发出请求。该请求被传送到对等服务对象，该对象将该请求作为指示传送给其他应用。其他应用发出一个响应，该响应被发送到初始服务对象，该初始服务对象将该响应作为证实传送给请求的应用。

——提供者发起的服务：仅涉及本地服务对象。服务对象（即服务提供者）检测到一个未被请求的服务所请求的事件。然后向应用指示该事件。

非证实服务和证实服务统称为远程服务。

5.2 设备模型

5.2.1 概述

设备结构如下（见图 6）：

——通信：此功能单元提供通信对象以及适当的功能来通过下层的网络结构传送数据项；

——对象字典：对象字典是所有数据项的集合，这些数据项对该设备上的应用对象、通信对象以及状态机行为都有影响；

——应用：应用包含了与过程环境相互作用的设备功能。

因此，对象字典用作通信与应用之间的接口。与对象字典内数据项相关的设备应用的完整描述被称为设备行规。

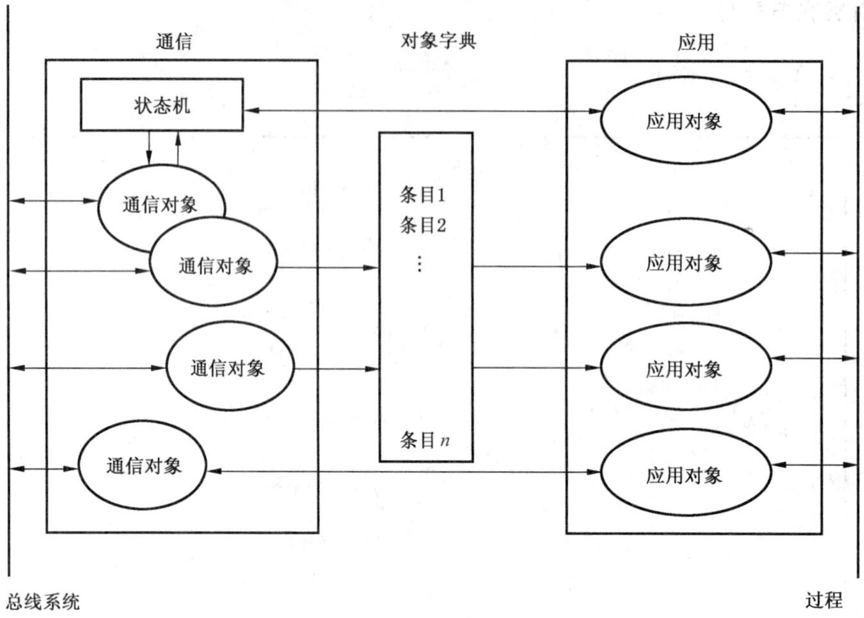

图6 设备模型

5.2.2 对象字典

设备行规的最重要部分是对象字典。对象字典本质上是可通过网络进行访问的一组对象，访问按有序的、预先定义的方式进行。该对象字典内的每个对象使用16位索引来进行寻址。

标准对象字典的结构如表1所示。该结构与其他工业串行总线系统的概念基本一致。

对象字典最大可包含65 536个条目，这些条目通过16位索引进行寻址。

0001_h～$001F_h$ 索引之间的静态数据类型包含如布尔型、整型、浮点、字符串等标准数据类型的定义。这些条目仅用作引用，不能进行读写。

对象字典结构如表1所示。

表1 对象字典结构

索引	对　　象
0000_h	未使用
0001_h～$001F_h$	静态数据类型
0020_h～$003F_h$	复杂数据类型
0040_h～$005F_h$	制造商特定的复杂数据类型
0060_h～$007F_h$	设备行规特定的静态数据类型
0080_h～$009F_h$	设备行规特定的复杂数据类型
$00A0_h$～$03FF_h$	保留供将来使用
0400_h～$041F_h$	POWERLINK 特定的静态数据类型
0420_h～$04FF_h$	POWERLINK 特定的复杂数据类型
0500_h～$0FFF_h$	保留供将来使用
1000_h～$1FFF_h$	通信行规区
2000_h～$5FFF_h$	制造商特定行规区
6000_h～$9FFF_h$	标准设备行规区
$A000_h$～$BFFF_h$	标准接口行规区
$C000_h$～$FFFF_h$	保留供将来使用

索引 0020_h～$003F_h$ 之间的复杂数据类型是预先定义的结构，由标准数据类型组成，对所有设备都通用。

索引 0040_h～$005F_h$ 之间的制造商特定的复杂数据类型，是由标准数据类型组成的结构，但只专用于某一特定设备。

设备行规可定义专用于其设备类型的附加数据类型。由设备行规定义的静态数据类型位于索引 0060_h～$007F_h$ 之间，而复杂数据类型位于索引 0080_h～$009F_h$ 之间。

在读访问相应索引时，设备可有选择地提供所支持的复杂数据类型（索引 0020_h～$005F_h$ 和 0080_h～$009F_h$ 之间）的结构。子索引 0 提供了该索引下条目的个数，随后的子索引为根据 9.1.4.5 编码的 UNSIGNED16 数据类型。

POWERLINK 特定的静态数据类型应位于索引 0400_h～$041F_h$ 之间。这些条目仅用作引用，不能进行读写。POWERLINK 特定的复杂数据类型应位于索引 0420_h～$04FF_h$ 之间。

索引 1 000_h～$1FFF_h$ 之间的通信行规区包含了 POWERLINK 网络的通信特定参数。这些条目对所有设备是通用的。

索引 6 000_h～$9FFF_h$ 之间的标准设备行规区包含了可通过网络进行读或写的适用于同一类设备的所有数据对象。设备行规可使用条目 6 000_h～$9FFF_h$ 来描述设备参数和设备功能。在这个范围内，可以描述最多 8 个不同设备。在这种情况下，设备被称为多功能设备模块。多功能设备模块由最多 8 个设备行规段组成。通过这种方式，可以构建多功能的设备。不同的设备行规条目以 800_h 的增量进行索引。

在 6 000_h～$9FFF_h$ 范围内的多功能设备模块对象可细分为：

——6 000_h～$67FF_h$，设备 0；

——6 800_h～$6FFF_h$，设备 1；

——7 000_h～$77FF_h$，设备 2；

——7 800_h～$7FFF_h$，设备 3；

——8 000_h～$87FF_h$，设备 4；

——8 800_h～$8FFF_h$，设备 5；

——9 000_h～$97FF_h$，设备 6；

——9 800_h～$9FFF_h$，设备 7。

多功能设备模块的每一段，应使用偏移量为 64_d 的 PDO 分布，例如第二段的第一个 PDO 的数值是 65_d。使用这种方式可支持最大 8 个段的系统。

对象字典概念满足可选设备的特性：制造商不必在其设备上提供某个扩展功能，但若希望提供扩展功能，则必须使用预先定义的方式来实现。

2 000_h～$5FFF_h$ 之间的对象字典索引区是制造商特定功能区。

16 位索引用来对对象字典内的所有条目进行寻址。在简单变量情况下，索引直接引用该变量值；而在记录和数组情况下，索引对整个数据结构进行寻址。

为实现可通过网络对数据结构的单个成员进行访问，定义了子索引。对于简单对象字典条目，例如 UNSIGNED8、BOOLEAN、INTEGER32 等，子索引值总为 0。对于复杂对象字典条目，例如数组或多数据字段的记录，子索引引用了由主索引指向的数据结构内的字段。通过子索引访问的字段可以是不同的数据类型。

5.3 通信模型

通信模型规定了不同的通信对象和服务，以及触发帧传输的可用模式。

通信模型仅规定了 POWERLINK 模式和基本以太网模式（分别见 7.2 和 7.3）的 POWERLINK 特定通信对象。基本以太网模式下的传统以太网通信机制不在本标准范围内。

通信模型支持等时同步帧和异步帧的传输。仅 POWERLINK 模式支持等时同步帧，而 POWER-

LINK 模式和基本以太网模式都支持异步帧。

通过等时同步帧传输方式，可实现网络范围协调数据的获取和执行。POWERLINK 模式周期结构支持帧的等时同步传输。系统通过 SoC 帧实现同步。在 POWERLINK 模式周期的异步时隙内，当获得 POWERLINK MN 的准许时，或在基本以太网模式的任意时刻，都可传输异步帧。

根据其功能，通信关系分为以下三种类型：

——主/从关系(见图 7 和图 8)；

——客户机/服务器关系(见图 9)；

——生产者/消费者关系(见图 10 和图 11)。

5.3.1 主/从关系

在任意时刻，网络内只有一个设备充当主站来实现特定的功能。网络内的所有其他设备都作为从站。主站发出一个请求，如果协议要求被寻址的从站作出响应，则该从站予以响应。

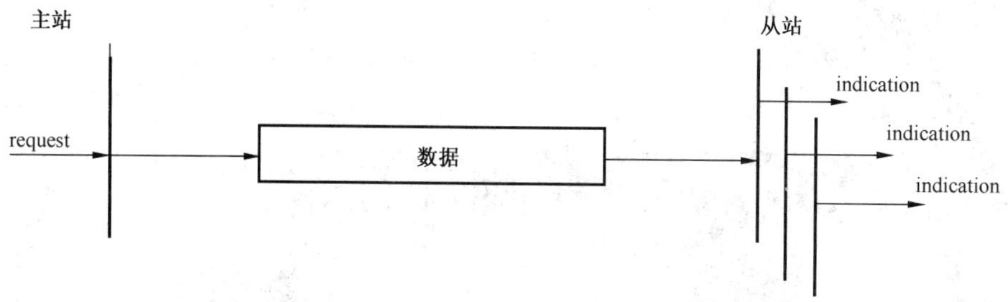

图 7 非证实的主从通信

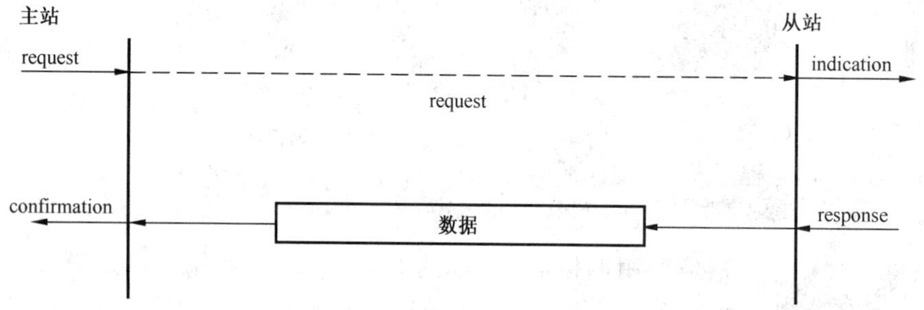

图 8 证实的主从通信

5.3.2 客户机/服务器关系

这是单个客户机和单个服务器之间的关系。客户机发出一个请求(上传/下载)，由此触发服务器来执行某一任务。完成该任务后，服务器应答该请求。

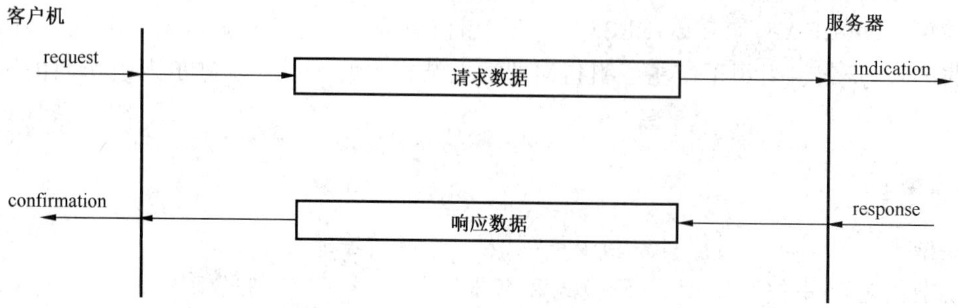

图 9 客户机/服务器通信

5.3.3 生产者/消费者关系——推/拉模型

生产者/消费者关系模型包含了一个生产者和零个或多个消费者。“推(push)”模型的特征是由生产者请求的非证实服务。“拉(pull)”模型的特征是由消费者请求的证实服务。

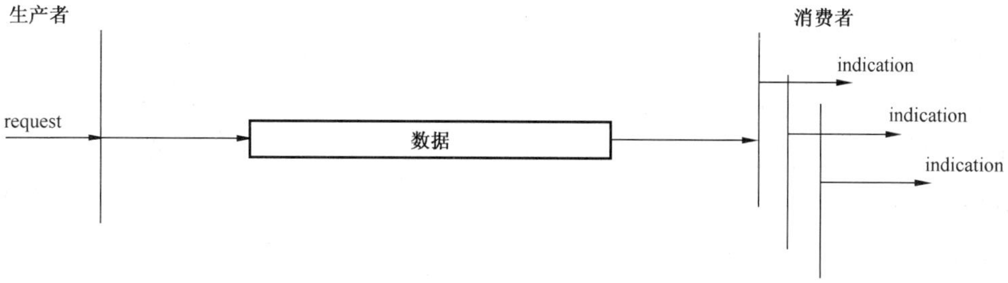

图 10 “推”模型

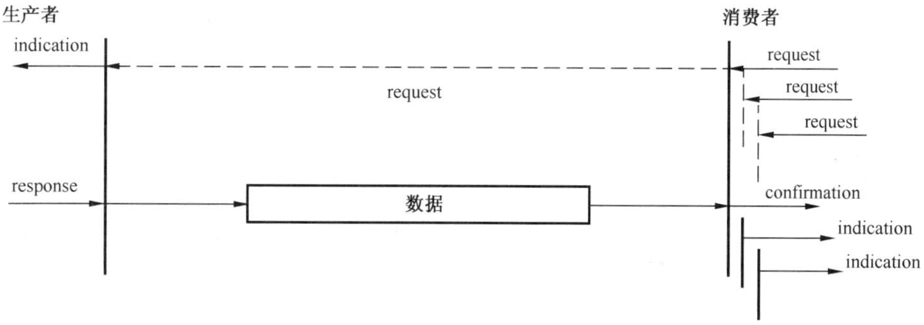

图 11 “拉”模型

5.3.4 通信关系的叠加

POWERLINK 将多个功能集合到一个帧中(见 7.6)。因此,通常不能将单个通信关系用于整个帧上,而仅应用于帧内的特定服务。

例如,由 CN 发出的 PollResponse 帧(见 7.6.1.1.4)包含以下几种服务:

——CN 的当前 NMT 状态的传输是由 MN 触发的证实主从关系的响应部分;

——异步时隙的请求是客户机/服务器关系的请求部分;

——PDO 数据的传输符合生产者/消费者关系的推模型。

6 物理层

POWERLINK 是位于标准 GB/T 15629.3 的 MAC 层之上的协议。物理层是 100BASE-X(铜和光纤,见 GB/T 15629.3)。应使用半双工传输模式。不推荐自动协商模式。

POWERLINK 使用以太网,不对其进行任何修改。因此,可以利用以太网技术的任何改进(例如千兆以太网)。

6.1 拓扑结构

6.1.1 集线器

为满足 POWERLINK 抖动要求,推荐使用集线器来构建 POWERLINK 网络。在这种情况下应使用 2 类中继器。

集线器具有降低路径延迟值(≤460 ns)的优点，且帧抖动小(≤70 ns)。

集线器可以集成在 POWERLINK 接口卡中。

集线器的集成应由 D_PHY_HubIntegrated_BOOL 说明。设备提供的外部可访问的 POWERLINK 端口的个数应由 D_PHY_ExtEPLPorts_U8 说明。

6.1.2 交换机

交换机可用来构建 POWERLINK 网络。系统配置必须考虑交换机的附加延迟和抖动。

必须考虑，除 2 类中继器以外的任何设备所构建的任意 POWERLINK 网络，不符合本文档定义的 POWERLINK 标准。

6.2 网络指南

拓扑结构如图 12 所示。

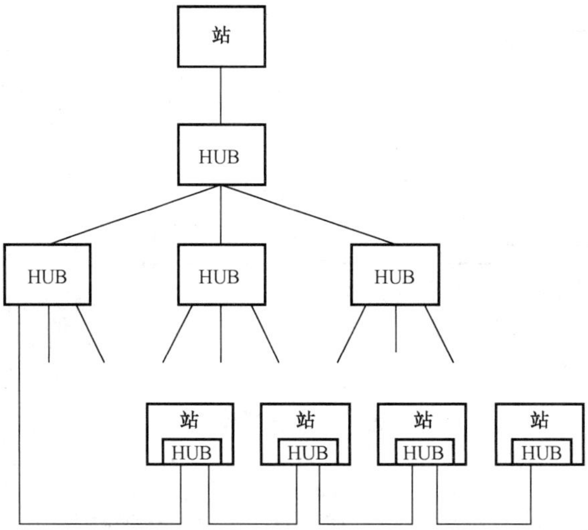

图 12 星型拓扑结构和总线型拓扑结构

由于 POWERLINK 不产生冲突，所以 IEEE 标准拓扑指南的大多数限制(例如，信号最大往返运行时间为 5 120 ns)不适用于 POWERLINK。

由于拓扑结构的灵活性，因此可实现现场应用所要求的总线型结构。节点可以使用集成的集线器，从而简化了现场结构。当使用大量节点时，可以使用树形和总线型的混合结构。

可以使用光纤转换器。然而，应测试光纤转换器以确定它们是否比普通集线器造成更大的抖动和延迟。当设计网络基础设施时，应考虑定时限制。在发送 PollRequest 帧之后，MN 使用超时机制来检测传输错误和节点故障。MN 与 CN 之间的往返延迟不得超出超时值。对于每个节点都可设置超时值。

每级联一个集线器都带来额外的抖动(≤70 ns)。只有在 MN 和最远 CN 之间的集线器级联层数是相关的。如果 MN 位于总线型或星型拓扑结构的中心，则在最远 CN 之间的集线器级联层数与同步抖动是不相关的。

6.3 端口和连接器

要连接 POWERLINK 设备，应使用以下两种连接器之一：

a) RJ45：用于一般环境；

b） M12：用于恶劣环境。

在同根线缆上可混合使用两种类型。

更多信息请参考“IAONA 规划和安装指导，3.0 版本”。

6.3.1 RJ45

引脚分配参考 EIA/TIA T568B。

图 13 示出了 RJ45 的引脚分配，具体请参考相关标准文档（EIA/TIA T568B）。

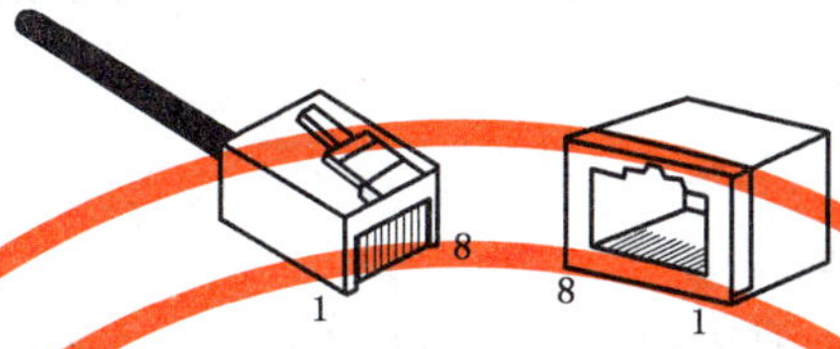

图 13 RJ45 引脚分配（左：连接器；右：端口）

图 13 示出了线缆上的 RJ45 连接器和端口（位于设备或集线器上）。

每个节点的引脚分配应与集线器/交换机的分配一致。端口引脚分配见表 2。

表 2 RJ45 端口引脚分配

引脚	线颜色编码	100BASE-TX 分配
1	白/橙	Rx+
2	橙	Rx−
3	白/绿	Tx+
4	蓝	—
5	白/蓝	—
6	绿	Tx−
7	白/棕	—
8	棕	—

6.3.2 M12

为满足 IP67 要求，推荐使用 IEC 61076-2-101 中的 4 引脚 D 型连接器。

插针（Male）安装在线缆上，插座（Female）安装在设备或集线器上。

图 14 和表 3 给出了 IP67 的引脚分配，具体请参考相关标准文档（IEC 61076-2-101）。

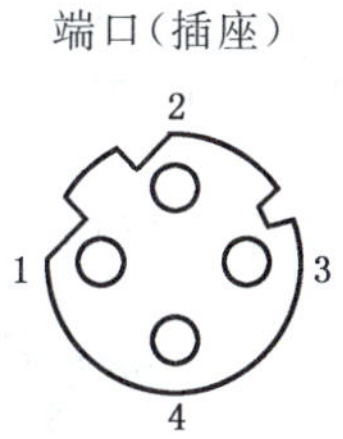

图 14 IP67 端口引脚分配

表 3 IP67 端口引脚分配

引脚	线颜色编码	100BASE-TX 分配
1	蓝/黄	Tx+
2	黄/白	Rx+
3	白/橙	Tx−
4	橙/蓝	Rx−

6.3.3 交叉线的引脚分配

引脚分配应与交叉线缆的分配一致。

因此所有的设备可以通过同一种类型的线缆相互连接。交叉线缆的引脚分配定义如下：

——Tx+到 Rx+：Tx+与 Rx+连接；

——Tx−到 Rx−：Tx−与 Rx−连接；

——Rx+到 Tx+：Rx+与 Tx+连接；

——Rx−到 Tx−：Rx−与 Tx−连接。

6.3.3.1 RJ45 到 RJ45 的连接

推荐的和不推荐的 RJ45 到 RJ45 连接的引脚分配分别见图 15 和图 16。

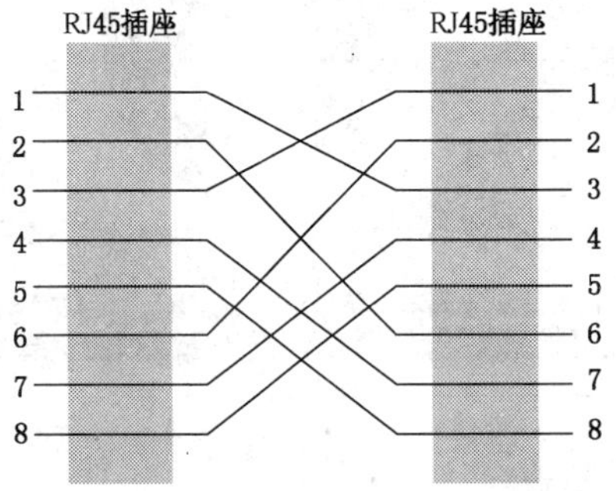

图 15 推荐的 RJ45 到 RJ45 连接的引脚分配

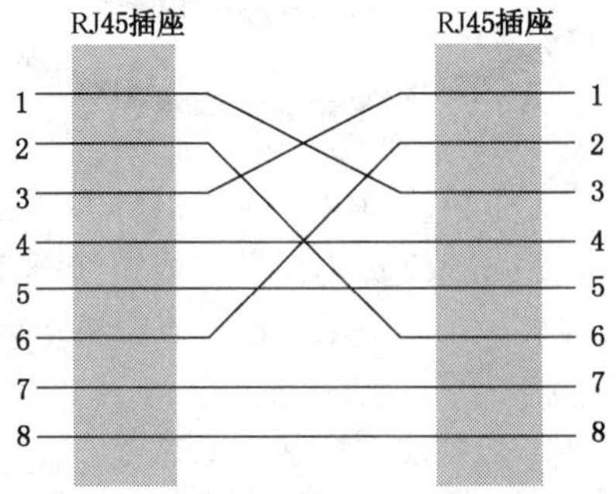

图 16 不推荐的 RJ45 到 RJ45 连接的引脚分配

6.3.3.2 M12 到 M12 的连接

M12 到 M12 连接的引脚分配见图 17。

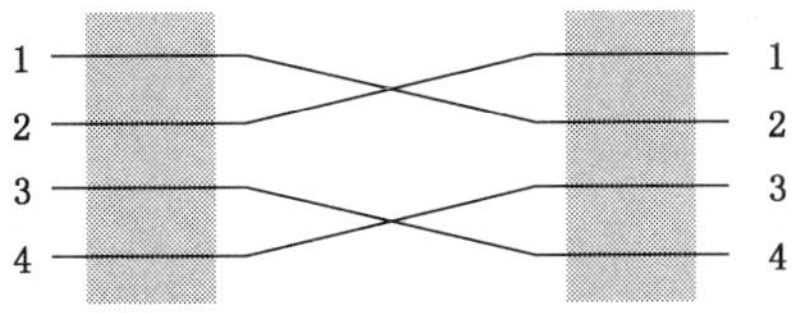

图 17　M12 到 M12 连接的引脚分配

6.3.3.3　M12 到 RJ45 的连接

M12 到 RJ45 连接的引脚分配见图 18。

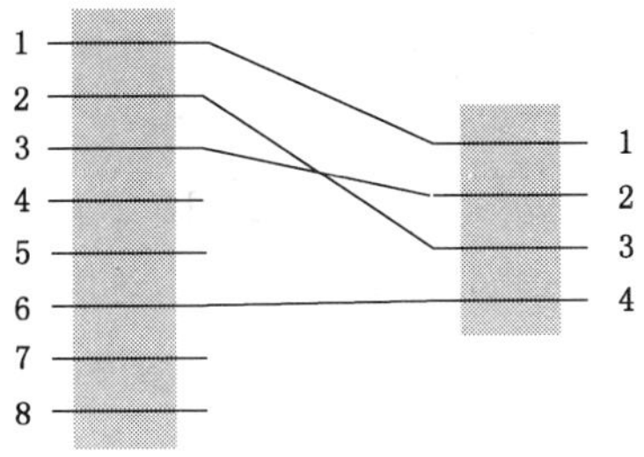

图 18　M12 到 RJ45 连接的引脚分配

6.4　线缆(推荐)

推荐标准接线电缆(双绞线,S/UTP,AWG26)。

为提高抗扰性,只能使用带有锡箔和铜网屏蔽层的线缆(S/UTP)。这种线缆通常称作超 5 类(Cat5e 型)线缆。以太网 100Base-TX 预定义的最长线缆长度(100 m)是适用的。

关于布线和 EMC(电磁兼容性)标准,应遵循 IAONA 指南中的"工业以太网设计和安装"。其中的"线缆"和"系统安装"章节与 POWERLINK 相关。

引脚分配应该与交叉线缆的分配一致。

7　数据链路层

7.1　工作模式

POWERLINK 网络有两种工作模式:

——POWERLINK 模式

在 POWERLINK 模式下,网络通信遵从本标准给出的关于实时以太网通信的一系列规则。网络访问由主站,即 POWERLINK 管理节点(MN)管理。节点只能由 MN 授权在网络上发送数据。以 MN 为中心的访问规则排除了冲突,因此网络在 POWERLINK 模式下是确定性的。

在 POWERLINK 模式下,大多数通信处理通过 POWERLINK 特定报文来实现。异步时隙可用于非 POWERLINK 帧。在异步时隙中,首选使用 UDP/IP 数据交换机制,但也可使用任何协议。

——基本以太网模式

在基本以太网模式下,网络通信遵循传统以太网(GB/T 15629.3)规则。网络访问依据 CSMA/CD,在此情况下会发生冲突,并且网络通信是不确定的。

在基本以太网模式下,可使用以太网之上的任何协议。节点之间数据交换的首选机制是 UDP/IP 和 TCP/IP。

7.2 POWERLINK 模式

7.2.1 概述

POWERLINK 模式基于标准以太网 CSMA/CD 技术(GB/T 15629.3),因此可在所有传统以太网硬件上工作。

确定性是通过一个预先计划并组织好的报文交换来实现的:报文按周期分组,周期被细分为等时同步阶段和异步阶段。

每个节点获得 POWERLINK MN 的允许来发送自己的帧,所以不会发生冲突,因此不使用 GB/T 15629.3 定义的用于解决冲突的报文重传机制,该机制负责解决传统以太网的不确定性行为。

7.2.2 POWERLINK 节点

管理授权向以太网发送报文的节点被称为 POWERLINK 管理节点(MN)。

所有其他节点只在由 MN 指定的通信时隙内发送报文,这类节点被称为受控节点(CN)。

7.2.2.1 POWERLINK 管理节点

只有 MN 可以独立发送报文——即不是对接收报文的响应。仅当 MN 请求时才应允许受控节点发送报文。

受控节点应由 MN 周期性访问。单播数据应从 MN 发送到每个已配置的 CN(PReq 帧),然后各已配置的 CN 应通过多播方式向所有其他节点发布它的数据(PRes 帧)。

可选地,等时同步阶段的最后一帧可以是 MN 的多播 PRes 帧(见图 19)。通过此帧,MN 可以向所有其他节点发布它的数据。

网络上的所有可用节点都应由 MN 配置。

一个 POWERLINK 网络中只允许有一个活动的 MN。

节点执行 MN 功能的能力应由设备描述项 D_DLL_FeatureMN_BOOL 来指示。

7.2.2.2 POWERLINK 受控节点

CN 是被动的总线节点,只在 MN 请求时才发送。设备描述项 D_DLL_FeatureCN_BOOL 说明了节点执行 CN 功能的能力。

7.2.2.2.1 等时同步 CN

每个等时同步 CN 应在 POWERLINK 周期内接收来自 MN 的单播 PReq 帧,并向 MN 返回 PRes 帧。PReq 帧和 PRes 帧可以传输等时同步数据。每个周期或每 n 个周期(复用类节点,$n>1$)可以访问 CN。

PReq 帧仅可被特定寻址的 CN 接收。然而,PRes 帧应由 CN 作为多播报文发送,以允许所有其他 CN 监视所发送的数据。

MN 的附加数据可通过由 MN 发送的多播 PRes 帧来接收。如果需要,等时同步 CN 应向 MN 请求发送异步数据的权限。

CN 执行等时同步通信的能力应由对象字典条目 NMT_FeatureFlags_U32($1F82_h$)内的特征标志来指示。

当网络执行等时同步 POWERLINK 周期(7.2.4.1)时,POWERLINK CN 设备不应仅依赖于当作等时同步 CN 被轮询,应保证仅异步 CN 类型的通信。当被允许执行等时同步功能的设备工作在仅异步模式时,应用级的功能可能受限制。

7.2.2.2.2 **仅异步 CN**

CN 可以这样一种方式进行工作:在等时同步阶段不被 MN 周期性访问。

在异步阶段,MN 应通过 StatusRequest(SoA 帧的一种特殊形式)循环地轮询每个仅异步 CN。CN 应通过 StatusResponse(异步发送帧 ASnd 的特殊形式)进行响应。轮询间隔时间应至少为 C_NMT_STATREQ_CYCLE。该间隔时间受异步调度的影响,因此是不确定的。

如果需要,仅异步 CN 应向 MN 请求发送异步数据的权限。

仅异步 CN 只在异步阶段主动通信。然而,它们可侦听由 MN 和等时同步 CN 发送的多播网络通信。

7.2.3 **服务**

POWERLINK 提供三种服务:

——等时同步数据传输

每个节点的一对报文在每个周期,或在复用类 CN 的情况下每 n 个周期被传送。另外,每个周期可能有来自 MN 的一个多播 PRes 报文。等时同步数据传输通常用于对时间有严格要求的数据(实时数据)的交换。

——异步数据传输

每个周期可能有一个异步报文。发送的权限应由 MN 通过 SoA 报文分配给请求节点。异步数据传输用于对时间无严格要求的数据的交换。

——所有节点的同步

在每个等时同步阶段的开始,MN 非常精确地发送多播 SoC 报文来同步网络中的所有节点。

7.2.4 **POWERLINK 周期**

POWERLINK 周期应由 MN 控制(见图 19)。

7.2.4.1 **等时同步 POWERLINK 周期**

节点之间的等时同步数据交换应周期性发生,并以固定的时间间隔重复发生,该间隔被称为 POWERLINK 周期。

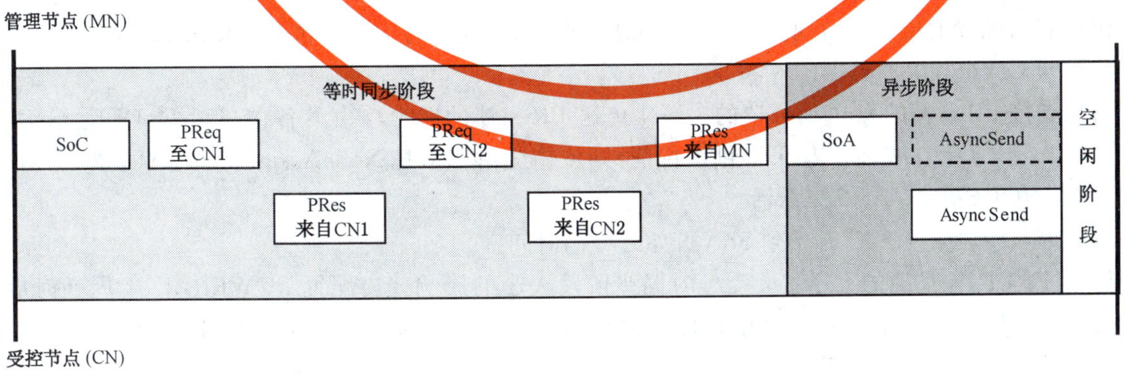

图 19 **POWERLINK 周期**

一个周期内包含以下时间阶段:

——等时同步阶段;

——异步阶段;

——空闲阶段。

尽可能精确地保持POWERLINK周期的开始时间(无抖动)是很重要的。在POWERLINK周期的预设阶段内各个阶段的长度可以有改变。

POWERLINK等时同步过程见图20。

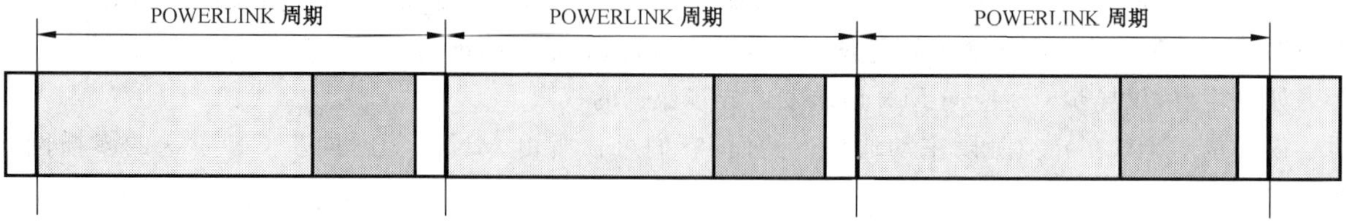

图 20 POWERLINK 等时同步过程

网络配置不应超出预设周期时间。周期时间的一致性应由MN监视。

所有数据传输应是非证实的,即不对已发送数据的接收进行证实。为保持确定性的行为,等时同步数据(PReq与PRes)的保护既不是必须的也不是期望的。异步数据可由较高协议层进行保护。

7.2.4.1.1 等时同步阶段

7.2.4.1.1.1 等时同步

在POWERLINK周期开始时,MN应通过以太网多播向所有节点发送一个SoC帧。此帧的发送时间和接收时间应是所有节点的共同定时基准。

只有SoC帧应是周期性产生的。其他所有帧的产生都应是由事件控制的(通过每个节点的附加时间监视)。

在SoC帧发送完毕后,MN应开始进行等时同步数据交换。

PReq帧应被发送到每个已配置的且活动的节点。被访问的节点应以PRes帧进行响应。

PReq帧应是以太网单播帧,只由目标节点接收。PRes帧应作为以太网多播帧被发送。

PReq帧和PRes帧都可以传输应用数据。MN每帧只给一个CN发送PReq数据。PReq帧传输仅专用于被寻址CN的相关数据。

相反,PRes帧可由所有节点接收。这使得通信关系能遵循生产者/消费者模型。

对于每个已配置的且活动的等时同步CN,应重复进行PReq帧/PRes帧过程。

当所有已配置的活动等时同步CN都被处理完时,MN向所有节点发送一个多播PRes帧。此帧专用于传输与CN组相关的数据。

MN支持PRes帧的发送是可选的。MN传送PRes帧的能力应由设备描述项D_DLL_MNFeaturePResTx_BOOL来指示。如果提供该特征,则传输应由NMT_NodeAssignment_AU32[C_ADR_MN_DEF_NODE_ID].Bit12来激活。

等时同步阶段是从SoC开始到SoA开始之间的时间。

POWERLINK周期的大小主要受等时同步阶段大小的影响。当配置POWERLINK周期时应考虑,访问每个已配置CN的PReq帧和PRes帧所需的时间总和,即必须计入一个周期内访问所有已配置节点所需的时间。使用复用类访问技术(7.2.4.1.1.2)可减少该总时间。

当处理等时同步阶段时,该阶段的长度可随活动CN的个数而变化。

轮询CN的次序可以是实现特定的,或者如果MN支持,则可由对象NMT_IsochrSlotAssign_AU8来控制。实现应将执行的PReq帧/PRes帧的数据包打包到等时同步阶段的开始。为避免把具有最坏SoC延迟时间值(D_NMT_CNSoC2PReq_U32)的节点放在SoC随后的时隙,应提供重新安排轮询顺序的方法。

等时同步帧可由设备进行计数。如实现这种功能，则应对发送的或接收的 SoC 帧进行计数。计数器值可通过 DIA_NMTTelegrCount_REC. IsochrCyc_U32 来访问。

7.2.4.1.1.2 复用类时隙

POWERLINK 支持 CN 通信类，这些通信类决定了节点被寻址的周期。

——连续类

连续类数据应在每个 POWERLINK 周期内被交换。

——复用类

去往或来自一个 CN 的复用类数据，不应在每个 POWERLINK 周期都被交换。

对复用类 CN 的访问应被分散到由多个 POWERLINK 周期组成的复用类周期中。

在不将 POWERLINK 周期延长至不可接受的前提下，该分散方法允许对大量 CN 的等时同步访问。然而，复用类 CN 的访问降低了对特定 CN 的轮询频率。

复用类周期的配置在 7.2.4.4 中进行描述。

复用类 POWERLINK 周期如图 21 所示。

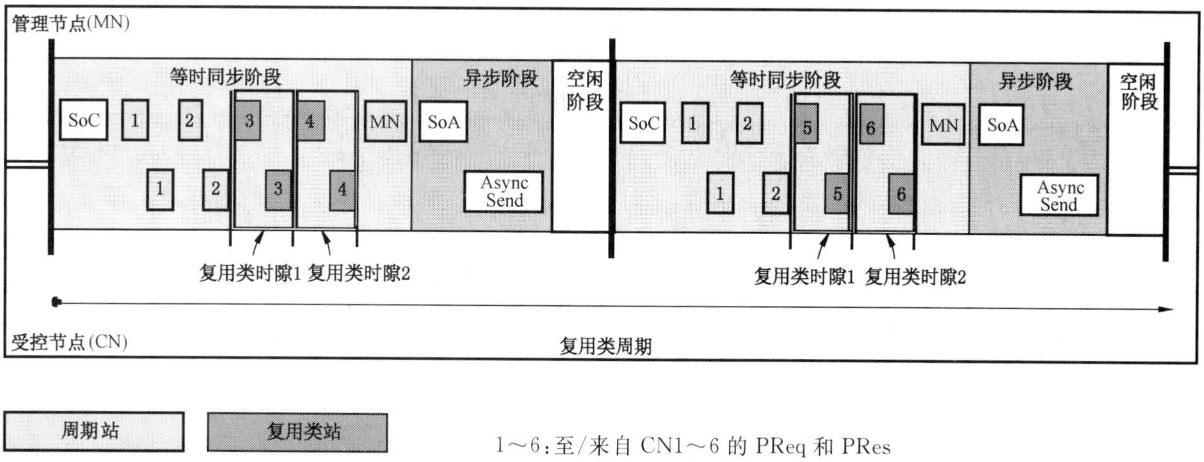

图 21 复用类 POWERLINK 周期

在同一个 POWERLINK 周期内可以并行地执行连续类访问和复用类访问。对连续类时隙和复用类时隙进行的等时同步阶段的分配应由配置(NMT_MultiplCycleAssign_AU8)确定。

虽然复用类节点并不是在每个周期内都被处理，但因为所有的 PRes 帧都以多播帧的形式来发送，所以复用类节点可以监视连续类节点的数据传输全过程。

例如，在运动控制中，大量的从动轴可使用复用类时隙来接收少数主动轴发出的位置数据。主动轴被配置成可进行连续通信和访问复用类从动轴。这样，主动轴在每个周期都向(监视)从动轴发送它们的数据，而从动轴则以一个较慢的周期参与通信。

每个特定复用类时隙的大小，应等于分配给该时隙的 CN 进行 PReq 帧/PRes 帧访问所需的最大时间。

在 MN 周期丢失的情况下，当周期丢失错误阶段结束后，复用类访问顺序应以正常时序继续。例如，为维持对那些不受周期丢失影响的节点的等时间隔访问，应跳过那些受影响的 CN。

被启用为 MN 的节点执行复用类等时同步操作控制的能力应由设备描述项 D_DLL_MNFeatureMultiplex_BOOL 来指示。被启用为 CN 的节点以复用类方式被同步访问的能力应由设备描述项 D_DLL_CNFeatureMultiplex_BOOL 来指示。

7.2.4.1.2 异步阶段

在周期的异步阶段，对 POWERLINK 网络的访问可赋予一个 CN 或 MN，用于仅传送单个异步报文。

应有两种可用的异步帧：

——POWERLINK 的 ASnd 帧应使用 POWERLINK 寻址方式，并且应通过单播或广播方式被发送到其他任意节点；

——可以发送传统以太网报文。

如果在 MN 调度队列中没有异步报文传输请求挂起(7.2.4.1.2.1)，则 MN 应该发出一个不给任何节点赋予发送权限的 SoA 帧。在这种情况下，SoA 帧后没有 ASnd 帧。

MN 应以 SoA 开始异步阶段。SoA 帧应用来识别 CN、请求 CN 的状态信息、轮询仅异步 CN，以及给予一个 CN 异步传输的权限。

SoA 帧是异步阶段的第一个帧，也是发给全部 CN 的一个信号，表明在等时同步阶段已完成所有等时同步数据的交换。

异步阶段是自 SoA 的开始至异步响应结束之间的时间。如果对任意节点都不允许异步响应，则异步阶段应在 SoA 的结束处终止。

从网络的角度，此定义是有效的；而从节点应用的角度，则可能是不同的。根据 AsyncSend 寻址方式，在未被寻址节点上，异步阶段是在 SoA 结束处终止；而在被寻址节点上，异步阶段是在异步响应结束处终止。

异步帧可由设备进行计数。如果实现该功能，则接收的帧应由 DIA_NMTTelegrCount_REC.AsyncRx_U32 来指示，发送的帧应由 DIA_NMTTelegrCount_REC.AsyncTx_U32 来指示。

7.2.4.1.2.1 异步调度

异步调度如图 22 所示。

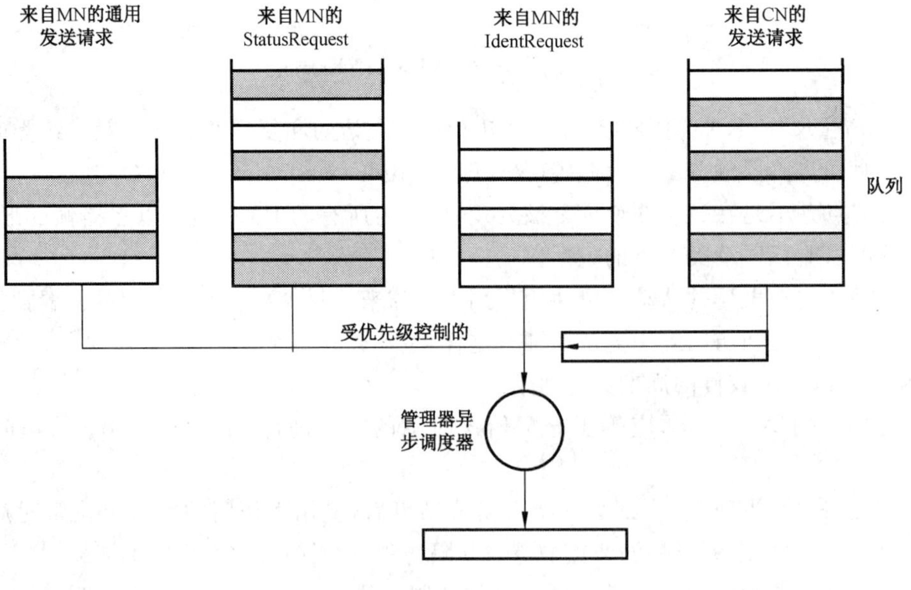

图 22 异步调度

MN 处理所有异步数据传输的调度。

如果 CN 要发送一个异步帧，则应通过 PRes 帧或 StatusResponse 帧通知 MN。

MN 的异步调度器应决定在哪个周期进行发送异步帧的授权。这保证了即使在网络负荷高的情况下，发送请求不会被无限延迟。

MN 应从所有排队的发送请求中选择一个节点(包含 MN 本身)。MN 应发送含 RequestedServiceTarget(请求服务目标)字段的 SoA 帧，该字段识别哪个节点被允许发送异步帧。

MN 应使用不同的队列来管理异步阶段的调度：

——来自 MN 的通用发送请求；

——来自 MN 的用来识别 CN 的 IdentRequest 帧；

——用来轮询 CN 的 StatusRequest 帧；

——来自 CN 的发送请求。

7.2.4.1.2.2 异步阶段的分配

通过 PRes、IdentResponse 或 StatusResponse 的 RS 标志(3 比特，见 7.6.1.1.4、10.3.3.2.2 和 10.3.3.3.2)，CN 应指示在其队列内发送就绪包的个数。

RS 值为 0(000_b)应指示队列是空的，而 RS 值为 7(111_b)应指示队列中有 7 个或更多的包。

异步阶段的分配应减少由各 CN 请求、MN 管理的帧的个数。如果 MN 队列的长度达到 0，则不再分配异步阶段。

在异步阶段当有多个请求挂起时，用来分配异步阶段的算法是制造商特定的。

7.2.4.1.2.3 异步传输优先级

异步传输请求可由 PRes 帧、IdentResponse 帧以及 StatusResponse 帧中的三个 PR 比特来划分优先级(见 7.6.1.1.4、10.3.3.2.2 和 10.3.3.3.2)。

POWERLINK 支持八个优先级，其中两个专用于 POWERLINK：

——PRIO_NMT_REQUEST

最高优先级，专用于 CN 请求一个由 MN 发出的 NMT 命令；

——PRIO_GENERIC_REQUEST

中等优先级，用于非 NMT 命令请求的标准优先级。通过异步通信(见 9.3.2)请求的 SDO 应采用此优先级。应用请求可采用 PRIO_GENERIC_REQUEST。

其余的高于和低于 PRIO_GENERIC_REQUEST 的优先级都可用于应用目的。

与具有低优先级数值的请求相比，具有高优先级的请求应由 MN 优先分配。

不同优先级的请求应由 CN 的独立的优先级特定队列进行处理。

PRes 的 PR 标志应指示包含挂起请求的最高优先级。RS 标志应指示在已报告的优先级中挂起请求的个数。对低优先级请求指示的处理，应在所有高优先级请求已分配完毕后进行。

图 23 示出了优先级相关的异步请求处理的示例。

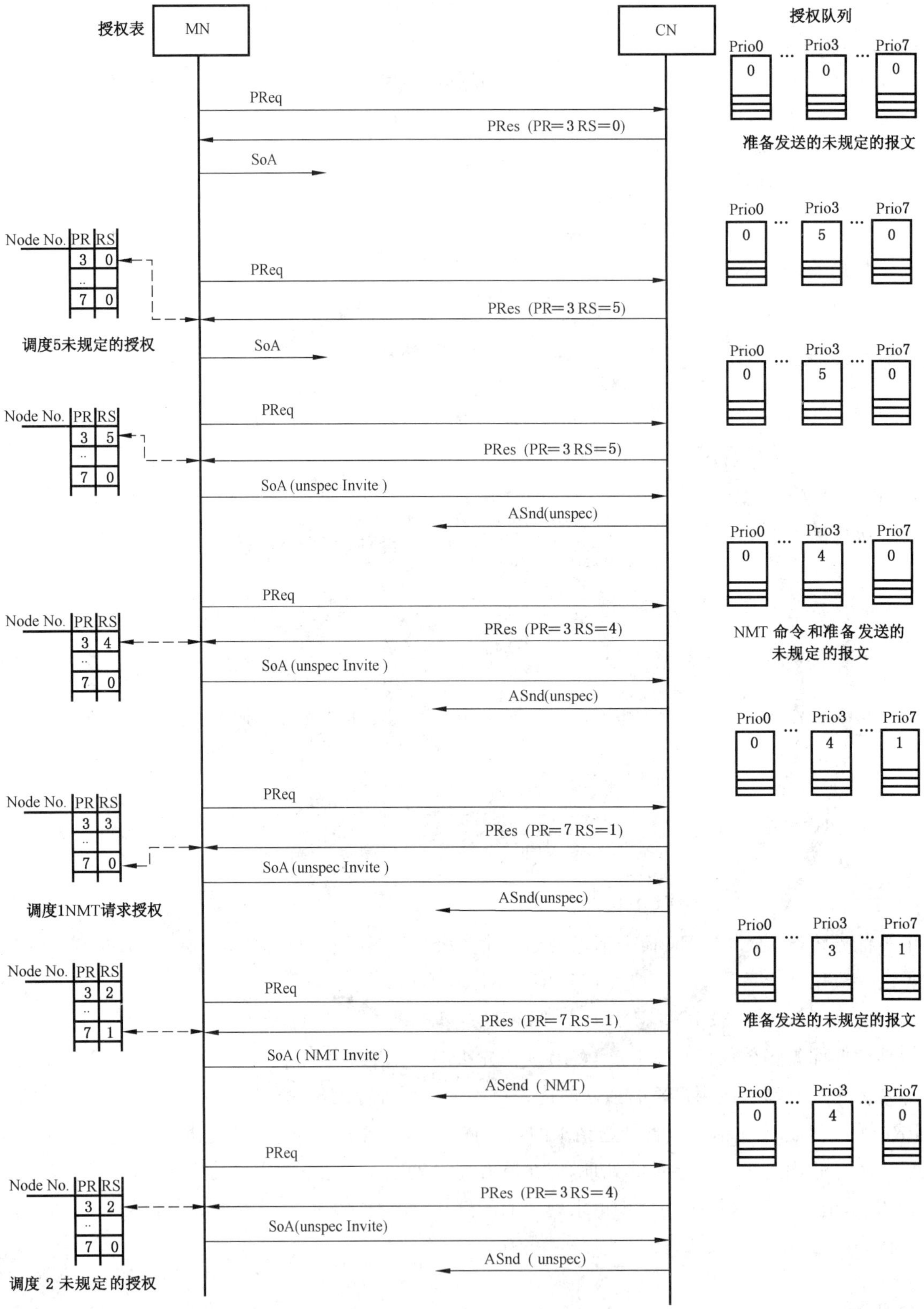

图 23 异步传输优先级处理(优先级 PR:7=PRIO_NMT_REQUEST,3=PRIO_GENERIC_REQUEST)

7.2.4.1.3 空闲阶段

空闲阶段是在异步阶段终点和下一周期的起点之间剩余的时间间隔。

在空闲阶段中，所有的网络部件应“等待”下一周期的开始。空闲阶段的持续时间可以为0，即周期的完成不应取决于存在的或固定的空闲阶段。

空闲阶段是自SoA或ASnd(见7.2.4.1.2)的结束至SoC的开始之间的时间。

7.2.4.2 POWERLINK短周期(Reduced POWERLINK Cycle)

在系统启动期间(NMT状态NMT_MS_PRE_OPERATION_1)，当系统通过SDO通信进行配置时，应采用POWERLINK短周期来减低网络的负载。

POWERLINK短周期应仅由一串异步阶段组成。异步阶段的持续时间可能随不同的周期而变化，因此使得POWERLINK短周期的持续时间也随不同的周期而变化。

如果指定某个CN发送而MN又没有关于预期AsyncSend帧的长度信息，则下一个POWERLINK短周期至少要等待一个超时后才开始。该超时的长短取决于以下二者之和，最大以太网帧长度(NMT_CycleTiming_REC. AsyncMTU_U16)，以及CN所要求的对SoA授权报文的最大响应时间(NMT_CycleTiming_REC. ASndMaxLatency_U32)。

如果MN给出AsyncSend帧的长度信息，即如果MN为自己分配了异步时隙，或MN就是异步报文的目标节点，则可缩短POWERLINK短周期的长度，见图24。

如果未对任何节点(包括MN)进行分配，则无需等待任何超时就可开始下一个POWERLINK短周期。

用于等时同步POWERLINK周期中异步阶段的分配机制(7.2.4.1.2)也应适用于POWERLINK短周期。

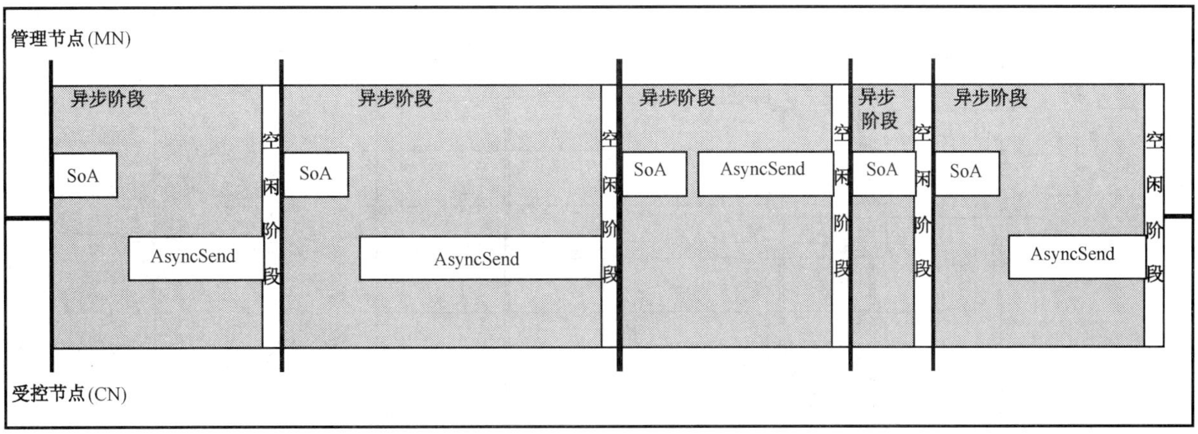

图24 POWERLINK短周期

POWERLINK短周期应具有耐冲突性。冲突应由CSMA/CD解决。如果发生冲突，则下一个POWERLINK短周期应等待最大以太网帧长度(1 518字节)两倍的超时以后开始。

7.2.4.3 POWERLINK周期的定时

图25～图27示出了等时同步POWERLINK周期的定时，所示系统包含三个节点。MN物理上位于两个被等时同步访问的CN之间。图25～图27为序列图，对于NMT_MS_READY_TO_OPERATE和NMT_MS_OPERATIONAL，或NMT_CS_READY_TO_OPERATE和NMT_CS_OPERATIONAL的NMT状态是有效的，但所示时间值并不反映一个实际系统的真实定时关系。

图 25 示出了等时同步阶段的典型报文顺序。来自一个 CN 的 PRes 帧被另一 CN 接收(交叉通信)。图 26 示出了由一个 CN 发出的异步帧的传输定时,图 27 示出了由 MN 发出的对时间要求不高的异步传输情况。

表 4 提供了图 25、图 26 和图 27 中所列的定时参数的描述、数据源、数据的特殊处理,以及包含这些参数的对象字典条目。

除非另有规定,表 4 提出的针对节点的验证对于节点是可选的。在配置过程中,POWERLINK 网络配置工具应进行所有的验证。

注:本条所列的定时参数,当对周期时间非常敏感的高端应用要求时,允许微调周期定时。

对大部分参数而言,多数应用采用其缺省值。如要构建一个典型的 POWERLINK 网络,则仅需设置少数变量。

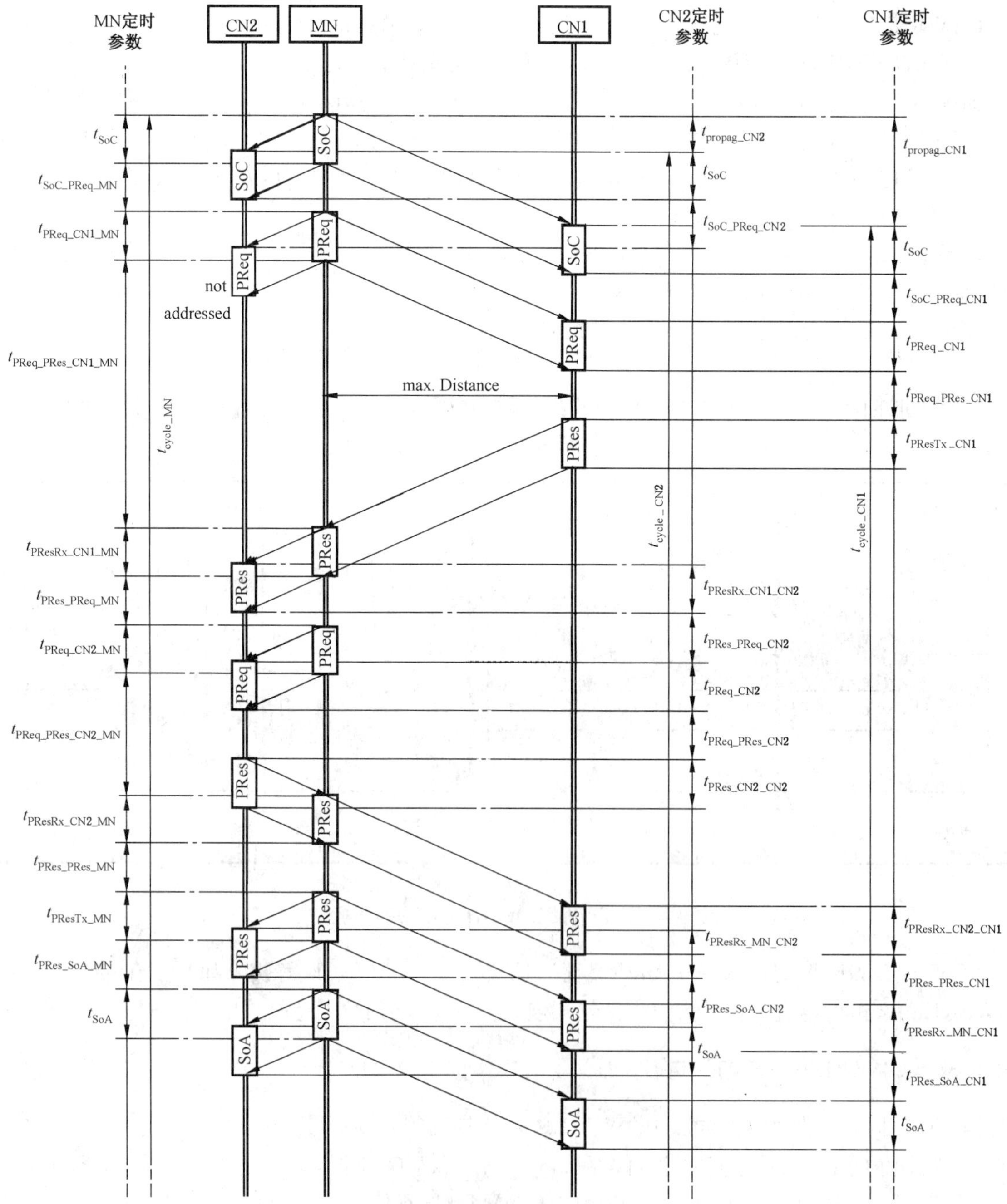

图 25 **POWERLINK 周期定时,起始阶段和等时同步阶段**

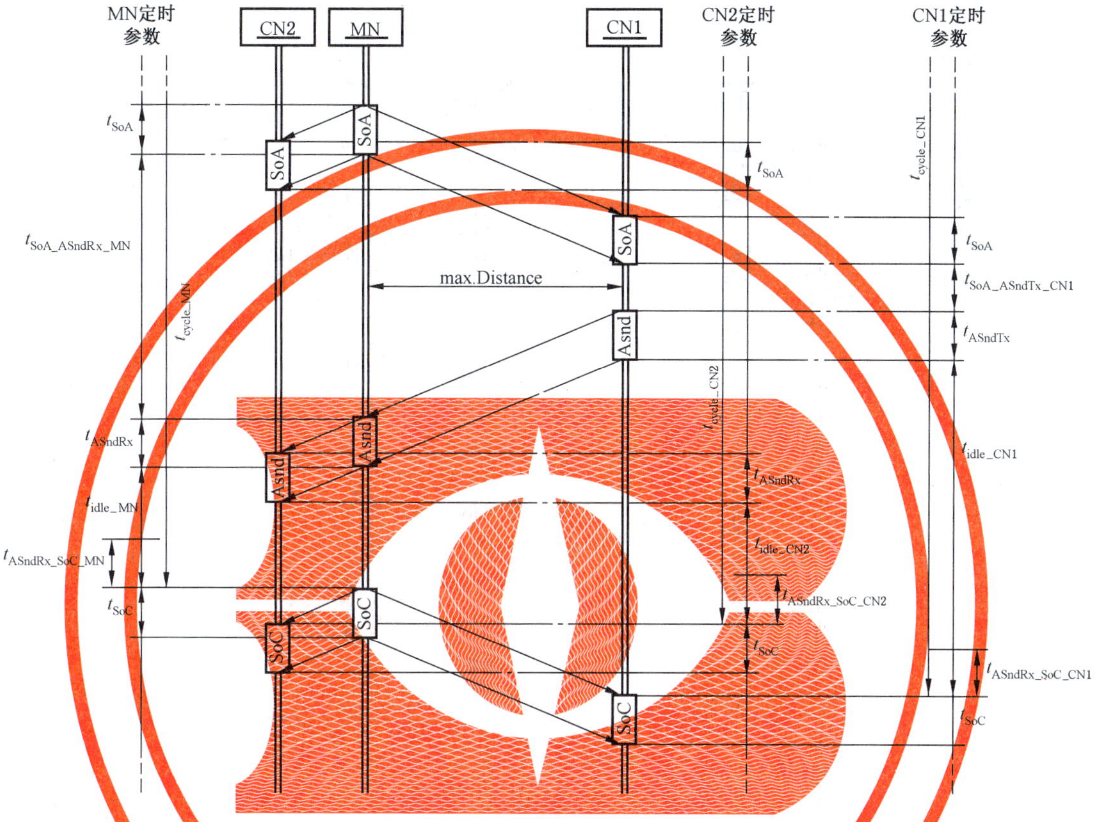

说明：ASnd 是指 POWERLINK ASnd 帧和非 POWERLINK 帧。

图 26　**POWERLINK 周期定时，异步阶段和 CN 的 AsyncSend 传输**

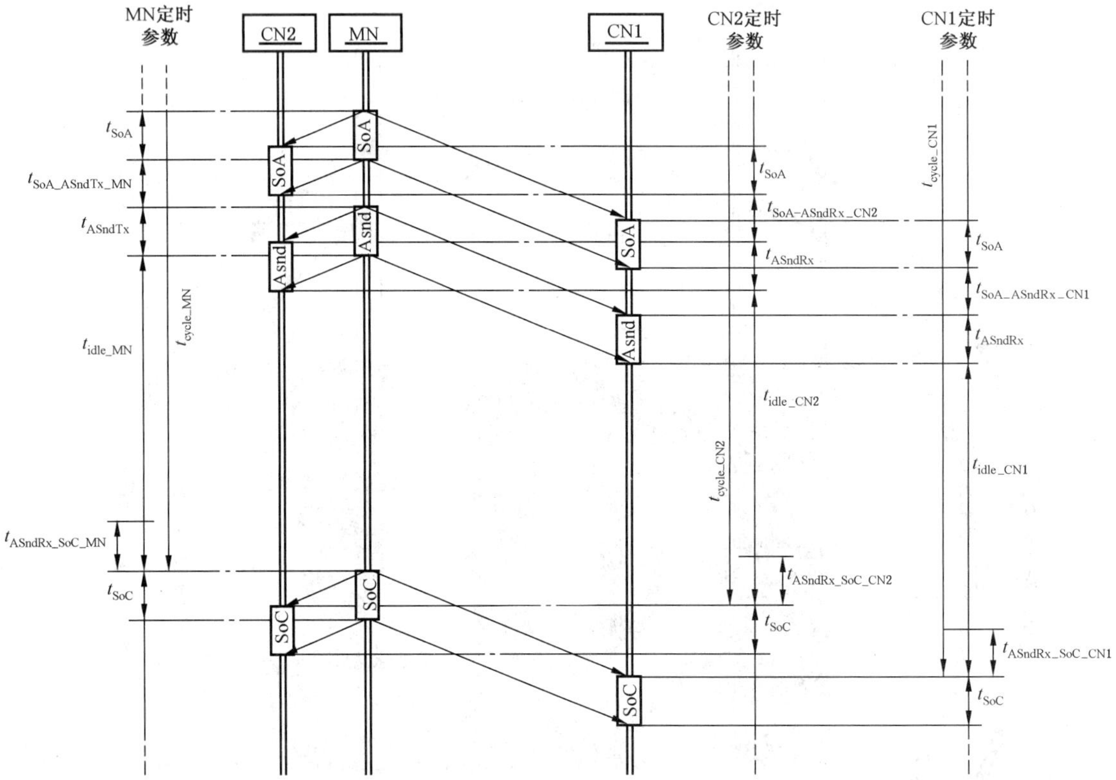

说明：ASnd 是指 POWERLINK ASnd 帧和非 POWERLINK 帧。

图 27 **POWERLINK 周期定时,异步阶段和 MN 的 AsyncSend 传输**

表 4 POWERLINK 周期定时参数

编号	参数	描述	数据源	处理[a]	条目
1	t_{cycle_MN}，t_{cycle_CNn}	POWERLINK 等时同步周期的长度	系统配置	MN 可在等时同步访问 CN_n 之前验证： t_{cycle_MN}，$=t_{cycle\_CNn}$	NMT_CycleLen_U32
2	t_{SoC}	SoC 帧的耗时时间	常数 t_{SoC} = C_DLL_T_MIN_FRAME+C_DLL_T_PREAMBLE	—	—
3	t_{propag_CNn}	信号传播时间 MN→CN_n 以及反向	系统配置	$t_{propag\_CNn}=(t_{PReq-PRes\_CNn\_MN}-t_{PReq-PRes\_CNn})/2$	—
4	$t_{SoC-PReq\_MN}$	SoC 传送的结束与 PReq 传送的开始之间的延迟	系统配置	根据 T_MNCycleTiming_REC. WaitSoCPReq 的实现，执行下列情况之一： a) $t_{SoC-PReq\_MN}=\max(t_{SoC-PReq\_CNn}, t_{SoC-PReqMin\_MN})$ b) $t_{SoC-PReq\_MN}=t_{SoC-PReqMin\_MN}$	根据 T_MNCycleTiming_REC. WaitSoCPReq 的实现情况： a) NMT_MNCycleTiming_REC. WaitSoCPReq b) —
5	$t_{SoC-PReqMin\_MN}$	SoC 传送的结束与 PReq 传送的开始之间的 MN 最小延迟	MN 设备描述 D_NMT_MNSoC2PReq_U32	$t_{SoC-PReq_MN}\geq$C_DLL_T_IFG	—
6	$t_{SoC-PReq\_CNn}$	SoC 接收的结束与 PReq 接收的开始之间 CN_n 要求的最小延迟	CN_n 设备描述 D_NMT_CNSoC2PReq_U32	$t_{SoC-PReq_CNn}\geq$C_DLL_T_IFG	—
7	$t_{PReq-CNn\_MN}$ t_{PReq_CNn}	发送给 CN_n 的 PReq 帧的耗时时间	$t_{PReq_CNn_MN}=(t_{PReqPL_CNn_MN}+$C_DLL_T_EPL_PDO_HEADER+C_DLL_T_eth2_wrapper)×8×C_DLL_T_BITTIME+C_DLL_T_PREAMBLE	—	—

表 4（续）

编号	参数	描述	数据源	处理[a]	条目
8	$t_{PReqPL\_CNn\_MN}$	发送给 CN_n 的 PReq 帧的有效载荷	系统配置	MN 可在启动时验证： $t_{PReqPL\_CNn\_MN} \leqslant t_{PReqPLMax\_MN}$ MN 可在等时同步访问 CN_n 前验证： $t_{PReqPL\_CNn\_MN} = t_{PReqPL\_CNn}$	NMT_NMPReqPayloadLimitList_AU16 [$NodeID_{CNn}$]
9	$t_{PReqPLMax\_MN}$	MN 等时同步帧发送缓存区大小（参照有效载荷）	系统配置	—	NMT_CycleTiming_REC. IsochrTxMaxPayload_U16
10	t_{PReqPL_CNn}	CN_n 预期的 PReq 帧的有效载荷	系统配置	CN_n 可在启动时验证： $t_{PReqPL\_CNn} \leqslant t_{PReqPLMax\_CNn}$	NMT_CycleTiming_REC PReqActPayloadLimit_U16
11	$t_{PReqPLMax\_CNn}$	CN_n 等时同步帧接收缓存区大小（参照有效载荷）	系统配置	—	NMT_CycleTiming_REC IsochrRxMaxPayload_U16
12	$t_{PReq-PRes\_CNn}$	PReq 接收的结束与 PRes 发送的开始之间的延迟	系统配置	$t_{PReq-PRes\_CNn} \geqslant$ C_DLL_T_IFG	NMT_CycleTiming_REC PResMaxLatency_U32
13	t_{PResTx_CNn} $t_{PResRx\_CNn\_MN}$ $t_{PResRx\_CNn\_CNm}$	由 CN_n 发送的 PRes 的耗时时间	$t_{PResTx\_CNn} = (t_{PResPLTx\_CNn} +$ C_DLL_T_EPL_PDO_HEADER＋C_DLL_T_ETHE2_WRAPPER)×8×C_DLL_T_BITTING＋C_DLL_T_PREAMBLE	—	—
14	$t_{PResPLTx\_CNn}$	由 CN_n 发送的 PRes 的有效载荷	系统配置	CN 可在启动时验证： $t_{PResPLTx\_CNn} \leqslant t_{PResPLTxMax\_CNn}$	NMT_CycleTiming_REC PResActPayloadLimit_U16
15	$t_{PResPLTxMax\_CNn}$	CN_n 的 PRes 帧发送缓存区大小（参照有效载荷）	系统配置	—	NMT_CycleTiming_REC. IsochrTxMaxPayload_U16

表 4（续）

编号	参数	描述	数据源	处理[a]	条目
16	$t_{PReq-PRes\_CNn\_MN}$	向 CN_n 发送 PReq 的结束与从 CN_n 接收 PRes 的开始之间的延迟超时	系统配置	如果在 SoC 后轮询了第一个设备，则根据 NMT_MNCycleTiming_REC. WaitSoCPReq 的实现（见表 4 的第 4 行），执行下列情况之一： a） $t_{PReq-PRes\_CNn\_MN}=t_{PReq-PRes\_CNn}+2\times t_{propag\_CNn}$ b） $t_{PReq-PRes\_CNn\_MN}=\max(t_{SoC-PReq\_CNn})+t_{PReq-PRes\_CNn}+2\times t_{propag\_CNn}$ 否则： $t_{PReq-PRes\_CNn\_MN}=t_{PReq-PRes\_CNn}+2\times t_{propag\_CNn}$ 该值用于 DLL 错误处理（Error Handling DLL）的 CN 响应监督	根据 NMT_MNCycleTiming_REC. WaitSoCPReq 的实现（见表 4 的第 4 行），执行下列情况之一： a） NMT_MNCNPResTimeout_AU32 [NodeID$_{CNn}$] b） NMT_MNCNPResTimeout_AU32 [NodeID$_{CNn}$]，NMT_MNCycleTiming_REC. WaitSoCPReq
17	$t_{PResPLRx\_CNn\_MN}$	MN 预期的、来自 CN_n 的 PRes 帧的有效载荷	系统配置	MN 可在启动时验证： $t_{PResPLRx\_CNn\_MN}\leqslant t_{PResPLRxMax\_MN}$ MN 可在等时同步访问 CN 前验证： $t_{PResPLRx\_CNn\_MN}=t_{PResPLTx\_CNn}$	NMT_PResPayloadLimitList_AU16 [NodeID$_{CNn}$]
18	$t_{PResPLRxMax\_MN}$	MN 的 PRes 帧接收缓存区大小（参照有效载荷）	系统配置	—	NMT_CycleTiming_REC. IsochrRxMaxPayload_U16
19	$t_{PResPLRx\_CNm\_CNn}$	CN_n 预期的、来自 CN_m 的 PRes 帧的有效载荷	系统配置	CN 可在启动时验证： $t_{PResPLRx\_CNm\_CNn}\leqslant t_{PResPLRxMax\_CNn}$ [b] 以及 $t_{PResPLRx\_CNm\_CNn}\geqslant t_{PResPLTx\_CNm}$	NMT_PResPayloadLimitList_AU16[NodeID$_{CNm}$]
20	$t_{PResPLRxMax\_CNn}$	CN_n 的 PRes 帧接收缓存区大小（参照有效载荷）	系统配置	—	NMT_CycleTiming_REC. IsochrRxMaxPayload_U16

表 4（续）

编号	参数	描述	数据源	处理[a]	条目
21	$t_{PRes-PReq\_MN}$	PRes 接收的结束与发送 PReq 的开始间的延迟	MN 设备描述 D_NMT_MNPRes2PReq_32	$t_{PRes-PReq\_MN} \geq$ C_DLL_T_IFG	—
22	$t_{PRes-PReq\_CNn}$	PRes 接收的结束与 PReq 接收的开始之间的最小延迟	CN_n实现要求	每个 CN 都应支持 $t_{PRes-PReq\_MN}$ = C_DLL_T_IFG	—
23	$t_{PRes-PRes\_MN}$	MN 接收来自 CN_n 的 PRes 的结束与 MN 发送 PRes 的开始之间的延迟	MN 设备描述 D_NMT_MNPRes2PReq_32	$t_{PRes-PRes\_MN} \geq$ C_DLL_T_IFG	—
24	$t_{PRes-PRes\_CNn}$	接收来自 CN 的 PRes 的结束与接收来自 MN 的 PRes 的开始之间的最小延迟[c]	CN 实现要求	每个 CN 应支持 $t_{PRes-PRes\_MN}$ = C_DLL_T_IFG	—
25	t_{PResTx_MN} $t_{PResRx\_MN\_CNn}$	由 MN 发送的 PRes 帧的耗时时间	$t_{PResTx\_MN\_MN}$ =（$t_{PResPLTx\_MN\_MN}$ + C_DLL_T_EPL_PDO_HEADER + C_DLL_T_ETHE1_WRAPPER）× 8 × C_DLL_T_BITTING + C_DLL_T_PREAMBLE	—	—
26	$t_{PResPLTx\_MN\_MN}$	由 MN 发送的 PRes 帧的有效载荷	系统配置	MN 可在启动时验证： $t_{PResPLTx\_MN\_MN} \leq t_{PResPLTxMax\_MN}$	NMT_PResPayloadLimitList_AU16[$NodeID_{MN}$]
27	$t_{PResPLTxMax\_MN}$	MN 的 PRes 帧发送缓存区大小（参照有效载荷）	系统配置	—	NMT_CycleTiming_REC. IsochrTxMaxPayload_U16

表 4（续）

编号	参数	描述	数据源	处理[a]	条目
28	$t_{PResPLRx\_MN\_CNn}$	CN_n 期待的、来自 MN 的 PRes 帧的有效载荷	系统配置	CN 可在启动时验证： $t_{PResPLRx\_MN\_CNn} \leqslant t_{PResPLRxMax\_CNn}$	NMT_PResPayloadLimitList_AU16[$NodeID_{MN}$]
29	$t_{PRes-SoA\_MN}$	如果由 MN 发送 PRes： 则 MN 发送 PRes 的结束与 MN 发送 SoC 的开始之间的延迟 否则 接收来自 CN_n 的 PRes 的结束与 MN 发送 SoC 的开始之间的延迟	MN 设备描述， D_NMT_MNPResTx2SoA_U32 或 D_NMT_MNPResRx2SoA_U32	$t_{PRes-SoA\_MN} \geqslant$ C_DLL_T_IFG	—
30	$t_{PRes-SoA\_CNn}$	接收 PRes 的结束与接收 SoC 的开始之间的最小延迟	CN_n 实现要求	每个 CN 都应支持 $t_{PRes-SoA\_MN}$ = C_DLL_T_IFG	—
31	t_{SoA}	SoA 帧的耗时时间	常数 t_{SoA} = C_DLL_T_MIN_FRAME + C_DLL_T_PREAMBLE	—	—
32	$t_{SoA-ASndTx\_CNn}$	SoA 接收的结束与 AsyncSend 发送的开始之间的延迟	系统配置	$t_{SoA-ASndTx\_CNn} \geqslant$ C_DLL_T_IFG	NMT_CycleTiming_REC。ASndMaxLatency_U32
33	t_{ASndTx} t_{ASndRx}	发送的异步帧的耗时时间	t_{ASndTx} =（$t_{ASndPLTx}$ + C_DLL_T_ETHE1_WRAPPER）× 8 × C_DLL_T_BITTING + C_DLL_T_PREAMBLE	—	—

表 4（续）

编号	参数	描述	数据源	处理[a]	条目
34	$t_{ASndPLTx}$	发送的异步帧的有效载荷	应用	节点应验证： $t_{ASndPLTx} \leqslant t_{ASndMTU\_MN/CNn}$	—
35	$t_{ASndPLRx}$	接收的异步帧的有效载荷	应用	—	—
36	$t_{ASndMTU\_MN/CNn}$	发送的异步帧的最大长度（参照有效载荷）	系统配置	节点可验证： $t_{ASndMTU\_MN/CNn} \leqslant t_{ASndPLTxMax\_MN/CNn}$， 以及 $t_{ASndMTU\_MN/CNn} \leqslant t_{ASndPLRxMax\_MN/CNn}$ MN 可验证： $t_{ASndMTU\_MN} = t_{ASndMTU\_CNn}$	NMT_CycleTiming_REC. AsyncMTU_U16
37	$t_{ASndPLTxMax\_MN/CNn}$	AsyncSend 帧的发送缓存区大小（参照有效载荷）	系统配置	—	NMT_CycleTiming_REC. AsyncMTU_U16
38	$t_{ASndPLRxMax\_MN/CNn}$	MN 的 AsyncSend 帧的接收缓存区大小（参照有效载荷）	系统配置	—	NMT_CycleTiming_REC. AsyncMTU_U16
39	$t_{SoA-ASndRx\_MN}$	发送 SoA 的结束与接收来自该 CN 的 AsyncSend 的开始之间的延迟超时，该时间的大部分用于信号传输及对 SoA 响应	系统配置	在 SoA. StatusRequest 或 SoA. IdentRequest 的情况下，由 DLL 错误处理（Error Handling DLL）的 CN 响应监督应用 $t_{SoA-ASndRx\_MN} = \max(t_{SoA\_ASndTx\_CNn} + 2 \times t_{propag\_CNn})$	NMT_CycleTiming_REC
40	t_{idle_MN}，t_{idle_CNn}	下一个周期前的空闲时间	系统配置，异步传输的耗时时间	MN 可验证： $t_{idle\_MN} \geqslant t_{ASndRx-SoC\_MN}$ CN 可验证： $t_{idle\_CNn} \geqslant t_{ASndRx-SoC\_CNn}$	—

表 4（续）

编号	参数	描述	数据源	处理[a]	条目
41	$t_{ASndRx-SoC\_MN}$	AsyncSend 接收的结束与 SoC 发送的开始之间的最小延迟	MN 设备描述 D_NMT_MNASnd2SoC_U32	$t_{ASndRx-SoC\_MN} \geq$ C_DLL_T_IFG	—
42	$t_{ASndRx-SoC\_CNn}$	AsyncSend 接收的结束与 SoC 接收的开始之间的最小延迟	CN_n 实现要求	每个 CN 应支持 $t_{ASndRx-SoC\_MN} =$ C_DLL_T_IFG	—
43	$t_{SoA-ASndTx\_MN}$ $t_{SoA-ASndRx\_CN}$	MN 发送 SoA 的结束与发送 AsyncSend 的开始之间的延迟	MN 设备描述 D_NMT_MNSoA2ASndTx_U32	$t_{SoA-ASndTx\_MN} \geq$ C_DLL_T_IFG	—

注：本表不区分帧的大小与发送该帧所需的时间。这两个量应视为等效的。传送时间由帧大小同每字节传输时间的乘积得到。当涉及支持条目，时间计算应考帧类型特定协议在帧中所占的开销(见 7.6)。

[a] 除非另有规定，针对节点的验证对于节点是可选的。在网络配置过程中，POWERLINK 网络配置工具应进行所有验证。

[b] 见 10.2.1.5.5。

[c] 对后续开发，CN 也应支持不间断地接收来自其他 CN 的多个 PRes。

POWERLINK 周期定时可通过表 4 所列的针对节点的验证在运行时得以保护。表 5 给出了当相应的验证失败时应发出的错误代码，以及对错误的处理。

所有的错误应保存在本地错误历史(Error History)中(见 9.5)。CN 识别的错误应放入错误信号的紧急队列(Emergency Queue)。所有错误的模式应为 3_h(见 9.5.1)。错误应分配给 POWERLINK 行规(002_h)。

表 5 POWERLINK 周期定时验证:错误代码及处理

表 4 中的编号	验证	错误代码	错误历史附加信息	错误处理
1	MN 可在等时同步访问 CN_n 前验证： $t_{cycle\_MN} = t_{cycle\_CNn}$	E_NMT_CYCLE_LEN	CN_n 的 NodeID	不以等时同步方式访问 CN_n
8	MN 可在启动时验证： $t_{PReqPL\_CNn\_MN} \leqslant t_{PReqPLMax\_MN}$	E_NMT_PREQ_LIM	—	不将 NMT 的状态改变为 NMT_MS_PRE_OPERATIONAL_2
8	MN 可在等时同步访问 CN_n 前验证： $t_{PReqPL\_CNn\_MN} = t_{PReqPL\_MN}$	E_NMT_PREQ_CN	CN_n的 NodeID	不以等时同步方式访问 CN_n
10	CN_n 可在启动时验证： $t_{PReqPL\_CNn} \leqslant t_{PReqPLMax\_CNn}$	E_NMT_PREQ_LIM	—	不将 NMT 的状态改变为 NMT_CS_PRE_OPERATIONAL_2
14	CN_n 可在启动时验证： $t_{PResPLTx\_CNn} \leqslant t_{PResPLTxMax\_CNn}$	E_NMT_PRES_RX_LIM	—	不将 NMT 的状态改变为 NMT_CS_PRE_OPERATIONAL_2
16	见 DLL 错误处理(见 7.7.6.3)			
17	MN 可在启动时验证： $t_{PResPLRx\_CNn\_MN} \leqslant t_{PResPLRxMax\_MN}$	E_NMT_PRES_RX_LIM	CN_n的 NodeID	不将 NMT 的状态改变为 NMT_MS_PRE_OPERATIONAL_2
17	MN 可在等时同步访问 CN_n 前验证： $t_{PResPLRx\_CNn\_MN} = t_{PResPLTx\_MN}$	E_NMT_PRES_CN	CN_n的 NodeID	不以等时同步方式访问 CN_n
19	CN_n 可在启动时验证： $t_{PResPLRx\_CNm\_CNn} \leqslant t_{PResPLRxMax\_CNn}$，以及 $t_{PResPLRx\_CNm\_CNn} \geqslant t_{PResPLTx\_CNn}$	E_NMT_PRES_RX_LIM	CN_m的 NodeID	CN_n:不读取来自 CN_m的 PRes

表 5（续）

表 4 中的编号	验证	错误代码	错误历史附加信息	错误处理
26	MN 可在启动时验证： $t_{PResPLTx\_MN\_MN} \leqslant t_{PResPLTxMax\_MN}$	E_NMT_PRES_TX_LIM	—	不将 NMT 的状态改变为 NMT_MS_PRE_OPERATIONAL_2
28	CN_n 可在启动时验证： $t_{PResPLRx\_MN\_CNn} \leqslant t_{PResPLRxMax\_CNn}$	E_NMT_PRES_RX_LIM	MN 的 NodeID	CN_n：不读取来自 MN 的 PRes
34	节点应验证： $t_{ASndPLTx} \leqslant t_{ASndMTU\_MN/CNn}$	E_NMT_ASND_TX_LIM	—	不发送帧
36	节点可验证： $t_{ASndPLMTU\_MN/CNn} \leqslant t_{ASndPLTxMax\_MN/CNn}$，以及 $t_{ASndPLMTU\_MN/CNn} \leqslant t_{ASndPLRxMax\_MN/CNn}$	E_NMT_ASND_MTU_LIM	—	不将 NMT 的状态改变为 NMT_MS_PRE_OPERATIONAL_2 或 NMT_CS_PRE_OPERATIONAL_2
36	MN 可验证： $t_{ASndMTU\_MN} = t_{ASndMTU\_CNn}$	E_NMT_ASND_MTU_DIF	CN_n 的 NodeID	不将 NMT 的状态改变到 NMT_MS_PRE_OPERATIONAL_2 或 NMT_CS_PRE_OPERATIONAL_2
39	见 DLL 错误处理(见 7.7.6.4)			
40	MN 可验证： $t_{Idle\_MN} \geqslant t_{ASndRx-SoC\_MN}$	E_NMT_IDLE_LIM	—	不将 NMT 的状态改变为 NMT_MS_PRE_OPERATIONAL_2
40	CN_n 可验证： $t_{Idle\_CNn} \geqslant t_{ASndRx-SoC\_CNn}$	E_NMT_IDLE_LIM	—	不将 NMT 的状态改变为 NMT_CS_PRE_OPERATIONAL_2

7.2.4.4 复用类时隙定时

复用类时隙分配如图 28 所示。

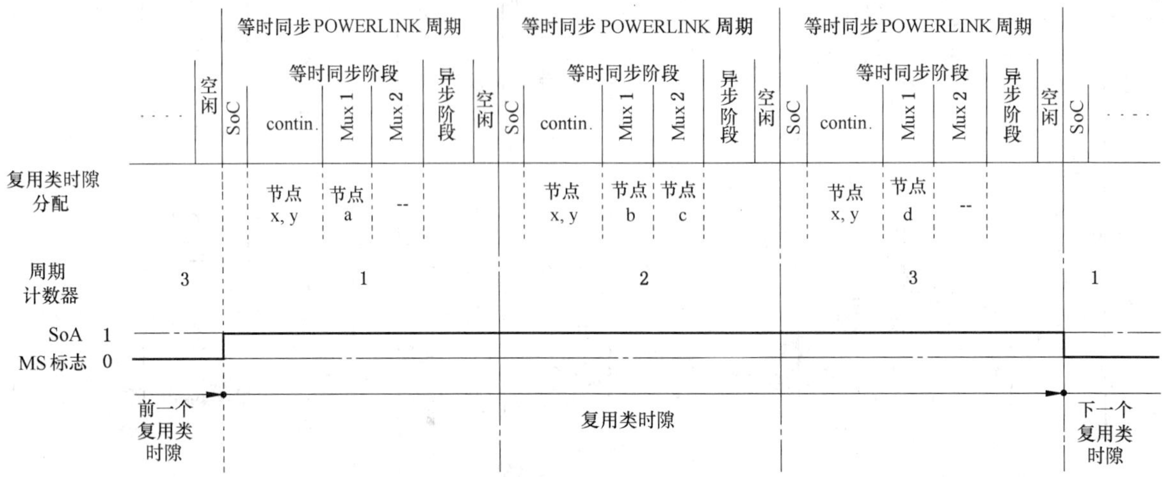

图 28 复用类时隙分配

图 28 示出了如何把复用类时隙分配给 CN。复用类时隙由"Mux1"和"Mux2"标识。

分配由对象字典条目 NMT_CycleTiming_REC. MultiplCycleCnt_U8 和 NMT_MultiplCycleAssign_AU8 来控制。NMT_CycleTiming_REC. MultiplCycleCnt_U8 定义 POWERLINK 周期计数中复用类周期的长度。如果 NMT_CycleTiming_REC. MultiplCycleCnt_U8 为 0,则不应使用复用类访问方法,例如所有 CN 应被连续地访问。

当相应 CN 被 MN 轮询时,NMT_MultiplCycleAssign_AU8 中对应的子索引定义复用类周期中的周期计数。如果该子索引为 0,则 CN 应被连续地访问。

CN 被 MN 轮询的顺序由对象 NMT_MultiplCycleAssign_AU8 来设定。

每个等时同步周期的时隙数不能由配置工具直接设置,而是由被分配到一个周期的 CN 的最大个数得到的。

图 28 的控制系统的参数如下:

NMT_CycleTiming_REC. MultiplCycleCnt_U8	3
NMT_MultiplCycleAssign_AU8[$NodeID_a$]	1
NMT_MultiplCycleAssign_AU8[$NodeID_b$]	2
NMT_MultiplCycleAssign_AU8[$NodeID_c$]	2
NMT_MultiplCycleAssign_AU8[$NodeID_d$]	3
NMT_MultiplCycleAssign_AU8[$NodeID_x$]	0
NMT_MultiplCycleAssign_AU8[$NodeID_y$]	0

7.2.4.5 CN 周期状态机

7.2.4.5.1 概述

CN(DLL_CS)的周期状态机处理一个 POWERLINK 周期内的通信。DLL_C 监视一个周期内所接收的帧的顺序,并按下述方式作出反应。帧接收的预期顺序取决于 NMT_CS 的状态(见 7.2.4.5.4)。

如果通信中的错误被 DLL_CS 检测出,则产生一个"DLL 错误处理"的错误事件。DLL_CS 将不考虑任何错误而尝试继续进行通信。

7.2.4.5.2 状态

——DLL_CS_NON_CYCLIC

该状态表示，等时同步通信尚未开始或已失去连接。它取决于 NMT_CS 的当前状态，以及被处理的事件和将被忽略的事件。

——DLL_CS_WAIT_SOC

接收到 SoA 帧后状态机在此状态等待，直至下一周期开始(由来自 MN 的 SoC 帧触发)。在 SoA 帧与 SoC 帧之间(异步阶段)可接收任何类型的以太网帧。

——DLL_CS_WAIT_PREQ

在周期开始后，状态机在此状态等待 PReq 帧。在接收到 PReq 后，CN 应以 PRes 帧作出响应。在此状态下，CN 可接收或处理来自其他 CN 的 PRes 帧。

——DLL_CS_WAIT_SOA

在接收到 PReq 帧后，状态机等待 SoA 帧的接收。SoA 帧的接收证实了等时同步阶段的结束。在此状态下，CN 可接收或处理来自其他节点的 PRes 帧。

7.2.4.5.3 事件

——DLL_CE_SOC

该事件表明，已从 MN 接收到一个 POWERLINK SoC 帧。这标志着一个新周期的开始，同时也是该周期的等时同步阶段的开始。

——DLL_CE_PREQ

该事件表明，已从 MN 接收到一个 POWERLINK PRes 帧。

——DLL_CE_PRES

可配置 CN 以处理其他 CN 的 PRes 帧(交叉通信)。每接收一个 PRes，就产生一个 DLL_CE_PRES 事件。

——DLL_CE_SOA

该事件表明，已从 MN 接收到一个 SoA 帧。这标志着该周期的等时同步阶段的结束以及异步阶段的开始。

——DLL_CE_ASND

该事件表明，已接收到一个 ASnd 帧或一个非 POWERLINK 帧。由于在异步阶段的帧类型不局限于 POWERLINK 类型，因此在接收到所有的传统以太网帧时都会生成该事件。

——DLL_CE_SOC_TIMEOUT

该事件表明，已丢失一个 MN 的 SoC 帧。该事件会在 SoC 超时监视检测到一个丢失的 SoC 帧时产生。

7.2.4.5.4 NMT_CS 与 DLL_CS 的依存关系

NMT_CS 状态代表网络的状态，并在 DLL_CS 的某些转换中被用作限定符(qualifier)。因为 NMT 状态影响 DLL_CS 的行为，可对单个 NMT 状态滤出相关的 DLL_CS 转换，所以在一个特定 NMT 状态中仅包含可能发生的 DLL_CS 转换。

注：为表达清晰，省略作为 DLL_CS 转换条件的 NMT_CS 状态。为易于理解和表达清晰，单个 NMT_CS 状态的相应转换被滤出，并在其自身的状态图内作为 DLL_CS 的一种“工作模式”显示。某些工作模式非常类似，因此将其置于一个状态图中，而其不同之处则在转换表中描述。

7.2.4.5.4.1 NMT_GS_INITIALISATION、NMT_CS_NOT_ACTIVE、NMT_CS_BASIC_ETHERNET 和 NMT_CS_PRE_OPERATIONAL_1 状态

在这些 NMT 状态下，DLL_CS 都处于状态 DLL_CS_NON_CYCLIC。

对这些 NMT 状态的描述见 10.1.4。

图 29 示出了 CN 周期状态机，以及状态 NMT_GS_INITIALISATION、NMT_CS_NOT_ACTIVE、NMT_CS_BASIC_ETHERNET 和 NMT_CS_PRE_OPERATIONAL_1。

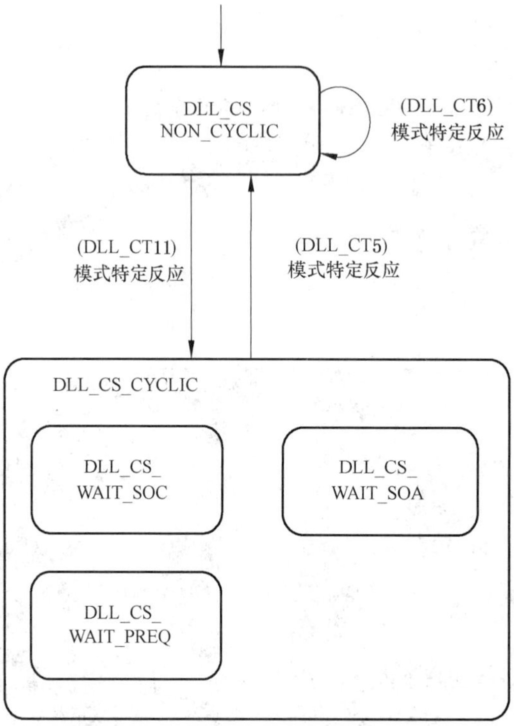

图 29 CN 周期状态机，以及状态 NMT_GS_INITIALISATION、NMT_CS_NOT_ACTIVE、NMT_CS_BASIC_ETHERNET 和 NMT_CS_PRE_OPERATIONAL_1

其他 NMT 状态的转换见表 6。

表 6 CN 周期状态机转换，以及状态 NMT_GS_INITIALISATION、NMT_CS_NOT_ACTIVE、NMT_CS_PRE_OPERATIONAL_1 和 NMT_CS_BASIC_ETHERNET

DLL_CT6，DLL_CT5	DLL_CE_*[]/NMT 状态特定反应
	在 NMT 的 NMT_GS_INITIALISATION、NMT_CS_NOT_ACTIVE、NMT_CS_PRE_OPERATIONAL_1 和 NMT_CS_BASIC_ETHERNET 状态下，周期状态机是不活动的。这意味着，在初始状态转换到 DLL_CS_NON_CYCLIC 后，其状态不影响 CN 的反应。这些反应仅由 NMT_CS 的状态决定(见 10.1.4)
DLL_CT11	DLL_CE_*[]/NMT 状态特定反应
	当状态从 NMT_CS_PRE_OPERATIONAL_1 转换到 NMT_CS_PRE_OPERATIONAL_2(NMT_CT4)时，该转换由 NMT 状态机触发

7.2.4.5.4.2 **NMT_CS_PRE_OPERATIONAL_2、NMT_CS_READY_TO_OPERATE 和 NMT_CS_OPERATIONAL 状态**

图 30 示出了 CN 周期状态机(DLL_CS),对 NMT_CS 的状态 NMT_CS_PRE_OPERATIONAL_2、NMT_CS_READY_TO_OPERATE 以及 NMT_CS_OPERATIONAL 有效。

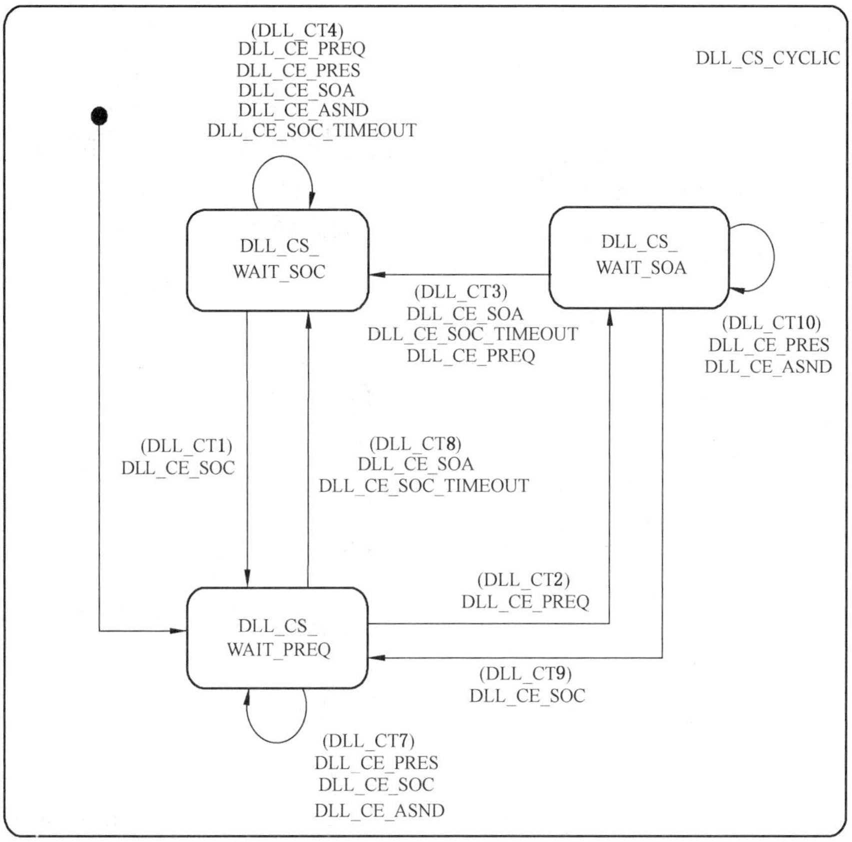

图 30 CN 周期状态机(DLL_CS),对 NMT_CS 的状态 NMT_CS_PRE_OPERATIONAL_2、NMT_CS_READY_TO_OPERATE 以及 NMT_CS_OPERATIONAL 有效

在 NMT_CS_OPERATIONAL 和 NMT_CS_READY_TO_OPERATE 状态,对于非复用类节点有三个必备帧。它们应在每个周期按规定的顺序出现:SoC、PReq 和 SoA。如果节点被复用访问,则仅 SoC 和 SoA 帧是每个周期必备的。只有这样配置节点时,PReq 帧在复用类周期中才是必备的。

在 NMT_CS_PRE_OPERATIONAL_2 状态,有两个必备帧。它们应在每个周期按规定的顺序出现:SoC 和 SoA。PReq 帧可出现在 SoC 和 SoA 之间。在 NMT_CS_PRE_OPERATIONAL_2 状态,因为节点尚未被配置,所以不进行 SoC 的超时检测。

周期状态机监视所有接收到的帧以检测是否有帧丢失。不论周期状态机的当前状态如何,收到的帧都应被 CN 接受。

CN 周期状态机的转换见表 7。

表 7　CN 周期状态机转换,以及 NMT_CS_OPERATIONAL、NMT_CS_PRE_OPERATIONAL_2 和 NMT_CS_READY_TO_OPERATE 状态

DLL_CT1	DLL_CE_SOC[]/同步周期的开始,并产生一个 SoC 触发信号给应用
	SoC 事件的发生标志着一个新 POWERLINK 周期的开始。上一个周期的异步阶段结束,以及下一个周期的等时同步阶段开始
DLL_CT2	DLL_CE_SOC[]/处理 PReq 帧并发送一个 PRes 帧
	PReq 事件在通信的等时同步阶段内发生
DLL_CT3	DLL_CE_SOA[]/处理 SoA 帧,如果允许则发送一个 ASnd 帧或一个非 POWERLINK 帧。 DLL_CE_SOC_TIMEOUT[CN NMT state ! =NMT_CS_PRE_OPERATIONAL_2]/同步到下一个 SoC,报告错误 DLL_CEV_LOSS_SOC 和 DLL_CEV_LOSS_SOA。 DLL_CE_PREQ[]/接受 PReq 帧并发送一个 PRes 帧,报告错误 DLL_CEV_LOSS_SOC 和 DLL_CEV_LOSS_SOA
	DLL_CE_SOA 事件表示当前周期的等时同步阶段结束,以及异步阶段开始。如果该 SoA 帧包含对 CN 的授权(invitation),则 CN 可用一个有效的帧来响应。 DLL_CE_PREQ 的出现表示丢失了一个预期的 SoA 和 SoC 帧。DLL_CS 将试图同步新周期。应通知"DLL 错误处理"。 如果一个 DLL_CE_SOC_TIMEOUT 事件在 NMT_CS_READY_TO_OPERATE 或 NMT_CS_OPERATIONAL 发生,则 SoA 和 SoC 帧可能已经丢失。应通知"DLL 错误处理"
DLL_CT4	DLL_CE_ASND[]/处理帧 DLL_CE_PREQ[]/用 PRes 帧来响应,报告错误 DLL_CEV_LOSS_SOC DLL_CE_PRES[]/报告错误 DLL_CEV_LOSS_SOC DLL_CE_SOA[]/报告错误 DLL_CEV_LOSS_SOC DLL_CE_SOC_TIMEOUT[CN NMT state ! =NMT_CS_PRE_OPERATIONAL_2]/报告错误 DLL_CEV_LOSS_SOC
	如果已接收到一个 ASnd 帧,则应对它进行处理。该状态不应改变。虽然每周期只允许有一个异步帧,但 CN 状态机并不限制在周期异步阶段内所接收到的帧的个数。 如果接收到一个 SoA、PReq 或 PRes 帧,其间可能丢失一个 SoC 帧。应以错误 DLL_CEV_LOSS_SOC 通知"DLL 错误处理"。 如果一个 DLL_CE_SOC_TIMEOUT 事件发生在 NMT_CS_READY_TO_OPERATE 或 NMT_CS_OPERATIONAL,则可能已丢失 SoA 和 SoC 帧。应通知"DLL 错误处理"。 如果接收到一个 PReq 帧,则可忽略收到的入向数据并发送一个 PRes 帧
DLL_CT7	DLL_CE_PRES[]/处理 PRes 帧(交叉通信) DLL_CE_SOC[]/同步到周期的开始,报告错误 DLL_CEV_LOSS_SOA DLL_CE_ASND[]/报告错误 DLL_CEV_LOSS_SOA
	如果接到另一 CN 的一个 PRes 帧(交叉通信),则应处理该 PRes 帧(如果已被配置如此)。该 CN 等待 PReq 帧或来自另一个 CN 的 PRes 帧(交叉通信)。对 SoC 帧的反应与状态无关。状态机同步到一个新周期的开始。 ASnd 帧和非 POWERLINK 帧应在等时同步阶段处理

表 7(续)

DLL_CT8	DLL_CE_SOA[CN=multiplexed]/处理 SoA;如果被授权(invited),则发送一个传统以太网帧。 DLL_CE_SOA[CN ! =multiplexed]/处理 SoA;如果被授权,则传送一个传统以太网帧,并报告错误 DLL_CEV_LOSS_PREQ DLL_CE_SOC_TIMEOUT[CN NMT state ! =NMT_CS_PRE_OPERATIONAL_2]/同步到下一个 SoC,报告错误 DLL_CEV_LOSS_SOC 和 DLL_CEV_LOSS_SOA
	当 CN 处于 NMT_CS_OPERATIONAL 或 NMT_CS_READY_TO_OPERATE,如果自上一个 PReq 起计数的周期数大于预期的周期数(对非复用类 CN,该数为 1;对复用类 CN,该数为 n,n=NMT_CycleTiming_REC.MultipleCycleCnt_U8),则该 CN 认为发生一个 LOSS_OF_PRE。 如果一个 DLL_CE_SOC_TIMEOUT 事件发生于 NMT_CS_READY_TO_OPERATE 或 NMT_CS_OPERATIONAL,则 SoA 和 SoC 帧可能已经丢失。对于非复用类节点,或在本周期已被请求的复用类节点,则 PRes 帧也已丢失。应通知"DLL 错误处理"
DLL_CT9	DLL_CE_SOC[]/同步到 SoC,报告错误 DLL_CEV_LOSS_SOA
	接收 SoC 时的反应与 NMT 状态无关,状态机假定一个预期的帧已丢失,并(再次)同步到 SoC
DLL_CT10	DLL_CE_PRES[]/处理 PRes 帧(交叉通信) DLL_CE_ASND[]/报告错误 DLL_CEV_LOSS_SOA
	CN 可处理其他 CN 的 PRes。 ASnd 帧和非 POWERLINK 帧应在等时同步阶段被接受

常见问题如下:

——当接收到一个非预期的帧或 DLL_CE_SOC_TIMEOUT 发生时,会检测到帧的丢失;

——周期状态机通知 NMT_CN 发生了一个错误,然后 NMT_CS 将处理该错误(见 10.1.4);

——如果"DLL 错误处理"不支持,则 DLL_CEV_LOSS_SOA 和 DLL_CEV_LOSS_PREQ 是可选的,且可被忽略。

7.2.4.6 MN 周期状态机

7.2.4.6.1 概述

MN 周期状态机(DLL_MS)应管理 POWERLINK 周期内的通信。

DLL_MS 在一个 POWERLINK 周期中产生帧序列,并监视 CN 的反应。帧序列的顺序与 NMT_MS 状态有关(见 7.2.4.6.4)。

通常 CN 通过 SoC 的接收来进行同步。这意味着,对 POWERLINK 网络同步的最重要参数是事件 DLL_ME_SOC_TRIG 的定时精度。

如果 DLL_MS 检测到通信中的一个错误,则将为"DLL 错误处理"产生一个错误事件。

7.2.4.6.2 状态

——DLL_MS_NON_CYCLEIC

该状态表示周期通信尚未开始或被 NMT_MS 状态机停止(NMT 的 NMT_MS_PRE_OPERATIONAL_1 状态)。状态机在此状态等待,直至 NMT 状态变为 NMT_MS_PRE_OPERATIONAL_2。

这取决于当前的 NMT 状态、将处理的事件和将忽略的事件。

——DLL_MS_WAIT_SOC_TRIG

如果该周期的通信已完成，则状态机保持在该状态，直至下一个周期以 DLL_ME_SOC_TRIG 开始。

——DLL_MS_WAIT_PRES

在发送 PReq 帧后，状态机在该状态等待响应。等待时间由超时限制。

——DLL_MS_WAIT_ASND

如果发送了一个带授权(Invite)的 SoA，则状态机在该状态等待，直至异步阶段以事件 DLL_ME_SOC_TRIG 结束。

在 DLL_MS_NON_CYCLIC 中，应产生事件 DLL_ME_SOA_TRIG 而不是 DLL_ME_SOC_TRIG。

如果期待一个 ASnd 并发生 NMT_NMCycleTiming_REC. AsyncSlotTimeout_U32 超时，则应产生错误 DLL_MEV_SOA_TIMEOUT。

——DLL_MS_WAIT_SOA

如果发送了一个带授权的但不需应答的 SoA，则 MN 在该状态等待，直至异步阶段发生超时，或在下一个 POWERLINK 短周期开始前接收到任何以太网帧。

7.2.4.6.3 事件

DLL_MS 由事件处理器生成的事件触发。DDL_MS 具有到硬件和 NMT 状态机的接口。

事件处理器使事件排序(一个超时与一个以太网帧的接收可能同时发生)。到硬件的接口的实现不在本标准的范围内。

——DLL_ME_PRES

该事件表示接收到一个 PRes 帧。

——DLL_ME_PRES_TIMEOUT

当在预配置时间内没有(或不完全)接收到 PRes 帧时，就会产生该事件。

——DLL_ME_ASND

该事件表明接收到一个 ASnd 帧或非 POWERLINK 帧。

——DLL_ME_ASND_TIMEOUT

当在预配置时间内没有(或不完全)接收到 ASnd 帧时，就会产生该事件。

——DLL_ME_SOC_TRIG

该事件触发 SoC 帧的发送并开始一个新的 POWERLINK 周期。定时精度决定了 POWERLINK 网络的同步精度。

——DLL_ME_SOA_TRIG

该事件表明将开始一个新的 POWERLINK 短周期。该事件可周期地产生，或在接收到一个请求的 ASnd 报文后直接产生，以尽快继续 POWERLINK 短周期。

7.2.4.6.4 DLL_MS 对 NMT_MS 状态的使用

NMT_MS 状态表示网络的状态，且在 DLL_MS 的某些转换中作为条件。对单个 NMT 状态，可滤出相关的 DLL_MS 转换。

注： DLL_MS 的转换可在单个状态图中表示，其中 NMT_MS 状态作为转换的条件。为了易于理解和表达清晰，单个 NMT_MS 状态的相关转换被滤出，并在其自身的图中作为 DLL_MS 的一种“工作模式”显示。

7.2.4.6.4.1 **状态 NMT_GS_INITIALISATION 和 NMT_MS_NOT_ACTIVE**

在这些状态下，MN 周期状态机不是活动的。这表明在首次转换到 DLL_MS_NON_CYCLIC 之前，其状态不影响 MN 的反应。反应由 NMT_MS 状态确定。

7.2.4.6.4.2 **状态 NMT_MS_BASIC_ETHERNET**

在该状态，周期状态机不是活动的。这表明在首次转换到 DLL_MS_NON_CYCLIC 之前，其状态不影响 MN 的反应。反应由 NMT_MS 状态来定义。

7.2.4.6.4.3 **状态 NMT_MS_PRE_OPERATIONAL_1**

在 NMT_MS_PRE_OPERATIONAL_1 状态，MN 周期状态机产生 POWERLINK 短周期，并监视 CN 的行为。错误处理在 7.6 中描述。DLL_MS 处于 DLL_MS_NON_CYCLIC 模式。

图 31 示出了 MN 周期状态机及 NMT_MS_PRE_OPERATIONAL_1 状态。

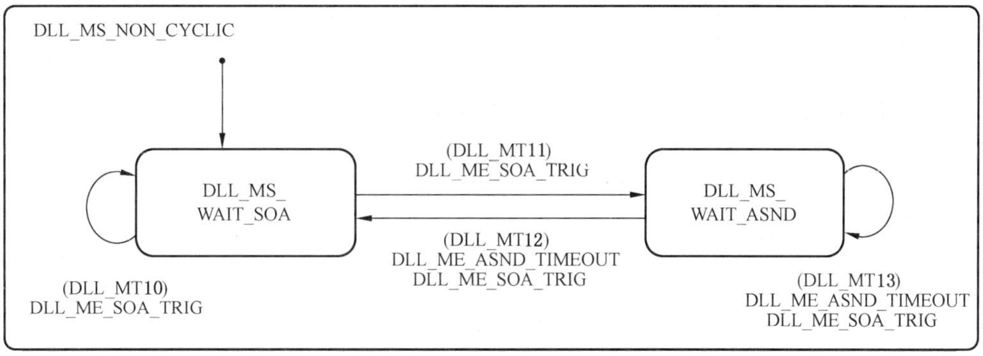

图 31 MN 周期状态机，NMT_MS_PRE_OPERATIONAL_1 状态

MN 周期状态机转换见表 8。

表 8 MN 周期状态机转换，以及 NMT_MS_PRE_OPERATIONAL_1 状态

DLL_MT10	DLL_ME_SOA_TRIG[async_in ! =0 & no resp. expected]/发送带授权的 SoA。 DLL_ME_SOA_TRIG[async_in=0 & async_out ! =0]/向 MN 发送带授权的 SoA，并发送 ASnd 或非 POWERLINK 帧。 DLL_ME_SOA_TRIG[async_int=0 & async_out=0]/发送 SoA
	如果有一个来自 CN 的异步发送请求，则 MN 发送一个带授权的 SoA 报文。下一个 POWERLINK 短周期应在异步时隙超时后或在接收到任何帧之后开始。 如果在当前的周期中有出向异步 MN 通信需处理，则 MN 在给自己的带授权的 SoA 帧之后，立即发送该帧。下一个 POWERLINK 短周期应在 ASnd 或非 POWERLINK 帧传输后开始。 如果没有对 CN 的授权，并且没有来自 MN 的 ASnd 或非 POWERLINK 帧，则下一个 DLL_ME_SOA_TRIG 应在异步时隙超时后产生
DLL_MT11	DLL_ME_SOA_TRIG[async_in ! =0 & resp. expected]/发送带授权的 SoA
	向 CN 发送 SoA 授权报文后，MN 转换为状态 DLL_MS_WAIT_ASND 以检测传输超时

表 8（续）

DLL_MT12	DLL_ME_SOA_TRIG | DLL_ME_ASND_TIMEOUT[async_in=0]/发送 SoA 和 ASnd(如果有)。DLL_ME_SOA_TRIG | DLL_ME_ASND_TIMEOUT[async_in ！ =0 & no resp. expected]/发送带授权的 SoA
	等待时间随一个 DLL_ME_SOA_TRIG 或 DLL_ME_ASND_TIMEOUT 结束(可通过 NMT_MN-CycleTiming_REC. AsyncSlotTimeout_U32 配置)。如果某个 CN 应被授权，则 MN 向该节点发送一个包含授权的 SoA。如果没有 CN 被授权，则 MN 发送一个 SoA。如果在当前的周期中有出向异步通信需处理，则 MN 应在 SoA 帧之后，发送该帧。此后，状态转变为 DLL_MS_WAIT_SOA。应产生错误事件 DLL_MEV_ASND_TIMEOUT
DLL_MT13	DLL_ME_SOA_TRIG | DLL_ME_ASND_TIMEOUT[async_in ！ =0 & resp. expected]/发送带授权的 SoA，报告错误 DLL_MEV_ASND_TIMEOUT
	一个包含对 CN 授权的 SoA 报文被发送。在等待 CN 的应答时，MN 保持在 MS_WAIT_ASND 状态。超时事件 DLL_ME_ASND_TIMEOUT(可通过 NMT_MNCycleTiming_REC. AsyncSlot-TIMEOUT_32 配置)应产生 DLL_MEV_ASND_TIMEOUT

该转换表中所用的缩略语如下：

——“no resp. expected”意为：对 MN 的异步授权，不需应答(如单播报文交换)；

——“async_in ！ =0”意为：必须在该周期内发送一个授权，可接收一个 ASnd 或非 POWERLINK 帧；

——“async_out ！ =0”意为：在发送一个 SoA 后，必须在该周期发送一个 ASnd。

常见问题如下：

——如果“DLL 错误处理”不支持，则 DLL_MEV_ASND_TIMEOUT 是可选择的，并可被忽略；

——如果已发送 StayusRequest，且异步时隙定时时间到而未接收到一个 StatusResponse 帧，则以错误 DLL_MEV_LOSS_STATUSRESPONSE 通知“DLL 错误处理”。

7.2.4.6.4.4 状态 NMT_MS_OPERATIONAL、NMT_MS_READY_TO_OPERATE 和 NMT_MS_PRE_OPERATIONAL_2

在 NMT_MS_OPERATIONAL、NMT_MS_READY_TO_OPERATE 和 NMT_MS_PRE_OPERATIONAL_2 状态，MN 周期状态机产生 POWERLINK 周期并监视 CN 的行为。错误处理在 7.6 中描述。

图 32 示出了 MN 周期状态机，以及 NMT_MS_OPERATIONAL、NMT_MS_READY_TO_OPERATE 和 NMT_MS_PRE_OPERATIONAL_2 状态。

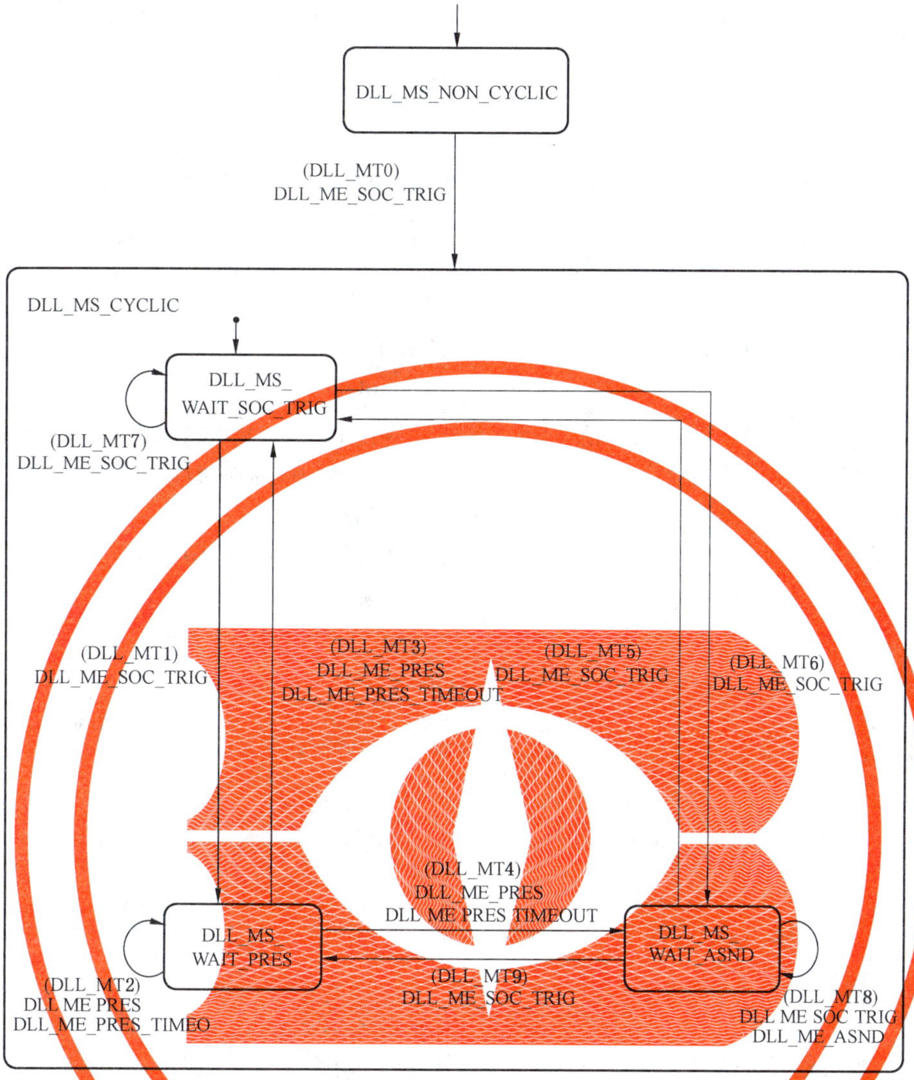

图 32　MN 周期状态机，以及 NMT_MS_OPERATIONAL、NMT_MS_READY_TO_OPERATE 和 NMT_MS_PRE_OPERATIONAL_2 状态

MN 周期状态机转换见表 9。

表 9　MN 周期状态机转换，以及 NMT_MS_OPERATIONAL、NMT_MS_READY_TO_OPERATE 和 NMT_MS_PRE_OPERATIONAL_2 状态

DLL_MT0	DLL_ME_SOC_TRIG[]/转换到状态 DLL_MS_WAIT_SOC_TRIG
	如果 MN 的 NMT 状态机(NMT_MS)将模式改变为 NMT_MS_PRE_OPERATIONAL_2，则DLL_MS 应启动周期定时器(其值可通过 NMT_CycleLen_U32 配置)，定时器的启动会产生 DLL_ME_SOC_TRIG。DLL_MS 应使系统为第一个周期的开始做好准备
DLL_MT1	DLL_ME_SOC_TRIG[isochr ！ =0]/发送 SoC 和 PReq
	DLL_ME_SOC_TRIG 事件发生后，立即发送一个 SoC 帧，并与 NMT 状态机进行通信。如果有等时同步帧要发送，则将发送第一个 PReq，并启动定时器以监视响应时间(其值可通过 NMT_MNCNPResTimeout_AU32[NodeID]配置)

表 9（续）

DLL_MT2	DLL_ME_PRES[isochr ！ =0]/发送下一个 PReq。 DLL_ME_PRES_TIMEOUT[isochr ！ =0]/发送下一个 PReq，报告错误 DLL_MEV_LOSS_PRES	等待时间随 DLL_ME_PRES 或 DLL_ME_PRES_TIMEOUT 结束。如果在等时同步队列中有多个帧，则 MN 发送下一个 PReq，状态不改变
DLL_MT3	DLL_ME_PRES[isochr=0 & async_in=0]/发送 PRes[isochr_out ！ =0]，SoA 和 ASnd[async_out ！ =0] DLL_ME_PRES_TIMEOUT[isochr=0 & async_in=0]/发送 PRes[isochr_out ！ =0]，SoA 和 ASnd[async_out ！ =0]，报告错误 DLL_MEV_LOSS_PRES	等时同步阶段随 DLL_ME_PRES 或 DLL_ME_PRES_TIMEOUT（其值可通过 NMT_MNCNPResTimeout_AU32[NodeID]配置）结束。如果没有通信要处理（既无等时同步通信又无异步通信），则 MN 发送一个 SoA 帧并将状态改变为 DLL_MS_WAIT_SOC_TRIG。 如果在当前的周期中有出向异步通信要处理，则 MN 在 SoA 后发送该帧
DDL_MT4	DLL_ME_PRES[isochr=0 & async_in ！ =0]/发送 PRes[isochr_out ！ =0]和带授权的 SoA。 DLL_ME_PRES_TIMEOUT[isochr=0 & async_in ！ =0]/发送 PRes[isochr_out ！ =0]和带授权的 SoA，报告错误 DLL_MEV_LOSS_PRES	等时同步阶段随 DLL_ME_PRES 或 DLL_ME_PRES_TIMEOUT（其值可通过 NMT_MNCNPResTimeout_AU32[NodeID]配置）结束。 如果 MN 被配置为发送一个 PRes，则该帧应在 SoA 前发送。 如果当前周期受调度的异步通信是直接从 CN 到 MN 或到另一个 CN 的，则将发送一个带授权的 SoA 帧
DLL_MT5	DLL_ME_SOC_TRIG[isochr=0 & async_in=0]/发送 SoC，PRes[isochr_out！ =0]，SoA 和 ASnd[async_out！ =0]	在 DLL_ME_SOC_TRIG 事件（SoC 触发事件周期的值可通过 NMT_CycleLen_U32 配置）后，立即发送一个 SoC 帧，并处理与 NMT 状态机的通信。如果没有通信要处理，则还应发送一个 SoA 帧。状态不改变。 如果 MN 被配置为发送一个 PRes，则应在 SoA 前发送该帧。 如果在当前的周期中有出向异步通信要处理，则 MN 在 SoA 帧后发送该帧，并把状态改变为 DLL_MS_WAIT_SOC_TRIG
DLL_MT6	DLL_ME_SOC_TRIG[isochr=0 & async_in ！ =0]/发送 SoC，PRes[isochr_out ！ =0]和带授权的 SoA	在 DLL_ME_SOC_TRIG 事件（SoC 触发事件周期的值可通过 NMT_CycleLen_U32 配置）后，立即发送一个 SoC 帧，并处理与 NMT 状态机的通信。 如果 MN 被配置为发送一个 PRes，则应在 SoA 前发送该帧。 如果只有异步帧要发送，则应发送 SoA 帧。如果异步通信是与 CN 的通信，则还应发送一个 ASnd 帧
DLL_MT7	DLL_ME_SOC_TRIG[isochr=0 & async_in=0]/发送 SoC，PRes[isochr_out ！ =0]，SoA 和 ASnd[async_out ！ =0]	在 DLL_ME_SOC_TRIG 事件后，立即发送一个 SoC 帧，并处理与 NMT 状态机的通信。 如果 MN 被配置为发送一个 PRes，则应在 SoA 前发送该帧。 如果没有通信要处理，则还应发送一个 SoA 帧。状态不改变。如果在当前的周期中有出向异步通信要处理，则 MN 在 SoA 后发送该帧

表 9（续）

DLL_MT8	DLL_ME_ASND[]/处理该帧。 DLL_ME_SOC_TRIG[isochr=0 & async_in ！ =0]/发送 SoC 和带授权的 SoA
	在 DLL_ME_SOC_TRIG 后，立即发送一个 SoC 帧，然后处理与 NMT 状态机的通信。如果只有异步帧要发送，则发送 SoA 帧。如果异步通信是与 CN 的通信，则还应发送一个 ASnd 帧
DLL_MT9	DLL_ME_SOC_TRIG[isochr ！ =0]/发送 SoC 和 PReq
	在 DLL_ME_SOC_TRIG 事件（SoC 触发事件周期的值可通过 NMT_CycleLen_U32 配置）后，立即发送一个 SoC 帧，并处理与 NMT 状态机的通信。如果有等时同步帧要发送，则发送第一个 PReq，并启动定时器以监视响应时间（其值可通过 NMT_MNCNPResTimeout_AU32[NodeID]配置）

该转换表中所用的缩略语：

——“isochr ！ =0”意为：在等时同步列表中有若干必须在当前周期内发送的帧；

——“isochr_out ！ =0”意为：MN 被配置为发送一个 PRes；

——“async_in ！ =0”意为：必须在当前周期发送一个授权，并可接收一个 ASnd 或非 POWERLINK 帧；

——“async_out ！ =0”意为：发送一个 SoA 后，必须在本周期发送一个 ASnd。

为了表述清晰，在图 32 和表 9 中未描述对非预期事件的反应。对这些事件的一般性叙述如下：

——应接受非预期的帧类型和非预期的发送者。状态不改变。PRes 帧应被传送给 NMT 状态机，可对这些帧进行分析（例如把相应的 CN 从通信中移除）。状态机对此事件不作任何其他反应。

——如果 DLL_MS 接收到只能由另一 MN 发出的帧（SoC、SoA 和 PReq），它应通知 NM 状态机和“DLL 错误处理”。

——如果发生一个非预期的内部事件（如超时），则认为是一个内部错误并通知 NMT_MS。

——有可能发生这样的情况：DLL_ME_SOC_TRIG 发生在非预期的状态中，或发生在发送或接收以太网帧期间（如 PRes 超时误配置）。在这种情况下，将以错误 DLL_MEV_CYCLE_EXCEED 通知“DLL 错误处理”。

如果已发送 StatusRequest，且异步时隙定时时间到而未接收到一个 StatusResponse 帧，则以错误 DLL_MEV_LOSS_STATUSRESPONSE 通知“DLL 错误处理”。

7.2.5 活动节点的识别

应为 MN 配置一个网络上所有节点的列表。

当 MN 启动时，应把所有被配置的节点标记为非活动的。对这些已配置但非活动的 CN，将通过 IdentRequest（特殊形式的 SoA 帧）周期地访问。当 CN 接收到对自己寻址的 IdentRequest 时，CN 应在同一异步阶段中返回 IdentResponse（特殊形式的 SoA 帧）。

如果 MN 接收到来自 CN 的 IdentResponse，则应把该 CN 标记为活动的。活动的 CN 可参与等时同步数据传输，例如，可通过 PRes 访问活动的 CN。

7.3 基本以太网模式

按照传统以太网（GB/T 15629.3）的规则进行网络通信。按照 CSMA/CD 访问网络媒体。

网络通信是易冲突且非确定性的。

在基本以太网模式中，可以使用传统以太网之上的任何协议。节点之间的数据优先通过 UDP/IP

和 TCP/IP 进行交换。POWERLINK 网络最大拓扑的扩展与 GB/T 15629.3 的拓扑规则相冲突。因此,CSMA/CD 在大型 POWERLINK 网络中的工作效率可能比较低。由此应采取更高层的协议来处理 CSMA/CD 未解决的冲突所引起的通信错误。

当 POWERLINK 节点属于自动化系统的一部分时,它不应该工作在基本以太网模式下。基本以太网模式是为点对点配置而提供的,该模式只用于节点的设置和服务。

7.4 MAC 寻址

POWERLINK 节点必须支持符合 GB/T 15629.3 的单播、多播和广播的以太网 MAC 寻址。

7.4.1 MAC 单播

用于普通地址(单播)的 MAC 地址最高位为 0。用于 POWERLINK 的单播地址应该是全局唯一的,或至少在 POWERLINK 网段是唯一的。

7.4.2 MAC 多播

用于组地址的 MAC 地址最高位为 1。组地址允许多个节点侦听单个地址。当帧被发送到组地址时,所有登记了该组地址的节点都接收到该帧。向一组节点进行发送被称为多播。

应使用表 10 所示的 MAC 组播地址。

表 10 分配的多播地址

	MAC 多播地址
周期起始(SoC)	C_DLL_MULTICAST_SOC
轮询响应(PRes)	C_DLL_MULTICAST_PRES
异步起始(SoA)	C_DLL_MULTICAST_SOA
异步发送(ASnd)	C_DLL_MULTICAST_ASND
活动管理节点指示(AMNI),由 EPSG DS302-A 使用	C_DLL_MULTICAST_AMNI

7.4.3 MAC 广播

将所有比特全为 1 的地址保留用于广播。

7.5 POWERLINK 的寻址

每个 POWERLINK 节点(MN、CN 和路由器)在一个 POWERLINK 网段内具有唯一的节点 ID(NodeID)。值 240 被永久的赋给 MN。如果节点具有 MN 功能,则 NodeID 被设为 240 的节点作为 MN 运行。不能将值为 240 的 NodeID 赋给只有 CN 功能的设备。1~239 的 POWERLINK 的 NodeID 可以用于 CN。表 11 列出了 POWERLINK 的 NodeID 的分配以及不同 POWERLINK 的 NodeID 区间允许的 CN 访问选项。

POWERLINK 的 NodeID 由应用进程配置,或在设备上设置(例如,使用地址拨码开关)。

除非另有规定,术语单播、组播和广播是指 POWERLINK 地址。如果使用 POWERLINK 广播地址,则应使用专门的 MAC 多播地址来发送帧(见表 10)。如果没有为这种类型的 POWERLINK 帧分配 MAC 多播地址,则应改用 MAC 广播地址。

POWERLINK 空节点(dummy node)应被用来传输寻址不存在的节点的报文。POWERLINK 的空 NodeID 绝不应被存在的节点占用。任何节点都不应期望来自 POWERLINK 空节点的有效数据。

自寻址的 NodeID 绝不应分配给任何节点。它只可被 PDO 映射使用，以指示 PDO 传送的 PRes 帧的接收和评估，该帧由接收节点自身发出。

诊断设备应是缺省节点，即无需任何配置即可使用。它的缺省访问选项应是可选的并且是仅异步的。通过配置，可以声明等时同步操作。

设备可以支持少于本标准定义的普通 CN 最大个数。所支持的普通 CN 的个数可由设备描述条目 D_NMT_MaxCNNumber_U8 提供。普通 CN 可用的 POWERLINK 的 NodeID 区间的上限可由设备描述条目 D_NMT_MaxCNNodeID_U8 缩减。

如果只提供了 D_NMT_MaxCNNumber_U8，则 NodeID 可以从整个区间 1～239 中选择。如果另外提供了 D_NMT_MaxCNNodeID_U8，则有效的普通 CN 的 NodeID 应从 1～D_NMT_MaxCNNodeID_U8 区间中选择。

POWERLINK 的 NodeID 分配如表 11 所示。

表 11　POWERLINK 的 NodeID 分配

POWERLINK 的 NodeID		描述	访问选项
0	C_ADR_INVALID	无效	无
1～239		普通 POWERLINK CN	无/必备的/可选的；等时同步/仅异步
240	C_ADR_MN_DEF_NODE_ID	POWERLINK MN	必备的等时同步
241～250	—	保留 由 EPSG DS 302-A 使用	无
251	C_ADR_SELF_ADR_NODE_ID	POWERLINK 伪 NodeID，用于节点自身寻址	无
252	C_ADR_DUMMY_NODE_ID	POWERLINK 空节点	无
253	C_ADR_DIAG_DEF_NODE_ID	诊断设备	可选的；等时同步/仅异步
254	C_ADR_RT1_DEF_NODE_ID	POWERLINK 到传统以太网的路由器	无/必备的/可选的；等时同步
255	C_ADR_BROADCAST	POWERLINK 广播	无

7.6 帧结构

7.6.1 与以太网集成

POWERLINK 是一种在 GB/T 15629.3 MAC 层之上的协议。

POWERLINK 报文应被封装在 Ethernet II 帧中。以太网类型(Ethertype)字段应设置为 $88AB_h$。

帧的长度应限制在配置的大小之内。否则，不能保证周期时间。以太网帧不应小于规定的最小值 64 个八位位组。

7.6.1.1 POWERLINK 帧

为了独立于下层协议，POWERLINK 定义了自己的寻址方式(见 7.5)和首部格式。

7.6.1.1.1 POWERLINK 基本帧

POWERLINK 基本帧格式应包含 5 个字段：

——保留(1 比特);

——报文类型(7 比特);

——目的节点地址(1 个八位位组),POWERLINK 寻址方式(见 7.5);

——源节点地址(1 个八位位组),POWERLINK 寻址方式(见 7.5);

——有效载荷(n 个八位位组)。

POWERLINK 基本帧格式应被封装在 Ethernet Ⅱ包(wrapper)中。Ethernet Ⅱ包由起始的 14 个八位位组以太网首部(目的地址和源 MAC 地址,以太网类型)和结尾的 4 个八位位组的 CRC32 校验和组成。POWERLINK 帧结构见表 12。

表 12 POWERLINK 帧结构

	比特偏移								条目出处
八位位组偏移[a]	7	6	5	4	3	2	1	0	
0～5	目的 MAC 地址(Destination MAC Address)								Ethernet Ⅱ
6～11	源 MAC 地址(Source MAC Address)								
12～13	以太网类型(EtherType)								
14	保留	报文类型(MessageType)							POWERLINK
15	目的(Destination)								
16	源(Source)								
17～n	数据(Data)								
$n+1$～$n+4$	CRC32								Ethernet Ⅱ
注:C_DLL_MIN_PAYL_OFFSET+14≤n≤C_DLL_MAX_PAYL_OFFSET+14									
[a] 八位位组偏移从以太网帧的起始处为基准。									

以太网帧的 POWERLINK 定义部分应被视为 POWERLINK 帧。POWERLINK 帧各字段定义见表 13。

表 13 POWERLINK 帧的字段

字段	缩写	描 述	值
目的 MAC 地址	dmac	被寻址节点的 MAC 地址	见 7.4
源 MAC 地址	smac	发送节点的 MAC 地址	见 7.4
以太网类型	etyp	以太网报文类型	C_DLL_ETHERTYPE_EPL
报文类型	mtyp	POWERLINK 报文类型标识	见表 14
目的	dest	被寻址节点的 POWERLINK 的 NodeID	见 7.5
源	src	发送节点的 POWERLINK 的 NodeID	见 7.5
数据	data	如果数据长度小于 C_DLL_MIN_PAYL_OFFSET 限值,则取决于报文类型的数据,应由下层使用填充字节将数据填充到 C_DLL_MIN_PAYL_OFFSET 个字节	根据以下规定
CRC32	crc	CRC32 校验和	

应使用表 14 列出的报文类型。

表 14 POWERLINK 报文类型

报文类型	ID/缩写	MAC 传输类型
周期起始(Start of Cycle)	SoC	多播
轮询请求(PollRequest)	PReq	单播
轮询响应(PollResponse)	PRes	多播
异步起始(Start of Asynchronous)	SoA	多播
异步发送(Asynchronous Send)	ASnd	多播

各个报文类型使用的多播地址见 7.4.2。

保留的值应设置为 0。

7.6.1.1.2 周期起始(SoC)

SoC 帧结构见表 15。

表 15 SoC 帧结构

	比特偏移							
八位位组偏移[a]	7	6	5	4	3	2	1	0
0	保留	报文类型(MessageType)						
1	目的(Destination)							
2	源(Source)							
3	保留							
4	MC	PS	保留	保留	保留	保留	保留	保留
5	保留	保留	保留			保留		
6～13	网络时间(NetTime)/保留							
14～21	相对时间(RelativeTime)/保留							
22～45	保留							
[a] 八位位组偏移以 POWERLINK 帧的起始为基准。到以太网帧起始的偏移为 14 个八位位组。								

应使用多播 MAC 地址发送 SoC(见 7.4.2)。SoC 帧数据字段见表 16。

表 16 SoC 帧数据字段

字段	缩写	描述	值
报文类型	mtyp	POWERLINK 报文类型标识	SoC
目的	dest	被寻址节点的 POWERLINK 的 NodeID	C_ADR_BROADCAST
源	src	发送节点的 POWERLINK 的 NodeID	C_ADR_MN_DEF_NODE_ID
完成的复用类周期(Multiplexed Cycle Completed)	MC	标志:当最后的复用类周期结束时,应切换	—

表 16（续）

字段	缩写	描　　述	值
预设时隙 (Prescaled Slot)	PS	标志：每 n 个周期应由 MN 切换（n 可通过 NMT_CycleTiming_REC. PRescaler_U16 配置） 该预设信号对那些不能在每个周期都作出反应（每 n 个周期应将 SoC 的接收通知给应用）的“慢”节点有用	—
网络时间	time	MN 可以发布 POWERLINK 周期的起始时间。NetTime 的数据类型应为 NETTIME。 NetTime 的发送是可选的，对其是否支持通过 D_NMT_NetTime_BOOL 来指示。用 D_NMT_NetTimeIsRealTime_BOOL 来指示通过 NetTime 的时间分发是否符合 IEEE 1588	—
相对时间	reltime	MN 可以发布相对时间，当产生 SoC 时，相对时间就增加一个周期时间（NMT_CycleLen_U32）。当 NMT 状态为 NMT_GS_INITIALISING 时，RelativeTime 应设置为 0。RelativeTime 的数据类型应为 UNSIGNED64。发送 RelativeTime 应以 μs 为单位。 RelativeTime 的传输是可选的。是否支持通过 D_NMT_RelativeTime_BOOL 来指示	—

7.6.1.1.3 PollRequest（PReq）

PReq 帧结构见表 17。

表 17 PReq 帧结构

八位位组偏移[a]	比特偏移							
	7	6	5	4	3	2	1	0
0	保留	报文类型（MessageType）						
1	目的（Destination）							
2	源（Source）							
3	保留							
4	保留	保留	MS	保留	保留	EA	保留	RD
5	保留[b]	保留[b]	保留			保留		
6	PDO 版本（PDOVersion）							
7	保留							
8～9	大小（Size）							
10～n	有效载荷（Payload）							

注：$n \leqslant$ C_DLL_MAX_PAYL_OFFSET

[a] 八位位组偏移以 POWERLINK 帧的起始为基准。到以太网帧起始的偏移为 14 个八位位组。

[b] 由 EPSG DS 302-A 使用。

应使用 CN 的单播 MAC 地址发送 PReq(见 7.4.1)。PReq 帧数据字段见表 18。

表 18　PReq 帧数据字段

字段	缩写	描　述	值
报文类型	mtyp	POWERLINK 报文类型标识	PReq
目的	dest	被寻址节点的 POWERLINK 的 NodeID	CN NodeID
源	src	发送节点的 POWERLINK 的 NodeID	C_ADR_MN_DEF_NODE_ID
复用类时隙	MS	标志:应在到 CN 的 PReq 帧中置位,这些 CN 在复用类时隙中进行处理	
异常确认(Exception Acknowledge)	EA	标志:错误信号,见 9.5.2	
准备好(Ready)	RD	标志:如果传输的有效载荷数据有效,则应置位。它应由 MN 的应用进程置位。只有当该比特被置位时,才应允许 CN 接受数据	
PDO 版本	pdov	应指示有效载荷数据使用的 PDO 编码的版本,见 9.4.2	
大小	size	应指示有效载荷数据八位位组的个数	0~C_DLL_ISOCHR_MAX_PAYL
有效载荷	pl	从 MN 发送到被寻址 CN 的等时同步有效载荷数据。 较低层应负责填充。 PDO 使用的有效载荷,见 9.3.4	

PReq POWERLINK PDO 首部由不包括有效载荷部分的 PReq 帧的所有部分组成。

7.6.1.1.4　PollResponse(PRes)

PRes 帧结构见表 19。

表 19　PRes 帧结构

	比特偏移							
八位位组偏移[a]	7	6	5	4	3	2	1	0
0	保留	报文类型(MessageType)						
1	目的(Destination)							
2	源(Source)							
3	NMT 状态(NMTStatus)							
4	保留	保留	MS	EN	保留	保留	保留	RD
5	保留[b]	保留[b]	PR(Priority)			RS(RequestToSend)		
6	PDO 版本(PDOVersion)							
7	保留							
8~9	大小(Size)							
10~n	有效载荷(Payload)							

注:$n \leqslant$C_DLL_MAX_PAYL_OFFSET

[a] 八位位组偏移以 POWERLINK 帧的起始为基准。到以太网帧起始的偏移为 14 个八位位组。

[b] 由 EPSG DS 302-A 使用。

应使用多播 MAC 地址发送 PRes(见 7.4.2)。PRes 帧数据字段见表 20。

表 20 **PRes 帧数据字段**

字段	缩写	描 述	值
报文类型	mtyp	POWERLINK 报文类型标识	PRes
目的	dest	被寻址节点的 POWERLINK 的 NodeID	C_ADR_BROADCAST
源	src	发送节点的 POWERLINK 的 NodeID	CN NodeID
NMT 状态	stat	应报告 CN 的 NMT 状态机的当前状态	
复用类时隙 (Multiplexed Slot)	MS	标志:应在来自于 CN 的 PRes 帧中置位,这些 CN 在复用类时隙中进行处理。基于该信息,其他的 CN 可以识别出发送 CN 是在一个复用类时隙中进行处理	
新异常 (Exception New)	EN	标志:错误信号,见 9.5.2	
准备好 (Ready)	RD	标志:如果传输的有效载荷数据有效,则应被置位。 它应由 CN 的应用进程处理。只有 RD 被置位时,才应允许所有其他的 CN 和 MN 接受数据	
优先级	PR	标志:应指示在异步发送队列中具有最高优先级的帧的优先级(见 7.2.4.1.2.2)	C_DLL_ASND_PRIO_NMTRQST, C_DLL_ASND_PRIO_STD
请求发送	RS	标志:应指示节点的异步发送队列中挂起帧的个数。值 C_DLL_MAX_RS 应表示 C_DLL_MAX_RS 或更多的请求。0 应表示没有挂起请求	0~C_DLL_MAX_RS
PDO 版本	pdov	应指示有效载荷数据使用的 PDO 编码的版本,见 9.4.2	
大小	size	应指示有效载荷数据八位位组的个数	0~C_DLL_ISOCHR_MAX_PAYL
有效载荷	pl	从节点发送到 POWERLINK 网络的等时同步有效载荷数据。 较低次应负责填充。 PDO 使用的有效载荷,见 9.3.4	

PRes POWERLINK PDO 首部由不包括有效载荷部分的 PRes 帧的所有部分组成。

7.6.1.1.5 **Start of Asynchronous(SoA)**

SoA 帧结构见表 21。

表 21 SoA 帧结构

	比特偏移							
八位位组偏移[a]	7	6	5	4	3	2	1	0
0	保留	报文类型(MessageType)						
1	目的(Destination)							
2	源(Source)							
3	NMT 状态(NMTStatus)							
4	保留	保留	保留	保留	保留	EA/保留	ER/保留	保留
5	保留	保留	保留			保留		
6	请求服务 ID(RequestedServiceID)							
7	请求服务目标(RequestedServiceTarget)							
8	EPL 版本(EPLVersion)							
9～45	保留							

[a] 八位位组偏移以 POWERLINK 帧的起始为基准。到以太网帧起始的偏移为 14 个八位位组。

应使用多播 MAC 地址 3 发送 SoA(见 7.4.2)。SoA 帧数据字段见表 22。

表 22 SoA 帧数据字段

字段	缩写	描　述	值
报文类型	mtyp	POWERLINK 报文类型标识	SoA
目的	dest	被寻址节点的 POWERLINK 的 NodeID	C_ADR_BROADCAST
源	src	发送节点的 POWERLINK 的 NodeID	C_ADR_MN_DEF_NODE_ID
NMT 状态	stat	应报告 MN 的 NMT 状态机的当前状态	—
异常确认 (Exception Acknowledge)	EA	错误信号通知的标志,见 9.5.2。 仅当 RequestedServiceID 等于 StatusRequest 时,EA 比特有效	—
异常复位 (Exception Reset)	ER	错误信号通知的标志,见 9.5.2。 仅当 RequestedServiceID 等于 StatusRequest 时,ER 比特有效	—
请求服务 ID	svid	应指示 SoA 和随后异步时隙专用的异步服务 ID。 NO_SERVICE 表示没有分配异步时隙	见表 23
请求服务目标	svtg	应指示被允许发送的节点的 POWERLINK 地址。 C_ADR_INVALID 表示没有分配异步时隙	—
EPL 版本	eplv	应指示 MN 当前的 POWERLINK 版本 (见表 112)	—

RequestedServiceID 和 RequestedService 组合为 AsyncInvite 命令。

RequestedServiceID 条目应使用表 23 所列的值，指示允许的异步服务。

表 23　SoA 帧中 RequestedServiceID 的定义

描述/ID	说　明
NoService/NO_SERVICE	应在异步时隙未被分配给任何节点时使用。 RequestedServiceTarget 应为 C_ADR_INVALID
IdentRequest/IDENT_REQUEST	应被用来识别非活动的 CN 和/或查询 CN 的标识数据。被寻址的 CN 在接收到 SoA 之后，应使用节点特定的 IdentRequest 帧立即应答。IdentRequest 帧基于 ASnd 帧
StatusRequest/STATUS_REQUEST	应被用来请求节点的当前状态和详细的错误信息。仅异步 CN 应被 StatusRequest 周期性查询，以监视它们的状态和查询它们对异步时隙的请求。被寻址的节点在收到 SoA 之后，应使用节点特定的 StatusRequest 帧立即应答。StatusRequest 帧基于 ASnd 帧
NMTRequestInvite/ NMT_REQUEST_INVITE	应被用来给节点分配异步时隙，该节点已通过具有 PRIO_NMT_REQUEST 优先级的请求发送(PRes、StatusResponse 或 IdentResponse 的 RS 比特)指示了一个挂起的 NMTCommand/NMTRequest。被寻址节点在收到 SoA 之后，应使用 NMTCommand/NMTRequest 帧立即应答。NMTCommand 帧和 NMTRequest 帧基于 ASnd 帧
Manufacturer specific/ MANUF_SVC_IDS	应用于制造商特定的目的
UnspecifiedInvite/ UNSPECIFIED_INVITE	应被用来给节点分配异步时隙，该节点已通过具有 PRIO_GENERIC_REQUEST 优先级的请求发送(PRes、StatusResponse 或 IdentResponse 的 RS 比特)指示了一个挂起的发送请求。被寻址节点在收到 SoA 之后，应使用任何类型的 POWERLINK ASnd 帧或传统以太网帧立即应答

MN 自身异步时隙的分配应与分配给 CN 的方法一样。

7.6.1.1.6　Asynchronous Send(ASnd)

ASnd 帧结构见表 24。

表 24　ASnd 帧结构

	比特偏移							
八位位组偏移 [a]	7	6	5	4	3	2	1	0
0	保留	报文类型(MessageType)						
1	目的(Destination)							
2	源(Source)							
3	服务 ID(ServiceID)							
4～n	有效载荷(Payload)							
注：$n \leqslant$C_DLL_MAX_PAYL_OFFSET								
[a] 八位位组偏移以 POWERLINK 帧的起始为基准。到以太网帧起始的偏移为 14 个八位位组								

节点应在发送/接收了一个 SoA 帧之后立即发送一个 ASnd 帧。

应使用单播 MAC 地址、多播 MAC 地址或广播 MAC 地址传送 ASnd 帧(见 7.4)。

ASnd 帧数据字段见表 25。

表 25 ASnd 帧数据字段

字段	缩写	描述	值
报文类型	mtyp	POWERLINK 报文类型标识	ASnd
目的	dest	被寻址节点的 POWERLINK 的 NodeID	
源	src	发送节点的 POWERLINK 的 NodeID	
服务 ID	svid	应指示异步时隙专用的服务 ID	见表 26
有效载荷	pl	应包含用于当前服务 ID 特定的数据	

ServiceID 条目应使用表 26 所示值。

表 26 ASnd 帧中的 ServiceID 值

描述/ID	说　明
IdentResponse/IDENT_RESPONSE	应由通过 SoA 接收到 IdentRequest 的节点发出
StatusResponse/STATUS_RESPONSE	应由通过 SoA 接收到 StatusRequest 的节点发出
NMTRequest/NMT_REQUEST	应由通过 SoA 接收到 NMTRequestInvite 的 CN 发出
NMTCommand/NMT_COMMAND	应在内部请求时，或在通过 NMTRequest 的外部请求时，由 MN 发出
SDO/SDO	可由通过 SoA 接收到 UnspecifiedInvite 的 CN 发出，以指示通过 ASnd 的 SDO 发送
Manufacturer specific/MANUF_SVC_IDS	应用于制造商特定的目的

表 26 中未列出的服务 ID 是保留的。

7.6.1.2 非 POWERLINK 帧

非 POWERLINK 帧可以按照任何传统以太网协议的规范进行传输。如果节点请求异步时隙，则 MN 允许非 POWERLINK 帧的传输。

IP(非 POWERLINK)帧的特别要求见 8.1。

7.6.1.3 传输保护

传输干扰应由以太网 CRC32 检测。

7.7 数据链路层(DLL)错误处理

数据链路层的错误处理是诊断的基础。通常真正的错误源只能通过分析/解释多个节点上的多个错误特征来检测。根据错误特征/错误源，节点必须在不同层上作出反应。错误处理应该简单并易于实现。

7.7.1 可能的错误源和错误特征

以下的错误源由 MN 和 CN 处理。

——物理层错误源

- 失去链接(没有链接条件——以太网控制器的端口);
- 不正确的物理以太网工作模式(10Mbit/s 或全双工);
- CRC 错误检测到的传输错误;
- Rx 缓存区溢出;
- Tx 缓存区欠载(underrun)。

——POWERLINK 数据链路层错误特征

- 帧丢失;
    - ◆ SoC 帧/SoA 帧;
    - ◆ PReq 帧/PRes 帧;
- 冲突;
- 超过周期时间;
- POWERLINK 地址冲突;
- 多个管理节点;
- 定时违规(响应滞后)。

错误识别主要取决于设备的硬件和软件实现。应严格按照本标准开发设备,但是可以不支持以下条中列出的若干可选的错误类。是否支持可选错误类应通过相应设备描述的条目来指示。

7.7.2 CN 的错误处理表

CN 错误处理见表 27。

表 27 CN 错误处理表

CN 检测到的错误特征	累加计数器	阈值计数器	直接反应	DLL 本地处理	错误代码	NMT 本地处理
失去链接	o		o	这些被视为错误源	E_DLL_LOSS_OF_LINK	记录到错误历史中
不正确的物理工作模式			o		E_DLL_BAD_PHYS_MODE	记录到错误历史中
Tx/Rx 缓存区欠载/溢出			o		E_DLL_MAC_BUFFER	NMT_GT6,内部通信错误(内部软件错误的处理) 记录到错误历史中
CRC 错误	m	o			E_DLL_CRC_TH	NMT_CT11,错误条件 记录到错误历史中
冲突	o	o			E_DLL_COLLISION_TH	NMT_GT6,内部通信错误(内部软件错误的处理) 记录到错误历史中
无效格式			m		E_DLL_INVALID_FORMAT	NMT_GT6,内部通信错误(内部软件错误的处理) 记录到错误历史中
SoC 抖动超出范围	o	o	o		E_DLL_JITTER_TH	NMT_CT11,错误条件 记录到错误历史中

表 27（续）

CN 检测到的错误特征	累加计数器	阈值计数器	直接反应	DLL 本地处理	错误代码	NMT 本地处理
PReq 丢失	o	o			E_DLL_LOSS_PREQ_TH	NMT_CT11，错误条件记录到错误历史中
SoA 丢失	o	o			E_DLL_LOSS_SOA_TH	NMT_CT11，错误条件记录到错误历史中
SoC 丢失	m	m		CN 发送（通过 PRes）最后一次的值或实际的值。 任何情况下都不能发送无效的数据	E_DLL_LOSS_SOC_TH	NMT_CT11，错误条件记录到错误历史中

需注意的是：

——应将 NMT 状态的改变通知所有节点（可通过读取 ERR_History_ADOM 获得原因）。

——应将所有的日志事件登记在 ERR_History_ADOM 中。

——CN 描述的错误特征都不应通过紧急队列传送给 MN。

——累加 Cnt，阈值 Cnt：

m 必备的（计数器：应实现/检测：应被检测）；

o 可选的（计数器：可以实现/检测：可被检测）。

——直接反应：

m 对错误发生的直接反应，应在 DLL 状态机或 NMT 状态机上处理；

o 对错误发生的直接反应，可在 DLL 状态机或 NMT 状态机上处理。

7.7.3 MN 的错误处理表

MN 的错误处理见表 28。

表 28 MN 的错误处理表

错误特征	累加计数器	阈值计数器	直接反应	DLL 本地处理	错误代码	NMT 本地处理
失去链接	o		o	这些被视为错误源	E_DLL_LOSS_OF_LINK	记录到错误历史中
不正确的物理工作模式			o		E_DLL_BAD_PHYS_MODE	记录到错误历史中
Tx/Rx 缓存区欠载/溢出			o		E_DLL_MAC_BUFFER	NMT_GT6，内部通信错误（内部软件错误的处理） 记录到错误历史中
CRC 错误	m	o			E_DLL_CRC_TH	NMT_MT6 记录到错误历史中

表 28（续）

错误特征	累加计数器	阈值计数器	直接反应	DLL 本地处理	错误代码	NMT 本地处理
冲突	o	o			E_DLL_COLLISION_TH	NMT_GT6，内部通信错误（内部软件错误的处理） 记录到错误历史中
冲突			m	通信暂停可配置周期数的时间 状态转换到：DLL_MS_WAIT_SOC_TIME	E_DLL_COLLISION	记录到错误历史中
无效格式			m s		E_DLL_INVALID_FORMAT	从配置中移除各个 CN，向各 CN 发送 NMT 状态命令"NMTReset-Node"。 记录到错误历史中
复用类 MN			o		E_DLL_MULTIPLE_MN	State ！ = NMT_MS_NOT_ACTIVE －＞NMT_GT6 内部通信错误 State = NMT_MS_NOT_ACTIVE －＞保持 NMT_MS_NOT_ACTIVE。 记录到错误历史中
POWERLINK 地址冲突			m s		E_DLL_ADDRESS_CONFLICT	从配置中移除所有参与的 CN
PRes 丢失	o s	m s			E_DLL_LOSS_PRES_TH	从配置中移除各个 CN，向各 CN 发送 NMT 状态命令"NMTReset-Node"。 记录到错误历史中
PRes 滞后	o s	o s			E_DLL_LATE_PRES_TH	从配置中移除各个 CN，向各 CN 发送 NMT 状态命令"NMTReset-Node"。 记录到错误历史中
StatusResponse 丢失	o s	m s			E_DLL_LOSS_STATUSRES_TH	从配置中移除各个 CN，向各 CN 发送 NMT 状态命令"NMTReset-Node"。 记录到错误历史中
超过周期时间	o	o			E_DLL_CYCLE_EXCEED_TH	NMT_MT6 记录到错误历史中
超过周期时间			m	跳过下一个周期	E_DLL_CYCLE_EXCEED	记录到错误历史中

需注意的是：

——应将 NMT 状态的转换通知所有节点(见对象 ERR_History_ADOM)。

——应把所有的日志事件登记在 ERR_History_ADOM 中。

——累加 Cnt，阈值 Cnt：

m　必备的(计数器：应实现/检测：应检测)；

o　可选的(计数器：可以实现/检测：可以检测)；

s　每个 CN(计数器：每个 CN 使用/检测：错误应分配给 CN)。

——直接反应：

m　对错误发生的直接反应，应在 DLL 状态机或 NMT 状态机上处理；

o　对错误发生的直接反应，可在 DLL 状态机或 NMT 状态机上处理；

s　每个 CN(反应：每个 CN/检测：错误应分配给 CN)。

7.7.4　错误处理登记

本条给出了 MN 和 CN 上错误登记的概述。图 33 示出了可能发生的所有事件，以及如何进行登记。每个节点上都有一个错误历史(Error History)，用以保存已发生的错误特征(Error Symptom)。

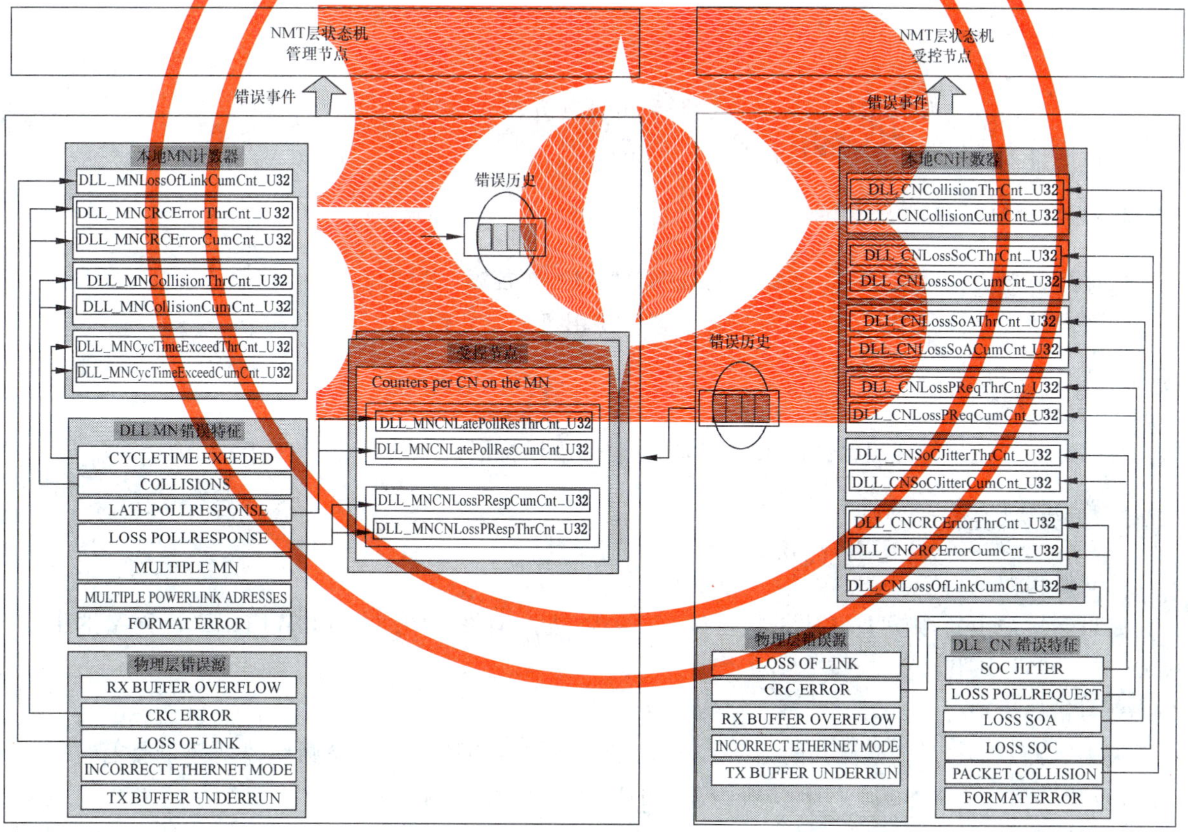

图 33　错误登记

7.7.4.1　阈值计数器

阈值计数器如图 34 所示。

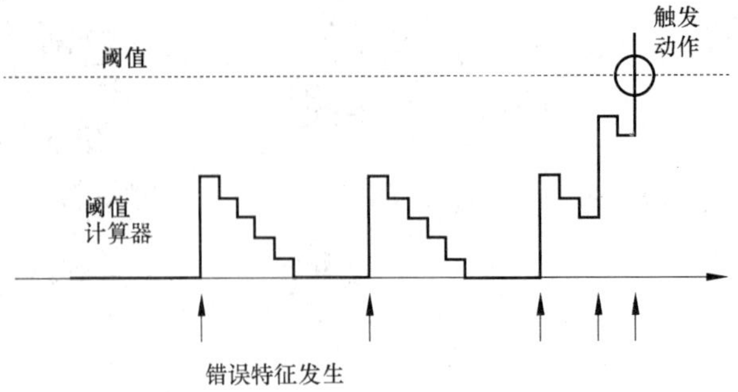

图 34 阈值计数器

每次发生一个错误特征后,阈值计数器应加 8。每经过一个周期而没有再次发生该错误时,计数器应减 1(阈值计数器 8∶1)。

当达到阈值时(阈值计数器≥阈值),它应触发一个动作且应使阈值计数器复位为 0。

所有类型的 POWERLINK 周期,如短周期和等时同步周期,应使阈值计数器递减。仅异步节点和复用类节点应在每一周期都递减阈值计数器,而不是只在寻址到这些节点的周期递减。

阈值应为可配置的。

阈值为 1 时,应立即作出错误反应。

可通过把阈值设为 0,来停用阈值计数器和错误反应。

应根据每个错误源来执行阈值计数器处理。

7.7.4.2 累加计数器

累加计数器应在每次发生一个错误特征时递增 1。可能发生溢出。

系统启动或复位命令不应复位累加计数器。应用可提供复位累加计数器的方法。

7.7.5 物理层错误源

数据链路层使用物理层错误源来诊断 DLL 通信错误特征。

7.7.5.1 失去链接

——错误源

如果连接被中断,则可能失去链接。例如,断线、拔出网络线缆或者 POWERLINK 网络的集线器故障。

——错误识别

失去链接是一种后期检测到的错误源,这属于基本错误检测。每当检测到数据链路层上帧丢失或定时违规时,相应的 MN 或 CN 就检查物理层的以太网 MAC 控制器上是否没有链接。

错误识别是可选的。

——处理

如果检测到失去链接,则将其记录在错误历史中。

不管先前的基本错误检测触发了任何错误记录,应报告失去链接。

——登记

可选地,应使累加计数器(相应的 DLL_MNLossOfLinkCum_U32 或 DLL_CNLossOfLinkCum_U32)递增。

历史条目对象(History Entry Object)ERR_History_ADOM 如下:

模式	行规	错误代码	时间戳	其他信息
3_h	002_h	E_DLL_LOSS_OF_LINK	××××	—

7.7.5.2 不正确的物理以太网工作模式

——错误源

在初始化期间，新节点可检查其是否工作在 100 Mbit/s 半双工以太网工作模式。否则，不能满足定时要求。如果使用自动协商(不推荐，见第 6 章)且通信伙伴使用 10 MBit(例如，集线器)或 100 MBit 全双工(例如，交换机)，则可能发生这种情况。

——错误识别

不正确的物理以太网工作模式是一种后期检测到的错误源，这属于基本错误检测。每当检测到数据链路层上帧丢失或定时违规时，相应的 MN 或 CN 就检查物理层的以太网 MAC 控制器上是否出现不正确的物理以太网工作模式。每次发生下列一个错误特征时，检查引起错误特征的原因是否是不正确的物理以太网工作模式。

错误识别是可选的，是否支持应通过 D_DLL_ErrBadPhysMode_BOOL 来指示。

——处理

如果检测到不正确的物理以太网工作模式，则将其记录到错误历史中。

不正确的物理以太网工作模式是一种后期检测到的错误源，这属于基本错误检测(见 7.7.6.2、7.7.7.3.1、7.7.7.3.2 和 7.7.7.3.3)。不管先前的基本错误检测触发了任何错误记录，都应报告这种错误。

——登记

历史条目对象(History Entry Object)ERR_History_ADOM 如下：

模式	行规	错误代码	时间戳	其他信息
3_h	002_h	E_DLL_BAD_PHYS_MODE	××××	—

7.7.5.3 Rx MAC 缓存区溢出/Tx MAC 缓存区欠载

——错误源

如果 CN 或 MN 的接收 MAC 缓存区发生溢出，则它暂时不能接收帧。

当发送期间发送 MAC 缓存区变为空时，物理层将发生发送 MAC 缓存区欠载错误。

——错误识别

缓存区溢出和缓存区欠载是一种后期检测到的错误源，这属于基本错误检测。每当检测到数据链路层上帧丢失或定时违规时，相应的 MN 或 CN 就检查物理层的以太网 MAC 控制器上是否出现 Rx MAC 缓存区溢出或 Tx MAC 缓存区欠载。

错误识别是可选的，是否支持应通过 D_DLL_ErrMacBuffer_BOOL 来指示。

——处理

如果检测到缓存区错误，则将其记录到错误历史中并通知 NMT 层。相应的 CN 或 MN 的 NMT 状态机将按照内部通信错误(NMT_GT6)来处理这种错误源，并将其状态转换为 NMT_GS_RESET_COMMUNICATION。

不管先前的基本错误检测触发了任何错误记录，都应报告这种错误。

——登记

历史条目对象 ERR_History_ADOM 如下：

模式	行规	错误代码	时间戳	其他信息
3_h	002_h	E_DLL_MAC_BUFFER	××××	

7.7.5.4 传输/CRC 错误

——错误源

传输错误由以太网控制器的硬件(CRC 校验)检测到。

接收到的含有 CRC 错误的帧将被丢弃。

——错误识别

每当发生帧丢失时，节点都应检查是否发生了 CRC 错误。

设备也可以检测非预期帧的 CRC 错误。

——处理

如果检测到 CRC 错误，则应将其记录在错误历史中。

错误反应应由阈值计数器机制(见 7.7.4.1)触发。

如果超出了阈值计数器 DLL_MNCRCError_REC. ThresholdCnt_U32 或 DLL_CNCRCError_REC. ThresholdCnt_U32 的阈值 DLL_MNCRCError_REC. Threshold_U32 或 DLL_CNCRCError_REC. Threshold_U32，则 CN 或 MN 的 NMT 状态机应将这种错误源作为“错误条件”(NMT_CT11 或 NMT_MT6)处理，并将其状态分别转换为 NMT_CS_PRE_OPERATIONAL_1 或 NMT_MS_PRE_OPERATIONAL_1。

注：如果非预期帧的 CRC 错误识别起作用，则不推荐激活该错误反应。

——登记

MN 和 CN 应维护一个累加计数器(DLL_MNCRCError_REC. CumulativeCnt_U32 或 DLL_CNCRCError_REC. CumulativeCnt_U32，见 7.7.4.2)和一个阈值计数器(DLL_MNCRCError_REC. ThresholdCnt_U32 或 DLL_CNCRCError_REC. ThresholdCnt_U32)。

历史条目对象 ERR_History_ADOM 如下：

模式	行规	错误代码	时间戳	其他信息
3_h	002_h	E_DLL_CRC_TH	××××	

7.7.6 MN 检测到的通信错误特征

本条描述了 MN 检测和处理的数据链路层错误特征。

7.7.6.1 定时违规

7.7.6.1.1 超出时隙时间

当接收到帧时必须识别某些定时要求的组合(区分正常响应帧和错误帧)。应监视节点的定时行为特性，否则可能超出整个周期时间。

超时如图 35 所示。

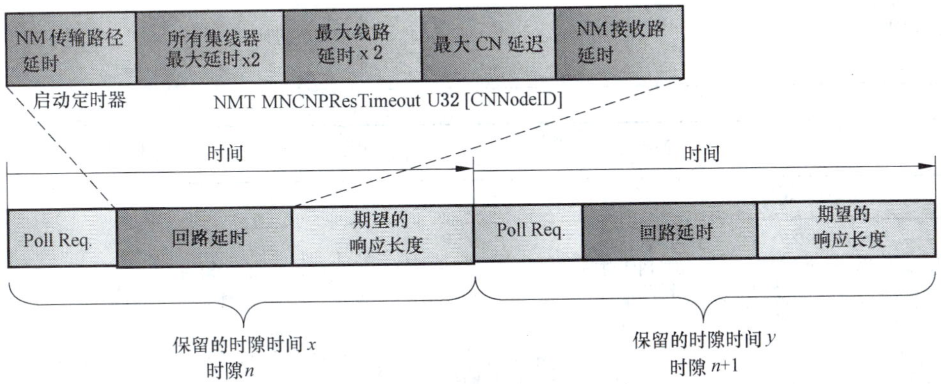

图 35 超时

在 NMT_MNCNPResTimeout_AU32[CNNodeID]给出的时隙超时期满之前，必须完整接收 CN 的 PRes 帧。超出时隙时间将产生 7.7.6.1.1.1～7.7.6.1.1.3 描述的情况。

7.7.6.1.1.1 **情况 1 和情况 2:及时接收到帧**

情况 1 和情况 2 的行为是相同的。情况 2 给出了帧接收的最晚可接收时间。在接收到帧后，将立即关闭当前时隙超时(定时器)。

7.7.6.1.1.2 **情况 3:PRes 丢失——没有接收到帧**

PRes 丢失由时隙超时(定时器)检测。

7.7.6.1.1.3 **情况 4～情况 6:PRes 滞后——在不相关时隙接收到帧(也属于冲突)**

情况 4～6 具有一个共同点:接收到了帧，但该帧不属于当前时隙。最坏的情况可能导致超出周期时间。这种错误可能干扰整个 POWERLINK 通信。只有在情况 4 和情况 6 中能检测到 PRes 滞后错误。在情况 5 中，PRes 滞后错误将导致冲突。

定时违规如图 36 所示。

7.7.6.2 **PRes 丢失**

——错误源

以下可能的错误源可能引起这种错误特征：

- MN 上的物理错误源
  - 传输错误(CRC 错误)；
  - 失去链接；
  - Rx 缓存区溢出；
  - Tx 缓存区欠载。
- POWERLINK 网络中 CN 的错误特征
  - 帧冲突错误特征；
- CN 响应延迟比允许的更长；
- 网络结构中的组件故障；
- CN 的电源失效；
- 其他。

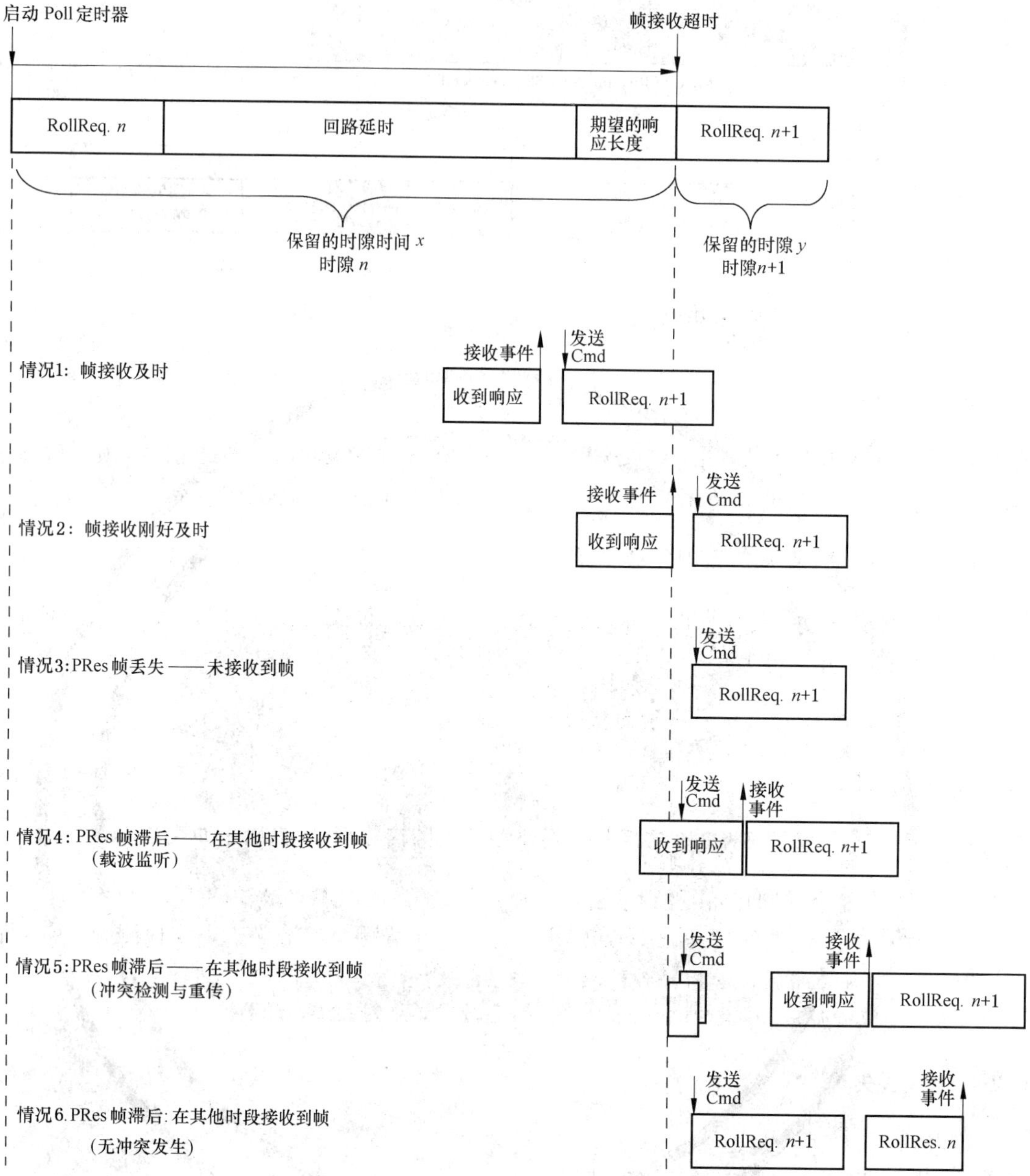

图 36　定时违规

——错误识别

如果时隙定时器定时期满，在保留的时隙时间内未接收到帧(见超出时隙时间的情况 3)。

PRes 丢失由 MN 周期状态机检测到，并通过错误事件 DLL_MEV_LOSS_PRES 进行报告。

——处理

NMT_MNCNPResTimeout_AU32[CN NodeID]检测到 CN 的 PRes 丢失后，MN 应继续发送下一个CN 的 PReq(或如到达等时同步的结束时，则发送 SoA)。

错误反应应由阈值计数器机制触发(见 7.7.4.1)。

如果超出了阈值计数器 DLL_MNCNLossPResThrCnt_AU32[CN NodeID]的阈值 DLL_MNCNLossPResThreshold_AU32[CN NodeID]，则 MN NMT 状态机应将该 CN 视为非活动的，并将其从等时同步处理中移除。另外，MN 应向相应 CN 发送 NMTResetNode 命令。接收到该命令后，该 CN 将改变其状态(见 10.1.4)。每当检测到这种错误特征，MN 都应检查物理层是否有错误源。

每次达到了阈值时，应将该错误特征记录到错误历史中。

——登记

MN 应操作一个阈值计数器数组 DLL_MNCNLossPResThrCnt_AU32，并可选地维护一个累加计数器数组 DLL_MNCNLossPResCumCnt_AU32(见 7.7.4.2)。CN 由数组的子索引表示。

历史条目对象 ERR_History_ADOM 如下：

模式	行规	错误代码	时间戳	其他信息
3_h	002_h	E_DLL_LOSS_PRES_TH	××××	

7.7.6.3 PRes 滞后

——错误源

以下可能的错误源可能引起这种错误特征：

- MN 的物理错误源：
  - 传输错误(CRC 错误)；
  - 失去链接；
  - Rx 缓存区溢出；
  - Tx 缓存区欠载。
- POWERLINK 网络中 CN 的错误特征：
  - 帧冲突错误特征。
- CN 响应延迟比允许的更长。
- 网络结构的组件故障。
- CN 电源失效。
- 其他。

——错误识别

当载波忙而 MN 试图发送 PReq 帧时(见超出时隙时间的情况 4)，或当 MN 从非预期的 CN 接收 PRes 帧时(见超出时隙时间的情况 6)，MN 可检测到 PRes 滞后的错误特征。

等时同步 CN 应在 NMT_MS_PRE_OPERATIONAL_2、NMT_MS_READY_TO_OPERATE 和 NMT_MS_OPERATIONAL 的 NMT 状态下执行错误识别。

错误识别是可选的。

——处理

当检测到 PRes 滞后错误后，MN 应继续发送下一个 CN 的 PReq(或如到达等时同步的结束时，则发送 SoA)。

错误反应应由阈值计数器机制(见 7.7.4.1)触发。

如果超出了阈值计数器 DLL_MNCNLatePResThrCnt_AU32[CN NodeID]的阈值 DLL_MNCNLatePResThreshold_AU32[CN NodeID]，则 MN NMT 状态机应将该 CN 视为非活动的，并将其从等时同步处理中移除。另外，MN 应向相应 CN 发送 NMTResetNode 命令。接收到该命令后，该 CN 将改变其状态(见 10.1.4)。

如果接收到不属于当前时隙的 PRes 帧，则应拒绝该帧。

每当检测到 PRes 滞后错误时，MN 都应检查物理层是否有错误源。

每次达到阈值时，都应将该错误特征记录到错误历史中。

——登记

MN 应操作一个阈值计数器数组 DLL_MNCNLatePResThrCnt_AU32，并且可选地维护一个累加计数器数组 DLL_MNCNLatePResCumCnt_AU32(见 7.7.4.2)。CN 应由数组的子索引表示。

历史条目对象 ERR_History_ADOM 如下：

模式	行规	错误代码	时间戳	其他信息
3_h	002_h	E_DLL_LATE_PRES_TH	××××	

7.7.6.4 超出周期时间

——错误源

以下可能的错误源可能引起这种错误特征：

- POWERLINK 配置错误；
- CN 响应延迟比允许的更长；
- 网络结构组件故障；
- 其他。

——错误识别

违背周期时间情况是指：直到应该发送 SoC 时，POWERLINK 网络一直都为忙。如果在周期结束时 ASnd 帧或以太网帧发生了延迟，则它可能导致与 SoC 帧的冲突或 SoC 帧的延迟。

超出周期时间如图 37 所示。

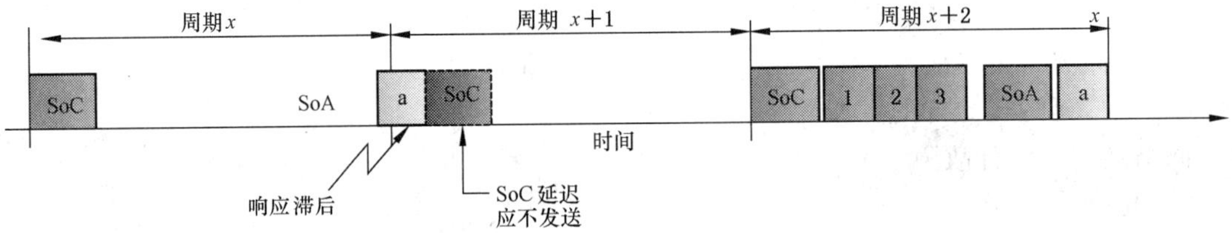

图 37 超出周期时间

错误检测由 MN 周期状态机来执行，并通过错误事件 DLL_MEV_CYCLE_EXCEED 进行报告。

为了预防超出周期时间错误，周期的长度应能满足最坏的情况(具有最大的响应时间/超时)。

在发送 SoA 帧之前，可以通过验证剩余的周期时间是否大于等于最大异步时隙时间(见 DLL)来进行在线检查。如果验证失败，则不应发送带授权的 SoA。

——处理

周期时间违规被认为是一种配置错误，因此默认的行为应是暂停一个周期，并将该错误特征记录在错误历史中。

可选地，MN 可操作一个阈值计数器 DLL_MNCycTimeExceed_REC. ThresholdCnt_U32 和一个累加计数器 DLL_MNCycTimeExceed_REC. CumulativeCnt_U32。每当 DLL_MNCycTimeExceed_REC. ThresholdCnt_U32 达到其阈值 DLL_MNCycTimeExceed_REC. Threshold_U32 时，或者如未实现该阈值计数器，每当发生这种错误特征时应通知 MN 的 NMT 状态机。MN 的 NMT 状态机应将这种错误源作为"错误条件"(NMT_MT6)来处理，并将其状态转换为 NMT_MS_PRE_OPERATIONAL_1。

每个错误事件应通过 E_DLL_CYCLE_EXCEED 记录在错误历史中，而阈值违规则通过 E_DLL_CYCLE_EXCEED_TH 记录。

——登记

MN 可选地操作一个阈值计数器 DLL_MNCycTimeExceed_REC. ThresholdCnt_U32，以及可选地操作一个累加计数器数组 DLL_MNCycTimeExceed_REC. CumulativeCnt_U32(见 7.7.4.2)。

历史条目对象 ERR_History_ADOM 如下：

模式	行规	错误代码	时间戳	其他信息
3_h	002_h	E_DLL_CYCLE_EXCEED	××××	
3_h	002_h	E_DLL_CYCLE_EXCEED_TH	××××	

7.7.6.5 冲突

——错误源

POWERLINK 网络中集线器的个数可以违反 GB/T 15629.3 的路径延迟规范。因为使用符合 GB/T 15629.3 的标准以太网控制器，因此只能在某些情况下才检测到冲突。

POWERLINK 不依赖于冲突发现机制。

在 NMT_MS_PRE_OPERATIONAL_1、NMT_MS_PRE_OPERATIONAL_2、NMT_MS_READY_TO_OPERATE 和 NMT_MS_OPERATIONAL 状态，由于 POWERLINK 周期的设计而不会发生冲突。如果节点不满足这些要求，则不再能保证确定性和高精度同步。尽管如此，在配置错误或节点失效的情况下，也会发生冲突。

——错误识别

如果以太网控制器发现 POWERLINK 网络中的冲突，则应启动标准以太网冲突处理规程。

——处理

MN 应将该错误特征记录在错误历史中。在继续等时同步通信和异步通信之前，周期的产生应暂停一段时间，该时间为可配置的周期个数(DLL_MNCycleSuspendNumber_U32)。

MN 数据链路层状态机应转换其状态为 DLL_MS_WAIT_SOC_TIME。

可选地，MN 可操作一个阈值计数器 DLL_MNCollision_REC.ThresholdCnt_U32 和一个累加计数器 DLL_MNCollision_REC.CumulativeCnt_U32。每当 DLL_MNCollision_REC.ThresholdCnt_U32 达到其阈值 DLL_MNCollision_REC.Threshold_U32，或者未实现该阈值计数器，每当发生这种错误特征时，应通知 MN 的 NMT 状态机。NMT 状态机应将这种错误源作为"内部通信错误"(NMT_GT6)来处理，并将其状态转换为 NMT_GS_RESET_COMMUNICATION。

每个错误事件应通过 E_DLL_COLLISION 记录在错误历史中，而阈值违规则通过 E_DLL_COLLISION_TH 记录。

——登记

MN 可选地操作一个阈值计数器 DLL_MNCollision_REC.ThresholdCnt_U32 和一个累加计数器 DLL_MNCollision_REC.CumulativeCnt_U32(见 7.7.4.2)。

历史条目对象 ERR_History_ADOM 如下：

模式	行规	错误代码	时间戳	其他信息
3_h	002_h	E_DLL_COLLISION	××××	
3_h	002_h	E_DLL_COLLISION_TH	××××	

7.7.6.6 无效格式

——错误源

无效格式产生的原因可能由于节点的软件或硬件错误而导致。只能使用 CRC 才能检测到 PRes 和 ASnd 帧上的格式错误。异步通信中未使用 POWERLINK ASnd 帧的格式错误应被忽略。

如果 POWERLINK 网络中存在不同的固件版本，则也可能发生无效格式错误。在这种情况下，节点可能不支持其他节点的帧格式。

——错误识别

如果 POWERLINK 帧首部包含不支持的值，则应将其视为无效格式错误特征。如错误的节点号等。如果接收到的帧的大小大于预期的输入缓存区大小，也将引起无效格式错误。

错误的或未知的报文类型或服务 ID 不产生无效格式错误。

注：除此以外，旧设备和支持新报文类型或服务 ID 规范扩展的新设备在一起工作时，将在旧 CN 中产生无效格式错误。

——处理

如果 CN 导致了无效格式错误，则 MN 的 NMT 状态机应将该 CN 视为非活动的，并将它从等时同步处理中移除。另外，MN 应向该 CN 发送 NMTResetNode 命令。接收到该命令后，该 CN 应转换其状态(见 10.1.4)。

每次发生该错误特征，都应将其记录到错误历史中。

——登记

历史条目对象 ERR_History_ADOM 如下：

模式	行规	错误码	时间戳	其他信息
3_h	002_h	E_DLL_INVALID_FORMAT	××××	

7.7.6.7 POWERLINK 地址冲突

——错误源

因为每个节点都有单独的 MAC 地址，所以两个或多个节点不可能拥有相同的 MAC 地址。但是，两个或多个节点仍可能拥有相同的 POWERLINK 节点地址。只有在异步通信中，多个 CN 才能对一个 SoA 帧(服务通道：Ident)进行应答。因为 MN 向一个单播 POWERLINK 地址发送 MAC 多播(SoA 帧)，所以若干个具有相同 POWERLINK 地址的 CN 都能响应。

——错误识别

MN 应通过对一个 IdentRequest SoA 帧的响应进行计数，来检测网络中多次使用的 POWERLINK 地址。

——处理

如果 MN 检测到多个 CN 引起 POWERLINK 地址冲突，则 MN 的 NMT 状态机应将相关的 CN 视为非活动的，并将它们从配置中移除。

每次发生该错误特征，都应将其记录到错误历史中。

——登记

历史条目对象 ERR_History_ADOM 如下：

模式	行规	错误代码	时间戳	其他信息
3_h	002_h	E_DLL_ADDRESS_CONFLICT	××××	MN 的状态

7.7.6.8 单个 POWERLINK 网络上的多个 MN

——错误源

在 NMT_MS_NOT_ACTIVE 中，MN 应监视 POWERLINK 网络以了解是否有其他 MN 已经在运行。

如果多个 MN 同时启动通信，则将探测到多个错误特征的组合。其中一个特征为从其他 MN 接收到的 SoC 或 SoA 帧。

——错误识别

MN 从其他 MN 接收 SoC 或 SoA 帧。

错误识别是可选的，是否支持应通过 D_DLL_ErrMNMultipleMN_BOOL 来指示。

——处理

如果 MN 处于 NMT_MS_NOT_ACTIVE 状态并检测到有其他的 MN 正在运行，则它应保持在这种状态。

如果多个 MN 同时启动通信，且一个 MN 检测到此错误特征，则将通知其 NMT 状态机，把将错误特征作为“内部通信错误”(NMT_GT6)来处理，并将其状态转换为 NMT_GS_RESET_COMMUNICATION。

每次发生此错误特征，都应将其记录到错误历史中。

——登记

历史条目对象 ERR_History_ADOM 如下：

模式	行规	错误代码	时间戳	其他信息
3_h	002_h	E_DLL_MULTIPLE_MN	××××	

7.7.6.9 StatusResponse 丢失

——错误源

以下可能的错误源可能引起这种错误特征：

- MN 上的物理错误源：
  - 传输错误(CRC 错误)；
  - 失去链接；
  - Rx 缓存区溢出；
  - Tx 缓存区欠载。
- POWERLINK 网络中 CN 的错误特征：
  - 帧冲突错误特征。
- CN 响应延迟比允许的更长。
- 网络结构组件故障。
- CN 电源失效。
- 其他。

——错误识别

如果发送了 StatusRequest 且异步时隙时间期满，在异步时隙期间未接收到 StatusResponse 帧。

该错误由 MN 周期状态机检测，并通过错误事件 DLL_MEV_LOSS_STATUSRESPONSE 进行报告。

——处理

在通过 NMT_MNCycleTiming_REC. AsyncSlotTimeout_U32 检测到 CN StatusResponse 丢失后，MN 应继续下一个周期的 SoC。

错误反应应由阈值计数器机制触发(见 7.7.4.1)。

如果阈值计数器 DLL_MNLossStatusResThrCnt_AU32[CN NodeID]达到其阈值 DLL_MNLossStatusResThreshold_AU32[CN NodeID]，则 MN 的 NMT 状态机应将 CN 视为非活动的，并将其从等时同步处理中移除。另外，MN 应向相应 CN 发送 NMTResetNode 命令。接收到该命令后，CN 将转换其状态(见 10.1.4)。每当检测到该错误特征时，MN 都应检查是否存在物理层错误源。

每当达到阈值时，都应将该错误特征记录在错误历史中。

——登记

MN应操作一个阈值计数器数组 DLL_MNLossStatusResThrCnt_AU32，并可选地操作一个累加计数器数组 DLL_MNLossStatusResCumCnt_AU32（见7.7.4.2）。

CN由数组的子索引表示。

历史条目对象 ERR_History_ADOM 如下：

模式	行规	错误代码	时间戳	其他信息
3_h	002_h	E_DLL_LOSS_STATUSRES_TH	××××	

7.7.7 CN检测到的通信错误特征

本条描述了由CN检测并处理的数据链路层错误特征。

7.7.7.1 冲突

——错误源

POWERLINK网络中集线器的个数可以违反GB/T 15629.3的路径延迟规范。因为使用符合GB/T 15629.3的标准以太网的控制器，因此只能在某些情况下才检测到冲突。

POWERLINK不依赖于冲突发现机制。

在 NMT_CS_PRE_OPERATIONAL_1、NMT_CS_PRE_OPERATIONAL_2、NMT_CS_READY_TO_OPERATE 和 NMT_CS_OPERATIONAL 状态，由于 POWERLINK 周期的设计而不会发生冲突。如果节点不满足这些要求，则不再能保证确定性和高精度同步。因此，在配置错误或节点失效的情况下，也会发生冲突。

——错误识别

如果以太网控制器发现POWERLINK网络中的冲突，则应启动标准以太网冲突处理规程。

——处理

CN可选地操作一个阈值计数器 DLL_CNCollision_REC. ThresholdCnt_U32 和一个累加计数器 DLL_CNCollision_REC. CumulativeCnt_U32。每当阈值计数器达到其阈值 DLL_CNCollision_REC. ThresholdCnt_U32 时，应通知CN的NMT状态机。NMT状态机应将这种错误源作为"内部通信错误"(NMT_GT6)来处理，并将其状态转换为 NMT_GS_RESET_COMMUNICATION。

阈值违规应记录在错误历史中。

——登记

CN可选择地操作一个阈值计数器 DLL_CNCollision_REC. ThresholdCnt_U32 和累加计数器 DLL_CNCollision_REC. CumulativeCnt_U32（见7.7.4.2）。

历史条目对象 ERR_History_ADOM 如下：

模式	行规	错误代码	时间戳	其他信息
3_h	002_h	E_DLL_COLLISION_TH	××××	

7.7.7.2 无效格式

——错误源

无效格式产生的原因可能由于节点的软件错误或硬件错误而导致。格式错误应通过对所有CN接收的带正确CRC的Powerlink帧（如SoC、PReq、PRes、SoA和ASnd）进行检测来实现。异步通信中未使用 POWERLINK ASnd 帧的格式错误应被忽略。

如果 POWERLINK 网络中存在不同的固件版本，则也可能产生无效格式错误。在这种情况下，节点可能不支持其他节点的帧格式。

——错误识别

如果 POWERLINK 帧首部包含不支持的值，则应将其视为无效格式错误特征，例如，错误的报文类型、服务 ID、节点号等。如果接收到的帧的大小大于预期的输入缓存区大小，也将引起无效格式错误。

错误的和未知的报文类型或服务 ID 不产生无效格式错误。

注：除此外，旧设备和支持新报文类型或服务 ID 规范扩展的新设备混在一起工作，将在旧 CN 中产生无效格式错误。

——处理

如果 CN 检测到无效格式错误，则应通知其 NMT 状态机。CN 的 NMT 状态机应将这种错误源作为“内部通信错误”(NMT_GT6)来处理，并将其状态转换为 NMT_GS_RESET_COMMUNICATION。

每次发生该错误特征，都应将其记录到错误历史中。

——登记

历史条目对象 ERR_History_ADOM 如下：

模式	行规	错误代码	时间戳	其他信息
3_h	002_h	E_DLL_INVALID_FORMAT	××××	

7.7.7.3 **帧丢失**

帧丢失错误由 CN 的周期状态机检测，并通过错误事件报告。状态机只检测由 MN 发出的帧的帧丢失。

——错误源

以下错误源能引起该错误特征：

- MN 上的物理错误源(见 7.7.5)：
  - 传输错误(CRC 错误)；
  - 失去链接；
  - Rx 缓存区溢出；
  - Tx 缓存区欠载。
- POWERLINK 网络中 CN 上的错误特征：
  - 帧冲突错误特征(见 7.7.7.1)。
- 网络结构组件故障。
- CN 或 MN 电源失效。
- 其他。

7.7.7.3.1 **SoC 丢失**

——错误识别

SoC 丢失错误由 CN 周期状态机检测，并通过错误事件 DLL_CEV_LOSS_SOC 报告。

——处理

当检测出 SoC 丢失时，应使累加计数器 DLL_CNLossSoC_REC.CumulativeCnt_U32 加 1。CN 应使用先前周期的数据来回答任何授权。CN 应接收新的等时同步数据或异步数据。

错误反应应由阈值计数器机制触发(见 7.7.4.1)。

如果阈值计数器 DLL_CNLossSoC_REC. ThresholdCnt_U32 达到其阈值 DLL_CNLossSoC_REC. Threshold_U32,则 CN 应通知其 NMT 状态机,并将该错误特征记录到错误历史记录中。CN 的 NMT 状态机应将该错误源作为"错误条件(NMT_CT11)"来处理,并将其状态转换为 NMT_CS_PRE_OPERATIONAL_1。

每当检测到该错误特征时,CN 都应检查是否存在物理层错误源(见 7.7.5)。

——登记

CN 应操作一个阈值计数器 DLL_CNLossSoC_REC. ThresholdCnt_U32 和一个累加计数器 DLL_CNLossSoC_REC. CumulativeCnt_U32(见 7.7.4.2)。

历史条目对象 ERR_History_ADOM 如下:

模式	行规	错误代码	时间戳	其他信息
3_h	002_h	E_DLL_LOSS_SOC_TH	××××	

7.7.7.3.2 SoA 丢失

——错误识别

SoA 丢失错误由 CN 周期状态机检测并通过错误事件 DLL_CEV_LOSS_SOA 报告。

——处理

当检测出 SoA 丢失时,应使累加计数器 DLL_CNLossSoA_REC. CumulativeCnt_U32 加 1。CN 应继续工作,并继续接收新的等时同步数据或异步数据。

错误反应应由阈值计数器机制触发(见 7.7.4.1)。

如果阈值计数器 DLL_CNLossSoA_REC. ThresholdCnt_U32 达到其阈值 DLL_CNLossSoA_REC. Threshold_U32,CN 应通知其 NMT 状态机,并将该错误特征记录到错误历史记录中。

CN 的 NMT 状态机应将该错误源作为"错误条件(NMT_CT11)"来处理,并将其状态转换为 NMT_CS_PRE_OPERATIONAL_1。

每当检测到该错误特征时,CN 都应检查是否存在物理层错误源(见 7.7.5)。

——登记

CN 应操作一个阈值计数器 DLL_CNLossSoA_REC. ThresholdCnt_U32 和累加计数器 DLL_CNLossSoA_REC. CumulativeCnt_U32(见 7.7.4.2)。

历史条目对象 ERR_History_ADOM 如下:

模式	行规	错误代码	时间戳	其他信息
3_h	002_h	E_DLL_LOSS_SOA_TH	××××	

7.7.7.3.3 PReq 丢失

——错误识别

PReq 丢失错误由 CN 周期状态机检测并通过错误事件 DLL_CEV_LOSS_PREQ 报告。

——处理

当检测出 PReq 丢失时,应使累加计数器 DLL_CNLossPReq_REC. CumulativeCnt_U32 加 1。CN 应继续通信,并侦听交叉通信。它应接受新的等时同步数据或异步数据。

进一步的错误反应应由阈值计数器机制触发(见 7.7.4.1)。

如果阈值计数器 DLL_CNLossPReq_REC. ThresholdCnt_U32 达到其阈值 DLL_CNLossPReq_REC. Threshold_U32,则 CN 应通知其 NMT 状态机,并将该错误特征记录到错误历史记录中。

CN 的 NMT 状态机应将该错误源作为“错误条件(NMT_CT11)”来处理，并将其状态转换为 NMT_CS_PRE_OPERATIONAL_1。

每当检测到该错误特征时，CN 都应检查是否存在物理层错误源(见 7.7.5)。

——登记

CN 应操作一个阈值计数器 DLL_CNLossPReq_REC. ThresholdCnt_U32 和一个累加计数器 DLL_CNLossPReq_REC. CumulativeCnt_U32(见 7.7.4.2)。

历史条目对象 ERR_History_ADOM 如下：

模式	行规	错误代码	时间戳	其他信息
3_h	002_h	E_DLL_LOSS_PREQ_TH	××××	

7.7.7.3.4 SoC 抖动超出规定范围

——错误源

以下错误源能引起该错误特征：

- 非 POWERLINK 网络组件上的抖动；
- POWERLINK 网络中的冲突；
- 发送期间失败；
- MN 失效；
- CN 响应滞后导致 SoC 帧延迟；
- 其他。

——错误识别

CN 可控制 SoC 帧周期时间的抖动。

每当接收到 SoC 帧时，CN 应测量周期时间。当正常周期时间和所测时间之间的差异超出配置范围 DLL_CNSoCJitterRange_U32 时，应识别出 SoC 抖动错误。

错误识别应在 NMT_CS_READY_TO_OPERATE 和 NMT_CS_OPERATIONAL 状态执行。

——处理

如果 CN 检测到超出 SoC 抖动范围，则应使累加计数器 DLL_CNSoCJitter_REC. CumulativeCnt_U32 加 1。

进一步的错误反应应由阈值计数器机制触发(见 7.7.4.1)。

如果阈值计数器 DLL_CNLossJitter_REC. ThresholdCnt_U32 达到其阈值 DLL_CNLossJitter_REC. Threshold_U32，则 CN 应通知其 NMT 状态机，并将该错误特征记录到错误历史记录中。

CN 的 NMT 状态机应将该错误源作为“错误条件(NMT_CT11)”来处理，并将其状态转换为 NMT_CS_PRE_OPERATIONAL_1。

——登记

CN 应操作一个阈值计数器 DLL_CNSoCJitter_REC. ThresholdCnt_U32 和一个累加计数器 DLL_CNSoCJitter_REC. CumulativeCnt_U32(见 7.7.4.2)。

历史条目对象 ERR_History_ADOM 如下：

模式	行规	错误代码	时间戳	其他信息
3_h	002_h	E_DLL_JITTER_TH	××××	

7.7.8 数据链路层(DLL)错误处理对象

本条描述了“DLL 错误处理”所使用对象。

如果支持阈值计数器对象，则也必须支持相应的阈值对象；反之亦然。

7.7.8.1 对象 $1C00_h$：DLL_MNCRCError_REC

以下对象用于监视 CRC 错误。该记录由一个累加计数器、一个阈值计数器数据对象及其阈值数据对象组成。

索引	$1C00_h$	对象类型	RECORD
名称	DLL_MNCRCError_REC		
数据类型	DLL_ErrorCntRec_TYPE	类别	M

——子索引 00_h：NumberOfEntries

子索引	00_h		
名称	NumberOfEntries		
取值范围	1～3	访问	const
缺省值	3	PDO 映射	No

——子索引 01_h：CumulativeCnt_U32

子索引	01_h		
名称	CumulativeCnt_U32		
数据类型	UNSIGNED32	类别	M
取值范围	UNSIGNED32	访问	rw
缺省值	0	PDO 映射	No

每发生一次 CRC 错误，应使累加计数器加 1。该值监视由 MN 检测到的所有 CRC 错误。

——子索引 02_h：ThresholdCnt_U32

子索引	02_h		
名称	ThresholdCnt_U32		
数据类型	UNSIGNED32	类别	O
取值范围	UNSIGNED32	访问	ro
缺省值	0	PDO 映射	No

每发生一次 CRC 错误，应使阈值计数器加 8。每经过一个周期而没有再次发生该错误，应使计数器减 1。其值监视与发生 CRC 错误相关的网络质量。

——子索引 03_h：Threshold_U32

子索引	03_h		
名称	Threshold_U32		
数据类型	UNSIGNED32	类别	O
取值范围	UNSIGNED32	访问	rw
缺省值	15	PDO 映射	No

每当 ThresholdCnt_U32 达到阈值时，应执行所规定的动作，且应将 ThresholdCnt_U32 设为 0（见

7.7.7.1)。

将 Threshold_U32 置 0 可以停用阈值计数。如果停用了阈值计数，则不会产生相应的错误反应。

7.7.8.2 对象 1C01h：DLL_MNCollision_REC

以下对象用于监视冲突错误特征。该记录由一个累加计数器、一个阈值计数器数据对象及其阈值数据对象组成。

索引	1C01h	对象类型	RECORD
名称	DLL_MNCollision_REC		
数据类型	DLL_ErrorCntRec_TYPE	类别	O

——子索引 00h：NumberOfEntries

子索引	00h		
名称	NumberOfEntries		
取值范围	3	访问	rw
缺省值	3	PDO 映射	No

——子索引 01h：CumulativeCnt_U32

子索引	01h		
名称	CumulativeCnt_U32		
数据类型	UNSIGNED32	类别	O
取值范围	UNSIGNED32	访问	rw
缺省值	0	PDO 映射	No

每发生一次冲突错误特征，应使累加计数器加 1。其值监视由 MN 检测到的所有冲突错误特征。

——子索引 02h：ThresholdCnt_U32

子索引	02h		
名称	ThresholdCnt_U32		
数据类型	UNSIGNED32	类别	O
取值范围	UNSIGNED32	访问	ro
缺省值	0	PDO 映射	No

MN 上每发生一次冲突错误特征，应使阈值计数器加 8。每经过一个周期而没有再次发生该错误，应使计数器减 1。其值监视与发生冲突错误相关的网络质量。

——子索引 03h：Threshold_U32

子索引	03h		
名称	Threshold_U32		
数据类型	UNSIGNED32	类别	O
取值范围	UNSIGNED32	访问	rw
缺省值	15	PDO 映射	No

每当 ThresholdCnt_U32 达到阈值时，应执行所规定的动作，且将 ThresholdCnt_U32 设为 0(见 7.7.7.1)。

将 Threshold_U32 置 0 可以停用阈值计数。如果停用了阈值计数，则不会发生相应的错误反应。

7.7.8.3 对象 $1C02_h$:DLL_MNCycTimeExceed_REC

以下对象用于监视“周期超时”错误特征。该记录由一个累加计数器、一个阈值计数器数据对象及其阈值数据对象组成。

索引	$1C02_h$	对象类型	RECORD
名称	DLL_MNCycTimeExceed_REC		
数据类型	DLL_ErrorCntRec_TYPE	类别	O

——子索引 00_h:NumberOfEntries

子索引	00_h		
名称	NumberOfEntries		
取值范围	0～3	访问	const
缺省值	3	PDO 映射	No

——子索引 01_h:CumulativeCnt_U32

子索引	01_h		
名称	CumulativeCnt_U32		
数据类型	UNSIGNED32	分类	O
取值范围	UNSIGNED32	访问	rw
缺省值	0	PDO 映射	No

每发生一次“周期超时”错误特征，应使累加计数器加 1。其值监视由 MN 检测到的所有“周期超时”错误特征。

——子索引 02_h:ThresholdCnt_U32

子索引	02_h		
名称	ThresholdCnt_U32		
数据类型	UNSIGNED32	类别	O
取值范围	UNSIGNED32	访问	ro
缺省值	0	PDO 映射	No

MN 上每发生一次“周期超时”错误特征，应使阈值计数器加 8。每经过一个周期而没有再次发生该错误，应使计数器减 1。其值监视与发生“周期超时”错误相关的网络质量。

——子索引 03_h:Threshold_U32

子索引	03_h		
名称	Threshold_U32		
数据类型	UNSIGNED32	类别	O
取值范围	UNSIGNED32	访问	rw
缺省值	15	PDO 映射	No

每当 ThresholdCnt_U32 达到阈值时,应执行所规定的动作,且将 ThresholdCnt_U32 设为 0(见 7.7.7.1)。

将 Threshold_U32 置 0 可以停用阈值计数。如果停用了阈值计数,则不会发生相应的错误反应。

7.7.8.4 对象 $1C03_h$:DLL_MNLossOfLinkCum_U32

以下对象用来监视"失去链接"错误源。每发生一次"失去链接"错误特征,应使累加计数器加 1。其值用来监视由 MN 检测到的所有"失去链接"错误特征。

只有支持该错误识别时,才实现该对象。

索引	$1C03_h$	对象类型	VAR
名称	DLL_MNLossOfLinkCum_U32		
数据类型	UNSIGNED32	类别	Cond
取值范围	UNSIGNED32	访问	rw
缺省值	0	PDO 映射	No

7.7.8.5 对象 $1C04_h$:DLL_MNCNLatePResCumCnt_AU32

MN 的该数组为 POWERLINK 网络上每个 CN 设置一个 PRes 滞后事件的累加计数器。每发生一次"PRes 滞后"错误特征,应使相应 CN 的累加计数器加 1。该值用来监视由 MN 检测到的所有"PRes 滞后"错误特征。

只有支持该错误识别时,才实现该对象。

索引	$1C04_h$	对象类型	ARRAY
名称	DLL_MNCNLatePResCumCnt_AU32		
数据类型	UNSIGNED32	类别	Cond

——子索引 00_h:NumberOfEntries

子索引	00h		
名称	NumberOfEntries		
取值范围	1～254	访问	ro
缺省值	254	PDO 映射	No

——子索引 01_h～FE_h:CumCnt

子索引	01_h～FE_h		
名称	CumCnt		
—	—	类别	M
取值范围	UNSIGNED32	访问	rw
缺省值	0	PDO 映射	No

仅当通过索引 NMT_NodeAssignment_AU32[子索引].Bit0、Bit1 和 Bit8,将一个等时同步 CN 分配给该 NodeID 时,该子索引才有效。

7.7.8.6 对象 1C05$_h$:DLL_MNCNLatePResThrCnt_AU32

MN 的该数组为 POWERLINK 网络上每个 CN 设置一个 PRes 滞后事件的阈值计数器。

MN 上每发生一次"PRes 滞后"错误特征,应使相应 CN 的阈值计数器加 8。每经过一个周期而没有再次发生该错误,MN 应使相应计数器减 1。该值监视与发生"PRes 滞后"错误相关的网络质量。

只有支持该错误识别时,才实现该对象。

索引	1C05$_h$	对象类型	ARRAY
名称	DLL_MNCNLatePResThrCnt_AU32		
数据类型	UNSIGNED32	类别	Cond

——子索引 00$_h$:NumberOfEntries

子索引	00$_h$		
名称	NumberOfEntries		
取值范围	1～254	访问	ro
缺省值	254	PDO 映射	No

——子索引 01$_h$～FE$_h$:ThrCnt

子索引	01h～FEh		
名称	ThrCnt		
—	—	类别	M
取值范围	UNSIGNED32	访问	ro
缺省值	0	PDO 映射	No

仅当通过索引 NMT_NodeAssignment_AU32[子索引].Bit0、Bit1 和 Bit8,将一个等时同步 CN 分配给该 NodeID 时,该子索引才有效。

7.7.8.7 对象 1C06$_h$:DLL_MNCNLatePResThreshold_AU32

MN 的该数组为 POWERLINK 网络上每个 CN 设置一个 PRes 滞后事件的阈值。

每当 DLL_NMCNLatePResThrCnt_AU32 达到阈值时,应执行所规定的动作,且将 DLL_NMCNLatePResThrCnt_AU32 设为 0(见 7.7.7.1)。

通过把 DLL_NMCNLatePResThrCnt_AU32 置 0 可以停用阈值计数。如果停用了阈值计数,则不会发生相应的错误反应。

只有支持该错误识别时,才实现该对象。

索引	1C06$_h$	对象类型	ARRAY
名称	DLL_NMCNLatePResThrCnt_AU32		
数据类型	UNSIGNED32	类别	Cond

——子索引 00$_h$:NumberOfEntries

子索引	00$_h$		
名称	NumberOfEntries		
取值范围	1～254	访问	ro
缺省值	254	PDO 映射	No

——子索引 01_h～FE_h：Threshold

子索引	01_h～FE_h		
名称	Threshold		
—	—	类别	M
取值范围	UNSIGNED32	访问	rw
缺省值	15	PDO 映射	No

仅当通过索引 NMT_NodeAssignment_AU32[子索引].Bit0、Bit1 和 Bit8，将一个等时同步 CN 分配给该 NodeID 时，该子索引才有效。

7.7.8.8 对象 $1C07_h$：DLL_MNCNLossPResCumCnt_AU32

MN 的该数组为 POWERLINK 网络上每个 CN 设置一个 PRes 丢失的累加计数器。每发生一次"PRes 丢失"错误特征，应使相应 CN 的累加计数器加 1。其值用来监视由 MN 检测到的所有"PRes 丢失"错误特征。

索引	$1C07_h$	对象类型	ARRAY
名称	DLL_MNCNLossPResCumCnt_AU32		
数据类型	UNSIGNED32	类别	O

——子索引 00_h：NumberOfEntries

子索引	00_h		
名称	NumberOfEntries		
取值范围	1～254	访问	ro
缺省值	254	PDO 映射	No

——子索引 01_h～FE_h：CumCnt

子索引	01_h～FE_h		
名称	CumCnt		
—	—	类别	M
取值范围	UNSIGNED32	访问	rw
缺省值	0	PDO 映射	No

仅当通过索引 NMT_NodeAssignment_AU32[子索引].Bit0、Bit1 和 Bit8，将一个等时同步 CN 分配给该 NodeID 时，该子索引才有效。

7.7.8.9 对象 $1C08_h$：DLL_MNCNLossPResThrCnt_AU32

MN 的该数组为 POWERLINK 网络上每个 CN 设置一个 PRes 丢失的阈值计数器。

MN 上每发生一次"PRes 丢失"错误特征，应使相应 CN 的阈值计数器加 8。每经过一个周期而没有再次发生该错误，MN 应使相应计数器减 1。其值监视与发生"PRes 丢失"错误相关的网络质量。

索引	$1C08_h$	对象类型	ARRAY
名称	DLL_MNCNLossPResThrCnt_AU32		
数据类型	UNSIGNED32	类别	M

——子索引 00_h:NumberOfEntries

子索引	00_h		
名称	NumberOfEntries		
取值范围	1～254	访问	ro
缺省值	254	PDO 映射	No

——子索引 01_h～FE_h:ThrCnt

子索引	01_h～FE_h		
名称	ThrCnt		
—	—	类别	M
取值范围	UNSIGNED32	访问	ro
缺省值	0	PDO 映射	No

仅当通过索引 NMT_NodeAssignment_AU32[子索引].Bit0、Bit1 和 Bit8,将一个等时同步 CN 分配给该 NodeID 时,该子索引才有效。

7.7.8.10 对象 $1C09_h$:DLL_MNCNLossPResThreshold_AU32

MN 的该数组为 POWERLINK 网络上每个 CN 设置一个 PRes 丢失的阈值。

每当相应 DLL_MNCNLossPResThrCnt_AU32 达到该阈值时,应执行所规定的动作,且将 DLL_MNCNLossPResThrCnt_AU32 设为 0(见 7.7.7.1)。

通过把 DLL_MNCNLossPResThrCnt_AU32 置 0 可以停用阈值计数。如果停用了阈值计数,则不会发生相应的错误反应。

索引	$1C09_h$	对象类型	ARRAY
名称	DLL_MNCNLossPResThreshold_AU32		
数据类型	UNSIGNED32	类别	M

——子索引 00_h:NumberOfEntries

子索引	00h		
名称	NumberOfEntries		
取值范围	1～254	访问	ro
缺省值	254	PDO 映射	No

——子索引 01_h～FE_h:Threshold

子索引	01_h～FE_h		
名称	Threshold		
—	—	类别	M
取值范围	UNSIGNED32	访问	rw
缺省值	15	PDO 映射	No

仅当通过索引 NMT_NodeAssignment_AU32[子索引].Bit0、Bit1 和 Bit8,将一个等时同步 CN 分

配给该 NodeID 时，该子索引才有效。

7.7.8.11 对象 $1C0A_h$：DLL_CNCollision_REC

以下对象用于监视由 CN 检测到的冲突错误特征。该记录由一个累加计数器、一个阈值计数器数据对象及其阈值数据对象组成。

只有支持该错误识别时，才实现该对象。

索引	$1C0A_h$	对象类型	RECORD
名称	DLL_CNCollision_REC		
数据类型	DLL_ErrorCntRec_TYPE	类别	O

——子索引 00_h：NumberOfEntries

子索引	00_h		
名称	NumberOfEntries		
取值范围	0～3	访问	const
缺省值	3	PDO 映射	No

——子索引 01_h：CumulativeCnt_U32

子索引	01_h		
名称	CumulativeCnt_U32		
数据类型	UNSIGNED32	类别	O
取值范围	UNSIGNED32	访问	rw
缺省值	0	PDO 映射	No

每发生一次“冲突”错误特征，应使累加计数器加 1。其值监视由 CN 检测到的所有“冲突”错误特征。

——子索引 02_h：ThresholdCnt_U32

子索引	02_h		
名称	ThresholdCnt_U32		
数据类型	UNSIGNED32	类别	O
取值范围	UNSIGNED32	访问	ro
缺省值	0	PDO 映射	No

每发生一次“冲突”错误特征，应使该阈值计数器加 8，每经过一个周期而没有再次发生该错误，应使计数器减 1。其值监视与发生“冲突”错误相关的网络质量。

——子索引 03_h：Threshold_U32

子索引	03_h		
名称	Threshold_U32		
数据类型	UNSIGNED32	类别	O
取值范围	UNSIGNED32	访问	rw
缺省值	15	PDO 映射	No

每当 ThresholdCnt_U32 达到阈值时，应执行所规定的动作，且将 ThresholdCnt_U32 设为 0（见 7.7.7.1）。

通过把 Threshold_U32 置 0 可以停用阈值计数。如果停用了阈值计数，则不会发生相应的错误反应。

7.7.8.12 对象 1C0Bh：DLL_CNLossSoC_REC

以下对象用于监视由 CN 检测到的“Soc 丢失”错误特征。该记录由一个累加计数器、一个阈值计数器数据对象及其阈值数据对象组成。

索引	1C0Bh	对象类型	RECORD
名称	DLL_CNLossSoC_REC		
数据类型	DLL_ErrorCntRec_TYPE	类别	M

——子索引 00h：NumberOfEntries

子索引	00h		
名称	NumberOfEntries		
取值范围	3	访问	const
缺省值	3	PDO 映射	No

——子索引 01h：CumulativeCnt_U32

子索引	01h		
名称	CumulativeCnt_U32		
数据类型	UNSIGNED32	类别	M
取值范围	UNSIGNED32	访问	rw
缺省值	0	PDO 映射	No

每发生一次“Soc 丢失”错误特征，应使累加计数器加 1。其值监视由 CN 检测到的所有“Soc 丢失”错误特征。

——子索引 02h：ThresholdCnt_U32

子索引	02h		
名称	ThresholdCnt_U32		
数据类型	UNSIGNED32	类别	M
取值范围	UNSIGNED32	访问	ro
缺省值	0	PDO 映射	No

MN 上每发生一次“SoC 丢失”错误特征，应使阈值计数器应加 8。每经过一个周期而没有再次发生该错误，应使计数器应减 1。其值监视与发生“SoC 丢失”错误相关的网络质量。

——子索引 03h：Threshold_U32

子索引	03h		
名称	Threshold_U32		
数据类型	UNSIGNED32	类别	M
取值范围	UNSIGNED32	访问	rw
缺省值	15	PDO 映射	No

每当 ThresholdCnt_U32 达到阈值时，应执行所规定的动作，且将 ThresholdCnt_U32 设为 0(见 7.7.7.1)。

通过把 Threshold_U32 置 0 可以停用阈值计数。如果停用了阈值计数，则不会发生相应的错误反应。

7.7.8.13 对象 1C0C$_h$:DLL_CNLossSoA_REC

以下对象用于监视由 CN 检测到的“SoA 丢失”错误特征。该记录由一个累加计数器、一个阈值计数器数据对象及其阈值数据对象组成。

只有支持该错误识别时，才实现该对象。

索引	1C0C$_h$	对象类型	RECORD
名称	DLL_CNLossSoA_REC		
数据类型	DLL_ErrorCntRec_TYPE	类别	Cond

——子索引 00$_h$:NumberOfEntries

子索引	00$_h$		
名称	NumberOfEntries		
取值范围	0～3	访问	const
缺省值	3	PDO 映射	No

——子索引 01$_h$:CumulativeCnt_U32

子索引	01$_h$		
名称	CumulativeCnt_U32		
数据类型	UNSIGNED32	类别	O
取值范围	UNSIGNED32	访问	rw
缺省值	0	PDO 映射	No

每发生一次“SoA 丢失”错误特征，应使累加计数器加 1。其值监视由 CN 检测到的所有“SoA 丢失”错误特征。

——子索引 02$_h$:ThresholdCnt_U32

子索引	02$_h$		
名称	ThresholdCnt_U32		
数据类型	UNSIGNED32	类别	O
取值范围	UNSIGNED32	访问	ro
缺省值	0	PDO 映射	No

MN 上每发生一次“SoA 丢失”错误特征，应使阈值计数器加 8。每经过一个周期而没有再次发生该错误，应使计数器应减 1。其值监视与发生“SoA 丢失”错误相关的网络质量。

——子索引 03$_h$:Threshold_U32

子索引	03_h		
名称	Threshold_U32		
数据类型	UNSIGNED32	类别	O
取值范围	UNSIGNED32	访问	rw
缺省值	15	PDO 映射	No

每当 ThresholdCnt_U32 达到阈值时，应执行所规定的动作，且将 ThresholdCnt_U32 设为 0（见 7.7.7.1）。

通过把 Threshold_U32 置 0 可以停用阈值计数。如果停用了阈值计数，则不会发生相应的错误反应。

7.7.8.14 对象 $1C0D_h$：DLL_CNLossPReq_REC

以下对象用于监视由等时同步 CN 检测到的"PReq 丢失"错误特征。该记录由一个累加计数器、一个阈值计数器数据对象及其阈值数据对象组成。

只有支持该错误识别时，才实现该对象。

索引	$1C0D_h$	对象类型	RECORD
名称	DLL_CNLossPReq_REC		
数据类型	DLL_ErrorCntRec_TYPE	类别	Cond

——子索引 00_h：NumberOfEntries

子索引	00_h		
名称	NumberOfEntries		
取值范围	0～3	访问	const
缺省值	3	PDO 映射	No

——子索引 01_h：CumulativeCnt_U32

子索引	01_h		
名称	CumulativeCnt_U32		
数据类型	UNSIGNED32	类别	O
取值范围	UNSIGNED32	访问	rw
缺省值	0	PDO 映射	No

每发生一次"PReq 丢失"错误特征，应使累加计数器加 1。其值监视由 CN 检测到的所有"PReq 丢失"错误特征。

——子索引 02_h：ThresholdCnt_U32

子索引	02_h		
名称	ThresholdCnt_U32		
数据类型	UNSIGNED32	类别	O
取值范围	UNSIGNED32	访问	ro
缺省值	0	PDO 映射	No

每发生一次"PReq 丢失"错误特征,应使阈值计数器加 8。每经过一个周期而没有再次发生该错误,应使计数器应减 1。其值监视与发生"PReq 丢失"错误相关的网络质量。

——子索引 03_h:Threshold_U32

子索引	03_h		
名称	Threshold_U32		
数据类型	UNSIGNED32	类别	O
取值范围	UNSIGNED32	访问	rw
缺省值	15	PDO 映射	No

每当 ThresholdCnt_U32 达到阈值,应执行所规定的动作,且将 ThresholdCnt_U32 设为 0(见 7.7.7.1)。

通过把 Threshold_U32 置 0 可以停用阈值计数。如果停用了阈值计数,则不会发生相应的错误反应。

7.7.8.15 对象 $1C0E_h$:DLL_CNSoCJitter_REC

以下对象用于监视由等时同步 CN 检测到的"SoC 抖动"错误特征。该记录由一个累加计数器、一个阈值计数器数据对象及其阈值数据对象组成。

只有支持该错误识别时,才实现该对象。

索引	$1C0E_h$	对象类型	RECORD
名称	DLL_CNSoCJitter_REC		
数据类型	DLL_ErrorCntRec_TYPE	类别	Cond

——子索引 00_h:NumberOfEntries

子索引	00_h		
名称	NumberOfEntries		
取值范围	0～3	访问	const
缺省值	3	PDO 映射	No

——子索引 01_h:CumulativeCnt_U32

子索引	01_h		
名称	CumulativeCnt_U32		
数据类型	UNSIGNED32	类别	O
取值范围	UNSIGNED32	访问	rw
缺省值	0	PDO 映射	No

每发生一次"SoC 抖动"错误特征,应使累加计数器加 1。其值监视由 CN 检测到的所有"SoC 抖动"错误特征。

——子索引 02_h:ThresholdCnt_U32

子索引	02_h		
名称	ThresholdCnt_U32		
数据类型	UNSIGNED32	类别	O
取值范围	UNSIGNED32	访问	ro
缺省值	0	PDO 映射	No

每发生一次"SoC 抖动"错误特征，应使阈值计数器加 8。每经过一个周期而没有再次发生该错误，应使计数器减 1。其值监视与发生"SoC 抖动"错误相关的网络质量。

——子索引 03_h：Threshold_U32

子索引	03_h		
名称	Threshold_U32		
数据类型	UNSIGNED32	类别	O
取值范围	UNSIGNED32	访问	rw
缺省值	15	PDO 映射	No

每当 ThresholdCnt_U32 达到阈值，应执行所规定的动作，且将 ThresholdCnt_U32 设为 0（见 7.7.7.1）。

通过把 Threshold_U32 置 0 可以停用阈值计数。如果停用了阈值计数，则不会发生相应的错误反应。

7.7.8.16 对象 $1C0F_h$：DLL_CNCRCError_REC

以下对象用于监视 CRC 错误。该记录由一个累加计数器、一个阈值计数器数据对象及其阈值数据对象组成。

索引	$1C0F_h$	对象类型	RECORD
名称	DLL_CNCRCError_REC		
数据类型	DLL_ErrorCntRec_TYPE	类别	M

——子索引 00_h：NumberOfEntries

子索引	00_h		
名称	NumberOfEntries		
取值范围	1～3	访问	const
缺省值	3	PDO 映射	No

——子索引 01_h：CumulativeCnt_U32

子索引	01_h		
名称	CumulativeCnt_U32		
数据类型	UNSIGNED32	类别	M
取值范围	UNSIGNED32	访问	rw
缺省值	0	PDO 映射	No

每发生一次 CRC 错误特征，应使累加计数器加 1。其值监视由 CN 检测到的所有 CRC 错误。

——子索引 02_h：ThresholdCnt_U32

子索引	02_h		
名称	ThresholdCnt_U32		
数据类型	UNSIGNED32	类别	O
取值范围	UNSIGNED32	访问	ro
缺省值	0	PDO 映射	No

每发生一次"CRC"错误，应使阈值计数器加 8。每经过一个周期而没有再次发生该错误，应使计数器减 1。其值监视与发生"CRC"错误相关的网络质量。

——子索引 03_h：Threshold_U32

子索引	03_h		
名称	Threshold_U32		
数据类型	UNSIGNED32	类别	O
取值范围	UNSIGNED32	访问	rw
缺省值	15	PDO 映射	No

每当 ThresholdCnt_U32 达到阈值，应执行所规定的动作，并将 ThresholdCnt_U32 设为 0（见 7.7.7.1）。

通过把 Threshold_U32 置 0 可以停用阈值计数。如果停用了阈值计数，则不会发生相应的错误反应。

7.7.8.17 对象 $1C10_h$：DLL_CNLossOfLinkCum_U32

以下对象用来监视"失去链接"错误源。每发生一次"失去链接"错误特征，应使累加计数器加 1。其值用来监视由 CN 检测到的所有"失去链接"错误特征。

只有支持该错误识别时，才实现该对象。

索引	$1C10_h$	对象类型	VAR
名称	DLL_CNLossOfLinkCum_U32		
数据类型	UNSIGNED32	类别	Cond
取值范围	UNSIGNED32	访问	rw
缺省值	0	PDO 映射	No

7.7.8.18 对象 $1C12_h$：DLL_MNCycleSuspendNumber_U32

参数 DLL_MNCycleSuspendNumber_U32 用来定义，当发生冲突时系统将暂停的周期个数（见表 28 MN 错误处理表和 7.7.6.5 冲突）。

索引	$1C12_h$	对象类型	VAR
名称	DLL_MNCycleSuspendNumber_U32		
数据类型	UNSIGNED32	类别	M
取值范围	UNSIGNED32	访问	rw
缺省值	1	PDO 映射	No

值 0 表示将完成当前周期并继续下一个周期;值 1 表示暂停下一个周期。

7.7.8.19 对象 $1C13_h$:DLL_CNSoCJitterRange_U32

参数 DLL_CNSoCJitterRange_U32 用来定义允许的 SoC 抖动范围,单位为 ns。

只有支持错误识别时,才实现该对象。

索引	$1C13_h$	对象类型	VAR
名称	DLL_CNSoCJitterRange_U32		
数据类型	UNSIGNED32	类别	Cond
取值范围	UNSIGNED32	访问	rw
缺省值	2000	PDO 映射	No

7.7.8.20 对象 $1C14_h$:DLL_CNLossOfSocTolerance_U32

该对象为 CN 的 SoC 丢失错误识别提供一个允许的时间间隔,单位为 ns(见 7.7.7.3.1)。

索引	$1C14_h$	对象类型	VAR
名称	DLL_CNLossOfSocTolerance_U32		
数据类型	UNSIGNED32	类别	M
取值范围	UNSIGNED32	访问	rw
缺省值	100000	PDO 映射	No

7.7.8.21 对象 $1C15_h$:DLL_MNLossStatusResCumCnt_AU32

MN 的该数组为 POWERLINK 网络上每个 CN 设置一个 StatusResponse 事件丢失的累加计数器。每发生一次"StatusResponse 丢失"错误特征,应使相应 CN 的累加计数器加 1。其值用来监视由 MN 检测到的所有"StatusResponse 丢失"错误特征。

索引	$1C15_h$	对象类型	ARRAY
名称	DLL_MNLossStatusResCumCnt_AU32		
数据类型	UNSIGNED32	类别	O

——子索引 00_h:NumberOfEntries

子索引	00_h		
名称	NumberOfEntries		
取值范围	1~254	访问	ro
缺省值	254	PDO 映射	No

——子索引 01_h～FE_h:CumCnt

子索引	01_h～FE_h		
名称	CumCnt		
—	—	类别	M
取值范围	UNSIGNED32	访问	rw
缺省值	0	PDO 映射	No

仅当通过索引 NMT_NodeAssignment_AU32[子索引].Bit0 和 Bit1,将一个 CN 分配给该 NodeID 时,该子索引才有效。

7.7.8.22 对象 $1C16_h$:DLL_MNLossStatusResThrCnt_AU32

MN 的该数组为 POWERLINK 网络上每个 CN 设置一个 StatusResponse 丢失的阈值计数器。MN 上每发生一次"StatusResponse 丢失"错误特征,应使相应阈值计数器加 8。每经过一个周期而没有再次发生该错误,MN 应使相应计数器应减 1。其值监视与发生"StatusResponse 丢失"错误相关的网络质量。

索引	$1C16_h$	对象类型	ARRAY
名称	DLL_MNLossStatusResThrCnt_AU32		
数据类型	UNSIGNED32	类别	M

——子索引 00_h:NumberOfEntries

子索引	00_h		
名称	NumberOfEntries		
取值范围	1～254	访问	ro
缺省值	254	PDO 映射	No

——子索引 01_h～FE_h:ThrCnt

子索引	01_h～FE_h		
名称	ThrCnt		
—	—	类别	M
取值范围	UNSIGNED32	访问	ro
缺省值	0	PDO 映射	No

仅当通过索引 NMT_NodeAssignment_AU32[子索引].Bit0 和 Bit1,将一个 CN 分配给该 NodeID 时,该子索引才有效。

7.7.8.23 对象 $1C17_h$:DLL_MNLossStatusResThreshold_AU32

MN 的该数组为 POWERLINK 网络上每个 CN 设置一个 StatusResponse 丢失的阈值。

每当 DLL_MNLossStatusResThrCnt_AU32 达到该阈值,应执行所规定的动作,且将 DLL_MNLossStatusResThrCnt_AU32 设为 0(见 7.7.7.1)。

通过把 DLL_MNLossStatusResThrCnt_AU32 置 0 可以停用阈值计数。如果停用了阈值计数,则不会发生相应的错误反应。

索引	$1C17_h$	对象类型	ARRAY
名称	DLL_MNLossStatusResThreshold_AU32		
数据类型	UNSIGNED32	类别	M

——子索引 0h:NumberOfEntries

子索引	00h		
名称	NumberOfEntries		
取值范围	1～254	访问	ro
缺省值	254	PDO 映射	No

——子索引 01_h～FE_h:Threshold

子索引	01_h～FE_h		
名称	Threshold		
—	—	类别	M
取值范围	UNSIGNED32	访问	rw
缺省值	15	PDO 映射	No

仅当通过索引 NMT_NodeAssignment_AU32[子索引].Bit0 和 Bit1，将一个等时同步 CN 分配给该 NodeID 时，该子索引才有效。

7.7.8.24 对象 0424_h:**DLL_ErrorCntRec_TYPE**

索引	0424_h	对象类型	DEFSTRUCT
名称	DLL_ErrorCntRec_TYPE		
子索引	成员名称	值	数据类型
00h	NumberOfEntries	03_h	—
01h	CumulativeCnt_U32	0007_h	UNSIGNED32
02h	ThresholdCnt_U32	0007_h	UNSIGNED32
03h	Threshold_U32	0007_h	UNSIGNED32

8 网络/传输层

8.1 IP 协议

Internet 协议版本 4(IPV4)及其传输层协议 UDP 和 TCP 是用于异步阶段的首选协议。

——RFC 791 定义了 Internet 协议(IP)；

——RFC 768 定义了用户数据报协议(UDP)；

——RFC 793 定义了传输控制协议(TCP)。

8.1.1 IP 主机需求

本条讨论了 POWERLINK 节点实现 IP 协议的需求，为了在异步阶段透明使用 IP，POWERLINK

节点应遵循 RFC 1122“因特网主机 通信层需求”。然而，这将禁止一些低端的 POWERLINK 节点在异步阶段利用 IP 进行通信。因此，给出以下一致性等级。

8.1.1.1 无 IP 通信的节点

MN 应支持 IP 通信。

不支持通过 UDP 的 SDO(见 9.3 SDO)的 CN 不需要 IP 栈。

CN 对 IP 通信的支持可由设备描述条目 D_NWL_IPSupport_BOOL 来指示。

8.1.1.2 SDO 通信的最小需求

为确保 POWERLINK 节点能够在异步阶段通过 SDO 进行通信，应满足该一致性等级。不保证 IP 协议族的协议正常运行，例如：套接字通信、TFTP、FTP、HTTP 等。

8.1.1.2.1 IP 栈需求

为了在异步阶段通过 IPv4 来通信，POWERLINK 节点应至少需要处理 256 个字节的 SDO 有效载荷。因此，IP 栈应至少处理(能接收到的)C_DLL_MIN_ASYNC_MTU 字节(包括 IP 首部和 IP 的有效载荷)。不要求 IP 分段和重组满足本一致性等级。因此，异步阶段的大小应等于或大于 256 个字节的 SDO 有效载荷。

8.1.1.2.2 UDP 需求

POWERLINK 节点应实现由 RFC 768 所定义的用户数据报协议，并应至少支持一个 UDP 套接字。

8.1.1.3 标准 IP 通信的最小需求

本一致性等级应符合 RFC 1122，并应满足上述对 SDO 通信最小需求的全部一致性等级要求。为方便起见，给出以下主要需求。

IP 栈需求如下：

——IPv4 层应实现 IP 数据报的重组，见 RFC 1122 的 3.3.2 重组；

——IPv4 层应实现一种出向报文的分段机制，见 RFC 1122 的 3.3.3 分段；

——通常，具有 IPv4 能力的 POWERLINK 节点应至少处理 576 个字节的 IP 报文(包括首部和数据)，见 RFC 1122 的 3.3.2/3.3.3；

——对 ICMP(见 RFC 792)支持是可选的，是否支持应通过 D_NWL_ICMPSupport_BOOL 来指示。

8.1.2 IP 编址

每个具有 IP 能力的 POWERLINK 节点拥有一个 IPv4 地址、一个子网掩码和默认网关，这些属性作为 IP 参数。

——IPv4 地址

POWERLINK 网络应使用专用 C 类网络 ID(NetID)192.168.100.0(见 RFC 1918)。一个 C 类网络提供了 254 个 IP 地址(1～254)，这与有效的 POWERLINK 的节点 ID(NodeID)的个数相匹配，专用 C 类网络 ID 192.168.100.0 的主机 ID(HostID)应与 POWERLINK 的 NodeID 相同，因此 IP 地址的最后一个字节(HostID)与 POWERLINK 的 NodeID 具有相同值。图 38 示出了 IP 地址的结构。

图 38　IPv4 地址的结构

注：如已知 POWERLINK 节点的 NodeID，则无需进行任何通信便可容易地确定其 IP 地址，反之亦然。

——子网掩码

POWERLINK 节点的子网掩码应为 255.255.255.0，这是 C 类网络的子网掩码。

——默认网关

默认网关预设值应使用 IP 地址 192.168.100.254，也可把该值改为另一个有效 IP 地址。

通常，POWERLINK 节点的 IPv4 地址和子网掩码参数应是固定的。固定的 IP 参数在内部网络的地址由 POWERLINK 路由器通过网络地址转换(NAT)获得(见 12.1.4.2.2)。

表 29 给出缺省 IP 的参数。

表 29　POWERLINK 节点的 IP 参数

IP 参数	IP 地址
IP 地址	192.168.100.＜POWELINK 的 NodeID＞
子网掩码	255.255.255.0
默认网关	192.168.100.254(可修改)

8.1.3　地址解析

RFC 826 的地址解析协议(ARP)应用于获得 POWERLINK 节点的 IP 与以太网 MAC 之间的关系。依据 POWERLINK 节点状态：

——NMT_CS_EPL_MODE 和 NMT_MS_EPL_MODE 状态：ARP 应在异步阶段执行。为了降低异步阶段通信量，MN 可通过 Ident 过程来确定 IP 与 MAC 地址的关联；

——NMT_CS_BASIC_ETHERNET 状态：ARP 应以 GB/T 15629.3 兼容节点的方式运行，使用 CSMA/CD。

如果其中一个节点检测到一个新 MAC 地址，可选地，MN 或 CN 可发送 NMT 管理命令 NMT-FlushArpEntry(见 10.3.2.1.2)。这可刷新 POWERLINK 网络所有节点的 ARP 高速缓存(Cache)。POWERLINK 节点可处理 NMTFlushArpEntry。

另一种可选方法是，广播一个未被请求的 ARP 帧(包含其 IP 地址)，这由相应 POWERLINK 节点在初始阶段引发，从而刷新相邻的 ARP 高速缓存(Cache)。

8.1.4　主机名

每个具有 IP 能力的 POWERLINK 节点应具有一个主机名，该主机名是 VISBLE_STRING32 类型。可通过主机名代替 IP 地址来访问 POWERLINK 节点。

类型值为 VISBLE_STRING 的主机名应由下列数字和字母组成：

——30_h～39_h(0～9)；

——41_h～$5A_h$(A～Z)；

——61_h～$6A_h$(a～z)；

——$2D_h$(—)。

这些数据被解释为 GB/T 1988 的 7 位编码字符。

缺省主机名由 POWERLINK 节点 ID(NodeID)和制造商 ID(VendorID)构成,中间用“—”分开(<POWERLINK NodeID>—<VendorID)。POWERLINK 的 NodeID 和 VendorID 应为十六进制编码。

如果未明确分配主机名,则 POWERLINK 节点应使用缺省主机名。

POWERLINK 节点的主机名应通过 NMT 管理命令 NMTNetHostNameSet 来设置(见 10.3.2.1.1),主机名值的修改应在 POWERLINK 节点进入 NMT_GS_INITIALISATION 状态之后生效。主机名通过 Ident 响应服务的 ASnd 读取。

主机名到 IP 地址的解析服务可获取 POWERLINK 网络中所有 POWERLINK 节点的主机名与 IP 地址的关联。例如,该服务可配置 POWERLINK 到传统以太网路由器上 DNS 服务器的 DNS 表,或配置诊断设备上的本地主机名表。

8.1.5 对象描述

8.1.5.1 对象 $1E4A_h$:NWL_IpGroup_REC

NWL_IpGroup_REC 对象是 RFC 1213 IP 组的一个子集,该对象规定了 IP 栈的信息。

仅当设备支持 IP 时,才应支持该对象。

索引	$1E4A_h$	数据类型	RECORD
名称	NWL_IpGroup_REC		
数据类型	NWL_IpGroup_TYPE	类别	Cond

——子索引 00_h:NumberOfEntries

子索引	00_h		
名称	NumberOfEntries		
取值范围	2～3	访问	const
缺省值	3	PDO 映射	No

——子索引 01_h:Forwarding_BOOL

子索引	01_h		
名称	Forwarding_BOOL		
数据类型	BOOLEAN	类别	M
取值范围	不转发(0) 转发(1)	访问	ro/rw
缺省值	不转发(0)	PDO 映射	No

指示该实体(设备)是否作为一个 IP 路由器,这根据实体(设备)是否转发接收到的但不是发给它自己的报文来进行判断。IP 路由器转发数据报,而 IP 主机不转发数据报(除了那些通过主机路由的源)。

转发数据报的能力由 D_NWL_Forward_BOOL 来指示,对于不支持转发的设备,该对象的 01_h 子索引值应为 0,访问属性为 ro。对于支持转发的设备,该对象的 01_h 子索引值可为 0 或 1,访问属性是 rw。

——子索引 02_h:DefaultTTL_U16

子索引	02_h		
名称	DefaultTTL_U16		
数据类型	UNSIGN16	类别	M
取值范围	UNSIGN16	访问	rw
缺省值	64	PDO 映射	No

如果传输层协议不提供 TTL 值，则该实体(设备)将缺省值插入由其生成的数据报 IP 首部的 Time-To-Live 字段。

——子索引 03_h:ForwardDatagrams_U32

子索引	03_h		
名称	ForwardDatagrams_U32		
数据类型	UNSIGNED32	类别	O
取值范围	UNSIGNED32	访问	ro
缺省值	—	PDO 映射	No

该子索引表示其最终 IP 目的地址不是该实体(设备)的输入数据报的个数。该状况导致试图寻找一个路由以将这些数据报转发到最终目的地址。

8.1.5.2 对象 $1E40_h$～$1E49_h$:NWL_IpAddrTable_Xh_REC

IP 地址表包含了该实体的 IP 寻址信息。NWL_IpAddrTable_Xh_REC 对象是 IP 组 RFC 1213 的子集，它将 IP 参数分配给一个由 NMT_ItfGroup_Xh_REC 指示的接口，IP 地址表应包含通过 SDO 配置的 1～10 个条目。

仅当设备支持 IP 时，才应支持该对象。

POWERLINK 接口应由如下对象描述(如 $1E40_h$、$1E41_h$……)。

索引	$1E40_h$～$1E49_h$	对象类型	RECORD
名称	NWL_IpAddrTable_Xh_REC		
数据类型	NWL_IpAddrTable_Xh_TYPE	类别	1040_h: Cond 1041_h～1049_h:O

——子索引 00_h:NumberOfEntries

子索引	00_h		
名称	NumberOfEntries		
取值范围	5	访问	const
缺省值	5	PDO 映射	No

——子索引 01_h:IfIndex_U16

子索引	01_h		
名称	IfIndex_U16		
数据类型	UNSIGNED16	分类	M
取值范围	UNSIGNED16	访问	ro
缺省值	—	PDO 映射	No

唯一标识本条目接口的索引值是可用的，该索引的特定值标识的接口与 NMT_InterfaceGroup_Xh_REC. InterfaceIndex_U16 标识的接口是同一个接口。

——子索引 02_h：Addr_IPAD

子索引	02_h		
名称	Addr_IPAD		
数据类型	IP_ADDRESS	类别	M
取值范围	IP_ADDRESS	访问	ro/rw
缺省值	—	PDO 映射	No

与本条目寻址信息相关联的的 IP 地址。

如果对象描述 POWERLINK 接口，则该子索引的访问属性应为“ro”，Addr_IPAD 应为 192.168.100.xxx，其中 xxx=NMT_EPLNodeID_REC，NodeId_U8。

——子索引 03_h：NetMask_IPAD

子索引	03_h		
名称	NetMask_IPAD		
数据类型	IP_ADDRESS	类别	M
取值范围	IP_ADDRESS	访问	ro/rw
缺省值	—	PDO 映射	No

子网掩码与该条目的 IP 地址相关联，掩码值是一个 IP 地址，其所有网络 ID 的比特设为 1，所有主机 ID 的比特设为 0。

如果该对象描述 POWERLINK 接口，则访问属性应为只读。NetMask_IPAD 应为 255.255.255.0（见 8.1.2）。

——子索引 04_h：ReasmMaxSize_U16

子索引	04_h		
名称	ReasmMaxSize_U16		
数据类型	UNSIGNED16	类别	M
取值范围	UNSIGNED16	类别	ro
缺省值	—	PDO 映射	No

该实体能重新组合的由该接口接收的入向 IP 分段数据报的最大长度。

——子索引 05_h：DefaultGateway_IPAD

子索引	05_h		
名称	DefaultGateway_IPAD		
数据类型	IP_ADDRESS	类别	M
取值范围	IP_ADDRESS	类别	rw
缺省值	—	PDO 映射	No

默认网关与该条目的 IP 地址相关联。

如果对象描述 POWERLINK 接口，则该条目应指示路由器类型 1 设备。缺省值应为 C_ADR_

RT1_DEF_NODE_ID。

8.1.5.3 对象 0425_h:NWL_IpGroup_TYPE

索引	0425_h	对象类型	DEFSTRUCT
名称	NWL_IpGroup_TYPE		
子索引	成员名称	值	数据类型
00h	NumberOfEntries	03_h	
01h	Forwarding_BOOL	0001_h	BOOLEAN
02h	DefaultTTL_U16	0006_h	UNSIGNED16
03h	ForwardDatagrams_U32	0007_h	UNSIGNED32

8.1.5.4 对象 0426_h:NWL_IpAddrTable_TYPE

索引	0426_h	对象类型	DEFSTRUCT
名称	NWL_IpAddrTable_TYPE		
子索引	成员名称	值	数据类型
00h	NumberOfEntries	05_h	
01h	IfIndex_U16	0006_h	UNSIGNED16
02h	Addr_IPAD	0402_h	IP_ADDRESS
03h	NetMask_IPAD	0402_h	IP_ADDRESS
04h	ReasmMaxSize_U16	0006_h	UNSIGNED16
05h	DefaultGateway_IPAD	0402_h	IP_ADDRESS

8.2 POWERLINK 兼容 UDP/IP 格式

为了能够传输封装在 UDP/IP 帧中的 POWERLINK 帧,UDP/IP 帧的有效载荷部分应以略加修改的 POWERLINK 帧首部开始。

由 POWERLINK 定义的参数 MessageType 应与 7.6.1.1.1 的需求一致。当传输通过 UDP/IP 时,原始的 POWERLINK 首部的目的字段和源字段应被保留但不支持。

POWERLINK 兼容 UDP/IP 帧格式见表 30。

表 30 POWERLINK 兼容 UDP/IP 帧格式

八进制偏移 [a]	比特偏移 7	6	5	4	3	2	1	0	条目定义
0~5	目的 MAC 地址(Destination MAC Address)								Ethernet type Ⅱ
6~11	源 MAC 地址(Source MAC Address)								
12~13	以太网类型(EtherType)								
14~33	IP 首部(IP Header)								RFC 791
34~41	UDP 首部(UDP Header)								RFC 768

表 30（续）

八进制偏移[a]	比特偏移								条目定义
	7	6	5	4	3	2	1	0	
42	报文类型(MessageType)								Ethernet POWERLINK
43	保留/目的(Destination)								
44	保留/源(Source)								
45	服务 ID(ServiceID)/reserved								
46～n	有效载荷数据(Payload Data)								应用
n+1～n+4	CRC32								Ethernet type Ⅱ
其中，$n \geqslant 59$									
[a] 八位位组偏移以以太网报文起始处为基准。									

8.3 POWERLINK 顺序层

见 9.3.2.3 和 9.3.3.1。

9 应用层

9.1 数据类型和编码规则

本条描述了基于 POWERLINK 语法(EtherType=$88AB_h$)的帧数据格式和编码规则。该规则适用于嵌入到以太网帧的 POWERLINK 内容、服务特定首部和数据有效载荷。以太网帧的编码遵循 GB/T 15629.3 的规则。POWERLINK 帧结构见图 39。

图 39 POWERLINK 帧结构

这些规则还适用于嵌入到非 POWERLINK 帧类型(EtherType≠$88AB_h$)的 POWERLINK 特定有效载荷，例如通过 UDP/IP 的 SDO 传输。这些帧的 Ethertype 特定编码在 RFC 791(IP)和 RFC 768(UDP)描述，与这些规则无关。POWERLINK 兼容 UDP/IP 帧结构如图 40 所示。

图 40 POWERLINK 兼容的 UDP/IP 帧结构

不带 POWERLINK 特定有效载荷的非 POWERLINK 帧的编码(EtherType ≠ $88AB_h$)与这些规则无关。传统以太网帧结构见图 41。

图 41 传统以太网帧结构

9.1.1 数据类型和编码规则的通用描述

为了在 POWERLINK 网络上交换有意义的数据，生产者和消费者必须了解数据格式及其含意。本标准用数据类型规定了数据格式及其含意。

编码规则定义了 POWERLINK 网络传输语法和值的数据类型表示法，值由比特序列来表示，比特序列依照八位位组顺序传输。对于用数值表示的数据类型，编码为小端(little endian)格式，如表 31 所示。

应用经常采用基本数据类型以外的数据类型，使用复合数据类型机制，可扩展所列的可用数据类型。一些通用扩展数据类型被定义为“可视字符串(Visible String)”或“日时间(Time of Date)”(见 9.1.6.2 和 9.1.6.4)，复合数据类型是实现本标准术语中用户定义的“DEFTYPES”而不是实现“DEFSTRUCTS”(见 9.2.2)的方法。

9.1.2 Data Type Definitions 数据类型定义

数据类型确定该类型数据的值和编码之间的关系。名称在其类型定义中被分配给数据类型，数据语法和数据类型定义如下(见 GB/T 15969.3—2005)。

```
data_definition          ::=  type_name data_name
type_definition          ::=  constructor type_name
constructor              ::=  compound_constructor | basic_constructor
compound_constructor     ::=  array_constructor |structure_constructor
array_constructor        ::=  ‘ARRAY’‘[’ length ‘]’‘OF’type_name
structure_constructor    ::=  ‘STRUCT’‘OF’component_list
component_list           ::=  component { ‘,’ component }
component                ::=  type_name component_name
basic_constructor        ::=  ‘BOOLEAN’|‘VOID’bit_size |‘BYTE’bit_size |
                              ‘INTEGER’bit_size |‘UNSIGNED’bit_size |
                              ‘REAL32’|‘REAL64’|‘NIL’
bit_size                 ::=  ‘1’|‘2’|<...> |‘64’
length                   ::=  positive_integer
data_name                ::=  symbolic_name
type_name                ::=  symbolic_name
component_name           ::=  symbolic_name
symbolic_name            ::=  letter {[‘_’]( letter | digit )}
positive_integer         ::=  (‘1’ | ‘2’ |<...> | ‘9’ ){ digit }
letter                   ::=  ‘A’|‘B’|<...> |‘Z’|‘a’|‘b’|<...> |
                              ‘z’
digit                    ::=  ‘0’|‘1’|<...> |‘9’
```

不允许递归定义。

当构造器为 basic_constructor 时，由 type_definition 定义的数据类型被称为基本数据类型；当构造器为 compound_constructor 时，则被称为复合数据类型。

9.1.3 比特序列

9.1.3.1 比特序列定义

每个比特可取值 0 或 1。

每个比特序列 b 是一组 0 个或多个比特组成的有序集合。

当一个比特序列 b 包含多于 0 个比特时,表示为 b_j,$j \geqslant 0$。

设 b_0,...,b_{n-1} 为比特,其中 n 为正整数,那么

$b = b_0\ b_1.\sim b_{n-1}$

被称为长度为 $|b| = n$ 的一个比特序列。

长度为 0 的空比特序列由 ε 表示。

例如 10110100,1,101 都是比特序列。

当对一个比特序列进行反码运算(¬)时,即

对 $b = b_0\ b_1.\sim b_{n-1}$

进行反码运算,得到比特序列

$\neg b = \neg b_0\ \neg b_1.\sim \neg b_{n-1}$

其中 ¬0=1 且 ¬1=0。

比特序列的基本运算是串行的。

设 $a = a_0.\sim a_{m-1}$,$b = b_0.\sim b_{n-1}$ 是两个比特序列,那么 a 和 b 的串联,用 ab 表示即

$a_b = a_0.\sim a_{m-1}\ b_0.\sim b_{n-1}$

例如(10)(111)=10111 是 10 和 111 的串联

下面公式适用于任意比特序列 a 和 b:

$|ab| = |a| + |b|$

并且

$\varepsilon a = a\varepsilon = a$。

9.1.3.2 比特序列传输语法

对于 POWERLINK 网络上的传输,比特序列被重新排序为八位位组序列。十六进制符号用于八位位组,设 $b = b_0.\sim b_{n-1}$ 是一个比特序列,其中 $n \leqslant 11920_d$(1490_d 字节×8_d 比特/字节)。

k 表示一个非负整数,且 $8(k-1) < n \leqslant 8k$,则 b 在 k 个八位位组中的传输如表 31 所示。应忽略最高编号八位位组的比特 b_i ($i \geqslant n$)。

比特序列传输语法见表 31。

表 31 比特序列传输语法

八位位组个数	1	2	...	k.
	$b_7 \sim b_0$	$b_{15} \sim b_8$	...	$b_{8k-1} \sim b_{8k-8}$

八位位组 1 被第一个传输,八位位组 k 被最后一个传输,比特序列在 POWERLINK 网络上按如下顺序传输:

$b_7, b_6, \ldots, b_0, b_{15}, \ldots, b_8, \ldots$

示例:

比特 9	...	比特 0
10_b	0001_b	1100_b
2h	1_h	C_h
		$=21C_h$

比特序列 $b = b_0 \sim b_9 = 0011\ 1000\ 01_b$ 表示一个值为 $21C_h$ 的 UNSIGNED10 类型数,在两个八位位组中传输如下:

先传输 $1C_h$，再传输 02_h。

9.1.4 基本数据类型

基本数据类型(type_name)等于相关构造器的逐字字符串(symbolic_name)，例如：

BOOLEAN　BOOLEAN

是布尔数据类型的类型定义。

9.1.4.1 NIL

基本数据类型 NIL 的数由 ε 表示。

9.1.4.2 布尔型(BOOLEAN)

BOOLEAN 基本数据类型的数取值为 TRUE 或 FALSE。

BOOLEAN 型数值被表示为长度为 1 的比特序列，比特序列为 1 表示 TRUE，比特序列为 0 表示 FALSE。

在网络上传输 BOOLEAN 数据时，以值为 1(TRUE)或 0(FALSE)的 UNSIGNED8 数据发送。连续的 BOOLEAN 数据可被打包成一个 UNSIGNED8 数据。BOOLEAN 数据序列和 BIT 类型项也可被打包成一个 UNSIGNED8 数据。

9.1.4.3 空类型(Void)

基本数据类型 VOIDn 的数据被表示为长度为 n 的比特序列。

类型为 VOIDn 的数据的值未定义，类型 VOIDn 的比特序列必须明确规定或被标记为"无关紧要"。

类型为 VOIDn 的数据对于保留字段是有用的，也用于填充部分复合值，使之对齐到八位位组边界。

9.1.4.4 比特(Bit)

基本数据类型 BITn 的数据被表示为长度为 n 的比特序列。

对类型 BITn 的数据值的解释由变量的上下文定义，即使用 BITn 数据类型来实现。

如果一个 BIT 值不是复合数据类型的成员，则它应在网络上以值为 1 或 0 的 UNSIGNED8 数据传输。连续的 BITn 类型的数据可被打包成一个 UNSIGNED8 数据。BOOLEAN 型和 BIT 类型的数据项序列也可被打包成一个 UNSIGNED8 数据。

9.1.4.5 无符号整型

基本数据类型 UNSIGNEDn 的数据值为非负整数，且取值范围为 $0\sim 2^n-1$。UNSIGNEDn 类型的数据用长度为 n 的比特序列表示。

对于比特序列：

$b=b_0.\sim b_{n-1}$，

被赋值为：

$\text{UNSIGNEDn}(b)=b_{n-1}2^{n-1}+\ldots+b_1 2^1+b_0 2^0$

比特序列从左边的最低有效字节开始。

示例：$266_d=10A_h$，数据类型 UNSIGNED16 的数据通过两个八位位组在总线上传输，先传输 $0A_h$，再传输 01_h。

UNSIGNEDn 数据类型的传输如表 32 所示。

表 32 UNSIGNEDn 数据类型的传输语法

八位位组个数	0	1	2	3	4	5	6	7
UNSIGNED8	$b_7...b_0$							
UNSIGNED16	$b_7...b_0$	$b_{15}...b_8$						
UNSIGNED24	$b_7...b_0$	$b_{15}...b_8$	$b_{23}...b_{16}$					
UNSIGNED32	$b_7...b_0$	$b_{15}...b_8$	$b_{23}...b_{16}$	$b_{31}...b_{24}$				
UNSIGNED40	$b_7...b_0$	$b_{15}...b_8$	$b_{23}...b_{16}$	$b_{31}...b_{24}$	$b_{39}...b_{32}$			
UNSIGNED48	$b_7...b_0$	$b_{15}...b_8$	$b_{23}...b_{16}$	$b_{31}...b_{24}$	$b_{39}...b_{32}$	$b_{47}...b_{40}$		
UNSIGNED56	$b_7...b_0$	$b_{15}...b_8$	$b_{23}...b_{16}$	$b_{31}...b_{24}$	$b_{39}...b_{32}$	$b_{47}...b_{40}$	$b_{55}...b_{48}$	
UNSIGNED64	$b_7...b_0$	$b_{15}...b_8$	$b_{23}...b_{16}$	$b_{31}...b_{24}$	$b_{39}...b_{32}$	$b_{47}...b_{40}$	$b_{55}...b_{48}$	$b_{63}...b_{56}$

数据类型 UNSIGNED24、UNSIGNED40、UNSIGNED48 和 UNSIGNED56 不再被新应用所使用。

表 32 未列出长度值的 UNSIGNEDn 数据类型仅由复合数据类型使用。

9.1.4.6 有符号整型

基本数据类型 INTEGERn 的数据的值为整数，取值范围为 $-2^{n-1},...,2^{n-1}-1$。INTEGERn 类型的数据用长度为 n 的比特序列表示。

对于比特序列：

$b=b_0...b_{n-1}$，

被赋值为：

INTEGERn(b) $=b_{n-2}2^{n-2}+...+b_1 2^1+b_0 2^0$（如果 $b_{n-1}=0$）

并且，执行 2 的补码运算：

INTEGERn(b) $=-$INTEGERn(^b)-1（如果 $b_{n-1}=1$）

比特序列从左边的最低有效位开始。

示例：-266_d＝$FEF6_h$，数据类型 INTEGER16 的数据通过两个八位位组在总线上传输，先传输 $F6_h$，再传输 FE_h。

INTEGERn 数据类型的传输如表 33 所示。

表 33 数据类型 INTEGERn 的传输语法

八位位组个数	0	1	2	3	4	5	6	7
INTEGER8	$b_7...b_0$							
INTEGER16	$b_7...b_0$	$b_{15}...b_8$						
INTEGER24	$b_7...b_0$	$b_{15}...b_8$	$b_{23}...b_{16}$					
INTEGER32	$b_7...b_0$	$b_{15}...b_8$	$b_{23}...b_{16}$	$b_{31}...b_{24}$				
INTEGER40	$b_7...b_0$	$b_{15}...b_8$	$b_{23}...b_{16}$	$b_{31}...b_{24}$	$b_{39}...b_{32}$			
INTEGER48	$b_7...b_0$	$b_{15}...b_8$	$b_{23}...b_{16}$	$b_{31}...b_{24}$	$b_{39}...b_{32}$	$b_{47}...b_{40}$		
INTEGER56	$b_7...b_0$	$b_{15}...b_8$	$b_{23}...b_{16}$	$b_{31}...b_{24}$	$b_{39}...b_{32}$	$b_{47}...b_{40}$	$b_{55}...b_{48}$	
INTEGER64	$b_7...b_0$	$b_{15}...b_8$	$b_{23}...b_{16}$	$b_{31}...b_{24}$	$b_{39}...b_{32}$	$b_{47}...b_{40}$	$b_{55}...b_{48}$	$b_{63}...b_{56}$

数据类型 INTEGER24、INTEGER40、INTEGER48 和 INTEGER56 不再被新应用所使用。

表 33 未列出长度值的 INTEGERn 数据类型仅由复合数据类型使用。

9.1.4.7 浮点数

基本数据类型 REAL32 和 REAL64 的数据值为实数。

数据类型 REAL32 的数据用长度为 32 的比特序列表示，其值的编码遵循 IEEE 754—1985 标准的单精度浮点数。

数据类型 REAL64 的数据用长度为 64 的比特序列表示，其值的编码遵循 IEEE 754—1985 标准的双精度浮点数。

长度为 32 的比特序列，或具有数值（非零有限实数、±0 或±_），或为 NaN（非数值）。对于比特序列：

$b = b_0 ... b_{31}$

被赋值为（非零有限数）：

$REAL32(b) = (-1)^S\ 2^{E-127}(1+F)$，

其中：

$S = b_{31}$是符号位；

$E = b_{30}\ 2^7 + ... + b_{23}\ 2^0$，$0 < E < 255$，是无偏指数；

$F = 2^{-23}(b_{22}2^{22} + ... + b_1\ 2^1 + b_0\ 2^0)$是数据的小数部分；

$E=0$ 表示±0，$E=255$ 表示无穷大或非数值（NaN）。

比特序列从左边的最低有效字节开始。

示例：$6.25 = 2^{E-127}(1+F)$，其中

$E = 129 = 2^7 + 2^0$，并且

$F = 2^{-1} + 2^{-4} = 2^{-23}(2^{22} + 2^{19})$，因此数据表示为：

S	E	F
b_{31}	$b_{30} ... b_{23}$	$b_{22} ... b_0$
0	100 0000 1	100 1000 0000 0000 0000 0000

6.25=b0 ... b31=0000 0000　0000 0000　0001 0011　0000 0010

该值按照表 34 所示顺序进行传输。

表 34　数据类型 REAL32 的传输语法

八位位组个数	0	1	2	3
REAL32	00_h	00_h	$C8_h$	40_h
	$b_7 ... b_0$	$b_{15} ... b_8$	$b_{23} ... b_{16}$	$b_{31} ... b_{24}$

9.1.4.8 MAC 地址

数据类型 MAC_ADDRESS 用于描述以太网适配器的 MAC 地址，由 6 个八位位组表示，可被解释为 UNSIGNED48 数据类型。

MAC 地址分为两个子项，如表 35 所示：

——组织的唯一标识符（OUI），描述适配器的制造商；

——适配器特定唯一标识符。

表 35 MAC 地址编码示例

八位位组	5	4	3	2	1	0
	OUI			适配器的单独标识符		
示例	00_h	$0A_h$	86_h	xx_h	xx_h	xx_h

9.1.4.9 IP 地址

数据类型 IP_ADDRESS 用于描述一个网络适配器的 IP 地址、子网掩码等，由 4 个八位位组表示，可被解释为 UNSIGNED32 数据类型。

IP 地址分为网络 ID(NetID)和主机 ID(HostID)两部分。表 36 列出了网络 ID 和主机 ID 的编码。这些部分所占用的比特个数取决于子网的类型，因此并是不固定的。

表 36 IP 地址编码示例

八位位组	3	2	1	0
	NetID	←→		HostID
示例	$C0_h$	$A8_h$	64_h	$F0_h$
	192	168	100	240

9.1.5 复合数据类型

复合数据类型的类型定义扩展为类型定义的一个唯一列表，其中类型定义仅包含基本数据类型。相应地，复合类型“type_name”的数据由若干列有序的、命名为“component_name_i”的、数据类型为基本数据类型“basic_type_i”的数据成员组成。

复合数据类型的构造器是 ARRAY 和 STRUCT OF。

```
STRUCT OF
        basic_type_1        component_name_1,
        basic_type_2        component_name_2,
        ...                 ...
        basic_type_N        component_name_N
type_name
ARRAY[length] OF basic_type        type_name
```

表示复合类型数据的比特序列，是由表示数据成员的比特序列串联在一起形成的。

假设成员“component_name_i”的比特序列表示为：

$b(i), i=1, \ldots, N$

那么复合数据用串联的序列表示为：

$b_0(1) \ldots b_{n-1}(1) \ldots b_{n-1}(N)$

示例：考虑以下数据类型：

```
STRUCT OF
        INTEGER10     x,
        UNSIGNED5     u
```

NewData

假设 $x=-423_d=259_h$，$u=30_d=1E_h$。设 b(x)和 b(u)表示的比特序列分别代表 x 和 u 的值，那么：

b(x)	$=b_0(x)...b_9(x)$	=1001101001
b(u)	$=b_0(u)...b_4(u)$	=01111
b(xu)=b(x)b(u)	$=b_0(xu)...b_{14}(xu)$	=1001101001 01111

该结构的值用两个八位位组传输，首先传输 59_h，然后传输 $7A_h$。

9.1.6 扩展数据类型

扩展数据类型由基本数据类型和后续条中定义的复合数据类型构成。

9.1.6.1 八位位组字符串(Octet String)

数据类型 OCTET_STRINGlength 的定义如下，其中 length 为八位位组字符串的长度：

ARRAY[length] OF UNSIGNed8   OCTET_STRINGlength

9.1.6.2 可视字符串(Visible String)

数据类型 VISIBLE_STRINGlength 的定义为：VISIBLE_CHAR 类型的数据容许值为 0_h、20_h～$7E_h$；该类型的数据被解释为 GB/T 1988 的 7 位编码字符，其中 length 为可视字符串的长度。

UNSIGNED8   VISIBLE_CHAR

ARRAY[length] OF VISIBLE_CHAR   VISIBLE_STRINGlength

不需用 0_h来结束字符串。

9.1.6.3 统一代码字符串(Unicode String)

数据类型 UNICODE_STRINGlength 的定义如下，其中 length 长度为统一代码字符串的长度：

ARRAY[length] OF UNSIGNED16   UNICODE_STRINGlength

9.1.6.4 日时间(Time of Day)

数据类型 TIME_OF_DAY 表示绝对时间，遵循的定义和编码规则是：TIME_OF_DAY 用长度为 48 的比特序列表示。

成员"ms"是从午夜开始的以 ms 为单位的时间；成员"days"是自 1984 年 1 月 1 日以来的总天数。

```
STRUCT OF
        UNSIGNED28    ms,
        VOID4         reserved,
        UNSIGNED16    days
TIME_OF_DAY
```

9.1.6.5 时间差(Time Difference)

数据类型 TIME_DIFFERENCE 表示一个时间差，遵循的定义和编码规则是：TIME_DIFFERENCE 用为长度为 48 的比特序列表示。

时间差是天数和毫秒数的和。成员"ms"是毫秒数；成员"days"是天数。

```
STRUCT OF
        UNSIGNED28            ms,
        VOID4                 reserved,
```

UNSIGNED16 days

TIME_DIFFERENCE

9.1.6.6 域(Domain)

域可用于传输从客户机到服务器的任意大小的数据块。数据块的内容是应用特定的,不在本标准范围内。

9.1.6.7 网络时间(Net Time)

数据类型 NETTIME 表示一个高精度的时间值。NETTIME 数据类型与 IEEE 1588 的 TimeRepresentation 类型的改进版本一致。

NETTIME 的结构如下:

STRUCT OF

UNSIGNED32 seconds,

UNSIGNED32 nanoseconds

NETTIME

"nanoseconds"成员的定义为:其最高有效位为符号位,1 表示负数;最低有效 31 位表示时间的纳秒部分。这样,TimeRepresentation 为时间戳和时间间隔定义了一个带符号的量值表示。

表示时间纳秒部分的最低有效 31 位的绝对取值范围应限制为:

$0 \leqslant |$纳秒的最低有效 31 位$| < 10^9$

"nanoseconds"成员的符号应被解释为整个时间表示的符号,例如:

——+2.0 秒表示为:seconds=00000002_h,nanoseconds=00000000_h;

——−2.0 秒表示为:seconds=00000002_h,nanoseconds=80000000_h;

——+2.000000001 秒表示为:seconds=00000002_h,nanoseconds=00000001_h;

——−2.000000001 秒表示为:seconds=00000002_h,nanoseconds=80000001_h。

时间戳应相对于 01-01-1970 00:00 h。一个负的时间戳应表示比该时间点更早的时间。使用 NETTIME 的时间戳将在 2106 年 1 月溢出。

NETTIME 应被用于时间戳和时间增量。

9.2 对象字典

本条详细描述了对象字典的结构和对所有设备都通用的条目。

对象字典的整体结构见 5.2.2。

9.2.1 对象字典的条目定义

一个对象字典的条目应通过以下各项来定义:

——索引(Index)

索引表示了对象在对象字典中的位置,作为一种地址来指向期望的数据字段。索引应声明为十六进制数。

索引应被用来指示"按索引"类型的 SDO 命令所要访问的对象。

对象可划分成多个子索引。子索引被用来表示复杂对象(如数组或记录)的数据字段。此处未规定子索引。

——对象类型(Object Type)

对象类型包含一个依据表 37 的条目，用来表示对象字典中处于特定索引的对象的类型。应采用表 37 所示的定义。

表 37 对象类型定义

对象类型	说明	编码
NULL	无数据字段的字典条目	0
DEFTYPE	表示一个静态数据类型定义，例如，布尔型、UNSIGNED16、浮点数等	5
DEFSTRUCT	定义一个记录类型	6
VAR	单个值，如 UNSIGNED8、布尔型、浮点数、INTEGER16、可视字符串等	7
ARRAY	多数据字段对象，每个数据字段是相同基本数据类型的简单变量，如 UNSIGNED16 数组。子索引 0 为 UNSIGNED8 类型，因此不是 ARRAY 数据的一部分	8
RECORD	多数据字段对象，数据字段可为简单变量的任意组合。子索引 0 是 UNSIGNED8 类型，因此不是 RECORD 数据的一部分	9

——名称(Name)

名称为特定对象的功能提供了一个简单的文本描述。

名称应遵循 GB/T 15969.3—2005，包含：

- 域前缀，表示该对象与一个功能域的关联，3 个大写字符后跟下划线；
- 命名，词的组合，每个词首字母大写，其后跟随小写字母或数字，无下划线或空格；
- 数据类型后缀，表示该对象的数据类型(下划线后最多跟 5 个大写字母或数字)。

名称的总长度应等于或小于 32 个字符。

名称应被用来指示“按名称”类型的 SDO 命令所要访问的对象。

——数据类型(Data Type)

该条目提供了关于对象的数据类型的信息，包括预定义的静态数据类型：布尔型、浮点数、无符号整型、带符号整型、可视/八位位组字符串、日时间、时间差和域(见 9.1)，还包括预先定义的复杂数据类型，也可能包括那些制造商或设备特定的类型。

不允许定义记录的记录、记录的数组，或数组作为记录的字段的记录。当对象是一个数组或记录时，子索引用来表示对象内的一个静态数据类型的数据字段。

——类别(Category)

类别定义了对象是必备的(m)还是可选的(o)。必备对象应在设备上实现，而可选对象不必在设备上实现。然而，对于某型对象或特性的支持可能要求实现相关的对象。在这种情况下，这些关系在对象规范中详细描述。

如果一个对象的 M/O 类别取决于其他对象的实现，则其类别为有条件的(Cond)。

以下条目应仅用于表示静态数据类型。对于复杂数据类型，应为每个子索引单独提供相应条目。

——访问(Access)

该条目定义了对一个特定对象的访问权限。这是从总线到设备的角度进行描述的。其值可为表 38 所示值之一。

表 38 数据对象的访问属性

rw	读和写访问
wo	只写访问
ro	只读访问
const	只读访问，值为常量
cond	受设备控制的变量访问； 关于访问的更多信息由对象描述提供

数据对象字典中列出的访问属性为 rw 的可选对象，可被实现为只读的。例外情况在详细的对象规范中定义。

访问类型条目可由附加信息补充，例如：反映数据有效性的限制。

——取值范围(Value Range)

该条目指出相应对象的取值范围，由一个或多个单独值或值的范围构成。如果数据项给出了数据类型标识符，则应允许所涉及数据类型的整个取值范围。

——缺省值(Default Value)

该条目指出应由行规实现分配的初始值。

——PDO 映射(PDO Mapping)

该条目指出一个条目是否可被映射到一个 PDO 报文，可为表 39 所示值之一。

表 39 数据对象的 PDO 映射属性

Opt	对象可被映射到一个 PDO
Def	对象是默认映射的一部分(见设备行规)
No	对象不得被映射到一个 PDO

表 40 给出了一个完整的静态数据对象定义(对象类型＝VAR)的示例。

表 40 静态数据对象定义示例

索引	1234_h	对象类型	VAR
名称	SDO_VarDummyParameter_S16		
数据类型	INTEGER16	类别	M
取值范围	－15000～10000	访问	rw
缺省值	0	PDO 映射	Opt

由于访问、取值范围、缺省值及 PDO 映射必须为每个子索引单独定义，所以复杂数据对象的定义(对象类型＝ARRAY 或 RECORD)采用了简化格式。表 41 给出了一个复杂数据类型对象定义的示例。

表 41　复杂数据类型对象定义示例

索引	2345_h	对象类型	ARRAY
名称	SDO_ArrayDummyParameter_AU16		
数据类型	UNSIGNED16	类别	M

——类别(Category)

类别是指一个完整的复杂数据类型对象,而不是个别的子索引。一个必备对象可由必备子索引和可选子索引构成。这意味着必须支持该对象,但它的某些子索引是可选的。也允许定义含必备子索引的可选对象。这意味着如果实现该对象,则必须支持这些子索引。

——数据类型(Data Type)

对于 ARRAY 类型的对象,数据类型应包含一个静态数据类型;对于 RECORD 类型的对象,数据类型应包含一个复杂数据类型。

描述对象的数据类型的定义(对象类型=DEFTYPE 或 DEFSTRUCT)见 9.2.2。

复杂对象类型(ARRAY 和 RECORD)对象由最多 256 个数据项组成。每个数据项可由一个 UNSIGNED8 类型的子索引进行寻址。

子索引按如下方式使用:

——子索引 00_h:NumberOfEntries

NumberOfEntries 描述其后的最高有效子索引,不使用 FF_h。不论对象类型如何,本条目都编码为 UNSIGNED8。如果对象存在,则 NumberOfEntries 是必备的。数据类型和类别并不适用 NumberOfEntries 的描述。

表 42 给出了本标准描述的 NumberOfEntries 的一个示例。

表 42　**NumberOfEntries** 子索引描述示例

子索引	00_h		
名称	NumberOfEntries		
取值范围	1～15	访问	rw
缺省值	15	PDO 映射	No

对于 ARRAY,NumberOfEntries 可以被修改(访问=rw)以表示一个列表中所拥有的数据项的个数;对于 RECORD,NumberOfEntries 应为常量(访问=ro 或 const)。

NumberOfEntries 可被映射到 PDO,以指示所拥有的数据项的个数。

——子索引 01_h～FE_h:对象特定数据

01_h～FE_h 之间的子索引保存对象的有效载荷数据,最高可访问子索引由 NumberOfEntries 给出。

表 43 给出了一个 RECORD 类型对象的子索引定义的示例。

表 43　记录类型对象子索引描述示例

子索引	01_h		
名称	RecItem1_U8		
数据类型	UNSIGNED8	类别	M
取值范围	1～255	访问	rw
缺省值	1	PDO 映射	Def

● 名称由一个后面跟随数据类型后缀的描述文本构成。更多信息请参照对象命名规则。省略域前缀。

如果一个名称条目通过数据类型定义来定义，则其子索引名称应与之相同。

子索引名称应与对象名称一起使用，以通过“按名称”SDO命令来访问该子索引。根据GB/T 15969.3—2005，对象和子索引名称应由一个点（“.”）隔开，如下所示：

SDO_RecordExamle_REC.RecItem1_U8

● 类别仅针对子索引本身。必备（M）意指，当实现对象时必须实现该子索引。必备子索引并不要求其所属对象是必备的。

表44给出了一个数组类型对象的子索引定义的示例。

表44 数组类型对象子索引描述示例

子索引	01_h		
名称	ArraySubindex1		
—	—	类别	M
取值范围	UNSIGNED16	访问	rw
缺省值	0	PDO映射	Opt

名称由描述型文本构成。更多信息请参照对象命名规则。省略域前缀和数据类型后缀。如果一个名称条目由数据类型定义来定义，则子索引的名称应与之相同。

● 子索引名称仅用于信息目的。通过“按名称”SDO命令对子索引的访问，应依据GB/T 15969.3—2005并通过数子索引来进行：

SDO_ArrayExamle_AU16[1]

● 类别仅针对子索引本身。必备（M）意指，当实现对象时必须实现该子索引。必备子索引并不要求所属对象是必备的。

● 无论一个数组内所有子索引的功能是否等价，都可对一个特定对象定义多个子索引条目，以说明这些子索引的选项如类别、访问和/或PDO映射的差别。

——子索引FF_h：StructureOfObject

子索引FF_h通过提供条目的数据类型和对象类型来描述该条目的结构。不论对象的类型如何，该子索引都被编码为UNSIGNED32，并按表45进行组织。

表45 子索引FF_h的结构

	MSB			LSB
比特编号	31～24	23～16	15～8	7～0
值	00_h	数据类型（见9.2.2）（高字节）	（低字节）	对象类型（见表37）

对子索引FF_h的支持是可选的。如果整个对象字典都支持且提供了复杂数据类型的结构，则能够上传整个对象字典的结构。如果不支持StructureOfEntry，则应保留子索引FF_h。本标准的对象定义不给出StructureOfObject。

9.2.2 数据类型条目规范

对象字典中的静态数据类型仅出于定义目的。然而，0001_h～0007_h范围内的索引可被映射，以定义不由设备使用的(无关紧要的)RPDO 的适当空间(空映射)。0009_h～$000B_h$、$000F_h$ 的索引可不被映射到 PDO。

0001_h～$04FF_h$ 的索引范围用于规定对象字典条目的数据类型,见附录 A.1。

9.2.2.1 静态数据类型

静态数据类型(对象类型=DEFTYPE)的表示法见 9.1。

当读访问数据类型对应的索引时,设备可选地提供编码为 UNSIGNED32 的静态数据类型的长度。例如,当数据类型"日时间"被编码为一个长度为 48 bit 的比特序列时,索引 $000C_h$(日时间)包含的值为 30_h(48_d)。如果长度是可变的(例如,$000F_h$=域),则该条目包含的值为 0_h。

9.2.2.2 复杂数据类型

预定义的复杂数据类型(对象类型=DEFSTRUCT)的表示法由相应条或设备行规提供。

对于所支持的复杂数据类型,当读访问数据类型的相应索引时,设备可选地提供该数据类型的结构。这样,子索引 0 提供此索引的条目个数,不包括子索引 0 和子索引 255。随后的子索引包含的数据类型如表 46 所示,被编码为 UNSINGED16。

索引 0023_h 的条目描述了一个 Identity 对象 NMT_IndentityObject_REC 的结构,如表 46 所示。

表 46 复杂数据类型描述示例

索引	0023_h	对象类型	DEFSTRUCT
名称	IDENTITY		
子索引	成员名称	值	数据类型
00_h	NumberOfEntries	04_h	
01_h	VendorId_U32	0007_h	UNSIGNED32
02_h	ProductCode_U32	0007_h	UNSIGNED32
03_h	RevisionNo_U32	0007_h	UNSIGNED32
04_h	SerialNo_U32	0007_h	UNSIGNED32

标准(简单)数据类型和复杂的制造商特定数据类型可以通过读子索引 1_h 来区分:对于复杂数据类型,设备返回一个值,并且子索引 0_h 包含其后子索引的个数;对于标准数据类型,由于子索引 1_h 不可用,因此设备将中止 SDO 传输。

数据类型 UNSIGNED32 的某些条目可具有字符结构(例如,NMT_DeviceType_U32,见 10.2.1.1.1)

9.2.2.3 多功能设备模块的扩展

对于提供多功能设备模块的设备或设备行规,如多轴控制器,DEFTYPE/DEFSTRUCT 机制使用 40_h 的偏移来扩展每个虚拟设备。最多允许有 7 个额外的虚拟设备。

9.3 服务数据对象(SDO)

本条规定了通过 POWERLINK 一系列命令服务访问设备的对象字典条目。

SDO 通信使用客户机/服务器模型(见 5.3.2)。是否支持 SDO 客户机功能,应通过变量 D_SDO_Client_BOOL 来指示;是否支持 SDO 服务器功能应通过变量 D_SDO_Server_BOOL 来指示。

9.3.1 SDO 层模型

SDO 层模型见图 42。

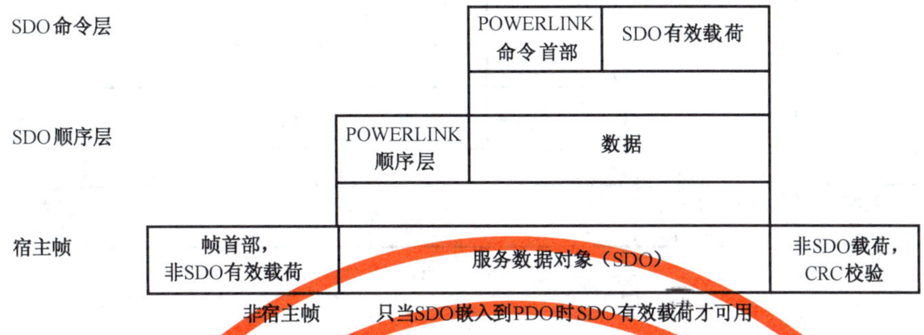

图 42 SDO 层模型

POWERLINK 协议中 SDO 层分为两个子层：

——POWERLINK 顺序层(见 9.3.2.3 和 9.3.3.1)

顺序层负责排序被分段传输的命令段，以便向 POWERLINK 命令层提供一个正确的字节流。

——POWERLINK 命令层(见 9.3.2.4 和 9.3.3.2)

命令层定义访问对象字典参数的命令。该层区分快速传输和分段传输。

POWERLINK 提供 3 种 SDO 传输方式：

a) 在异步阶段通过 UDP/IP 帧进行 SDO 传输；

b) 在异步阶段通过 POWERLINK ASnd 帧进行 SDO 传输；

c) 在等时同步阶段 SDO 嵌入 PDO 中进行传输。

方式 a)(见 9.3.2.1)和方式 b)(见 9.3.2.2)共享一个共用顺序层(见 9.3.2.3)和命令层(见 9.3.2.4)。

在方式 c)(见 9.3.3)中，SDO 数据被打包到一个紧凑容器(container)以插入到 PDO 数据中。顺序层和命令层适合该紧凑型的容器。

对于管理节点(MN)，对方式 a)和方式 b)的支持应是必备的。

在对象字典中，对方式 a)的支持应通过 NMT_FeatureFlags_U32.Bit1 来指示，对方式 b)的支持应通过 NMT_FeatureFlags_U32.Bit2 来指示。

对于 MN 和 CN，对方式 c)的支持是可选的。对于对象字典，对方式 c)的支持应通过 NMT_FeatureFlags_U32.Bit3 来指示。

注：NMT_FeatureFlags_U32 通过 IdentResponse 帧向 MN 报告。

9.3.2 异步阶段的 SDO

9.3.2.1 通过 UDP/IP 传输 SDO

参数的传输基于 UDP/IP 帧，允许通过标准 IP 路由器进行数据传输。因为 UDP 不支持面向连接的可靠数据传输，因此该任务必须由顺序服务和命令服务来支持。

嵌入 UDP/IP 帧的 POWERLINK SDO 见图 43。

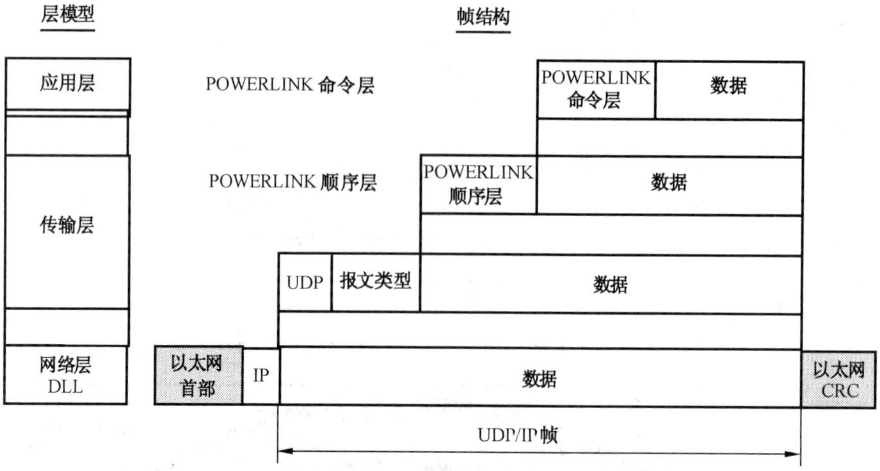

图 43 嵌入 UDP/IP 帧的 POWERLINK SDO

通过 UDP/IP 传输 SDO 使用了异步顺序层(9.3.2.3)和异步命令层(9.3.2.4)。

对于那些不需要短周期和低抖动的应用,POWERLINK 数据报可被插入到 UDP/IP 数据报中,实现了在 UDP/IP 上面运行 POWERLINK。由于此原因,报文类型(在数据链路层定义)被插入在顺序层之前。

通过 UDP/IP 传输 SDO 的帧结构如表 47 所示。表 48 给出了通过 UDP/IP 传输的 SDO 的字段说明。

表 47 通过 UDP/IP 传输 SDO

	比特偏移							
八位位组偏移	7	6	5	4	3	2	1	0
0	报文类型(MessageType)=ASnd							
1~2	保留(reserved)							
3	服务 ID=SDO(ServiceID)							
4~7	顺序层协议							
8~k—1	命令层协议							
K~1472	SDO 有效载荷数据							

表 48 通过 UDP/IP 传输的 SDO 的字段说明

字段	缩写	描述	值
报文类型	mt	POWERLINK 报文类型(见附录 C.1)	ASnd
保留	res	该字段是保留的。 当不使用 UDP/IP 发送 SDO 时,被用于 POWERLINK 目的地址和源地址	嵌入 UDP/IP 帧时:0 其他:mt 定义
服务 ID	sid	ASnd ServiceID(见附录 C.3)	SDO
顺序层协议		POWERLINK 顺序层(见 9.3.2.3)	—
命令层协议		POWERLINK 命令层(见 9.3.2.4)	—

UDP 首部结构如表 49 所示。

表 49 UDP 首部

字　段	大　小	描　述	POWERLINK 中的使用
源端口 (Source Port)	2 Byte	发送过程的端口号	逻辑通道[a]
目的端口 (Destination Port)	2 Byte	接收过程的端口号	
长度(Length)	2 Byte	包括首部的整个 UDP 帧的数据长度	未使用
校验和(Checksum)	2 Byte	校验和,可选	未使用
[a] 与客户机和服务器的 IP 地址相结合。			

参数在通信通道中传输,该通信通道用 IP 地址(源地址和目的地址)和 UDP 端口(源端口和目的端口)标识。该通信通道被称为数据报套接字,它在两个设备间建立了一个点到点的通信通道。一个设备可以支持多个通道,默认支持一个服务器通道(缺省通道)。缺省通道使用 UDP 端口 C_SDO_EPL-PORT。

最大支持通道数应由 D_SDO_MaxConnections_U32 指示。

一个客户机和一个服务器之间可以建立多重通道。支持的最大并行通道数应由 D_SDO_MaxParallelConnections_U32 指示。

客户机使用标准目的端口 C_SDO_EPL_PORT 和客户机相关源端口(>1024)开始传输数据。服务器通过源端口 C_SDO_EPL_PORT 和由客户机定义的目的端口对请求作出响应。因此,服务器和客户机之间最多可以打开($2^{16}-1024$)个逻辑通道(套接字)。每个设备负责处理其逻辑通道。

UDP 套接字如图 44 所示。

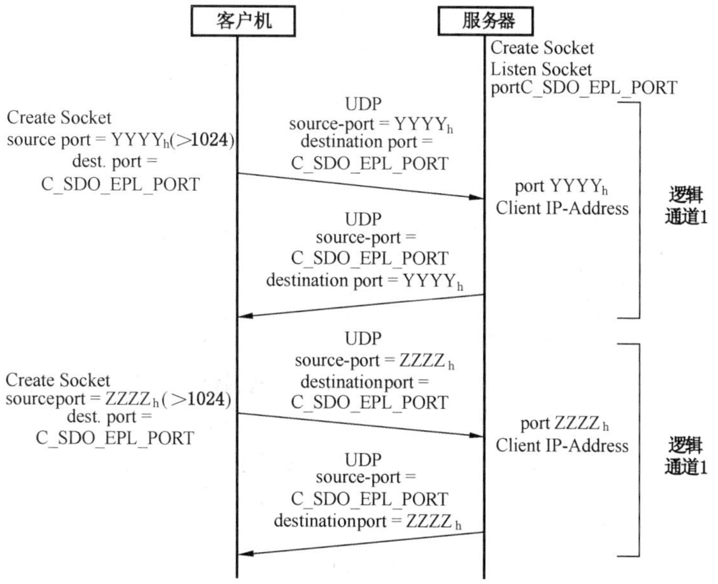

图 44 UDP 套接字

9.3.2.2 通过 POWERLINK ASnd 帧传输的 SDO

通过 POWERLINK ASnd 帧发送的 SDO 采用 POWERLINK 帧用于 SDO 通信。

因为 POWERLINK 帧不被 POWERLINK 路由器类型 1(见 12.1)转发,因此从 POWERLINK 网段外不能访问只提供通过 POWERLINK ASnd 帧传输 SDO 的节点。

因为不需要 IP 栈,所以通过 POWERLINK ASnd 帧传输 SDO 非常适合仅提供较少资源的设备。

通过 POWERLINK ASnd 帧传输的 SDO 如表 50 所示。表 51 给出了通过 POWERLINK ASnd 帧发送的 SDO 的字段说明。

表 50 通过 POWERLINK ASnd 帧传输的 SDO

	比特偏移							
八位位组偏移	7	6	5	4	3	2	1	0
0	报文类型(MessageType)=ASnd							
1	目的(Destination)							
2	源(Source)							
3	服务 ID(ServiceID)=SDO							
4～7	顺序层协议							
8～$k-1$	命令层协议							
k～1472	SDO 有效载荷数据							

表 51 通过 POWERLINK ASnd 帧发送的 SDO 字段说明

字段	缩写	描述	值
报文类型	mt	POWERLINK 报文类型(见附录 C.1)	ASnd
目的	dest	被寻址节点的 POWERLINK 的 NodeID	—
源	src	发送节点的 POWERLINK 的 NodeID	—
服务 ID	sid	ASnd ServiceID(见附录 C.3)	SDO
顺序层协议	—	POWERLINK 顺序层(9.3.2.3)	—
命令层协议	—	POWERLINK 命令层(9.3.2.4)	—

通过 POWERLINK ASnd 帧发送的 SDO 使用异步顺序层(见 9.3.2.3)和异步命令层(见 9.3.2.4)。

9.3.2.3 异步 SDO 顺序层

POWERLINK 顺序层提供可靠的双向连接服务,保证没有报文丢失或重复,并且所有报文以正确的顺序到达。

分段由 SDO 命令层处理(见 9.3.2.4)。

异步传输的 POWERLINK 顺序层首部由 2 字节组成。

每个发送的帧都应有一个顺序号(Sequence Number),还应有对方节点顺序号的确认,以及连接状态和连接确认。

异步数据帧的 POWERLINK 顺序层见表 52。表 53 给出了异步数据帧中 POWERLINK 顺序层的字段说明。

表 52 异步数据帧的 POWERLINK 顺序层

	比特偏移							
八位位组偏移	7	6	5	4	3	2	1	0
0	接收顺序号(ReceiveSequenceNumber)						ReceiveCon	
1	发送顺序号(SendSequenceNumber)						SendCon	
2～3	保留							
注:使用用于连接的比特 0 和比特 1 代替比特 6 和比特 7,简化了对顺序号的处理。把整个字节加 4 可实现顺序号加 1,这种增加不会对 ReceiveCon 和 SendCon 造成影响。								

表 53 异步数据帧中 POWERLINK 顺序层的字段说明

字段	缩写	描述	值
接收顺序号	rsnr	最后正确接收到的帧的顺序号	0～63
ReceiveCon	rcon	给接收者的连接码的确认	0:无连接(No connection) 1:初始化(Initialisation) 2:连接有效(Connection valid) 3:错误响应(Error Response) (重新发送请求)
发送顺序号	ssnr	帧的顺序号,每个新帧加 1	0～63
SendCon	scon	发送者的连接码	0:无连接(No connection) 1:初始化(Initialisation) 2:连接有效(Connection valid) 3:连接有效带确认请求(Connection valid with acknowledged request)

9.3.2.3.1 连接

9.3.2.3.1.1 连接初始化

发送者通过设置 scon 为 1 请求初始化,接收者用相同的连接码和顺序号作出响应。

如果接收者已存在一个与发送者的连接,则应关闭该连接。

此外,接收者应对顺序号进行初始化。

异步连接的初始化如图 45 所示。

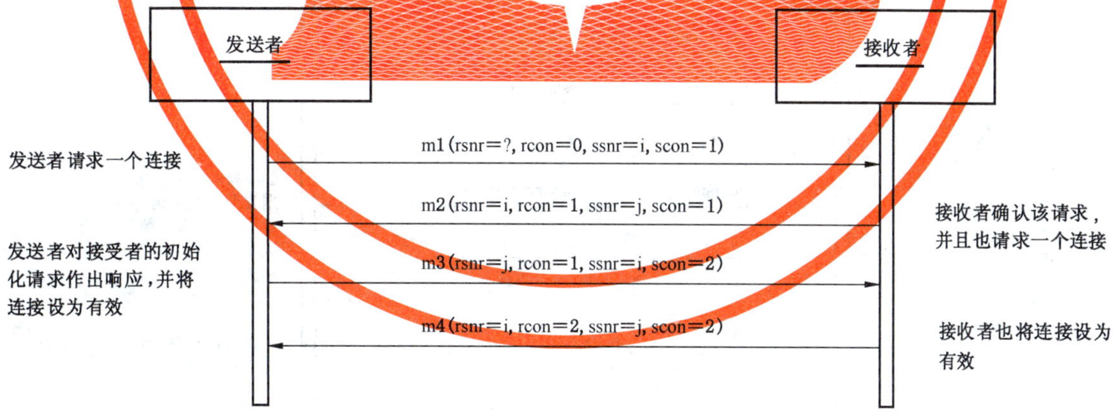

图 45 异步连接的初始化

此后,建立了双向的连接。

只有在双向连接初始化结束后,才应使顺序号增加。初始化后发送第一个 SDO 命令后应使顺序号加 1。在初始化双向连接期间,不应发送命令。

9.3.2.3.1.2 关闭连接

当不再需要连接时,应关闭该连接。

如果出于其他原因需要资源,则节点可以关闭连接。

异步连接的关闭如图 46 所示。

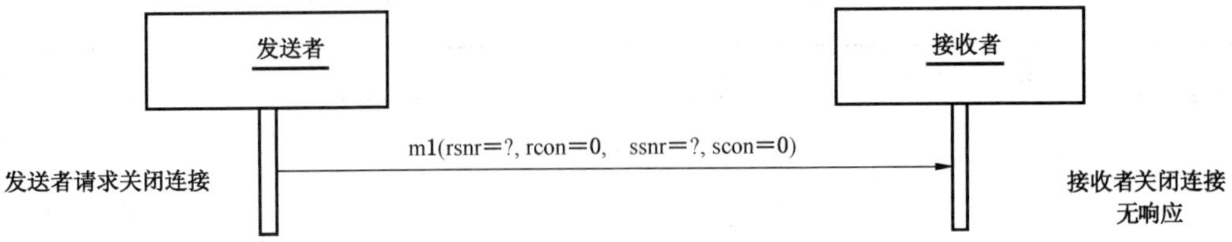

图 46 异步连接的关闭

关闭连接应由 rcon=0 和 scon=0 来指示。

关闭连接无需确认。

9.3.2.3.1.3 数据传输

连接建立后,允许每个节点发送帧。

每个节点应在历史缓存区中保持发送的数据,直到其被确认。历史缓存区的大小由 D_SDO_SeqLayerTxHistorySize_U16 指示。如果所有历史缓存区被未确认的帧占满,则可不发送其他帧(见 9.3.2.3.1.5)。

每个发送的帧应包含最后从对方正确接收到的帧的确认。

当发送者发送一个确认请求时,接收者应发送一个确认。

正常的异步通信如图 47 所示。

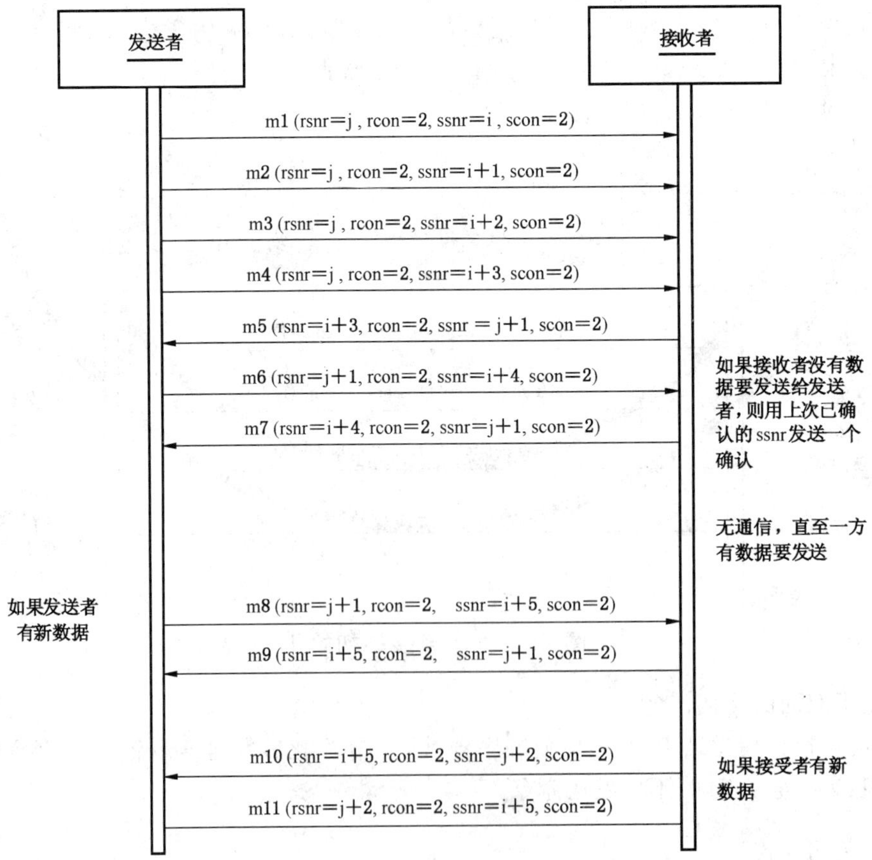

图 47 正常的异步通信

如果接收者没有新数据发送，则应给发送者发送一个确认帧，该确认帧包含最后一个被发送的ssnr。如果该ssnr已经被确认，由于对方将丢弃该数据（数据重复），则数据可被忽略。

因为滑动窗口协议，只能使用一半顺序号范围，所以最大可能的历史缓存区大小为31。否则不能区分旧重复帧和新帧。

对于接收节点，不需要对接收帧进行缓存，但这可能导致接收节点的命令溢出（见9.3.2.3.2.6）。

9.3.2.3.1.4 数据延迟发送

由于网络、硬件和软件中的延迟，可能需要几个周期才能使帧接收者收到，然后将确认帧返回到发送者。

发送者在收到确认之前应不转发超过D_SDO_SeqLayerTxHistorySize_U16个帧。

图48示出了帧延迟的配置。帧延迟的典型情况是使用传统以太网的路由器连接POWERLINK网络。

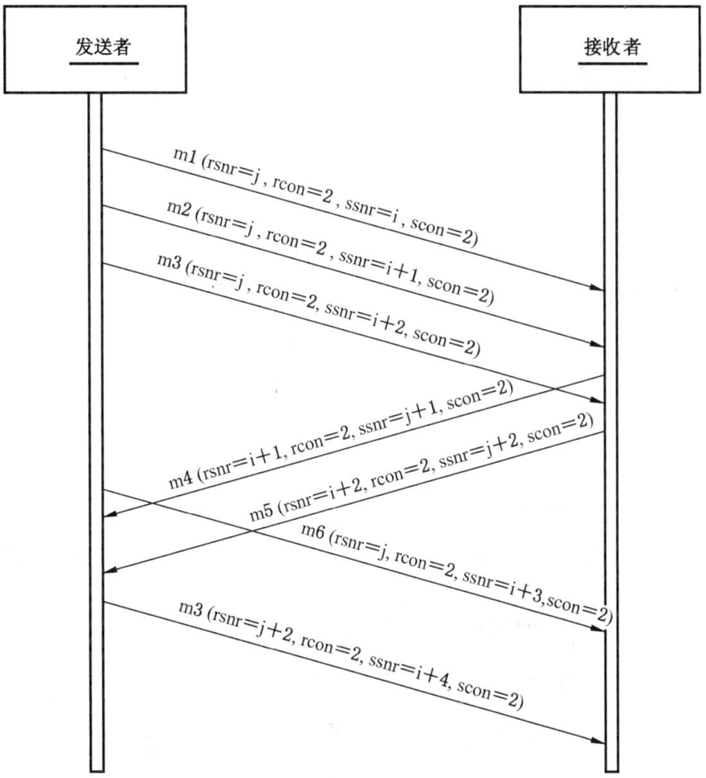

图48 延迟的异步通信

9.3.2.3.1.5 发送者历史缓存区满

当保存帧的缓存区填满时（滑动窗口大小被耗尽），发送节点通过发送一个带确认请求的帧来明确请求一个确认。

接收者若无自己的帧要发送，则应通过一个空的确认帧来确认该帧。

发送者历史缓存区满时的异步通信如图49所示。

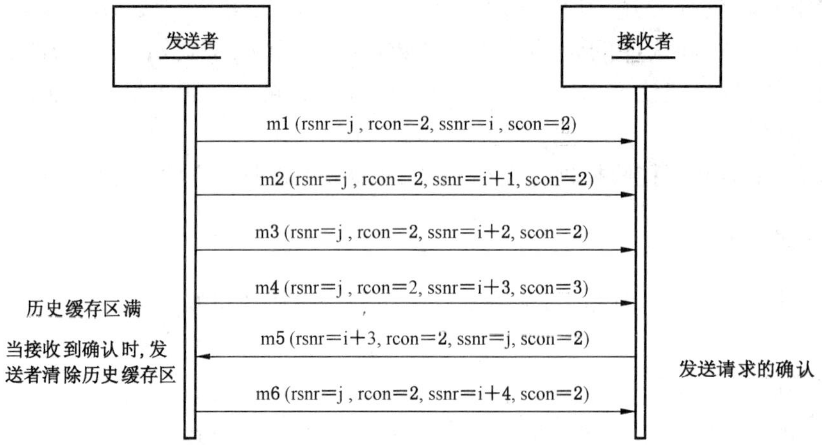

图 49　发送者历史缓存满时的异步通信

9.3.2.3.2　错误

物理层和数据链路层可能发生如下错误：

——帧丢失；

——帧重复；

——帧错序；

——连接断开。

顺序层可能发生如下错误：

——命令溢出。

9.3.2.3.2.1　错误：数据帧丢失

异步帧丢失错误如图 50 所示。

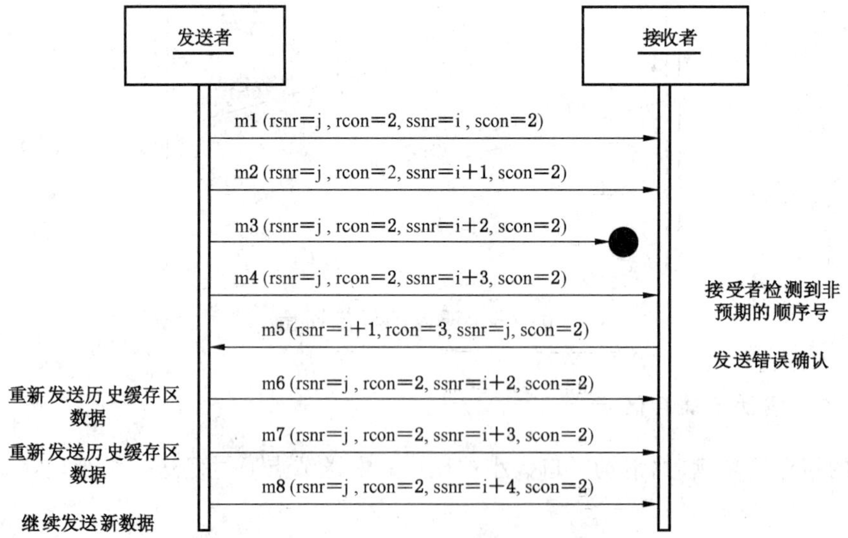

图 50　异步帧丢失错误

如果接收者检测到顺序号比上次正确接收到的顺序号大于 1，则应使用 rcon=3 以及上次正确接收到的顺序号作出响应，来指示该错误。

该错误响应帧可以包含数据(来自命令层)。

发送者应重新发送响应顺序号之后的所有帧。

应更新重复帧中的确认字段。

9.3.2.3.2.2 **错误:确认帧丢失**

异步确认帧丢失错误如图 51 所示。

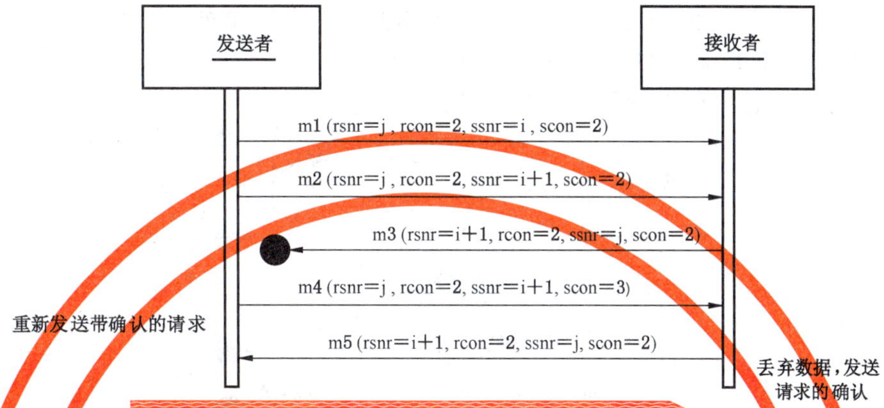

图 51 异步确认帧丢失错误

如果发送者正在等待一个确认帧并且没有新的帧发送,则应在一个超时后重复发送带确认请求的最后一个报文。

9.3.2.3.2.3 **错误:帧重复**

异步帧重复错误如图 52 所示。

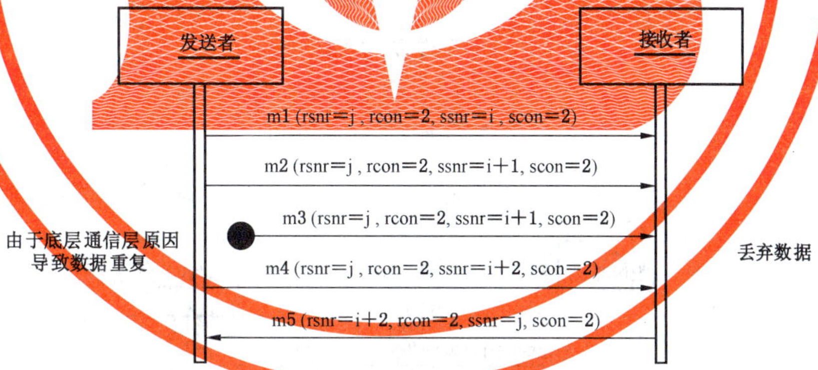

图 52 异步帧重复错误

如果接收者检测到发送者的顺序号小于等于上次正确接收到的顺序号,则应丢弃该报文。

如果报文的 scon=2,不需采取进一步动作。

如果报文的 scon=3,则接收者应向发送者确认最后接收到的正确的顺序号。

9.3.2.3.2.4 **错误:帧错序**

当一个帧错序时,则接收者首先检测到帧丢失。接收者应向发送者发送一个错误响应,使发送者重复发送该帧。

然后该错序帧到达接收者并被接受。

此后,接收者收到重复发送的帧后把它丢弃,因为它被认为是一个重复帧。

注:在 POWERLINK 网络域中绝不会发生帧错序。只有在使用路由器类型 1 与因特网连接时,才会在传统以太网

上发生帧错序。

9.3.2.3.2.5 连接断开

如果对方节点关闭或从网络断开，则应检测到连接断开。

如果发送了多个确认请求后直至超时期满仍未收到确认，则应认为连接断开。超时由 SDO_Cmd-LayerTiimeout_U32 来指示。

使用 9.3.2.3.2.2 中描述的方法，在默认 30 秒的超时内应多次发送确认请求。

30 s 的超时时间，即使对于通过因特网对节点进行诊断也是足够的。

异步通信断开错误如图 53 所示。

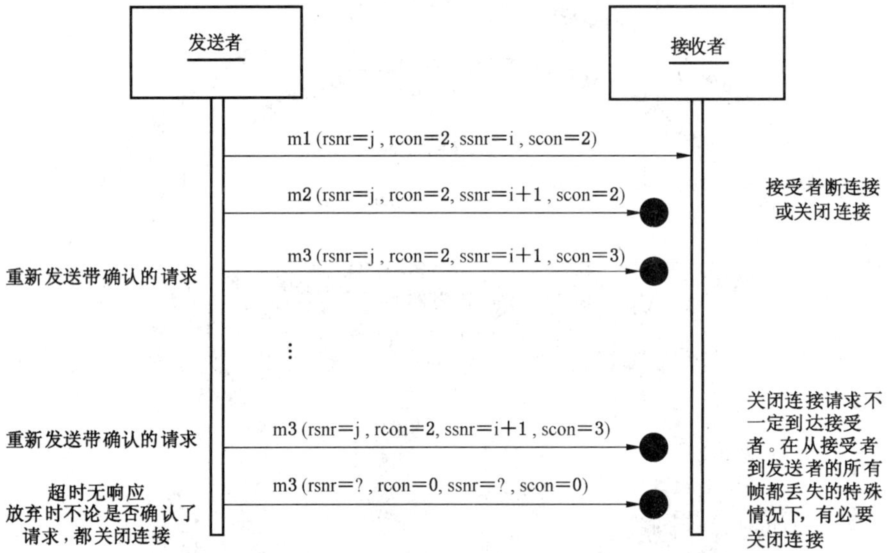

图 53 异步通信断开错误

9.3.2.3.2.6 错误：命令溢出

异步命令溢出错误如图 54 所示。

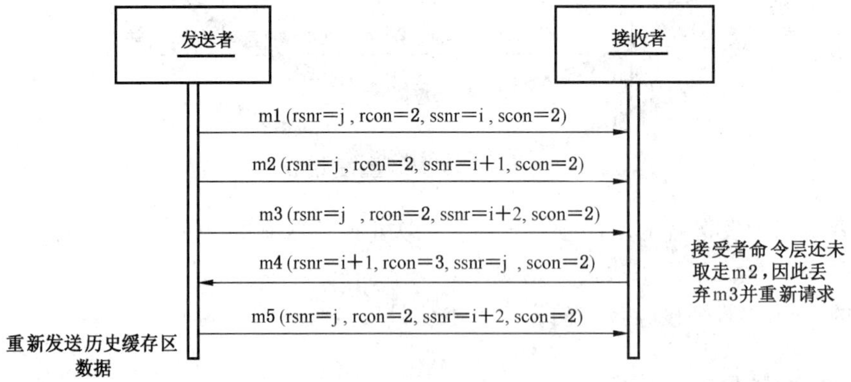

图 54 异步命令溢出错误

如果发送者发送命令速率太高，接收者命令层可能不能及时处理这些命令。在这种情况下接收者顺序层丢弃新到达的帧，并应将上次正确处理的帧的确认和 rcon=3 返回给发送者。

这将导致发送者重新发送被丢弃的帧，接收者获得一些时间来处理请求。

不应将其误用为流控制机制，流控制应在更高层处理。

9.3.2.4 异步 SDO 命令层

POWERLINK 命令层的任务如下：

——参数寻址，例如，通过索引/子索引或者通过名称；

——提供附加的服务；

——区分快速传输或分段传输。

POWERLINK 命令层被嵌入在 POWERLINK 顺序层中。如果要传输一个大的数据块，则 POWERLINK 命令层必须决定，能在一帧内完成传输(快速传输)还是分段到几个帧内进行传输(分段传输)。此外，它必须知道应启动上传还是启动下载。

对于所有的传输类型来说，由客户机引发传输。被访问对象字典的所有者是 SDO 的服务器。客户机或服务器都可以引发中止 SDO 传输。所有的命令都是证实的。远程的结果参数指示请求是否成功。在请求失败的情况下，必须执行中止传输请求。

图 55 示出了 POWERLINK 命令层首部信息的结构。

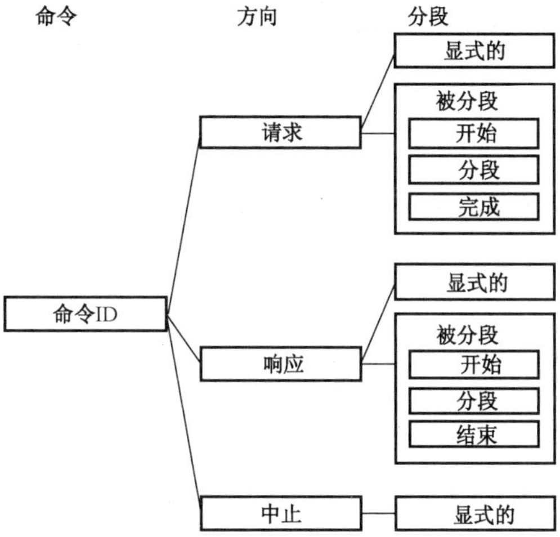

图 55 POWERLINK 命令层信息结构

9.3.2.4.1 POWERLINK 命令层协议

本条定义 POWERLINK 命令层协议的固定部分。

POWERLINK 命令层结构如表 54 所示。表 55 给出了 POWERLINK 命令层的字段说明。

表 54 POWERLINK 命令层

八位位组偏移[a]	比特偏移								
	7	6	5	4	3	2	1	0	
0	保留(Reserved)								固定部分
1	处理 ID(TransactionID)								
2	响应(Response)	中止(Abort)	分段(Segmentation)		保留(Reserved)				
3	命令 ID(CommandID)								
4～5	分段大小(SegmentSize)								
6～7	保留(Reserved)								

表 54（续）

八位位组偏移[a]	比特偏移								
	7	6	5	4	3	2	1	0	
8～11	数据大小(DataSize)(仅当 Segmentation=Initiate)								可变部分
(8+4×d)～k−1	命令 ID 特定首部								命令 ID 特定部分
k～1465	可选的有效载荷数据								
其中，k=命令 ID 特定首部长度；k<1465； d：如果 seg=Initiate，则 d=1； 否则 d=0。									
[a] 偏移以 POWERLINK 命令层的起始处为基准。									

表 55 POWERLINK 命令层字段的说明

字段	缩写	描　述	值
保留	res	保留，当将 SDO 嵌入在循环数据中时使用该字节(见 9.3.3)	0
处理 ID	tid	无歧义的命令处理 ID。 由客户机在每个新命令时改变	0～255
响应	rsp	请求/响应	0：请求(Request) 1：响应(Response)
中止	a	请求的传输不能由客户机/服务器完成	0：传输正常(Transfer ok) 1：中止传输(Abort transfer)
分段	seg	区分快速传输还是分段传输	0：快速传输(Expedited Transfer) 1：初始化分段传输(Initiate Segm. Transfer) 2：分段(Segment) 3：分段传输结束(Segm. Transfer Complete)
命令 ID	cid	规定命令	见表 58
分段大小	ss	段数据的长度 从命令首部的结束开始计数(从八位位组偏移 8 开始)	0～1 458
数据大小	ds	包含传输块的字节数； 从命令首部的结束开始计数(从八位位组偏移 8 开始)； 仅用于初始化传输帧(seg=Initiate)； 如果 ds=0000_h，则不说明大小	0～2^{32}−1
命令 ID 特定		规定 cid 所指命令	见 9.3.2.4.2

处理 ID(tid)可用于通过相同的 UDP 套接字或 ASnd 通道支持几个并行的逻辑通道。

分段大小(ss)指示命令层段的长度，也就是命令层有效数据的长度。每个设备必须支持最小 256 字节，可支持的最大长度是 1 458 字节(以太网帧的最大有效载荷为 1 500 字节)。客户机可使用命令“最大分段大小”(见 9.3.2.4.2.4.1)来获得与服务器通信的最大可用大小。

分段大小定义见图 56。

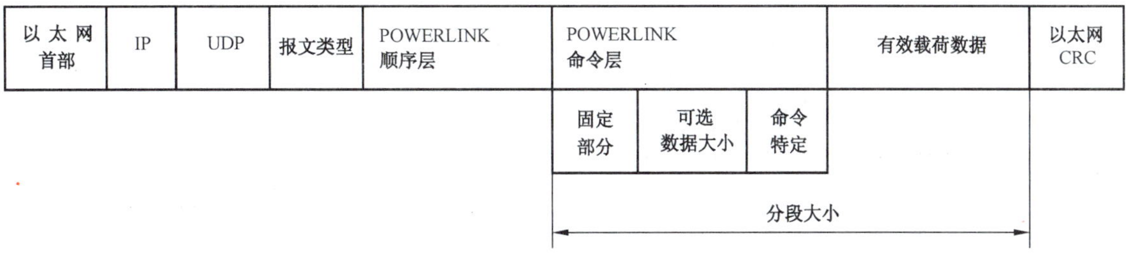

图 56　分段大小定义

对于初始化分段传输(seg=1),命令中传输的字节数在数据大小字段(ds)中说明。因此命令 ID 特定首部的偏移是 8(快速传输)或者 12(初始化分段传输)(见表 54)。

9.3.2.4.1.1　下载(Download)协议

SDO 客户机使用下载服务将数据下载到服务器(对象字典所有者)。

典型的下载传输如图 57 所示。

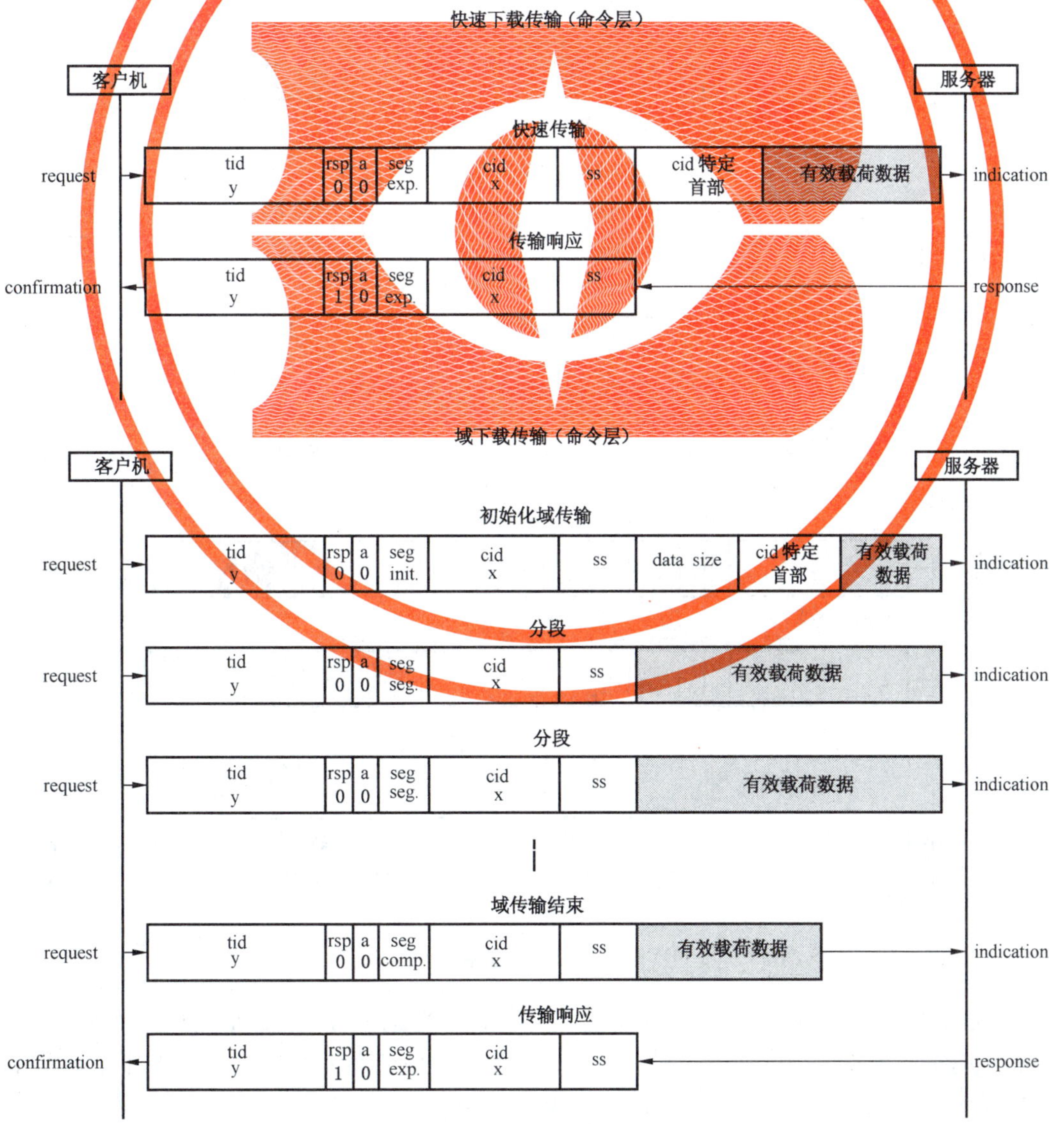

图 57　POWERLINK 命令层:典型的下载传输

在快速下载中,由 cid 特定首部标识的数据被传送给服务器。

在分段传输中,SDO 作为 0 个或多个下载 SDO 分段服务的序列被下载,下载时首先执行初始化 SDO 下载服务,然后传输整个帧。序列由于下列因素而终止:

——响应/证实,指示成功完成一个正常的下载序列;

——中止 SDO 传输请求/指示,指示没有成功完成下载序列。

图 57 没有示出 SDO 顺序层。在 SDO 顺序层的初始化过程中,可能涉及更多的帧,详见 9.3.2.3。

9.3.2.4.1.2 上传(Upload)协议

SDO 客户机使用上传服务来从服务器上传数据。

典型的上传传输如图 58 所示。

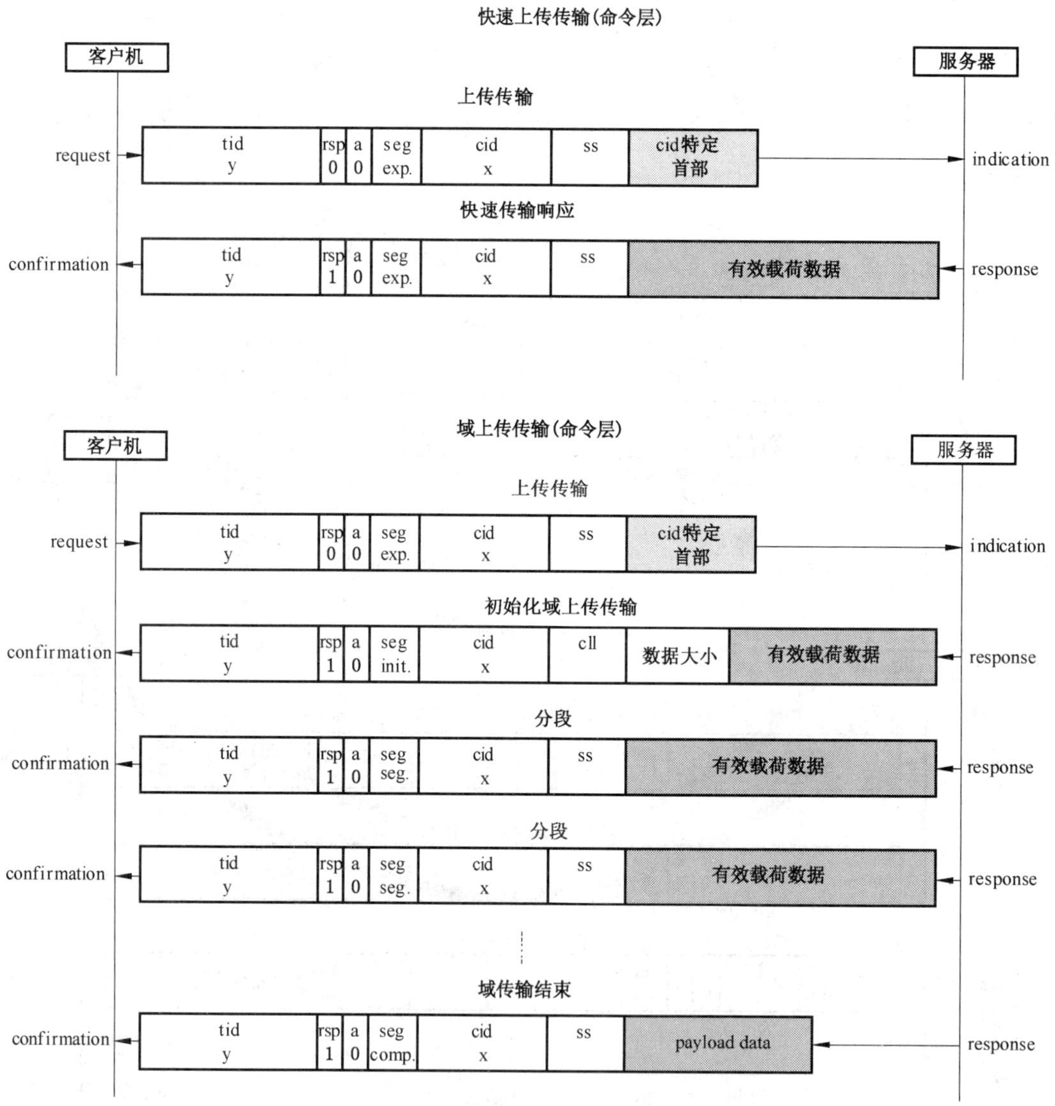

图 58 **POWERLINK 命令层:典型的上传传输**

如果快速上传成功,则服务结束由 cid 特定首部标识的数据集的上传并证实相应数据。

在分段传输中,SDO 作为 0 个或多个上传 SDO 分段服务的序列被上传。上传时首先执行初始化 SDO 上传服务,然后传输整个帧。序列由于下列因素而终止:

——传输整个帧,指示成功完成一个正常的上传序列;

——中止 SDO 传输请求/指示，指示没有成功完成上传序列。

9.3.2.4.1.3 中止传输(Abort Transfer)

中止传输服务中止由处理 ID(tid)所指的上传或下载，并说明原因。

中止传输如图 59 所示。

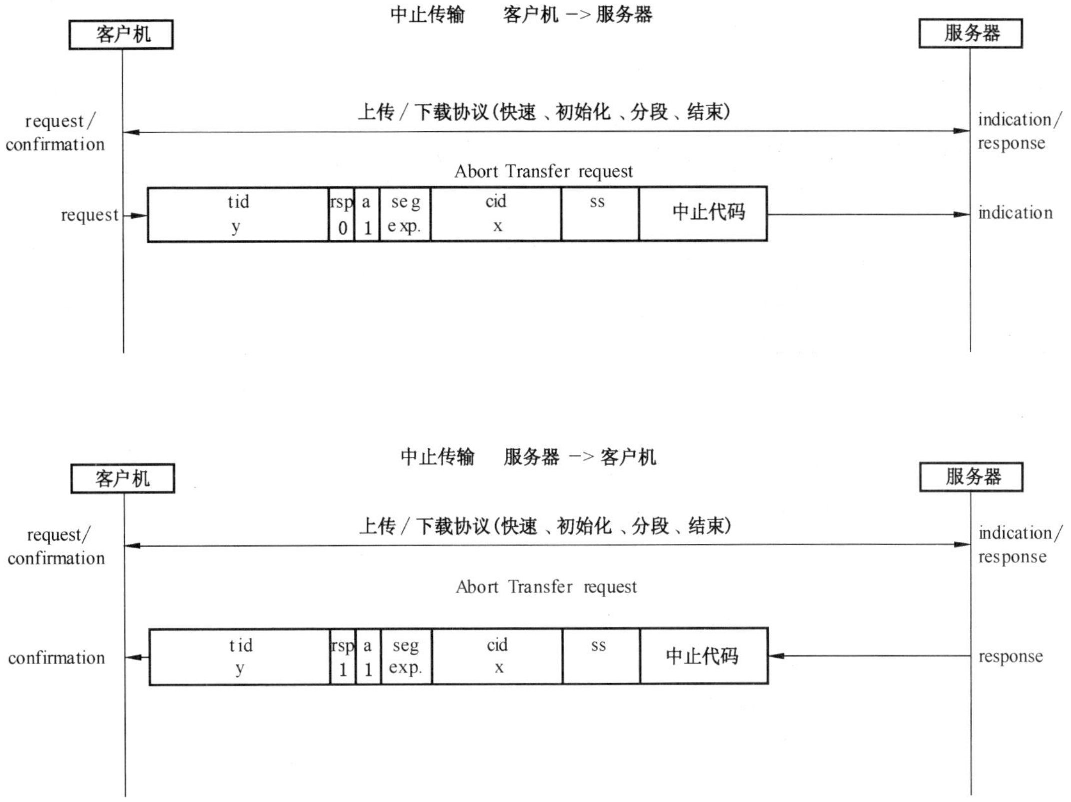

图 59　中止传输

中止服务是非证实的。中止服务可由 SDO 的客户机或服务器在任何时间执行。如果 SDO 的客户机有一个尚未完成的证实服务，则可采用中止指示作为对该服务的证实。

中止传输帧见表 56。表 57 给出了中止传输帧的字段说明。

表 56　中止传输帧

	比特偏移							
八位位组偏移	7	6	5	4	3	2	1	0
0	保留(Reserved)							
1	处理 ID (Transaction ID)							
2	响应(Response)	中止 1(Abort1)	分段(Segmentation)		保留(Reserved)			
3	命令 ID(Command ID)							
4～5	分段大小(Segment Size)							
6～7	保留(Reserved)							
8～11	中止代码(Abort Code)							

表 57　中止传输帧的字段说明

字　　段	缩　　写	描　　述	值
中止代码	ac	中止原因	见附录 C.10

按 UNSIGNED32 编码中止代码。SDO 中止代码列表详见附录 C.10。

9.3.2.4.2　命令

本条描述 POWERLINK 命令层的命令 ID(cid)特定部分。

命令服务和命令 ID 见表 58。

表 58　命令服务和命令 ID

命令	命令描述//设备描述条目	命令 ID	M/O
NIL[a]	不在列表中	0_h	M
SDO 协议			
按索引写 (Write by Index)	写参数,通过索引/子索引寻址	2_h	M
按索引读 (Read by Index)	读参数,通过索引/子索引寻址	3_h	O
按索引写所有 (Write all by Index)	写参数,通过索引、所有子索引寻址// D_SDOCmdWriteAllByIndex_BOOL	4_h	O
按索引读所有 (Read all by Index)	读参数,通过索引、所有子索引寻址// D_SDOCmdReadAllByIndex_BOOL	5_h	O
按名称写 (Write by Name)	写参数,通过名称寻址// D_SDOCmdWriteByName_BOOL	6_h	O
按名称读 (Read by Name)	读参数,通过名称寻址// D_SDOCmdReadByName_BOOL		
文件传输			
写文件 (File Write)	简单文件传输// D_SDO_CmdFileWrite_BOOL	20_h	O
读文件 (File Read)	简单文件传输// D_SDO_CmdFileRead_BOOL	21_h	O
变量组			
按索引写多个参数 (Write Multiple Parameter by Index)	在一个命令里写多个参数,通过索引/子索引寻址// D_SDO_CmdWriteMultParam_BOOL	31_h	O

表 58（续）

命令	命令描述//设备描述条目	命令 ID	M/O
按索引读多个参数（Read Multiple Parameter by Index）	在一个命令里读多个参数，通过索引/子索引寻址//D_SDO_CmdReadMultParam_BOOL	32_h	O
参数服务			
最大分段大小（Maximum Segment Size）	交换最大分段大小	70_h	Cond.[b]
制造商特定		80_h～FF_h	O
[a] NIL 命令应在命令层被忽略但在顺序层处理。即顺序层应发送一个确认响应，而 NIL 命令应被忽略。 [b] 条件：仅当分段大小>256 字节时才被传输。			

对特定命令的支持是可选的。是否支持应通过设备描述条目来指示（见表 58）。

9.3.2.4.2.1 **SDO 协议**

注：下载协议（见 9.3.2.4.1.1 和图 57）用于写命令，上传协议（见 9.3.2.4.1.2 和图 58）用于读命令。

9.3.2.4.2.1.1 **命令：按索引写**

使用按索引写服务，SDO 的客户机把数据下载到服务器（对象字典的所有者）。数据、已下载数据集的索引和子索引及其大小（仅对分段传输）被指示给服务器。

按索引写请求如表 59 所示。表 60 给出了按索引写请求的字段说明。

表 59 命令：按索引写请求

	比特偏移							
八位位组偏移	7	6	5	4	3	2	1	0
0～7	命令层（固定部分）							
8～11	数据大小（Data Size）（仅当 Segmentation=Initiate）							
(8～9)+4×d	索引（Index）							
10+4×d	子索引（Sub-index）							
11+4×d	保留（Reserved）							
(12+4×d)～1 465	有效载荷数据（Payload Data）							
其中，d：如果 seg=Initiate，则 $d=1$； 否则 $d=0$。								

表 60　按索引写请求的字段说明

字　段	缩　写	描　述	值
索引	i	规定设备对象字典的一个条目	0～65 535
子索引	si	规定设备对象字典条目的一个成员	0～254

9.3.2.4.2.1.2　命令:按索引读

使用按索引读服务,SDO 的客户机请求服务器把数据上传到客户机。上传被初始化的数据集的索引和子索引被指示给服务器。

按索引读请求如表 61 所示。表 62 给出了按索引读请求的字段说明。

表 61　命令:按索引读请求

	比特偏移							
八位位组偏移	7	6	5	4	3	2	1	0
0～7	命令层(固定部分)							
8～9	索引(Index)							
10	子索引(Sub-index)							
11	保留(Reserved)							

表 62　按索引读请求的字段说明

字　段	缩　写	描　述	值
索引	i	规定设备对象字典的一个条目	0～65 535
子索引	si	规定设备对象字典条目的一个成员	0～254

9.3.2.4.2.1.3　命令:按索引写所有

使用按索引写所有服务,SDO 的客户机把数据下载到服务器(对象字典的所有者)。该服务可寻址指定索引的所有子索引(子索引 0 除外)。有效载荷数据的长度必须与所有子索引数据的长度一致,且所有子索引必须可写。

按索引写所有请求如表 63 所示。表 64 给出了按索引写所有请求的字段说明。

表 63　命令:按索引写所有请求

	比特偏移							
八位位组偏移	7	6	5	4	3	2	1	0
0～7	命令层(固定部分)							
8～11	数据大小(Data Size)(仅当 Segmentation=Initiate)							
(8～9)+4×d	索引(Index)							

表 63（续）

	比特偏移							
八位位组偏移	7	6	5	4	3	2	1	0
$10+4\times d$	保留(Reserved)							
$11+4\times d$	保留(Reserved)							
$(12+4\times d)$～1 452	有效载荷数据(Payload Data)							
其中，d：如果 seg=Initiate，则 $d=1$； 否则 $d=0$。								

表 64　按索引写所有请求的字段说明

字　段	缩　写	描　述	值
索引	i	规定设备对象字典的一个条目	0～65 535

9.3.2.4.2.1.4　命令：按索引读所有

使用按索引读所有服务，SDO 的客户机请求服务器把数据上传到客户机。该服务可寻址指定索引的所有子索引(子索引 0 除外)。所有的子索引必须是可读的。

按索引读所有请求如表 65 所示。表 66 给出了按索引读所有请求的字段说明。

表 65　命令：按索引读所有请求

	比特偏移							
八位位组偏移	7	6	5	4	3	2	1	0
0～7	命令层(固定部分)							
8～9	索引(Index)							
10～11	保留(Reserved)							

表 66　按索引读所有请求的字段说明

字　段	缩　写	描　述	值
索引	i	规定设备对象字典的一个条目	0～65 535

9.3.2.4.2.1.5　命令：按名称写

使用按名称写服务。SDO 的客户机把数据下载到服务器。数据、已下载的数据集的名称及其大小(仅对于分段传输)被指示给服务器。

按名称写请求如表 67 所示。表 68 给出了按名称写请求的字段说明。

表 67 命令:按名称写请求

	比特偏移							
八位位组偏移	7	6	5	4	3	2	1	0
0～7	命令层(固定部分)							
8～11	数据大小(Data Size)(仅当 Segmentation=Initiate)							
(8～9)+4×d	偏移有效载荷数据(Offset Payload Data)(k)							
(10+4×d)～(k−1)	名称(Name)							
k～1 465	有效载荷数据(Payload Data)							
其中,k=名称长度的偏移;k<1 464,且为 4 的倍数; d:如果 seg=Initiate,则 d=1; 否则 d=0。								

表 68 按名称写请求的字段说明

字　段	缩　写	描　述	值
有效载荷数据偏移	opd	规定该分段中有效载荷数据的开始(以字节计),从固定命令首部的结束开始计数(从八位位组偏移 8 开始)	0～1 464
名称	n	规定设备对象字典的一个条目	

——名称不必以"\0"结束。

——命名惯例采用 GB/T 15969.3—2005 中的标识符定义。这些规约为:

- 名称由一系列字符、点、数字和下划线组成,并以字符或下划线开始;
- 下划线在标识符中是有意义的,如 A_BC 和 AB_C 是不同的标识符;
- 不允许多重引用或嵌入下划线;
- 标识符不应包含空格;
- 应至少支持 6 个字符的标识符,标识符在所有系统中是唯一的。

注:IEC 61131-3 定义了多个关键词作为单独的语法元素。这些关键词不应作为参数名称使用。POWERLINK 未定义更多的关键词。

——有效载荷数据长度必须为 4 字节的倍数。因此名称可能必须被填充。

"按名称写"服务被定义用来访问没有索引/子索引的应用对象(如全局变量)。

9.3.2.4.2.1.6 命令:按名称读

使用"按名称读"服务,SDO 的客户机请求服务器把数据上传到客户机。上传被初始化的数据集的名称被指示给服务器。

按名称读请求如表 69 所示。表 70 给出了按名称读请求的字段说明。

表 69　命令:按名称读请求

	比特偏移							
八位位组偏移	7	6	5	4	3	2	1	0
0～7	命令层(固定部分)							
8～11	数据大小(Data Size)(仅当 Segmentation=Initiate)							
(8+4×d)～k	名称(Name)							
其中,k<1 465; d:如果 seg=Initiate,则 d=1; 否则 d=0。								

表 70　按名称读请求的字段说明

字　　段	缩　　写	描　　述	值
名称	n	规定设备对象字典的一个条目	见 9.3.2.4.2.1.5

有效载荷数据长度必须为 4 字节的倍数。因此名称可能必须被填充。

9.3.2.4.2.2　文件传输

本条定义了简单文件传输协议。

对于文件访问,除了命名惯例外(见 9.3.2.4.2.1.5),可以使用以下扩展的有效字符:

——“/”和“\”;

——“*”;

——“:”。

未定义文件打开/关闭服务,因为这会导致相关服务具有的不同命令 ID(cid)。

9.3.2.4.2.2.1　命令:文件写

文件写协议包括用于文件访问的以下几种典型的操作系统命令:

——文件打开;

——文件查找;

——文件写。

文件写请求见表 71 所示。表 72 给出了文件写请求的字段说明。

表 71　命令:文件写请求

	比特偏移							
八位位组偏移	7	6	5	4	3	2	1	0
0～7	命令层(固定部分)							
8～11	数据大小(Data Size)(仅当 Segmentation=Initiate)							
(8～11)+4×d	地址(Address)							
(12～13)+4×d	偏移有效载荷数据(Offset Payload Data)(k)							

表 71（续）

	比特偏移							
八位位组偏移	7	6	5	4	3	2	1	0
(14～15)＋4×d	保留(Reserved)							
(16＋4×d)～(k－1)	文件名称(File Name)							
k～1 464	有效载荷数据(Payload Data)							
其中，k＝有效载荷数据的偏移；k<1 464，且为 4 倍数； d：如果 seg＝Initiate，则 d＝1； 否则 d＝0。								

表 72　文件写请求的字段说明

字　　段	缩　　写	描　　述	值
地址	addr	文件开始处数据的地址	0～2^{32}－1
偏移有效载荷数据	opd	规定该分段中有效载荷数据的开始（以字节计），从固定命令首部的结束开始计数（从八位位组偏移 8 开始）	0～1 464
文件名称	fn	文件名（完整路径）	—

地址字段指示了文件中数据的相关地址。

9.3.2.4.2.2.2　命令：文件读

文件读请求如表 73 所示。表 74 给出了文件读请求的字段说明。

表 73　命令：文件读请求

	比特偏移							
八位位组偏移	7	6	5	4	3	2	1	0
0～7	命令层(固定部分)							
8～11	数据大小(Data Size)(仅当 Segmentation＝Initiate)							
(8～11)＋4×d	地址(Address)							
(12＋4×d)～k	文件名称(File Name)							
其中，k<1 465； d：如果 seg＝Initiate，则 d＝1； 否则 d＝0。								

表 74 文件读请求的字段说明

字段	缩写	描述	值
地址	addr	文件开始处数据的地址	$0\sim2^{32}-1$
文件名称	fn	文件名(完整路径)	—

9.3.2.4.2.3 变量组

9.3.2.4.2.3.1 命令:按索引写多个参数

使用按索引写多个参数服务,SDO 的客户机把多个数据集下载到服务器。数据、被下载数据集的索引和子索引,以及传输长度(仅限分段传输)都被指示给服务器。

设备处理该命令的最大长度应受以太网帧传输最大能力的限制。

9.3.2.4.2.3.2 按索引写多个参数请求

按索引写多个参数请求如表 75 所示。表 76 给出了按索引写多个参数请求的字段说明。

表 75 命令:按索引写多个参数请求

	比特偏移量							
八位位组偏移	7	6	5	4	3	2	1	0
0～7	命令层(固定部分)							
8～11	数据大小(Data Size)(仅当 Segmentation=Initiate)							
$(8\sim11)+4\times d$	下一个数据集的八位位组偏移(Byte Offset of next Data Set)(k)							
$(12\sim13)+4\times d$	索引(Index)							
$14+4\times d$	子索引(Sub-index)							
$15+4\times d$	保留(Reserved)						填充长度(Padding Length)	
$(16+4\times d)\sim(k-1)$	有效载荷数据(Payload Data)							
$k\sim(k+3)$	下一个数据集的八位位组偏移(Byte Offset of next Data Set)(m)							
$(k+4)\sim(k+5)$	索引(Index)							
$k+6$	子索引(Sub-index)							
$k+7$	保留(Reserved)						填充长度(Padding Length)	
$(k+8)\sim(m-1)$	有效载荷数据(Payload Data)							
$m\cdots$	… (其他写请求)							

其中,d:如果 seg=Initiate,则 $d=1$;
否则 $d=0$。
k 和 m 为 4 的倍数。

表 76 按索引写多个参数请求的字段说明

字 段	缩 写	描 述	值
下一个数据集的八位位组偏移	o2d	下一个数据集的八位位组偏移。该值为一个绝对偏移量,从固定命令首部的结束开始计数(从八位位组偏移 8 开始)。 如果 $o2d=0$,则已达到最后一个数据集	$0\sim2^{32}-1$
索引	i	规定设备对象字典的一个条目	0～65 535
子索引	si	规定设备对象字典条目的一个成员	0～254
填充长度	pl	有效载荷的最后 4 字节(4 字节的字)中填充字节的个数	0～3
保留	res	保留供将来使用	0

9.3.2.4.2.3.3 按索引写多个参数响应

按索引写多个参数响应如表 77 所示。表 78 给出了按索引写多个参数响应的字段说明。

表 77 命令:按索引写多个参数响应

八位位组偏移	比特偏移量 7	6	5	4	3	2	1	0
0～7	命令层(固定部分)							
8～11	数据大小(Data Size)(仅当 Segmentation = Initiate)							
$(8\sim9)+4\times d$	索引(Index)							
$10+4\times d$	子索引(Sub-index)							
$11+4\times d$	子中止(SubAbort)		保留(reserved)					
$(12\sim15)+4\times d$	子中止代码(Sub-Abort Code)							
$(16\sim17)+4\times d$	索引(Index)							
$18+4\times d$	子索引(Sub-index)							
$19+4\times d$	子中止(SubAbort)		保留(reserved)					
$(20\sim23)+4\times d$	子中止代码(Sub-Abort Code)							
24…	… (其他写响应)							
其中,d:如果 seg = Initiate,则 $d=1$; 否则 $d=0$。								

表 78 按索引写多个参数响应的字段说明

字段	缩写	描 述	值
索引	i	规定设备对象字典的一个条目	0～65 535
子索引	si	规定设备对象字典条目的一个成员	0～254
子中止	a	被请求传输不能被服务器处理	0:传输成功(Transfer ok); 1:中止传输(Abort Transfer)
保留	res	保留供将来使用	0
子中止代码	sac	子中止的原因	见附录 C.10

在响应中传输所有无效对象访问的一个列表。

命令首部中的中止标志(a)被置位,以报告一个普通错误状况。

列表条目由对象的索引、子索引、子中止标志(sa)、对应读多个参数命令的响应(见第 10 章),和子中止代码(sac)组成。

如果所有访问有效且被服务器处理,则响应中的中止标志(a)不被置位,并且命令特定首部为空。即失败访问的列表为空。

9.3.2.4.2.3.4 命令:按索引读多个参数

使用读多个参数服务,SDO 的客户机请求服务器将多个数据集上传到客户机。上传被初始化的数据集的索引和子索引被指示给服务器。

设备处理该命令的最大长度应受以太网帧传输最大能力的限制。

9.3.2.4.2.3.5 按索引读多个参数请求

按索引读多个参数请求如表 79 所示。表 80 给出了按索引读多个参数请求的字段说明。

表 79 命令:按索引读多个参数请求

八位位组偏移	比特偏移量							
	7	6	5	4	3	2	1	0
0～7	命令层(固定部分)							
8～11	数据大小(Data Size)(仅当 Segmentation = Initiate)							
(8～9)+ 4×d	索引(Index)							
10 + 4×d	子索引(Sub-index)							
11 + 4×d	保留(reserved)							
(12～13)+ 4×d	索引(Index)							
14 + 4×d	子索引(Sub-index)							
15 + 4×d	保留(reserved)							
16…	… (其他读请求)							
其中,d:如果 seg = Initiate,则 d= 1; 否则 d=0。								

表 80　按索引读多个参数请求的字段说明

字段	缩写	描　　述	值
索引	i	规定设备对象字典的一个条目	0～65 535
子索引	si	规定设备对象字典条目的一个成员	0～254
保留	res	保留给队列	0

9.3.2.4.2.3.6　按索引读多个参数响应

按索引读多个参数响应如表 81 所示。表 82 给出了按索引读多个参数响应的字段说明。

表 81　命令：按索引读多个参数响应

八位位组偏移	比特偏移量							
	7	6	5	4	3	2	1	0
0～7	命令层(固定部分)							
8～11	数据大小(Data Size)(仅当 Segmentation = Initiate)							
(8～11)+ 4×d	下一个数据集的八位位组偏移(Byte Offset of next Data Set)(k)							
(12～13)+ 4×d	索引(Index)							
14 + 4×d	子索引(Sub-index)							
15 + 4×d	子终止(SubAbort)	保留(reserved)					填充长度(Padding Length)	
(16 + 4×d)～(k − 1)	有效载荷数据(Payload Data)/子中止代码(SubAbort Code)							
k～(k + 3)	下一个数据集的八位位组偏移(Byte Offset of next Data Set)(m)							
(k + 4)～(k + 5)	索引(Index)							
k + 6	子索引(Sub-index)							
k + 7	子终止(SubAbort)	保留(reserved)					填充长度(Padding Length)	
(k + 8)～(m − 1)	有效载荷数据(Payload Data)/子中止代码(SubAbort Code)							
m…	…　(其他读响应)							
其中，d：如果 seg = Initiate，则 d = 1； 否则 d = 0。 k 和 m：4 的倍数。								

表 82　按索引读多个参数响应的字段说明

字段	缩写	描　　述	值
下一个数据集的八位位组偏移	o2d	下一个数据集的八位位组偏移。该值是绝对偏移量，从固定命令首部的结束开始计数(从八位位组偏移 8 开始) 如果 o2d = 0 表示已达到了最后一个数据集	0～2^{32}−1
索引	i	规定设备对象字典的一个条目	0～65 535

表 82（续）

字段	缩写	描述	值
子索引	si	规定设备对象字典条目的一个成员	0～254
子中止	sa	服务器无法提供请求的传输	0:传输成功; 1:放弃传输
填充长度	pl	有效载荷数据中最末字(长为4字节的字)的填充字节个数	0～3
保留	res	保留供将来使用	0
子中止代码	ac	中止的原因	见附录C.10

9.3.2.4.2.4 参数服务

9.3.2.4.2.4.1 命令:最大分段大小

最大分段大小(MSS)指示了命令层中分段的最大长度。

每个设备必须能支持的最小分段大小为256个字节。如果客户机和服务器处理能力超过256字节,客户机能用这个命令来协商最大的分段大小。

最大分段大小如表83所示。表84给出了最大分段大小的字段说明。

表 83 命令:最大分段大小

	比特偏移量							
八位位组偏移	7	6	5	4	3	2	1	0
0～7	命令层(固定部分)							
8～9	MSS客户机(MSS Client)							
10～11	MSS服务器(MSS Server)							

表 84 最大分段大小的字段说明

字段	缩写	描述	值
MSS客户机	mssc	客户机的最大分段大小	256～1 456(UDP/IP)或 256～1 484(ASnd)
MSS服务器	msss	服务器的最大分段大小; 如果值为0000_h则长度未指定(客户机向服务器请求)	256～1 456(UDP/IP)或 256～1 484(ASnd)

一个以太网帧最大能传输1 500字节,因此通过UDP/IP传输的SDO的最大分段大小被限为1 456字节。剩余的字节需被用于协议开销:IP(20字节)、UDP(8字节)、消息类型/服务标示/等(4字节)、POWERLINK顺序层(4字节)和POWERLINK命令层的固定部分(8字节)。

通过ASnd传输的SDO的最大分段大小被限为1 484字节。剩余的字节需被用于协议的开销:消息类型/服务标示等(4字节)、POWERLINK顺序层(4字节)和POWERLINK命令层的固定部分(8字节)。

在客户机的请求帧中mssc被指示给服务器。msss被设为0,因此不被指示。

在响应中服务器重复客户机的mssc并指示自己的msss。

客户机和服务器都必须将 mssc 和指示的 msss 相比较，并计算两者的最小值。这称为被使用的 MSS(Used MSS)。

Used MSS = min {mssc; msss}

9.3.3 嵌入 PDO 中的 SDO

SDO 能嵌入到循环 PDO 中。嵌入的 SDO 被作为容器映射到 PDO。

按索引读写的命令层协议被用来访问数据。容器首部由缩短的顺序层开始(1 字节)。POWERLINK 命令层协议的固定部分遵循：

——由于容器有固定长度，所以必须指明有效的数据长度。因此插入"有效的载荷长度"字段。容器中最多能传输 255 字节的有效载荷数据。

嵌入 PDO 中的 SDO 如表 85 所示。表 86 给出了嵌入 PDO 中的 SDO 的字段说明。

表 85 嵌入 PDO 中的 SDO

	比特偏移量								
八位位组偏移	7	6	5	4	3	2	1	0	
0	嵌入 PDO 中的顺序层								顺序层
1	处理 ID(TransactionID)								命令层
2	响应 (Response)	中止 (Abort)	分段 (Segmentation)		保留 (Reserved)				
3	有效载荷长度(Valid Payload Length)								
4	命令 ID(CommandID)								
5～6	索引(Index)								
7	子索引(Sub-index)								
8～11	数据大小(Data Size)(仅当 Segmentation = Initiate)								可变部分
$(8+4\times d)$～$k-(8+4\times d)$	可选的有效载荷数据 (Optional Payload Data)								有效载荷
其中，k = 容器长度，以字节计； d：如果 seg = Initiate，则 $d=1$； 否则 $d=0$。									

表 86 嵌入 PDO 中的 SDO 的字段说明

字段	缩写	描 述	值
顺序层(见 9.3.3.1)			
命令层			
处理 ID	tid	无歧义的命令处理 ID。 由客户机在每个新命令时改变	0～255
中止	a	请求的传输无法由客户机/服务器提供	0：传输成功(Transfer ok) 1：中止传输(Abort transfer)
响应	rsp	请求/响应	0：请求(Request) 1：响应(Response)

表 86（续）

字段	缩写	描　　述	值
分段	seg	区分快速传输和分段传输	0:快速传输（Expedited Transfer） 1:初始化传输(Initiate Transfer) 2:分段传输(Segment) 3:传输完成(Transfer Complete)
有效载荷长度	vpl	容器中有效载荷数据的字节长度	0～255
命令标识	cid	规定命令	见表 58
索引	i	规定设备对象字典的一个条目	0～65 535
子索引	si	规定设备对象字典的一个成员	0～254
数据大小	ds	见表 57 的定义	

容器至少需要 8 字节用于首部信息。

如果支持分段传输，则必须按 POWERLINK 命令层协议定义为初始帧插入一个数据大小字段，这样首部长度为 12 字节。

嵌入的 SDO 传输在两个设备之间建立点到点通信通道。这就是客户机—服务器的单向连接。如果设备需要用这种方式向多个设备传输数据，则它必须为每个设备建立一个 SDO 连接通道。

客户机 SDO 容器(CSDO)和服务器 SDO 容器(SSDO)参数分别由 SDO 通信参数对象 SDO_ServerContainerParam_XXh_REC 和 SDO_ClientContainerParam_XXh_REC 来描述。对于每个 SDO 通道，这对通信参数是必备的。

9.3.3.1　嵌入 PDO 中的 SDO 顺序层

为了将 SDO 嵌入循环数据中(PollRequest 和 PollResponse)，POWERLINK 命令层中的第一个字节被保留给嵌入的顺序层。

嵌入循环数据中 SDO 的 POWERLINK 顺序层如表 87 所示。表 88 给出了嵌入循环数据中 SDO 的 POWERLINK 顺序层的字段说明。

表 87　嵌入循环数据中 SDO 的 POWERLINK 顺序层

<table>
<tr><td rowspan="2">八位位组偏移</td><td colspan="8">比特偏移量</td></tr>
<tr><td>7</td><td>6</td><td>5</td><td>4</td><td>3</td><td>2</td><td>1</td><td>0</td></tr>
<tr><td>0</td><td colspan="6">顺序号(SequenceNumber)</td><td colspan="2">连接(Connection)</td></tr>
<tr><td>1...</td><td colspan="8">命令层协议</td></tr>
</table>

注：由于通信被嵌入循环通信中，因此双向通信只要一个顺序号。从而保证双向的通信中都有报文。

表 88　嵌入循环数据中 SDO 的 POWERLINK 顺序层字段说明

字段	缩写	描　　述	值
顺序号	snr	对每个新请求帧，顺序号应加 1	0～63
连接	con	表示不同的连接状态	0:无连接(No connection) 1:初始化(Initialisation) 2:连接有效(Connection valid) 3:错误响应（Error Response） (重发请求)

9.3.3.1.1 连接

9.3.3.1.1.1 连接初始化

连接未初始化(例如,上电后)。服务器已关闭与客户机的连接。此时,客户机和服务器都知道连接已关闭。"?"用于被忽略的计数器。

此后,连接建立。

在连接初始化完成前顺序号不应增加。在初始化过程中不应传输命令。

嵌入连接的初始化过程见图 60。

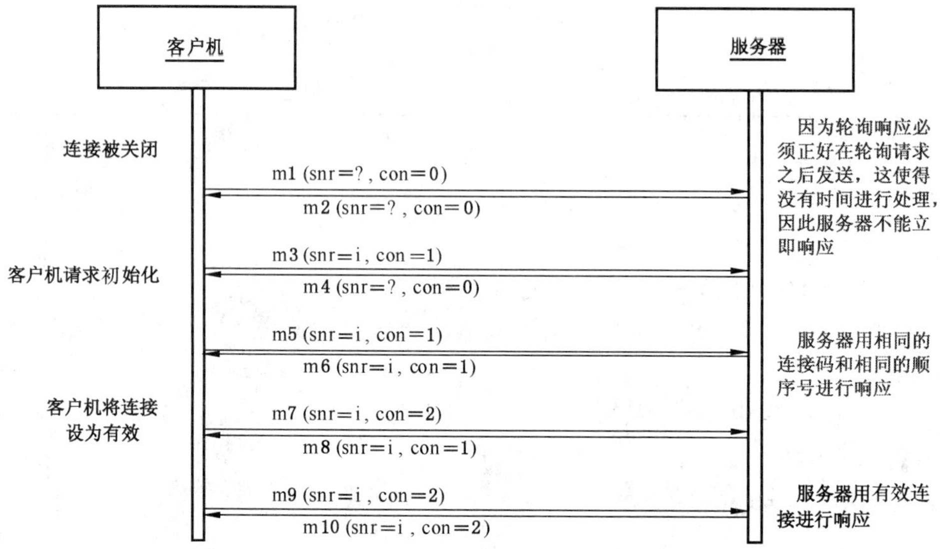

图 60 嵌入连接的初始化

9.3.3.1.1.2 关闭连接

当不再需要连接时,应关闭连接。关闭连接过程见图 61。

如果节点由于其他的原因而需要资源,则也可关闭连接。

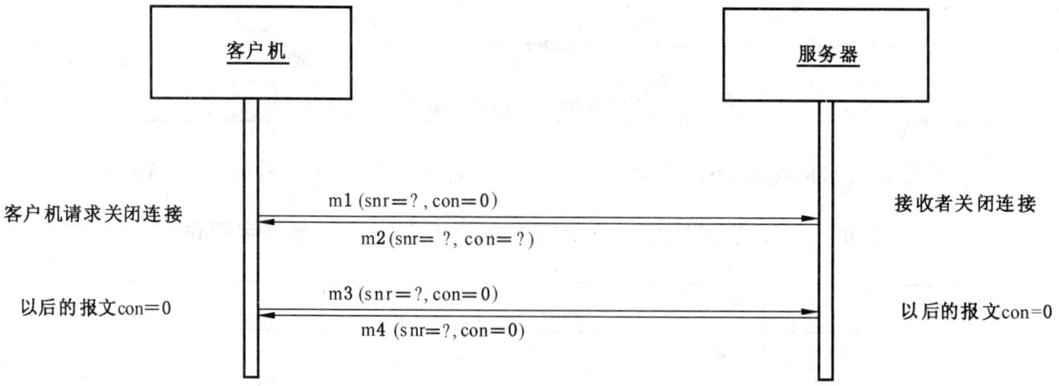

图 61 关闭连接

关闭连接应通过 con = 0 指示。

9.3.3.1.1.3 数据传输

当连接建立后,允许客户机发送新的请求帧。客户机和服务器必须将所发送的帧保存在历史缓存区中。

即使还未接收到对先前请求的响应,客户机也能在连续的循环帧中向服务器提前发送请求帧。然后在相应请求帧的几个周期之后接收到响应帧。

如果没有可发送的数据,则最近发送的数据包将被重复发送。

为执行本协议的错误恢复(见第10章),客户机必须知道服务器的发送历史中保存了多少个响应。可从对象字典中读取此历史大小参数,缺省值为1。

客户机保存发送历史,是为了能够通过重发请求来重新获得丢失的响应。

如果服务器的发送历史大小为 n、客户机的发送历史大小为 m,则客户机在接收到响应之前发送请求的不应超过 $\min(m,n)$。

图62示出了包含六个新请求帧的示例。

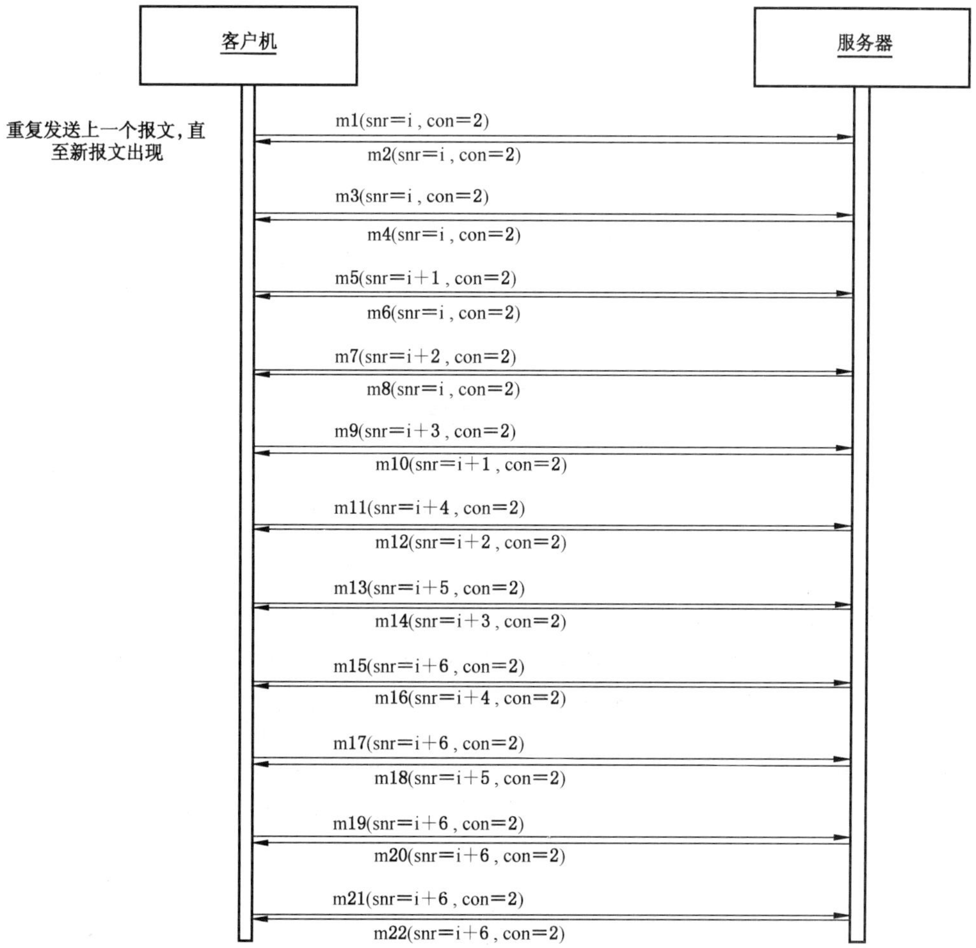

图62 正常嵌入的通信

9.3.3.1.2 错误

9.3.3.1.2.1 错误:请求丢失

如果服务器检测到非预期的顺序号,即收到的顺序号不是比上一个正确接收的顺序号大1,则以连接码 3 和上一个成功接收到帧的顺序号作为响应。然后客户机必须重发上一个成功传输帧的顺序号之后的所有帧。

图 63 示出了嵌入的请求丢失错误。

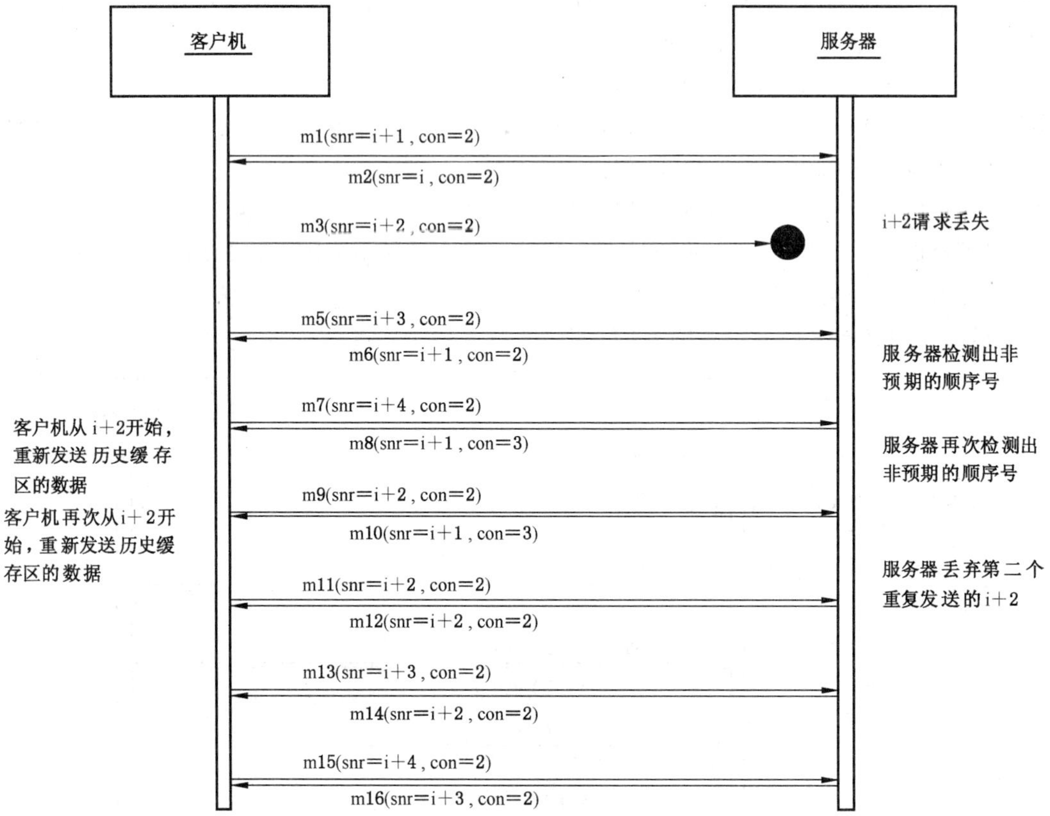

图 63　嵌入的请求丢失错误

9.3.3.1.2.2　错误：响应丢失

如果客户机检测到非预期的顺序号，即收到的顺序号不是比上一个正确接收的顺序号大 1，则它应重发帧且使连接码为 3，以表示未接收到响应。

图 64 示出了嵌入的响应丢失错误。

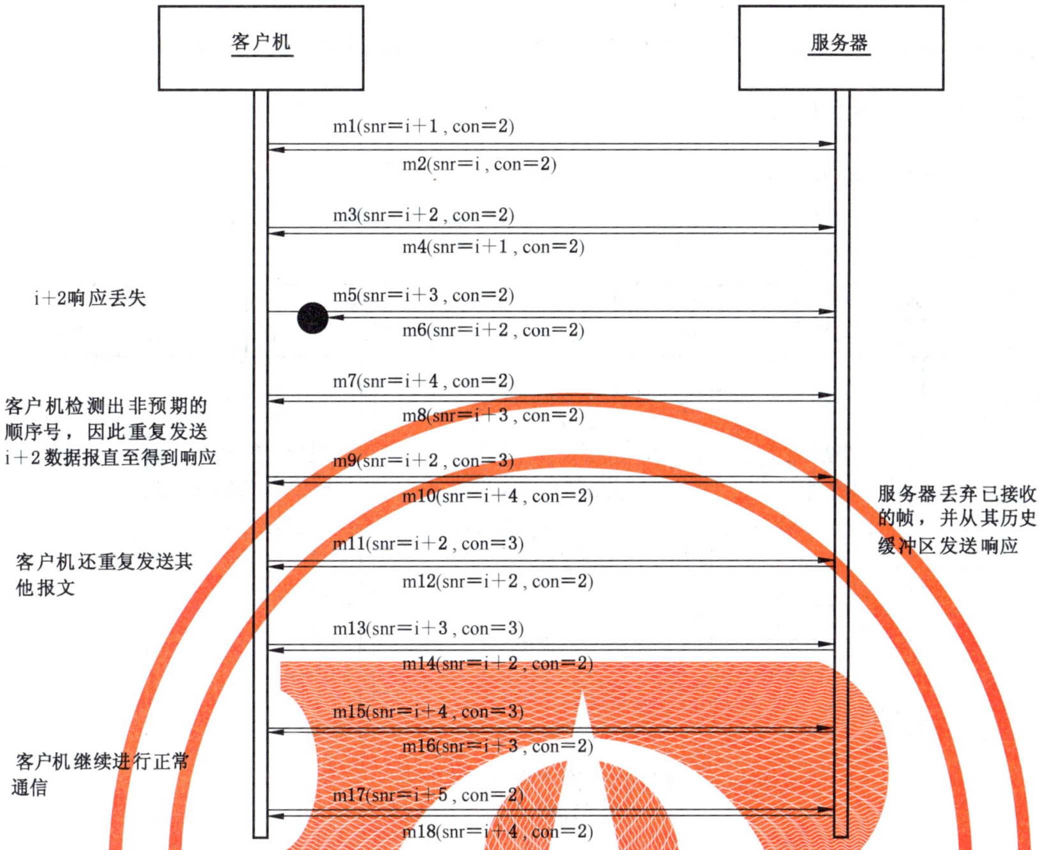

图 64　嵌入的响应丢失错误

9.3.3.1.3　分段传输的处理

9.3.3.1.3.1　客户机到服务器的分段下载

图 65 示出了嵌入的分段下载。

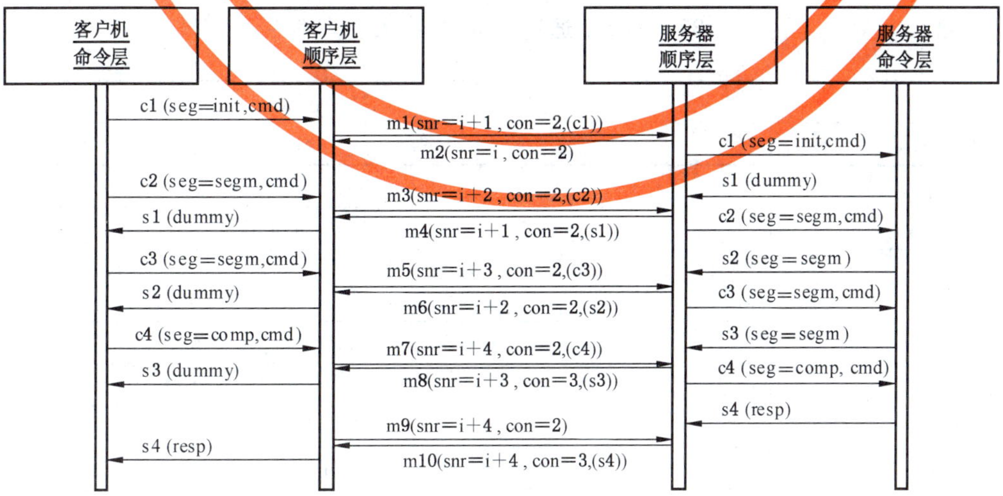

图 65　嵌入的分段下载

对于嵌入在循环数据中的 SDO,客户机的每个新请求帧都应得到服务器的响应。在客户机到服务器的分段下载情况下，客户机会产生比服务器更多的命令帧。

因此当分段传输运行时，服务器应使用包含命令 ID“NIL”的空帧来确认收到顺序号。

9.3.3.1.3.2 服务器到客户机的分段上传

在服务器到客户机的分段上传情况下，服务器会比客户机产生更多的命令。为了给服务器提供足够的顺序号，客户机在上传结束前应向服务器发送包含命令 ID“NIL”的空命令。

图 66 示出了嵌入的分段上传。

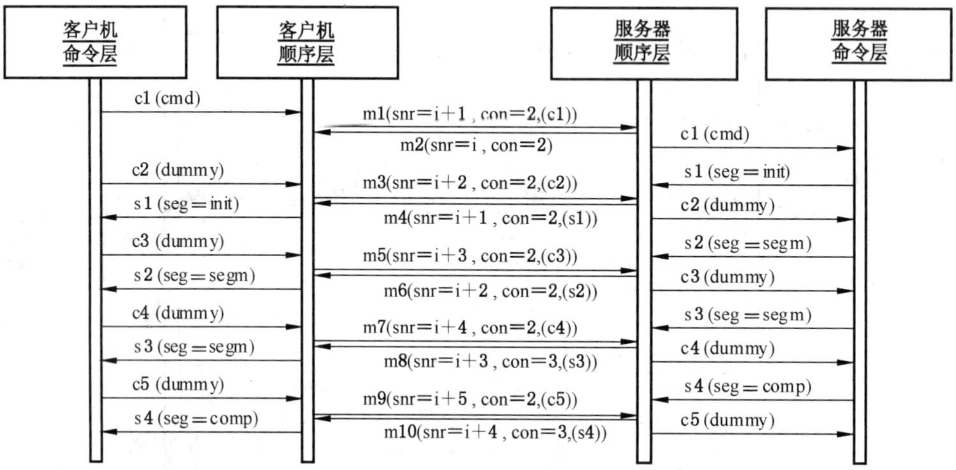

图 66 嵌入的分段上传

9.3.3.2 嵌入循环数据中 SDO 的命令层

注：虽然本标准只定义了通过 PDO 中 SDO 的按索引读写服务，但在 SDO 命令层(见 9.3.2.4)定义的其他所有命令都以类似的方式被支持。

9.3.3.2.1 通过 PDO 按索引写命令

通过 PDO 的按索引写命令如表 89 所示。

表 89 命令：通过 PDO 的按索引写命令

	比特偏移量							
八位位组偏移	7	6	5	4	3	2	1	0
0	嵌入 PDO 中的顺序层							
1	处理 ID(TransactionID)							
2	响应 (Response)	中止 (Abort)	分段 (Segmentation)		保留 (Reserved)			
3	有效载荷长度(Valid Payload Length)							
4	命令 ID(CommandID)= 按索引写(Write by index)							
5～6	索引(Index)							
7	子索引(Sub-index)							
8～11	数据大小(Data Size)(仅当 Segmentation = Initiate)							
$8+4\times d$　k～$(8+4\times d)$	有效载荷数据(Payload Data)							
其中，k = 容器长度，以字节计。								

9.3.3.2.2 通过 PDO 按索引读命令

通过 PDO 的按索引读命令如表 90 所示。

表 90 命令:通过 PDO 的按索引读命令

八位位组偏移	比特偏移量							
	7	6	5	4	3	2	1	0
0	嵌入 PDO 中的顺序层							
1	处理 ID(TransactionID)							
2	响应 (Response)	终止 (Abort)	分段 (Segmentation)		保留 (Reserved)			
3	有效载荷长度(Valid Payload Length)							
4	命令 ID (CommandID)= 按索引读(Read by index)							
5～6	索引(Index)							
7	子索引(Sub-index)							

9.3.3.3 对象描述

9.3.3.3.1 对象 1 200_h～$127F_h$:SDO_ServerContainerParam_XXh_REC

SDO_ServerContainerParam_XXh_REC 对象包含作为服务器的设备的 SDO 参数。

为映射 PDO 中的容器,应映射相应的索引。

为允许按名称访问,“_XXh”应由名称索引替代。如果对象索引为 1200_h,则名称索引应为“_00h”。该名称索引值最大应增至“_7Fh”,对应的对象索引为 $127F_h$。

索引	1200_h～$127F_h$	对象类型	RECORD
名称	SDO_ServerContainerParam_XXh_REC		
数据类型	SDO_ParameterRecord_TYPE	类别	O

——子索引 00_h:NumberOfEntries

子索引	00_h		
名称	NumberOfEntries		
取值范围	4	访问	const
缺省值	4	PDO 映射	No

——子索引 01_h:ClientNodeID_U8

子索引	01_h		
名称	ClientNodeID_U8		
数据类型	UNSIGNED8	类别	M
取值范围	UNSIGNED8	访问	rw
缺省值	无	PDO 映射	No

SDO 客户机的 POWERLINK 的 NodeID。

——子索引 02_h:ServerNodeID_U8

子索引	02_h		
名称	ServerNodeID_U8		
数据类型	UNSIGNED8	类别	M
取值范围	UNSIGNED8	访问	rw
缺省值	无	PDO 映射	No

SDO 服务器的 POWERLINK 的 NodeID。

——子索引 03_h:ContainerLen_U8

子索引	03_h		
名称	ContainerLen_U8		
数据类型	UNSIGNED8	类别	M
取值范围	UNSIGNED8	访问	rw
缺省值	无	PDO 映射	No

容器(包括首部)的最大长度,以字节计。

——子索引 04_h:HistorySize_U8

子索引	04_h		
名称	HistorySize_U8		
数据类型	UNSIGNED8	类别	M
取值范围	0～63	访问	rw
缺省值	无	PDO 映射	No

客户机请求历史大小(顺序层,见 9.3.3.4)。

9.3.3.3.2 对象 1280_h～$12FF_h$:SDO_ClientContainerParam_XXh_REC

SDO_ClientContainerParam_XXh_REC 对象包含作为客户机的设备的 SDO 参数。如果支持此条目,则其所有的子索引必须可用。

为映射 PDO 中的容器,应映射相应的索引。

为允许按名称访问,"_XXh"应由名称索引替代。如果对象索引为 1280_h,则名称索引应为"_00h"。该名称索引值最大应增至"_7Fh",对应的对象索引为 $12FF_h$。

索引	1280_h～$12FF_h$	对象类型	RECORD
名称	SDO_ClientContainerParam_XXh_REC		
数据类型	SDO_ParameterRecord_TYPE	类别	O

——子索引 00_h:NumberOfEntries

子索引	00h		
名称	NumberOfEntries		
取值范围	5	访问	const
缺省值	5	PDO 映射	No

——子索引 01_h:ClientNodeID_U8

子索引	01_h		
名称	ClientNodeID_U8		
数据类型	UNSIGNED8	类别	M
取值范围	UNSIGNED8	访问	rw
缺省值	无	PDO 映射	No

SDO 客户机的 POWERLINK 的 NodeID。

——子索引 02_h:ServerNodeID_U8

子索引	02_h		
名称	ServerNodeID_U8		
数据类型	UNSIGNED8	类别	M
取值范围	UNSIGNED8	访问	rw
缺省值	无	PDO 映射	No

SDO 服务器的 POWERLINK 的 NodeID。

——子索引 03_h:ContainerLen_U8

子索引	03_h		
名称	ContainerLen_U8		
数据类型	UNSIGNED8	类别	M
取值范围	UNSIGNED8	访问	rw
缺省值	无	PDO 映射	No

容器(包括首部)的最大长度,以字节计。

——子索引 04_h:HistorySize_U8

子索引	04_h		
名称	HistorySize_U8		
数据类型	UNSIGNED8	类别	M
取值范围	0~63	访问	rw
缺省值	无	PDO 映射	No

服务器响应历史大小(顺序层,见 9.3.3.1)。

——子索引 05_h:保留。

9.3.3.3.3 对象 0422_h:**SDO_ParameterRecord_TYPE**

索引	0422_h	对象类型	DEFSTRUCT
名称	SDO_ParameterRecord_TYPE		
子索引	成员名称	值	数据类型
00_h	NumberOfEntries	04_h	
01_h	ClientNodeID_U8	0005_h	UNSIGNED8
02_h	ServerNodeID_U8	0005_h	UNSIGNED8
03_h	ContainerLen_U8	0005_h	UNSIGNED8
04_h	HistorySize_U8	0005_h	UNSIGNED8

9.3.4 SDO 超时

9.3.4.1 对象 1300_h:SDO_SequLayerTimeout_U32

该对象为 SDO 顺序层的连接中止识别提供了以 ms 为单位的超时值(见 9.3.2.3.2.5)。

索引	1300_h	对象类型	VAR
名称	SDO_SequLayerTimeout_U32		
数据类型	UNSIGNED32	类别	M
取值范围	UNSIGNED32	访问	rw,复位有效
缺省值	无	PDO 映射	No

9.3.4.2 Object 1301_h:SDO_CmdLayerTimeout_U32

该对象为 SDO 命令层的连接中止识别提供了以 ms 为单位的超时值。

索引	1301_h	对象类型	VAR
名称	SDO_CmdLayerTimeout_U32		
数据类型	UNSIGNED32	类别	O
取值范围	UNSIGNED32	访问	rw,复位有效
缺省值	无	PDO 映射	No

9.4 过程数据对象(PDO)

实时数据的传输是通过过程数据对象(PDO)来实现的。

POWERLINK 中的 PDO 通信总是通过 PReq 和/或 PRes 帧等时同步地执行。PRes 帧以生产者/消费者方式广播发送。而带单播地址的 PReq 帧遵从主/从关系。

PDO 的传输类型是连续的,不提供“基于事件”或“基于改变”传输类型。

从设备角度,PDO 用法有两种类型:数据发送和数据接收。应区分发送 PDO(TPDO)和接收 PDO(RPDO)。支持 TPDO 的设备是 PDO 生产者或 PDO 主站,能够接收 PDO 的设备被称为 PDO 消费者或 PDO 从站。

所支持通道的个数应由应用提供。

MN 设备可最多支持 256 个 RPDO 通道和 256 个 TPDO 通道。

CN 设备只支持一个 TPDO 通道但可提供最多 256 个 RPDO 通道。仅异步的 CN 设备不应支持任何 TPDO 通道,但可提供最多 256 个 RPDO 通道。

PDO 通道的大小是应用特定的。

PDO 通道应通过一对对象来描述:

——PDO 通信参数描述了 PDO 的通信属性,提供了映射版本和地址信息。

PDO 通信参数由对象 PDO_TxCommParam_XXh_REC 和 PDO_RxCommParam_XXh_REC(相应的索引号 1800_h~$18FF_h$ 和 1400_h~$14FF_h$)组成。

——PDO 映射参数描述了包含在 PDO 有效载荷中的对象到对象字典条目的映射。

PDO 映射参数由 PDO_TxMappParam_XXh_AU64 和 PDO_RxMappParam_XXh_AU64(相应的索引号 $1A00_h$~$1AFF_h$ 和 1600_h~$16FF_h$)组成。

相应的 PDO 通信参数和映射参数应通过相等的索引号低字节值来标识。应区分成对的 TPDO 对象和 RPDO 对象。

可在设备配置过程中通过使用对象字典相应条目的 SDO 服务，把应用对象到 PDO 的映射传送给设备。

对于完整的网络，用于特定等时同步帧的 TPDO 和 RPDO 映射有可能不同。特别是在使用 PRes 帧的生产者/消费者关系中，由生产者的 TPDO 映射所映射的各对象可指向不同消费者。消费者的 RPDO 映射可忽略那些不是指向自己的对象。

9.4.1 PDO 映射限制

PDO 映射描述需要大量的内存。其他的限制源于设备的内部结构，例如缓存大小，接口等。

设备可限制每个 POWERLINK 周期发送和接收的 PDO 数据量。

9.4.1.1 TPDO 映射限制

可通过以下方式限制发送 PDO 的描述量：

——所支持的最大 TPDO 通道个数由 D_PDO_TPDOChannels_U16 来指示，它限定了 PDO_TxCommParam_XXh_REC 对象和 PDO_TxMappParam_XXh_AU64 对象的个数；

——每个 TPDO 通道映射对象的最大个数由 D_PDO_TPDOChannelObjects_U8 来指示，它限定了子索引 PDO_TxMappParam_XXh_AU64 的个数；

——无论映射对象到通道的分配如何，映射对象个数的总限制由 D_PDO_TPDOOverallObjects_U16 来指示，它定义了所有通道的 TPDO 对象总和的上限；

——可组合使用 D_PDO_TPDOChannels_U16、D_PDO_TPDOChannelObjects_U8 和 D_PDO_TPDOOverallObjects_U16，如果其中一个值违背其他值给出的计算上限制，则应忽略该值。

示例：D_PDO_TPDOChannels_U16 和 D_PDO_TPDOChannelObjects_U8 一起给出了可用映射对象条目总数的上限。如果 D_PDO_TPDOOverallObjects_U16 大于 D_PDO_TPDOChannels_U16 和 D_PDO_TPDOChannelObjects_U8 的乘积，则应被忽略。

由于设备内部结构引起的 TPDO 限制如下：

——对于每个报文，TPDO 可能受限于

- Tx 缓存区大小；
- 从应用向 POWERLINK 栈传输全部 TPDO 有效载荷的内部接口带宽；
- 其他。

这类限制由 NMT_CycleTiming_REC. IsochrTxMaxPayload_U16 来指示。

——对于每个周期，TPDO 数据量受限于内部接口带宽，该内部接口传送在一个周期内应发送的所有 TPDO 数据。这类限制由 D_PDO_TPDOCycleDataLim_U32 来指示。

如果在接口的 POWERLINK 栈端产生 TPDO 报文，则映射到多个 TPDO 通道的 TPDO 对象应在这个接口上被传输一次，并且被分发到 POWERLINK 栈端的通道上。因此当计算带宽时，应考虑这些因素。

9.4.1.2 RPDO 映射限制

可通过以下方式限制接收 PDO 的描述量：

——所支持的最大 RPDO 通道个数由 D_PDO_RPDOChannels_U16 来指示，它限定了 PDO_RxCommParam_XXh_REC 对象和 PDO_RxMappParam_XXh_AU64 对象的个数；

——每个 RPDO 通道映射对象的最大个数由 D_PDO_RPDOChannelObjects_U8 来指示，它限定了子索引 PDO_RxMappParam_XXh_AU64 的个数；

——无论映射对象到通道的分配如何，映射对象个数的总限制由 D_PDO_RPDOOverallObjects_

U16 来指示，它定义了所有通道的 RPDO 对象总和的上限；

——可组合使用 D_PDO_RPDOChannels_U16、D_PDO_RPDOChannelObjects_U8 和 D_PDO_RPDOOverallObjects_U16，如果其中一个值违背其他值给出的计算限制，则应忽略该值。

示例：见 9.4.1.1。

由于设备内部结构引起的 RPDO 限制如下：

——对于每个报文，RPDO 可能受限于

- Rx 缓存区大小；
- 从应用向 POWERLINK 栈传输全部 RPDO 有效载荷的内部接口带宽；
- 其他。

这类限制由 NMT_CycleTiming_REC. IsochrRxMaxPayload_U16 指示。

——对于每个周期，RPDO 数据量受限于内部接口的带宽，该内部接口传送在一个周期内所接收的所有 TPDO 数据。这类限制由 D_PDO_RPDOCycleDataLim_U32 来指示。

9.4.1.3 其他限制

应限制定义映射的对象（PDO_TxMappParam_XXh_AU64、PDO_TxCommParam_XXh_REC、PDO_RxMappParam_XXh_AU64 和 PDO_RxCommParam_XXh_REC）所消耗的内存总量。此限定由 D_PDO_MaxDescrMem_U32 来指示。其大小按如下方式计算：

——映射被激活的每个 PDO_TxCommParam_XXh_REC 对象（PDO_TxMappParam_XXh_AU64. NumberOfEntries 不等于 0）使用 2 个字节；

——映射被激活的每个 PDO_RxCommParam_XXh_REC 对象（PDO_RxCommParam_XXh_REC. NumberOfEntries 不等于 0）使用 2 个字节；

——每个 PDO_TxMappParam_XXh_AU64 对象使用 PDO_TxMappParam_XXh_AU64. NumberOfEntries×8 个字节；

——每个 PDO_RxMappParam_XXh_AU64 对象使用 PDO_RxMappParam_XXh_AU64. NumberOfEntries×8 个字节。

这些值的总和不能超过 D_PDO_MaxDescrMem_U32。

被映射对象的最小长度由 D_PDO_Granularity_U8 来指示。被映射的偏移量是 D_PDO_Granularity_U8 的倍数。

9.4.2 PDO 映射版本

TPDO 通道和对应的 RPDO 通道的兼容性由 PDO 映射版本控制来确保。

PDO_TxCommParam_XXh_REC. MappingVersion_U8 和 PDO_RxCommParam_XXh_REC. MappingVersion_U8 定义了 PDO 映射版本。表 91 示出了 PDO 映射的主版本和子版本编码方式。

表 91 PDO 映射版本结构

字节高位	字节低位
主版本	子版本

映射版本的分配值是应用特定的。

如果以可兼容的方式修改 PDO 映射，例如扩展 PDO 内容，则应增加子版本。

PDO 映射是可变的或静态的。即使在运行状态下，可变映射也可被应用动态地修改。静态映射是预定义的，且不可以任何方式对其进行修改。

对可变映射的支持应由 NMT_FeatureFlags_U32. Bit6 来指示。

为控制 PDO 映射的兼容性，应置位 PDO_TxCommParam_XXh_REC. MappingVersion。每次

PDO 传送 PReq 帧和 PRes 帧(分别见 7.6.1.1.3 和 7.6.1.1.4)时,版本信息都应由主站或生产者传送。

PDO 从站或消费者应使用相应的 PDO_RxCommParam_XXh_REC. MappingVersion 条目来检查收到的 PDO 映射版本。具有不同主版本的 PDO 应被忽略。具有相同主版本但不同子版本的 PDO 应被接受。

PDO 映射版本为 0 表示没有映射版本,仍需进行版本检查。如果收到的 PDO 中的映射版本为 0,则相应的 PDO_RxCommParam_XXh_REC. MappingVersion 条目也应为 0,反之亦然。否则收到的映射应被忽略。

9.4.3 PDO 容器中的 SDO

PDO 映射可使用一个容器来实现通过 PDO 通信通道进行 SDO 数据的交换。

关于嵌入 PDO 中的 SDO 的描述见 9.3.3。

容器的类型由参考对象索引 SDO_ServerContainerParam_XXh_REC 或 SDO_ClientContainerParam_XXh_REC 来定义。

9.4.4 发送 PDO

如果映射对象(PDO_TxMappParam_XXh_AU64)子索引 0 的值为 0,则 TPDO 是无效的。TPDO 传送帧的 RD 标志应被复位(见表 105 或 10.1.4)。

对处于 NMT_CS_OPERATIONAL 和 NMT_MS_OPERATIONAL 状态的节点,PDO 数据的发送是隐式等时同步的。在 NMT_CS_READY_TO_OPERATE 和 NMT_MS_READY_TO_OPERATE 状态下,PDO 数据的发送采用相同的方式,但它们是无效的。TPDO 传送帧的 RD 标志应被复位。

9.4.5 接收 PDO

如果 RPDO 传送帧的 RD 标志在 NMT_CS_OPERATIONAL 和 NMT_MS_OPERATIONAL 状态下被置位,则 RPDO 数据应有效。该数据应被传输到由 RPDO 映射参数分配的对象。应用可通过读取这些对象来访问收到的 PDO 数据。

如果 RD 标志在收到的报文中没有被置位,则应不进行映射。例如,数据不应被复制到映射对象。应用继续使用之前收到的旧数据。通知给应用的 RD 标志是实现特定的。

如果 NMT 状态不等于相应的 NMT_CS_OPERATIONAL 或 NMT_MS_OPERATIONAL,则 RPDO 数据无效且应被忽略。

如果实际收到的数据长度小于映射对象的长度,或收到的 PDO 映射版本与预期的 PDO 映射版本不兼容,则收到的数据必须被忽略,并且会产生一个故障。

9.4.6 通过 PReq 的 PDO

通过 PReq 传输 PDO 遵从 5.3.1 描述的主/从关系。

通过 PReq 传输 PDO 按以下协议执行:

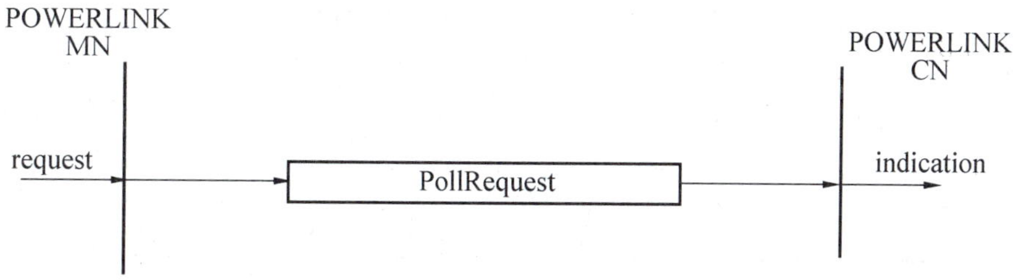

以下 PReq 帧(帧结构见 7.6.1.1.3)中的数据成员与 PDO 传输有关:

——RD 标志指示 PDO 数据是否有效。如果该比特为 0b,则 PDO 数据无效,且不应由 POWERLINK CN 解释。

——大小(Size)指示 PDO 有效载荷数据中用户数据的长度。

——有效载荷表示 PDO 数据。

9.4.7 通过 PRes 的 PDO

通过 PRes 传输 PDO 遵从 5.3.3 描述的生产者/消费者关系。

通过 CN 发送 PRes 来传输 PDO 按以下协议执行:

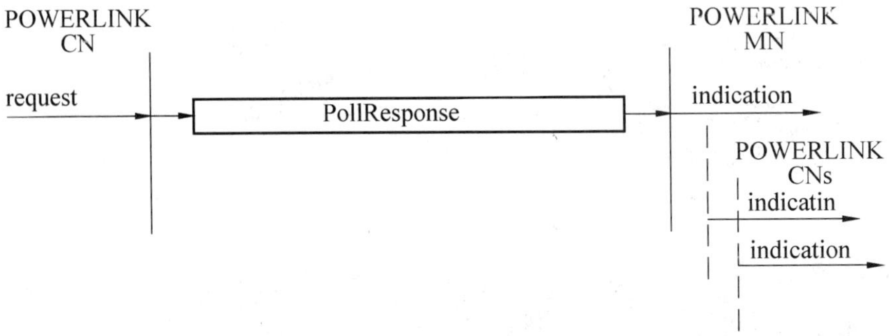

通过 MN 发送 PRes 来传输 PDO 按以下协议执行:

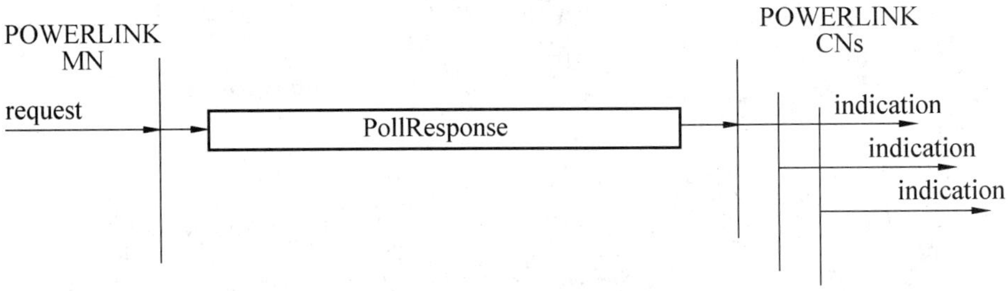

以下 PRes 帧(帧结构见 7.6.1.1.4)中的数据成员与 PDO 传输有关:

——RD 标志指示 PDO 数据是否有效。如果该比特为 0_b,则 PDO 数据无效,且不应由 POWERLINK CN 解释。

——大小(Size)指示 PDO 有效载荷数据中用户数据的长度。

——有效载荷表示 PDO 数据。

9.4.8 PDO 错误处理

9.4.8.1 动态错误

9.4.8.1.1 不兼容映射

如果接收到不兼容的 PDO 映射版本,则该 PDO 应被忽略。

当该错误产生时,应将其记录并通知应用。通常,该错误会出现多次。因此,每次接收到错误的 PDO 映射版本时,都应记录该错误并通知应用。可在 PDO_ErrMapVers_OSTR 中把与发生错误的节点相对应的比特设为 1_b。

错误代码	描述
E_PDO_MAP_VERS	接收到包含错误映射版本的 PDO,忽略该 PDO

9.4.8.1.2 非预期的 PDO 终止

当接收到的 PDO 小于被映射对象个数时,应忽略该 PDO。

当该错误产生时,应将其记录并通知应用。通常,该错误会多次出现。因此,每次接收到非预期的 PDO 终止时,都应记录该错误并通知应用。可在 PDO_ErrShort_RX_OSTR 中把与发生错误的节点相对应的比特设为 1_b。

错误代码	描述
E_PDO_SHORT_RX	RX PDO 长度太短,忽略该 PDO

9.4.8.2 配置错误

当系统试图改变 PDO 映射而导致映射对象的内存消耗超出配置的有效载荷大小限制时,该尝试应被拒绝。有效载荷大小由 NMT_CycleTiming_REC. PReqActPayloadLimit_U32 和 NMT_CycleTiming_REC. PResActPayloadLimit_U32 限制。如果违反了 9.4.1 中的任一条限制,则该试图应被拒绝。

当通过将映射对象的个数写入到 PDO_RxMappParam_XXh_AU64. NumberofEntries 或 PDO_TxMappParam_XXh_AU64. NumberofEntries 来激活映射时,应检查内存空间的大小。

错误代码	描述
E_PDO_MAP_OVERRUN	映射超出有效载荷大小限制或映射对象个数限制

9.4.9 对象描述

9.4.9.1 对象 1400_h～$14FF_h$:PDO_RxCommParam_XXh_REC

该描述处理最多 256 个对象的序列。这些索引描述了 RPDO 通道的通信属性。同时提供了映射版本和地址信息。

对象的个数可少于 256 个(见 9.4.1)。应从索引 1400_h 开始实现对象。

各对象的有效性取决于相应 RPDO 映射索引 PDO_RxMappParam_XXh_AU64(见 9.4.9.2)中的条目 NumberOfEntries_U8。

为了修改 PDO 通信参数,应通过将 PDO_RxMappParam_XXh_AU64. NumberOfEntries 的值设为 0 来使 PDO 无效。为了使 PDO 的修改值有效,应将 PDO_RxMappParam_XXh_AU64. NumberOfEntries 设为非 0 值。

索引	1400_h～$14FF_h$	对象代码	RECORD
名称	PDO_RxCommParam_XXh_REC		
数据类型	PDO_CommParamRecord_TYPE	类别	Cond

为允许按名称访问,"_XXh"应被名称索引替代。如果对象索引为 1400_h,则名称索引应为"_00h"。名称索引值最大增至"_FFh",对应的对象索引为 $127F_h$。

——子索引 00_h:NumberOfEntries

子索引	00_h		
名称	NumberOfEntries		
取值范围	2	访问	const
缺省值	2	PDO 映射	No

——子索引 01_h:NodeID_U8

子索引	01_h		
名称	NodeID_U8		
数据类型	UNSIGNED8	类别	M
取值范围	0,1～254	访问	rw
缺省值	0	PDO 映射	No

NodeID_U8 是发送相应 PRes 的节点的 NodeID。有效 NodeID 应通过 NMT_NodeAssignment_AU32[NodeID].Bit0 和 Bit8 来确定。

NodeID 条目 0 被保留,供 CN 接收的 PReq 使用。

NodeID 条目 C_ADR_SELF_ADR_NODE_ID 应向描述本地传输 PRes 帧的 TPDO 指示 RPDO 的映射。该 NodeID 总是与本地传输的 PRes 帧有关,而与本地 NodeID 设置无关。

本地 NodeID 还可被用来指示自发送 PDO 的接收(如,NodeID3)。但在此情况下,映射与该 NodeID 是固定的关系。当本地 NodeID 改变时(例如:从 3 变为 4),该映射仍然指向 NodeID3 的 PRes 帧。

自发送 PDO 的接收是可选的。这应由设备描述条目 D_PDO_SelfReceipt_BOOL 来指示。

——子索引 02_h:MappingVersion_U8

子索引	02_h		
名称	MappingVersion_U8		
数据类型	UNSIGNED8	类别	M
取值范围	UNSIGNED8	访问	rw/ro
缺省值	0	PDO 映射	No

仅当设备提供静态映射时,该子索引的访问才是“ro”。

9.4.9.2 对象 1600_h～$16FF_h$:PDO_RxMappParam_XXh_AU64

该描述处理最多 256 个对象的序列。这些索引描述了包含在 RPDO 有效载荷中的对象到对象字典条目的映射。

对象的个数和子索引是受限的(见 9.4.1)。应从索引 1600_h 开始实现对象。

为改变 PDO 映射,应通过将 NumberOfEntries 设为 0 来使 PDO 无效。这样对象可被重新映射。为了使 PDO 的修改值有效,应将 NumberOfEntries 设为实际映射对象的个数。当映射被启用时,应验证所有映射对象的累计长度总和不违反有效载荷大小的限制 NMT_CycleTiming_REC.IsochrRxMaxPayload_U16。

对于某些设备,在当前映射条目列表中添加或移除条目可通过修改 NumberOfEntries 来实现,而不影响 ObjectMapping 的子索引。为实现这一目的,在写入新的 NumberOfEntires 值之前,应先将其设为 0。

缺省映射值应由设备行规决定。

索引	1600_h～$16FF_h$	对象代码	ARRAY
名称	PDO_RxMappParam_XXh_AU64		
数据类型	UNSIGNED64	类别	Cond

为允许按名称访问，“_XXh”应被名称索引替代。如果对象索引为 1600_h，则名称索引应为“_00h”。名称索引值最大增至“_FFh”，对应的对象索引为 $16FF_h$。

——子索引 00_h：NumberOfEntries

子索引	00_h		
名称	NumberOfEntries		
取值范围	0，1～254	访问	rw
缺省值	0	PDO 映射	No

映射对象的个数。当该值为 0 时表示映射索引和对应的 RPDO 通信索引(见 9.4.9.1)处于无效状态。

当设备仅提供静态映射时，该值应被设为与固定映射相对应的条目个数。

——子索引 01_h～FE_h：ObjectMapping

子索引	01_h～FE_h		
名称	ObjectMapping		
—		类别	O
取值范围	UNSIGNED64	访问	rw/ro
缺省值	0	PDO 映射	No

只有当设备提供静态映射时，该子索引的访问才是“ro”。

——子索引 01_h～FE_h 取值说明

每个 PDO 通道最多可映射 254 个对象。

应向每个映射对象提供与 PDO 有效载荷起始地址相关的偏移量和数据长度信息。

表 92 示出了 PDO 映射条目的结构。

表 92　PDO 映射条目的结构

八位位组偏移	名称	描述
0～1	索引(Index)	被映射对象的索引
2	子索引(Sub-index)	被映射对象的子索引
3	保留(reserved)	供对其使用
4～5	偏移(Offset)	与 PDO 负载起始地址相关的偏移量(以字节计)
6～7	长度(Length)	被映射对象的长度(以字节计)

表 93 示出了对象映射条目的内部比特映射。有关用于传输的数据类型编码的信息见 9.1.4.5。

表 93　PDO 映射条目的内部比特映射

	UNSIGNED64				
	MSB				LSB
比特	63～48	47～32	31～24	23～16	15～0
名称	长度	偏移	保留	子索引	索引
编码	UNSIGNED16	UNSIGNED16	—	UNSIGNED8	UNSIGNED16

长度大于或等于 8 比特的映射对象应按字节边界偏移对齐。

应避免不同映射对象的比特重叠。

以下示例给出映射说明。

示例：索引为 6000_h，数据长度为 8 比特的子索引 4，应被映射为偏移 16[bit]。

比特	63～48	47～32	31～24	23～16	15～0
名称	长度	偏移	保留	子索引	索引
数据	8	16	0	4	6000_h

以上对象可以映射为以下数值(大端)：

——$0008.0010.00.04.6000_h$

按以下顺序传输(小端)：

——$0060.04.00.1000.0800_h$

9.4.9.3 对象 1800_h～$18FF_h$：PDO_TxCommParam_XXh_REC

该描述处理最多 256 个对象的序列。这些索引描述了 TPDO 通道的通信属性。同时提供了映射版本和地址信息。

由于 CN 只有一个 TPDO 通道，所以在 CN 上只应实现第一个索引 PDO_TxCommParam_XXh_REC。

MN 的对象个数应少于 256(见 9.4.1)。

对象的索引值应从 1800_h 开始。

各对象的有效性取决于相应 TPDO 映射索引 PDO_TxMappParam_XXh_AU64(见 9.3.4)中的条目 NumberOfEntries_U8。

为修改 PDO 通信参数，应通过将 PDO_TxMappParam_XXh_AU64. NumberOfEntries 的值设为 0 来使 PDO 无效。为了使 PDO 的修改值有效，应将 PDO_TxMappParam_XXh_AU64. NumberOfEntries 设为非 0 值。

索引	1800_h～$18FF_h$	对象代码	RECORD
名称	PDO_TxCommParam_XXh_REC		
数据类型	PDO_CommParamRecord_TYPE	类别	Cond

为允许按名称访问，"_XXh"应被名称索引替代。如果对象索引为 1800_h，则名称索引应为"_00h"。名称索引值最大增至"_FFh"，对应的对象索引为 $18FF_h$。

——子索引 00_h：NumberOfEntries

子索引	00_h		
名称	NumberOfEntries		
取值范围	2	访问	cond
缺省值	2	PDO 映射	No

——子索引 01_h：NodeID_U8

子索引	01_h		
名称	NodeID_U8		
数据类型	UNSIGNED8	类别	M
取值范围	0,1～254	访问	rw
缺省值	0	PDO 映射	No

PDO 目标的 NodeID：

- CN：不使用(0)。
- MN：PReq 目标(CN)的 NodeID。有效的 NodeID 应通过 NMT_NodeAssignment_AU32[NodeID].Bit0 和 Bit8 确定。

NodeID 条目 0 应指示由 MN 节点发送的多播 PRes 帧。

——子索引 02_h：MappingVersion_U8

子索引	02_h		
名称	MappingVersion_U8		
数据类型	UNSIGNED8	类别	M
取值范围	UNSIGNED8	访问	rw/ro
缺省值	0	PDO 映射	No

只有当设备提供静态映射时，该子索引的访问才是“ro”。

9.4.9.4 对象 $1A00_h$～$1AFF_h$：PDO_TxMappParam_XXh_AU64

该描述处理最多 256 个对象的序列。这些索引描述了包含在 TPDO 有效载荷中的对象到对象字典条目的映射。

由于 CN 只有一个 TPDO 通道，所以在 CN 上只实现第一个索引 PDO_TxCommParam_XXh_AU64。

MN 的对象个数应少于 256(见 9.4.1)。

对象的索引值应从 $1A00_h$ 开始。

子索引的个数是受限的(见 9.4.1)。

为改变 PDO 映射，应通过将 NumberOfEntries 设为 0 来使 PDO 无效。这样对象可被重新映射。为了使 PDO 的修改值有效，应将 NumberOfEntries 设为实际映射对象的个数。当映射被启用时，应验证所有映射对象的累计长度总和不违反有效载荷大小的限制 NMT_CycleTiming_REC.IsochrTxMaxPayload_U16。

对于某些设备，在当前映射条目列表中添加或移除条目可通过修改 NumberOfEntries 来实现，而不影响 ObjectMapping 的子索引。为实现这一目的，写入新的 NumberOfEntires 值之前，应先将其设为 0。

缺省映射值应由设备行规决定。

索引	$1A00_h$～$1AFF_h$	对象代码	ARRAY
名称	PDO_TxMappParam_XXh_AU64		
数据类型	UNSIGNED64	类别	Cond

为允许按名称访问，“_XXh”应被名称索引替代。如果对象索引为 $1A00_h$，则名称索引应为“_00h”。名称索引值最大增至“_FFh”，对应的对象索引为 $1AFF_h$。

——子索引 00_h：NumberOfEntries

子索引	00_h		
名称	NumberOfEntries		
取值范围	0,1～254	访问	rw
缺省值	0	PDO 映射	No

该值为 0 时表示映射索引和对应的 TPDO 通信索引(见 9.4.9.1 节)处于无效状态。应复位 TPDO 传输帧的 RD 标志位(TPDO 无效)。

当设备仅提供静态映射时,该值应被设为固定映射对应的条目个数。

——子索引 01_h～FE_h:ObjectMapping

子索引	01_h～FE_h		
名称	ObjectMapping		
—	—	类别	O
取值范围	UNSIGNED64	访问	rw/ro
缺省值	0	PDO 映射	No

只有当设备提供静态映射时,该子索引的访问才是"ro"。

——子索引 01h～FEh 取值说明

关于 PDO_RxMappParam_XXh_AU64. ObjectMapping 值的说明,见 9.4.9.2。

9.4.9.5 对象 $1C80_h$:PDO_ErrMapVers_OSTR

该对象包含所有发送错误映射版本(见 9.4.8.1.1)的所有节点的一个列表。

该对象的数据位按照节点列表格式进行排列(见 10.3.1.2.3)。当检测到一个错误映射版本时,与发送该 PDO 的节点对应的比特应被设为 1_b。改对象的复位应由应用处理。

注:配置工具应刷新该对象,以避免错误地挂起错误指示。

索引	$1C80_h$	对象类别	VAR
名称	PDO_ErrMapVers_OSTR		
数据类型	OCTET_STRING32	类别	O
取值范围	OCTET_STRING	访问	rw
缺省值	0	PDO 映射	No

9.4.9.6 对象 $1C81_h$:PDO_ErrShort_RX_OSTR

该对象包含发送太短 PDO 的所有节点的一个列表(见 9.4.8.1.2)。

该对象的数据位按照节点列表格式进行排列(见 10.3.1.2.3)。当检测到一个过短 PDO 时,与发送该 PDO 的节点对应的比特应被设为 1_b。该对象的复位应由应用处理。

注:配置工具应刷新该对象,以避免错误地挂起错误指示。

索引	$1C81_h$	对象类别	VAR
名称	PDO_ErrShort_RX_OSTR		
数据类型	OCTET_STRING32	类别	O
取值范围	OCTET_STRING	访问	rw
缺省值	0	PDO 映射	No

9.4.9.7 对象 0420_h:PDO_CommParamRecord_TYPE

索引	0420_h	对象类别	DEFSTRUCT
名称	PDO_CommParamRecord_TYPE		
子索引	成员名称	值	数据类型
00_h	NumberOfEntries	02_h	—
01_h	NodeID_U8	0005_h	UNSIGNED8
02_h	MappingVersion_U8	0005_h	UNSIGNED8

9.5 错误信号通知(Error Signaling)

本条描述了如何记录 POWERLINK 节点产生的错误和事件,以及 CN 如何向 MN 指示和发送错误事件的过程。

所有通信层和应用都应可访问"错误信号通知"。

CN 的数据链路层(DLL)应周期性查询"错误信号通知",以获得新的 StatusResponse 数据。

如果自 DLL 上一次查询以后,静态错误比特字段(Static Error Bit Field)和状况条目(Status Entries)都未改变,且紧急队列(Emergency Queue)为空,则"错误信号通知"不应向 DLL 提供数据。

如果静态错误比特字段或状况条目发生改变,或紧急队列不为空,则"错误信号通知"应生成新的 StatusResponse(状况响应)数据,并在下次查询时将该数据发送给 DLL。

——静态错误比特字段:8 字节,见 9.5.8.1;

——错误条目:每条目 20 字节,见表 94。

如果使用紧急队列,则 StatusResponse 帧中应至少保留 1 个历史条目(History Entry)的空间。该历史条目不必包含紧急数据,以确信 CN 能向 MN 发送紧急队列条目。

支持紧急队列是可选的。变量 D_NMT_EmergencyQueueSize_U32 指示是否支持该功能(D_NMT_EmergencyQueueSize_U32>0),以及队列大小。

图 67 示出了"错误信号通知"参考模型。"错误信号通知"总览见图 68 示。

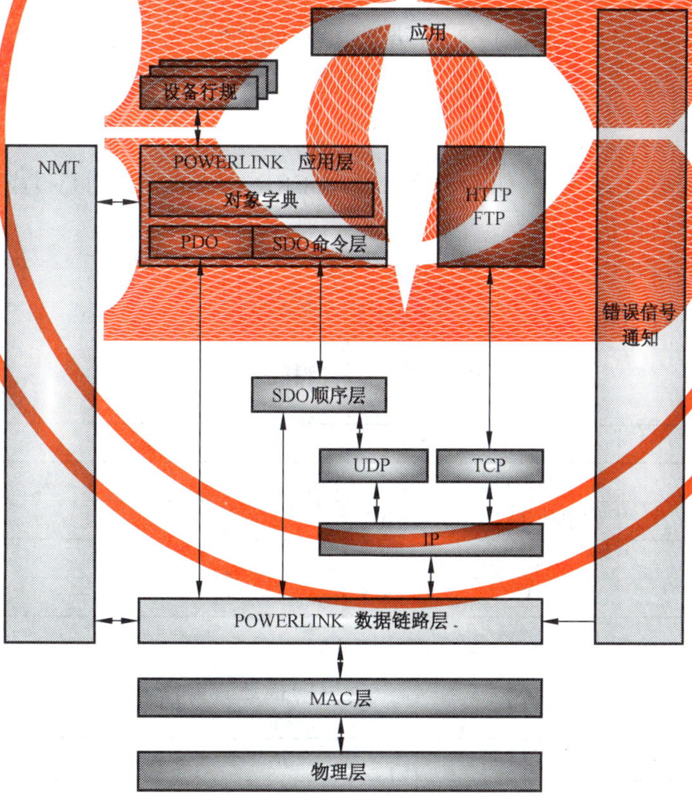

图 67 "错误信号通知"参考模型

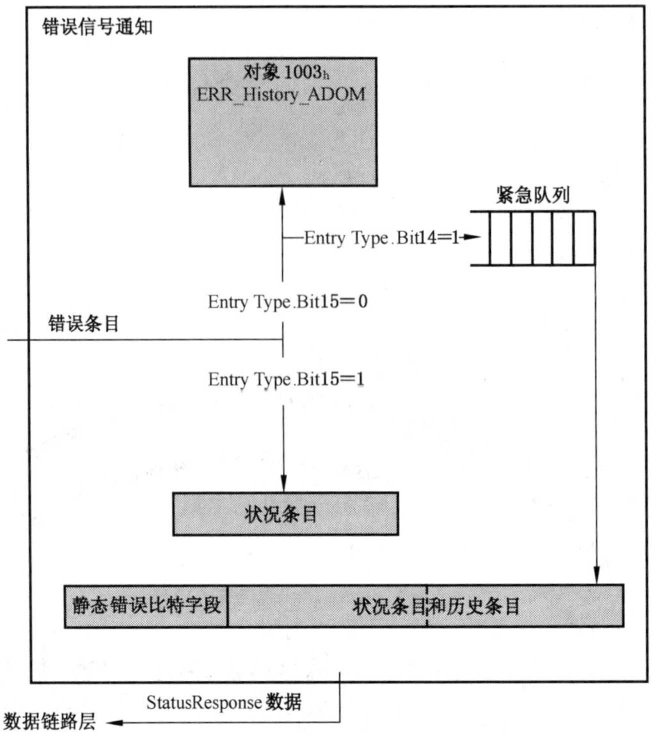

图 68 “错误信号通知”总览

9.5.1 错误条目

本条描述了错误历史(Error Histroy)对象 1003_h(ERR_History_ADOM)或 StatusResponse 中列出的错误条目的功能和数据格式。

错误历史对象保存设备中发生的错误和事件。

ErrorEntry_DOM 的数据格式如表 94 所示。表 95 给出了条目的描述。

表 94 条目格式

八位位组偏移	描　　述
0～1	条目类型(Entry Type)
2～3	错误代码(Error Code)
4～11	时间戳(Time Stamp)
12～19	附加信息(Additional Information)

表 95 条目的描述

字段	缩写	描　　述	值
条目类型	type	见表 96	UNSIGNED16
错误代码	code	根据条目类型,错误代码在设备行规、设备描述或通信行规中进行描述。通信行规特定的错误代码在附录 C.9 中进行描述	UNSIGNED16
时间戳	time	当检测到错误/事件时,从周期开始的 SoC 网络时间	UNSIGNED64
附加信息	add	该字段包括设备行规或制造商特定的附加错误信息	UNSIGNED64

错误条目中的所有元素应采用小端格式进行存储与传输。

条目类型字段的格式见表 96。

表 96 条目类型字段的格式

八位位组	比特	值	描述
0～1	15（状态）	0_b	ERR_Histroy_ADOM 条目
		1_b	StatusResponse 帧中的状况条目(应把比特 14 设为 0_b)
	14（发送）	0_b	仅 ERR_Histroy_ADOM
		1_b	除 ERR_Histroy_ADOM 外，该条目也应进入“错误信号通知”的紧急队列
	13～12（模式）	0_h	在 ERR_Histroy_ADOM 中是不允许的。 具有该模式的条目，只能由“错误信号通知”自己使用，以指示 StatusResponse 帧中历史条目的结束
		1_h	已发生一个错误，并且是活动的(例如，检测到输出短路)
		2_h	清除一个活动的错误(例如，不再短路) (对于状况条目是不允许的)
		3_h	发生一个错误/事件 (对于状况条目是不允许的)
	11～0（行规）	000_h	保留
		001_h	表 94 中的错误代码字段包含一个制造商特定的错误代码
		002_h	表 94 中的错误代码字段包含 POWERLINK 通信行规特定的错误，见附录 C.9(网络错误、通信错误、数据链路错误等)
		003_h～FFF_h	表 94 中的错误代码字段包含设备行规特定的错误，例如： 191_h：CiA 401，通用 IO 模块的设备行规 192_h：CiA 402，驱动器行规

9.5.2 错误信号通知的接口

MN 或 CN 中的任意层在试图生成错误条目时，应给“错误信号通知”提供如下信息：

——条目类型(应提供表 96 中定义的所有字段)；

——错误代码(见表 94)；

——附加信息(见表 94)。

9.5.3 MN 对 CN 错误信息的处理

当 MN 接收到来自 CN 的历史条目或状况条目时，应将其传送到应用层。

9.5.4 错误信号通知的比特定义

为避免 MN 必须轮询 ERR_Histroy_ADOM 以获知其变化，当 CN 的 StatusResponse 帧的静态错误比特字段、状况条目或历史条目已发生变化时，应采取以下机制通知 MN。

表 97 所示“错误信号通知”的比特定义用于从 CN 到 MN 的证实传输。

表 97　错误信号通知的比特定义

字段	缩写	描　述
异常复位 (Exception Reset)	ER	初始化"错误信号通知" 当 CN 接收到值 1_b 时,CN 应将其 EN 比特复位为 0_b,并清空紧急队列。 MN 应通过以下帧发送 ER 比特: SoA(StatusRequest)
异常清除 (Exception Clear)	EC	CN 应将上一次从 MN 接收的 ER 值复制给该比特。 该比特用于指示 MN"错误信号通知"的初始化是否完成。 CN 应通过以下帧发送 EC 比特: ASnd(StatusResponse)
新异常 (Exception New)	EN	通过切换该比特,CN 通知 MN 静态错误比特字段或状况条目已改变,或在 StatusResponse 帧中有新的历史条目。 CN 应通过以下帧发送 EN 比特: PRes ASnd(StatusResponse) 对于等时同步 CN,MN 应只对处于 NMT_CS_PRE_OPERATION_1 状态的 ASnd(StatusResponse)的 EN 比特进行评估
异常确认 (Exception Acknowledge)	EA	当 MN 检测到上一次发出的 EA 比特与上一次接收的 EN 比特不同时,MN 应向 CN 发出一个 StatusRequest 帧。当 MN 成功接收 StatusResponse 帧后,MN 应设置 EA = EN。 当下一次向 CN 发送该比特时,CN 获知它可生成一个新的 StatusResponse 帧,并再次切换 EN 比特的值。 MN 应通过以下帧发送 EA 比特: PReq SoA(StatusRequest) 等时同步 CN 应只对处于 NMT_CS_PRE_OPERATION_1 状态的 SoA(StatusRequest)的 EA 比特进行评估

当被请求的服务目标(RequestedServiceTarget)是 CN 的 POWERLINK NodeID 时,CN 应只评估各 SoA(StatusRequest)帧的 ER 和 EA 标志位(比特)。

9.5.5　初始化

9.5.5.1　概述

通过该初始化,MN 应为 CN 准备"错误信号通知"。

"错误信号通知"的初始化如图 69 所示。

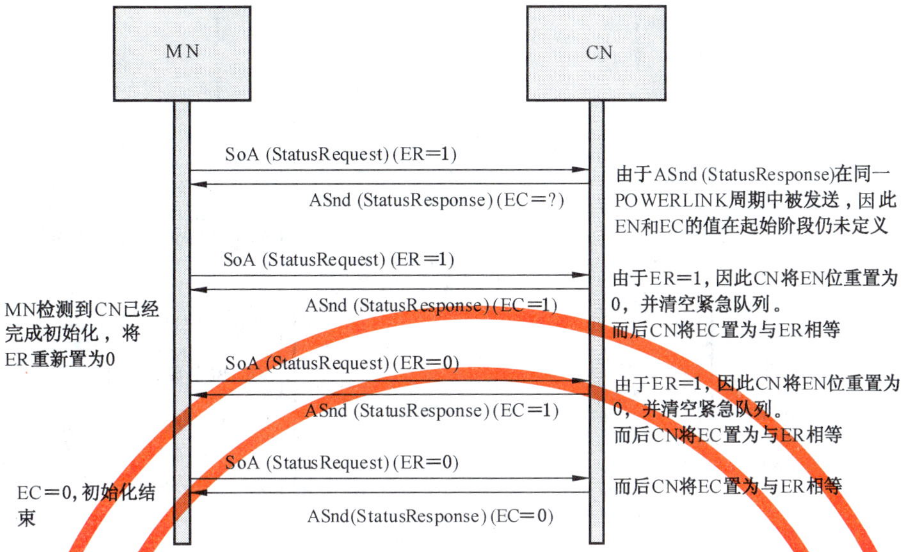

图 69 "错误信号通知"的初始化

9.5.5.2 EC 标志位的启动值和操作

在启动(NMT_GT1、NMT_GT2 或 NMT_GT8)时，CN 应复位"错误信号通知"，并设 EC = 1。在接收到至少一个 ER = 1 的有效帧之前，CN 不应改变其 EC 标志位。

该规则对于以下情况是必须的：

——在 ER = 0 之前 MN 完成了初始化过程，CN 仍处于 NMT_CS_PRE_OPERATIONAL_1 状态。

——CN 掉电并重启。下一个来自 MN 的接收帧中 ER=0。此时 CN 应以 EC = 1 作出响应，以通知 MN"错误信号通知"未初始化。

——MN 应重启"错误信号通知"的初始化。

为了允许 MN 即使在由于任何原因致使 CN 的 NMT 状态发生转换(例如转换为 NMT_GS_INITIALISATION)的情况下仍能接收到紧急报文，其他 NMT 转换不应自动初始化"错误信号通知"。

"错误信号通知"应只由 NMT_GT1、NMT_GT8 和 NMT_GT2，或由 MN 对"错误信号通知"的显式复位(ER = 1)来初始化。

9.5.6 通过 PReq 帧和 PRes 帧的错误信号通知

对于等时同步 CN，仅 PReq 帧和 PRes 帧应被用于错误信号通知。如果等时同步 CN 处于 NMT_CS_PRE_OPERATIONAL_1 状态，则错误信号通知的动作应与仅异步 CN 相同(见 9.5.7)。

图 70 示出了通过 PReq 帧和 PRes 帧的错误信号通知。

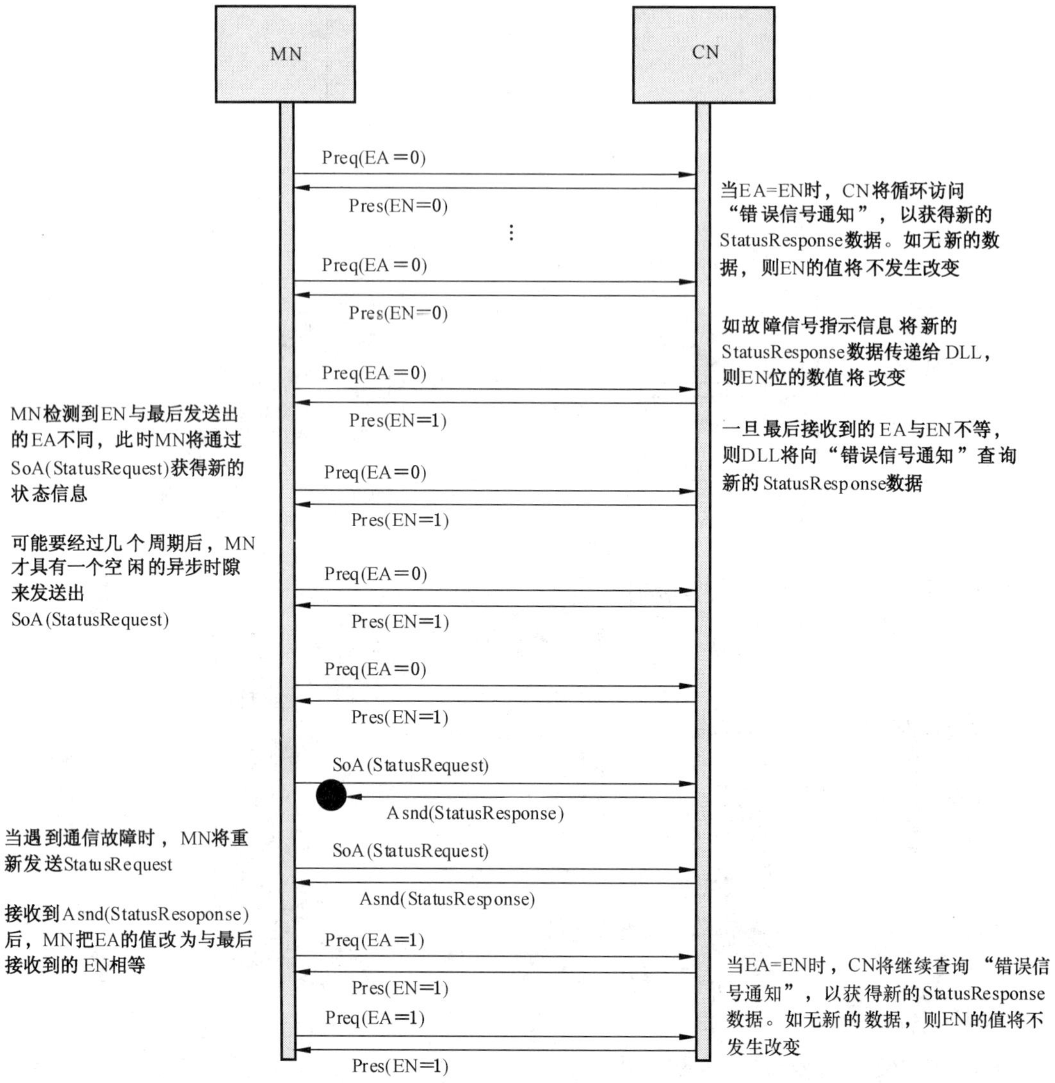

图 70　通过 **PReq** 帧和 **PRes** 帧的错误信号通知

9.5.7　仅异步 CN 的错误信号通知

MN 周期性地请求仅异步 CN。

对处于 NMT_CS_PRE_OPERATIONAL_1 状态的等时同步 CN，也应进行相同操作。

图 71 示出了仅异步 CN 和处于 NMT_CS_PRE_OPERATIONAL_1 状态的 CN 的错误信号通知。

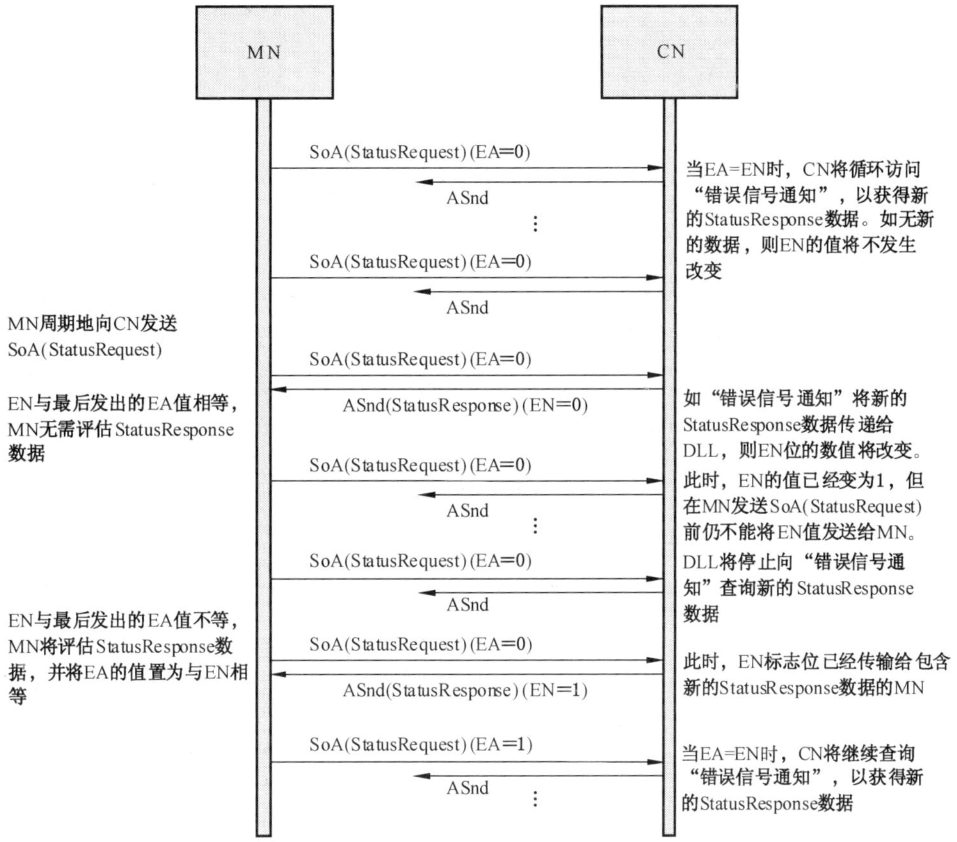

图 71　仅异步 CN 和处于 NMT_CS_PRE_OPERATIONAL_1 状态的 CN 的错误信号通知

9.5.8　StatusResponse 数据格式

StatusResponse 帧结构见 10.3.3.3.2。

9.5.8.1　静态错误比特字段

静态错误比特字段见表 98。

表 98　静态错误比特字段

八位位组偏移[a]	描　　述
6	ERR_ErrorRegister_U8 的内容
7	保留
8～13	设备行规或制造商特定错误

[a] 八位位组偏移是相对于 ASnd 的服务槽的起始位置。

9.5.8.2　状况条目和历史条目

如果没有使用 StatusResponse 的所有可用条目，则应使用具有 Mode 0(见表 96)的条目来终止历史和状况条目列表，并声明该条目及其所有后续条目都不使用。

CN 也可以改变 StatusResponse 帧的长度，以满足要求的状态和历史字段。在该情况下，不需要指示结束的条目。

已使用的状况/历史条目的个数由 D_NMT_ErrorEntries_U32 来定义。

状况条目应位于 StatusResponse 帧中的历史条目之前。

9.5.9 示例

本条中的示例给出了在 CN 上创建 StatusResponse 帧的实现建议。

由于以下几点，可实现其他缓存区处理：

——CN 应使用 EN 比特将 StatusResponse 帧的改变通知给 MN，见 9.5.6 和 9.5.7。

——CN 通过切换 EN 标志向 MN 指示新的 StatusReponse 数据后，由于 MN 可随时向 CN 请求 StatusResponse 帧，所以 CN 的 StatusResponse 帧可不再改变。仅当该响应的接收通过 MN 的 EA 标志确认时，CN 才可再次更改 StatusResponse 帧的数据。

表 99 给出了示例中使用的缩写。

表 99 示例中使用的缩写

缩写	描　述
BF	静态错误比特字段
S	条目类型的比特 15(状况)(条目格式见表 94)
M	条目类型的比特 13 和比特 12(模式)(条目格式见表 94)
C	错误代码(条目格式见表 94)

八位位组偏移与以太网帧的起始处有关。

9.5.9.1 情况 1：只包含比特字段，不包含状况/历史条目

这是“错误信号通知”的最简单实现。CN 仅使用静态错误比特字段向 MN 通知错误。

StatusResponse 帧的长度是固定的，且在运行过程中不再改变：

八位位组偏移	描　述
0～23	首部
24～31	静态错误比特字段
32～51	条目 0(M = 0)
52～71	条目 1(M = 1)
72～75	以太网 CRC

字段	描　述
首部	以太网/POWERLINK/ASnd(StatusResponse)首部(见 10.3.3.3.2)
静态错误比特字段	该比特字段包含状况信息(见 9.5.8.1)
条目 0，条目 1	本示例不需要状况条目。由于帧必须具有最小长度限制，因此缩短帧时不能移除前两个条目。为避免 MN 处理该数据，这些条目类型中的模式字段设为 0

在启动阶段，“错误信号通知”应生成两个相同的空 StatusResponse 帧，并将其中一个传送给数据链路层作为初始的 StatusResponse 数据。为进一步使用，应生成第三个帧。

MN 可随时请求数据链路层的 StatusResponse 帧：

——帧 1：Owner = 错误信号通知(可以随时被改变)；

——帧 2：Owner = 数据链路层；

——帧 3:Owner = 错误信号通知(当帧 1 发生改变时才被使用)。

如果静态错误比特字段发生改变,则该值将被复制到帧 3 中,帧 3 将被传送给数据链路层:

——帧 1:Owner = 错误信号通知(可以随时被改变);

——帧 2:Owner = 数据链路层(DLL);

——帧 3:Owner = 错误信号通知(变化了的帧 1 的副本,等待 DLL 取出)。

此时,因为帧 3 的值可能随时从数据链路层取出,所以不允许"错误信号通知"改变帧 3 的值。

当 DLL 下一次查询新的数据时,"错误信号通知"将帧 3 传送给 DLL,DLL 应将 EN 标志位置位,以通知 MN 新数据可用。帧 2 应被回传给"错误信号通知",供后续使用。

——帧 1:Owner = 错误信号通知(可以随时被改变);

——帧 2:Owner = 错误信号通知(直到帧 1 发生改变时才被使用);

——帧 3:Owner = 数据链路层(DLL)。

如果帧 2 被回传之前"错误信号通知"已经改变了帧 1,则应立即生成一个帧 1 的副本,否则它应等到帧 1 下一次改变时才生成副本。

——帧 1:Owner = 错误信号通知(可以随时被改变);

——帧 2:Owner = 错误信号通知(变化了的帧 1 的副本,等待 DLL 取出);

——帧 3:Owner = 数据链路层(DLL)。

该顺序按此方式持续进行,帧 2/帧 3 被交替地传递给 DLL,以便发送给 MN。如果 EN = EA,则 DLL 应仅为下一个帧而查询"错误信号通知"。这意味着 MN 已成功获得上一个被改变的帧。

9.5.9.2 情况 2:状况条目

在本示例中,CN 可使用 StatusResponse 帧的静态错误比特字段和/或状况条目来通知错误。

帧序列与情况 1 中的相同。每当"错误信号通知"改变 StatusResposne 帧的内容(静态错误比特字段或其中一个状况条目)时,都应为 DLL 提供一个新帧,并且只要 EN = EA 就将其立即发送。

具有 4 个状况条目的示例如下:

八位位组偏移	描　述
0～23	首部
24～31	静态错误比特字段
32～51	条目 0
52～71	条目 1
72～91	条目 2
92～111	条目 3
112～115	以太网 CRC

字段	描　述
状况条目 0～3	S = X,M = 0 本条目和所有后续条目都是无效的。 S = 1,M = 1,C = 0 本条目并不包含状况信息,但下一条目是有效的。 S = 1,M = 1,C>0 本条目包含有效的状况信息

如果所有 4 个状况条目都包含状况信息,且 CN 要移除状况条目 1 和条目 2,则可通过以下方式实现:

——将条目 1 和条目 2 的 C 值设为 0，以使这两个条目无效。

——将条目 3 复制到条目 1，并将条目 2 的 M 值设为 0 以终止该列表。

——将条目 3 复制到条目 1，并缩短帧长度。

9.5.9.3 情况 3：历史条目

CN 向 MN 发送历史条目或静态错误。当 EN 不等于 EA 时，MN 只处理接收到的历史条目。这样，每个条目只被处理一次。

初始帧应不包含有效的状况条目或历史条目。以下为初始帧的结构：

八位位组偏移	描　　述
0～23	首部
24～31	静态错误比特字段
32～51	条目 0(M ＝ 0)
52～59	填充
60～63	以太网 CRC

启动时的初始帧包括：

——帧 1：Owner ＝ 错误信号通知(可以随时被改变)；

——帧 2：Owner ＝ 数据链路层(DLL)；

——帧 3：Owner ＝ 错误信号通知(直到帧 1 发生改变时才被使用)。

与情况 1 中的相同，CN 可改变静态错误比特字段，并执行情况 1 相同的序列向 MN 通知所发生的变化。

此外，“错误信号通知”应周期性地检查紧急队列(见图 68)中是否包含任何条目。在本示例中，“错误信号通知”也应生成一个帧 1 的复制，并将尽可能多的紧急队列中的历史条目添加到该帧中，并从队列中移除这些历史条目。

帧 1 不包含历史条目。这些历史条目只应被添加到要传递给 DLL 的帧中。

假设紧急队列包含 10 个历史条目，且 StatusResponse 的长度被限制为最大 150 个字节，则为 DLL 准备的下一个帧如下：

八位位组偏移	描　　述
0～23	首部
24～31	静态错误比特字段
32～51	历史条目 0
52～71	历史条目 1
72～91	历史条目 2
92～111	历史条目 3
112～131	历史条目 4
132～135	以太网 CRC

该帧将向 MN 传输历史队列中 10 个条目中的 5 个。在下一次传送时，“错误信号通知”应向 MN 发送该队列中的剩余条目(在此情况中，总是最多 5 个条目)。以上过程不断重复，直到紧急队列为空。

9.5.9.4 情况 4:状况和历史条目

CN 也可以发送既包含状况条目又包含历史条目的 StatusResponse 帧。在该情况下,历史条目在帧中应位于状况条目之后。如以上情况所示,状况条目包含静态信息,而历史条目是从紧急队列获取的。

MN 应注意每一帧中状况条目的个数和历史条目的个数 3,以及 StatusResponse 帧的长度是可变的。

9.5.10 对象描述

9.5.10.1 对象 1001_h:ERR_ErrorRegister_U8

对象 ERR_ErrorRegister_U8 与标准通信行规 CiA DS 301 中定义的对象"错误寄存器(error register)"兼容。

索引	1001_h	对象类别	VAR
名称	ERR_ErrorRegister_U8		
数据类型	UNSIGNED8	类别	M
取值范围	0～255	访问	ro
缺省值	0	PDO 映射	Opt

——取值说明

数据位	M/O	描　述
0	M	一般错误。 如果 StatusResponse 帧中的静态错误比特字段或状况条目包含 1 个或多个错误,则该比特应被设为 1_b。 如果该比特为 0_b,则 MN 只需要评估 StatusResponse 帧中的历史条目
1	O	电流
2	O	电压
3	O	温度
4	O	通信错误
5	O	设备行规特定
6	O	保留(总是 0)
7	O	制造商特定

9.5.10.2 对象 1003_h:ERR_Histroy_ADOM

子索引 0 包含了实际错误/事件的个数,这些错误/事件被记录在从子索引 1 开始的数组中。每个新的错误/事件都被保存在子索引 1 中,旧的错误/事件则不断依次后移。

索引	1003_h	对象类别	ARRAY
名称	ERR_Histroy_ADOM		
数据类型	DOMAIN	类别	O

——子索引 00_h:NumberOfEntries

子索引	00_h		
名称	NumberOfEntries		
取值范围	0～254	访问	rw
缺省值	0	PDO 映射	Opt

对于该子索引，只允许写入值 0（清除历史）。对于其他所有值，都将以一个错误代码予以拒绝。

——子索引 01_h～FE_h：ErrorEntry_DOM

子索引	01_h～FE_h		
名称	ErrorEntry_DOM		
—	—	类别	O
取值范围	见表 94	访问	ro
缺省值	No	PDO 映射	No

9.6 程序下载

本条规定了通过设备的对象字典实现向设备下载程序的一种通用方法。本条仅规定实现程序下载的机制，但未规定程序数据的结构或数据结构。该机制可用于将整个程序下载到设备（例如，如果设备只提供一种 POWERLINK 引导装入程序），或仅下载部分程序（例如，实时系统的特定任务）。所传输程序数据的数据结构必须由制造商规定（例如，INTEL-HEX 格式或二进制格式）。

关于程序下载的进一步介绍将在特定的设备行规中给出（例如，行规 CiA DS-405 给出 PLC 程序的下载）。

CN 的可编程性由 NMT_NodeAssignment_AU32[子索引].Bit6 指示。

9.6.1 CN 的对象字典条目

9.6.1.1 对象 $1F50_h$：PDL_DownloadProgData_ADOM

对象 PDL_DownloadProgData_ADOM 保存着下载的程序。它最多可支持对 254 个程序的访问。

索引	$1F50_h$	对象类别	ARRAY
名称	PDL_DownloadProgData_ADOM		
数据类型	DOMAIN	类别	O

——子索引 00_h：NumberOfEntries

子索引	00_h		
名称	NumberOfEntries		
取值范围	01_h～FE_h	访问	rw
缺省值	01_h	PDO 映射	No

——子索引 01_h：Program

子索引	01_h		
名称	Program		
—	—	类别	M
取值范围	DOMAIN	访问	rw
缺省值	—	PDO 映射	No

程序1是设备的默认程序访问点。上传或下载是使用非结构化字节流的读访问或写访问来实现的。

如果下载失败，则设备以中止SDO传输(错误代码 0606 0000_h)作出响应。

——子索引 02_h～FE_h：Program

子索引	01_h～FE_h		
名称	Program		
—	—	类别	O
取值范围	DOMAIN	访问	rw
缺省值	无	PDO 映射	No

程序的子索引提供对设备中其他程序的访问。

9.6.1.2 对象 $1F51_h$：PDL_ProgCtrl_AU8

对象 PDL_ProgCtrl_AU8 用于控制所保存程序的执行。

索引	$1F51_h$	对象类别	ARRAY
名称	PDL_ProgCtrl_AU8		
数据类型	UNSIGNED8	类别	Cond

如果设备支持 PDL_DownloadProgData_ADOM，则应实现 PDL_ProgCtrl_AU8。

——子索引 00_h：NumberOfEntries

子索引	00_h		
名称	NumberOfEntries		
取值范围	01_h～FE_h	访问	rw
缺省值	01_h	PDO 映射	No

——子索引 01_h：ProgCtrl

子索引	01_h		
名称	ProgCtrl		
—	—	类别	M
取值范围	0～2(见表 100)	访问	rw
缺省值	0	PDO 映射	No

ProgCtrl 控制通过 PDL_DownloadProgData_ADOM[1]访问的默认程序。

当写访问时，ProgCtrl 将命令执行程序；当读访问时，ProgCtrl 可查询程序的当前执行状态。表100列出了所定义的值。

表 100 PDL_ProgCtrl_AU8 子索引取值说明

	写访问	读访问
0	停止程序	程序已停止
1	开始程序	程序正在运行
2	复位程序	程序已停止

如果访问不可能,则设备以中止 SDO 传输(错误代码 0800 0024$_h$)作出响应。

——子索引 02$_h$～FE$_h$:ProgCtrl

子索引	01$_h$～FE$_h$		
名称	ProgCtrl		
—	—	类别	Cond
取值范围	0～2(见表 100)	访问	rw
缺省值	No	PDO 映射	No

ProgCtrl 子索引控制通过 PDL_DownloadProgData_ADOM 的子索引 02$_h$～FE$_h$ 访问的其他程序。如果设备提供了相应的 PDL_DownloadProgData_ADOM 子索引,则应实现相应的 ProgCtrl 子索引。

9.6.1.3 对象 1F52$_h$:PDL_LocVerApplSw_REC

对象 PDL_LocVerApplSw_REC 被定义用来支持对通过 PDL_DownloadProgData_ADOM[1]访问的默认程序版本的验证。

注:对象 NMT_ManufactDevName_VS 可被视为非可编程节点的固定程序的版本号,或可编程节点的固件(如引导块或操作系统)的版本号。这样,就为可重编程应用软件定义了一个单独的对象。

索引	1F52$_h$	对象类别	RECORD
名称	PDL_LocVerApplSw_REC		
数据类型	PDL_LocVerApplSw_TYPE	类别	Cond

如果设备支持 PDL_DownloadProgData_ADOM,则应实现 PDL_LocVerApplSw_REC。

——子索引 00$_h$:NumberOfEntries

子索引	00$_h$		
名称	NumberOfEntries		
取值范围	2	访问	const
缺省值	2	PDO 映射	No

——子索引 01$_h$:ApplSwDate_U32

子索引	01$_h$		
名称	ApplSwDate_U32		
数据类型	UNSIGNED32	类别	M
取值范围	UNSIGNED32	访问	rw
缺省值	—	PDO 映射	No

ApplSwDate_U32 应记录自 1984 年 1 月 1 日以来的总天数。

——子索引 02$_h$:ApplSwTime_U32

子索引	02$_h$		
名称	ApplSwTime_U32		
数据类型	UNSIGNED32	类别	M
取值范围	UNSIGNED32	访问	rw
缺省值	—	PDO 映射	No

ApplSwTime_U32 应记录自午夜以来的总 ms 数。

注：只有默认应用程序才能获得日期和时间的支持。不支持其他 2～254 程序的日期和时间。在两个或多个程序情况下，可以将程序 2～254 的最后更新时间和日期保存到对象 PDL_MnExpAppSwDateList_AU32 和 PDL_MnExpAppSwTimeList_AU32 中。

9.6.1.4 对象 0427$_h$：PDL_LocVerApplSw_TYPE

索引	0427$_h$	对象类别	DEFSTRUCT
名称	PDL_LocVerApplSw_TYPE		
子索引	成员名称	值	数据类型
00$_h$	NumberOfEntries	02$_h$	
01$_h$	ApplSwDate_U32	0007$_h$	UNSIGNED32
02$_h$	ApplSwTime_U32	0007$_h$	UNSIGNED32

9.6.2 MN 的对象字典条目

规定两个 MN 对象用于验证 CN 应用软件的版本。

在可编程设备中，应把这两个对象与 PDL_LocVerApplSw_REC 进行比较。PDL_LocVerApplSw_REC 反映了所下载的默认程序的版本。该默认程序可通过 PDL_DownloadProgData_ADOM[1] 访问。

在非可编程的设备中，这两个对象可用于保存要与 NMT_ManufactSwVers_VS 进行比较的验证数据。

9.6.2.1 对象 1F53$_h$：PDL_MnExpAppSwDateList_AU32

对象 PDL_MnExpAppSwDateList_AU32 保存了预期的应用软件日期，该日期用于与 CN 的实际值进行比较，以验证应用软件。

索引	1F53$_h$	对象类别	ARRAY
名称	PDL_MnExpAppSwDateList_AU32		
数据类型	UNSIGNED32	类别	Cond

——子索引 00$_h$：NumberOfEntries

子索引	00$_h$		
名称	NumberOfEntries		
取值范围	01$_h$～FE$_h$	访问	rw
缺省值	FE$_h$	PDO 映射	No

——子索引 01$_h$～FE$_h$：AppSwDate

子索引	01$_h$～FE$_h$		
名称	AppSwDate		
—	—	类别	O
取值范围	UNSIGNED32	访问	rw
缺省值	0	PDO 映射	No

数组中的每个子索引都对应于 NodeID 等于子索引的 CN。仅当通过索引 NMT_NodeAssignment_AU32[子索引].Bit0、Bit1 和 Bit5，将一个 CN 分配给该 NodeID 时，该子索引值才有效。

ApplSwDate 应记录自 1984 年 1 月 1 日以来的总天数。

CN 可实现 PDL_MnExpAppSwDateList_AU32，以保存其他程序的最新更新日期，这些程序可通过 PDL_DownloadProgData_ADOM 的子索引 02_h～FE_h 来访问。

9.6.2.2 对象 $1F54_h$：PDL_MnExpAppSwTimeList_AU32

对象 PDL_MnExpAppSwTimeList_AU32 保存了预期的应用软件时间，该时间用于与 CN 的实际值进行比较，以验证应用软件。

索引	$1F54_h$	对象类别	ARRAY
名称	PDL_MnExpAppSwTimeList_AU32		
数据类型	UNSIGNED32	类别	Cond

——子索引 00_h：NumberOfEntries

子索引	00_h		
名称	NumberOfEntries		
取值范围	01_h～FE_h	访问	rw
缺省值	FE_h	PDO 映射	No

——子索引 01_h～FE_h：AppSwTime

子索引	01_h～FE_h		
名称	AppSwTime		
—	—	类别	O
取值范围	UNSIGNED32	访问	rw
缺省值	0	PDO 映射	No

数组中的每个子索引都对应于 NodeID 等于子索引的 CN。仅当通过索引 NMT_NodeAssignment_AU32[子索引].Bit0、Bit1 和 Bit5，将一个 CN 分配给该 NodeID 时，该子索引值才有效。

ApplSwTime 应记录自午夜以来(00:00)的总 ms 数。

CN 可实现 PDL_MnExpAppSwTimeList_AU32，以保存其他程序的最新更新时间，这些程序可通过 PDL_DownloadProgData_ADOM 的子索引 02_h～FE_h 来访问。

9.7 配置管理

设备配置可以被本地存储在设备的非易失存储器中，或者集中地存储在执行配置管理器功能的 MN 中。

配置管理器是 MN 中的可选应用。它可以在网络启动时配置网络设备。是否支持配置管理器功能应通过设备描述条目 D_CFM_ConfigManager_BOOL 来指示。

因此，配置管理器必须知道(与应用相关的)参数值。该信息可由每个设备的设备配置文件来提供。该文件存储在 MN 中。为了减少存储器的占用，可以应用简易配置存储。

POWERLINK 定义了基于 XML 的设备描述(XDD)和设备配置(XDC)文件格式。文件格式在另外的文件(EPSG DS 311:XML 设备描述)中详细描述。

9.7.1 设备描述

设备描述文件提供关于设备基本通信和功能特性方面的信息。

POWERLINK 使用 XDD 文件进行设备描述。这些文件应由设备的制造商提供。

XDD 文件可以被本地存储在设备中，或者集中存储在 MN 中。

9.7.1.1 设备的本地存储

有些设备能够在设备中本地存储设备描述文件(XDD)。本地 XDD 文件存储具有以下优点：

——制造商通过数据载体分发 XDD 文件不会遇到问题；

——如果将不同软件版本的不同 XDD 文件版本存储在一起，其管理也不易出错；

——在网络中可以存储整个网络的设置，这使得完成分析或者重新配置网络的任务对工具更容易，对用户更透明。

对象 CFM_StoreDevDescrFile_DOM 保存 XDD 文件。该文件的格式通过对象 CFM_StoreDevDescrFormat_U16 来描述。

通过将 XDD 文件作为一个域(domain)写入 CFM_StoreDevDescrFile_DOM 中，可实现从配置工具向设备下载该文件。通过读取 CFM_StoreDevDescrFile_DOM，实现上传该文件。

9.7.1.2 MN 的集中存储

对于那些不能存储其 XDD 文件的设备，MN 的配置管理器可以接管该任务。在配置管理器中，定义了对象 CFM_StoreDevDescrFileList_ADOM 和 CFM_StoreDevDescrFileFormatList_AU8 来保存文件信息。

从配置工具向配置管理器下载设备的 XDD 文件，是通过将该文件作为一个域写入子索引等于设备 NodeID 的 CFM_StoreDevDescrFileList_ADOM 来实现的。

向配置工具上传该文件，是通过读子索引等于设备 NodeID 的 CFM_StoreDevDescrFileList_ADOM 来实现的。

9.7.2 设备配置存储

设备配置提供应用特定的设置值。

9.7.2.1 设备配置文件存储

MN 的配置管理器执行设备配置的集中存储。按照设备配置文件(XDC)的格式存储数据。

XDC 的存储由对象 CFM_StoreDcfList_ADOM 和 CFM_DcfStorageFormatList_AU8 来管理。CFM_StoreDcfList_ADOM 保存 XDC 文件，CFM_DcfStorageFormatList_AU8 提供有关文件存储格式的信息。ARRAY 的每个子索引都指向 XDC 所属设备的 NodeID 。

从配置工具向配置管理器下载 XDC，是通过将 XDC 文件作为一个域写入子索引等于设备 NodeID 的 CFM_StoreDcfList_ADOM 来实现的。

从配置管理器向配置工具上传 XDC，是通过读子索引等于设备 NodeID 的 CFM_StoreDcfList_ADOM 对象来实现的。

9.7.2.2 简易配置存储(Concise Configuration Storage)

简易设备配置(Concise Device Configuration)不包括 XDC 中所包含的全部信息。所存储的信息由对象字典条目的参数值构成。信息的存储是通过将数据值分配给特定对象和子索引的数据流来实现的(见表 102)。

当不能存储整个 XDC 时，推荐使用简易配置存储。

从配置工具向配置管理器下载设备的简易配置，是通过将数据流作为一个域写入子索引等于设备 NodeID 的 CFM_ConciseDcfList_ADOM 中来实现的。

从配置管理器向工具上传设备的简易 DCF，是通过读子索引等于设备 NodeID 的对象 CFM_ConciseDcfList_ADOM 来实现的。

9.7.2.3 检查配置过程

POWERLINK 定义了对象 CFM_VerifyConfiguration_REC。如果设备支持在非易失存储器中保存参数，则 MN 或配置工具可使用该对象在复位设备之后验证配置，并检查是否需要重新配置。配置工具应将配置日期、时间以及 ID 存储在 CFM_VerifyConfiguration_REC 中，并应将相同值存储在 CFM_ExpConfDateList_AU32、CFM_ExpConfTimeList_AU32 和 CFM_ExpConfIdList_AU32 的相应子索引中。

配置工具通过将标记(signature)"save(保存)"写入 NMT_StoreParam_REC. AllParam_U32 中，来命令设备保存其配置。

在复位之后，设备自动地或者通过请求重新存储上一次的配置和标记。

配置管理器将 CFM_VerifyConfiguration_REC 中的标记与 CFM_ExpConfDateList_AU32、CFM_ExpConfTimeList_AU32 和/或 CFM_ExpConfIdList_AU32 的相应子索引进行比较，并决定是否需要重新配置。

9.7.2.4 请求配置

在某些应用中，可能存在运行时需要配置 CN 的情况，例如：CN 失效和重启。NMT 主站将识别这种情况，并通知应用(见 10.4.2.2.1.2)。通过对象 CFM_ConfCNRequest_AU32，NMT 主站应用能够通知配置管理器来配置那个 CN。

另一个示例是一台含几个设备的新机器的连接。至少对于新节点，应用需具备启动配置管理器的能力。

配置也可由目标 CN 自身或者另一个 CN 中的工具请求。

为了启动单个 CN 的配置过程，请求方将标记"conf"写入值等于 CN 的 NodeID 的子索引。

到子索引 FF_h 的 SDO 写请求用于启动系统中所有 CN 的全面重配置。这个功能使简单的应用能够请求配置管理，而不需知道实际的工程配置。

9.7.3 对象字典条目

9.7.3.1 对象 1020_h：CFM_VerifyConfiguration_REC

CFM_VerifyConfiguration_REC 保存设备本地配置日期和时间。

索引	1020_h	对象类型	RECORD
名称	CFM_VerifyConfiguration_REC		
数据类型	CFM_VerifyConfiguration_TYPE	类别	M

——子索引 00_h：NumberOfEntries

子索引	00_h		
名称	NumberOfEntries		
取值范围	2～4	访问	const
缺省值	4	PDO 映射	No

——子索引 01_h:ConfDate_U32

子索引	01_h		
名称	ConfDate_U32		
数据类型	UNSIGNED32	类别	M
取值范围	UNSIGNED32	访问	rw,复位有效
缺省值	0	PDO 映射	No

ConfDate_U32 保存本地配置日期。它包含自 1984 年 1 月 1 日以来的总天数。

——子索引 02_h:ConfTime_U32

子索引	02_h		
名称	ConfTime_U32		
数据类型	UNSIGNED32	类别	M
取值范围	UNSIGNED32	访问	rw,复位有效
缺省值	0	PDO 映射	No

ConfDate_U32 保存本地配置时间。它包含自午夜以来的总 ms 数。

——子索引 03_h:ConfId_U32

子索引	03_h		
名称	ConfId_U32		
数据类型	UNSIGNED32	类别	O
取值范围	UNSIGNED32	访问	rw
缺省值	0	PDO 映射	No

ConfId_U32 保存配置 ID 值。

该值应由配置工具以制造商特定的方式生成。

在 POWERLINK 网络中该值仅应在某些节点上是相等的,这些节点是指除一些节点特定对象以外的具有相同硬件和配置的节点,这些特定对象是指 POWERLINK NodeID(NMT_EPLNodeID_REC. NodeID_U8)和序列号(NMT_IdentifyObject_REC. SerialNo_U32)等。否则,对于以太网 POWERLINK 网段中的每个节点,ConfId_U32 应该是唯一的。

——子索引 04_h:VerifyConfInvalid_BOOL

子索引	04_h		
名称	VerifyConfInvalid_BOOL		
数据类型	BOOL	类别	O
取值范围	BOOL	访问	ro
缺省值	TRUE	PDO 映射	No

当保持网络的启动能力时,为了测试目的,VerifyConfInvalid_BOOL 能够对配置参数进行临时的本地修改。

VerifyConfInvalid_BOOL = FALSE 表示自上次 ConfId_U32(子索引 03_h)存储以来,配置没有被修改。

当本标准定义的保存在永久性存储器中的参数发生改变时，应将 VerifyConfInvalid_BOOL 设置为 TRUE。也可通过应用设置该参数。

在将大于 0 的值写入 ConfId_U32 时，应将 VerifyConfInvalid_BOOL 设置为 FALSE。

如果节点配置被修改，则配置工具或应用可使用该信息来显示警告。

9.7.3.2 对象 1021_h :CFM_StoreDevDescrFile_DOM

CFM_StoreDevDescrFile_DOM 保存设备的本地设备描述文件。

索引	1021_h	对象类型	VAR
名称	CFM_StoreDevDescrFile_DOM		
数据类型	DOMAIN	类别	O
取值范围	DOMAIN	访问	ro 或 rw
缺省值	No	PDO 映射	No

如果由 CFM_StoreDevDescrFile_DOM 存储的设备描述文件是不可改变的，则该对象是只读的。

否则，从配置工具下载设备描述文件，是通过将文件作为一个域写入 CFM_StoreDevDescrFile_DOM 来实现的。将文件上传到配置工具，是通过该对象来实现的。

CFM_StoreDevDescrFile_DOM 中设备描述文件的可用性由 CFM_StoreDevDescrFormat_U16 来指示。如果没有存储数据（CFM_StoreDevDescrFormat_U16 = FF_h），则对 CFM_StoreDevDescrFile_DOM 的 SDO 读请求，以错误代码 E_CFM_DATA_SET_EMPTY 来中止。

9.7.3.3 对象 1022_h :CFM_StoreDevDescrFormat_U16

CFM_StoreDevDescrFormat_U16 保存由 CFM_StoreDevDescrFile_DOM 存储的设备描述文件的格式。

索引	1022_h	对象类型	VAR
名称	CFM_StoreDevDescrFormat_U16		
数据类型	UNSIGNED16	类别	Cond
取值范围	见表 101	访问	ro 或 rw
缺省值	FF_h	PDO 映射	No

如果实现了 CFM_StoreDevDescrFile_DOM，则实现该对象。

如果 CFM_StoreDevDescrFile_DOM 所存储的设备描述文件是不可改变的，则对象是只读的。

CFM_StoreDevDescrFormat_U16 描述了存储的格式。这允许使用压缩格式。设备总可以存储压缩格式的文件。CFM_StoreDevDescrFormat_U16 对象描述了外部行为。

表 101 列出了 CFM_StoreDevDescrFormat_U16 的有效值。

表 101 设备描述文件和设备配置存储格式

值	格式
00_h	其他文件定义的 XML XDD 格式，未压缩的
01_h～FE_h	保留
FF_h	无可用的设备描述文件

9.7.3.4 对象 1F20$_h$:CFM_StoreDcfList_ADOM

CFM_StoreDcfList_ADOM 保存已配置 CN 的 XDC 文件。如果实现对象 CFM_DcfStorateFormatList_AU8,则仅在 MN 中实现该对象。

索引	1F20$_h$	对象类型	ARRAY
名称	CFM_StoreDcfList_ADOM		
数据类型	DOMAIN	类别	Cond

——子索引 00$_h$:NumberOfEntries

子索引	00$_h$		
名称	NumberOfEntries		
取值范围	1～254	访问	ro
缺省值	254	PDO 映射	可选

——子索引 01$_h$～FE$_h$:CNDcf

子索引	01$_h$～FE$_h$		
名称	CNDcf		
—		类别	Cond
取值范围	DOMAIN	访问	rw
缺省值	无	PDO 映射	No

数组中的每个子索引都对应于 NodeID 等于子索引的 CN。仅当通过索引 NMT_NodeAssignment_AU32[子索引].Bit0 和 Bit1,将一个 CN 分配给该 NodeID 时,该子索引值才有效。

从配置工具向配置管理器下载 XDC,是通过将 XDC 文件写入各自的 CFM_StoreDcfList_ADOM 子索引来实现的。将 XDC 文件上传到配置工具,是通过读子索引来实现的。

CFM_StoreDcfList_ADOM 子索引中 XDC 数据的可用性,由相应 CFM_DcfStorageFormatList_AU8 的子索引来指示。如果没有存储数据(CFM_DcfStorageFormatList_AU8. CNDcfFormat[子索引] = FF$_h$),则对 CFM_StoreDcfList_ADOM 子索引的 SDO 读请求,以错误代码 E_CFM_DATA_SET_EMPTY 来中止。

9.7.3.5 对象 1F21$_h$:CFM_DcfStorageFormatList_AU8

CFM_DcfStorageFormatList_AU8 保存已配置 CN 的 XDC 文件格式。仅在 MN 中实现该对象。

索引	1F21$_h$	对象类型	ARRAY
名称	CFM_DcfStorageFormatList_AU8		
数据类型	UNSIGNED8	类别	O

——子索引 00$_h$:NumberOfEntries

子索引	00$_h$		
名称	NumberOfEntries		
取值范围	1～254	访问	ro
缺省值	254	PDO 映射	可选

——子索引 01_h～FE_h：CNDcfFormat

子索引	01_h～FE_h		
名称	CNDcfFormat		
—	—	类别	Cond
取值范围	见表 101	访问	rw
缺省值	FF_h	PDO 映射	No

CNDcfFormat 描述了存储的格式。这允许使用压缩格式。设备内总可以存储压缩格式的文件。CNDcfFormat 对象描述了外部行为。

数组中的每个子索引都对应于 NodeID 等于子索引的 CN。仅当通过索引 NMT_NodeAssignment_AU32[子索引].Bit0 和 Bit1，将一个 CN 分配给该 NodeID 时，该子索引值才有效。

如果没有存储数据(CNDcfFormat[子索引] = FF_h)，则对 CFM_StoreDcfList_ADOM 子索引的 SDO 读请求，以错误代码 E_CFM_DATA_SET_EMPTY 来中止。

9.7.3.6 对象 $1F22_h$：CFM_ConciseDcfList_ADOM

CFM_ConciseDcfList_ADOM 保存已配置 CN 的简易配置数据。仅在 MN 中实现该对象。

索引	$1F22_h$	对象类型	ARRAY
名称	CFM_ConciseDcfList_ADOM		
数据类型	DOMAIN	类别	O

——子索引 00_h：NumberOfEntries

子索引	00_h		
名称	NumberOfEntries		
取值范围	1～254	访问	ro
缺省值	254	PDO 映射	可选

——子索引 01_h～FE_h：CNConciseDcfData

子索引	01_h～FE_h		
名称	CNConciseDcfData		
—	—	类别	O
取值范围	DOMAIN	访问	rw
缺省值	无	PDO 映射	No

CNConciseDcfData 的内容为具有表 102 所示结构的数据流。

表 102　简易 DCF 数据流格式

所支持条目的个数		UNSIGNED32
项目 1	索引 1	UNSIGNED16
	子索引 1	UNSIGNED8
	参数 1 的数据大小	UNSIGNED32
	参数 1 的数据	DOMAIN
项目 2	索引 2	UNSIGNED16
	子索引 2	UNSIGNED8
	参数 2 的数据大小	UNSIGNED32
	参数 2 的数据	DOMAIN
…		
项目 *n*	索引 *n*	UNSIGNED16
	子索引 *n*	UNSIGNED8
	参数 *n* 的数据大小	UNSIGNED32
	参数 *n* 的数据	DOMAIN

数据大小以八位位组为单位(即:UNSIGNED16 数据的大小为 2,BOOL 数据的大小为 1)。

数组中的每个子索引都对应于 NodeID 等于子索引的 CN。仅当通过索引 NMT_NodeAssignment_AU32[子索引].Bit0 和 Bit1,将一个 CN 分配给该 NodeID 时,该子索引值才有效。

如果没有存储数据(CNDcfFormat[子索引] = FF$_{h}$),则对 CFM_StoreDcfList_ADOM 子索引的 SDO 读请求,以错误代码 E_CFM_DATA_SET_EMPTY 来中止。

从配置工具向配置管理器上传设备的配置,是通过将数据流作为一个域写入相应的 CNConciseDcfData 子索引来实现的。将数据上传到配置工具,是通过读数据流来实现的。

空数据集按照以下简易数据流被写入:

所支持的条目号	0(UNSIGNED32)

如果没有存储数据,则 SDO 读请求将返回一个带有以下内容的有效简易数据流:

所支持的条目号	0(UNSIGNED32)

9.7.3.7　对象 1F23$_{h}$:CFM_StoreDevDescrFileList_ADOM

CFM_StoreDevDescrFileList_ADOM 存储已配置 CN 的设备描述文件。如果实现了对象 CFM_DEVDescrFileFormatList_AU8,则仅可在 MN 上实现该对象。

索引	1F23$_{h}$	对象类型	ARRAY
名称	CFM_StoreDevDescrFileList_ADOM		
数据类型	DOMAIN	类别	Cond

——子索引 00$_{h}$:NumberOfEntries

子索引	00$_{h}$		
名称	NumberOfEntries		
取值范围	1～254	访问	ro
缺省值	254	PDO 映射	可选

——子索引 01_h～FE_h：CNDevDescrFile

子索引	01_h～FE_h		
名称	CNDevDescrFile		
—	—	类别	O
取值范围	DOMAIN	访问	rw
缺省值	无	PDO 映射	No

数组中的每个子索引都对应于 NodeID 等于子索引的 CN。仅当通过索引 NMT_NodeAssignment_AU32[子索引].Bit0 和 Bit1，将一个 CN 分配给该 NodeID 时，该子索引值才有效。

从配置工具向配置管理器下载设备的描述文件，是通过将文件写入各自的 CFM_StoreDevDescrFileList_ADOM 子索引来实现的。将文件上传到配置工具，是通过读子索引来实现的。

CFM_StoreDevDescrFileList_ADOM 子索引中设备描述文件的可用性，由各自 CFM_DevDescrFileFormatList_AU8 的子索引来指示。如果没有存储数据(CFM_DevDescrFileFormatList_AU8。CNDevDescrFileFormat[子索引] = FF_h)，则对 CFM_StoreDevDescrFileList_ADOM 子索引的 SDO 读请求，以错误代码 E_CFM_DATA_SET_EMPTY 来中止。

9.7.3.8 对象 $1F24_h$：CFM_DevDescrFileFormatList_AU8

CFM_DevDescrFileFormatList_AU8 保存已配置 CN 的设备描述文件的格式，该对象仅可在 MN 中实现。

索引	$1F24_h$	对象类型	ARRAY
名称	CFM_DevDescrFileFormatList_AU8		
数据类型	UNSIGNED8	类别	O

——子索引 00_h：NumberOfEntries

子索引	00_h		
名称	NumberOfEntries		
取值范围	1～254	访问	ro
缺省值	254	PDO 映射	可选

——子索引 01_h～FE_h：CNDevDescrFileFormat

子索引	01_h～FE_h		
名称	CNDevDescrFileFormat		
—	—	类别	Cond
取值范围	见表 101	访问	rw
缺省值	FF_h	PDO 映射	No

CNDevDescrFileFormat 描述了存储的格式。这允许使用压缩格式。设备内总可以存储压缩格式的文件。该对象描述了外部操作行为。

数组中的每个子索引都对应于 NodeID 等于子索引的 CN。仅当通过索引 NMT_NodeAssignment_AU32[子索引].Bit0 和 Bit1，将一个 CN 分配给该 NodeID 时，该子索引值才有效。

如果实现了相应 CFM_StoreDevDescrFileList_ADOM 的子索引，则实现该子索引。

9.7.3.9 对象 1F25$_{h}$:CFM_ConfCNRequest_AU32

CFM_ConfCNRequest_AU32 由 CN 用来在运行条件下从配置管理器请求配置数据。该对象仅可在 MN 中实现。

索引	1F25$_{h}$	对象类型	ARRAY
名称	CFM_ConfCNRequest_AU32		
数据类型	UNSIGNED32	类别	O

——子索引 00$_{h}$:NumberOfEntries

子索引	00$_{h}$		
名称	NumberOfEntries		
取值范围	1～254	访问	ro
缺省值	254	PDO 映射	可选

——子索引 01$_{h}$～FE$_{h}$:CNConfigurationRequest

子索引	01$_{h}$～FE$_{h}$		
名称	CNConfigurationRequest		
—	—	类别	O
取值范围	UNSIGNED32	访问	wo
缺省值	0	PDO 映射	No

数组中的每个子索引都对应于 NodeID 等于子索引的 CN。仅当通过索引 NMT_NodeAssignment_AU32[子索引].Bit0 和 Bit1,将一个 CN 分配给该 NodeID 时,该子索引值才有效。

为了启动配置过程,CN 将标记"conf"写入各自的子索引中。

CNConfigurationRequest 写访问标记见表 103。

表 103 CNConfigurationRequest 写访问标记

标记	MSB			LSB
ISO 8859("ASCII")	f	n	o	c
十六进制	66$_{h}$	6E$_{h}$	6F$_{h}$	63$_{h}$

如果没有存储数据,则对 01$_{h}$～FE$_{h}$ 的 SDO 写请求,以错误代码 E_CFM_DATA_SET_EMPTY 来中止。

对子索引 FF$_{h}$ 的 SDO 写请求无错误返回。

9.7.3.10 对象 1F26$_{h}$:CFM_ExpConfDateList_AU32

CFM_ExpConfDateList_AU32 保存已配置 CN 的预期配置日期的一个列表。该对象仅可在 MN 中实现。

索引	1F26$_{h}$	对象类型	ARRAY
名称	CFM_ExpConfDateList_AU32		
数据类型	UNSIGNED32	类别	O

——子索引 00_h:NumberOfEntries

子索引	00_h		
名称	NumberOfEntries		
取值范围	1～254	访问	ro
缺省值	254	PDO 映射	可选

——子索引 01_h～FE_h:CNConfigurationDate

子索引	01_h～FE_h		
名称	CNConfigurationDate		
—	—	类别	O
取值范围	UNSIGNED32	访问	rw
缺省值	0	PDO 映射	No

数组中的每个子索引都对应于 NodeID 等于子索引的 CN。仅当通过索引 NMT_NodeAssignment_AU32[子索引].Bit0 和 Bit1,将一个 CN 分配给该 NodeID 时,该子索引值才有效。

每个子索引保存各自 CN 的配置日期。它包含自 1984 年 1 月 1 日以来的总天数。该子索引与相应 CFM_ExpConfTimeList_AU32 子索引一起使用。

9.7.3.11 对象 $1F27_h$:CFM_ExpConfTimeList_AU32

CFM_ExpConfTimeList_AU32 保存已配置 CN 的预期配置时间的一个列表。该对象仅可在 MN 中实现。

索引	$1F27_h$	对象类型	ARRAY
名称	CFM_ExpConfTimeList_AU32		
数据类型	UNSIGNED32	类别	O

——子索引 00_h:NumberOfEntries

子索引	00_h		
名称	NumberOfEntries		
取值范围	1～254	访问	ro
缺省值	254	PDO 映射	可选

——子索引 01_h～FE_h:CNConfigurationTime

子索引	01_h～FE_h		
名称	CNConfigurationTime		
—	—	类别	Cond
取值范围	UNSIGNED32	访问	rw
缺省值	0	PDO 映射	No

数组中的每个子索引都对应于 NodeID 等于子索引的 CN。仅当通过索引 NMT_NodeAssignment_AU32[子索引].Bit0 和 Bit1,将一个 CN 分配给该 NodeID 时,该子索引值才有效。

每个子索引保存各自 CN 的配置时间。它包含自午夜以来的总 ms 数。该子索引与相应 CFM_ExpConfDateList_AU32 子索引一起使用。

如果实现相应 CFM_ExpConfDateList_AU32 的子索引，则实现该子索引。

9.7.3.12 对象 $1F28_h$：CFM_ExpConfIdList_AU32

CFM_ExpConfIdList_AU32 保存已配置 CN 的预期配置 ID 的一个列表。该对象仅可在 MN 中实现。

索引	$1F28_h$	对象类型	ARRAY
名称	CFM_ExpConfIdList_AU32		
数据类型	UNSIGNED32	类别	O

——子索引 00_h：NumberOfEntries

子索引	00_h		
名称	NumberOfEntries		
取值范围	1～254	访问	ro
缺省值	254	PDO 映射	可选的

——子索引 01_h～FE_h：CNConfigurationId

子索引	01_h～FE_h		
名称	CNConfigurationId		
—	—	类别	Cond
取值范围	UNSIGNED32	访问	rw
缺省值	0	PDO 映射	No

数组中的每个子索引都对应于 NodeID 等于子索引的 CN。仅当通过索引 NMT_NodeAssignment_AU32[子索引].Bit0 和 Bit1，将一个 CN 分配给该 NodeID 时，该子索引值才有效。

每个子索引保存各自 CN 的配置 ID。

9.7.3.13 对象 0435_h：CFM_VerifyConfiguration_TYPE

索引	0435_h	对象类型	DEFSTRUCT
名称	CFM_VerifyConfiguration_TYPE		
子索引	成员名称	值	数据类型
00_h	NumberOfEntries	04_h	
01_h	ConfDate_U32	0007_h	UNSIGNED32
02_h	ConfTime_U32	0007_h	UNSIGNED32
03_h	ConfId_U32	0007_h	UNSIGNED32
04_h	VerifyConfInvalid_BOOL	0007_h	UNSIGNED32

9.8 从可编程设备输入

9.8.1 概述

在网络中，可编程节点可特征化为含输入变量和输出变量的一个过程。变量集是程序的变元，因此在完成编程之前,不能确定变量值。必须将变元作为位于对象字典中的变量来处理。

这种参数的定义取决于编程系统(例如:GB/T 15969.3—2005),在此不能标准化。但是,可以假设存在带有逻辑属性 EXTERN 的网络变量集。

编译/链接(或解释)包含 EXTERN 变量的程序需要重定位的信息。在 POWERLINK 设备中,这种信息是变量的索引(和子索引)。多数编程系统使用资源定义的机制,用于为相应的符号名称(程序中的变量名称)分配 POWERLINK 属性(索引、子索引、读写、对本地数据类型的 POWERLINK 数据类型分配)。用户可以利用简单的编辑器或者使用更便利的配置工具来创建资源定义。在带有基于磁盘的文件系统的系统中,可通过 DCF 格式进行直接交换。

变量名称必须满足基本编程系统的规则。POWERLINK 不对变量名称规定系统特定限制:正确命名是程序员/制造商的责任。

定义 EXTERN 变量需要一种分配索引的规则,被称作"动态索引分配"。

9.8.2 动态索引分配

动态索引分配所使用的索引区与设备有关。每个数据类型和方向(输入/输出)都有其自己的区域,被称作段。段不得重叠。将相同数据类型的变量保存在一个数组中。如果数组中的所有元素都被定义(子索引 01_h～FE_h),则分配区域的下一个可用对象。

为了允许可编程设备使用过程映像,这些设备可以使用转换公式直接从索引和子索引中计算出过程映像中的变量偏移量。

抽象对象段的定义(也被称作动态通道):

段是对象字典中索引的范围,具有下列属性:

——数据类型

该段中能够定义的对象数据类型。

——方向

方向标志分为输入和输出。输出的值为'wo',输入的值为'ro'。为了使变量能够正确映射到接收 PDO(wo)或者发送 PDO(ro),区分方向是重要的。这种情况并不影响通过 SDO 的访问可能性。

——索引范围

带有起始索引和结束索引的索引范围。

——PI 偏移量

过程映像中分配这个段第一个对象的偏移量。

对于单字节和多字节变量,PI 偏移量是 32 比特的 UNSIGNED 偏移量。

对于 Boolean 变量,它是偏移量,并且是按比特计算的两个 Boolean 变量的地址差。如果 Boolean 变量按比特连续地存储到字节中,则该值为 1。如果每个 Boolean 变量按字节进行存储,则该值为 8。

——最大计数

该段中变量的最大个数。

某些设备严格按不同数据类型区分过程映像中不同的段。对于这些设备,第一个段的 PI 偏移量将是 0,第二个段的 PI 偏移量将是第一个段的最大计数与第一个段的数据类型大小的乘积,依此类推。如果结果不是正好满足物理配置,则设备软件利用内部段描述符/偏移,以逻辑方式将段任意地映射到对象字典。

某些设备将不同数据类型混合到同一段中。对于这些设备,所有 PI 偏移量属性值为 0。过程映像中通过分配索引分配空间的配置工具,必须保证在这些情况下省略索引以避免重叠(对于特殊的应用,可以具有显式重叠变量的特征——例如:帮助调试器按照不同数据类型解释存储区)。

这两种设备类型的任何混合形式是可能的。

9.8.3 对象字典条目

通过段所描述的条目访问网络变量。在一些应用中,较为理想的是将整个过程映像作为一个块来进行读/写访问。

9.8.3.1 对象 1F70$_h$:INP_ProcessImage_REC

INP_ProcessImage_REC 提供对过程映像段的访问。

索引	1F70$_h$	对象类型	RECORD
名称	INP_ProcessImage_REC		
数据类型	INP_ProcessImage_TYPE	类别	O

——子索引 00$_h$:NumberOfEntries

子索引	00$_h$		
名称	NumberOfEntries		
取值范围	2	访问	const
缺省值	2	PDO 映射	No

——子索引 01$_h$:SelectedRange_U32

子索引	01$_h$		
名称	SelectedRange_U32		
数据类型	UNSIGNED32	类别	M
取值范围	UNSIGNED32	访问	rw
缺省值	0	PDO 映射	No

定义要访问的过程映像段。在写入 SelectedRange_U32 之后,可以利用 ProcessImageDomain_DOM 将相应的数据作为非结构化的字节流从寻址区中读出或者写入寻址区中。

SelectedRange_U32 的结构如表 104 所示。

表 104 SelectedRange_U32 的结构

MSB			LSB
31	16	15	0
数据长度		对象段	

通过索引提供被寻址的对象段。如果几个段重叠,则可使用每个索引来寻址同一存储区。

数据长度给出按字节计的最大发送长度。如果值为 0,则将访问整个段。

——子索引 02$_h$:ProcessImageDomain_DOM

子索引	02$_h$		
名称	ProcessImageDomain_DOM		
数据类型	DOMAIN	类别	M
取值范围	DOMAIN	访问	rw
缺省值	0	PDO 映射	No

将通过 SelectedRange_U32 寻址的段的数据保存为非结构化的字节流。

9.8.3.2 对象 0428$_h$:INP_ProcessImage_TYPE

索引	0428$_h$	对象类型	DEFSTRUCT
名称	INP_ProcessImage_TYPE		
子索引	成员名称	值	数据类型
00$_h$	NumberOfEntries	02$_h$	
01$_h$	SelectedRange_U32	0007$_h$	UNSIGNED32
02$_h$	ProcessImageDomain_DOM	000F$_h$	DOMAIN

10 网络管理(NMT)

10.1 NMT 状态机

10.1.1 概述

NMT 状态机决定通信功能单元的行为(见 5.2.1)。应用状态机与 NMT 状态机的耦合是设备相关的,并且属于设备行规的范畴。

MN 和 CN 都通过通用初始化过程来启动。在这个过程结束之后,评估节点特定 POWERLINK NodeID,以决定该节点被设置为 MN 还是 CN。后续过程区分 MN 特定部分和 CN 特定部分。

通用初始化过程在 10.1.2 中描述。本章还说明了对 MN 和 CN 都通用的上电(PowerOn)、断电(PowerOff)以及复位(Reset)。

表 105 描述了 MN 特定部分,10.1.4 描述了 CN 特定部分。在一个节点上应只能执行其中之一。

10.1.2 通用初始化 NMT 状态机

图 72 示出了对 MN 和 CN 都通用的 NMT 状态机初始化,还示出了对 MN 和 CN 都产生影响的上电、断电以及通用复位的状态层次。

通用初始化 NMT 状态机是节点上层 NMT 状态机。MN 和 CN 特定 NMT 状态机被嵌入到此状态机。在一个节点上应仅执行这些嵌入的状态机中的一个。上层状态机所显示的断电和复位影响每个嵌入的状态机。

10.1.2.1 状态

10.1.2.1.1 NMT_GS_POWERED

本条所处理的全部状态是设备 PowderOn 时有效的状态,例如:应该将这些状态视作超状态 NMT_GS_POWERED 的子状态。

PowderOn 时(NMT_GT1),应该进入 NMT_GS_POWERED;断电(NMT_GT3)时,应该离开 NMT_GS_POWERED。

NMT_GS_POWERED 是一个超状态,不能通过单个 NMTStatus 值向网络发送。

10.1.2.1.1.1 NMT_GS_INITIALISATION

在系统启动之后,节点进入状态 NMT_GS_INITIALISATION。节点应该自动地进入这个状态,NMT 命令不应是必须的。在状态 NMT_GS_INITIALISATION 下,应该初始化网络功能。

NMT_GS_INITIALISATION 及其子状态仅是节点内部状态。不能通过 NMTStatus 向网络发送。

通用初始化 NMT 状态机见图 72。

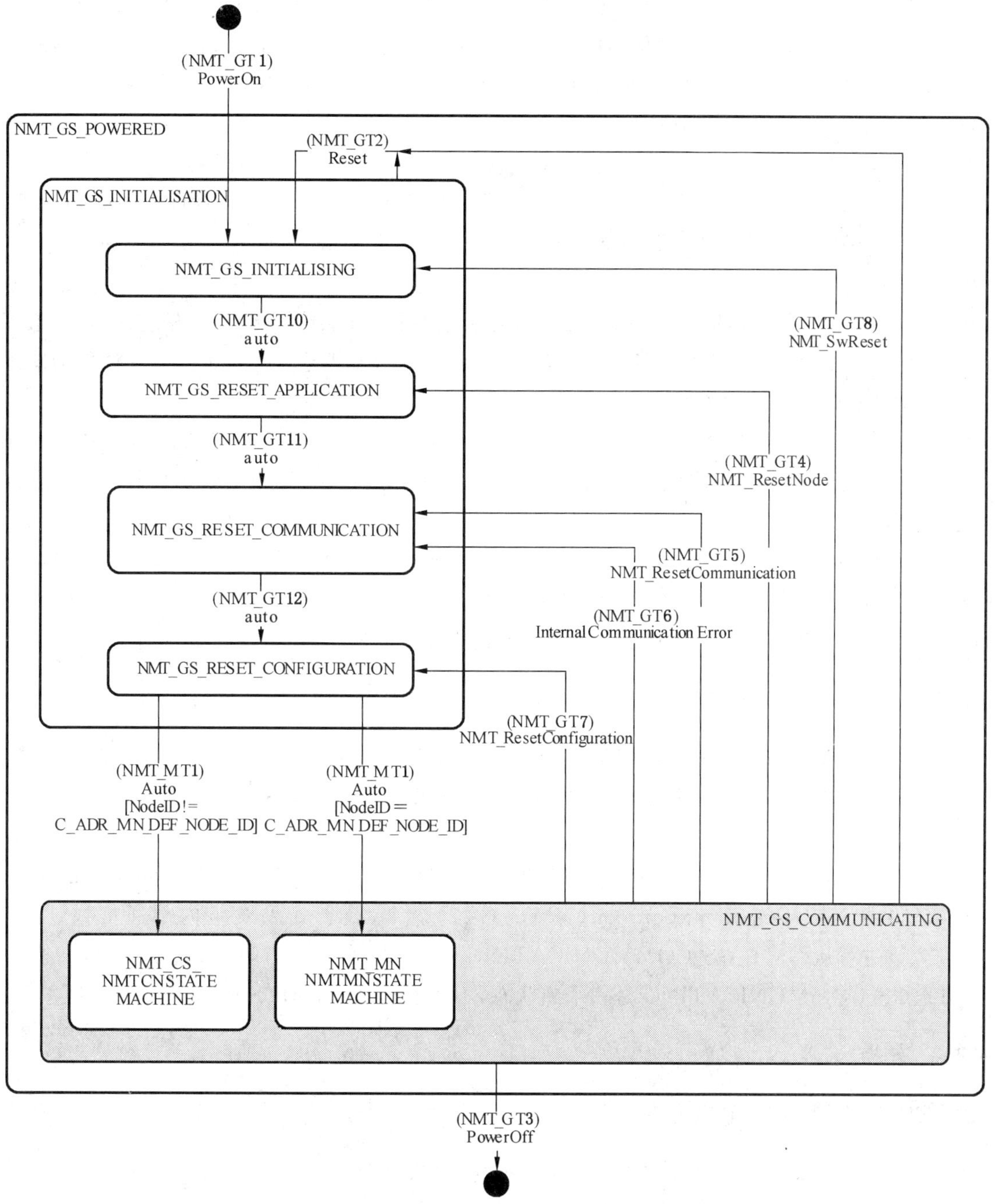

图 72　通用初始化 NMT 状态机

为了使节点能够全部复位或者部分复位，将状态 NMT_GS_INITIALISATION 分成 4 个子状态（见图 72）。

——NMT_GS_INITIALISING

这是 PowderOn(NMT_GT1)、硬件及软件复位(NMT_GT2)，或者收到 NMTSwReset(NMT_GT8)命令之后 POWERLINK 节点应该进入的第一个子状态。在完成基本节点初始化之后，POWERLINK 节点应该自动进入子状态 NMT_GS_RESET_APPLICATION(NMT_GT10)。

——NMT_GS_RESET_APPLICATION

在该子状态下，制造商特定行规区的参数和标准设备行规区的参数应被设置为各自的 PowderOn 值。在设置 PowderOn 值之后，应该自动进入子状态 NMT_GS_RESET_COMMUNICATION(NMT_GT11)。

当从 NMT_GS_RESET_COMMUNICATING 的所有子状态(如 MN 或 CN 的 NMT 状态机)中接收到 NMTResetNode 命令时，应该进入 NMT_GS_RESET_APPLICATION 子状态。

——NMT_GS_RESET_COMMUNICATION

在该子状态下，通信行规区的参数应被设置为各自的 PowerOn 值。

当识别到内部通信错误时，或者当从 NMT_GS_COMMUNICATING 的所有子状态(如 MN 或 CN 的 NMT 状态机)中接收到 NMTResetCommunication 命令时，应该进入 NMT_GS_RESET_COMMUNICATION。

PowerOn 值是最后存储的参数。如果已存储的配置都不可用，或者如果恢复缺省命令(对象 NMT_RestoreDefParam_REC)在复位之前发生，则依据通信和设备行规规范，应将 PowerOn 值设为缺省值。

——NMT_GS_RESET_CONFIGURATION

在该子状态下，对象字典中的配置参数集被用来生成活动的设备配置。节点应检查其 NodeID，以便能够确定其配置是 MN 还是 CN。如果节点等于 C_ADR_MN_DEF_NODE_ID，则节点应进入 MN NMT 状态机(NMT_MT1)，否则应进入 CN MNT 状态机(NMT_CT1)。

当从 NMT_GS_ COMMUNICATING 的所有子状态中收到 NMTResetConfiguration 命令时，应该进入 NMT_GS_RESET_CONFIGURATION。

这个子状态用于重新配置不支持通信参数存储的设备。

10.1.2.1.1.2 NMT_GS_ COMMUNICATING

当离开状态 NMT_GS_INITIALISATION(NMT_MT1 或 NMT_CT1)时，将进入超状态 NMT_GS_ COMMUNICATING。NMT_GS_COMMUNICATING 包括 MN NMT 状态机(见 10.1.3)和 CN NMT 状态机(见 10.1.4)。

如果接收到 NMTSwRreset(NMT_GT8)、NMTResetNode(NMT_GT4)、NMTResetCommunication(NMT_GT5)或 NMTResetConfiguration(NMT_GT7)命令，或者如果发生内部通信错误(NMT_GT6)，则应该进行从 NMT_GS_COMMUNICATING 到 NMT_GS_INITIALISATION 的转换。

NMT_GS_COMMUNICATING 是一个超状态，不能通过单个 NMTStatus 值向网络发送。

10.1.2.2 转换

通用初始化 NMT 状态转换见表 105。

表 105 通用初始化 NMT 状态转换

(NMT_GT1)	PowerOn[]/启动基本节点初始化
	PowerOn 时，应自动进入 NMT_GS_INITIALISATION 的子状态 NMT_GS_INITIALISING。NMT_GT1、NMT_GT2 以及 NMT_GT8 是不同复位源触发的等价转换
(NMT_GT2)	Reset[]/启动基本节点初始化
	在硬件或者本地软件复位之后，应自动进入 NMT_GS_INITIALISATION 的子状态 NMT_GS_INITIALISING。NMT_GT1、NMT_GT2 以及 NMT_GT8 是不同复位源触发的等价转换
(NMT_GT3)	PowerOff[]
	在 NMT_GS_POWERED 状态 POWERLINK 节点被断电

表 105（续）

(NMT_GT4)	NMTResetNode[]/启动应用初始化
	如果在 NMT_GS_ COMMUNICATING 状态接收到 NMTResetNode 命令，则应进入 NMT_GS_INITIALISATION 的子状态 NMT_GS_RESET_APPLICATION
(NMT_GT5)	NMTResetCommunication[]/启动通信初始化
	如果在 NMT_GS_COMMUNICATING 状态接收到 NMTResetCommunication 命令，则应进入 NMT_GS_INITIALISATION 的子状态 NMT_GS_RESET_COMMUNICATION
(NMT_GT6)	内部通信错误[]/启动通信初始化
	如果在 NMT_GS_COMMUNICATING 状态识别到内部通信错误，则应进入 NMT_GS_INITIALISATION 的子状态 NMT_GS_RESET_COMMUNICATION
(NMT_GT7)	NMTResetConfiguration[]/激活设备配置
	如果在 NMT_GS_ COMMUNICATING 状态接收到 NMTResetConfiguration 命令，则应进入 NMT_GS_INITIALISATION 的子状态 NMT_GS_RESET_CONFIGURATION。 如果修改与设备周期配置(节点分配和定时)相关的对象字典的参数，则在接收到 NMTResetConfiguration 命令之后，该修改应生效
(NMT_GT8)	NMTSwReset[]/启动基本节点初始化
	如果在 NMT_GS_COMMUNICATING 状态接收到 NMTSwReset 命令，则应进入 NMT_GS_INITIALISATION 的子状态 NMT_GS_INITIALISING。 NMT_GT1、NMT_GT2 以及 NMT_GT8 是不同复位源触发的等价转换
(NMT_GT10)	Auto[基本节点初始化结束]/启动应用初始化
	如果 NMT_GS_INITIALISATION 的子状态 NMT_GS_INITIALISING 结束，则应自动进入 NMT_GS_INITIALISATION 的子状态 NMT_GS_RESET_APPLICATION
(NMT_GT11)	Auto[应用初始化结束]/启动通信初始化
	如果 NMT_GS_INITIALISATION 的子状态 NMT_GS_RESET_APPLICATION 结束，则应自动进入 NMT_GS_INITIALISATION 的子状态 NMT_GS_RESET_COMMUNICATION
(NMT_GT12)	Auto[通信初始化结束]/启动配置设置
	如果 NMT_GS_INITIALISATION 的子状态 NMT_GS_RESET_COMMUNICATION 结束，则应自动进入 NMT_GS_INITIALISATION 的子状态 NMT_GS_RESET_CONFIGURATION
(NMT_MT1)	Auto[配置设置结束，NodeID = C_ADR_MN_DEF_NODE_ID]/启动监视网络通信
	如果 NMT_GS_INITIALISATION 的子状态 NMT_GS_RESET_CONFIGURATION 结束，并且 NodeID 配置等于缺省 MN 地址(C_ADR_MN_DEF_NODE_ID)，则应自动进入状态 NMT_MS_NOT_ACTIVE，例如应进入 MN NMT 状态机
(NMT_CT1)	Auto[通信初始化结束，NodeID 不等于 C_ADR_MN_DEF_NODE_ID]/启动监视网络通信
	如果 NMT_GS_INITIALISATION 的子状态 NMT_GS_RESET_CONFIGURATION 结束，并且 NodeID 配置不等于缺省 MN 地址(C_ADR_MN_DEF_NODE_ID)，则应自动进入状态 NMT_CS_NOT_ACTIVE，例如应进入 CN NMT 状态机

10.1.3 MN NMT 状态机

10.1.3.1 概述

MN 的 NMT 状态见图 73。

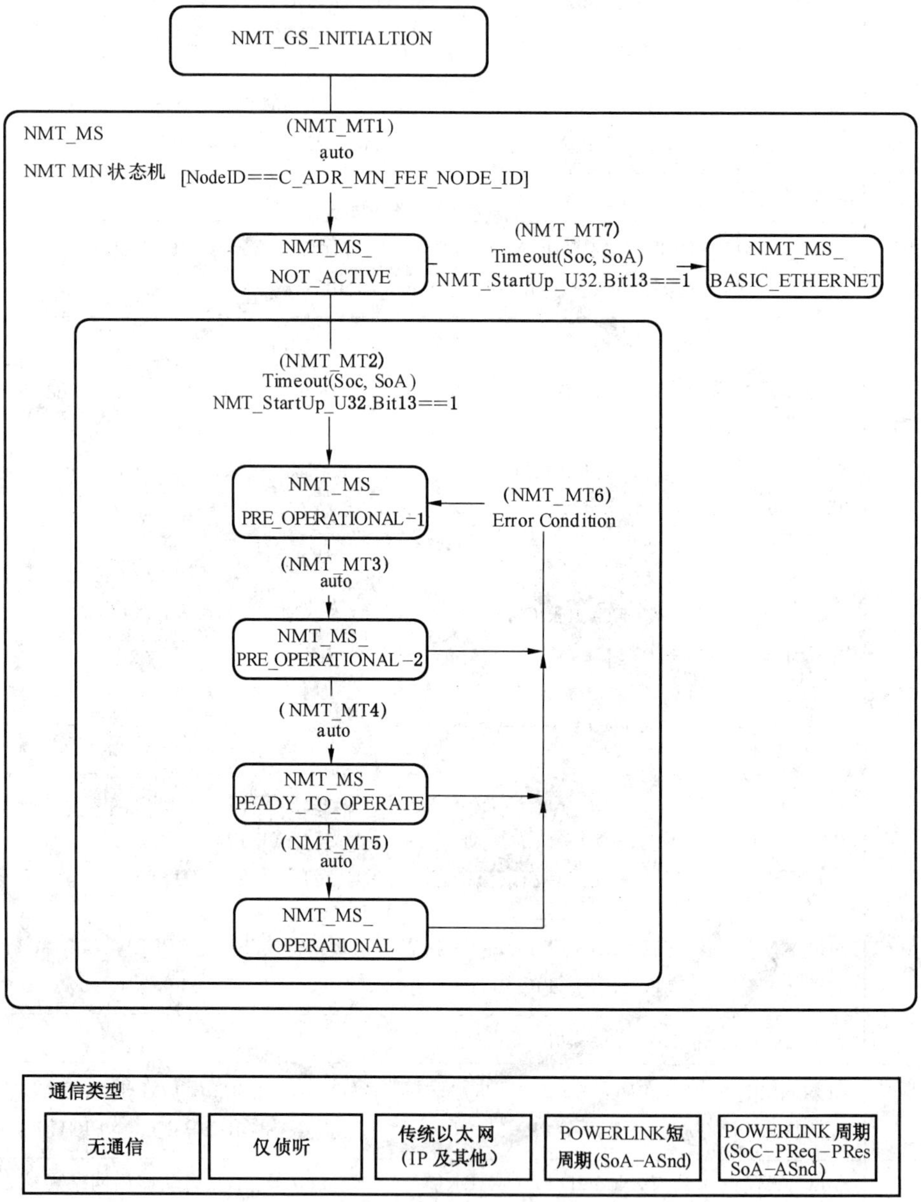

图 73 MN 的 NMT 状态图

MN NMT 状态机应被视为由通用初始化 NMT 状态机(见 10.1.2)管理。MN NMT 状态机表示超状态 NMT_GS_POWERED(见 10.1.2.1.1)和 NMT_GS_COMMUNICATING(见 10.1.2.1.2)的子状态。由这些状态定义的转换应在 MN NMT 状态机中有效。

10.1.3.2 状态

MN 的当前状态应定义 POWERLINK 网络的当前状态。

10.1.3.2.1 **NMT_MS_NOT_ACTIVE**

MN 应在 NMT_MS_NOT_ACTIVE 状态监视网络通信，以确保网络上没有其他活动的 MN。

收到一个 SoC 或 SoA 帧表明有另一个 MN 处于活动状态。当收到 SoC 或 SoA 时，节点应冻结启动，向 MN 应用报告一个错误，并维持 MN 的当前状态。

在 NMT_MS_NOT_ACTIVE 状态，不应给该节点授权发送任何帧。

如果在由索引 NMT_BootTime_REC. MNWaitNoAct_U32 定义的时间间隔内未接收到 SoA 或 SoC 帧，则应根据 NMT_StarUp_U32. Bit13 触发到 NMT_MS_PRE_OPERATIONAL_1(NMT_MT2)或者到 NMT_MS_BASIC_ETHERNET(NMT_MT7)的转换。

不支持 MN 模式的节点应保持在 NMT_MS_NOT_ACTIVE 状态。应向应用发布一个错误报文 E_NMT_BA1_NO_MN_SUPPORT。

10.1.3.2.2 **NMT_MS_EPL_MODE**

NMT_MS_EPL_MODE 是一个超状态，不能通过单个 NMTStatus 值向网络发送。

10.1.3.2.2.1 **NMT_MS_PRE_OPERATIONAL_1**

在 NMT_MS_PRE_OPERATIONAL_1 状态，MN 应开始执行 POWERLINK 短周期。

在 NMT_MS_PRE_OPERATIONAL_1 状态下的通信是耐冲突的。冲突应通过 CSMA/CD 来解决。

在进入 NMT_MS_PRE_OPERATIONAL_1 状态之后，MN 应该发送 C_DLL_PREOP1_START_CYCLES 的 SoA 帧序列，不给包括 MN 在内的任何节点分配异步时隙。这个开始序列允许从 NMT_MS_EPL_MODE 状态阶段前挂起的冲突得到解决。

应标识已配置节点(索引 NMT_NodeAssignment_AU32[NodeID]. Bit1)，并且可校验其标识。如果应用软件或者配置数据必须通过该节点下载，则可以延迟标完成识校验。

已标识的节点应通过 StatusRequest 被周期性访问。

在 NMT_MS_PRE_OPERATIONAL_1 状态无 PDO 交换。

如果全部必备 CN 都已经被成功标识，则可以触发从 NMT_MS_PRE_OPERATIONAL_1 到 NMT_MS_PRE_OPERATIONAL_2 的转换(NMT_MT3)。

建议 MN 在 NMT_MS_PRE_OPERATIONAL_1 状态下完成其配置。

关于 NMT_MS_PRE_OPERATIONAL_1 的更多信息见 10.4.1.3。

10.1.3.2.2.2 **NMT_MS_PRE_OPERATIONAL_2**

在 NMT_MS_PRE_OPERATIONAL_2 状态，MN 应开始执行等时同步 POWERLINK 周期。

为了开始 PDO 传输、同步及心跳(heartbeat)，应通过 PReq 帧启动对已标识 CN 的轮询，这些 CN 处于 NMT_MS_PRE_OPERATIONAL_2 状态且未被标记为仅异步 CN。被传输的 PReq 帧可以与 PDO 映射要求不同。应不通过设置 RD 标志来声明数据无效。

应忽略从被轮询 CN 中接收到的 PRes 帧。

对已标识的仅异步 CN(索引 NMT_NodeAssignment_AU32[NodeID]. Bit8)，应通过 StatusRequest 进行循环访问。

对已配置但未标识的 CN，应通过 SoA IdentRequest 帧进行搜索。

当所有必备 CN 都已发信号告知处于状态 NMT_MS_READY_TO_OPERATE 并且 MN 已经完成其配置时，应触发从 NMT_MS_PRE_OPERATIONAL_2 到 NMT_MS_READY_TO_OPERATE 的 MN 状态转换(NMT_MT4)。

关于 NMT_MS_PRE_OPERATIONAL_2 的更多信息见 10.4.1.4。

10.1.3.2.2.3 NMT_MS_READY_TO_OPERATE

在 NMT_MS_READY_TO_OPERATE 状态,MN 应执行等时同步 POWERLINK 周期。

当进入 NMT_MS_READY_TO_OPERATE 状态时,MN 应该按 PDO 映射的要求启动向已标识的等时同步 CN 发送 PDO 数据。应通过复位 RD 标志来声明传送的数据无效。PReq 帧的长度应该等于各自 CN 的被配置 PReq 有效载荷(索引 NMT_MNPReqPayloadLimitList_AU16[NodeID])。

应忽略从 CN 接收到的 PDO 数据。

对已标识的仅异步 CN,应通过 SoA StatusRequest 帧进行循环访问。

对已配置但未标识的 CN,应通过 SoA IdentRequest 帧进行搜索。

如果所有必备 CN 利用正确帧长和定时发送其 PRes 帧,则应触发从 NMT_MS_READY_TO_OPERATE 到 NMT_MS_OPERATIONAL 的 MN 状态转换(NMT_MT5)。

关于 NMT_MS_READY_TO_OPERATE 的更多信息见 10.4.1.5。

10.1.3.2.2.4 NMT_MS_OPERATIONAL

NMT_MS_OPERATIONAL 是 POWERLINK MN 的正常操作状态。MN 应该执行等时同步 POWERLINK 周期。

MN 应该根据 PDO 映射的要求向已标识的等时同步 CN 发送 PDO 数据。如果应用请求,则可通过设置 RD 标志来声明发送的数据有效。PReq 帧的长度应该等于各自 CN 配置的 PReq 有效载荷。

MN 可以发送 NMTStartNode 命令来强制从 NMT_MS_READY_TO_OPERATE 到 NMT_MS_OPERATIONAL 的状态转换。通过索引 NMT_StartUp_U32.Bit1 和 NMT_StartUp_U32.Bit3 来控制 NMTStartNode 的发送。

对已标识的仅异步 CN,应通过 SoA StatusRequest 帧进行循环访问。

对已配置但未标识的 CN,应通过 SoA IdentRequest 帧进行搜索。

所有必备 CN 都应处于 NMT_CS_OPERATIONAL 状态,并且没有 POWERLINK 协议相关的错误。如果丢失了一个必备 CN,或如果一个必备 CN 的状态不等于 NMT_MS_OPERATIONAL,或它已通知了一个错误,则 MN 应将状态转换到 NMT_MS_PRE_OPERATIONAL_2(NMT_MT6)。

MN 的错误响应由索引 NMT_StartUp_U32.Bit4 和 NMT_StartUp_U32.Bit6 来控制。

关于 NMT_MS_OPERATIONAL 的更多信息见 10.4.1.6。

10.1.3.2.3 NMT_MS_BASIC_ETHERNET

在 NMT_MS_BASIC_ETHERNET 状态,MN 可以根据 GB/T 15629.3 执行传统以太网通信。没有 POWERLINK 特定网络通信控制。CSMA/CD 冲突处理机制控制网络访问。允许节点自主传输。

可采用任何传统以太网协议。MN 可在 NMT_MS_BASIC_ETHERNET 状态发送 ASnd 帧。

为了离开 NMT_MS_BASIC_ETHERNET 状态,必须通过将 NMT_StartUp_U32.Bit13 设为 0_b 来启用 NMT_MS_EPL_MODE,且设备必须通过 NMTResetCommunication 或其他复位命令来复位。

对 NMT_MS_BASIC_ETHERNET 的支持是可选的。是否支持应通过 D_NMT_NMBasicEthernet_BOOL 来指示。

10.1.3.3 转换

MN 特定状态转换见表 106。

表 106 MN 特定状态转换

(NMT_MT1)	见表 105
(NMT_MT2)	Timeout(SoC,SoA)[NMT_StartUp_U32.Bit13 = 0_b]/启用 POWERLINK 短周期通信
	如果通过 NMT_StartUp_U32.Bit13 = 0_b 激活了 NMT_MS_EPL_MODE,并且节点在进入 NMT_MS_NOT_ACTIVE 状态之后,在可定义的超时时间间隔内未接收到任何 SoA 或 SoC 帧,则该节点应转换到 NMT_MS_PRE_OPERATIONAL_1 状态。 超时由 NMT_BootTime_REC.MNWaitNoAct_U32 来定义
(NMT_MT3)	Auto[所有必备 CN 已被标识]/启用等时同步 POWERLINK 周期通信,允许无效的 PDO 和空 PReq
	如果节点已经标识了所有必备 CN,则该节点应转换到 NMT_MS_PRE_OPERATIONAL_2。 应用可以延迟该状态转换
(NMT_MT4)	Auto[MN 配置结束，所有必备 CN 都处于 NMT_MS_READY_TO_OPERATE 状态]/无效的 PDO,已配置的 PReq、PRes
	如果 MN 已经完成其配置,并且如果所有必备 CN 都处于 NMT_MS_READY_TO_OPERATE 状态,则节点应该转换为 NMT_MS_READY_TO_OPERATE 状态。 应用可以延迟该状态转换
(NMT_MT5)	Auto[等时同步通信无错误]/启用已配置的 PReq 和 PRes,开始运行
	如果所有必备 CN 都使用正确帧长度和定时来发送其 PRes 帧,则 MN 应转换为 NMT_MS_READY_TO_OPERATE 状态。 应用可以延迟该状态转换
(NMT_MT6)	Auto[必备 CN 丢失,必备 CN 不处于 NMT_MS_READY_TO_OPERATE 状态,错误]/启用 POWERLINK 短周期通信
	如果 MN 检测到必备 CN 的错误,则它应转换为 NMT_MS_PRE_OPERATIONAL_1
(NMT_MT7)[a]	Timeout(SoC,SoA)[NMT_StartUp_U32.Bit13 = 1_b]/启用传统以太网通信
	如果 NMT_StartUp_U32.Bit13 被置位,则 MN 应该转换为 NMT_MS_BASIC_ETHERNET

[a] 可选变换(见 10.1.3.2.3)。

由通用初始化 NMT 状态定义的状态转换见图 72 和表 105,这些状态转换必须应用于 MN NMT 状态机。

10.1.4 CN NMT 状态机

CN NMT 状态机应由通用初始化 NMT 状态机(10.1.2)管理。CN 的 NMT 状态机是超状态 NMT_GS_POWERED(10.1.2.1.1)和 NMT_GS_COMMUNICATING(10.1.2.1.1.2)的子状态。由这些状态定义的转换在 CN NMT 状态机中应是有效的。

CN 状态图如图 74 所示。

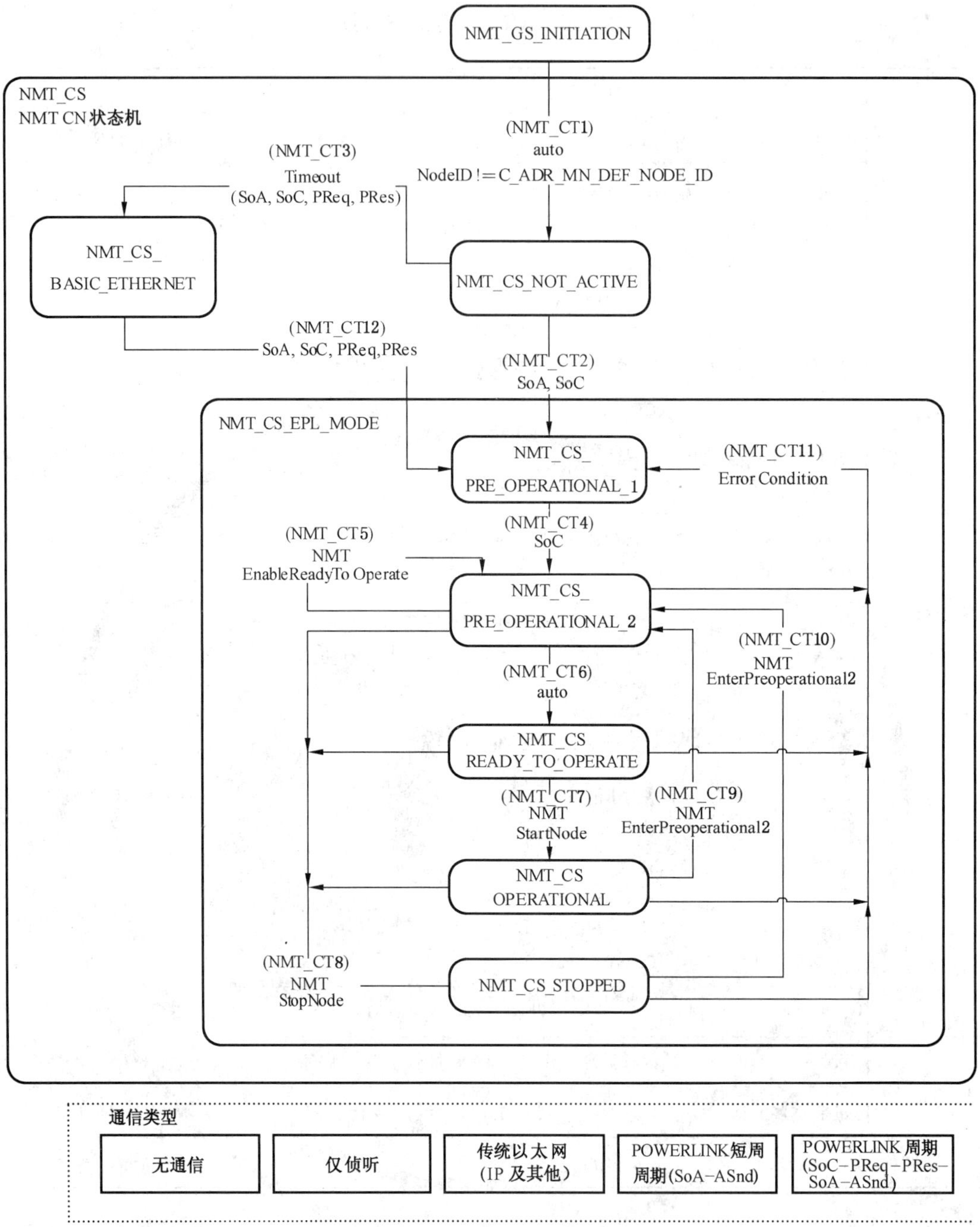

图 74　CN 状态图

10.1.4.1　状态

10.1.4.1.1　NMT_CS_NOT_ACTIVE

NMT_CS_NOT_ACTIVE 是一个非持久性状态，该状态允许一个启动中的节点识别当前的网络状态。

CN 应监视网络通信。节点不应被授权自主发送数据帧。在 NMT_CS_NOT_ACTIVE 状态下，不允许传统以太网帧的传输。节点应能够识别通过 ASnd 发送的 NMTReset 命令。

NMT_CS_NOT_ACTIVE 到 NMT_CS_PRE_OPERATIONAL_1 的状态转换应由收到的 SoA 或

SoC 帧来触发。

NMT_CS_NOT_ACTIVE 到 NMT_CS_BASIC_ETHERNET 的状态转换应由 SoC 帧,PReq 帧,PRes 帧和 SoA 帧的超时来触发。

10.1.4.1.2 NMT_CS_EPL_MODE

NMT_CS_EPL_MODE 是一个超状态,不能通过单个 NMTStatus 值向网络发送。

10.1.4.1.2.1 NMT_CS_PRE_OPERATIONAL_1

在 NMT_CS_PRE_OPERATIONAL_1 状态下,仅当 CN 获得由 MN 通过 SoA Asynclnvite 命令发送的授权时,该 CN 才应发送一个帧。

在 NMT_CS_PRE_OPERATIONAL_1 状态下,该节点可由 MN 通过 IdentRequest(见 10.3.3.2)来标识。如有必要,CN 应从配置服务器下载其配置数据。在 CN 完成其配置之前,如果 MN 不在 NMT_MS_PRE_OPERATIONAL_1 状态或离开 NMT_MS_PRE_OPERATIONAL_1 状态,则这两个过程可以被完全或部分地转移到 NMT_CS_PRE_OPERATIONAL_2 状态进行。

在 NMT_CS_PRE_OPERATIONAL_1 状态下,通信是耐冲突的。冲突应通过 CSMA/CD 来解决。

NMT_CS_PRE_OPERATIONAL_1 到后续状态的转换应由收到的 SoC 帧来触发(见图 74)。

NMT_CS_PRE_OPERATIONAL_1 状态下没有 PDO 通信。

10.1.4.1.2.2 NMT_CS_PRE_OPERATIONAL_2

在 NMT_CS_PRE_OPERATIONAL_2 状态下,CN 将等待配置的完成。

节点由 MN 通过 PReq 来查询。节点收到的 PDO 数据可能是无效的,这些数据可能不同于 PDO 映射要求。

CN 应忽略通过 PReq 从 MN 收到的 PDO 数据,以及通过 PRes 从 MN 和其他 CN 收到的 PDO 数据。

传输的 PRes 帧可不同于 PDO 映射要求。通过不设置 RD 标志来声明该数据是无效的。

仅异步 CN 不应被 MN 通过 PReq 查询,因此也不应通过 PRes 给出响应。

两种类型的 CN 都应响应经由 SoA 的 Asynclnvite 命令。如果未获 MN 的授权,则在 NMT_CS_PRE_OPERATIONAL_2 状态下不允许有以太网帧的传输。

从 NMT_CS_PRE_OPERATIONAL_2 状态转换到 NMT_CS_READY_TO_OPERATE 的前提条件是收到一个 NMTEnableReadyToOperate 命令。如果应用准备好运行,则应触发此状态转换。

从 NMT_CS_PRE_OPERATIONAL_2 状态到 NMT_CS_PRE_OPERATIONAL_1 状态的转换应由错误识别来触发(见 7.7.7)。

从 NMT_CS_PRE_OPERATIONAL_2 状态到 NMT_CS_STOPPED 状态的转换应由收到的 NMT 状态命令 NMTStopNode 来触发(见 10.3.1.2.1)。

10.1.4.1.2.3 NMT_CS_READY_TO_OPERATE

CN 通过 NMT_CS_READY_TO_OPERATE 状态,通知 MN 其运行准备就绪。

该节点可以参与周期帧的交换。当 MN 通过 PReq 查询该周期节点时,该节点应通过 PRes 进行响应。

仅异步 CN 将不会被 MN 通过 PReq 查询,因此也不会通过 PRes 给出响应。

两种类型的 CN 都应响应经由 SoA 的 Asynclnvite 命令。如果未获 MN 的授权,则在 NMT_CS_READY_TO_OPERATE 状态下不允许有以太网帧的传输。

不管是否存在可用的有效过程数据，RD 标志都应被设置为 0。

PRes 有效载荷的长度应小于或等于配置的限制（对象 NMT_CycleTiming_REC. PResActPayloadLimit_U16）。传输的数据应符合 PDO 映射定义的要求（见 9.4.4）。

从 NMT_CS_READY_TO_OPERATE 状态到 NMT_CS_OPERATIONAL 状态的转换应由收到的 NMT 状态命令 NMTStartNode 来触发（见 10.3.1.2.1）。

从 NMT_CS_READY_TO_OPERATE 状态到 NMT_CS_PRE_OPERATIONAL_1 状态的转换应由错误识别来触发（见 7.7.7）。

从 NMT_CS_READY_TO_OPERATE 状态到 NMT_CS_STOPPED 状态的转换应由收到的 NMT 状态命令 NMTStopNode 来触发（见 10.3.1.2.1）。

10.1.4.1.2.4 NMT_CS_OPERATIONAL

NMT_CS_OPERATIONAL 是 CN 的正常运行状态。

该节点可以参与周期帧的交换。当 MN 通过 PReq 查询该周期节点时，该节点应通过 PRes 进行响应。

仅异步 CN 将不会被 MN 通过 PReq 查询，因此也不会通过 PRes 给出响应。

两种类型的 CN 都响应经由 SoA 的 Asynclnvite 命令。如果未获 MN 的授权，则在 NMT_CS_OPERATIONAL 状态下不允许有以太网帧的传输。

CN 可以使用 NMT 防护（guarding）机制（10.3.5）来监视其他节点。

通过 PReq 从 MN 收到的 PDO 数据，以及通过 PRes 从 MN 和其他 CN 收到的 PDO 数据，如果这些 PDO 数据被 CN 应用选定，则应由 CN 应用进行解释。

RD 标志由应用设置。

如果 PDO 数据是无效的，则允许暂时清除 RD 标志。PRes 有效载荷的长度应小于或等于配置的限制（对象 NMT_CycleTiming_REC. PResActPayloadLimit_U16）。传输的数据应符合 PDO 映射定义的要求（见 9.4.4）。

从 NMT_CS_OPERATIONAL 状态到 NMT_CS_PRE_OPERATIONAL_2 状态的转换应由收到的 NMT 状态命令 NMTEnterPreOperational2 来触发（见 10.3.1.2.1）。

从 NMT_CS_OPERATIONAL 状态到 NMT_CS_PRE_OPERATIONAL_1 状态的转换应由错误识别来触发（见 7.7.7）。

从 NMT_CS_OPERATIONAL 状态到 NMT_CS_STOPPED 状态的转换应由收到的 NMT 状态命令 NMTStopNode 来触发（见 10.3.1.2.1）。

10.1.4.1.2.5 NMT_CS_STOPPED

在 NMT_CS_STOPPED 状态下，很大程度上该节点处于被动状态。在系统仍处于运行状态时，NMT_CS_STOPPED 应被用于一个选定 CN 的受控关闭。

节点不再参与周期帧的交换，但仍然监视 SoA 帧。

节点不应被 MN 通过 PReq 查询。

在节点被 MN 通过 PReq 查询时，节点也不应通过 PRes 作出响应。

节点应响应经由 SoA 的 Asynclnvite 命令。如果未获 MN 授权，则在 NMT_CS_STOPPED 状态下不允许有以太网帧的传输。

从 NMT_CS_STOPPED 状态到 NMT_CS_PRE_OPERATIONAL_2 状态的转换则由收到的 NMT 状态命令 NMTEnterPreOperational2 来触发（见 10.3.1.2.1）。

从 NMT_CS_STOPPED 状态到 NMT_CS_PRE_OPERATIONAL_1 状态的转换则由错误识别来触发（见 7.7.7）。

10.1.4.1.3 NMT_CS_BASIC_ETHERNET

在 NMT_CS_BASIC_ETHERNET 状态下，节点可以根据 GB/T 15629.3 进行传统以太网通信。这时没有 POWERLINK 特定的网络通信控制，应由 CSMA/CD 冲突处理机制来控制网络的访问。允许节点进行自主传输。

可采用任意一种传统以太网协议。

在 NMT_CS_BASIC_ETHERNET 状态下，CN 可以传输 ASnd 帧。

为了避免当节点处于 NMT_CS_BASIC_ETHERNET 状态时对 POWERLINK 网络通信的干扰，节点应识别 SoC、PReq、PRes 和 SoA 帧。当收到这些帧时，CN 应立即停止任何自主帧的发送，并转换到 NMT_CS_PRE_OPERATIONAL_1 状态。

10.1.4.2 转换

CN 特定的状态转换见表 107。

表 107 CN 特定的状态转换

(NMT_CT1)	见表 105
(NMT_CT2)	SoA，SoC[]/启用 POWERLINK 短周期通信
	如果节点在 NMT_CS_NOT_ACTIVE 状态接收到 SoA 或 SoC 帧，则节点应转换到 NMT_CS_PRE_OPERATIONAL_1 状态
(NMT_CT3)	Timeout(SoC，PReq，PRes 和 SoA)[]/启用传统以太网通信
	如果在进入 NMT_CS_NOT_ACTIVE 状态后，在可定义的超时时间间隔内节点未收到任何 SoC、PReq、PRes 或 SoA 帧，则该节点应转换到 NMT_CS_BASIC_ETHERNET 状态。 超时时间间隔由对象 NMT_CNBasicThernetTimeout_U32 定义
(NMT_CT4)	SoC[]/启用 POWERLINK 周期通信，允许无效的和空的 PRes
	如果在 NMT_CS_PRE_OPERATIONAL_1 状态节点接收到 SoC 帧，则该节点应转换到 NMT_CS_PRE_OPERATIONAL_2 状态
(NMT_CT5)	NMTEnableReadyToOperate[]/启动到 NMT_CS_READY_TO_OPERATE 的转换
	在完成配置和同步后，CN 转换到 NMT_CS_READY_TO_OPERATE 状态
(NMT_CT6)	Auto[应用已准备就绪且接收到 NMTEnableReadyToOperate]/启用已配置的 PRes，该 PRes 中的数据是无效的，即 RD 标志应被复位
	CN 自动转换到 NMT_CS_READY_TO_OPERATE 状态
(NMT_CT7)	NMTStartNode[配置有效]/启用已配置的 PRes，开始运行
	如果在 NMT_CS_READY_TO_OPERATE 状态下 CN 接收到 NMTStartNode 命令，则该 CN 应转换到 NMT_CS_OPERATIONAL 状态
(NMT_CT8)	NMTStopNode[]/冻结周期通信
	如果在 NMT_CS_PRE_OPERATIONAL_2、NMT_CS_READY_TO_OPERATE 或 NMT_CS_OPERATIONAL 状态下节点接收到 NMTStopNode 命令，则该节点应转换到 NMT_CS_STOPPED 状态

表 107（续）

(NMT_CT9)	NMTEnterPreoperational2[]/禁用有效的 PRes，只允许空的 PRes
	如果在 NMT_CS_OPERATIONAL 状态下节点接收到 NMTEnterPreoperational2 命令，则该节点应转换到 NMT_CS_PRE_OPERATIONAL_2 状态
(NMT_CT10)	NMTEnterPreoperational2[]/重新启用 POWERLINK 循环通信，只允许空的 PRes
	如果在 NMT_CS_STOPPED 状态下节点接收到 NMTEnterPreoperational2 命令，则该节点应转换到 NMT_CS_PRE_OPERATIONAL_2 状态
(NMT_CT11)	Error condition[]/启用 POWERLINK 短周期通信
	如果在 NMT_CS_PRE_OPERATIONAL_2、NMT_CS_READY_TO_OPERATE、NMT_CS_OPERATIONAL 或 NMT_CS_STOPPED 状态下，节点识别出一个错误条件(见 7.7.6.9)，则该节点转换到 NMT_CS_PRE_OPERATIONAL_1 状态
(NMT_CT12)	SoC，PReq，PRes 或 SoA[]/停止自主帧发送
	如果在 NMT_CS_BASIC_ETHERNET 状态下节点接收到 SoC、PReq、PRes 或 SoA 帧，则该节点应转换到 NMT_CS_PRE_OPERATIONAL_1 状态。 重要的是：当节点识别出 SoC、PReq、PRes 或 SoA 帧时立即停止所有自主帧的发送

由通用初始化 NMT 状态机定义的状态转换见图 72 和表 105，这些状态转换必须适用于 CN NMT 状态机。

10.1.4.3 状态和通信对象之间的关系

表 108 示出了通信状态和通信对象之间的关系。仅当参与通信的设备处于合适的通信状态时，才执行所列通信对象上的服务。

表 108 状态和通信对象

	NMT_GS_INITIALISING	NMT_CS_NOT_ACTIVE	NMT_CS_PRE_OPERATIONAL_1	NMT_CS_PRE_OPERATIONAL_2	NMT_CS_READY_TO_OPERATE	NMT_CS_OPERATIONAL	NMT_CS_STOPPED	NMT_CS_BASIC_ETHERNET
POWERLINK 控制的网络通信								
SoC	—	—	R/S	R	R	R	—	R/S
PReq	—	—	—	R	R	R	—	R/S
PDO 接收	—	—	—	—	(×)[1]	×	—	—
PRes 接收	—	—	—	—	R	R	—	R/S
PRes 发送	—	—	—	(T)	T	T	—	—
PDO 发送	—	—	—	—	(×)[2]	×	—	—
SoA	—	R/S	R	R	R	R	R	R/S
IdentRequest	—	—	×	×	×	×	×	—
StatusRequest	—	—	×	×	×	×	×	—
NMTRequestInvite	—	—	×	×	×	×	—	—
Unspecifi edInvite	—	—	×	×	×	×	—	—

表 108（续）

		NMT_GS_INITIALISING	NMT_CS_NOT_ACTIVE	NMT_CS_PRE_OPERATIONAL_1	NMT_CS_PRE_OPERATIONAL_2	NMT_CS_READY_TO_OPERATE	NMT_CS_OPERATIONAL	NMT_CS_STOPPED	NMT_CS_BASIC_ETHERNET
	异步帧的接收	—	R	R	R	R	R	R	R
	SDO 接收	—	—	×	×	×	×	—	—
	NMT 命令	—	(×)[3]	×[4]	×[4]	×[4]	×[4]	×[4]	(×)[3]
	其他协议	—	—	×	×	×	×	—	—
	发送，由 SoA 分配	—	—	T	T	T	T	T	—
	SDO 发送	—	—	×	×	×	×	—	—
	NMTRequest 发送	—	—	×	×	×	×	—	—
	IdentResponse	—	—	×	×	×	×	×	—
	StatusResponse	—	—	×	×	×	×	×	—
	其他协议	—	—	×	×	×	×	—	—
不由 POWERLINK 控制的网络通信									
	传统以太网接收	—	—	—	—	—	—	—	R
	UDP/IP 接收	—	—	—	—	—	—	—	(×[5])
	SDO 接收(UDP/IP)	—	—	—	—	—	—	—	(×[5])
	POWERLINK—ASnd 接收	—	—	—	—	—	—	—	(×[5])
	SDO 接收(POWERLINK—ASnd)	—	—	—	—	—	—	—	(×[5])
	传统以太网发送	—	—	—	—	—	—	—	T
	UDP/IP，自主发送	—	—	—	—	—	—	—	(×[5])
	SDO 发送(UDP/IP)	—	—	—	—	—	—	—	(×[5])
	POWERLINK—ASnd，自主发送	—	—	—	—	—	—	—	(×[5])
	SDO 发送(POWERLINK—ASnd)	—	—	—	—	—	—	—	(×[5])

R　帧被接受。

R/S　帧被接受，触发状态转换。

T　帧被发送。

(T)　只允许空的 PRes 帧。

×　帧数据被解释或发送。

(×)[1]　帧数据可被解释。

(×)[2]　通过复位 RD 标志，使数据无效。

(×)[3]　仅选定的 NMT 命令被接受，应导致状态转换，见 10.3.1.2.1。

×[4]　可以导致状态转换，见 10.3.1.2.1。

(×[5])　取决于协议支持。

—　没有帧处理。

10.1.4.4 与其他状态机的关系

MN NMT 状态机通过 NMT 命令来控制 CN NMT 状态机。

NMT 状态机的运行与周期状态机密切相关(见 7.2.4.5 和 7.2.4.6)。

10.2 NMT 对象字典条目

NMT 对象字典管理定义节点内部参数的条目,这些参数用于控制等时同步的 POWERLINK 周期。在等时同步的 POWERLINK 周期运行期间,这些内部参数是不能改变的。

各个 OD 条目的修改应仅限于 OD 数据的处理,但不能立即影响控制当前 POWERLINK 周期的内部参数集。为了使 POWERLINK 周期相关的 OD 条目有效,应通过 NMTResetConfiguration 命令,或一个更强的 NMT 复位命令或硬件复位,将设备设置成 NMT_GS_RESET_CONFIGURATION 状态。

要求这类处理方法的 OD 条目通过附有"valid on reset"访问类型予以指示。

10.2.1 NMT 通用对象

本条描述的大多数对象适用于所有的节点。

除非是 MN 必备的,否则对象的一些子索引不必在 MN 上实现。可根据类别条目来标识 MN 不支持的项(类别 = No)。

10.2.1.1 标识

10.2.1.1.1 对象 1000_h:NMT_DeviceType_U32

该对象包含设备类型相关的信息,描述了设备的类型及其功能。

该对象的值应在系统初始化期间由设备固件设置。

索引	1000_h	对象类型	VAR
名称	NMT_DeviceType_U32		
数据类型	UNSIGN32	类别	M
取值范围	UNSIGN32	访问	const
缺省值	无	PDO 映射	No

NMT_DeviceType_U32 值的含义见表 109。

表 109 NMT_DeviceType_U32 值的含义

字节	MSB			LSB
	附加信息		设备行规号	

NMT_DeviceType_U32 包含两个 16Bit 的字段,其中一个字段用于描述设备行规,另一个字段给出了关于设备可选功能的附加信息。

附加信息参数是设备行规特定的,其规范不在本标准的范围内,而是在适当的设备行规中定义。值 0000_h 指示一个不遵循标准设备行规的设备。

对于多功能设备模块,附加信息参数包含 $FFFF_h$,由对象 1000_h 引用的设备行规号是对象字典中第一个设备的设备行规。多功能设备模块的所有其他设备在对象 $67FF_h + x \times 800_h$ 中标识它们的行规,其中 x = 设备的内部编号(0~7)。这些条目描述了上述设备的设备类型。

10.2.1.1.2 对象 1008_h:NMT_ManufactDevName_VS

该对象包含制造商设备名。

如果实现该对象,则该对象的值应在系统初始化期间由设备固件设置。

注:在设备描述文件(EPSG DS 311 V1.0.0 XML 设备描述)中,“DeviceIdentity”元素的子元素“ProductName”必须等于 NMT_ManufactDevName_VS。

索引	1008_h	对象类型	VAR
名称	NMT_ManufactDevName_VS		
数据类型	VISIBLE_STRING	类别	O
取值范围	无	访问	const
缺省值	无	PDO 映射	No

10.2.1.1.3 对象 1009_h:NMT_ManufactHwVers_VS

该对象包含制造商硬件版本描述。

注:在设备描述文件(EPSG DS 311 V1.0.0 XML 设备描述)中,“DeviceIdentity”元素的子元素“version”(属性“versionType”设置为“HW”)必须等于 NMT_ManufactHwVers_VS。

索引	1009_h	对象类型	VAR
名称	NMT_ManufactHwVers_VS		
数据类型	VISIBLE_STRING	类别	O
取值范围	无	访问	const
缺省值	无	PDO 映射	No

10.2.1.1.4 对象 $100A_h$:NMT_ManufactSwVers_VS

该对象包含制造商软件版本描述。

注:在设备描述文件(EPSG DS 311 V1.0.0 XML 设备描述)中,“DeviceIdentity”元素的子元素“version”(属性“versionType”设置为“FW”)必须等于 NMT_ManufactSwVers_VS。

索引	$100A_h$	对象类型	VAR
名称	NMT_ManufactSwVers_VS		
数据类型	VISIBLE_STRING	类别	O
取值范围	无	访问	const
缺省值	无	PDO 映射	No

10.2.1.1.5 对象 1018_h:NMT_IdentityObject_REC

该对象包含设备的通用信息。

该对象的值在系统初始化期间由设备固件设置。

索引	1018_h	对象类型	RECORD
名称	NMT_IdentityObject_REC		
数据类型	IDENTITY	类别	M

——子索引 00_h:NumberOfEntries

子索引	00_h		
名称	NumberOfEntries		
取值范围	1～4	访问	const
缺省值	4	PDO 映射	No

——子索引 01_h:VendorId_U32

子索引	01_h		
名称	VendorId_U32		
数据类型	UNSIGN32	类别	M
取值范围	UNSIGN32	访问	const
缺省值	无	PDO 映射	No

子索引提供了制造商特定的 Vendor ID。

POWERLINK 的 Vendor ID 等同于 CANopen 的 Vendor ID。

注：CANopen 的 VendorID 可以从 CiA 获取。

——子索引 02_h:ProductCode_U32

子索引	02_h		
名称	ProductCode_U32		
数据类型	UNSIGN32	类别	O
取值范围	UNSIGN32	访问	const
缺省值	无	PDO 映射	No

制造商特定的产品代码标识一个特定的设备版本。其值应等同于设备描述条目 D_NMT_ProductCode_U32。

——子索引 03_h:RevisionNo_U32

子索引	03_h		
名称	RevisionNo_U32		
数据类型	UNSIGN32	类别	O
取值范围	UNSIGN32	访问	const
缺省值	无	PDO 映射	No

制造商特定的版本号由主版本号和次版本号组成。主版本号标识一个特定设备的性能。如果设备功能被扩展，则主版本号必须增大。次版本号标识具有相同设备性能的不同版本。版本号的值应等同于设备描述条目 D_NMT_RevisionNo_U32。

版本号的结构见表 110。

表 110 版本号的结构

31	16	15	0
主版本号		次版本号	
MSB			LSB

——子索引 04_h:SerialNo_U32

子索引	04_h		
名称	SerialNo_U32		
数据类型	UNSIGN32	类别	O
取值范围	UNSIGN32	访问	const
缺省值	无	PDO 映射	No

子索引提供了设备的序列号。

10.2.1.1.6 对象 $1F82_h$:NMT_FeatureFlags_U32

特性标志指示由设备设计确定的设备的通信行规特定的属性。

该对象的值应在系统初始化期间由设备固件设置。

索引	$1F82_h$	对象类型	VAR
名称	NMT_FeatureFlags_U32		
数据类型	UNSIGN32	类别	M
取值范围	无	访问	const
缺省值	无	PDO 映射	No

NMT_FeatureFlags_U32 值的含义见表 111。

表 111 NMT_FeatureFlags_U32 值的含义

<table>
<tr><th>八位位组</th><th>比特</th><th>名称</th><th>TRUE</th><th>FALSE</th></tr>
<tr><td rowspan="15">0</td><td>0</td><td>Isochronous</td><td>设备可以通过 PReq 被等时同步访问。设备可以作为等时同步 CN 工作
(见 7.2.2.2.1)</td><td>设备不支持通过 PReq 的等时同步访问。设备可专用于仅异步 CN
(见 7.2.2.2.2)</td></tr>
<tr><td rowspan="2">1</td><td rowspan="2">SDO by UDP/IP</td><td>设备支持</td><td>设备不支持</td></tr>
<tr><td colspan="2">通过 UDP/IP 帧的 SDO 通信(见 9.3.3.1)</td></tr>
<tr><td rowspan="2">2</td><td rowspan="2">SDO by ASnd</td><td>设备支持</td><td>设备不支持</td></tr>
<tr><td colspan="2">通过 POWERLINK ASnd 帧的 SDO 通信(见 9.3.3.1)</td></tr>
<tr><td rowspan="2">3</td><td rowspan="2">SDO by PDO</td><td>设备支持</td><td>设备不支持</td></tr>
<tr><td colspan="2">通过嵌入在 PDO 通信中的容器进行 SDO 通信(见 9.3.3.1)</td></tr>
<tr><td rowspan="2">4</td><td rowspan="2">NMT Info Services</td><td>设备支持</td><td>设备不支持</td></tr>
<tr><td colspan="2">NMT Info 服务(见 10.3.4)</td></tr>
<tr><td rowspan="2">5</td><td rowspan="2">Extended NMT State Commands</td><td>设备支持</td><td>设备不支持</td></tr>
<tr><td colspan="2">扩展的 NMT 状态命令(见 10.3.1.2.2)</td></tr>
<tr><td rowspan="2">6</td><td rowspan="2">Dynamic PDO Mapping</td><td>设备支持</td><td>设备不支持</td></tr>
<tr><td colspan="2">动态 PDO 映射(见 9.4.2)</td></tr>
<tr><td rowspan="2">7</td><td rowspan="2">NMT Service by UDP/IP</td><td>设备支持</td><td>设备不支持</td></tr>
<tr><td colspan="2">使用 UDP/IP 的 NMT 服务(见 10.3.1.2.2)</td></tr>
</table>

表 111(续)

<table>
<tr><th>八位位组</th><th>比特</th><th>名称</th><th>TRUE</th><th>FALSE</th></tr>
<tr><td rowspan="16">1</td><td rowspan="2">8</td><td rowspan="2">Configuration Manager</td><td>设备支持</td><td>设备不支持</td></tr>
<tr><td colspan="2">配置管理器功能(见 9.7)D_CFM_ConfigManager_BOOL</td></tr>
<tr><td rowspan="2">9</td><td rowspan="2">Multiplexed Access</td><td>CN 设备支持</td><td>CN 设备不支持</td></tr>
<tr><td colspan="2">复用类等时同步访问(见 7.2.4.1.1.2)
D_CFM_CNFertureMultiplex_BOOL</td></tr>
<tr><td rowspan="2">10</td><td rowspan="2">NodeID setup by SW</td><td>设备支持</td><td>设备不支持</td></tr>
<tr><td colspan="2">由软件设置的 NodeID(见 10.2.1.3.1)</td></tr>
<tr><td rowspan="2">11</td><td rowspan="2">MN Basic Ethernet Mode</td><td>MN 设备支持</td><td>MN 设备不支持</td></tr>
<tr><td colspan="2">基本以太网模式(见 10.1.3.2.3)D_NMT_MNBasicEthernet_BOOL</td></tr>
<tr><td rowspan="2">12</td><td rowspan="2">Routing Type 1 Support</td><td>设备支持</td><td>设备不支持</td></tr>
<tr><td colspan="2">路由类型 1 功能(见 12.1)D_RT1_RT1Support_BOOL</td></tr>
<tr><td rowspan="2">13</td><td rowspan="2">Routing Type 2 Support</td><td>设备支持</td><td>设备不支持</td></tr>
<tr><td colspan="2">路由类型 2 功能(见 12.2)D_RT2_RT2Support_BOOL</td></tr>
<tr><td rowspan="2">14</td><td rowspan="2">SDO Read/Write All by Index</td><td>设备支持</td><td>设备不支持</td></tr>
<tr><td colspan="2">按索引读/写所有(见 9.3.2.4.2)的 SDO 命令</td></tr>
<tr><td rowspan="2">15</td><td rowspan="2">SDO Read/Write Multiple Parameter by Index</td><td>设备支持</td><td>设备不支持</td></tr>
<tr><td colspan="2">按索引读/写多个参数(见 9.3.2.4.2)的 SDO 命令</td></tr>
<tr><td rowspan="3">2</td><td>16</td><td>保留</td><td colspan="2">EPSG DS302-B 使用</td></tr>
<tr><td>17</td><td>保留</td><td colspan="2">EPSG DS302-A 使用</td></tr>
<tr><td>18～23</td><td>保留</td><td>—</td><td>—</td></tr>
<tr><td>3</td><td>24～31</td><td>保留</td><td>—</td><td>—</td></tr>
</table>

10.2.1.1.7 对象 1F83h:NMT_EPLVersion_U8

该对象包含设备实现的 POWERLINK 通信行规版本。

该对象的值应在系统初始化期间由设备固件设置。

索引	1F83h	对象类型	VAR
名称	NMT_EPLVersion_U8		
数据类型	UNSIGNED8	类别	M
取值范围	无	访问	const
缺省值	无	PDO 映射	No

NMT_EPLVersion_U8 编码见表 112。

表 112 NMT_EPLVersion_U8 编码

高 4 位	低 4 位
POWERLINK 主版本	POWERLINK 子版本

10.2.1.2 参数存储

10.2.1.2.1 对象 1010_h:NMT_StoreParam_REC

该对象支持参数在非易失存储器中的存储。通过读访问,设备提供关于设备存储能力方面的信息。

索引	1010_h	对象类型	RECORD
名称	NMT_StoreParam_REC		
数据类型	NMT_ParameterStorage_TYPE	类别	O

——子索引 00_h:NumberOfEntries

子索引	00_h		
名称	NumberOfEntries		
取值范围	1_h~$7F_h$	访问	const
缺省值	无	PDO 映射	No

NumberOfEntries 是实现特定的。

——子索引 01_h:AllParam_U32

子索引	01_h		
名称	AllParam_U32		
数据类型	UNSIGNED32	类别	M
取值范围	UNSIGNED32	访问	rw
缺省值	无	PDO 映射	No

涉及能在设备上存储的所有参数。

——子索引 02_h:CommunicationParam_U32

子索引	02_h		
名称	CommunicationParam_U32		
数据类型	UNSIGNED32	类别	O
取值范围	UNSIGNED32	访问	rw
缺省值	无	PDO 映射	No

涉及与通信相关的参数(索引 1 000_h~$1FFF_h$:制造商特定的通信参数)。

——子索引 03_h:ApplicationParam_U32

子索引	03_h		
名称	ApplicationParam_U32		
数据类型	UNSIGNED32	类别	O
取值范围	UNSIGNED32	访问	rw
缺省值	无	PDO 映射	No

涉及与应用相关的参数(索引 6 000_h~$9FFF_h$:制造商特定的应用参数)。

——子索引 04_h:ManufacturerParam_XXh_U32

子索引	04_h～$7F_h$		
名称	ManufacturerParam_XXh_U32		
数据类型	UNSIGNED32	类别	O
取值范围	UNSIGNED32	访问	rw
缺省值	无	PDO 映射	No

ManufacturerParam_XXh_U32 提供了存储制造商特定数据列表的方法。

为了实现按名称访问，需要用一个名称索引代替"_XXh"。例如，如果子索引为 04_h，则名称索引为"_04h"。名称索引值最大增至"_7Fh"，对应的子索引为 $7F_h$。

——子索引 01_h～07_h 的值含义

为了避免参数存储出现错误，只有在特定的标记写入相应的子索引时，才执行存储。这个特定的标记是"save"。

NMT_StoreParam_REC 存储写访问标记见表 113。

表 113 NMT_StoreParam_REC 存储写访问标记

标记	MSB			LSB
ISO 8859("ASCII")	e	v	a	s
hex	65_h	76_h	61_h	73_h

当接收到相关子索引中的正确标记时，设备就存储该参数，然后证实这次 SDO 传输。如果存储失败，则设备以一个 Abort SDO 传输作出响应。

如果写入的是一个错误的标记，则设备拒绝存储该参数，并以一个 Abort SDO 传输作出响应。

当对相关子索引进行读访问时，设备按照下列格式提供关于其存储功能方面的信息。

NMT_StoreParam_REC 存储读访问结构见表 114。

表 114 NMT_StoreParam_REC 存储读访问结构

	UNSIGNED32		
	MSB	LSB	
比特	31～2	1	0
	保留(＝0)	0/1	0/1

NMT_StoreParam_REC 读访问结构见表 115。

表 115 NMT_StoreParam_REC 读访问结构

比特	值	含　义
31～2	0	保留(＝0_b)
1	0	设备不会自主保存参数
	1	设备自主保存参数
0	0	设备不会根据命令保存参数
	1	设备根据命令保存参数

自主保存的含义是，没有用户请求的情况下，设备在非易失存储器中存储可存储的参数。

10.2.1.2.2 对象 1011_h：NMT_RestoreDefParam_REC

通过该对象，恢复符合通信行规或设备行规的参数的缺省值。通过读访问，设备提供关于恢复这些缺省值能力方面的信息。分成以下若干个参数组：

索引	1011_h	对象类型	RECORD
名称	NMT_RestoreDefParam_REC		
数据类型	NMT_RestoreDefParam_TYPE	类别	O

——子索引 00_h：NumberOfEntries

子索引	00_h		
名称	NumberOfEntries		
取值范围	1_h～$7F_h$	访问	const
缺省值	无	PDO 映射	No

NumberOfEntries 是实现特定的。

——子索引 01_h：AllParam_U32

子索引	01_h		
名称	AllParam_U32		
数据类型	UNSIGNED32	类别	M
取值范围	UNSIGNED32	访问	rw，见 10.2.1.2.2.2
缺省值	无	PDO 映射	No

涉及能在设备上存储的所有参数。

——子索引 02_h：CommunicationParam_U32

子索引	02_h		
名称	CommunicationParam_U32		
数据类型	UNSIGNED32	类别	O
取值范围	UNSIGNED32	访问	rw，见 10.2.1.2.2.2
缺省值	无	PDO 映射	No

恢复通信缺省参数，涉及与通信相关的参数（索引 1000_h～$1FFF_h$：制造商特定的通信参数）。

——子索引 03_h：ApplicationParam_U32

子索引	03_h		
名称	ApplicationParam_U32		
数据类型	UNSIGNED32	类别	O
取值范围	UNSIGNED32	访问	rw，见 10.2.1.2.2.2
缺省值	无	PDO 映射	No

恢复应用缺省参数，涉及与应用相关的参数（索引 6000_h～$9FFF_h$：制造商特定的应用参数）。

——子索引 04_h～$7F_h$：ManufacturerParam_XXh_U32

子索引	04_h～$7F_h$		
名称	ManufacturerParam_XXh_U32		
数据类型	UNSIGNED32	类别	O
取值范围	UNSIGNED32	访问	rw，见 10.2.1.2.2.2
缺省值	无	PDO 映射	No

恢复制造商定义的缺省参数。制造商可以恢复各参数的选择。

为了实现按名称访问，需要用一个名称索引代替"_XXh"。例如，如果子索引为 04_h，则名称索引为"_04h"。名称索引值最大增至"_7Fh"，对应的子索引为 $7F_h$。

——子索引 01_h～$7F_h$ 值的含义

为了避免缺省参数的恢复出错，仅当一个特定标记写入对应的子索引时，才执行恢复功能。该标记为"load"。

表 116 列出了 NMT_RestoreDefParam_REC 恢复写访问标记。

表 116　NMT_RestoreDefParam_REC 恢复写访问标记

标记	MSB			LSB
ASCII	d	a	o	l
hex	64_h	61_h	$6F_h$	$6C_h$

当收到相关子索引中的正确标记时，设备就恢复这些缺省参数，然后证实该 SDO 传输。如果恢复失败，则设备以一个 Abort SDO 传输作出响应。

如果写入的是一个错误的标记，设备拒绝恢复对应的缺省参数，并一个 Abort SDO 传输作出响应。

当对相关子索引进行读访问时，设备按照下列格式提供关于其缺省参数恢复能力方面的信息。

表 117 示出了 NMT_RestoreDefParam_REC 恢复缺省值读访问结构。表 118 示出了 NMT_RestoreDefParam_REC 恢复读访问结构。

表 117　NMT_RestoreDefParam_REC 恢复缺省值读访问结构

	UNSIGNED32	
	MSB	LSB
比特	31～1	0
	reserved(＝0)	0/1

表 118　NMT_RestoreDefParam_REC 恢复读访问结构

比特	值	含　义
31～1	0	保留(＝0)
0	0	设备不恢复缺省参数
	1	设备恢复缺省参数

——有效性信息

在设备复位（NMTResetNode 用于子索引 01_h、03_h～$7F_h$，NMTResetConfiguation 用于子索引 02_h）或重上电后，缺省值被设置为有效。

图 75 示出了 NMT_RestoreDefParam_REC 恢复步骤。

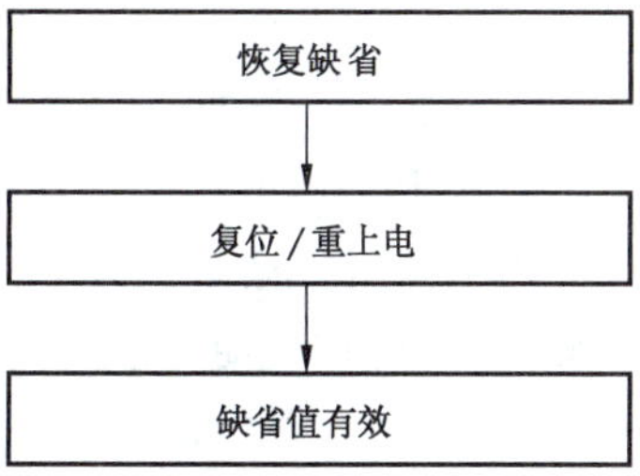

图 75 NMT_RestoreDefParam_REC 恢复步骤

10.2.1.3 通信接口描述

10.2.1.3.1 对象 1F93$_h$:NMT_EPLNodeID_REC

该对象存储设备的 POWERLINK NodeID。

索引	1F93$_h$	对象类型	RECORD
名称	NMT_EPLNodeID_REC		
数据类型	NMT_EPLNodeID_TYPE	类别	M

——子索引 00$_h$:NumberOfEntries

子索引	00$_h$		
名称	NumberOfEntries		
取值范围	2、3	访问	const
缺省值	取决于子索引 03$_h$	PDO 映射	No

——子索引 01$_h$:NodeID_U8

子索引	01$_h$		
名称	NodeID_U8		
数据类型	UNSIGNED8	类别	M
取值范围	1～240,253,254	访问	ro
缺省值	1	PDO 映射	No

该子索引保持设备的实际 NodeID。NodeID_U8 可以由硬件(DIP 开关等)提供或由软件进行设置。

——子索引 02$_h$:NodeIDByHW_BOOL

子索引	02$_h$		
名称	NodeIDByHW_BOOL		
数据类型	BOOLEAN	类别	M
取值范围	BOOLEAN	访问	ro
缺省值	无	PDO 映射	No

该子索引显示设备的 NodeID 设置模式，应在系统初始化期间设置。

- 对于 POWERLINK NodeID 只能由硬件设置的设备，对象子索引被设置为 TRUE；
- 对于 POWERLINK NodeID 只能由软件设置的设备，对象子索引被设置为 FALSE；
- 对于需通过特定硬件设置来启用软件 POWERLINK NodeID 设置的设备，如果软件 POWERLINK NodeID 设置已被启用，则该子索引应被设置为 FALSE。

如果软件 POWERLINK NodeID 设置的启用是通过 NodeID 硬件开关来实现的，则推荐使用 NodeID setup=0。

通过软件定义 POWERLINK NodeID 的能力，应由对象字典中的条目 NMT_FeatureFlags_U32 比特 10 来指示。硬件设置能力由 D_NMT_NodeIDByHW_BOOL 在设备描述中指示。

——子索引 03_h：SWNodeID_U8

子索引	03_h		
名称	SWNodeID_U8		
数据类型	UNSIGNED8	类别	Cond
取值范围	1～240,253,254	访问	Cond，复位有效
缺省值	1	PDO 映射	No

本子索引可以用于通过软件设置 NodeID。

如果设备支持通过软件设置 NodeID(NMT_FeatureFlags_U32. Bit10 被置位)，则该子索引是必备的。访问方式是读写访问。设置的激活通过子索引 02_h 指示。

如果设备不支持通过软件设置 NodeID，则该子索引是可选的。如果实现了，则访问方式应为“ro”。

10.2.1.3.2 对象 1030_h～1039_h：NMT_InterfaceGroup_Xh_REC

下列对象用于通过 SDO 配置和恢复网络接口(物理的或虚拟的)的参数。每个接口具有一个条目。InterfaceGroup_REC 对象是 RFC 1213 接口组的一个子集。

POWERLINK 接口是由从小到大顺序的对象来描述的(例如，1030_h，1031_h……)

索引	1030_h～1039_h	对象类型	RECORD
名称	NMT_InterfaceGroup_Xh_REC		
数据类型	NMT_InterfaceGroup_Xh_TYPE	类别	1030_h： M 1031_h～1039_h：O

为了实现按名称访问，需要用一个名称索引代替“_Xh”。例如，如果子索引为 1030_h，则名称索引为“_0h”。名称索引值最大增至“_9h”，相应的对象索引为 1039_h。

——子索引 00h：NumberOfEntries

子索引	00_h		
名称	NumberOfEntries		
取值范围	9	访问	const
缺省值	9	PDO 映射	No

NumberOfEntries 是实现特定的。

——子索引 01_h：InterfaceIndex_U16

子索引	01_h		
名称	InterfaceIndex_U16		
数据类型	UNSIGNED16	类别	M
取值范围	1～10	访问	ro
缺省值	无	PDO 映射	No

物理接口的接口索引。该号等于索引号减去 $102F_h$。POWERLINK 节点增加一个接口就生成一个对应的值。

该索引特定值标识的接口，与用 NWL_IpAddrTable_Xh_REC. IfIndex_U16 相同值标识的接口是同一个接口。

——子索引 02_h：InterfaceDescription_VSTR

子索引	02_h		
名称	InterfaceDescription_VSTR		
数据类型	VISIBLE_STRING	类别	M
取值范围	无	访问	const
缺省值	无	PDO 映射	No

文本字符串包含该接口相关的信息。这个字符串应包含制造商的名称，产品名称和硬件接口的版本。

该参数的值应在系统初始化期间由设备固件设置。

——子索引 03_h：InterfaceType_U8

子索引	03_h		
名称	InterfaceType_U8		
数据类型	UNSIGNED8	类别	M
取值范围	1～其他； 6～以太网—CSMA/CD； 7～ISO 88023—CSMA/CD； 其他值的类型见 RFC 1213 接口组对象	访问	const
缺省值	6～以太网—CSMA/CD	PDO 映射	No

接口的类型，根据协议栈中网络层下面的物理/链路协议进行区分。

该参数的值在系统初始化期间由设备固件设置。

——子索引 04_h：InterfaceMtu_U16

子索引	04_h		
名称	InterfaceMtu_U16		
数据类型	UNSIGNED16	类别	M
取值范围	UNSIGNED16	访问	const
缺省值	无	PDO 映射	No

在接口上能发送/接收的最大数据报的大小，以八位位组为单位。对用于传输网络数据报的接口，

这是能发送到接口上的最大网络数据报的大小。

该参数的值在系统初始化期间由设备固件设置。

——子索引 05_h:InterfacePhysAddress_OSTR

子索引	05_h		
名称	InterfacePhysAddress_OSTR		
数据类型	OCTET_STRING6	类别	M
取值范围	无	访问	const
缺省值	无	PDO 映射	No

协议栈中网络层下面的协议层接口地址。对于没有这个地址的接口(例如,串行线路),该对象应包含一个长度为0的八位位组串。

该参数的值在系统初始化期间由设备固件设置,它是从硬件读取的。

——子索引 06_h:InterfaceName_VSTR

子索引	06_h		
名称	InterfaceName_VSTR		
数据类型	VISIBLE_STRING	类别	M
取值范围	无	访问	ro
缺省值	无	PDO 映射	No

接口的用户参考名。设备驱动器使用该名称来访问接口(例如,用于 Linux 的“eth0”)。

——子索引 07_h:InterfaceOperStatus_U8

子索引	07_h		
名称	InterfaceOperStatus_U8		
数据类型	UNSIGNED8	类别	M
取值范围	0:Down; 1:Up	访问	ro
缺省值	无	PDO 映射	No

接口的当前运行状态。

——子索引 08_h:InterfaceAdminState_U8

子索引	08_h		
名称	InterfaceAdminState_U8		
数据类型	UNSIGNED8	类别	M
取值范围	0:Down; 1:Up	访问	rw
缺省值	Up	PDO 映射	No

接口的当前管理状态(Down/Up)。

——子索引 09_h:Valid_BOOL

子索引	09_h		
名称	Valid_BOOL		
数据类型	BOOLEAN	类别	M
取值范围	BOOLEAN	访问	rw
缺省值	FALSE	PDO 映射	No

此索引规定对象的数据是否有效。如果值为 TRUE,则对象的数据有效。如果值为 FALSE,则对象的数据无效。

10.2.1.3.3 对象 $1F9A_h$:NMT_HostName_VSTR

该对象提供节点的 DNS 主机名称。

仅当设备支持 IP 的情况下,才支持该对象(见 8.1)。

索引	$1F9A_h$	对象类型	VAR
名称	NMT_HostName_VSTR		
数据类型	VISIBLE_STRING32	类别	Cond
取值范围	VISIBLE_STRING	访问	rw
缺省值	无	PDO 映射	No

10.2.1.4 节点列表

10.2.1.4.1 对象 $1F81_h$:NMT_NodeAssignment_AU32

该对象将节点分配给 NMT 主站(MN)。

对于 CN,该对象的实现是有条件的。如果 CN 实现了下列 ARRAY 类型对象之一:NMT_MultipCycleAssigh_AU8、NMT_ConsumerHeartbeatTime_AU32 或 NMT_PResPayloadLimitList_AU16,则 CN 应提供该对象。

数组中的每个子索引对应于其 NodeID 等于该子索引的节点。

可用的 NodeID 可以通过设备描述条目 D_NMT_MaxCNNumber_U8 和 D_NMT_MaxCNNodeID_U8 予以限制(见 7.5)。无效的 NodeID 对应的子索引应被设置为 0。

等于 MN NodeID(C_ADR_MN_DEF_NODE_ID)的子索引应表示 MN。

该对象应通过系统配置进行设置。对于所有具有该对象的节点,该对象应是相同的。

对于 MN,该对象控制 CN 的标识。如果在 NMT_MS_PRE_OPERATIONAL_1 状态该对象被修改,则应重新启动标识过程。

索引	$1F81_h$	对象类型	ARRAY
名称	NMT_NodeAssignment_AU32		
数据类型	UNSIGNED32	类别	MN:M CN:Cond

——子索引 00_h:NumberOfEntries

子索引	00_h		
名称	NumberOfEntries		
取值范围	1~254	访问	rw,复位有效
缺省值	254	PDO 映射	No

——子索引 01_h～FE_h：NodeAssignment

子索引	01_h～FE_h		
名称	NodeAssignment		
—	—	类别	M
取值范围	比特字段，见表 119	访问	rw，复位有效
缺省值	0	PDO 映射	No

表 119 列出了 NodeAssignment 值的含义。

表 119　NodeAssignment_AU32 值的含义

八位位组	比特[a]	值	描述	属性拥有者	使用者
0	0	0_b	不存在带此 ID 的节点，位 1～30 未用	MN，CN	MN，CN
		1_b	存在带此 ID 的节点		
	1	0_b	带此 ID 的节点不是 CN，比特 2～7，9，13～30 未用	MN，CN	MN，CN
		1_b	带此 ID 的节点是 CN，配置后(通过配置管理器)节点被设置为 NMT_CS_OPERATIONAL 状态		
	2	0_b	当检测到启动中的 CN 时，就通知应用，但不会自动配置并启动节点	CN	MN
		1_b	当检测到启动中的 CN 时，就通知应用，并继续“START_CN”过程(见 10.4.2.2.4)		
	3	0_b	可选 CN	CN	MN，CN
		1_b	必备 CN		
	4	0_b	CN 节点可以由 NMTSwReset、NMTResetNode、NMTResetCommunication 或 NMTResetConfiguration 命令复位，与其状态无关。因此，在 NMT 复位通信之前，无需检查其状态	CN	MN
		1_b	如果 MN 被告知 CN 处于 NMT_CS_OPERATIONAL 状态，则 MN 不得向该节点发送上述所列的任何复位命令		
	5	0_b	该节点的应用软件版本确认不是必需的	CN	MN
		1_b	该节点的应用软件版本确认是必需的		
	6	0_b	不允许自动的应用软件升级(下载)	CN	MN
		1_b	允许自动的应用软件升级(下载)		
	7	—	保留(0_b)	—	—
1	8	0_b	等时同步访问节点	MN，CN	MN，CN
		1_b	仅异步访问节点		
	9	0_b	连续访问的 CN	CN	MN，CN
		1_b	复用类 CN		

表 119（续）

<table>
<tr><th>八位位组</th><th>比特[a]</th><th>值</th><th>描述</th><th>属性拥有者</th><th>使用者</th></tr>
<tr><td rowspan="11">1</td><td rowspan="2">10</td><td>0_b</td><td>设备不是路由器类型 1</td><td rowspan="2">MN,CN</td><td rowspan="2">MN,CN</td></tr>
<tr><td>1_b</td><td>设备是路由器类型 1</td></tr>
<tr><td rowspan="2">11</td><td>0_b</td><td>设备不是路由器类型 2</td><td rowspan="2">MN,CN</td><td rowspan="2">MN,CN</td></tr>
<tr><td>1_b</td><td>设备是路由器类型 2</td></tr>
<tr><td rowspan="2">12</td><td>0_b</td><td>MN 不发送 PRes</td><td rowspan="2">MN</td><td rowspan="2">MN,CN</td></tr>
<tr><td>1_b</td><td>MN 发送 PRes</td></tr>
<tr><td>13</td><td>—</td><td>保留(0_b),由 EPSG DS302—B 使用</td><td>—</td><td>—</td></tr>
<tr><td>14～15</td><td>—</td><td>保留(000_b)</td><td>—</td><td>—</td></tr>
<tr><td>2</td><td>16～23</td><td>—</td><td>保留(00_h)</td><td>—</td><td>—</td></tr>
<tr><td rowspan="3">3</td><td>24～30</td><td>—</td><td>保留($000\ 0000_b$)</td><td>—</td><td>—</td></tr>
<tr><td rowspan="2">31</td><td>0_b</td><td>位 0～30 无效</td><td rowspan="2">MN,CN</td><td rowspan="2">MN,CN</td></tr>
<tr><td>1_b</td><td>位 0～30 有效</td></tr>
<tr><td colspan="6">[a] 比特 0 以及其他比特可用于为相关 OD 条目控制内存分配。</td></tr>
</table>

当由比特控制的特性不被实现支持时，这些比特是只读的。

比特 31 对位于 MN 和 CN 上的节点列表数组子索引进行存储器分配控制。

10.2.1.5 定时

本部分描述了用来控制 POWERLINK 网络通信定时特性的索引。这些索引对于 MN 和 CN 是共用的。仅应用于 MN 的值见 10.2.2.3。

10.2.1.5.1 对象 1006_h:NMT_CycleLen_U32

该对象定义了以 μs 为单位的通信周期时间间隔(周期)。该周期定义 SYNC 的间隔。

该对象通过系统配置来设置。

索引	1006_h	对象类型	VAR
名称	NMT_CycleLen_U32		
数据类型	UNSIGNED32	类别	M
取值范围	见下文	访问	rw,复位有效
缺省值	0	PDO 映射	No

通信周期设定值应受限于设备描述条目 D_NMT_CycleTimeMin_U32 和 D_NMT_CycleTimeMax_U32,且两个限制值应为 D_NMT_CycleTimeGranularity_U32 的倍数。在 D_NMT_CycleTimeMin_U32 和 D_NMT_CycleTimeMax_U32 限制范围内,该值可以是连续增长的(D_NMT_CycleTimeGranularity_U32 = 1),或是步进增长的(D_NMT_CycleTimeGranularity_U32>1)。

为避免由不合理的步进大小导致过长的周期时间,D_NMT_CycleTimeGranularity_U32 应是两个基本时间粒度 100 μs 和 125 μs 的整数倍。

10.2.1.5.2 对象 $1F98_h$:NMT_CycleTiming_REC

NMT_CycleTiming_REC 提供节点特定的定时参数,该参数影响 POWERLINK 的周期定时。对于 CN 必须支持所有条目由。对于 MN 有些条目是不相关的。

索引	$1F98_h$	对象类型	RECORD
名称	NMT_CycleTiming_REC		
数据类型	NMT_CycleTiming_TYPE	类别	M

——子索引 00_h:NumberOfEntries

子索引	00_h		
名称	NumberOfEntries		
取值范围	9	访问	const
缺省值	9	PDO 映射	No

——子索引 01_h:IsochrTxMaxPayload_U16

子索引	01_h		
名称	IsochrTxMaxPayload_U16		
数据类型	UNSIGNED16	类别	M
取值范围	36～C_DLL_ISOCHR_MAX_PAYL	访问	const
缺省值	No	PDO 映射	No

该子索引提供设备发送等时同步报文的有效载荷数据大小的设备特定上限,以八位位组为单位。

对于所有节点,该子索引限定节点发送的 PRes 帧大小(子索引 PResActPayloadLimit_U16,见下文)。另外对于 MN 节点,发送的 PReq 报文大小也受影响(对象 NMT_NMPReqPayloadLimitList_AU16,见 10.2.2.3.2)。

该参数应在系统初始化时由设备固件设置。

——子索引 02_h:IsochrRxMaxPayload_U16

子索引	02_h		
名称	IsochrRxMaxPayload_U16		
数据类型	UNSIGNED16	类别	M
取值范围	36～C_DLL_ISOCHR_MAX_PAYL	访问	const
缺省值	No	PDO 映射	No

该子索引提供设备接收等时同步报文的有效载荷数据大小的设备特定上限,以八位位组为单位。

对于所有节点,该子索引限定节点接收的 PRes 帧大小(对象 NMT_NMPReqPayloadLimitList_AU16,见 10.2.1.5.5)。另外对于 CN 节点,接收的 PReq 报文大小也受影响(子索引 PReqActPayloadLimit_U16,见下文)。

该参数应在系统初始化时由设备固件设置。

——子索引 03_h:PResMaxLatency_U32

子索引	03_h		
名称	PResMaxLatency_U32		
数据类型	UNSIGNED32	类别	CN:M MN:No
取值范围	UNSIGNED32	访问	const
缺省值	No	PDO 映射	No

该子索引提供 CN 响应 PReq 所要求的最大时间延迟，以 ns 为单位。

该值应在系统初始化时由设备固件设置。

——子索引 04_h：PReqActPayloadLimit_U16

子索引	04_h		
名称	PReqActPayloadLimit_U16		
数据类型	UNSIGNED16	类别	CN:M MN:No
取值范围	36～子索引 02_h	访问	rw，复位有效
缺省值	36	PDO 映射	No

该子索引提供 CN 期望的已配置 PReq 有效载荷数据槽(Data Slot)大小，以八位位组为单位。该有效载荷数据槽大小加首部就是 PReq 帧的大小。数据槽可由 PDO 数据填充直至此限制。

注：这导致固定的帧大小而不考虑所使用的 PDO 数据大小。

MN 节点把要传输的节点特定 PReq 有效载荷数据槽值的一个列表保存在对象 NMT_NMPReq-PayloadLimitList_AU16 中。

——子索引 05_h：PResActPayloadLimit_U16

子索引	05_h		
名称	PResActPayloadLimit_U16		
数据类型	UNSIGNED16	类别	CN:M MN:O
取值范围	36～子索引 01_h	访问	rw，复位有效
缺省值	36	PDO 映射	No

该子索引提供 CN 发送的已配置 PRes 有效载荷数据槽大小，以八位位组为单位。该有效载荷数据槽大小加首部就是 PRes 帧的大小。数据槽可由 PDO 数据填充直至此限制。

注：这导致固定的帧大小而不考虑所使用的 PDO 数据大小。

节点期望接收的 PRes 有效载荷值列表被保存在对象 NMT_NMPResPayloadLimitList_AU16 中。

——子索引 06_h：ASndMaxLatency_U32

子索引	06_h		
名称	ASndMaxLatency_U32		
数据类型	UNSIGNED32	类别	CN:M MN:无
取值范围	UNSIGNED32	访问	const
缺省值	无	PDO 映射	No

该子索引提供 CN 响应 SoA 所要求的最大时间延迟，以 ns 为单位。

该值应在系统初始化时由设备固件设置。

——子索引 07_h:MultiplCycleCnt_U8

子索引	07_h		
名称	MultiplCycleCnt_U8		
数据类型	UNSIGNED8	类别	M
取值范围	UNSIGNED8	访问	rw,复位有效
缺省值	0	PDO 映射	No

该子索引描述复用类周期的长度,此长度是 POWERLINK 周期的倍数。

MultiplCycleCnt_U8 的上限值应由 MN 设备描述条目 D_NMT_MNMutiplCycMax_U8 来限定。网段上所有节点的 MultiplCycleCnt_U8 都应相同。

如果 MultiplCycleCnt_U8 为 0,则该网络不支持复用类周期。

——子索引 08_h:AsyncMTU_U16

子索引	08_h		
名称	AsyncMTU_U16		
数据类型	UNSIGNED16	类别	M
取值范围	C_DLL_MIN_ASYNC_MTU. 。见下文	访问	rw,复位有效
缺省值	C_DLL_MIN_ASYNC_MTU	PDO 映射	No

该子索引描述了最大异步帧的大小,以八位位组计为单位。该值适用于 ASnd 帧和 UDP/IP 以及其他传统以太网类型的帧。因此该值描述的帧长度是,完整以太网帧的长度减去 14 个八位位组的以太网首部和 4 个八位位组的校验和。

AsyncMTU_U16 的上限值由网段中所有设备的 NMT_InterfaceGroup_Xh_REC. InterfaceMTU_U16 值来限定。该限制应该是比网段中任何节点提供的最小 InterfaceMTU_U16 值还少 18 个八位位组。AsyncMTU_U16 可最大增至 C_DLL_MAX_ASYNC_MTU。

网段上所有节点的 AsyncMTU_U16 都应相同。

子索引 08_h 对所有 NMT 状态都有效。

——子索引 09_h:PRescaler_U16

子索引	09_h		
名称	PRescaler_U16		
数据类型	UNSIGNED16	类别	MN:M,CN:O
取值范围	0,1～1 000	访问	rw,复位有效
缺省值	2	PDO 映射	No

该子索引配置 SoC 的 PS 标志的切换速率。该值提供 MN 切换 PS 标志应经历的周期个数。

如果 PRescaler_U16 为 0,则应不切换 SoC 的 PS 标志。

网段上所有节点的 PRescaler_U16 都应相同。

10.2.1.5.3 对象 $1F9B_h$:NMT_MultiplCycleAssign_AU8

该对象给节点分配由 NMT_CycleTiming_REC. MultiplCycleCnt_U8 定义的复用类周期中特定的 POWERLINK 周期。网段上所有节点的该值都应该相同。

索引	1F9Bh	对象类型	ARRAY
名称	NMT_MultiplCycleAssign_AU8		
数据类型	UNSIGNED8	类别	Cond

只有 NMT_CycleTiming_REC. MultiplCycleCnt_U8 不等于 0 时，该索引才有效。

——子索引 00h：NumberOfEntries

子索引	00h		
名称	NumberOfEntries		
取值范围	1～254	访问	rw，复位有效
缺省值	254	PDO 映射	No

——子索引 01h～FEh：CycleNo

子索引	01h		
名称	CycleNo		
—	—	类别	O
取值范围	0～NMTCycleTimeing_REC. MultiplCycleCnt_U8	访问	rw，复位有效
缺省值	0	PDO 映射	No

数组中的每个子索引都对应于 NodeID 等于该子索引的节点。仅当通过索引 NMT_NodeAssignment_AU32[子索引].Bit0、Bit1 和 Bit9，将一个复用类节点分配给该 NodeID 时，该子索引值才有效。

当各个节点被访问时，CycleNo 定义了复用类周期中 POWERLINK 周期索引。如果 CycleNo 为 0，则该节点应被连续访问(见 7.2.4.4)。

10.2.1.5.4 对象 1016h：NMT_ConsumerHeartbeatTime_AU32

消费者心跳时间定义了期望的心跳周期时间(见 10.3.5)。在接收到第一个心跳后启动监视。如果消费者心跳时间为零，则不使用相应的条目。心跳时间必须是 1ms 的整数倍。

索引	1016h	对象类型	ARRAY
名称	NMT_ConsumerHeartbeatTime_AU32		
数据类型	UNSIGNED32	类别	O

——子索引 00h：NumberOfEntries

子索引	00h		
名称	NumberOfEntries		
取值范围	1～254	访问	rw
缺省值	254	PDO 映射	No

条目数，例如防护通道个数，可由设备描述条目 D_NMT_MaxHeartbeats_U8 来限定。

——子索引 01h～FEh：HeartbeatDescription

子索引	01_h～FE_h		
名称	HeartbeatDescription		
—	—	类别	O
取值范围	UNSIGNED32	访问	rw
缺省值	0	PDO 映射	No

——子索引 01_h～FE_h 值的描述

HeartbeatDescription 值的说明见表 120。

表 120 HeartbeatDescription 值的说明

	UNSIGNED32			
	MSB			LSB
比特	31～24	23～16	15～0	
值	保留(值:00_h)	Node-ID	心跳时间	
编码	—	UNSIGNED8	UNSIGNED16	

如果试图为相同 NodeID 配置多个非零的消费者心跳时间，则设备将以中止代码 E_NMT_INVALID_HEARTBEAT 来中止 SDO 下载。

10.2.1.5.5 对象 $1F8D_h$:NMT_PResPayloadLimitList_AU16

该对象为每个配置为等时同步访问的节点(例如，通过 PReq/PRes 帧交换)保存了期望的 PRes 有效载荷数据槽大小(以八位位组为单位)的一个列表。有效载荷数据槽大小是 PRes 帧的配置大小的度量。数据槽可由 PDO 数据填充直至此限制。

索引	$1F8D_h$	对象类型	ARRAY
名称	NMT_PResPayloadLimitList_AU16		
数据类型	UNSIGNED16	类别	MN:M CN:O

——子索引 00_h:NumberOfEntries

子索引	00_h		
名称	NumberOfEntries		
取值范围	1～254	访问	rw,复位有效
缺省值	254	PDO 映射	No

——子索引 01_h～FE_h:PResPayloadLimit

子索引	01_h～FE_h		
名称	PResPayloadLimit		
—	—	类别	M
取值范围	36～C_DLL_ISOCHR_MAX_PAYL,0,$FFFF_h$	访问	rw,复位有效
缺省值	36	PDO 映射	No

数组中的每个子索引都对应于 NodeID 等于该子索引的节点。仅当通过索引 NMT_NodeAssignment_AU32[子索引].Bit0 和 Bit8,将一个等时同步节点分配给该 NodeID 时,该子索引值才有效。

子索引 C_ADR_MN_DEF_NODE_ID 指示由 MN 发送的 PRes 帧有效载荷大小。

仅当 CN 侦听由另一个节点发出的 PRes 报文(交叉通信)时,CN 才应支持该对象。如果 NMT_PResPayloadLimitList_AU16[NodeID]的值为 0,则节点不再侦听该 NodeID 的 PRes。如果该值为 $FFFF_h$,则该节点的 PRes 有效载荷限制等于 NMT_CycleTiming_REC.IsochrRxMaxPayload_U16。

网段上所有节点的该值都应该相同。

10.2.1.6 NMT 服务接口

10.2.1.6.1 对象 $1F9E_h$:NMT_ResetCmd_U8

NMT_ResetCmd_U8 可以用来启动节点的复位。

索引	$1F9E_h$	对象类型	VAR
名称	NMT_ResetCmd_U8		
数据类型	UNSIGEN8	类别	M
取值范围	NMTInvalidService,NMTResetNode, NMTResetConfiguration, NMTResetCommunication, NMTSwReset	访问	rw
缺省值	NMTInvalidService	PDO 映射	No

把 NMT_ResetCmd_U8 设置为 NMT 命令 ID NMTResetNode、NMTResetConfiguration、NMTResetCommunication 或 NMTSwReset(见附录 C.7)的操作,应触发节点内部产生给该节点自己的相应 NMT 命令。

当复位完成时,NMT_ResetCmd_U8 应由该节点自动复位为 NMTInvalidService。

在读访问时,NMT_ResetCmd_U8 总是显示 NMTInvalidService。

如应用在 NMT_CS_EPL_MODE 或 NMT_MS_EPL_MODE 模式下,通过 NMT_ResetCmd_U8 复位的操作可能违反 NMT 规则并导致 DLL 和 NMT(节点)防护错误。

10.2.1.7 NMT 诊断

10.2.1.7.1 对象 $1F8C_h$:NMT_CurrNMTState_U8

该索引保存节点当前的 NMT 状态。

索引	$1F8C_h$	对象类型	VAR
名称	NMT_CurrNMTState_U8		
数据类型	UNSIGNED8	类别	M
取值范围	见附录 C.6	访问	ro
缺省值	NMT_CS_NOT_ACTIVE 或 NMT_MS_NOT_ACTIVE	PDO 映射	Yes

如果监测到节点丢失(丢失 PRes,StatusResponse 等),则该节点的当前 NMT 状态可被复位为相应的 NMT_CS_NOT_ACTIVE 或 NMT_MS_NOT_ACTIVE。

MN 对象 NMT_MNNodeCurrState_AU8 提供包括网段上所有节点的 NMT 状态的一个列表。

10.2.2 NMT MN 对象

NMT 主站为控制节点的网络行为提供服务。一个 POWERLINK 网络中只能存在一个 NMT 主站。在 POWERLINK 中,NMT 主站位于 MN。

NMT 主站控制设定激活 MN 功能并且定义启动行为和错误反应。

10.2.2.1 MN 启动特性

注:应很好地平衡 MN 和 CN 的启动定时。应考虑系统的上电顺序。

10.2.2.1.1 对象 $1F80_h$:NMT_StartUp_U32

该对象配置能成为 MN 设备的启动行为。

对象 NMT_StartUp_U32 是配置对象。内部的状态转换不得更改该对象。

该对象通过系统配置来设置。

该对象控制 CN 的验证。如果验证开始后该对象在 NMT_MS_PRE_OPERATIONAL_1 状态下被修改,则应重新启动验证过程。

索引	$1F80_h$	对象类型	VAR
名称	NMT_StartUp_U32		
数据类型	UNSIGNED32	类别	M
取值范围	比特字段,见表 121	访问	rw,复位有效
缺省值	无	PDO 映射	No

NMT_StartUp_U32 值的含义见表 121。

表 121 NMT_StartUp_U32 值的含义

八位位组	比特	值	描　述
0	0	—	保留(0_b)
	1	0_b	只有显性赋值给 CN 才启动(如果比特 3 = 0_b)
		1_b	通过广播地址执行 NMTStartNode 服务(如果比特 3 = 0_b)
	2	0_b	自动进入 NMT_MS_OPERATIONAL 状态
		1_b	不自动进入 NMT_MS_OPERATIONAL 状态。由应用来决定何时进入该状态
	3	0_b	允许启动 CN(即发送 NMTStartNode)
		1_b	不允许发送 NMTStartNode;该应用可以启动 CN
	4	0_b	当发生防护错误事件时,必备 CN 单独处理该 CN
		1_b	当发生防护错误事件时,根据比特 6 和 NMT_NodeAssignment_AU32 的比特 3,必备 CN 通过广播寻址来执行 NMTResetNode
	5	—	保留(0_b)
	6	0_b	发生防护错误事件时,根据比特 4 必备 CN 处理该 CN
		1_b	发生防护错误事件时,必备 CN 通过广播寻址来执行 NMTStopNode。忽略比特 4
	7	0_b	自动进入 NMT_MS_PRE_OPERATIONAL_2 状态
		1_b	不自动进入 NMT_MS_PRE_OPERATIONAL_2 状态。由应用来决定何时进入该状态

表 121（续）

八位位组	比特	值	描　述
1	8	0_b	自动进入 NMT_MS_READY_TO_OPERATE 状态
		1_b	不自动进入 NMT_MS_READY_TO_OPERATE 状态。由应用来决定何时进入该状态
	9	0_b	CN 的标识应仅被限定于对相应 NMT_MNDeviceTypeIdList_AU32 子索引的验证
		1_b	CN 的标识应被全面检查
	10	0_b	CN 的软件版本不应被检查
		1_b	CN 的软件版本应被检查。如果检查失败，则必须升级 CN 的软件
	11	0_b	CN 的配置不应被检查
		1_b	CN 的配置应被检查。如果检查失败，则必须升级 CN 的配置
	12	0_b	当发生错误事件时，自动从 NMT_MS_OPERATIONAL 返回到 NMT_MS_PRE_OPERATIONAL_1
		1_b	不自动返回到 NMT_MS_PRE_OPERATIONAL_1。由应用来决定是否进入该状态
	13	0_b	处于 NMT_MS_EPL_MODE： 在 NMT_MS_NOT_ACTIVE 状态监视网络，并且如果没有检测到其他 MN，则转换到 NMT_MS_PRE_OPERATIONAL_1
		1_b	处于 NMT_MS_BASIC_ETHERNET： 从 NMT_MS_NOT_ACTIVE 转换到 NMT_MS_BASIC_ETHERNET
	14	—	保留（0_b），用于 EPSG DS302-A
	15	—	保留（0_b）
2～3	16～31	—	保留（00 00_h）

10.2.2.1.2 对象 $1F89_h$：NMT_BootTime_REC

该对象描述 MN 启动网络时所用的时间间隔值。

它以 μs 为单位给出最大等待时间，主站在发出错误信号之前将等待所有必备 CN。如果该时间为 0，则主站的等待是不确定的。

注：应很好平衡 MN 和 CN 的启动定时。应考虑系统的上电顺序。

索引	$1F89_h$	对象类型	RECORD
名称	NMT_BootTime_REC		
数据类型	NMT_BootTime_TYPE	类别	M

——子索引 00_h：NumberOfEntries

子索引	00_h		
名称	NumberOfEntries		
取值范围	9	访问	const
缺省值	9	PDO 映射	No

——子索引 01_h:MNWaitNotAct_U32

子索引	01_h		
名称	MNWaitNotAct_U32		
数据类型	UNSIGNED32	类别	M
取值范围	≥250	访问	rw,复位有效
缺省值	1 000 000	PDO 映射	No

该子索引描述一个以 μs 为单位的时间间隔,该时间间隔是 MN 在转换到 NMT_MS_PRE_OPERATIONAL_1 状态之前,MN 应保持在 NMT_MS_NOT_ACTIVE 状态并侦听网络上 POWERLINK 帧所需的时间。

——子索引 02_h:MNTimeoutPreOp1_U32

子索引	02_h		
名称	MNTimeoutPreOp1_U32		
数据类型	UNSIGNED32	类别	M
取值范围	0,50 000～5 000 000	访问	rw,复位有效
缺省值	500 000	PDO 映射	No

该子索引描述一个以 μs 为单位的时间间隔,该时间间隔是 MN 向应用发出错误信号之前,MN 应处于 NMT_MS_PRE_OPERATIONAL_1 状态以等待通过 IdentRequest/IdentResponse 机制标识完所有必备 CN 所需的时间。

如果超时值为 0,则对 CN 的标识应没有超时。

——子索引 03_h:MNWaitPreOp1_U32

子索引	03_h		
名称	MNWaitPreOp1_U32		
数据类型	UNSIGNED32	类别	O
取值范围	0,50 000～5 000 000	访问	rw,复位有效
缺省值	500 000	PDO 映射	No

该子索引描述一个以 μs 为单位的时间间隔,该时间间隔是 MN 保持在 NMT_MS_PRE_OPERATIONAL_1 状态所需的时间。

如果等待值为 0,则一旦标识完所有必备 CN,就应离开 NMT_MS_PRE_OPERATIONAL_1 状态。

——子索引 04_h:MNTimeoutPreOp2_U32

子索引	04_h		
名称	MNTimeoutPreOp2_U32		
数据类型	UNSIGNED32	类别	M
取值范围	UNSIGNED32	访问	rw,复位有效
缺省值	500 000	PDO 映射	No

该子索引描述一个以 μs 为单位的时间间隔，该时间间隔是 MN 向应用发出错误信号之前，MN 应处于 NMT_MS_PRE_OPERATIONAL_2 状态，以等待所有必备 CN 都完成“错误信号通知”的初始化并进入 NMT_CS_READY_TO_OPERATE 状态所需的时间。

对于所有可选 CN，该子索引描述了一个以 μs 为单位的时间间隔，该时间间隔是在 BOOT_STEP2 返回一个错误之前，在 MN 向 CN 发送 NMT 命令 NMTEnableReadyToOperate 之后，MN 应等待的时间。

如果超时值为 0，则应没有超时，即 MN 的等待是不确定的。

——子索引 05_h：MNTimeoutReadyToOp_U32

子索引	05_h		
名称	MNTimeoutReadyToOp_U32		
数据类型	UNSIGNED32	类别	M
取值范围	0,50 000～5 000 000	访问	rw，复位有效
缺省值	500 000	PDO 映射	No

该子索引描述一个以 μs 为单位的时间间隔，该时间间隔是 MN 向应用发出错误信号之前，MN 应处于 NMT_CS_READY_TO_OPERATE 状态，以等待所有必备 CN 都进入 NMT_CS_OPERATIONAL 状态所需的时间。

如果超时值为 0，则应没有超时，即 MN 的等待是不确定的。

——子索引 06_h：MNIdentificationTimeout_U32

子索引	06_h		
名称	MNIdentificationTimeout_U32		
数据类型	UNSIGNED32	类别	O
取值范围	UNSIGNED32	访问	rw，复位有效
缺省值	500 000	PDO 映射	No

该子索引描述一个以 μs 为单位的时间间隔，该时间间隔是 MN 向应用发出错误信号之前，MN 应处于启动过程的 CHECK_IDENTIFICATION 状态，以等待直到一个设备能够应答 IdentRequest 报文所需的时间。

如果超时值为 0，则应没有超时，即 MN 的等待是不确定的。

——子索引 07_h：MNSoftwareTimeout_U32

子索引	07_h		
名称	MNSoftwareTimeout_U32		
数据类型	UNSIGNED32	类别	O
取值范围	UNSIGNED32	访问	rw，复位有效
缺省值	500 000	PDO 映射	No

该子索引描述一个以 μs 为单位的时间间隔，该时间间隔是 MN 向应用发出错误信号之前，在软件升级之后，MN 应处于 CHECK_SOFTWARE 状态，以等待直到一个设备能够应答 IdentRequest 报文所需的时间。

如果超时值为 0，则应没有超时，即 MN 的等待是不确定的。

——子索引 08_h：MNConfigurationTimeout_U32

子索引	08_h		
名称	MNConfigurationTimeout_U32		
数据类型	UNSIGNED32	类别	O
取值范围	UNSIGNED32	访问	rw,复位有效
缺省值	500 000	PDO 映射	No

该子索引描述一个以 μs 为单位的时间间隔,该时间间隔是 MN 向应用发送错误信号之前,在一个 CN 的配置被更新后,MN 应处于 CHECK_CONFIGURATION 状态,以等待直到一个设备能够应答 IdentRequest 报文所需的时间。

如果超时值为 0,则应没有超时,即 MN 的等待是不确定的。

——子索引 09_h:MNStartCNTimeout_U32

子索引	09_h		
名称	MNStartCNTimeout_U32		
数据类型	UNSIGNED32	类别	O
取值范围	UNSIGNED32	访问	rw,复位有效
缺省值	500 000	PDO 映射	No

该子索引描述一个以 μs 为单位的时间间隔,该时间间隔是 MN 向应用发送错误信号之前,MN 应等待一个处于 START_CN 状态的 CN 转换到 NMT_CS_OPERATIONAL 状态所需的时间。

如果超时值为 0,则应没有超时,即 MN 的等待是不确定的。

——子索引 $0A_h$

用于 EPSG DS302-A。

——子索引 $0B_h$

用于 EPSG DS302-A。

——子索引 $0CA_h$

用于 EPSG DS302-A。

10.2.2.2 NMT 主站网络节点列表

网络列表由对象组成,这些对象给出了必须管理哪些 CN、如何启动它们,以及出现错误事件时所请求的动作方面的信息。

10.2.2.2.1 对象 $1F84_h$:NMT_MNDeviceTypeIdList_AU32

该对象为每个配置的 CN 保存期望的 NMT_DeviceTypeId_U32 值的一个列表。

该对象由系统配置来设置。应使用各自设备的 NMT_DeviceType_U32 对象字典条目来填充该对象。

它可以用于 CN 验证。如果验证开始后在 NMT_MS_PRE_OPERATIONAL_1 状态下该对象被修改,则应重新启动验证过程。

索引	$1F84_h$	对象类型	ARRAY
名称	NMT_MNDeviceTypeIdList_AU32		
数据类型	UNSIGNED32	类别	M

——子索引 00_h:NumberOfEntries

子索引	00_h		
名称	NumberOfEntries		
取值范围	1～254	访问	rw,复位有效
缺省值	254	PDO 映射	No

——子索引 01_h～FE_h:CNDeviceTypeId

子索引	01_h～FE_h		
名称	CNDeviceTypeId		
—	—	类别	M
取值范围	UNSIGNED32	访问	rw,复位有效
缺省值	0	PDO 映射	No

数组中的每个子索引都对应于 NodeID 等于子索引的节点。仅当通过索引 NMT_NodeAssignment_AU32[子索引].Bit0,将一个节点分配给该 NodeID 时,该子索引值才有效。

子索引 C_ADR_MN_DEF_NODE_ID 可代表 MN。

在启动阶段,CN 的 NMT_DeviceType_U32 值通过 IdentResponse 报告给 MN。MN 应把接收到的值与各自的 CNDeviceTypeId 子索引值进行比较。仅当两个值相等时设备的启动才继续进行。

如果 CNDeviceTypeId 的值为 0,则读访问只给出具有该 NodeID 的设备存在的信息。不与报告的 NMT_DeviceType_U32 值进行比较。

对于多功能设备模块,应用可以执行其他检查。

10.2.2.2.2 对象 $1F85_h$:NMT_MNVendorIdList_AU32

该对象为每个配置的 CN 保存期望的 NMT_IdentityObject_REC.VendorId_U32 值列的一个表。

该对象由系统配置来设置。应使用各自设备的 NMT_IdentityObject_REC.VendorId_U32 对象字典条目来填充该对象。

它可以用于 CN 验证。如果验证开始后在 NMT_MS_PRE_OPERATIONAL_1 状态下该对象被修改,则应重新启动验证过程。

索引	$1F85_h$	对象类型	ARRAY
名称	NMT_MNVendorIdList_AU32		
数据类型	UNSIGNED32	类别	O

——子索引 00_h:NumberOfEntries

子索引	00_h		
名称	NumberOfEntries		
取值范围	1～254	访问	rw,复位有效
缺省值	254	PDO 映射	No

——子索引 01_h～FE_h:CNVendorId

子索引	01_h～FE_h		
名称	CNVendorId		
—	—	类别	M
取值范围	UNSIGNED32	访问	rw,复位有效
缺省值	0	PDO 映射	No

数组中的每个子索引都对应于 NodeID 等于子索引的节点。仅当通过索引 NMT_NodeAssignment_AU32[子索引].Bit0,将一个节点分配给该 NodeID 时,该子索引值才有效。

子索引 C_ADR_MN_DEF_NODE_ID 可以代表 MN。

在启动阶段,CN 的 NMT_IdentityObject_REC. VendorId_U32 值通过 IdentResponse 报告给 MN。MN 应把收到的值与各自的 CNVendorId 子索引值进行比较。仅当两个值相等时设备的启动才继续进行。

如果 CNVendorId 的值为 0,则读访问只能给出具有该 NodeID 的设备存在的信息。不与报告的 NMT_IdentityObject_REC. VendorId_U32 值进行比较。

对于多功能设备模块,应用可以执行其他检查。

10.2.2.2.3 对象 $1F86_h$:**NMT_MNProductCodeList_AU32**

该对象为每个配置的 CN 保存期望的 NMT_IdentityObject_REC. ProductCode_U32 值的一个列表。

该对象由系统配置来设置。应使用各自设备的 D_NMT_ProductCode_U32 设备描述条目来填充该对象。

它可以用于 CN 验证。如果验证开始后在 NMT_MS_PRE_OPERATIONAL_1 状态下该对象被修改,则应重新启动验证过程。

索引	$1F86_h$	对象类型	ARRAY
名称	NMT_MNProductCodeList_AU32		
数据类型	UNSIGNED32	类别	O

——子索引 00_h:NumberOfEntries

子索引	00_h		
名称	NumberOfEntries		
取值范围	1～254	访问	rw,复位有效
缺省值	254	PDO 映射	No

——子索引 01_h～FE_h:CNProductCode

子索引	01_h～FE_h		
名称	CNProductCode		
—	—	类别	M
取值范围	UNSIGNED32	访问	rw,复位有效
缺省值	0	PDO 映射	No

数组中的每个子索引都对应于 NodeID 等于子索引的节点。仅当通过索引 NMT_NodeAssignment_AU32[子索引].Bit0，将一个节点分配给该 NodeID 时，该子索引值才有效。

子索引 C_ADR_MN_DEF_NODE_ID 可以代表 MN。

在启动阶段，CN 的 NMT_IdentityObject_REC.ProductCode_U32 值通过 IdentResponse 报告给 MN。MN 把收到的值与各自的 CNProductCode 子索引值进行比较。仅当两个值相等时设备的启动才继续进行。

如果 CNProductCode 的值为零，则读访问只能给出具有该 NodeID 的设备存在的信息。不与报告的 NMT_IdentityObject_REC.ProductCode_U32 值进行比较。

对于多功能设备模块，应用可以执行额外的检查。

10.2.2.2.4 对象 $1F87_h$：NMT_MNRevisionNoList_AU32

该对象为每个配置的 CN 保存期望的 NMT_IdentityObject_REC.ProductCode_U32 值的一个列表。

该对象由系统配置来设置。应使用各自设备的 D_NMT_RevisionNo_U32 设备描述条目来填充该对象。

它可以用于 CN 验证。如果验证开始后在 NMT_MS_PRE_OPERATIONAL_1 状态下该对象被修改，则应重新启动验证过程。

索引	$1F87_h$：NMT_MNRevisionNoList_AU32	对象类型	ARRAY
名称	NMT_MNRevisionNoList_AU32		
数据类型	UNSIGNED32	类别	O

——子索引 00_h：NumberOfEntries

子索引	00_h		
名称	NumberOfEntries		
取值范围	1～254	访问	rw，复位有效
缺省值	254	PDO 映射	No

——子索引 01_h～FE_h：CNRevisionNo

子索引	01_h～FE_h		
名称	CNRevisionNo		
—	—	类别	M
取值范围	UNSIGNED32	访问	rw，复位有效
缺省值	0	PDO 映射	No

数组中的每个子索引都对应于 NodeID 等于子索引的节点。仅当通过索引 NMT_NodeAssignment_AU32[子索引].Bit0，将一个节点分配给该 NodeID 时，该子索引值才有效。

子索引 C_ADR_MN_DEF_NODE_ID 可以代表 MN。

在启动阶段，CN 的 NMT_IdentityObject_REC.RevisionNo_U32 值通过 IdentResponse 报告给 MN。MN 把收到的值与各自的 CNRevisionNo 子索引值进行比较。仅当两个值相等时设备的启动才继续进行。

如果 CNRevisionNo 的值为零，则读访问只能给出具有该 NodeID 的设备存在的信息。不与报告的 NMT_IdentityObject_REC. RevisionNo_U32 值进行比较。

对于多功能设备模块,应用可以执行其他检查。

10.2.2.2.5 对象 $1F88_h$:NMT_MNSerialNoList_AU32

该对象为每个配置的 CN 保存期望的 NMT_IdentityObject_REC. SerialNo_U32 值的一个列表。

该对象由系统配置来设置。

它可以用于 CN 验证。如果验证开始后在 NMT_MS_PRE_OPERATIONAL_1 状态下该对象被修改,则应重新启动验证过程。

索引	$1F88_h$	对象类型	ARRAY
名称	NMT_MNSerialNoList_AU32		
数据类型	UNSIGNED32	类别	O

——子索引 00_h:NumberOfEntries

子索引	00_h		
名称	NumberOfEntries		
取值范围	1～254	访问	rw,复位有效
缺省值	254	PDO 映射	No

——子索引 01_h～FE_h:CNSerialNo

子索引	01_h～FE_h		
名称	CNSerialNo		
—	—	类别	M
取值范围	UNSIGNED32	访问	rw,复位有效
缺省值	0	PDO 映射	No

数组中的每个子索引都对应于 NodeID 等于子索引的节点。仅当通过索引 NMT_NodeAssignment_AU32[子索引]. Bit0,将一个节点分配给该 NodeID 时,该子索引值才有效。

子索引 C_ADR_MN_DEF_NODE_ID 可以代表 MN。

在启动阶段,CN 的 NMT_IdentityObject_REC. SerialNo_U32 值通过 IdentResponse 报告给 MN。MN 把收到的值与各自的 CNSerialNo 子索引值进行比较。如果值不等,则发布一个警告。

如果 CNSerialNo 的值为零,则读访问只能给出具有该 NodeID 的设备存在的信息。不与报告的 NMT_IdentityObject_REC. SerialNo_U32 值进行比较。

对于多功能设备模块,应用可以执行其他检查。

10.2.2.3 定时

本条所描述的索引应仅由 MN 实现。它们控制 POWERLINK 网络通信的定时行为,并且是 10.2.1.4 中所描述对象的补充。

10.2.2.3.1 对象 $1F8A_h$:NMT_MNCycleTiming_REC

该对象保存仅由 MN 使用的控制 POWERLINK 周期的定时参数。

索引	1F8A$_h$	对象类型	RECORD
名称	NMT_MNCycleTiming_REC		
数据类型	NMT_MNCycleTiming_TYPE	类别	M

——子索引 00$_h$：NumberOfEntries

子索引	00$_h$		
名称	NumberOfEntries		
取值范围	2	访问	ro
缺省值	2	PDO 映射	No

——子索引 01$_h$：WaitSoCPReq_U32

子索引	01$_h$		
名称	WaitSoCPReq_U32		
数据类型	UNSIGNED32	类别	M
取值范围	UNSIGNED32	访问	rw，复位有效
缺省值	1 000	PDO 映射	No

该子索引提供了从 SoC 发送结束到 PReq 发送开始之间的时间间隔，以 ns 为单位。该等待时间间隔使得 CN 在接收到 SoC 之后，并被第一次 PReq 访问前，能完成它的 SoC 处理。

WaitSoCPReq_U32 应被设置成所有配置为等时同步 CN 的 D_NMT_MNSoC2PReq_U32 和 D_NMT_CNSoC2PReq_U32 中的最大值(参见 MNT_NodeAssignment_AU32[子索引]比特 0、比特 1 和比特 8)。

WaitSoCPReq_U32 处理可以有 2 种方式实现(见 7.2.4.3)：

a) MN 延迟发送紧跟在 SoC 后的第一个 PReq，子索引提供从 SoC 发送结束到第一个 PReq 发送开始之间的时间间隔；

b) 发送第一个 PReq 给不存在的节点，其地址为 C_ADR_DUMMY_NODE_ID。PRes 帧接收超时应设为 WaitSoCPReq_U32。对此空报文应取消超时错误处理(见 7.7.6.2 和 7.7.6.3)。

——子索引 02h：AsyncSlotTimeout_U32

子索引	02$_h$		
名称	AsyncSlotTimeout_U32		
数据类型	UNSIGNED32	类别	O
取值范围	> = 250	访问	rw，复位有效
缺省值	100 000	PDO 映射	No

该子索引描述从 SoA 发送结束到 CN 发出的 ASnd 帧接收开始之间的最坏情况下的时间间隔，以 ns 为单位。

——子索引 03$_h$：

用于 EPSG DS302-B。

10.2.2.3.2 对象 1F8B$_h$：NMT_MNPReqPayloadLimitList_AU16

该对象为每个配置为等时同步访问的节点保存 PReq 有效载荷数据槽大小的一个列表，以八位位组为单位。例如通过 PReq/PRes 帧交换。有效载荷数据槽大小是 PReq 帧配置大小的度量。数据槽可以由 PDO 数据填充直至本限制。

索引	$1F8B_h$	对象类型	ARRAY
名称	NMT_MNPReqPayloadLimitList_AU16		
数据类型	UNSIGNED16	类别	M

——子索引 00_h:NumberOfEntries

子索引	00_h		
名称	NumberOfEntries		
取值范围	1～254	访问	rw,复位有效
缺省值	254	PDO 映射	No

——子索引 01_h～FE_h:CNPReqPayload

子索引	01_h～FE_h		
名称	CNPReqPayload		
—	—	类别	M
取值范围	36～C_DLL_ISOCHR_MAX_PAYL	访问	rw,复位有效
缺省值	36	PDO 映射	No

数组中的每个子索引都对应于一个 NodeID 等于该子索引的 CN。仅当通过索引 NMT_NodeAssignment_AU32[子索引].Bit0、Bit1 和 Bit8,将一个等时同步 CN 分配给该 NodeID 时,该子索引值才有效。

10.2.2.3.3 对象 $1F92_h$:NMT_MNCNPResTimeout_AU32

该对象保存所有已配置 CN 的从 PollRequest 到 PollResponse 的超时列表,以 ns 为单位(见 7.7.6.2 和 7.7.6.3)。

该对象由系统配置设置。

索引	$1F92_h$	对象类型	ARRAY
名称	NMT_MNCNPResTimeout_AU32		
数据类型	UNSIGNED32	类别	M

——子索引 00_h:NumberOfEntries

子索引	00_h		
名称	NumberOfEntries		
取值范围	1～254	访问	rw,复位有效

——子索引 01_h～FE_h:CNResTimeout

子索引	01_h～FE_h		
名称	CNResTimeout		
—	—	类别	M
取值范围	UNSIGNED32	访问	rw,复位有效
缺省值	25 000	PDO 映射	No

数组中的每个子索引都对应于 NodeID 等于子索引的 CN。仅当通过索引 NMT_NodeAssignment_AU32[子索引].Bit0、Bit1 和 Bit8，将一个等时同步 CN 分配给该 NodeID 时，该子索引值才有效。

该参数描述 POWERLINK 节点特定的超时值，以 ns 为单位。每当 PollRequest 帧被发送给 CN 后，该定时器就启动(见 7.7.6.1.1)。

10.2.2.3.4 对象 $1F9C_h$：NMT_IsochrSlotAssign_AU8

该对象将节点分配给特定的等时同步时隙。等时同步 POWERLINK 周期可以被分为多个通信时隙，每个时隙包括对应特定节点的 PReq 和 PRes 报文(见图 76 中时隙 1～n)。

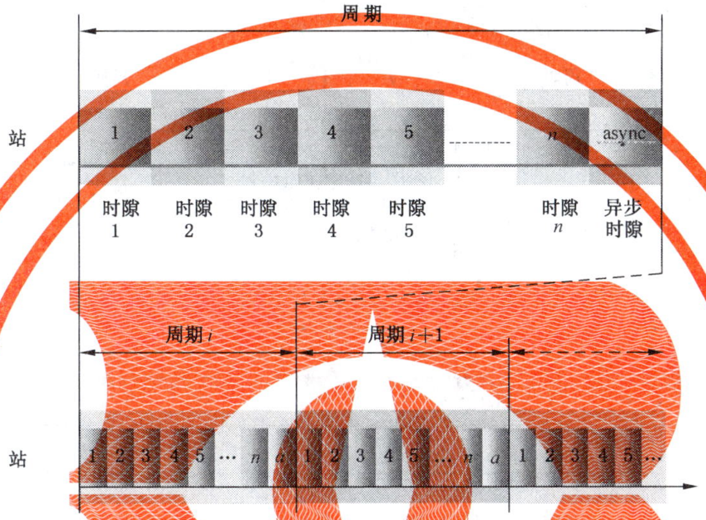

图 76 POWERLINK 通信时隙

对象 $1F9C_h$ 可被用来先请求快速处理节点，并提供足够的时间给较慢的节点，诸如 SoC 处理。

索引	$1F9C_h$	对象类型	ARRAY
名称	NMT_IsochrSlotAssign_AU8		
数据类型	UNSIGNED8	类别	Optional

——子索引 00_h：NumberOfEntries

子索引	00_h		
名称	NumberOfEntries		
取值范围	1～254	访问	rw，复位有效
缺省值	254	PDO 映射	No

子索引 0 可用来限制每个周期中等时同步时隙的个数，并由 DLL_MS 中的"周期生成(cycle producing)"来检查。

——子索引 01_h～FE_h：NodeId

子索引	01_h		
名称	NodeId		
—	—	类别	O
取值范围	0～254	访问	rw，复位有效
缺省值	0	PDO 映射	No

数组中的每个子索引都对应于一个值等于该子索引的单个通信时隙。仅当存在一个等时同步节点，其 NodeID 是通过索引 NMT_NodeAssignment_AU32[子索引]. Bit0、Bit1、Bit8 和 Bit9 分配的，该时隙才可用。值 0 表示没有特定节点分配给该时隙。

该子索引也被用于复用类节点的时隙分配。如果复用类和非复用类节点被分配给特定的通信时隙，则必须保证所有等时同步的非复用类站被配置在对象 $1F9C_h$ 的低子索引处。还必须注意的是，复用类时隙以升序方式映射到通信时隙。这表示，分配给对象 $1F9C_h$ 的第一个复用类节点必须被配置在对象 $1F9B_h$ 的第一个复用类时隙中，以此类推。

在 NMT_IsochrSlotAssign_AU8 中的间隙允许作为未使用的通信时隙跳过。

示例：假设节点 10～14 是非复用类节点，节点 15～18 是复用类节点，并且节点 10 是较慢处理节点，它必须从周期开始位置向后移。等时同步周期的时隙图如下所示：

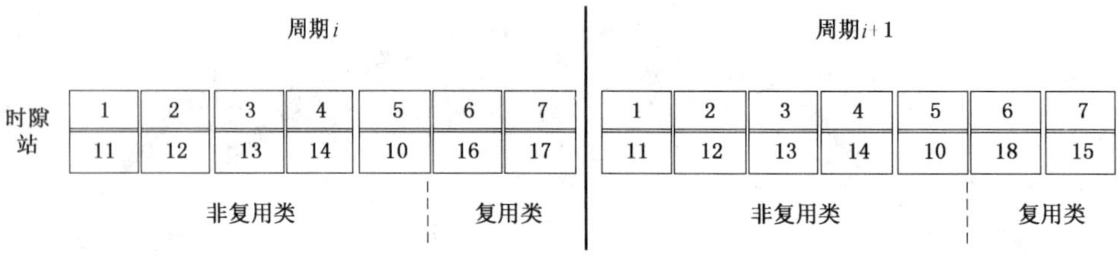

上面的示例导致对象 NMT_IsochrSlotAssign_AU8 设置如下：

索引	$1F9C_h$									
子索引	0	1	2	3	4	5	6	7	8	9
值	9	11	12	13	14	10	16	17	18	15

对于复用类节点 15 到 18，对象 $1F9B_h$ NMT_MultiplCycleAssign_AU8 必须设置如下：

索引	$1F9B_h$								
子索引	10	11	12	13	14	15	16	17	18
值	0	0	0	0	0	2	1	1	2

10.2.2.4 CN NMT 状态监视

本条描述的对象由 MN 用来监视如 10.1.4 描述的 CN NMT 状态。

10.2.2.4.1 对象 $1F8E_h$：NMT_MNNodeCurrState_AU8

该对象保存已配置节点中当前 NMT 状态的一个列表。

索引	$1F8E_h$	对象类型	ARRAY
名称	NMT_MNNodeCurrState_AU8		
数据类型	UNSIGNED8	类别	M

——子索引 00_h：NumberOfEntries

子索引	00_h		
名称	NumberOfEntries		
取值范围	254	访问	const
缺省值	254	PDO 映射	No

——子索引 01_h～FE_h:CurrState

子索引	01h～FEh		
名称	CurrState		
—	—	类别	M
取值范围	见附录 C.6	访问	ro
缺省值	NMT_CS_NOT_ACTIVE 或 NMT_MS_NOT_ACTIVE	PDO 映射	No

数组中的每个子索引都对应于 NodeID 等于子索引的节点。仅当通过索引 NMT_NodeAssignment_AU32[子索引].Bit0,将一个节点分配给该 NodeID 时,该子索引值才有效。

子索引 C_ADR_NM_DEF_NODE_ID 指示 MN 状态机的当前状态。它保存的值由表 105 描述。

节点的各状态可以通过 NMT_CurrNMTState_U8 进行本地访问。

10.2.2.4.2 对象 $1F8F_h$:NMT_MNNodeExpState_AU8

该对象保存已配置节点的期望 NMT 状态的一个列表,NMT 状态与 CN 的启动行为和 MN 发送的 NMT 状态命令相一致。见 10.1.4。

在 NMT 状态命令给各自 CN 后的期望的 C_NMT_STATE_TOLERANCE 间隔内,NMT_MNNodeCurrState_AU8 的子索引应等于 NMT_MNNodeExpState_AU8 的子索引。

索引	$1F8F_h$	对象类型	ARRAY
名称	NMT_MNNodeExpState_AU8		
数据类型	UNSIGNED8	类别	O

——子索引 00_h:NumberOfEntries

子索引	00_h		
名称	NumberOfEntries		
取值范围	254	访问	const
缺省值	254	PDO 映射	No

——子索引 01_h～FE_h:ExpState

子索引	01_h～FE_h		
名称	ExpState		
—	—	类别	M
取值范围	见附录 C.6	访问	ro
缺省值	NMT_CS_NOT_ACTIVE 或 NMT_MS_NOT_ACTIVE	PDO 映射	No

数组中的每个子索引都对应于 NodeID 等于子索引的节点。仅当通过索引 NMT_NodeAssignment_AU32[子索引].Bit0,将一个节点分配给该 NodeID 时,该子索引值才有效。

子索引 C_ADR_NM_DEF_NODE_ID 指示 MN 状态机的当前状态。它保存的值由表 105 描述。

10.2.2.5 NMT 服务接口

10.2.2.5.1 对象 $1F9F_h$:NMT_RequestCmd_REC

NMT_RequestCmd_REC 可由 POWERLINK 网段外通过路由器连接的诊断节点用来启动由 MN 发出的 NMT 命令。

索引	$1F9F_h$	对象类型	RECORD
名称	NMT_RequestCmd_REC		
数据类型	NMT_RequestCmd_TYPE	类别	M

——子索引 00_h:NumberOfEntries

子索引	00_h		
名称	NumberOfEntries		
取值范围	4	访问	const
缺省值	4	PDO 映射	No

——子索引 01_h:Release_BOOL

子索引	01_h		
名称	Release_BOOL		
数据类型	BOOLEAN	类别	M
取值范围	BOOLEAN	访问	rw
缺省值	FALSE	PDO 映射	No

把 TRUE 写入 Release_BOOL 的操作应触发子索引 02_h～04_h 所描述的 NMT 命令进入 MN 的发送队列。

当 NMT 服务队列满时,MN 将 Release_BOOL 自动复位为 FALSE。

——子索引 02_h:CmdID_U8

子索引	02_h		
名称	CmdID_U8		
数据类型	UNSIGNED8	类别	M
取值范围	见附录 C.7	访问	rw
缺省值	NMTInvalidService	PDO 映射	No

CmdID_U8 指示所请求的 NMT 服务。该值等于 NMTRequest 帧中 NMT 服务时隙的 NMTRequestedCommandID 条目(见 10.3.6.1)。

——子索引 03_h:CmdTarget_U8

子索引	03_h		
名称	CmdTarget_U8		
数据类型	UNSIGNED8	类别	M
取值范围	UNSIGNED8	访问	rw
缺省值	C_ADR_INVALID	PDO 映射	No

CmdTarget_U8 指示所请求 NMT 服务的目标节点的 POWERLINK 地址。该值等于 NMTRequest 帧中 NMT 服务时隙的 NMTRequestedCommandTarget 条目(见 10.3.6.1)。

——子索引 04_h:CmdData_DOM

子索引	04_h		
名称	CmdData_DOM		
数据类型	DOMAIN	类别	O
取值范围	DOMAIN	访问	rw
缺省值	无	PDO 映射	No

CmdData_DOM 提供请求 NMT 服务的特定数据。该值等于 NMTRequest 帧中 NMT 服务时隙的 NMTRequestedCommandData 条目(见 10.3.6.1)。

如果 MN 支持扩展的 NMT 状态命令服务,则应支持 CmdData_DOM。是否支持应通过对象字典索引 NMT_FeatureFlags_U32. Bit5 来指示。

10.2.3 NMT CN 对象

10.2.3.1 CN 启动特性

注:应很好地平衡 MN 和 CN 的启动定时时间。应考虑系统上电顺序。

10.2.3.1.1 对象 $1F99_h$:NMT_CNBasicEthernetTimeout_U32

该对象提供从 NMT_CS_NOT_ACTIVE 转换到 NMT_CS_BASIC_ETHERNET 之前的时间,以 μs 为单位。

索引	$1F99_h$	对象类型	VAR
名称	NMT_CNBasicEthernetTimeout_U32		
数据类型	UNSIGNED32	类别	M
取值范围	UNSIGNED32	访问	rw,复位有效
缺省值	5 000 000	PDO 映射	No

0 值表示决不会转换到 NMT_CS_BASIC_ETHERNET。非 0 值表示应大于 NMT_CycleLen_U32。

为避免在系统启动时误转换到 NMT_CS_BASIC_ETHERNET,NMT_CNBasicEthernetTimeout_U32 应大于 MN 的 NMT_BootTime_REC. MNWaitNotAct_U32。

10.2.4 NMT 对象类型

10.2.4.1 对象 0023_h:IDENTITY

索引	0023_h	对象类型	DEFSTRUCT
名称	IDENTITY		
子索引	成员名称	值	数据类型
00_h	NumberOfEntries	04_h	
01_h	VendorId_U32	0007_h	UNSIGNED32
02_h	ProductCode_U32	0007_h	UNSIGNED32
03_h	RevisionNo_U32	0007_h	UNSIGNED32
04_h	SerialNo_U32	0007_h	UNSIGNED32

10.2.4.2 对象 0429_h:**NMT_ParameterStorage_TYPE**

索引	0429_h	对象类型	DEFSTRUCT
名称	NMT_ParameterStorage_TYPE		
子索引	成员名称	值	数据类型
00_h	NumberOfEntries	$7F_h$	
01_h	AllParam_U32	0007_h	UNSIGNED32
02_h	CommunicationParam_U32	0007_h	UNSIGNED32
03_h	ApplicationParam_U32	0007_h	UNSIGNED32
04_h～$7F_h$	ManufacturerParam_XXh_U32	0007_h	UNSIGNED32

10.2.4.3 对象 $042B_h$:**NMT_InterfaceGroup_Xh_TYPE**

索引	$042B_h$	对象类型	DEFSTRUCT
名称	NMT_InterfaceGroup_Xh_TYPE		
子索引	成员名称	值	数据类型
00_h	NumberOfEntries	09_h	
01_h	InterfaceIndex_U16	0006_h	UNSIGNED16
02_h	InterfaceDescription_VSTR	0009_h	VISIBLE_STRING
03_h	InterfaceType_U8	0005_h	UNSIGNED8
04_h	InterfaceMtu_U16	0006_h	UNSIGNED16
05_h	InterfacePhysAddress_OSTR	$000A_h$	OCTET_STRING
06_h	InterfaceName_VSTR	0009_h	VISIBLE_STRING
07_h	InterfaceOperStatus_U8	0005_h	UNSIGNED8
08_h	InterfaceAdminState_U8	0005_h	UNSIGNED8
09_h	Valid_BOOL	0001_h	BOOLEAN

10.2.4.4 对象 $042C_h$:**NMT_CycleTiming_TYPE**

索引	$042C_h$	对象类型	DEFSTRUCT
名称	NMT_CycleTiming_TYPE		
子索引	成员名称	值	数据类型
00_h	NumberOfEntries	09_h	
01_h	IsochrTxMaxPayload_U16	0006_h	UNSIGNED16
02_h	IsochrRxMaxPayload_U16	0006_h	UNSIGNED16
03_h	PResMaxLatency_U32	0007_h	UNSIGNED32
04_h	PReqActPayloadLimit_U16	0006_h	UNSIGNED16
05_h	PResActPayloadLimit_U16	0006_h	UNSIGNED16
06_h	ASndMaxLatency_U32	0007_h	UNSIGNED32
07_h	MultiplCycleCnt_U8	0005_h	UNSIGNED8
08_h	AsyncMTU_U16	0006_h	UNSIGNED16
09_h	PRescaler_U16	0006_h	UNSIGNED16

10.2.4.5 对象 $042E_h$:NMT_BootTime_TYPE

索引	$042E_h$	对象类型	DEFSTRUCT
名称	NMT_BootTime_TYPE		
子索引	成员名称	值	数据类型
00_h	NumberOfEntries	05_h	
01_h	MNWaitNotAct_U32	0007_h	UNSIGNED32
02_h	MNTimeoutPreOp1_U32	0007_h	UNSIGNED32
03_h	MNWaitPreOp1_U32	0007_h	UNSIGNED32
04_h	MNTimeoutPreOp2_U32	0007_h	UNSIGNED32
05_h	MNTimeoutReadyToOp_U32	0007_h	UNSIGNED32
06_h	MNIdentificationTimeout_U32	0007_h	UNSIGNED32
07_h	MNSoftwareTimeout_U32	0007_h	UNSIGNED32
08_h	MNConfigurationTimeout_U32	0007_h	UNSIGNED32
09_h	MNStartCNTimeout_U32	0007_h	UNSIGNED32

10.2.4.6 对象 $042F_h$:NMT_MNCycleTiming_TYPE

索引	$042F_h$	对象类型	DEFSTRUCT
名称	NMT_MNCycleTiming_TYPE		
子索引	成员名称	值	数据类型
00_h	NumberOfEntries	02_h	
01_h	WaitSoCPReq_U32	0007_h	UNSIGNED32
02_h	AsyncSlotTimeout_U32	0007_h	UNSIGNED32

10.2.4.7 对象 0439_h:NMT_EPLNodeID_TYPE

索引	0439_h	对象类型	DEFSTRUCT
名称	NMT_EPLNodeID_TYPE		
子索引	成员名称	值	数据类型
00_h	NumberOfEntries	02_h	
01_h	NodeID_U8	0005_h	UNSIGNED8
02_h	NodeIDByHW_BOOL	0001_h	BOOLEAN

10.2.4.8 对象 043A$_h$：NMT_RequestCmd_TYPE

索引	043A$_h$	对象类型	DEFSTRUCT
名称	NMT_RequestCmd_TYPE		
子索引	成员名称	值	数据类型
00$_h$	NumberOfEntries	04$_h$	
01$_h$	Release_BOOL	0001$_h$	BOOLEAN
02$_h$	CmdID_U8	0005$_h$	UNSIGNED8
03$_h$	CmdTarget_U8	0005$_h$	UNSIGNED8
02$_h$	CmdData_DOM	000F$_h$	DOMAIN

10.3 网络管理服务

POWERLINK 网络管理服务(NMT)是面向节点的并遵循主/从关系。NMT 主站的功能由 MN 来执行。

CN 作为 NMT 从站受主站管理。一个 NMT 从站通过其 POWERLINK NodeID 在网络中被唯一标识。

根据定义，网络管理的方向是 NMT 主站(MN)对 NMT 从站(CN)进行管理。

POWERLINK 定义了 5 种类别的 NMT 服务：

——NMT 状态命令服务(NMT State Command Service)

MN 使用 NMT 状态命令服务来控制 CN 的状态机。

——NMT 管理命令服务(NMT Managing Command Service)

MN 使用 NMT 管理命令服务以快速协调方式来访问 CN 的 NMT 数据项。

——NMT 响应服务(NMT Response Service)

NMT 响应服务向 MN 指示一个 CN 的当前 NMT 状态。

——NMT 信息服务(NMT Info Service)

NMT 信息服务被用来把 NMT 信息从 MN 发送给 CN。

——NMT 防护服务(NMT Guard service)

NMT 防护服务被 MN 和 CN 用来检测 POWERLINK 网络中的故障。

CN 可以请求 MN 发出的 NMT 命令服务和信息服务(NMTRequest 见 10.3.6)。

在 NMT_CS_EPL_MODE 模式下，CN 应忽略不是由 MN 发出的 NMT 命令服务。在 NMT_CS_BASIC_ETHERNET 模式下，不论其源节点如何，NMT 命令服务都应被接受。

10.3.1 NMT 状态命令服务

MN 通过 NMT 状态命令服务来控制 CN 的状态。状态转换由 CN 的状态机(见 10.1.4)定义。

POWERLINK 分为隐式 NMT 状态命令和显式状态命令。

10.3.1.1 隐式 NMT 状态命令服务

当系统启动时，SoA、PReq、PRes 或 SoC 帧的接收或超时触发 CN 的状态机从 NMT_CS_NOT_

ACTIVE 状态转换到下一状态。当 CN 处于 NMT_CS_PRE_OPERATIONAL_1 状态时，SoC 的接收触发状态转换到 NMT_CS_PRE_OPERATIONAL_2。在系统启动或复位之后，使用 SoA、PReq、PRes 或 SoC 使 CN 与当前网络模式相同步(见 10.1.4)。

在基本以太网模式下，POWERLINK SoA、PReq、PRes 或 SoC 的接收将触发状态转换到 NMT_CS_EPL_MODE(见 10.1.4)。

图 77 示出了隐式 NMT 状态命令服务协议。

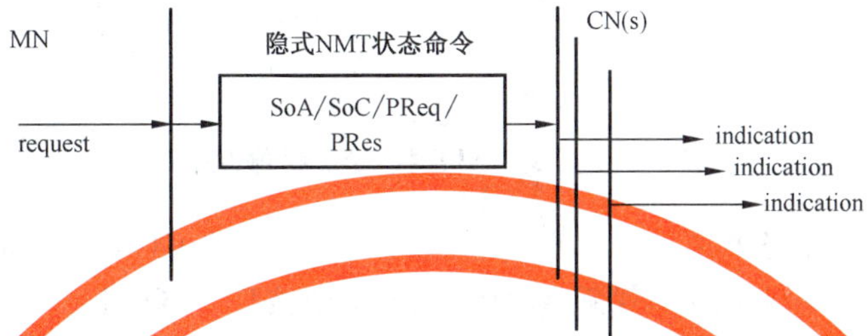

图 77　隐式 NMT 状态命令服务协议

上述的 SoA、PReq、PRes 或 SoC 被称为隐式 NMT 状态命令，并且无论其数据内容如何及有无其他扩展，它们都是有效的。

表 122 列出了当命令被接收时，与当前 CN 状态相关的隐式 NMT 状态命令。表 122 中未涉及的 SoA 和 SoC 的接收或超时不触发状态转换。

表 122　隐式 NMT 状态命令

当前状态	隐式 NMT 状态命令	目的状态
NMT_CS_NOT_ACTIVE	SoA、SoC	NMT_CS_PRE_OPERATIONAL_1
	Timeout(SoA、PReq、PRes、SoC)	NMT_CS_BASIC_ETHERNET
NMT_CS_PRE_OPERATIONAL_1	SoC	NMT_CS_PRE_OPERATIONAL_2
NMT_CS_BASIC_ETHERNET	SoA、PReq、PRes、SoC	NMT_CS_PRE_OPERATIONAL_1

隐式 NMT 状态命令所请求的 NMT 响应服务(见 10.3.3)应指示当前状态。

隐式 NMT 状态命令服务(见 10.3.3)不要求 MN 发送明确的 NMT 帧。正常的 SoA、PReq、PRes 和 SoC 帧(见 7.6.1.1)本身就可能是有效的隐式 NMT 状态命令。

SoA、PRes 和 SoC 帧不能被直接发送给单个节点——它们是多播的。CN 根据其自身的当前状态决定所接收的隐式状态命令是否是活动的(即是否将要被执行)。

10.3.1.2　显式 NMT 状态命令服务

显式 NMT 状态命令应由 MN 在 ASnd 帧中发送。

目标 CN 应通过 ASnd 的目标字段被寻址。ASnd 帧应是对一个 CN 的单播，或者对所有 CN 的广播(使用 POWERLINK 广播地址 C_ADR_BROADCAST)。通过广播发送的命令应被发送 MN 忽略。

特殊的广播 NMT 命令可被发送到所选的 CN 组(见 10.3.1.2.2)。

显式 NMT 状态命令服务应通过 ASnd 的 ServiceID ＝ NMT_COMMAND 来标识。图 78 示出了用于实现显式 NMT 状态命令服务的协议。

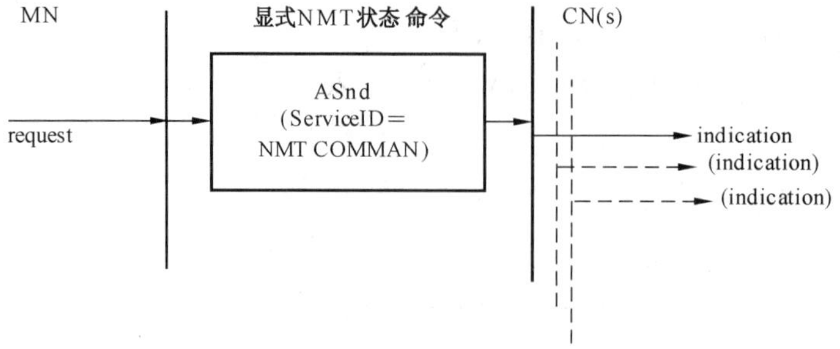

图 78 显式 NMT 状态命令服务协议

显式 NMT 状态命令服务的 ASnd 的 ServiceID 值应为 NMT_COMMAND。特定的 NMT 状态命令标识及其数据应位于 ASnd 的有效载荷字段中,在下文中被称为 NMT 服务槽(Service Slot)。

NMT 服务槽字段的 NMT 状态命令服务、NMT 管理命令服务和 NMT 信息服务的结构见表 123。

表 123 NMT 服务槽字段的 NMT 状态命令服务、NMT 管理命令服务和 NMT 信息服务的结构

	比特偏移							
八位位组偏移[a]	7	6	5	4	3	2	1	0
0	NMT 命令 ID							
1	保留							
2～n	NMT 命令数据							
其中,n≤C_DLL_MAX_PAYL_OFFSET-4。								
[a] 八位位组偏移以 ASnd 有效载荷字段为基准。偏移量相对于以太网帧起始处是 18 个八位位组。								

显式 NMT 状态命令服务的 NMT 服务槽字段见表 124。

表 124 显式 NMT 状态命令服务的 NMT 服务槽字段

字段	缩写	描　　述	值
NMT 命令 ID (NMTCommandID)	cid	规范 NMT 状态命令	见表 125 和表 126
NMT 命令数据 (NMTCommandData)	cdat	0～C_DLL_MAX_PAYL_OFFSET － NMT 命令特定数据的 6 个八位位组(由 MN 发出)。 下层负责填充	

10.3.1.2.1 普通 NMT 状态命令

普通 NMT 状态命令应为对一个特定 CN 的单播,或对所有 CN 的广播。

普通 NMT 状态命令应忽略 NMTCommandData。

表 125 列出所定义的普通 NMT 状态命令。

表 125　普通 NMT 状态命令

NMTCommandID	初始状态	目的状态
NMTStartNode	NMT_CS_READY_TO_OPERATE	NMT_CS_OPERATIONAL
NMTStopNode	NMT_CS_PRE_OPERATIONAL_2	NMT_CS_STOPPED
	NMT_CS_READY_TO_OPERATE	
	NMT_CS_OPERATIONAL	
NMTEnterPreOperational2	NMT_CS_OPERATIONAL	NMT_CS_PRE_OPERATIONAL_2
	NMT_CS_STOPPED	
NMTEnableReadyToOperate	NMT_CS_PRE_OPERATIONAL_2	NMT_CS_PRE_OPERATIONAL_2
NMTResetNode	NMT_CS_NOT_ACTIVE/ NMT_MS_NOT_ACTIVE	NMT_GS_INITIALISATION 的子状态 NMT_GS_RESET_APPLICATION
	NMT_CS_PRE_OPERATIONAL_1/ NMT_MS_PRE_OPERATIONAL_1	
	NMT_CS_PRE_OPERATIONAL_2/ NMT_MS_PRE_OPERATIONAL_2	
	NMT_CS_READY_TO_OPERATE/ NMT_mS_READY_TO_OPERATE	
	NMT_CS_OPERATIONAL/ NMT_MS_OPERATIONAL	
	NMT_CS_STOPPED	
	NMT_CS_BASIC_ETHERNET	
NMTResetCommunication	NMT_CS_NOT_ACTIVE/ NMT_MS_NOT_ACTIVE	NMT_GS_INITIALISATION 的子状态 NMT_GS_RESET_COMMUNICATION
	NMT_CS_PRE_OPERATIONAL_1/ NMT_MS_PRE_OPERATIONAL_1	
	NMT_CS_PRE_OPERATIONAL_2/ NMT_MS_PRE_OPERATIONAL_2	
	NMT_CS_READY_TO_OPERATE/ NMT_mS_READY_TO_OPERATE	
	NMT_CS_OPERATIONAL/ NMT_MS_OPERATIONAL	
	NMT_CS_STOPPED	
	NMT_CS_BASIC_ETHERNET	

表 125（续）

NMTCommandID	初始状态	目的状态
NMTResetConfiguration	NMT_CS_NOT_ACTIVE/ NMT_MS_NOT_ACTIVE	NMT_GS_INITIALISATION 的子状态 NMT_GS_RESET_CONFIGURATION
	NMT_CS_PRE_OPERATIONAL_1/ NMT_MS_PRE_OPERATIONAL_1	
	NMT_CS_PRE_OPERATIONAL_2/ NMT_MS_PRE_OPERATIONAL_2	
	NMT_CS_READY_TO_OPERATE/ NMT_mS_READY_TO_OPERATE	
	NMT_CS_OPERATIONAL/ NMT_MS_OPERATIONAL	
	NMT_CS_STOPPED	
	NMT_CS_BASIC_ETHERNET	
NMTSwRest	NMT_CS_NOT_ACTIVE/ NMT_MS_NOT_ACTIVE	NMT_GS_INITIALISATION 的子状态 NMT_GS_INITIALISING
	NMT_CS_PRE_OPERATIONAL_1/ NMT_MS_PRE_OPERATIONAL_1	
	NMT_CS_PRE_OPERATIONAL_2/ NMT_MS_PRE_OPERATIONAL_2	
	NMT_CS_READY_TO_OPERATE/ NMT_mS_READY_TO_OPERATE	
	NMT_CS_OPERATIONAL/ NMT_MS_OPERATIONAL	
	NMT_CS_STOPPED	
	NMT_CS_BASIC_ETHERNET	

表 125 列出的所有命令是必备的。仅当 CN 处于适当的初始状态(见表 125)时，才应执行该命令；否则，该命令被忽略并且在 CN 错误日志中将记录一个条目(错误)。

诊断节点可请求将 NMTSwReset、NMTResetNode、NMTResetConfiguration 和 NMTResetCommunication 作为单播发送给 MN(见 10.3.6)。因为 MN 复位将影响整个网络，所以这些命令应被转发给所有节点。MN 应按以下方式来执行所请求的命令：

a） 将命令路由到所有 CN；

b） 执行所请求的复位。

10.3.1.2.2 扩展 NMT 状态命令

扩展 NMT 状态命令用于访问 CN 组。

传送该命令的 ASnd 帧被广播到所有 CN。

"NMT 命令特定数据"字段包含一个 POWERLINK 节点列表，其格式符合 POWERLINK 节点列表格式(见 10.3.1.2.3)。此 POWERLINK 节点列表指示该命令对于各个节点的有效性(即节点是否执行该命令)。该命令所寻址的 NodeID 用 1_b 来指示，必须忽略该命令的节点用 0_b 来指示。

表 126 列出了扩展 NMT 状态命令。初始状态、目的状态，在初始状态命令的有效性与相应的普通命令是一致的(见表 125)。

表 126 扩展 NMT 状态命令

NMTCommandID	M/O
NMTStartNodeEx	O
NMTStopNodeEx	O
NMTEnterPreOperational2Ex	O
NMTEnableReadyToOperateEx	O
NMTResetNodeEx	O
NMTResetCommunicationEx	O
NMTResetConfigurationEx	O
NMTSwRestEx	O

对扩展 NMT 状态命令的支持是可选的。是否支持应通过对象字典索引 NMT_FeatureFlags_U32 比特 5 来指示。这些标志并不区分特定的扩展 NMT 状态命令。它们指示对本标准定义的所有扩展 NMT 状态命令的支持。

10.3.1.2.3 POWERLINK 节点列表格式

POWERLINK 节点列表通过 NMTCommandData 字段传输。

POWERLINK 节点列表格式为每个 POWERLINK NodeID 分配一个比特。NodeID 的分配见表 127。

表 127 POWERLINK 节点列表：NodeID 的比特分配

	比特偏移							
八位位组偏移[a]	7	6	5	4	3	2	1	0
0	7	6	5	4	3	2	1	—
1	15	14	13	12	11	10	9	8
2	23	22	21	20	19	18	17	16
3	31	30	29	28	27	26	25	24
4	39	38	37	36	35	34	33	32
5	47	46	45	44	43	42	41	40
6	55	54	53	52	51	50	49	48
7	63	62	61	60	59	58	57	56
8	71	70	69	68	67	66	65	64
9	79	78	77	76	75	74	73	72

表 127（续）

	比特偏移							
八位位组偏移[a]	7	6	5	4	3	2	1	0
10	87	86	85	84	83	82	81	80
11	95	94	93	92	91	90	89	88
12	103	102	101	100	99	98	97	96
13	111	110	109	108	107	106	105	104
14	119	118	117	116	115	114	113	112
15	127	126	125	124	123	122	121	120
16	135	135	133	132	131	130	129	128
17	143	142	141	140	139	138	137	136
18	151	150	149	148	147	146	145	144
19	159	158	157	156	155	154	153	152
20	167	166	165	164	163	162	161	160
21	175	174	173	172	171	170	169	168
22	183	182	181	180	179	178	177	176
23	191	190	189	188	187	186	185	184
24	199	198	197	196	195	194	193	192
25	207	206	205	204	203	202	201	200
26	215	214	213	212	211	210	209	208
27	223	222	221	220	219	218	217	216
28	231	230	229	228	227	226	225	224
29	239	238	237	236	235	234	233	232
30	247	246	245	244	243	242	241	240
31	—	254	253	252	251	250	249	248

[a] 八位位组偏移以 NMTCommandData 的起始处为基准。偏移量相对于以太网帧是 20 个八位位组。

10.3.2 NMT 管理命令服务

MN 使用 NMT 管理命令服务来配置 CN 数据库中的 NMT 相关条目。这些命令不直接影响 CN 的状态机。

NMT 管理命令由 MN 在 ASnd 帧中发送。它们被单播发送给单个 CN 或被广播发送给所有 CN（使用 POWERLINK 广播地址 C_ADR_BROADCAST）。

这些服务通过将 ASnd 的 ServiceID 设为 NMT_COMMAND 来标识。

图 79 示出了实现 NMT 管理命令服务所使用的协议。

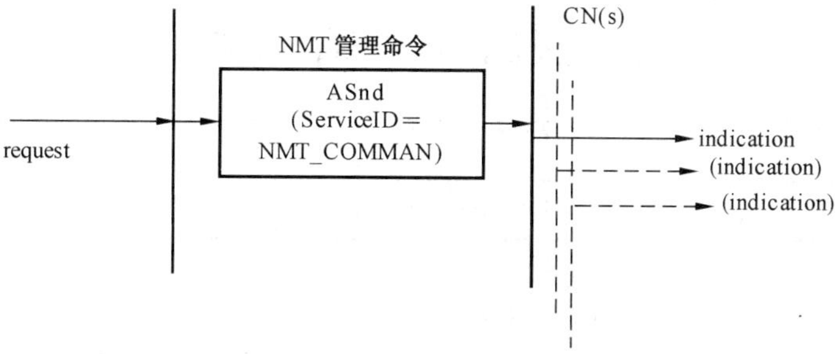

图 79 NMT 管理命令服务协议

NMT 管理命令服务的 ASnd 的 ServiceID 为 NMT_COMMAND。特定 NMT 管理命令标识及其数据位于 ASnd 的有效载荷字段中。

显式 NMT 状态命令服务的 NMT 服务槽字段见表 128。

表 128 NMT 管理命令服务的 NMT 服务槽字段

字段	缩写	描述	值
NMTCommandID	cid	规范 NMT 管理命令	见表 129
NMTCommandData	cdat	0～C_DLL_MAX_PAYL_OFFSET－NMT 管理命令特定数据的 6 个八位位组(由 MN 发出)。 下层负责填充	

表 129 列出所定义的 NMT 管理命令服务。

表 129 NMT 管理命令服务

NMTCommandID	M/O	简要描述
NMTNetHostNameSet	O	设置单独 CN 的主机名称
NMTFlushArpEntry	O	清除所有 CN 的本地 MAC 和 IP 地址列表

是否支持特定 NMT 管理命令服务的应通过特定设备描述条目来指示(见 10.3.2.1.1 和 10.3.2.1.2)。

10.3.2.1 服务描述

10.3.2.1.1 NMTNetHostNameSet

NMTNetHostNameSet 设置 CN 的主机名称。

NMTCommandID 为 NMTNetHostNameSet。

NMTNetHostNameSet 的 NMTCommandData 结构见表 130。

表 130 NMTNetHostNameSet 的 NMTCommandData 结构

	比特偏移							
八位位组偏移 [a]	7	6	5	4	3	2	1	0
0～31	主机名称(HostName)							

[a] 八位位组偏移以 NMTCommandData 的起始处为基准。偏移量相对于以太网帧是 20 个八位位组。

NMTNetHostNameSet 的 NMTCommandData 数据字段见表 131。

表 131 NMTNetHostNameSet 的 NMTCommandData 数据字段

字段	缩写	描述	值
主机名称	hn	可被用来修改 CN 的本地 DNS 主机名称	—

NMTNetHostNameSet 命令被单播发送给单个 CN。

在执行 NMTNetHostNameSet 命令后，已修改的主机名称由 CN 发布。发布遵循以下方式：

a) CN 使用 PRes 帧的 RS 比特来指示一个 ASnd 发送请求，或使用 C_DLL_ASND_PRIO_NMTRQST 优先级来指示一个 StatusResponse ASnd 帧；
b) MN 通过一个 SoA 帧向 CN 分配异步阶段(RequestdServiceID = NMT_REQUEST_INVITE)；
c) CN 使用 NMTRequest ASnd 帧来向自身请求一个 IdentRequest(见 10.3.6)；
d) MN 向请求 CN 发送一个 SoA(RequestdServiceID = IDENT_REQUEST)；
e) CN 通过 IdentResponse ASnd 帧发布其已修改的 HostName。

是否支持应通过 D_NMT_NetHostNameSet_BOOL 来指示。

10.3.2.1.2 NMTFlushArpEntry

NMTFlushArpEntry 将一个 CN 的条目从所有其他 CN 的地址表中移除。该要删除的条目通过要被移除的 CN 的 NodeID 来指示。

NMTCommandID 为 NMTFlushArpEntry。

NMTFlushArpEntry ASnd 服务槽结构见表 132。

表 132 NMTFlushArpEntry ASnd 服务槽结构

	比特偏移							
八位位组偏移[a]	7	6	5	4	3	2	1	0
0	节点 ID(NodeID)							
[a] 八位位组偏移以 NMTCommandData 的起始处为基准。偏移量相对于以太网帧是 20 个八位位组。								

NMTFlushArpEntry 的 NMTCommandData 数据字段见表 133。

表 133 NMTFlushArpEntry 的 NMTCommandData 数据字段

字段	缩写	描述	值
节点 ID	nid	标识其 ARP 条目要被删除的节点。使用 C_ADR_BROADCAST 删除所有 ARP 条目	

NMTFlushArpEntry 命令被广播发送到所有 CN。

是否支持应通过 D_NMT_FlushArpEntry_BOOL 来指示。

10.3.3 NMT 响应服务

MN 使用 NMT 响应服务向 CN 查询 NMT 信息，例如：当前状态、错误和设置数据。

10.3.3.1 NMT 状态响应

CN 应通过 NMT 状态响应服务向 MN 发信号通知其状态。

通过 PReq/PRes 进行等时同步通信的 CN 应使用 PRes 帧来指示其当前状态。

图 80 示出了进行等时同步通信的 CN 实现 NMT 状态响应服务所使用的协议。该服务对于 MN 和每个能够进行等时同步通信的 CN 设备都是必备的。

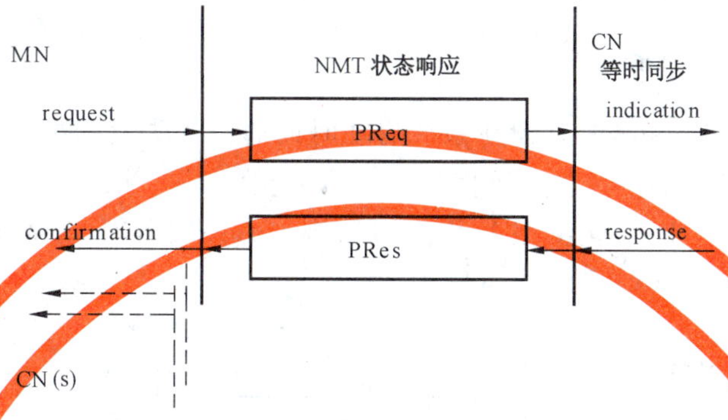

图 80 NMT 状态响应服务协议(等时同步 CN)

MN 应接收 NMT 状态响应。如果被配置为允许的话,则 CN 可以接收 NMT 状态响应。

不进行等时同步通信的 CN(即仅异步 CN 或处于 NMT_CS_PRE_OPERATIONAL_1 状态的等时同步 CN)应通过 StatusResponse 和 IdentResponse ASnd 帧发送它们的状态。处于 NMT_CS_PRE_OPERATIONAL_2、MNT_CS_READY_TO_OPERATE 或 NMT_CS_OPERATIONAL 状态的等时同步 CN,可由 MN 触发,通过 StatusResponse 和 IdentResponse ASnd 帧来作出响应。

图 81 示出了不进行等时同步通信的 CN 实现 NMT 状态响应服务所使用的协议。该服务对于 MN 和每个 CN 设备都是必备的。

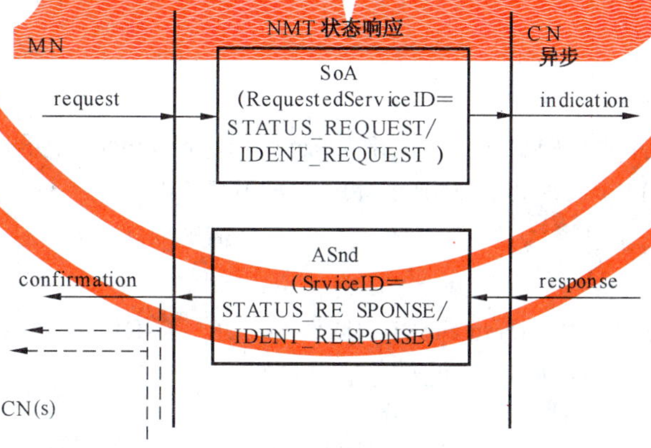

图 81 NMT 状态响应服务协议(仅异步 CN)

MN 应接收 NMT 状态响应。如果被配置为允许,并且如果 NMT 状态响应服务通过 IdentResponse ASnd 帧传输,则 CN 可以接收 NMT 状态响应。

NMT 状态响应应使用 PRes、StatusResponse 或 IdentResponse 帧的以下数据字段:

——NMTStatus

NMTStatus 应报告 CN 的当前 NMT 状态。

如果 NMT 状态响应请求报文触发 CN 的一个 NMT 状态转换,则应报告转换前的状态。如果在接收该请求时 CN 处于 NMT_CS_NOT_ACTIVE 状态,则不应发出响应。

——Exception New(EN)

EN 应报告 CN 紧急队列中未被读取的条目。

——Exception Clear(EC)

EC 应由错误信号通知管理(见 9.5.2)使用。EC 应仅由 StatusResponse 和 IdentResponse 操作。

关于帧格式的详细信息,见 7.6.1.1.4、10.3.3.2.2 和 10.3.3.3.2。

10.3.3.2 IdentResponse 服务和帧格式

10.3.3.2.1 IdentResponse 服务

MN 使用 IdentResponse 服务来标识在系统启动时或通信丢失后已配置的但未被识别的 CN。在启动之后,该服务可被用于查询 CN 的设置信息。

图 82 示出了实现 IdentResponse 服务所使用的协议。该服务对于 MN 和每个 CN 设备都是必备的。

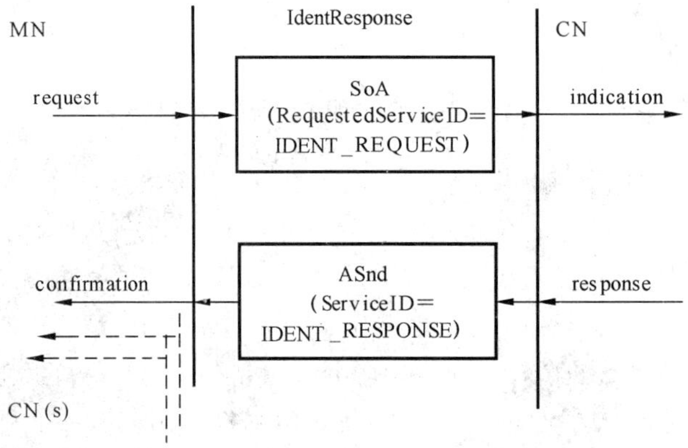

图 82 IdentResponse 服务协议

传送 IdentResponse 的 ASnd 帧是广播的。MN 应接收 IdentResponse;如果被配置为允许,则 CN 可以接收 IdentResponse。

CN 可通过 NMT 请求机制(见 10.3.6)来启动 IdentResponse 服务。NMT 请求 ASnd 帧中的 NMTRequesedCommandID 字段应被设为 IDENTI_REQUEST。

10.3.3.2.2 IdentResponse 帧

IdentResponse 服务帧通过将 ASnd ServiceID 设为 IDENT_RESPONSE 来标识。

IdentResponse 的 NMT 服务槽结构见表 134。

表 134 IdentResponse 的 NMT 服务槽结构

	比特偏移							
八位位组偏移[a]	7	6	5	4	3	2	1	0
0	保留	保留	保留	保留	保留	保留	保留	保留
1	保留[b]	保留[b]	PR			RS		
2	NMT 状态(NMTStatus)							
3	保留							
4	EPL 版本(EPLVersion)							

表 134（续）

八位位组偏移[a]	比特偏移							
	7	6	5	4	3	2	1	0
5	保留							
6～9	特性标志(FeatureFlags)							
10～11	MTU							
12～13	轮询输入大小(PollInSize)							
14～15	轮询输出大小(PollOutSize)							
16～19	响应时间(ResponseTime)							
20～21	保留							
22～25	设备类型(DeviceType)							
26～29	制造商 ID(VendorID)							
30～33	产品代码(ProductCode)							
34～37	修订号(RevisionNumber)							
38～41	序列号(SerialNumber)							
42～49	制造商特定扩展 1(VendorSpecificExtension1)							
50～53	验证配置日期(VerifyConfigurationDate)							
54～57	验证配置时间(VerifyConfigurationTime)							
58～61	应用软件日期(ApplicationSwDate)							
62～65	应用软件时间(ApplicationSwTime)							
66～69	IP 地址(IPAddress)							
70～73	子网掩码(SubnetMask)							
74～77	默认网关(DefaultGateway)							
78～109	主机名(HostName)							
110～157	制造商特定扩展 2(VendorSpecificExtension2)							

[a] 八位位组偏移以 ASnd 有效载荷字段的起始处为基准。偏移量相对于以太网帧起始处是 18 个八位位组。

[b] 由 EPSG DS302-A 使用。

IdentResponse 的 NMT 服务槽数据字段见表 135。

表 135 IdentResponse 的 NMT 服务槽数据字段

字段	缩写	描　述	值
优先级(Priority)	PR	标志:指示所请求的异步帧的优先级(见 7.2.4.1.2.3)	
请求发送(RequestToSend)	RS	标志:指示 CN 中要发送的挂起请求的个数。值 C_DLL_MAX_RS 表示 C_DLL_MAX_RS 或更多个请求;值 0 表示无挂起请求	0～C_DLL_MAX_RS
NMT 状态	stat	报告 CN 的 NMT 状态机的当前状态	

表 135（续）

字段	缩写	描　　述	值
EPL 版本	eplv	指示 CN 符合的 POWERLINK 版本。 条目的编码见表 112	
特性标志	feat	报告设备的特性标志(NMT_FeatureFlags_U32)	
MTU	mtu	报告网络上可被传输的最大 IP 帧的长度，该长度包括传输首部的长度	C_DLL_MIN_ASYNC_MTU~C_DLL_MAX_ASYNC_MTU
轮询输入大小	pis	报告关于 PReq 数据块大小的实际 CN 设置(NMT_CycleTiming_REC. PReqActPayloadLimit_U16)	
轮询输出大小	pos	报告关于 PRes 数据块大小的实际 CN 设置(NMT_CycleTiming_REC. PResActPayloadLimit_U16)	
响应时间	rst	报告 CN 响应 PReq 所需的时间(NMT_CycleTiming_REC. PResMaxLatency_U32)	
设备类型	dt	报告 CN 的设备类型(NMT_DeviceType_U32)	
制造商 ID	vid	报告 CN 的制造商 ID，索引(NMT_IdentObject_REC. VendorId_U32)	
产品代码	prdc	报告 CN 的产品代码，索引(NMT_IdentObject_REC. ProductCode_U32)	
修订号	rno	报告 CN 的版本号(NMT_IdentObject_REC. RevisionNo_U32)	
序列号	sno	报告 CN 的序列号(NMT_IdentObject_REC. SerialNo_U32)	
制造商特定扩展 1	vex1	可用于制造商特定目的，如不使用则用 0 填充	
验证配置日期	vcd	报告 CN 的配置日期(CFM_VerifyConfiguration_REC. ConfDate_U32)	
验证配置时间	vct	报告 CN 的配置时间(CFM_VerifyConfiguration_REC. ConfTime_U32)	
应用软件日期	ad	报告 CN 的应用软件日期(可编程设备的 PDL_LocVerApplSw_REC. ApplSwDate_U32 或非可编程设备的 NMT_ManufactSwVers_VS 的日期部分)	
应用软件时间	at	报告 CN 的应用软件时间(可编程设备的 PDL_LocVerApplSw_REC. ApplSwTime_U32 或非可编程设备的 NMT_ManufactSwVers_VS 的时间部分)	
IP 地址	ipa	报告 CN 的当前 IP 地址值(NWL_IpAddrTable_Xh_REC. Addr_IPAD)	

表 135（续）

字段	缩写	描　　述	值
子网掩码	snm	报告 CN 的当前 IP 子网掩码值（NWL_IpAddrTable_Xh_REC. NetMask_IPAD）	
默认网关	gtw	报告 CN 的当前 IP 默认网关值（NWL_IpAddrTable_Xh_REC. DefGateway_IPAD）	
主机名	hn	报告 CN 的当前 DNS 主机名称（NMT_HostName_VSTR）	
制造商特定扩展 2	vex2	可用于制造商特定目的，如不使用则用 0 填充	

如果设备未实现相应的对象字典条目，则其数据字段应相应地设为 0 或空字符串。

10.3.3.3　**StatusResponse 服务和帧格式**

10.3.3.3.1　**StatusResponse 服务**

MN 使用 StatusResponse 服务查询来查询不进行等时同步通信的 CN 的当前状态。

图 83 示出了实现 StatuseResponse 服务所使用的协议。该服务对于 MN 和每个 CN 设备都是必备的。

传送 StatusResponse 的 ASnd 帧是广播的。MN 应接收 StatusResponse；如果被配置为允许，则 CN 可以接收 StatusResponse。

CN 可通过 NMT 请求机制（见 10.3.6）来启动 StatusResponse 服务。NMT 请求 ASnd 帧中的 NMTRequesedCommandID 字段应被设为 STATUS_REQUEST。

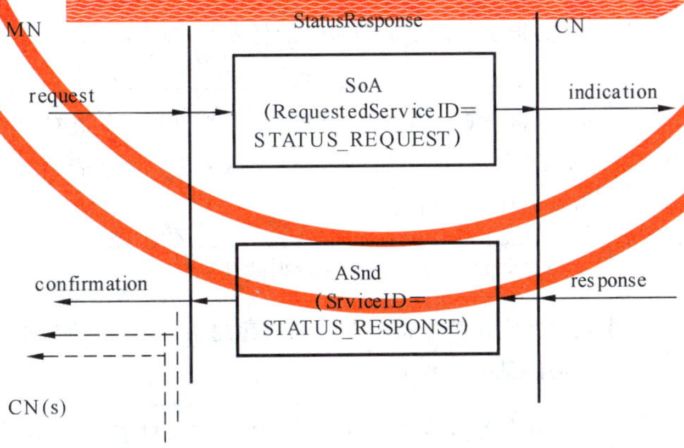

图 83　**StatusResponse 服务协议**

10.3.3.3.2　**StatusResponse 帧**

StatusResponse 服务帧通过将 ASnd ServiceID 设为 STATUS_RESPONSE 来标识。

StatusResponse 的 NMT 服务槽结构见表 136。

表 136 **StatusResponse 的 NMT 服务槽结构**

	比特偏移							
八位位组偏移[a]	7	6	5	4	3	2	1	0
0	保留	保留	保留	EN	EC	保留	保留	保留
1	保留[b]	保留[b]	PR			RS		
2	NMT 状态(NMTStatus)							
3～5	保留							
6～13	静态错误比特字段(StaticErrorBitfield)							
14～(14+n×20)	错误列表/事件列表(ErrorCodeList)(见 9.5.8) 20 字节/条目,最小 n=2							

注:n 为 2～14:错误条目/事件条目的个数。

[a] 八位位组偏移以 ASnd 有效载荷字段的起始处为基准。偏移量相对于以太网帧起始处是 18 个八位位组。

[b] 由 EPSG DS302-A 使用。

StatusResponse 的 NMT 服务槽数据字段见表 137。

表 137 **StatusResponse 的 NMT 服务槽数据字段**

字段	缩写	描　述	值
新异常 (ExceptionNew)	EN	标志:错误信号通知(见 9.5.2)	—
异常清除 (ExceptionClear)	EC	标志:错误信号通知(见 9.5.2)	—
优先级 (Priority)	PR	标志:指示所请求的异步帧的优先级(见 7.2.4.1.2.3)	—
请求发送 (RequestToSend)	RS	标志:指示 CN 中要发送的挂起请求的个数。值 C_DLL_MAX_RS 表示 C_DLL_MAX_RS 或更多个请求;值 0 表示无挂起的请求	0～C_DLL_MAX_RS
NMT 状态	stat	报告 CN 的 NMT 状态机的当前状态	—
静态错误比特字段	seb	设置特定比特以指示 CN 中挂起的错误(比特字段的错误编码见 9.5.8.1)	—
错误代码列表	el	包含在 CN 上已发生错误的一个列表。每个错误编码的长度是 20 个八位位组(见 9.5.8.2)。 下层负责填充。 ErrorCodeList 的最大长度是设备特定的,由 D_NMT_ErrorEntries_U32 指示	—

10.3.4 NMT 信息服务

NMT 信息服务用于以"包(bundle)"的形式传送复杂的状态信息,以及从 MN 向 CN 发布系统相关设置信息。

所有 NMT 信息服务由 MN 通过 ASnd 发送。

目标 CN 可通过 ASnd 的 Destination 字段单播到达一个 CN 或广播到达所有 CN。

NMT 信息服务帧通过将 ASnd ServiceID 设为 NMT_COMMAND 来标识。

图 84 示出了实现 NMT 信息服务所使用的协议。

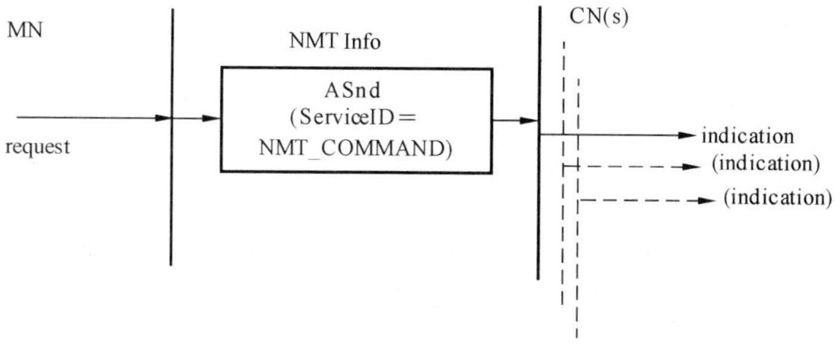

图 84 NMT 信息服务协议

包含其数据的特殊 NMT 信息服务位于 NMT 的服务槽内。

NMT 使用 NMT 服务槽的参数见表 138。

表 138 NMT 管理信息服务的 NMT 服务槽数据字段

字段	缩写	描　述	值
NMTCommandID	cid	规范 NMT 信息服务	见表 139
NMTCommandData	cdat	0～C_DLL_MAX_PAYL_OFFSET − NMT 信息服务特定数据的 4 个八位位组(MN 要发送的)。 下层负责填充	

表 139 列出所定义的 NMT 信息服务。

表 139 NMT 信息服务

NMTCommandID	生产者(提供者)		消费者		简要描述
	MN	CN	MN	CN	
NMTPublishConfiguredNodes	Y	Y	Y	Y	提供在 MN 的配置中声明的 CN
NMTPublishActiveNodes	Y	N	Y	Y	提供已被 MN 标识的 CN
NMTPublishPreOperational1	Y	N	Y	Y	提供在 NMT_CS_PRE_OPERATIONAL_1 状态下活动的 CN
NMTPublishPreOperational2	Y	N	Y	Y	提供在 NMT_CS_PRE_OPERATIONAL_2 状态下活动的 CN
NMTPublishReadyToOperate	Y	N	Y	Y	提供处于 NMT_CS_READY_TO_OPERATE 状态的 CN
NMTPublishOperational	Y	N	Y	Y	提供处于 NMT_CS_OPERATIONAL 状态的 CN
NMTPublishStopped	Y	N	Y	Y	提供处于 NMT_CS_STOPPED 状态的 CN
NMTPublishNodeStates	Y	N	Y	Y	提供当前 NMT 的状态
NMTPublishEmergencyNew	Y	N	Y	Y	提供新异常标志(EN)被置位的活动 CN
NMTPublishTime	Y	Y	Y	Y	提供系统时间

在对象字典中,对 NMT 信息服务的支持应通过索引 NMT_FeatureFlags_U32. Bit4 来指示。这些标志并不区分特殊的 NMT 信息服务,而表示至少支持本标准定义的一个 NMT 信息服务。

是否支持特殊 NMT 信息服务应通过特定设备描述条目(见 10.3.4.1.1~10.3.4.1.10)来指示。

10.3.4.1 服务描述

10.3.4.1.1 NMTPublishConfiguredNodes

使用 NMTPublishConfiguredNodes 服务,MN 或 CN 可发布在其配置内已配置节点的一个列表。

NMTPublishConfiguredNodes 服务使用 POWERLINK 节点列表格式(见 10.3.1.2.3)。与已配置 CN 相对应的 NodeID 用 1_b 来指示。

要发布的信息从 NMT_NodeAssignment_AU32[子索引]. Bit1 获得。

是否支持该服务应通过 D_NMT_PublishConfigNodes_BOOL 来指示。

10.3.4.1.2 NMTPublishActiveNodes

使用 NMTPublishActiveNodes 服务,MN 可发布活动节点的一个列表。

要发布的信息从 NMT_MNNodeCurrState_AU32 子索引获得。处于 NMT_CS_PRE_OPERATIONAL_1、NMT_CS_PRE_OPERATIONAL_2、NMT_CS_READY_TO_OPERATE、NMT_CS_OPERATIONAL 或 NMT_CS_STOPPED 状态的 CN 被视为活动的。

NMTPublishActiveNodes 服务使用 POWERLINK 节点列表格式(见 10.3.1.2.3)。与活动 CN 相对应的 NodeID 用 1_b 来指示。

MN 自身一直被视为是活动的。

是否支持该服务应通过 D_NMT_PublishActiveNodes_BOOL 来指示。

10.3.4.1.3 NMTPublishPreOperational1

使用 NMTPublishPreOperational1 服务,MN 可发布处于 NMT_CS_PRE_OPERATIONAL_1 或 NMT_MS_PRE_OPERATIONAL_1 状态的节点的一个列表。

NMTPublishPreOperational1 服务使用 POWERLINK 节点列表格式(见 10.3.1.2.3)。与处于 NMT_CS_PRE_OPERATIONAL_1 或 NMT_MS_PRE_OPERATIONAL_1 状态的活动 CN 相对应的 NodeID 用 1_b 来指示。

要发布的信息从 NMT_MNNodeCurrState_AU32 子索引获得。

是否支持该服务应通过 D_NMT_PublishPreOp1_BOOL 来指示。

10.3.4.1.4 NMTPublishPreOperational2

使用 NMTPublishPreOperational2 服务,MN 可发布处于 NMT_CS_PRE_OPERATIONAL_2 或 NMT_MS_PRE_OPERATIONAL_2 状态的节点的一个列表。

NMTPublishPreOperational2 服务使用 POWERLINK 节点列表格式(见 10.3.1.2.3)。与处于 NMT_CS_PRE_OPERATIONAL_2 或 NMT_MS_PRE_OPERATIONAL_2 状态的活动 CN 相对应的 NodeID 用 1_b 来指示。

要发布的信息从 NMT_MNNodeCurrState_AU32 子索引获得。

是否支持该服务应通过 D_NMT_PublishPreOp2_BOOL 来指示。

10.3.4.1.5 NMTPublishReadyToOperate

使用 NMTPublishReadyToOperate 服务,MN 可发布处于 NMT_CS_READY_TO_OPERATE 或

NMT_MS_READY_TO_OPERATE 状态的节点的一个列表。

NMTPublishReadyToOperate 服务使用 POWERLINK 节点列表格式(见 10.3.1.2.3)。与处于 NMT_CS_READY_TO_OPERATE 或 NMT_MS_READY_TO_OPERATE 状态的活动 CN 相对应的 NodeID 用 1_b 来指示。

要发布的信息从 NMT_MNNodeCurrState_AU32 子索引获得。

是否支持该服务应通过 D_NMT_PublishReadyToOp_BOOL 来指示。

10.3.4.1.6 NMTPublishOperational

使用 NMTPublishOperational 服务,MN 可发布处于 NMT_CS_OPERATIONAL 或 NMT_MS_OPERATIONAL 状态的节点的一个列表。

NMTPublishOperational 服务使用 POWERLINK 节点列表格式(见 10.3.1.2.3)。与处于 NMT_CS_OPERATIONAL 或 NMT_MS_OPERATIONAL 状态的活动 CN 相对应的 NodeID 用 1_b 来指示。

要发布的信息从 NMT_MNNodeCurrState_AU32 子索引获得。

是否支持该服务应通过 D_NMT_PublishOperational_BOOL 来指示。

10.3.4.1.7 NMTPublishStopped

使用 NMTPublishStopped 服务,MN 可发布处于 NMT_CS_STOPPED 状态的节点的一个列表。

NMTPublishStopped 服务使用 POWERLINK 节点列表格式(见 10.3.1.2.3)。与处于 NMT_CS_STOPPED 状态的活动 CN 相对应的 NodeID 用 1_b 标识。

要发布的信息从 NMT_MNNodeCurrState_AU32 子索引获得。

是否支持该服务应通过 D_NMT_PublishStopped_BOOL 来指示。

10.3.4.1.8 NMTPublishNodeStates

使用 NMTPublishNodeStates 服务可发布列于 NMT_MNNodeCurrState_AU8(见 10.2.2.4.1)中的 POWERLINK 节点的当前 NMT 状态。

NMTPublishNodeStates 的 NMTCommandData 结构见表 140。

表 140 NMTPublishNodeStates 的 NMTCommandData 结构

	比特偏移							
八位位组偏移[a]	7	6	5	4	3	2	1	0
0	保留							
1～254	节点状态(Node State)							

[a] 八位位组偏移以 NMTCommandData 有效载荷字段的起始处为基准。偏移量相对于以太网帧起始处是 18 个八位位组。

NMTPublishNodeStates 的 NMTCommandData 数据字段见表 141。

表 141 NMTPublishNodeStates 的 NMTCommandData 数据字段

字段	缩写	描　述	值
节点状态	dt	POWERLINK 节点的当前 NMT 状态。 八位位组偏移 = POWERLINK NodeID	—

如果八位位组偏移与由索引 NMT_NodeAssignment_AU32[子索引].Bit1 和 Bit2 配置的节点不对应，则应将八位位组偏移设置为 MNS_CS_OFF。

是否支持该服务应通过 D_NMT_PublishNodeState_BOOL 来指示。

10.3.4.1.9 NMTPublishEmergencyNew

使用 NMTPublishEmergencyNew 服务，MN 可发布在 NMTStatusResponse 反馈中新异常标志(EN)被置位的节点的列表。

NMTPublishEmergencyNew 服务使用 POWERLINK 节点列表格式(见 10.3.1.2.3)。与 EN 标识被置位的节点相对应的 NodeID 用 1_b 来指示。

要发布的信息从 NMT_MNNodeCurrState_AU32 子索引获得。

是否支持该服务应通过 D_NMT_PublishEmergencyNew_BOOL 来指示。

10.3.4.1.10 NMTPublishTime

使用 NMTPublishTime 服务，MN 或一个 CN 可发布日期和时间。

NMTPublishTime 的 NMTCommandData 结构见表 142。

表 142 NMTPublishTime 的 NMTCommandData 结构

	比特偏移							
八位位组偏移 [a]	7	6	5	4	3	2	1	0
0～5	日期时间(DateTime)							

[a] 八位位组偏移以 NMTCommandData 有效载荷字段的起始处为基准。偏移量相对于以太网帧起始处是 20 个八位位组。

NMTPublishTime 的 NMTCommandData 数据字段见表 143。

表 143 NMTPublishTime 的 NMTCommandData 数据字段

字段	缩写	描 述	值
日期时间	dt	MN 的当前 RTC 时间值，编码为 TIME_OF_DAY	—

是否支持该服务应通过 D_NMT_PublishTime_BOOL 来指示。

10.3.5 NMT 防护服务

MN 和 CN 可使用 NMT 防护服务检测出在基于 POWERLINK 的网络内的失效。NMT 防护服务是可选的。

节点的本地错误可能导致例如复位或状态改变。这些本地错误的定义超出本标准范围。

10.3.5.1 防护 CN

10.3.5.1.1 概述

POWERLINK 可使用防护机制来监视节点。MN 查询 CN 并接收它们的应答。

为了查询 POWERLINK 模式下等时同步寻址的 CN，防护机制使用等时同步 PReq/PRes 报文交换。

监视节点监视来自被监视节点的 PRes 帧的接收。如果 PRes 没有及时到达，则监视节点将通知其应用。

由于 PRes 帧的多播发送，CN 能监视其他 CN。

如果 MN 发送 PRes，则它也受 CN 监视。

监视时间是通过对象字典条目 NMT_ConsumerHeartbeatTime_AU32 来配置的。

10.3.5.1.2 仅异步 CN 的防护

异步通道被分配给未被等时同步寻址的节点。它们由 MN 通过 StatusRequest SoA 报文进行查询，并且使用 StatusResponse ASnd 报文进行响应。如果在监视时间内未收到到 StatusResponse，则 MN 将通知其应用。

被防护的 CN 是唯一接收 StatusRequest 的 CN，其他 CN 都应忽略它。对于各个 CN，它们不应依赖于 StatusRequest 频率来满足它们的防护时间要求。因此，由其他 CN 对仅异步 CN 进行防护是不可能的。

注：StatusRequest 和 StatusResponse 发送受异步调度机制的影响，它们的发送时间严重地受到系统中异步发送请求总数的影响。因此，仅异步 CN 的 NMT_SonsumerHeartbeatTime_AU32 应被设为很大值。

10.3.5.2 MN 的防护

CN 可以通过对 SoC 帧(见 10.3.1.1)的超时监视来控制 MN 的功能。如果一个 CN 未接收到任何帧，则它将转换到 NMT_CS_PRE_OPERATIONAL_1 状态。应把该转换通知给 CN 应用。

10.3.6 CN 的请求 NMT 服务

CN 可请求显式 NMT 状态命令、NMT 管理命令、NMT 信息服务、IdentResponse 和 StatusResponse 服务在 MN 的执行。

a) CN 使用 PRes 帧的 RS 比特来指示一个 NMTRequest，或使用 C_DLL_ASND_PRIO_NMTRQST 优先级来指示 StatusResponse ASnd 帧；
b) MN 通过 SoA(RequestedServieID = MNMT_REQUEST_INVITE)给 CN 分配异步阶段；
c) CN 使用 ASnd NMTRequest 帧(ServiceID = NMT_REQUEST)来请求期望的服务。

对于 MN，该服务是必备的。

10.3.6.1 NMTRequest 帧

当通过一个 NMTRequestInvite SoA 帧分配了异步阶段时，CN 就用 ASnd 发送 NMTRequest。

NMTRequest 帧通过将 ASnd ServiceID 设为 NMT_REQUEST 来标识。

NMTRequest 的 NMT 服务槽结构见表 144。

表 144 NMTRequest 的 NMT 服务槽结构

	比特偏移							
八位位组偏移 [a]	7	6	5	4	3	2	1	0
0	NMT 请求命令 ID(NMTRequestedCommandID)							
1	NMT 请求命令目标(NMTRequestedCommandTarget)							
2～n	NMT 请求命令数据(NMTRequestedCommandData)							
其中，$n \leqslant$ C_DLL_MAX_PAYL_OFFSET—4								
[a] 八位位组偏移以 ASnd 有效载荷字段的起始处为基准。偏移量相对于以太网帧起始处是 18 个八位位组。								

NMTRequest 帧的 NMT 服务槽数据段见表 145。

表 145 NMTRequest 帧的 NMT 服务槽数据字段

字段	缩写	描述	值
NMT 请求命令 ID	rcid	MN 通过 NMTCommandID 值要发出的 NMT 服务。 StatusResponse 服务和 IdentResponse 服务通过 SoA 的 RequestedServiceID 值为 STATUS_REQUEST 和 IDENT_REQUEST 来指示	—
NMT 请求命令目标	rct	指示所请求 NMT 命令的目标节点	—
NMT 请求命令数据	rcd	0～C_DLL_MAX_PAYL_OFFSET：NMT 命令特定数据的 6 个八位位组(由 MN 发出)。 下层负责填充	—

NMTRequest ASnd 被单播发送给 MN。

如果 CN 请求了一个 MN 不支持的 NMT 服务，则 MN 用 ServiceID = NMT_COMMAND 的单播 ASnd 帧对请求 CN 作出响应。

NMTCommandID 取值为 NMTInvalidService。

该特定服务是必备的。它不得影响 CN 的状态机，也不得向 CN 发送任何数据。

10.3.7 通过对象字典的 NMT 服务

10.3.7.1 NMT 复位命令

NMT 命令服务 NMTSwReset、NMTResetNode、NMTResetConfiguration 和 NMTRestCommunication 可通过向 NMT_ResetCmd_U8 写入相应的 NMTServiceID 来启动。

注：通过 NMT_ResetCmd_U8 的 NMT 复位仅适用于处于 NMT_CS_BASIC_ETHERNET 的 CN。如果应用于处于 NMT_CS_EPL_MODE 或 NMT_MS_EPL_MODE 的节点，则通过 NMT_ResetCmd_U8 的复位违背 NMT 规则并触发 DLL 和 NMT 防护错误。此时，应采用通过对象字典的 NMT 请求(见 10.3.7.2)。

10.3.7.2 到 MN 的 NMT 请求

可通过对 NMT_RequestCmd_REC 的写操作向 MN 提出 NMT 请求。

对象的子索引应被映射到虚拟 NMTReqest 帧(见 10.3.6.1)的 NMT 服务槽。

NMT_RequestCmd_REC.CmdID_U8 → NMTRequest—CommandID

NMT_RequestCmd_REC.CmdTarget_U8 → NMTRequest—CommandTarget

NMT_RequestCmd_REC.CmdData_DOM → NMTRequest—CommandData

应通过向 NMT_RequestCmd_REC.Release_BOOL 写入 TRUE 来触发 NMT 请求。

通过对象字典机制的 NMT 服务不提供响应通道。因此，只有显式 NMT 状态命令服务(见 10.3.1.2)可通过对象字典被请求。

10.3.8 通过 UDP/IP 的 NMT 服务

通过路由器来自 POWERLINK 网段外诊断节点的 NMT 请求，可被封装到 UDP/IP 帧里。封装应与 POWERLINK 兼容的 UDP/IP 格式(见 7.6.1.2)一致。

通过 UDP/IP 机制的 NMT 服务不提供响应通道。因此，只有显式 NMT 状态命令服务(见 10.3.1.2)才可通过 UDP/IP 被请求。

MN 对通过 UDP/IP 的 NMT 服务的支持是可选的。是否支持应通过对象字典条目 NMT_FeatureFlags_U32 比特 7 来指示。

10.4 启动管理节点

10.4.1 NMT_MS 相关网络启动

10.4.1.1 概述

当 POWERLINK 节点在 PowerOn(NMT_GT1)、Reset(NMT_GT2)或 NMTSwReset(NMT_GT8)后启动时，状态机将按照 POWERLINK 节点的 NMT 状态图(见 10.1.2)开始执行，并自动到达 NMT_GS_INITIALISATION 状态。在完成初始化后，该节点将进入超状态 NMT_GS_COMMUNICATING。在此超状态，根据已配置的 NodeID 该节点将作为管理节点(MN)或受控节点(CN)执行其功能。在处理 NMT 命令服务 NMTResetNode(NMT_GT4)、NMTResetCommunication(NMT_GT5)、NMTResetConfiguration(NMT_GT7)和 NMTSwReset(NMT_GT8)后，或在发生内部错误(NMT_GT6)后，都可从超状态内的任意状态到达 NMT_GS_INITIALISATION 状态。

10.4.1.2 NMT_MS_NOT_ACTIVE

在 POWERLINK 网络中应仅有一个活动 MN。NMT_MS_NOT_ACTIVE 状态的目的是为了使一个潜在的 MN 能检测出总线是否已由另一个 MN 进行管理。

在此状态期间，如检测到 SoC 或 SoA，则向该潜在的 MN 指示网络已经存在一个活动 MN。

从 NMT_GS_INITIALISATION 状态(NMT_MT1)进入 NMT_MS_NOT_ACTIVE 状态。

图 85 示出了 NMT_MS_NOT_ACTIVE 状态。

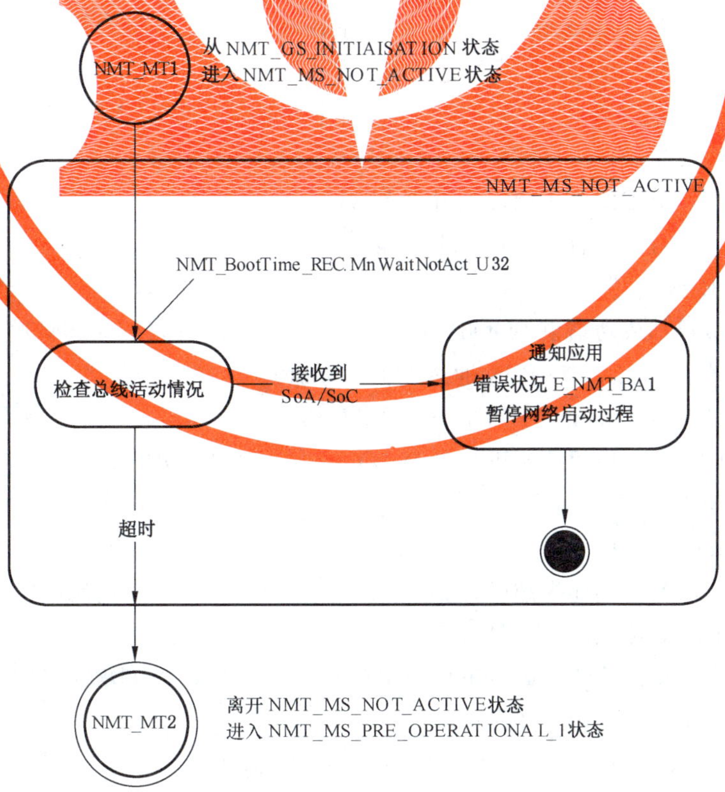

图 85 NMT_MS_NOT_ACTIVE 状态

在 NMT_MS_NOT_ACTIVE 状态，MN 进行如下处理：

——检查总线活动情况。收到 SoA 或 SoC 帧表示当前有另一个 MN 正在对网络实施管理。当收到 SoA 或 SoC 帧时，应将以下错误发送给 MN 应用：

- E_NMT_BA1(见 10.4.3.1)。

应保持当前 MN 状态。该 MN 应暂停网络启动过程。

——如果潜在的 MN 在由索引 NMT_BootTime_REC.MNWaitNoAct_U3 所定义的时间间隔内，既未检测到 SoC 也未检测到 SoA，则它应从 NMT_MS_NOT_ACTIVE 转换到 NMT_MS_PRE_OPERATIONAL_1。

10.4.1.3 NMT_MS_PRE_OPERATIONAL_1

在 NMT_MS_PRE_OPERATIONAL 1 状态，MN 作为总线的主站。它将试图与所有已配置的 CN 通信，并检查其配置版本。MN 用 POWERLINK 短周期(SoA 和 ASnd 帧)(见 7.2.4.2)与 CN 通信。当出现通信错误如帧丢失时，MN 将发生的错误通知应用。如果该错误是由一个必备节点引起的，则 MN 应保持在此状态。

从状态 NMT_MS_NOT_ACTIVE(NMT_MT2)或 NMT_MS_OPERATIONAL(NMT_MT6)进入此状态。

在 NMT_MS_PRE_OPERATIONAL_1 状态，网络的启动过程按以下步骤进行：

——如果此状态是从 NMT_MS_NOT_ACTIVE(NMT_MT2)进入的，则网络的所有节点将使用 NMT 命令服务 NMTResetNode 来复位。

——启动所有已配置 CN 的启动过程 BOOT_STEP1。

已配置的 CN 通过以下来标识：

- NMT_NOdeAssignment_AU32[1～254].Bit0；
- NMT_NOdeAssignment_AU32[1～254].Bit1。

——如果必备 CN 节点按顺序启动，则在出现与特定 CN 相关错误的情况下，启动过程也不应被暂停。MN 应继续尝试与所有已配置但却无响应的 CN 进行通信。

——如果一个或多个节点的应用软件完成更新，则 MN 必须向所有 CN 发出以下 NMT 命令，并重新启动所有已配置 CN 的 BOOT_STEP1：

- NMTSwReset。

——在所有必备节点都成功结束 BOOT_STEP1 过程时，MN 可切换至 NMT_MS_PRE_OPERATIONAL_2 状态。必备节点 CN 通过以下来标识：

- MT_NOdeAssignment_AU32[1～254].Bit3。

——MN 可自动地或在应用的控制下切换至 NMT_MS_PRE_OPERATIONAL_2 状态。转换策略由以下来定义：

- NMT_StarUp.Bit7。

如果以下等待时间间隔还未超时，则 MN 节点应在此状态等待，直到超过等待时间：

- NMT_BootTime_REC.MnWaitPreOp1_U32。

——如果所有必备 CN 未成功完成 BOOT_STEP1，则 MN 应把以下错误通知给 MN 应用：

- E_NMT_BPO1(见 10.4.3.2)。

在此情况下，MN 应暂停网络启动过程，并维持其当前状态。

——如果可选 CN 用 IdentResponse 成功应答，但不能无错误地完成 BOOT_STEP1，则应通知应用。在此情况下，应重新启动这些特定 CN 的网络启动过程。

图 86 示出了 NMT_MS_PRE_OPERATIONAL_1 的详细状态。

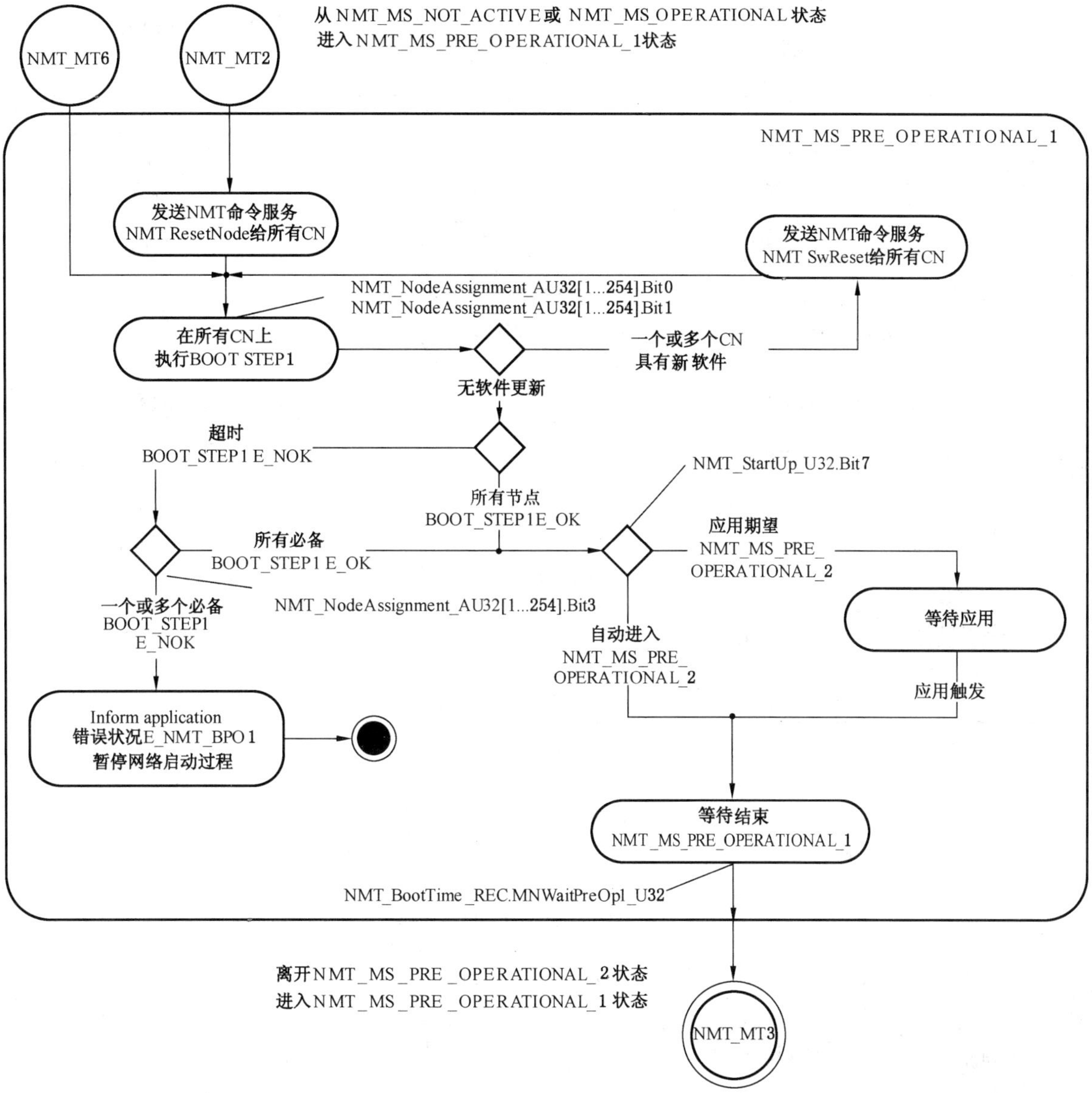

图 86　NMT_MS_PRE_OPERATIONAL_1 详细状态

10.4.1.4　NMT_MS_PRE_OPERATIONAL_2

在 NMT_MS_PRE_OPERATIONAL_2 状态，MN 将启动与 CN 的等时同步通信，并确保从 NMT_MS_PRE_OPERATIONAL_2 转换至 NMT_MS_READY_TO_OPERATE。

当所有必备 CN 都到达 NMT_CS_READY_TO_OPERATE 状态时，MN 将其状态改变至 NMT_MS_READY_TO_OPERATE。

如果出现与必备 CN 相关的错误，MN 将把该错误通知给应用。在此情况下，MN 应暂停网络启动过程，且保持其当前状态。MN 从 NMT_MS_PRE_OPERATIONAL_1 状态进入 NMT_MS_PRE_OPERATIONAL_2 状态(NMT_MT3)。

图 87 示出了 NMT_MS_PRE_OPERATIONAL_2 的详细状态。

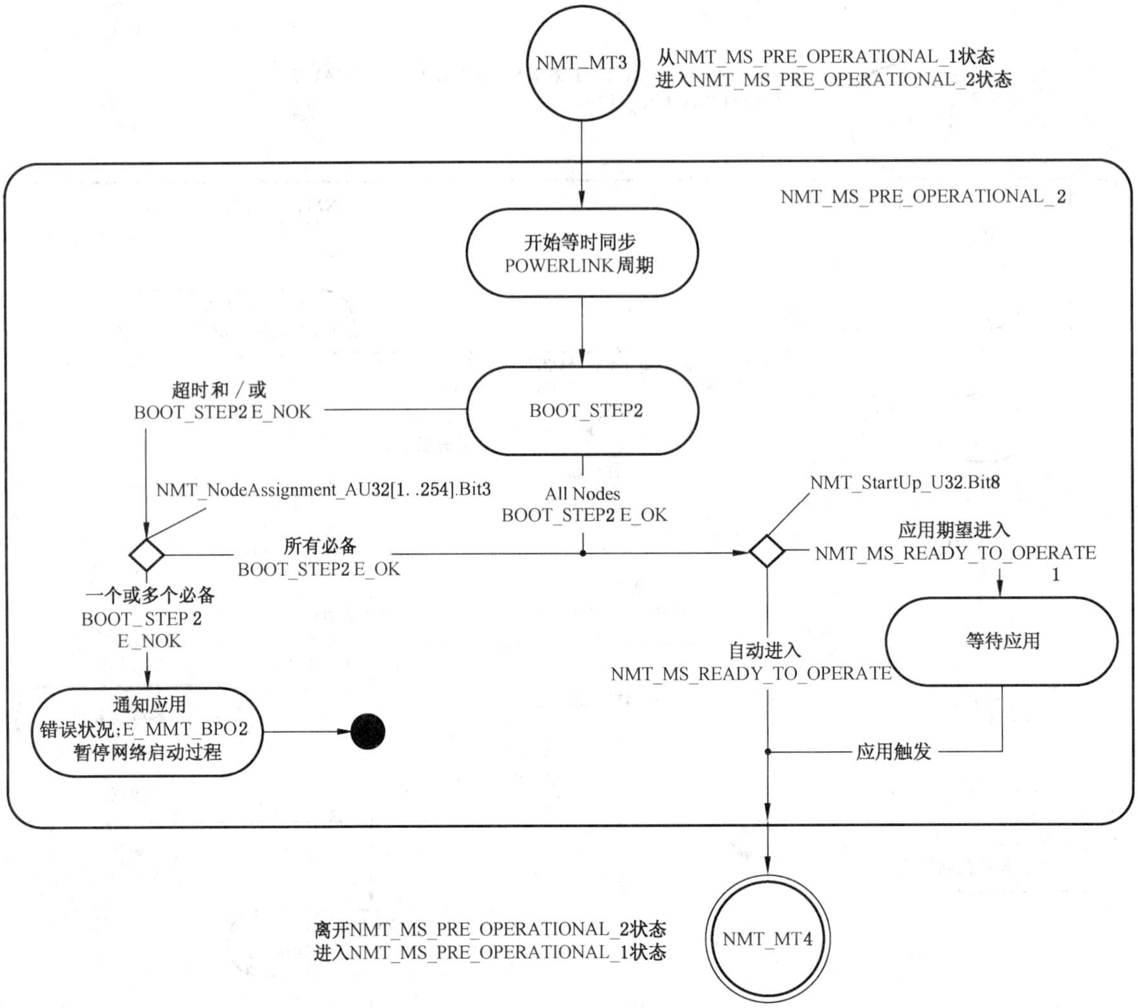

图 87 **NMT_MS_PRE_OPERATIONAL_2 详细状态**

网络在 NMT_MS_PRE_OPERATIONAL_2 状态的启动过程和任务如下：

——用 SoC/SoA 帧开始等时同步 POWERLINK 周期，以使 CN 与 MN 的 POWERLINK 周期同步。

——为所有已配置的 CN 启动过程 BOOT_STEP2。已配置的 CN 通过以下来标识：

- NMT_NOdeAssignment_AU32[1～254]. Bit0；
- NMT_NOdeAssignment_AU32[1～254]. Bit1。

——在所有必备 CN 都成功结束 BOOT_STEP2 过程（所有必备 CN 都处于 NMT_CS_READY_TO_OPERAT 状态）后，MN 本身将根据下列对象直接或在应用触发后转换至 NMT_MS_READY_TO_OPERATE：

- NMT_StartUp_U32. Bit8。

必备 CN 通过以下来标识：

- NMT_NOdeAssignment_AU32[1～254]. Bit3。

如果在一个或多个必备 CN 的 BOOT_STEP2 过程期间发生错误或超时，则应把以下错误通知给应用：

- E_NMT_BPO2（见 10.4.3.3）。

——在 BOOT_STEP2 下可选 CN 的错误应被发送给应用。这些 CN 的网络启动过程应重新开始。

——所有已配置的可选 CN 持续尝试进行前面的启动过程。

10.4.1.5 NMT_MS_READY_TO_OPERATE

图 88 示出了 NMT_MS_READY_TO_OPERATE 的详细状态。

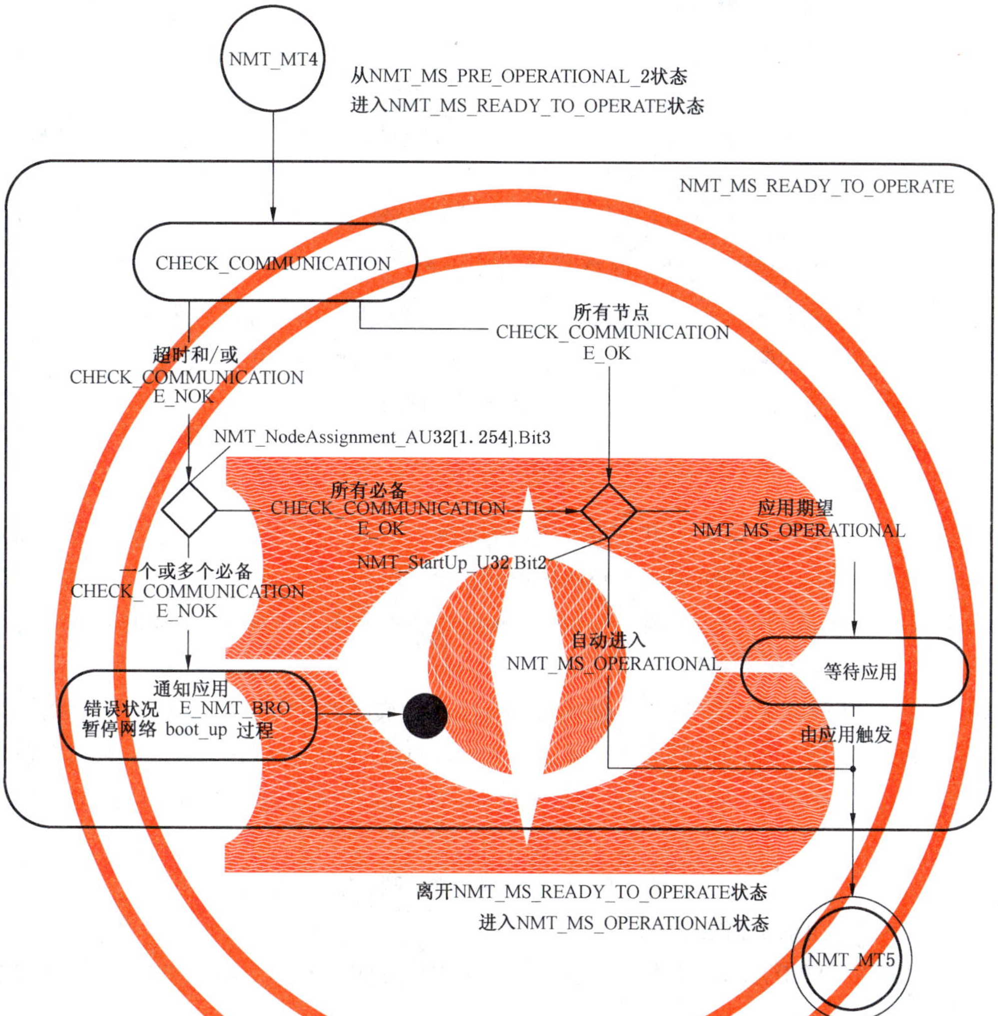

图 88 NMT_MS_READY_TO_OPERATE 详细状态

在 NMT_MS_READY_TO_OPERATE 状态下网络启动过程的目的是，启动和检查与所有已标识的等时同步 CN 的等时同步通信。等时同步帧的长度应根据 NMT_PResPayloadLimitList_AU16 的配置值来检查。

如果与所有必备 CN 的等时同步通信都正常工作，则 MN 可进入 NMT_MS_OPERATIONAL 状态。

在一个或多个必备 CN 内出现通信错误或配置错误的情况下，MN 把错误通知给应用，且应保持在此状态。

从 NMT_MS_PRE_OPERATIONAL_2 状态进入此 NMT 状态(NMT_MT4)。

在 NMT_MS_READY_TO_OPERATE 状态，MN 进行如下操作：

——启动所有已配置 CN 的 CHECK_COMMUNICATION 过程。已配置的 CN 通过以下各项来标识：

- NMT_NOdeAssignment_AU32[1～254].Bit0；
- NMT_NOdeAssignment_AU32[1～254].Bit1。

——在所有必备 CN 都成功结束 CHECK_COMMUNICATION 过程之后，MN 应直接或在应用触发之后转换至 NMT_MS_OPERATIONAL 状态。转换策略由以下来定义：

- NMT_StartUp_U32.Bit2。

必备 CN 通过以下来标识：

- NMT_NOdeAssignment_AU32[1～254].Bit3。

如果有一个或多个必备 CN 的 CHECK_COMMUNICATION 过程失败，则应把错误通知给应用：

- E_NMT_BRO(见 10.4.3.4)。

应保持当前 MN 状态。MN 应暂停网络启动过程。

——如果可选 CN 在 CHECK_COMMUNICATION 过程期间发生错误，则应把错误通知给应用。这些 CN 的启动过程应被暂停，其启动过程的重新开始可由应用触发。

——所有已配置的可选 CN 持续尝试进行前面的启动过程。

10.4.1.6 NMT_MS_OPERATIONAL

在 NMT_MS_OPERATIONAL 状态下，MN 强制处于 NMT_CS_READY_TO_OPERATE 状态的所有 CN 转换至 NMT_CS_OPERATIONAL 状态。

在 NMT_MS_OPERATIONAL 状态下，MN 继续与所有被标识为等时同步的 CN 进行等时同步通信。

MN 或者用 NMTStartNod 单播命令强制每个 CN 单独转入 NMT_CS_OPERATIONAL 状态，或者用 NMTStartNod 广播命令强制所有的 CN 转入 NMT_CS_OPERATIONAL 状态。在所有已标识的 CN 都处于 NMT_CS_OPERATIONAL 状态后，MN 应启动所有已标识 CN 的 OPERATIONAL 过程。

如果必备节点发生通信错误，则进入网络启动进程的子状态 ERROR_TREATMENT。最后 MN 进入 NMT_MS_PRE_OPERATIONAL_1 状态。

NMT_MS_OPERATIONAL 状态是从 NMT_MS_READY_TO_OPERATE(NMT_MT5)状态进入的。

图 89 示出了 NMT_MS_OPERATIONAL 的详细状态。

NMT_MS_OPERATIONAL 状态下网络启动过程和任务如下：

——根据以下对象，启动所有 CN 或单个 CN 的 START_ALL 或 START_CN 过程：

- NMT_StartUp_U32.Bit1。

已配置的 CN 通过以下来标识：

- NMT_NodeAssignment_AU32[1～254].Bit0；
- NMT_NOdeAssignment_AU32[1～254].Bit1。

——如果在 START_CN 或 START_ALL 期间必备 CN 出错，则 MN 应启动 ERROR_TREATMENT 过程。最后 MN 根据以下对象直接进入或在应用触发后进入 NMT_MS_PRE_OPERATIONAL_1 状态：

- NMT_StartUp_U32.Bit12。

如果所有必备 CN 都成功完成 START_ALL 或 START_CN，则 MN 应进入启动过程的 OPERATIONAL 子状态。

——如果在一个或多个必备节点的 OPERATIONAL 期间发生通信错误，则 MN 应进入 ERROR_TREATMENT 子状态。最后 MN 根据以下对象直接进入或在应用触发之后进入 NMT_MS_PRE_OPERATIONAL_1：

- NMT_StartUp_U32. Bit12。

——如果可选 CN 在 START_CN，START_ALL 或 OPERATIONAL 过程期间发生错误，则应把错误通知给应用。这些 CN 的启动过程应被暂停，其启动过程的重新启动可由应用触发。

——所有已配置的可选 CN 持续尝试进行前面的启动过程。

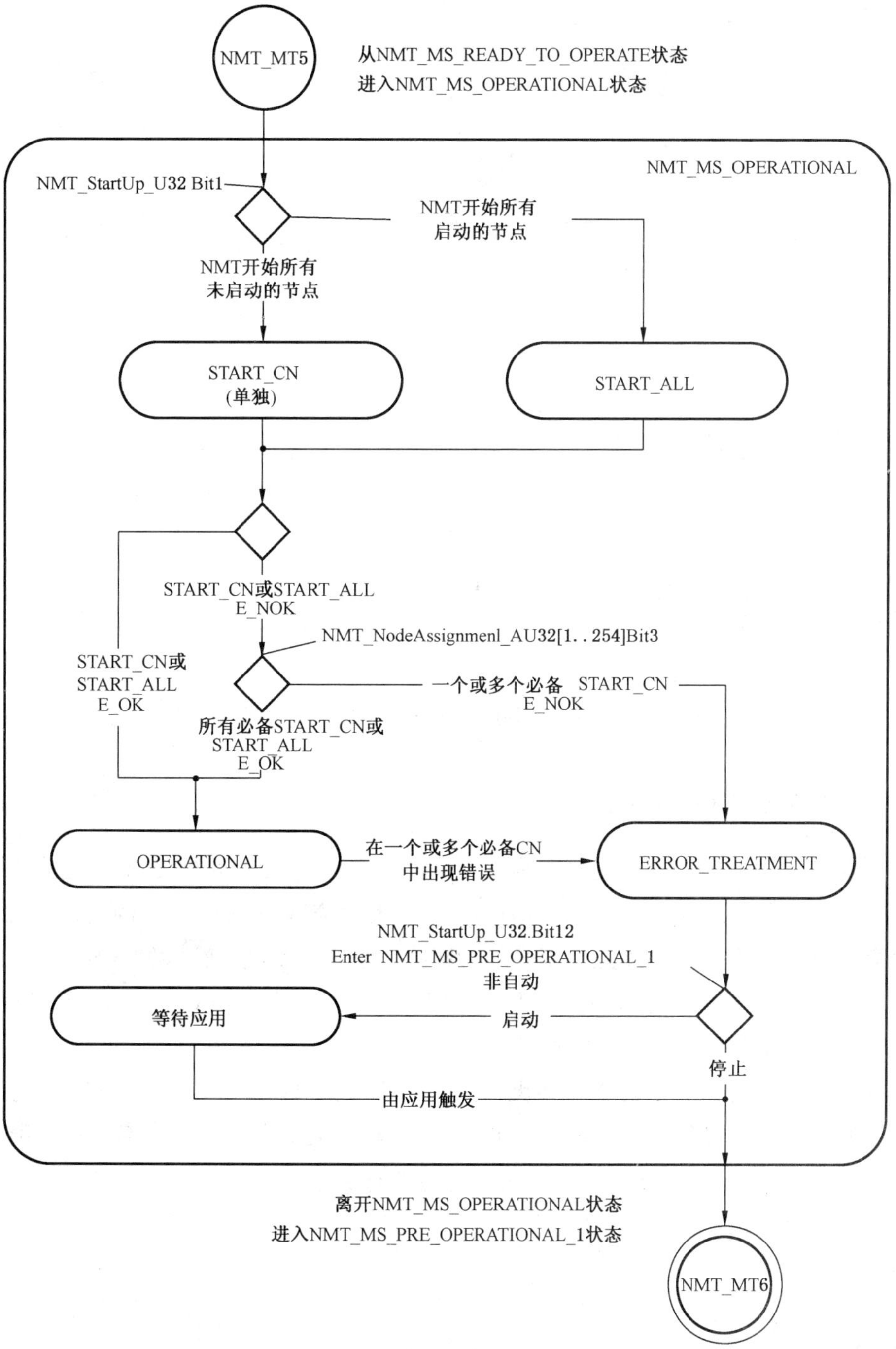

图 89 **NMT_MS_OPERATIONAL 详细状态**

10.4.2 MN 在 CN 级的启动进程

10.4.2.1 概述

10.4.1 描述了 MN 如何执行网络的启动，本条描述 MN 如何管理单个 CN 的启动过程。

在网络级，对可选 CN 和必备 CN 的处理是不同的；而在 CN 级，处理是相同的。

图 90 示出了在 NMT 超状态 NMT_MS 下的启动过程。

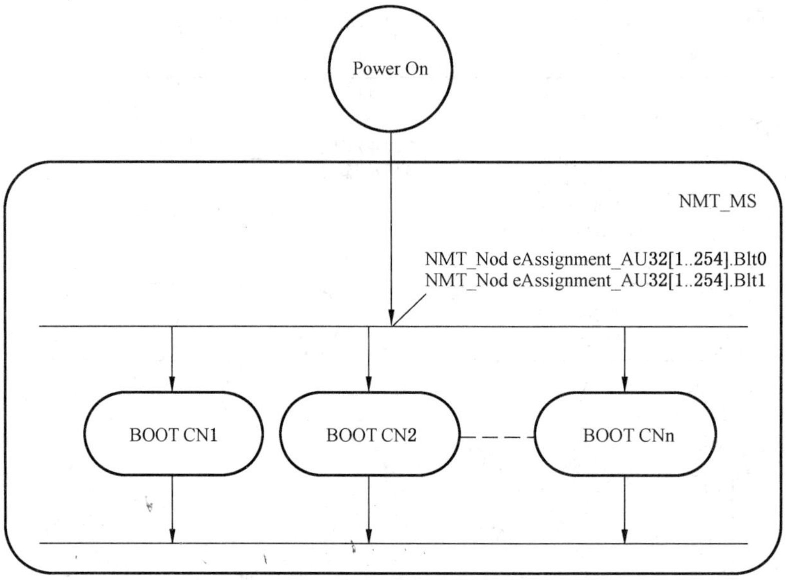

图 90 在 NMT 超状态 NMT_MS 下的启动过程

10.4.2.2 可选 CN 和必备 CN 的启动

可选 CN 能够在任何时间与网络连接。为了网络的连贯性和无错运行，运行完整的启动过程对可选 CN 也很重要。因此该可选 CN 必须在对 MN 的 NMT 状态没有任何影响的情况下启动。在可选 CN 启动过程期间所发生的错误不会引起 MN 的 NMT 状态的改变，应把错误通知给应用。

必备 CN 的启动过程直接与 MN 的 NMT 状态相关。仅当所有必备 CN 到达启动过程的一个子状态内相同的目标 NMT 状态时，MN 才继续进行启动过程。

MN 强制所有的 CN 进入特定的 NMT 状态。图 91 示出了 MN 的 NMT 状态与启动过程动作的相关性。即使 MN 已处于 NMT_MS_OPERATIONAL 状态，可选 CN 也能随后连接到网络。

一个 NMT 状态的启动过程，可能由所有节点并行执行或串行（即一个 CN 接着一个 CN）执行。对可选 CN，因为网络中所有可选 CN 不必处在共同的 NMT 状态，不同的 CN 可并行执行不同 NMT 状态的启动过程。

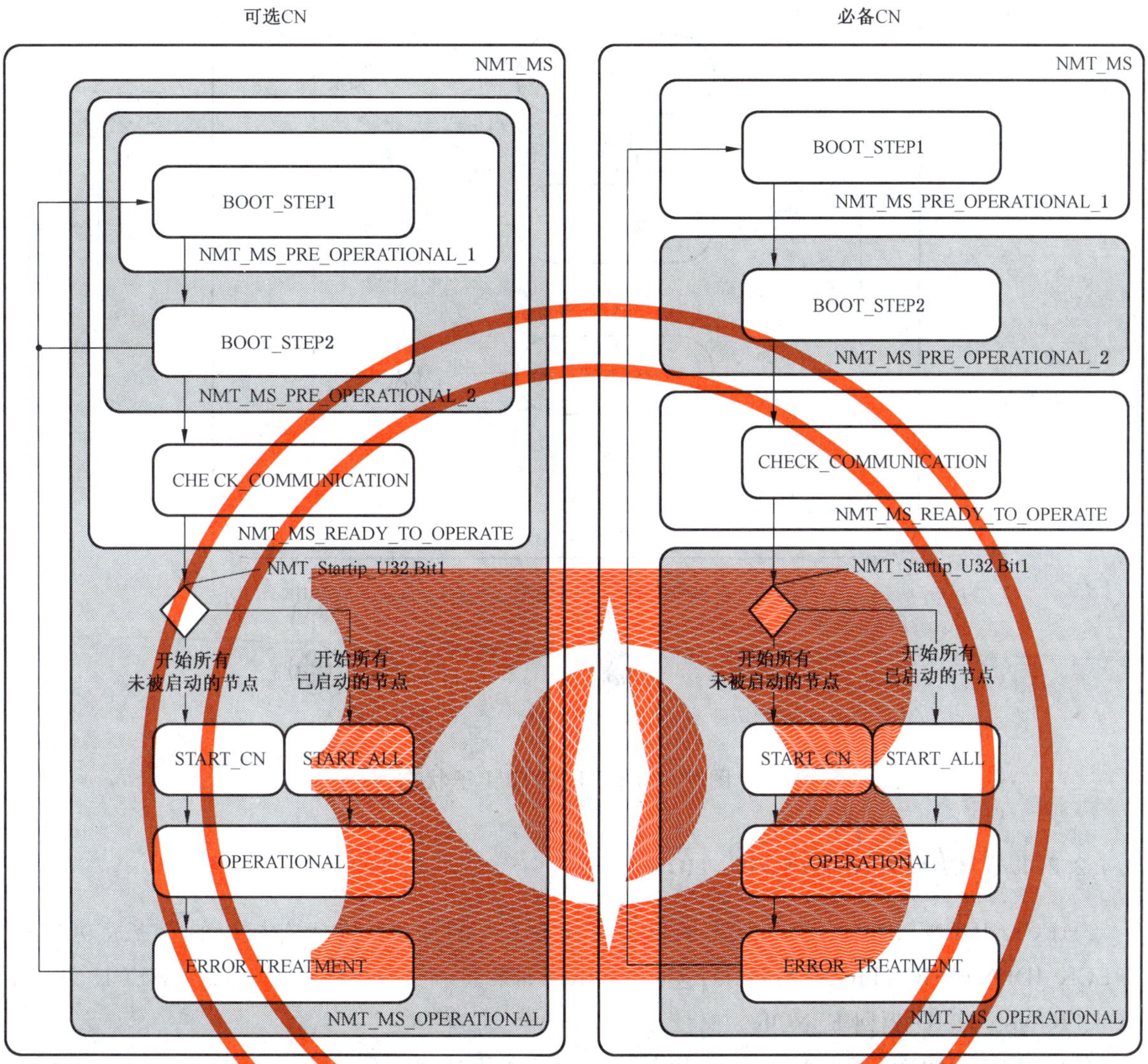

图 91　可选 CN 和必备 CN 的网络启动过程与 NMT_MS 的相关性

10.4.2.2.1　BOOT_STEP1

对所有已配置的 CN，启动 BOOT_STEP1 过程。BOOT_STEP1 过程的目的是检查这些已配置 CN 的标识，以及检查 CN 的软件和配置。

在所有的检查或更新成功结束以后，BOOT_STEP1[NodeID]返回 E_OK。如果其中一个检查或更新失败，则 BOOT_STEP1[NodeID]返回 E_NOK。

在 BOOT_STEP1 执行下列步骤：

——检查标识(见 10.4.2.2.1.1)；

——检查软件(见 10.4.2.2.1.2)；

——检查配置(见 10.4.2.2.1.3)。

图 92 示了出 BOOT_STEP1 的子状态。

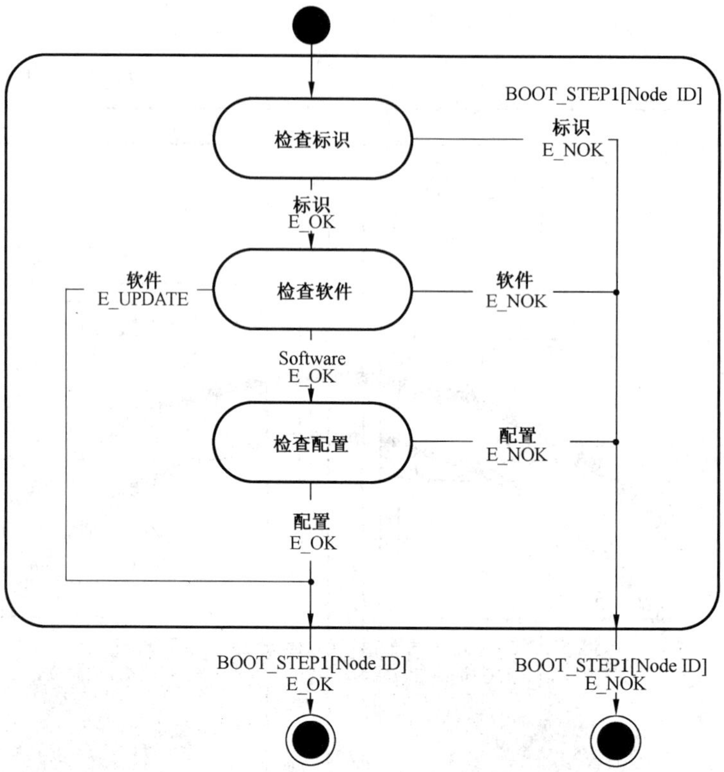

图 92 **BOOT_STEP1 子状态**

10.4.2.2.1.1 **CHECK_IDENTIFICATION**

CHECK_IDENTIFICATION 状态的目的是检查 CN 的标识。在所有标识的检查成功完成后，CHECK_IDENTIFICATION[NodeID]返回 E_OK。如果其中有一个标识失败，则 CHECK_IDENTIFICATION[NodeID]返回 E_NOK。

在 CHECK_IDENTIFICATION 子状态，MN 进行如下处理：

——向 CN 请求 IdentResponse(见 10.3.3.2)。如果发生超时，则将错误 E_NMT_BPO1_GET_IDENT 置位，并且 CHECK_IDENTIFICATION[NodeID]返回 E_NOK。

——根据以下对象检查 CN 的设备类型：

- NMT_MNDeviceTypeIdList_AU32[NodeID]。

如果设备类型检查失败，则将错误状态 E_NMT_BPO1_DEVICE_TYPE 置位，并且 CHECK_IDENTIFICATION[NodeID]返回 E_NOK，否则执行下一步。

——如果 CN 的启动过程没有自动继续进行，则启动过程等待应用发出继续的触发命令。否则启动过程立即继续进行。切换策略取决于以下各项：

- NMT_NodeAssignment_AU32[1～254].Bit2。

如果根据 NMT_StartUp_U32.Bit9 不要求检查标识，则 CHECK_IDENTIFICATION[NodeID]返回 E_OK。

如果要求检查标识，则根据下列对象进行检查：

- NMT_NMVendorIdList_AU32[NodeID]；

- NMT_NMProductCodeList_AU32[NodeID]；
- NMT_NMRevisionNoList_AU32[NodeID]。

如果标识检查失败，则 CHECK_IDENTIFICATION[NodeID]返回 E_NOK，并将错误 E_NMT_BPO1_VENDOR_ID、E_NMT_BPO1_PRODUCT_CODE 或 E_NMT_BPO1_REVISION_NO 置位；否则启动过程继续进行。

——根据下列对象检查 CN 序列号：

- NMT_MNSerialNoList_AU32[NodeID]。

如果标识检查失败，则将错误 E_NMT_BPO1_SERIAL_NO 置位，并且 CHECK_IDENTIFICATION[NodeID]返回 E_NOK。否则，CHECK_IDENTIFICATION[NodeID]返回 E_OK。

图 93 示出了 CHECK_IDENTIFICATION[NodeID]子状态。

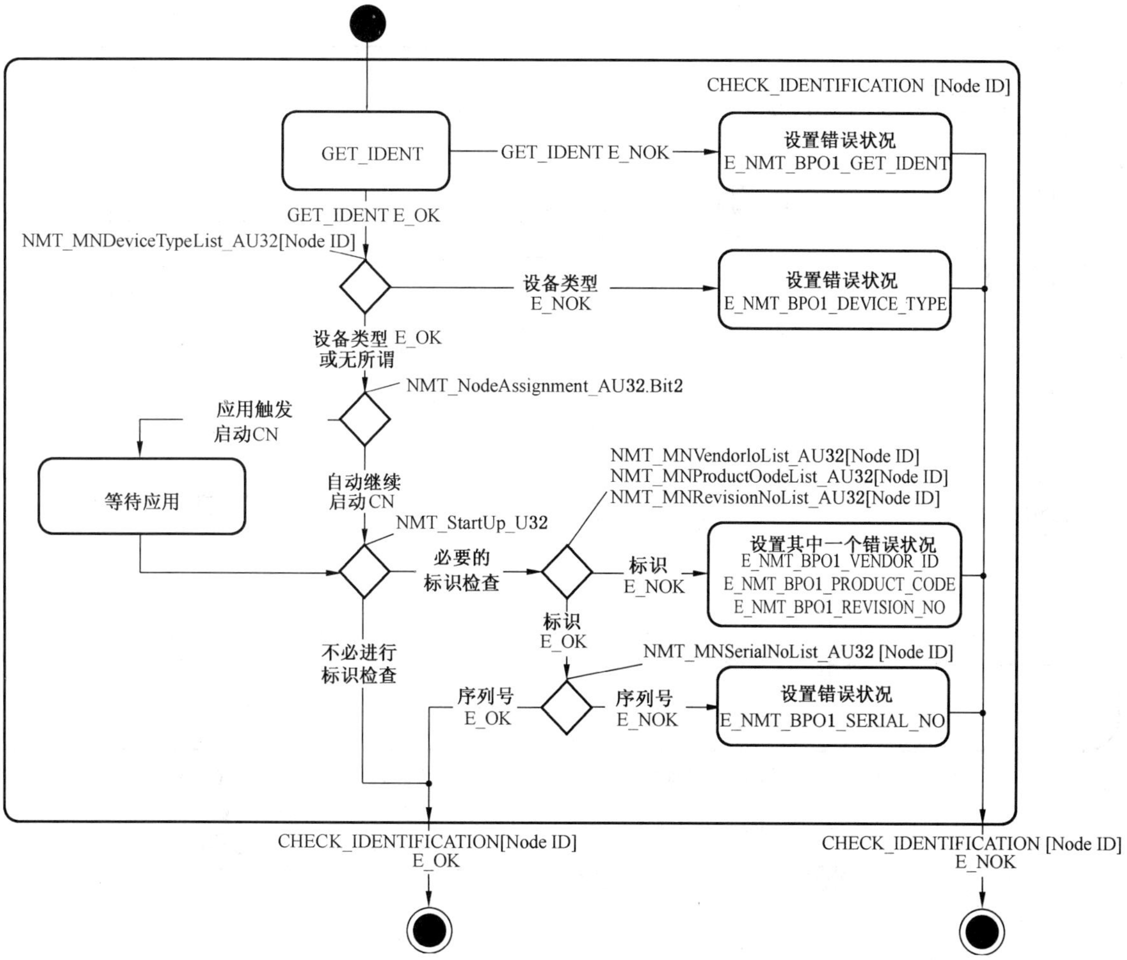

图 93 CHECK_IDENTIFICATION[NodeID]子状态

10.4.2.2.1.2 CHECK_SOFTWARE

CHECK_SOFTWARE 的目的是检查 CN 的软件，并在在必要时更新 CN 的软件。更新过程本身应由应用完成。应用把更新过程的结果发送给启动过程。

在所有软件检查和更新成功结束后，CHECK_SOFTWARE[NodeID]返回 E_OK。如果发生错误，则 CHECK_SOFTWARE[NodeID]返回 E_NOK。

在 CHECK_SOFTWARE[NodeID]进行过程中，MN 进行如下处理：

——如果不要求检查软件版本（根据下列对象：NMT_StartUp_U32.Bit10；NMT_NodeAssignment_AU32[NodeID].Bit5），则 CHECK_SOFTWARE[NodeID]返回 E_OK，否则按下列对象检查所报告的 CN 软件版本：

- PDL_NmExpAppSwDateList_AU32[NodeID]；
- PDL_NmExpAppSwTimeList_AU32[NodeID]。

图 94 示出了 CHECK_SOFTWARE[NodeID]子状态。

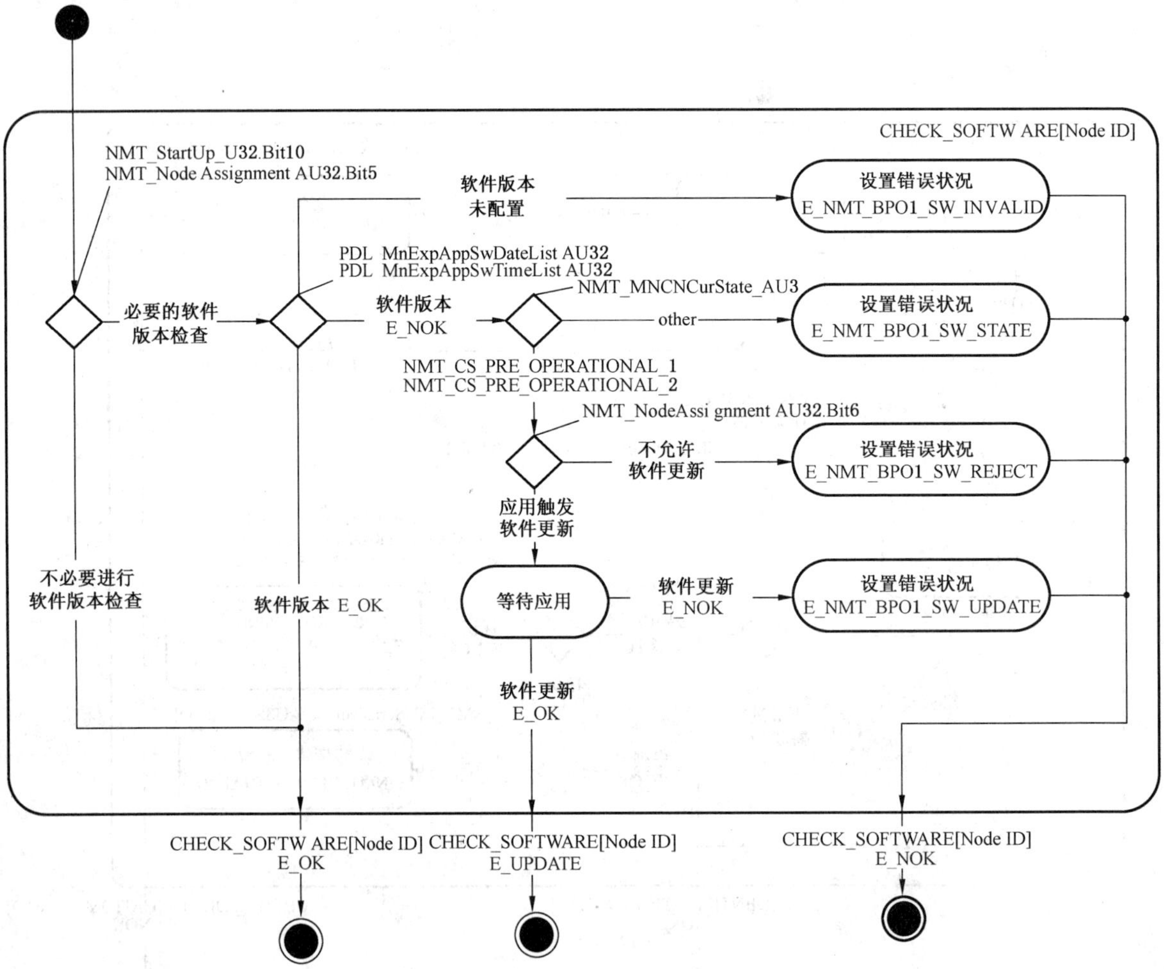

图 94 CHECK_SOFTWARE[NodeID]子状态

——如果因为未配置 MN 上的软件版本信息（未找到相应节点的 PDL_NmExpAppSwDateList_AU32 或 PDL_NmExpAppSwTimeList_AU32 子索引）而不能检查软件版本，则将错误 E_NMT_BPO1_SW_INVALID 置位，且 CHECK_SOFTWARE[NodeID]返回 E_NOK。如果收到的软件版本与所期望的版本相匹配，则 CHECK_SOFTWARE[NodeID]返回 E_OK；否则该过程继续 CN 的 NMT 状态检查。

——如果 CN 的当前 NMT 状态不等于 NMT_CS_PREOPERATIONAL_1 或 NMT_CS_PREOPERATIONAL_2(根据以下对象的设置:NMT_MNNodeCurrState_AU8 检查),则将错误 E_NMT_BPO1_SW_STATE 置位,且 CHECK_SOFTWARE[NodeID]返回 E_NOK;否则进行下一步骤。

——如果不允许软件更新(根据以下对象的设置:NMT_NodeAssignment_AU32[NodeID]. Bit6),则将错误 E_NMT_BPO1_SW_REJECT 置位,且 CHECK_SOFTWARE[NodeID]返回 E_NOK。如果允许软件更新,则应通知应用。启动过程的继续应由应用更新返回代码来触发。

——软件更新本身总是应用的一个部分。允许任意协议(SDO、FTP 等)用于应用软件更新。应用以事件 E_OK 来通知更新成功完成。

——如果在应用软件更新期间发生错误,则应用通过返回 E_NOK 向启动过程通知该应用。在软件更新出现错误的情况下,启动过程返回 E_NOK。

——如果可选 CN 运行 BOOT_STEP1 时 MN 已处在 NMT_MS_PRE_OPERATIONAL_2 或更高状态时,则在 CN 以 E_UPDATE 离开 CHECK_SOFTWARE 后,应 MN 向 CN 发送 NMTSwReset 命令。

10.4.2.2.1.3 **CHECK_CONFIGURATION**

CHECK_CONFIGURATION 的目的是检查 CN 的配置,并在必要时更新 CN 的配置。如果配置合适,则 CHECK_CONFIGURATION[NodeID]返回 E_OK;否则 CHECK_CONFIGURATION[NodeID]返回 E_NOK。

CHECK_CONFIGURATION[NodeID]的步骤如下:

——如果不要求进行配置验证(根据以下对象:NMT_StartUp_U32. Bit11),则 CHECK_CONFIGURATIO 返回 E_OK;否则根据以下对象来检查配置:

- CFM_ExConfDateList[NodeID];
- CFM_ExpConfTimeList[NodeID]。

如果在 CN 的 IdentResponse 内所接收到的日期和时间是正确的,则 CHECK_CONFIGURATION[NodeID]返回 E_OK;否则启动过程继续下一步。

——在配置更新成功完成后,MN 应从已更新的 CN 请求一个 IdentResponse(见 10.3.3.2)。如果发生超时,则将错误 E_NMT_BPO1_GET_IDENT 置位,且 CHECK_CONFIGURATION[NodeID]返回 E_NOK;否则继续下一步启动过程。

根据以下对象检查配置的日期和时间:

- CFM_ExConfDateList[NodeID];
- CFM_ExpConfTimeList[NodeID]。

如果配置检查失败,则将错误 E_NMT_BPO1_CF_VERIFY 置位,且 CHECK_CONFIGURATION[NodeID]返回 E_NOK;否则返回 E_OK。

图 95 示出了 CHECK_CONFIGURATION[NodeID]子状态。

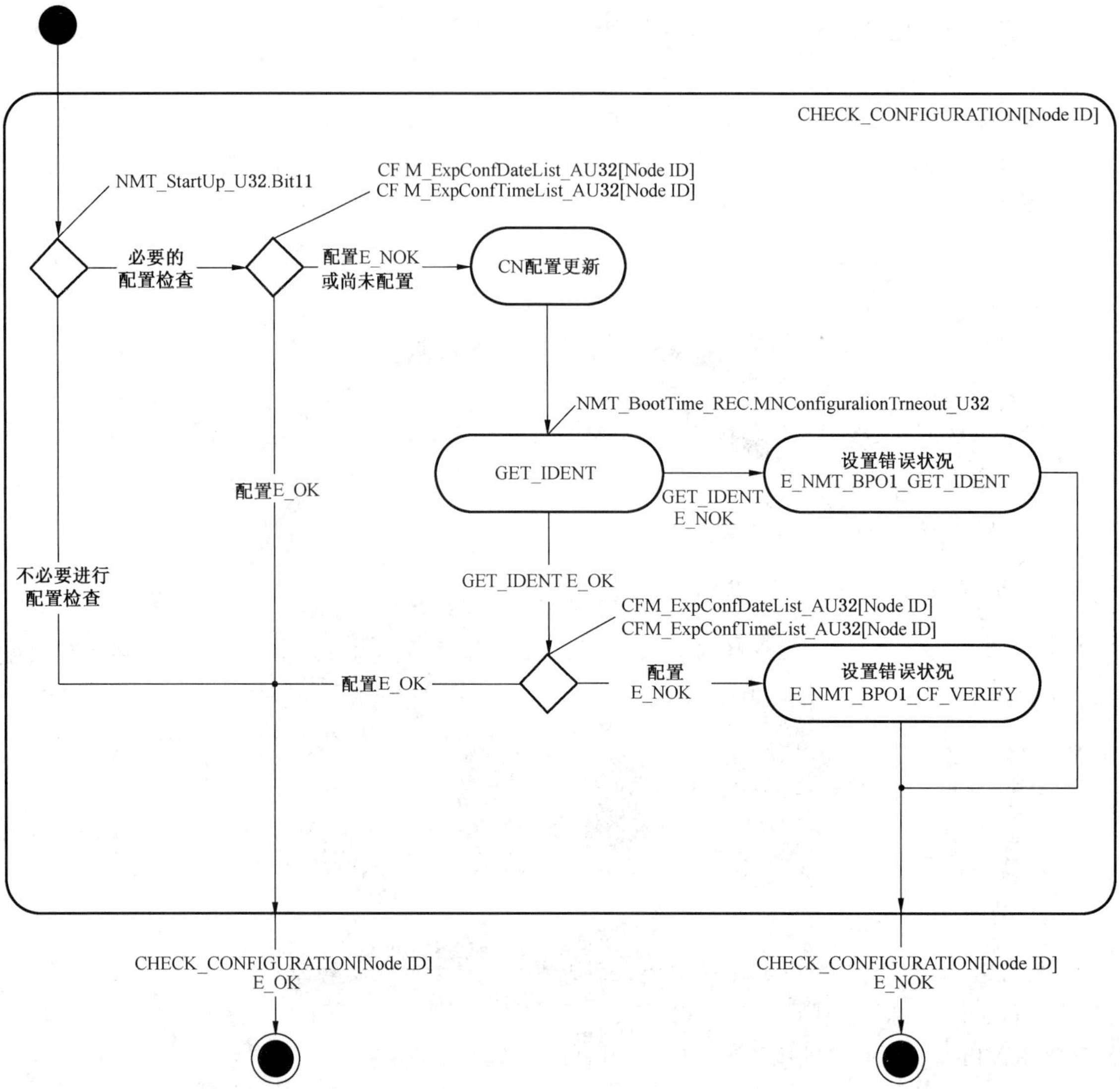

图 95 **CHECK_CONFIGURATION[NodeID]子状态**

10.4.2.2.1.3.1 **GET_IDENT**

子状态 GET_IDENT 的目的是向 CN 请求 IdentResponse。如果 CN 在超时时间隔内应答，则 GET_IDENT[NodeID]返回 E_OK；否则 GET_IDENT[NodeID]返回 E_NOK。超时时间隔取决于实际的启动状态。

GET_IDENT[NodeID]按下列步骤进行：

——向 CN 请求 IdentResponse；

——重复 IdentRequest，直到 CN 以 IdentResponse 响应，或者发生超时(超时值由此子状态的调用方来传递)。

如果 CN 以 IdentResponse 应答，则 GET_IDENT[NodeID]返回 E_OK。

如果 CN 在已配置的超时时间隔内未响应，则 GET_IDENT[NodeID]返回 E_NOK。

图 96 示出了 GET_IDENT[NodeID]子状态。

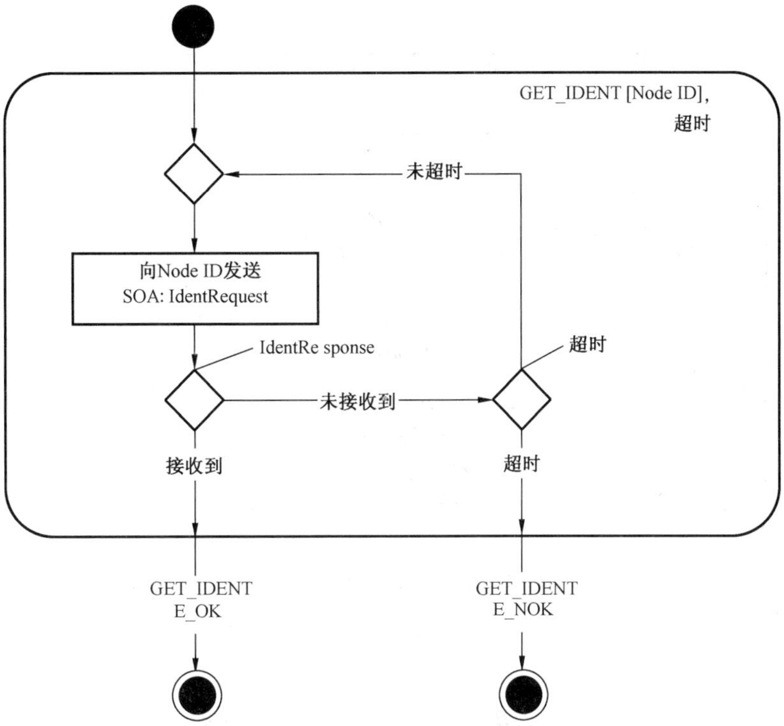

图 96 **GET_IDENT[NodeID]子状态**

10.4.2.2.2 BOOT_STEP2

BOOT_STEP2 的目的是向 CN 发送 NMT 命令 NMTEnableReadyToOperate，并检查该 CN 的 NMT 状态改变至 NMT_CS_READY_TO_OPERATE。此外，“错误信号通知”的初始化应在 BOOT_STEP2 完成。

如果完成“错误信号通知”的初始化，且该 CN 的 NMT 的状态为 NMT_CS_READY_TO_OPERATE，则 BOOT_STEP2[NodeID]返回 E_OK。如果未完成“错误信号通知”的初始化，或者 CN 的 NMT 状态在超时时间隔(见 MNTTimeoutPreOp2_U32)内没有从 NMT_CS_PRE_OPERATIONAL_2 转换到 NMT_CS_READY_TO_OPERATE 状态，则 BOOT_STEP2[NodeID]返回 E_NOK。

图 97 示出了 BOOT_STEP2[NodeID]子状态。

BOOT_STEP2[NodeID]按以下步骤进行：

——用 CHECK_STATE 验证该 CN 处在 NMT_CS_PRE_OPERATIONAL_2 状态。

——启动 CHANGE_NMT_STATE 过程，以向该 CN 发送 NMT 命令 NMTEnableReadyToOperate，并检查该 CN 的 NMT 的状态变化。

——检查“错误信号通知”的初始化结束。

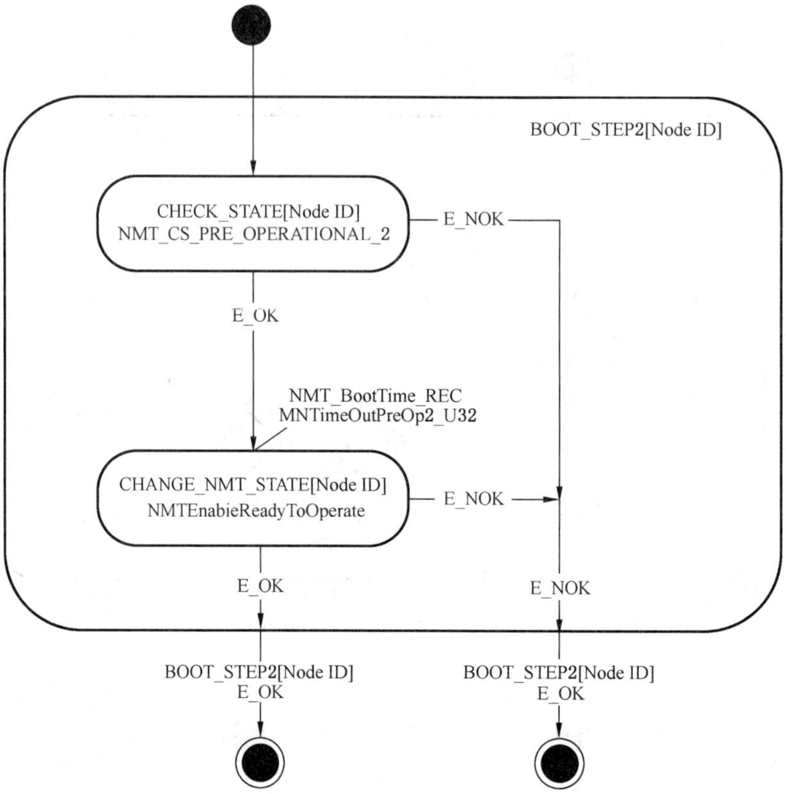

图 97 **BOOT_STEP2[NodeID]子状态**

10.4.2.2.3 **CHECK_COMMUNICATION**

CHECK_COMMUNICATION[NodeID]的目的是在 NMT 的 NMT_MS_READY_TO_OPERATE 状态下开始 POWERLINK 等时同步周期后，检查与 CN 的通信。如果等时同步 CN 的 PRes 帧检查返回无错误，则 CHECK_COMMUNICATION[NodeID]返回 E_OK；否则 CHECK_COMMUNICATION[NodeID]返回 E_NOK。

CHECK_COMMUNICATION[NodeID]按以下步骤进行处理：

——检查收到的 CN 的 PRes：

- 未发生帧丢失。
- 有效载荷长度小于或等于在以下对象中已配置的长度：
  - ◆ NMT_PResPayloadLimitList_AU16[NodeID]。
- 帧的接收时间小于或等于在以下对象中已配置的时间：
  - ◆ NMT_MNCNPResTimeout_AU32[NodeID]。

——如果与 CN 通信失败，或与所期望的参数值不相符，则 CHECK_COMMUNICATION[NodeID]返回 E_NOK；否则 CHECK_COMMUNICATION[NodeID]返回 E_OK。

图 98 示出了 CHECK_COMMUNICATION[NodeID]子状态。

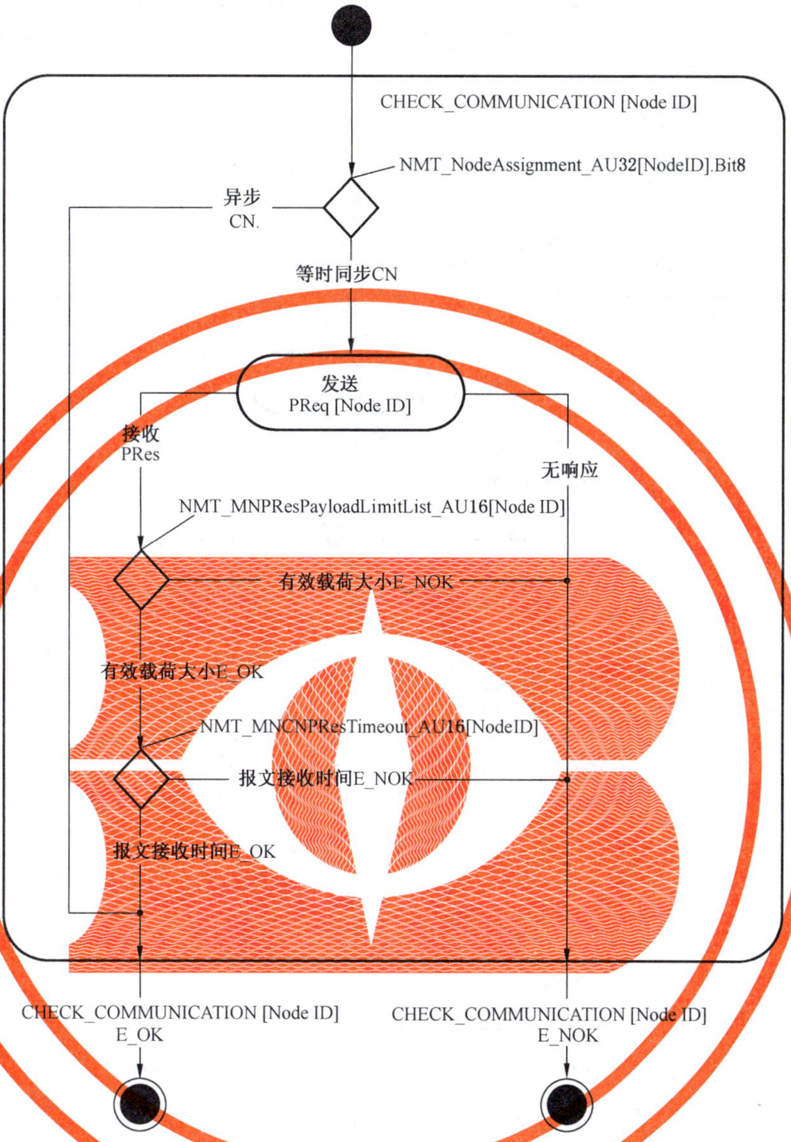

图 98 **CHECK_COMMUNICATION[NodeID]子状态**

10.4.2.2.4 **START_CN**

在 START_CN[NodeID]子状态，MN 向一个单独的 CN 发送 NMTStartNode。如果该 CN 在超时时间隔内将其状态改变至 NMT_CS_OPERATIONAL，则 START_CN[NodeID]返回 E_OK；否则返回 E_NOK。

图 99 示出了 CSTART_CN[NodeID]子状态。

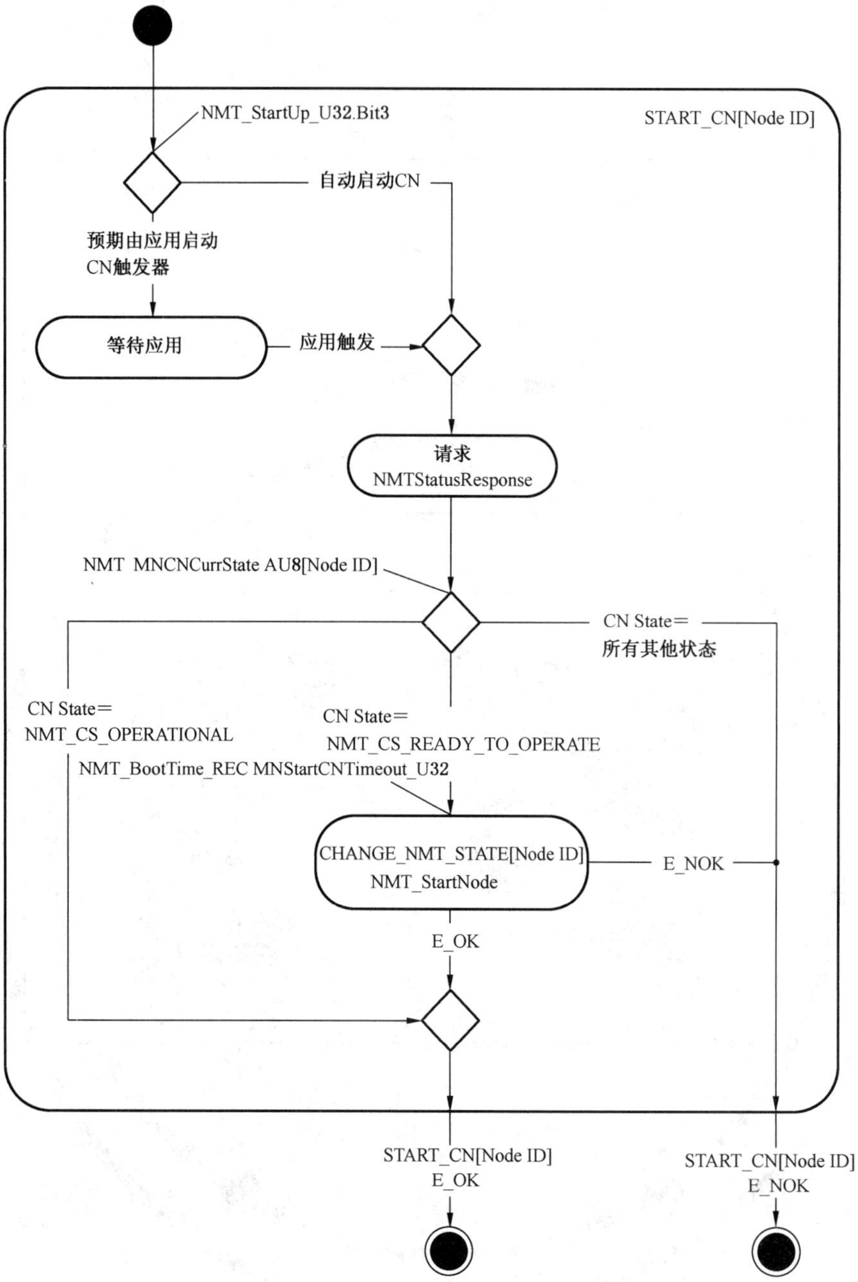

图 99 **START_CN[NodeID]子状态**

START_CN[NodeID]按以下步骤进行：

——根据以下对象，立即或在应用触发后启动 START_CN[NodeID]：

- NMT_StartUp_U32.Bit3。

——MN 检查 CN 当前的状态，如果 CN 处于 NMT_CS_OPERATIONAL 状态，则 START_CN[NodeID]返回 E_OK。

——如果 CN 处在 NMT_CS_READY_TO_OPERATE 状态，则启动过程进入子状态 CHANGE_NMT_STATE[NodeID]，以向该 CN 发送 NMTStartNode，并控制其状态的改变。

——如果 CHANGE_NMT_STATE[NodeID]返回 E_OK，则 START_CN[NodeID]返回 E_OK。

——如果该 CN 处于一种错误状态(既不是 NMT_CS_OPERATIONAL 也不是 NMT_CS_READY_TO_OPERATE)，或者如果 CHANGE_NMT_STATE[NodeID]返回 E_NOK，则

START_CN[NodeID]也返回 E_NOK。

10.4.2.2.5 START_ALL

在子状态 START_ALL，将 NMTStartNode 以广播方式发送给所有 CN。如果在超时时间间隔内所有 CN 将其状态改为 NMT_CS_OPERATIONAL，则 START_ALL 返回 E_OK；否则 START_ALL 返回 E_NOK。

图 100 示出了 START_ALL 子状态。

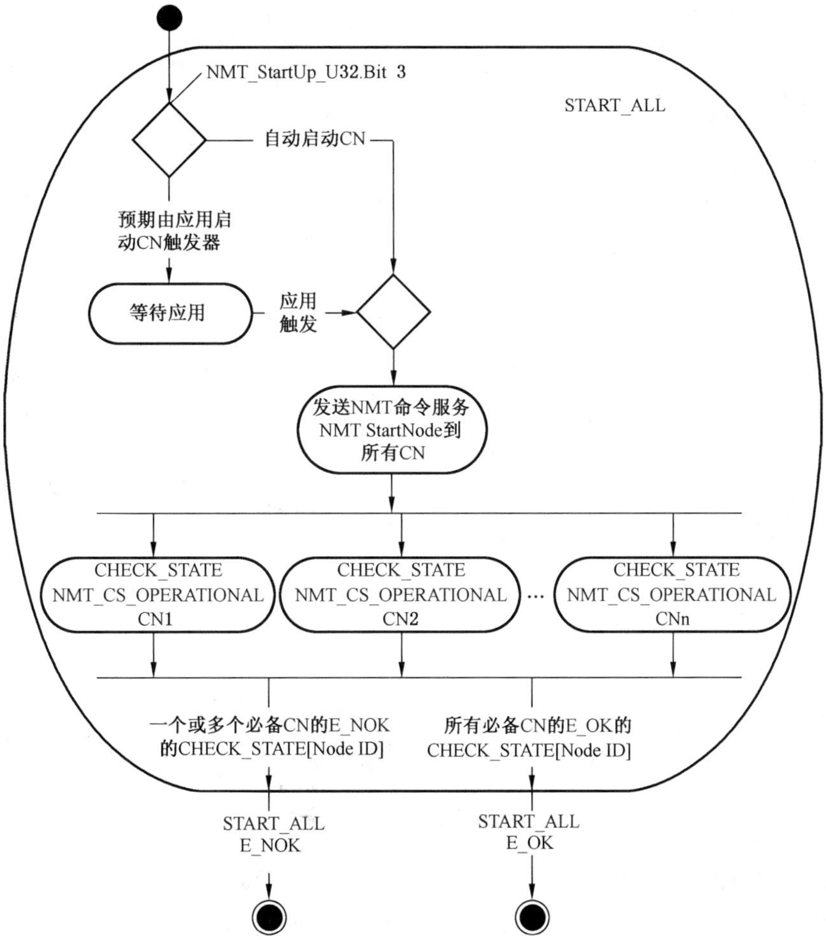

图 100 START_ALL 子状态

START_ALL 按如下步骤进行：

——根据以下对象，立即或在应用触发后进行 START_ALL：

- NMT_StartUp_U32. Bit3。
- 发送广播 NMT 命令 NMTStartNode 以后，MN 启动所有已标识 CN 的 CHECK_STATE 子状态。如果所有 CN 都处于 NMT_CS_OPERATIONAL 状态，则 START_ALL 返回 E_OK。如果一个或多个必备 CN 在 CHECK_STATE 状态发生错误，则 START_ALL 返回 E_NOK。

10.4.2.2.6 CHECK_STATE

CHECK_STATE 的目的是检查 CN 的当前 NMT 状态。

如果当前 CN 状态已经等于预期状态，则 CHECK_STATE 返回 E_OK。如果在超时时间间隔内该 CN 没有转换到目标状态，则返回 E_NOK。

如果 CN 在非预期状态，则 CHECK_STATE 返回 E_NOK。

图 101 示出了 CHECK_STATE 子状态。

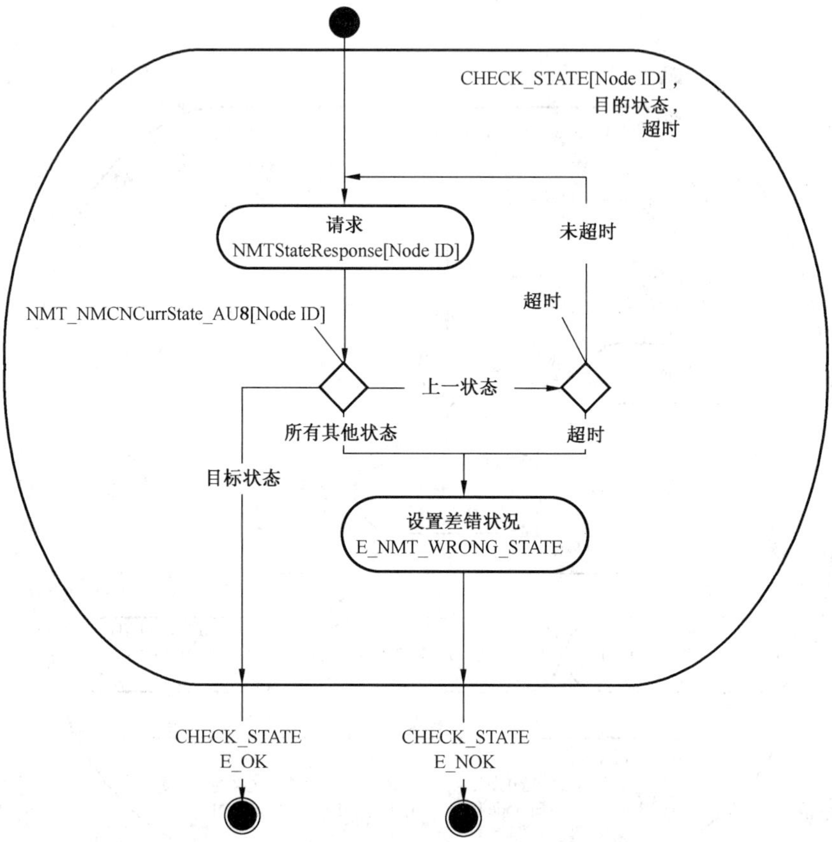

图 101 CHECK_STATE 子状态

CHECK_STATE 按如下步骤进行：

——如果 CN 状态等于目标状态，则 CHECK_STATE 返回 E_OK。

——如果 CN 状态等于上一状态，则在一个时间间隔内进一步检查 CN 状态，直到状态转变为目标状态或发生超时。在发生超时的情况下，CHECK_STATE 返回 E_NOK。该超时通过以下对象配置。

- NMT_BootTime_REC.MNTimeOutReadyToOp_U32 配置。

——如果 CN 处于非预期状态，则 CHECK_STATE 返回 E_NOK。

10.4.2.2.7 CHANGE_NMT_STATE

CHANGE_NMT_COMMAND 向特定 CN 发送 NMT 命令。检查由此所发生的 NMT 状态改变。在检查这些状态之前，MN 等待 C_NMT_STATE_TOLERANCE 周期以允许 CN 的 NMT 状态改变。

如果 CN 状态等于目标状态，则 CHANGE_NMT_STATE 返回 E_OK；否则，返回 E_NOK。

如果 CN 状态不处于预期的状态，则 CHANGE_NMT_STATE 返回状态 E_NOK。

图 102 示出了 CHANGE_NMT_STATE 子状态。

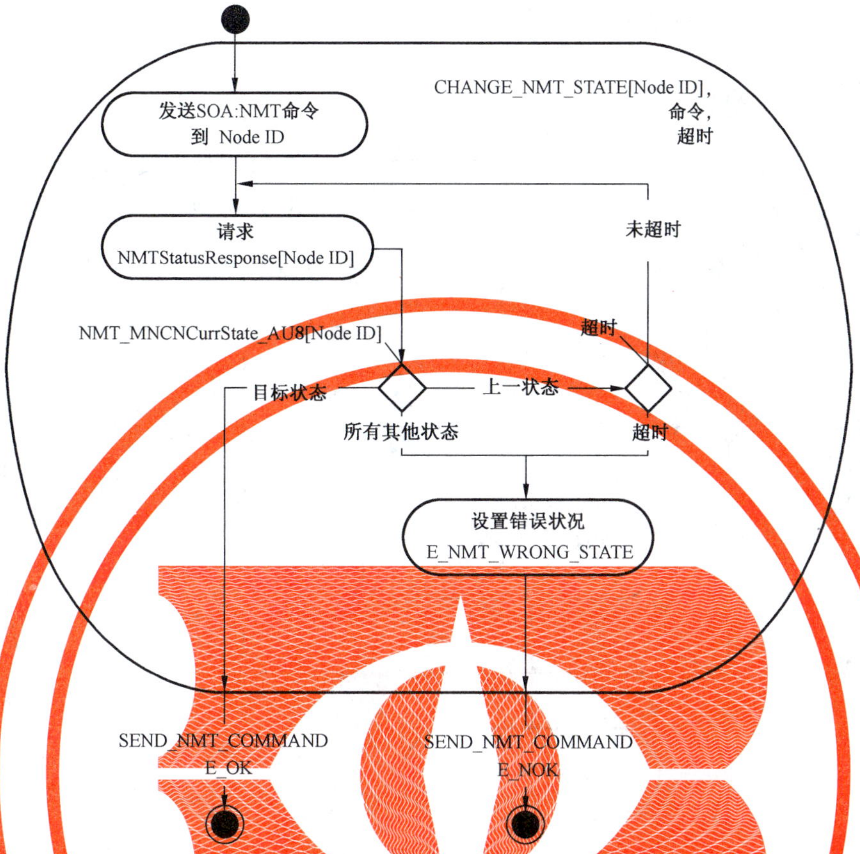

图 102 CHANGE_NMT_STATE 子状态

10.4.2.2.8 OPERATIONAL

在 OPERATIONAL 状态,MN 监控所有处于 NMT_CS_OPERATIONAL 状态的 CN。如果一个必备 CN 产生错误,诸如响应超时或者错误 NMT 状态,则应进入 ERROR_TREATMENT 子状态。

将处于 OPERATIONAL 状态的可选节点的错误报告给应用。在发送 NMT 命令 NMTResetNode 后应重新开始这些可选 CN 的启动。

10.4.2.2.9 ERROR_TREATMENT

在子状态 ERROR_TREATMENT,MN 将根据 NMT_StartUp_U32.Bit4 和 NMT_StartUp_U32.Bit6,或者向所有 CN 发送 MNTResetNode 或 NMTStopNode,或者它以应用特定方式来处理 CN 上的错误。

可选 CN 的错误对 MN 或其他 CN 没有任何影响。

ERROR_TREATMENT 按如下步骤进行:

——根据以下比特,采用不同的错误处理:

- NMT_StartUp_U32.Bit6;
- NMT_StartUp_U32.Bit4。

对于可选节点,因为仅允许单独的 CN 错误处理,所以总忽略这些比特。

——如果 NMT_StartUp_U32.Bit6 是 TRUE,则应将 NMT 命令 NMTStopNode 发送到所有 CN。

——如果 NMT_StartUp_U32. Bit4 是 TRUE,则应将 NMT 命令 NMTResetNode 发送到所有CN;如果 NMT_StartUp_U32. Bit4 是 FALSE,则错误由应用个别地处理。

图 103 示出了 ERROR_TREATMENT 子状态。

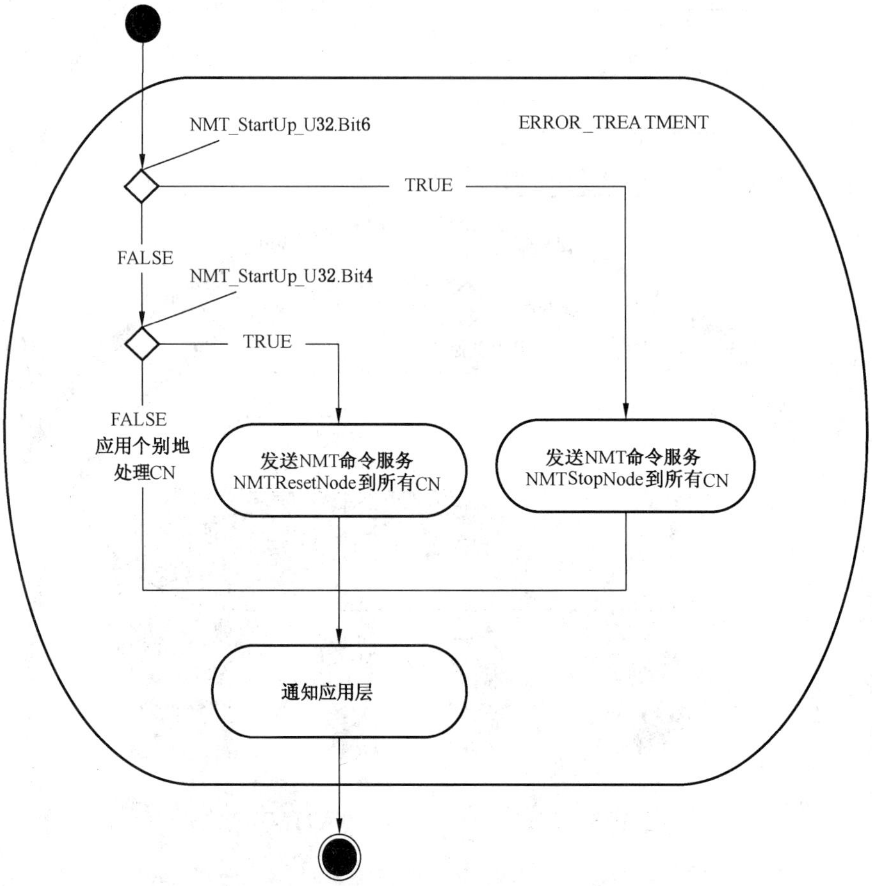

图 103 **ERROR_TREATMENT 子状态**

10.4.3 启动错误

10.4.3.1 总线行为

——错误源

设备被配置为 MN,并检测到另一个 MN(SoC,IdentRequest,…)。

——处理

MN 应暂停启动进程,并把该错误记录在错误历史中。

——登记

历史条目对象 ERR_History_ADOM:

模式	行规	错误代码	时间戳	附加信息
3_h	002_h	E_NMT_BA1	××××	

10.4.3.2 BOOT_STEP1 失败

——错误源

在 NMT_MS_PRE_OPERATIONAL_1 状态下的启动过程失败。一个或多个必备 CN 失败。

——处理

MN 应停止启动进程，并把该错误记录在错误历史中。

——登记

历史条目对象 ERR_History_ADOM：

模式	行规	错误代码	时间戳	附加信息
3_h	002_h	E_NMT_BPO1	××××	

10.4.3.3 **BOOT_STEP2 失败**

——错误源

在 NMT_MS_PRE_OPERATIONAL_2 状态下的启动过程失败。一个或多个必备 CN 失败。

——处理

MN 应停止启动程序，并把该错误记录在错误历史中。

——登记

历史条目对象 ERR_History_ADOM：

模式	行规	错误代码	时间戳	附加信息
3_h	002_h	E_NMT_BPO2	××××	

10.4.3.4 **在 NMT_MS_READY_TO_OPERATE 下启动失败**

——错误源

由于收到至少一个错误的的 PRes 或丢失 PRes，因此在 NMT_MS_READY_TO_OPERATE 状态下的 CHECK_COMMUNICATION 过程失败。

——处理

MN 应停止启动程序，并把该错误记录在错误历史中。

——登记

历史条目对象 ERR_History_ADOM：

模式	行规	错误代码	时间戳	附加信息
3_h	002_h	E_NMT_BRO	××××	

10.4.3.5 **GetIdent 失败**

——错误源

未收到对 IdentRequest 的响应。

——处理

把该错误记录在错误历史中。

——登记

历史条目对象 ERR_History_ADOM：

模式	行规	错误代码	时间戳	附加信息
3_h	002_h	E_NMT_BPO1_GET_IDENT	××××	

10.4.3.6 设备类型无效

——错误源

CN 的实际设备类型(通过 IdentResponse 报告的对象 NMT_DeviceType_U32 的值)与 MN 中通过对象 NMT_MNDeviceTypeIdList_AU32 配置的期望设备类型不匹配。

——处理

把该错误记录在错误历史中。

——登记

历史条目对象 ERR_History_ADOM:

模式	行规	错误代码	时间戳	附加信息
3_h	002_h	E_NMT_BPO1_DEVICE_TYPE	××××	

10.4.3.7 制造商 ID 无效

——错误源

通过 CN 的 IdentResponse 报告的制造商 ID 与 MN 中通过对象 NMT_MNVendorIdList_AU32 配置的期望制造商 ID 不匹配。

——处理

把该错误记录在错误历史中。

——登记

历史条目对象 ERR_History_ADOM:

模式	行规	错误代码	时间戳	附加信息
3_h	002_h	E_NMT_BPO1_VENDOR_ID	××××	

10.4.3.8 配置失败

——错误源

配置更新失败。

——处理

把该错误记录在错误历史中。

——登记

历史条目对象 ERR_History_ADOM:

模式	行规	错误代码	时间戳	附加信息
3_h	002_h	E_NMT_BPO1_CF_VERIFY	××××	

10.4.3.9 产品代码无效

——错误源

通过 CN 的 IdentResponse 报告的产品代码与 MN 中通过对象 NMT_MNProductCodeList_AU32 配置的期望产品代码不匹配。

——处理

把该错误记录在错误历史中。

——登记

历史条目对象 ERR_History_ADOM:

模式	行规	错误代码	时间戳	附加信息
3_h	002_h	E_NMT_BPO1_PRODUCT_CODE	××××	

10.4.3.10 **版本号无效**

——错误源

通过 CN 的 IdentResponse 报告的版本号与 MN 中通过对象 NMT_MNRevisionNoList_AU32 配置的期望版本号不匹配。

——处理

把该错误记录在错误历史中。

——登记

历史条目对象 ERR_History_ADOM:

模式	行规	错误代码	时间戳	附加信息
3_h	002_h	E_NMT_BPO1_REVISION_NO	××××	

10.4.3.11 **序列号无效**

——错误源

通过 CN 的 IdentResponse 报告的序列号与 MN 中通过对象 NMT_MNSerialNoList_AU32 配置的期望序列号不匹配。

——处理

把该错误记录在错误历史中。

——登记

历史条目对象 ERR_History_ADOM:

模式	行规	错误代码	时间戳	附加信息
3_h	002_h	E_NMT_BPO1_SERIAL_NO	××××	

10.4.3.12 **NMT 状态无效**

——错误源

报告的 CN 的 NMT 状态与期望的 NMT 状态不匹配。

——处理

把该错误记录在错误历史中。

——登记

历史条目对象 ERR_History_ADOM：

模式	Profile	错误代码	时间戳	附加信息
3_h	002_h	E_NMT_WRONG_STATE	××××	

10.4.3.13 无效软件

——错误源

MN 中某个 CN 的软件版本信息不可用。

——处理

把该错误记录在错误历史中。

——登记

历史条目对象 ERR_History_ADOM：

模式	行规	错误代码	时间戳	附加信息
3_h	002_h	E_NMT_BPO1_SW_INVALID	××××	

10.4.3.14 软件更新时的无效 NMT 状态

——错误源

由于目标 CN 的错误 NMT 状态造成软件更新失败。

——处理

把该错误记录在错误历史中。

——登记

历史条目对象 ERR_History_ADOM：

模式	行规	错误代码	时间戳	附加信息
3_h	002_h	E_NMT_BPO1_SW_STATE	××××	

10.4.3.15 不允许软件更新

——错误源

不允许 CN 的软件更新。

——处理

把该错误记录在错误历史中。

——登记

历史条目对象 ERR_History_ADOM：

模式	行规	错误代码	时间戳	附加信息
3_h	002_h	E_NMT_BPO1_SW_REJECT	××××	

10.4.3.16 软件更新失败

——错误源

在应用软件更新过程中发生一个错误。

——处理

把该错误记录在错误历史中。

——登记

历史条目对象 ERR_History_ADOM:

模式	行规	错误代码	时间戳	附加信息
3_h	002_h	E_NMT_BPO1_SW_UPDATE	××××	

10.4.4 最小启动 MN

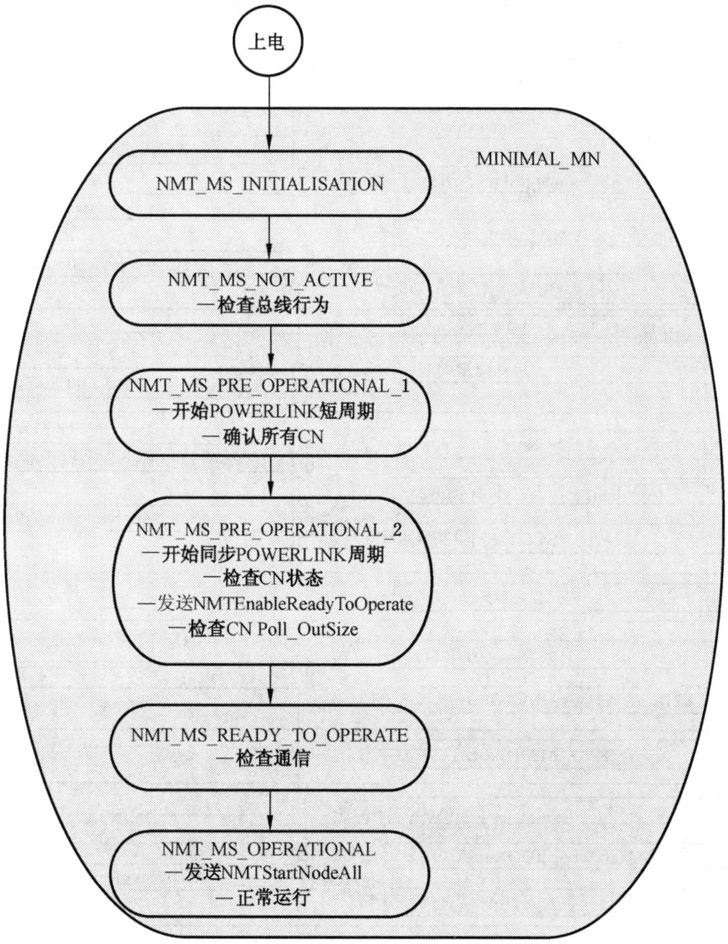

图 104 最小 NMT 启动过程

图 104 描述了最小 MN 启动过程,它允许在低成本 MN 上实现一个简单的 NMT 状态机。由于没有错误处理或配置检查,因此这种类型的启动仅适用于小型应用。最小 MN 启动仅保证所有设备到达运行状态,且所有设备都符合 POWERLINK 周期。

10.4.5 启动顺序示例

图 105 示出了单个 CN 启动程序示例。在本例中描述了单个 CN 且无启动错误的典型启动。该示例也示出在 BOOT_STEP1 中 CN 的配置更新。

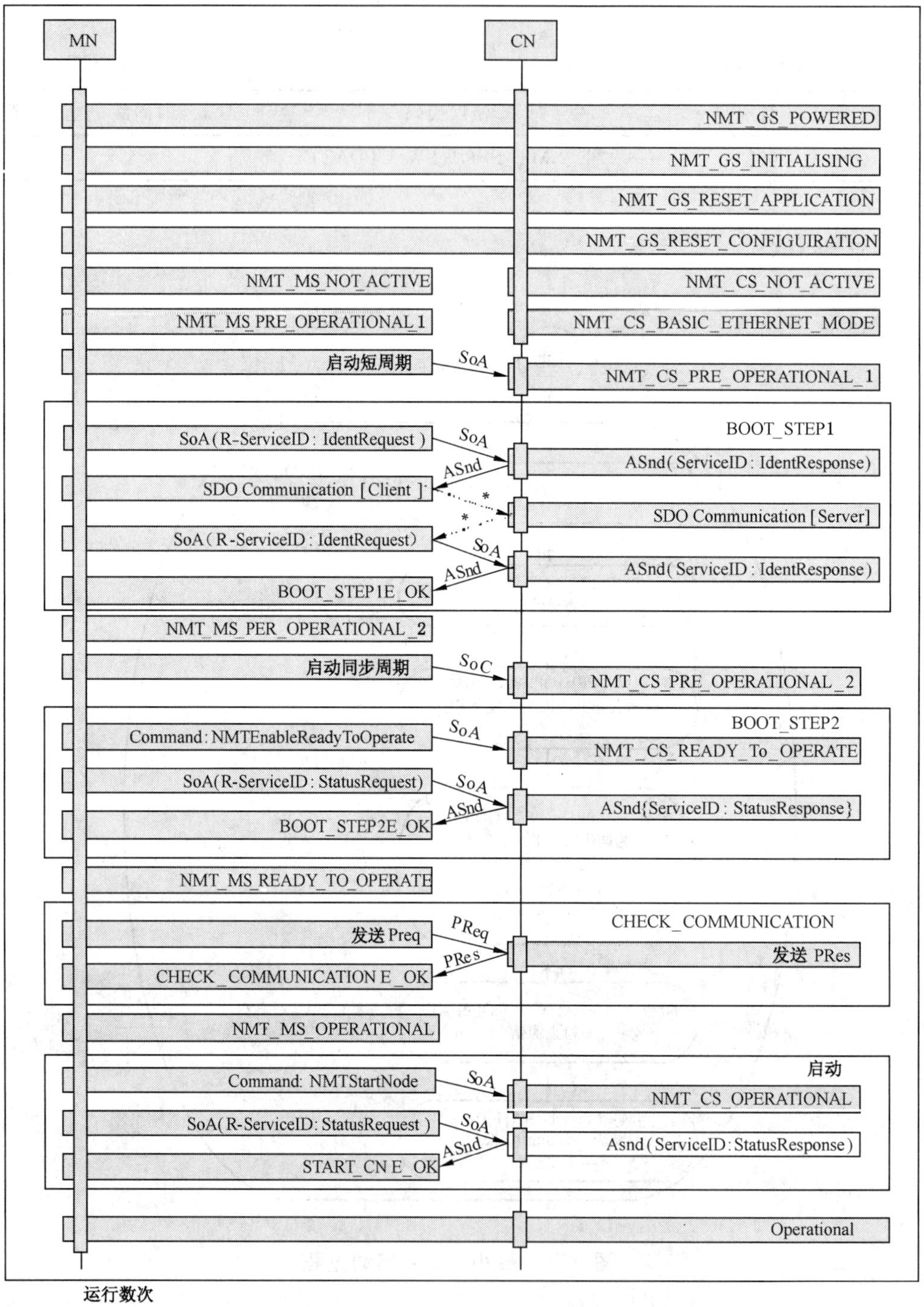

图 105 单个 CN 启动程序示例

10.4.6 应用注意事项

——允许逐个启动设备(顺序启动)或者并行启动所有设备。如果执行顺序启动进程,则即使在启动步骤中某个必备节点发生错误,也必须保证所有设备仍执行特定的启动步骤。应延迟必备节点内启动过程对于一个错误的反应,直到所有其他设备完成启动过程时才作出反应。

——定义的过程给出关于启动的概述，而不定义特定 API。其主要目的是使 MN 启动进程有一个通用准则，且使 CN 知道在启动过程中必须发生的情况。

——在系统其他部分已在运行的情况下，如果必须启动某个可选 CN(例如重启后或发生错误后)，则使用除错误处理外的相同程序。在那种情况下，NMT 命令 NMTStartNode 总被单独地发送。

11 诊断

11.1 诊断对象字典条目

11.1.1 对象 1101_h：DIA_NMTTelegrCount_REC

该对象的子索引计数自 NMT_GS_RESET_COMMUNICATION 之后的周期、同步帧和异步帧、SDO 报文和 StatusRequests。计数器应在 NMT_GS_RESET_COMMUNICATION 中复位。

应用可提供其他方法使计数器复位。

索引	1101_h	对象代码	RECORD
名称	DIA_NMTTelegrCount_REC		
数据类型	DIA_NMTTelegrCount_TYPE	类型	O

——子索引 00_h：NumberOfEntries

子索引	00_h		
名称	NumberOfEntries		
取值范围	8	访问	const
缺省值	8	PDO 映射	No

——子索引 01_h：IsochrCyc_U32

子索引	01_h		
名称	IsochrCrc_U32		
数据类型	UNSIGNED32	类型	M
取值范围	UNSIGNED32	访问	ro
缺省值	0	PDO 映射	No

该子索引保存所发送(MN)的或所接收(CN)的 SoC 帧的个数。

——子索引 02_h：IsochrRx_U32

子索引	02_h		
名称	IsochrRx_U32		
数据类型	UNSIGNED32	类型	O
取值范围	UNSIGNED32	访问	ro
缺省值	0	PDO 映射	No

该子索引保存所接收的 PReq 和 PRes 帧的个数。

——子索引 03_h:IsochrTx_U32

子索引	03_h		
名称	IsochrTx_U32		
数据类型	UNSIGNED32	类型	O
取值范围	UNSIGNED32	访问	ro
缺省值	0	PDO 映射	No

该子索引保存所发送的 PReq 和 PRes 帧的个数。

——子索引 04_h:AsyncRx_U32

子索引	04_h		
名称	AsyncRx_U32		
数据类型	UNSIGNED32	类别	O
取值范围	UNSIGNED32	访问	ro
缺省值	0	PDO 映射	No

该子索引保存所接收的异步帧(除 SoA 外的 POWERLINK ASnd、IP 帧等)的个数。

——子索引 05_h:AsyncTx_U32

子索引	05_h		
名称	AsyncTx_U32		
数据类型	UNSIGNED32	类型	O
取值范围	UNSIGNED32	访问	ro
缺省值	0	PDO 映射	No

该子索引保存所发送的异步帧(除 SoA 外的 POWERLINK ASnd、IP 帧等)个数。

——子索引 06_h:SdoRx_U32

子索引	06_h		
名称	SdoRx_U32		
数据类型	UNSIGNED32	类型	O
取值范围	UNSIGNED32	访问	ro
缺省值	0	PDO 映射	No

该子索引保存通过 UDP/IP 或者 POWERLINK ASnd 所接收的 SDO 报文的个数。

——子索引 07_h:SdoTx_U32

子索引	07_h		
名称	SdoTx_U32		
数据类型	UNSIGNED32	类型	O
取值范围	UNSIGNED32	访问	ro
缺省值	0	PDO 映射	No

该子索引保存通过 UDP/IP 或者 POWERLINK ASnd 所发送的 SDO 报文的个数。

——子索引 08_h：Status_U32

子索引	08_h		
名称	Status_U32		
数据类型	UNSIGNED32	类型	O
取值范围	UNSIGNED32	访问	ro
缺省值	0	PDO 映射	No

该子索引保存所接收的 StatusRequest SoA 报文的个数。

11.1.2 对象 1102_h：DIA_ERRStatistics_REC

该对象的子索引对发生在“错误信号通知”模块的事件进行计数。当达到它们的最大值时，计数器应从 0 开始继续计数。

索引	1102_h	对象代码	RECORD
名称	DIA_ERRStatistics_REC		
数据类型	DIA_ERRStatistics_TYPE	类型	O

——子索引 00_h：NumberOfEntries

子索引	00_h		
名称	NumberOfEntries		
取值范围	7	访问	const
缺省值	7	PDO 映射	No

——子索引 01_h：HistoryEntryWrite_U32

子索引	01_h		
名称	HistoryEntryWrite_U32		
数据类型	UNSIGNED32	类别	O
取值范围	UNSIGNED32	访问	ro
缺省值	0	PDO 映射	No

该子索引保存被写入错误历史的条目个数(见 9.5.1)。

——子索引 02_h：EmergencyQueueWrite_U32

子索引	02_h		
名称	EmergencyQueueWrite_U32		
数据类型	UNSIGNED32	类型	O
取值范围	UNSIGNED32	访问	ro
缺省值	0	PDO 映射	No

该子索引保存对紧急队列的成功写动作的次数。这里,由于队列满而不能执行的写动作不被计数。

——子索引 03_h:EmergencyQueueOverflow_U32

子索引	03_h		
名称	EmergencyQueueOverflow_U32		
数据类型	UNSIGNED32	类型	O
取值范围	UNSIGNED32	访问	ro
缺省值	0	PDO 映射	No

该子索引保存由于紧急队列满而不能执行的写动作的次数。

——子索引 04_h:StatusEntryChanged_U32

子索引	04_h		
名称	StatusEntryChanged_U32		
数据类型	UNSIGNED32	类型	O
取值范围	UNSIGNED32	访问	ro
缺省值	0	PDO 映射	No

该子索引保存 StatusEntries 中变化的次数。

——子索引 05_h:StaticErrorBitFieldChanged_U32

子索引	05_h		
名称	StaticErrorBitFieldChanged_U32		
数据类型	UNSIGNED32	类型	O
取值范围	UNSIGNED32	访问	ro
缺省值	0	PDO 映射	No

该子索引保存静态错误比特字段中变化的次数。

——子索引 06_h:ExceptionResetEdgePos_U32

子索引	06_h		
名称	ExceptionResetEdgePos_U32		
数据类型	UNSIGNED32	类型	O
取值范围	UNSIGNED32	访问	ro
缺省值	0	PDO 映射	No

该子索引保存检测到的比特 ER 从 0 到 1 跳变的次数。

——子索引 07_h:ExceptionNewEdge_U32

子索引	07_h		
名称	ExceptionNewEdge_U32		
数据类型	UNSIGNED32	类型	O
取值范围	UNSIGNED32	访问	ro
缺省值	0	PDO 映射	No

该子索引保存比特 EN 发生的所有跳变的次数。

11.1.3 诊断对象类型

11.1.3.1 对象 0437h:DIA_NMTTelegrCount_TYPE

索引	0437h	对象代码	DEFSTRUCT
名称	DIA_NMTTelegrCount_TYPE		
子索引	成员名称	值	数据类型
00h	NumberOfEntries	06h	
01h	IsochrCyc_U32	0007h	UNSIGNED32
02h	IsochrRx_U32	0007h	UNSIGNED32
03h	IsochrTx_U32	0007h	UNSIGNED32
04h	AsyncRx_U32	0007h	UNSIGNED32
05h	AsyncTx_U32	0007h	UNSIGNED32
06h	SdoRx_U32	0007h	UNSIGNED32
07h	SdoTx_U32	0007h	UNSIGNED32
08h	Status_U32	0007h	UNSIGNED32

11.1.3.2 对象 0438h:DIA_ERRStatistics_TYPE

索引	0438h	对象代码	DEFSTRUCT
名称	DIA_ERRStatistics_TYPE		
子索引	成员名称	值	数据类型
00h	NumberOfEntries	07h	
01h	HistoryEntryWrite_U32	0007h	UNSIGNED32
02h	EmergencyQueueWrite_U32	0007h	UNSIGNED32
03h	EmergencyQueueOverflow_U32	0007h	UNSIGNED32
04h	StatusEntryChanged_U32	0007h	UNSIGNED32
05h	StaticErrorBitFieldChanged_U32	0007h	UNSIGNED32
06h	ExceptionResetEdgePos_U32	0007h	UNSIGNED32
07h	ExceptionNewEdge_U32	0007h	UNSIGNED32

12 路由

POWERLINK 路由器是网络中的耦合部件,它允许 POWERLINK 网段与任何带有 IP 的其他数据链路层协议(例如,传统以太网、POWERLINK 等)之间进行 IP 通信。

12.1 路由类型 1

POWERLINK 路由器类型 1 是网络中的耦合部件,它允许 POWERLINK 网段与任何带有 IP 的其他数据链路层协议(例如传统以太网、POWERLINK 等)之间进行 IP 通信。它使得使用 IP 及 ICMP 的两个网络能够进行通信。除 IP 外,其他网络层协议不能通过路由类型 1 进行耦合。通常,POWERLINK 路由器是网络基础设施的一个独立部件,而不是 MN(POWERLINK 网络的)的一部分。在 POWERLINK 网络的接口上,POWERLINK 路由器的行为应和 POWERLINK CN 完全一样(见 7.2.2.2)。POWERLINK 路由器运行一个应用,该应用将 IP 及 ICMP 数据包从 POWERLINK 网络转发至一个外部网络,反之亦然。

图 106 示出了 POWERLINK 路由器的黑箱模型。

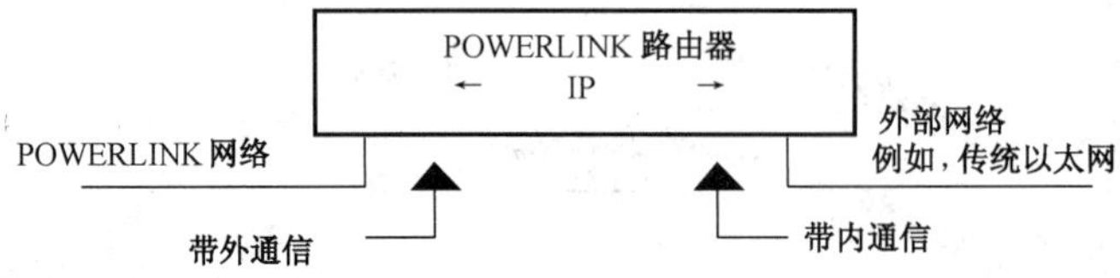

图 106　POWERLINK 路由器,黑箱模型

从外部网络到 POWERLINK 网络的通信称为带内通信,从 POWERLINK 到外部网络(例如,传统以太网)的通信称为带外通信。

路由类型 1 是可选的,是否支持应通过 D_RT1_RT1Support_BOOL 来指示。

12.1.1　POWERLINK 路由器的核心任务

本部分更详细地描述了一些相关应用情形。使用 POWERLINK 路由器的可能应用情形在下面列出。只列出涉及 POWERLINK 路由器的通信路径的情况:

——诊断、远程维护、监视;

——报警报文;

——软件下载;

——配置/工程;

——信息安全访问;

——SDO 通信。

从 POWERLINK 网络起始,到 POWERLINK 网络外终止(包括路由器内部)的每个数据传输都由 POWERLINK 路由器负责。这同样适用从外部网络起始,到 POWERLINK 网络内终止的通信。

有若干个要求上述通信模式的用例。在按其对 POWRLINK 路由器功能的要求进行归类时,由于每个用例都有其自己的特性,对它们概述如下。在任何情况下,因为 POWERLINK 路由器只处理包含 IP 及 ICMP 数据包的数据链路帧,因此通过 POWERLINK 路由器的耦合只可能在第三层完成。图 107 示出这些用例。

a)　从车间层网络访问(例如,用于诊断)。

b)　从企业层网络访问(例如,用于报表)。

在这种情况下,额外的信息安全措施是必要的,即可要求对 POWERLINK 路由器与企业层网络间的数据路径作进一步处理。

c)　远程访问(例如,用于远程维护);应作严格的信息安全考虑,这些不在本文档范围之内。

d)　POWERLINK 段间通信(例如,用于交换制造服务数据)。

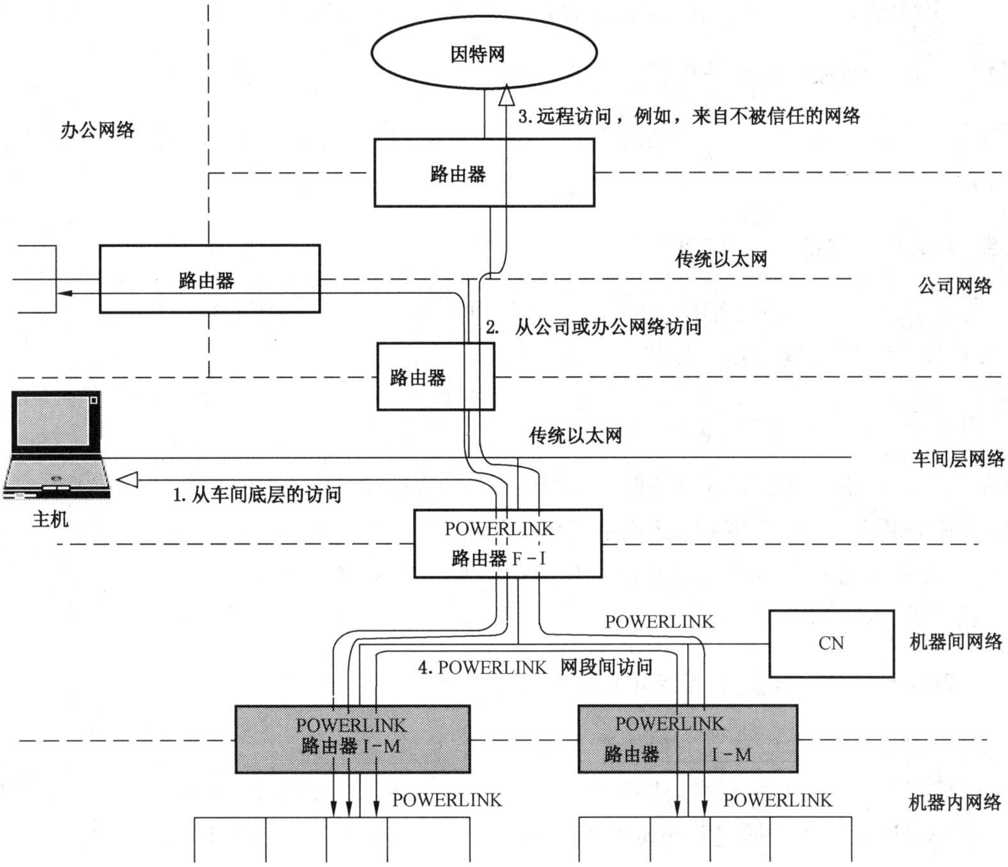

图 107 通过 **POWERLINK** 路由器的可能的通信关系

POWERLINK 路由器应至少提供一个 POWERLINK 类型的接口。图 107 示出了车间层与机器间网络的 POWERLINK 路由器(F-I),以及机器间与机器内网络的 POWERLINK 路由器(I-M)。其他路由器不包含 POWERLINK 接口,因此不在本标准的范围内。

12.1.2 参考模型

图 108 示出了 POWERLINK 路由器的参考模型。

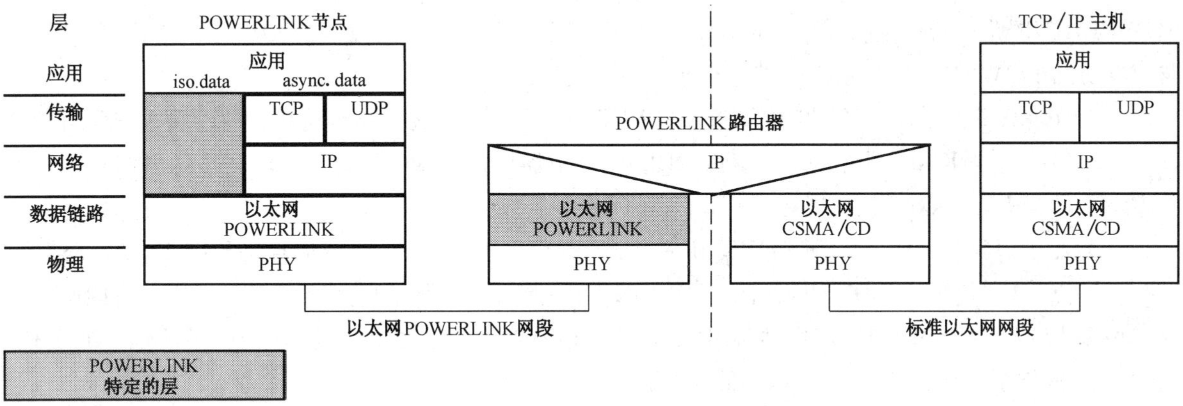

图 108 **POWERLINK** 路由器参考模型

12.1.3 数据链路层

POWERLINK 路由器应至少提供两个接口。一个接口到 POWERLINK 网络,另一个接口到外部网络。IP 工作在数据链路层的上部，例如，POWERLINK、传统以太网。

12.1.3.1 **DLL POWERLINK 接口**

POWERLINK 路由器到 POWERLINK 网络的接口的行为应和 POWERLINK CN 完全一样(见 7.2.2.2)。

12.1.3.2 **到外部网络的 DLL 接口**

根据应用要求，可选择到外部网络的接口。可以使用能嵌入 IP 的任何数据链路层协议。传统以太网、POWERLINK、X.25 等可用于连接到外部网络的接口。

12.1.4 **网络层**

POWERLINK 路由器仅通过因特网协议(IP)将 POWERLINK 网络连接到外部网络。因此，路由器在本层的任务基本上与其他标准 IP 路由器(描述见 RFC 1812)相同。这包括 12.1.4.2 中描述的路由或转发，以及网络地址转换(NAT)功能。如果使用其他协议，则应将它们封装到 IP 中以通过 POWERLINK 路由器进行通信。

12.1.4.1 **POWERLINK 与外部网络间的通信**

POWERLINK 路由器应转发下列类型的数据包：

——POWERLINK 路由器应只转发来自外部网络的、被寻址且被允许到(见 12.1.5)POWERLINK 网络的 IP 数据包和 ICMP 数据包。如何在 POWERLINK 网络上发送 IP 数据报取决于 POWERLINK 网络状态，见 12.1.4.2。

——POWERLINK 路由器应只转发来自 POWERLINK 网络的、被寻址到外部网络的 IP 数据包和 ICMP 数据包。

POWERLINK 路由器支持的 ICMP 数据报，见 12.1.4.2.1。

12.1.4.2 **IP 耦合**

只使用传统以太网的 IP 路由器与 POWERLINK 路由器之间的主要区别是：POWERLINK 路由器根据当前 POWERLINK 网络状态转发 IP 数据包和 ICMP 数据包。需注意的是，因为 POWERLINK 路由器仅运行 IP 耦合应用，所以 POWERLINK 路由器访问 POWERLINK 网络的方式与 CN 访问 POWERLINK 网络的方式相同。

——在 NMT_CS_EPL_MODE 状态，POWERLINK 路由器应到异步阶段和来自异步阶段的各 IP 数据包与 ICMP 数据包。POWERLINK 路由器应遵循 POWERLINK 网络的网络访问规则，即只有在被 MN 授权时才允许发送。

——在 NMT_CS_BASIC_ETHERNET 状态，POWERLINK 路由器应像 GB/T 15629.3 兼容节点一样，使用 CSMA/CD 访问 POWERLINK 网络。在基本以太网模式没有周期时间间隔。

由于 POWERLINK 网络使用固定 IP 地址，因此仅支持 IP 路由会限制系统的灵活性。通过使用 IP 路由与网络地址转换(NAT)可以消除该限制。

12.1.4.2.1 **IP 路由与配置**

12.1.4.2.1.1 **IP 路由**

转发 IP 数据报通常要求路由器选择相关的本地接口，以及下一跳路由器的地址，或目的主机的地址(对于最后一跳)。该选择取决于路由器内的路由数据库。路由数据库称为路由表 RT1_IpRoutingTable_XXh_REC。

IPv4 路由在 RFC 1812 中规定。没有什么可以阻止 POWERLINK 路由器实现标准 IP 路由规程，但是，建议考虑以下各点。

正如 RFC 1812(对 IP 版本 4 路由器的要求)，即使仅实现必备功能，路由器的功能也是相当广泛和复杂的。对典型的 POWERLINK 路由器应用，这些功能中相当大的部分既不是要求的也是没有意义的。因此，参照 RFC 1812 来定义 POWERLINK 路由器功能，并明确列出与 RFC 1812 不同的功能，是切合实际的。

——POWERLINK 路由器应使用静态路由。POWERLINK 路由器可不支持任何动态路由算法，例如：RIP 或 OSPF。特别对 POWERLINK 网络的接口，POWERLINK 路由器应清楚带宽限制。因此，POWERLINK 路由器不应在 POWERLINK 网络上使用动态路由算法。

——POWERLINK 路由器不应支持 IP 多播。

——POWERLINK 路由器应支持 IP 分段。应对大于相应网络 MTU 的 IP 数据报进行分段。

——POWERLINK 路由器可不支持 MTU 识别。POWERLINK 网络的 MTU 在 NMT_CycleTiming_REC. AsyncMTU_U16 中给定。POWERLINK 路由器不应发送长度大于相应第二层(数据链路层)MTU 限制的帧。然而，它可以接收并处理对其寻址且长度超过该限制的帧。

——POWERLINK 路由器应使用标准 ARP(RFC 826)协议来找出 IP 与 MAC 地址的关系，见 8.1.3。

——可支持通信优先特征(第二层优先级(IEEE 802.1Q:1999)以及第三层 IP TOS)。

——POWERLINK 路由器的典型位置相当于 RFC 1812 所谓的"边缘路由器"，即，它连接本地网络到另一个层级的网络。

——POWERLINK 路由器应支持下列 ICMP 报文：Echo Request/Reply，Destination Unreachable，Redirect，Time Exceeded，Parameter Problem，Address Mask Request。

——POWERLINK 路由器不必支持下列选项：Time Stamp，Source Route，Record Route。

12.1.4.2.1.2 配置

路由器应由 POWERLINK SDO 管理，可选地由简单网络管理协议版本 3(SNMPv3)管理。

12.1.4.2.1.2.1 SNMP

POWERLINK 路由器可支持非 POWERLINK 接口上的 SNMPv3(RFC 3410～RFC 3418)。如果支持此功能，则应支持下列用于管理的标准 MIB：

——应实现 MIB-Ⅱ"基于 TCP/IP 的因特网的管理信息库：MIB-Ⅱ"(RFC 1213)的系统、接口及 IP、ICMP 与 UDP 组。

——如果路由器实现了 TCP(例如，Telnet)，则应实现 MIB-Ⅱ"基于 TCP/IP 的因特网的管理信息库：MIB-Ⅱ"(RFC 1213)的 TCP 组(STD16)。

——应实现 IP 转发表 MIB"IP 转发表 MIB"(RFC 1354)。

12.1.4.2.1.2.2 SDO

可通过 SDO 配置并检索的功能，是 SNMP 提供的功能的一个子集。对 POWERLINK 路由器配置与诊断，来自 MIB-Ⅱ RFC 1213 与 RFC 1354 的相关对象被映射到 SDO，见 12.1.7。通过 SDO 不能访问的对象可通过 SNMP 访问。

12.1.4.2.2 网络地址转换(NAT)与配置

12.1.4.2.2.1 网络地址转换(NAT)

NAT 允许 POWERLINK 网络内的 POWERLINK 节点透明地与外部网络中的主机进行通信。基本 NAT 与 NAPT 是 NAT 的两个变型。由于 POWERLINK 节点具有固定的 IP 地址,因此每个 POWERLINK 路由器应实现下列文件中规定的基本 NAT:

——RFC 2663:IP 网络地址转换(NAT)术语及考虑;

——RFC 3022:传统 IP 网络地址转换(传统 NAT)-RFC 1631 的扩展。

通过基本 NAT 转换 POWERLINK 网络中 POWERLINK 节点的 IP 地址时,不考虑外部 IP 地址块。必须从外部网络寻址的 POWERLINK 节点应被配置在 NAT 表 RT1_NatTable_XXh_REC 中。该 NAT 表包含 POWERLINK IP EplIpAddr_IPAD 到外部 IP ExtIpAddr_IPAD 地址的转换。对于 POWERLINK 网络带外的数据报,源 IP 地址 EplIpAddr_IPAD 应被转换为相关的 ExtIpAddr_IPAD,称为源-NAT。对于带内的数据包,目的 IP 地址 ExtIpAddr_IPAD 应被转换为相关的 EplIpAddr_IPAD,称为目的-NAT。与带内 IP 数据报或带外 IP 数据报无关,应对相关字段(如 IP、TCP、UDP 和 ICMP)的首部校验和进行校正。这种 NAT 也称为双向 NAT 或一对一 NAT(见 RFC 2663)。图 109 给出了双向 NAT 的示例。

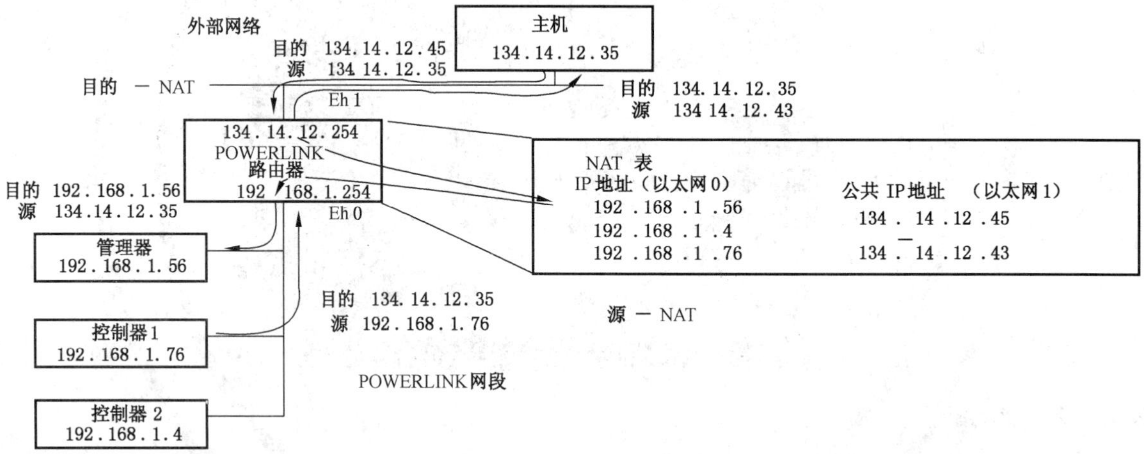

图 109 对称 *n* 对 *n* NAT

POWERLINK 节点对外部网络的可见性可由双向 NAT 控制。因此,不应被外部网络访问的节点可被隐藏起来。没有在 NAT 表中配置的 POWERLINK 节点不可与外部网络中的节点进行通信,即将数据包丢弃。

更详细地,POWERLINK 区分源-NAT(源地址被改变的地方)与目的-NAT(目的地址被改变的地方)。图 110 给出通用 NAT 结构。

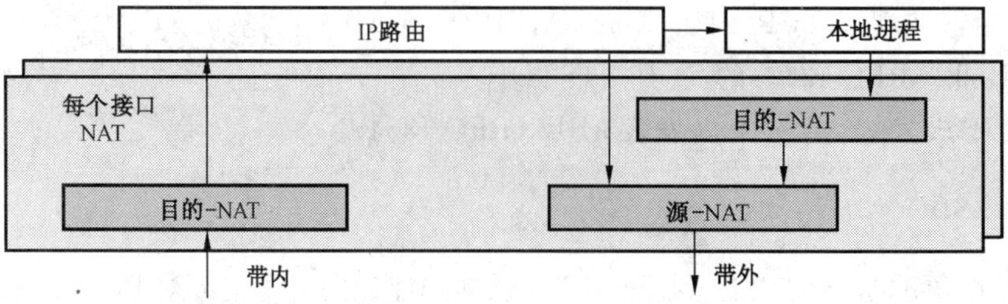

图 110 NAT 结构

对于带外 IP 数据报(即从 POWERLINK 网络到外部网络),应使用源-NAT(S-NAT)。S-NAT 修改 IP/ICMP 数据包的源地址。该修改是在 IP/ICMP 数据包被最终发送前,在输出链中完成的。这是一个重要细节,因为这意味着路由器自身上的其他任何部分(路由、数据包过滤)都将看到未被修改的数据包。

对于带内 IP 数据报(即从外部网络到 POWERLINK 网络),应使用目的-NAT(D-NAT)。D-NAT 修改 IP/ICMP 数据包的目的地址。该修改是在数据包进来时,在输入链中完成的。这意味着路由器自身上的其他任何部分(路由、数据包过滤)都将看到数据包到达其“真正的”目的。

图 111 示出了 POWERLINK 网络与外部网络之间的交互,此图仅用于提供信息。

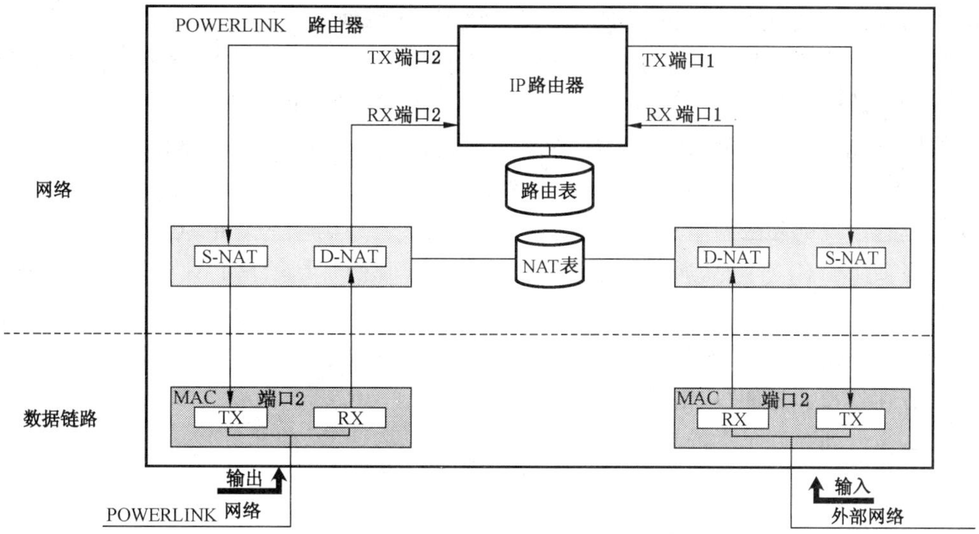

图 111 POWERLINK 路由器中 NAT 的集成

如果为 POWERLINK 主机配置了双向 NAT,则要与该 POWERLINK 主机通信的外部网络上的主机,将该 POWERLINK 主机视为与自己处于相同网络上。

NAT 表的外部地址是外部网络的子集:

——在到外部网络的接口上,POWERLINK 路由器行为应像主机一样,接受列在 NAT 表 RT1_NatTable_XXh_REC 中的所有外部 IP 地址 ExtIpAddr_IPAD。需注意的是,POWERLINK 路由器必须响应 ARP 请求,它请求列在 NAT 表中的一个外部 IP 地址 StaticExtIpAddr_IPAD。因此,该接口不像路由器那样获得 IP 数据包,即如果数据包的目的地址不在子网中,则该数据包被寻址到路由器。

——NAT 表的外部地址不在直接连接的外部网络的子网中:

外部网络的接口像路由器一样被寻址。

——在每种情况下:

POWERLINK 路由器对 POWERLINK 网络的接口应像一个路由器一样工作。

关于 NAT 的其他信息见 http://www.netfilter.org,RFC 2993 NAT 的结构本质,和 RFC 3027 带 IP 网络地址转换的协议复杂性。

12.1.4.2.2.2 配置

网络地址转换应由 POWERLINK SDO 管理;可选地,由 SNMP v3 管理。

12.1.4.2.2.2.1 **SNMP**

POWERLINK 路由器 MIB 规定管理对象以配置 NAT，因此，应实现 POWERLINK 路由器 MIB 的 NAT 组。

12.1.4.2.2.2.2 **SDO**

RT1_NatTable_XXh_REC 对象规定 NAT 表。

12.1.5 信息安全

通过 POWERLINK 路由器将 POWERLINK 网络与外部网络（例如：LAN）连接以进行与其他资源和服务的通信。这给整个系统带来了巨大益处。但是另一方面，POWERLINK 路由器意味着信息安全风险，给了黑客、破解者及入侵者访问 POWERLINK 网络中节点的机会。由于 POWERLINK 路由器将不可信的网络连接到可信的 POWERLINK 网络，因此 POWERLINK 路由器是添加保护 POWERLINK 网络的信息安全机制来的最佳场所。

信息安全机制由规则和限制组成，但也必须保证可用性及易用性。因此，必须总在正确的等级上采用信息安全。当采用信息安全时，通常必须进行风险评估。风险评估给出必须支持的信息安全等级，并检查以下问题：

——哪种网络被连接到 POWERLINK 网络（可信的还是不可信的）？

——是否必须处理偶发的“攻击/错误”（处理错误）？

——是否必须处理存心不良的恶意攻击（黑客、破解者、入侵者、破坏者）？

……

根据风险评估的结果，必须使用下面的适当机制：

——保密；

——完整性；

——认证与授权；

——信息的可用性。

POWERLINK 路由器的这个规范假定：

——POWERLINK 路由器被连接到一个可信的网络（例如，车间层网络）。需注意的是，如果车间层网络被连接到办公网络，或者更坏的情况，连接到因特网，则必须额外考虑信息安全。

——POWERLINK 路由器不保护 POWERLINK 网络不受恶意攻击（例如：ICMP 攻击、电子欺骗等）。

上述的信息安全的假设要求 POWERLINK 路由器应提供一个基本的信息安全等级。基本信息安全等级通过使用数据包过滤器（无状态的防火墙）来获得。对于更高的信息安全要求，必须考虑使用有状态的防火墙、VPN 服务器以及入侵检测系统。然而，这不属于本标准的范围。

对路由类型 1 信息安全特征的支持是可选的，是否支持应通过 D_RT1_RT1SecuritySupport_BOOL 来指示。

12.1.5.1 数据包过滤器——防火墙

数据包过滤器是一个防火墙部件，它分析并控制数据链路层、网络层及传输层的带内通信和带外通信。防火墙（例如，数据包过滤器）物理上将不可信的网络与可信的网络隔离开，这使得实现全局的信息安全控制成为可能。由于 POWERLINK 路由器隔离两个网络，所以应在 POWERLINK 路由器上实现数据包过滤器功能。

在保护 POWERLINK 网络免受各种风险（包括偶发的与恶意的）的措施中，数据包过滤器应配置在网络的入口——POWERLINK 路由器。数据包过滤器通过访问控制列表(ACL)来维护接口间的访问。本标准定义了应实现的过滤器条目及表。图 112 示出所涉及的表。这些表也表示 IP 数据报应被评估的位置。

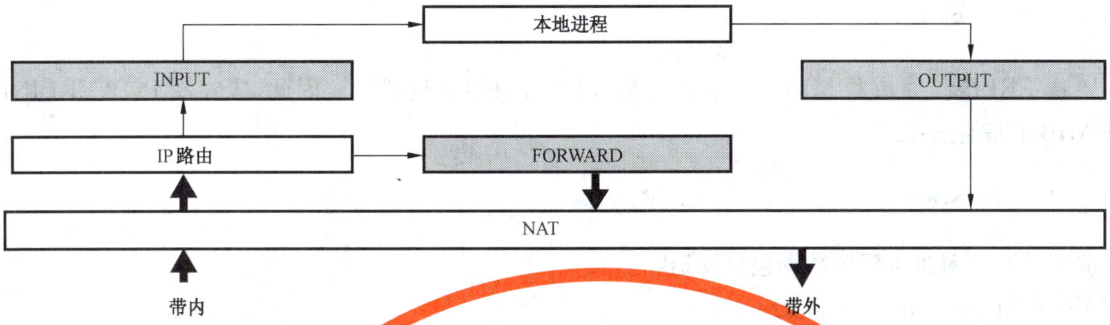

说明:粗箭头表示 POWERLINK 与外部网络间的路由。

图 112 数据包过滤器的过滤器表

INPUT 表 RT1_AclInTable_Xh_REC 应包括被寻址到 POWERLINK 路由器自身的数据包的过滤器条目。FORWARD 表 RT1_AclFwdTable_XXh_REC 应包含通过 POWERLINK 路由器路由的数据包的过滤器条目。OUTPUT 表 RT1_AclOutTable_Xh_REC 应包含本地生成的数据包的过滤器条目。每个表都应有自己默认的策略(RT1_SecurityGroup_REC. InTablePolicy_U8、RT1_SecurityGroup_REC. FwdTablePolicy_U8、RT1_SecurityGroup_REC. OutTablePolicy_U8)。

12.1.5.1.1 ACL 过滤器条目

访问控制列表是允许条件与拒绝条件的一个顺序列表,被称为规则。该列表定义了允许通过及拒绝通过 POWERLINK 路由器的连接。ACL 作为限制访问 POWERLINK 网络的一个基本方法。

POWERLINK 路由器可支持以下可选过滤器条目:

——数据链路层以太网 MAC 帧(DIX2):

- 以太网 MAC 首部的源 MAC 地址(SrcMac_MAC)。

POWERLINK 路由器应支持以下过滤器条目:

——网络层:

- IP 首部/源 IP 网络掩码(SrcMask_IPAD)的源 IP 地址(SrcIp_IPAD)字段;
- IP 首部/目的 IP 网络掩码(DstMask_IPAD)的目的 IP 地址(DstIp_IPAD)字段;
- IP 首部的协议(Protocol_U8)字段。

——传输层(如果协议是 UDP 或者 TCP):

- TCP 或 UDP 首部的源 L4 端口(SrcPort_U16);
- TCP 或 UDP 首部的目的 L4 端口(DstPort_U16)。

12.1.5.1.2 过滤器策略

防火墙规则规定了对数据包的判据及目标。目标规定当符合规则时如何处理该数据包。如果来自被访问的数据包的所有规定的条目与当前规则的相应的条目都匹配,则规则匹配。如果数据包不匹配,则检查各个表中的下一条规则。如果确实匹配,则执行规则的目标(Target_U8),即 ACCEPT 或 DROP。ACCEPT 表示让该数据包通过,DROP 表示直接丢掉该数据包。

如果没有规则相匹配,则应依据各个表的策略(RT1_SecurityGroup_REC. InTablePolicy_U8、RT1_SecurityGroup_REC. FwdTablePolicy_U8、RT1_SecurityGroup_REC. OutTablePolicy_U8)来处理数据包。

12.1.5.1.3 配置

信息安全设置及 ACL 应由 POWERLINK SDO 管理;可选地,由 SNMPv3 管理。

12.1.5.1.3.1 SNMP

POWERLINK 路由器 MIB 规定管理对象,以配置数据包过滤器。因此,应实现 POWERLINK 路由器 MIB 的信息安全组。

12.1.5.1.3.2 SDO

应实现下列对象以配置数据包过滤器:

——RT1_SecurityGroup_REC;

——RT1_AclFwdTable_XXh_REC;

——RT1_AclInTable_Xh_REC;

——RT1_AclOutTable_Xh_REC。

12.1.6 POWERLINK 路由器的其他服务

除了 POWERLINK 与普通以太网之间的数据传输服务,POWERLINK 路由器还可提供扩展服务,包括:

——精确时间协议(IEEE 1588)边界时钟功能;

——BOOTP/DHCP 中继;

——地址分配 DHCP(选项 82);

——增强的信息安全机制,例如,IEEE 802.1X:2001 基于端口的网络访问控制虚拟专用网络(VPN)服务器 入侵检测;

——DNS 服务器/高速缓存。

12.1.7 对象描述

12.1.7.1 对象 $1E80_h$:RT1_EplRouter_REC

RT1_EplRouter_REC 规定了用于 POWERLINK 路由器配置的属性。该对象应只在路由类型 1 中实现。

索引	$1E80_h$	对象类型	RECORD
名称	RT1_EplRouter_REC		
数据类型	RT1_EplRouter_TYPE	类别	有条件的

——子索引 00_h:NumberOfEntries

子索引	00_h		
名称	NumberOfEntries		
取值范围	2	访问	ro
缺省值	2	PDO 映射	No

——子索引 01_h:EnableNat_BOOL

子索引	01_h		
名称	EnableNat_BOOL		
数据类型	BOOL	类别	M
取值范围	BOOL	访问	rw
缺省值	TRUE	PDO 映射	No

启用或禁止 POWERLINK 路由器上的网络地址转换。

——子索引 02_h:EnablePacketFiltering_BOOL

子索引	02_h		
名称	EnablePacketFiltering_BOOL		
数据类型	BOOL	类别	M
取值范围	BOOL	访问	rw
缺省值	TRUE	PDO 映射	No

根据 EnablePacketFiltering_BOOL 值,启用或禁止 POWERLINK 路由器上的数据包过滤器。

12.1.7.2 对象 $1E90_h$~ $1ECF_h$:RT1_IpRoutingTable_XXh_REC

RT1_IpRoutingTable_XXh_REC 对象是 RFC 1354 的一个子集,它定义路由器转发表。路由表应有 64 个条目,可通过 SDO 配置。

为了允许按名称访问,“_XXh”应由名称索引代替。如果对象索引是 $1E90_h$,则名称索引应是“_00h”;名称索引值最大增至“_3Fh”,对应的对象索引为 $1ECF_h$。该对象应仅在路由类型 1 中实现。

索引	$1E90_h$~ $1ECF_h$	对象类型	RECORD
名称	RT1_IpRoutingTable_XXh_REC		
数据类型	RT1_IpRoutingTable_TYPE	类别	有条件的

——子索引 00_h:NumberOfEntries

子索引	00_h		
名称	NumberOfEntries		
取值范围	7	访问	ro
缺省值	7	PDO 映射	No

——子索引 01_h:IpForwardDest_IPAD

子索引	01_h		
名称	IpForwardDest_IPAD		
数据类型	IP_ADDRESS	类别	M
取值范围	IP_ADDRESS	访问	rw
缺省值	—	PDO 映射	No

该路由的目的 IP 地址。值为 0.0.0.0 的条目被认为是默认路由。该对象可以不采用多播(D 类)地址值。如果将 x 与 IpForwardMask_IPAD 对象相应的实例值按位作逻辑“与”运算后,其结果不等于 x,则必须拒绝给该对象的一个实例赋值为 x 的任何形式(隐式的或其他)的赋值。

——子索引 02_h:IpForwardMask_IPAD

子索引	02_h		
名称	IpForwardMask_IPAD		
数据类型	IP_ADDRESS	类别	M
取值范围	IP_ADDRESS	访问	rw
缺省值	0.0.0.0	PDO 映射	No

该子索引指示,要和跟 IpForwardDest_IPAD 字段中的值比较之前的目的地址作逻辑"与"的掩码。对不支持任意子网掩码的那些系统,代理通过引用 IP 地址类来构造 IpForwardMask_IPAD 的值。如果将 x 与 IpForwardDest_IPAD 对象相应的实例值按位作逻辑"与"运算后,其结果不等于 IpForward-Dest_IPAD,则应拒绝给该对象的一个实例赋值为 x 的任何形式(隐式的或其他)的赋值。

——子索引 03_h:IpForwardNextHop_IPAD

子索引	03_h		
名称	IpForwardNextHop_IPAD		
数据类型	IP_ADDRESS	类别	M
取值范围	IP_ADDRESS	访问	rw
缺省值	—	PDO 映射	No

表示在远程路由上,路由中下一个系统的(IP)地址;否则为 0.0.0.0。

——子索引 04_h:IpForwardType_U8

子索引	04_h		
名称	IpForwardType_U8		
数据类型	UNSIGNED8	类别	M
取值范围	other(1):未规定 invalid(2):逻辑删除 local(3):本地接口 remote(4):远程目的	访问	rw
缺省值	invalid(2)	PDO 映射	No

路由的类型。需注意的是,local(3)是指下一跳为最终目的的路由;remote(4)是指下一跳不为最终目的的路由。如果将该对象设置为 invalid(2),则等效于使 IpForwardTable_REC 中的相应的条目无效。也就是说,这有效地使上述条目标识的目的与上述条目标识的路由分离。代理是否将无效的条目从表中移除,这是实现特定的。因此,必须使管理节点准备就绪以接收来自代理的对应于当前未用条目的表格信息。正确解释这样的条目要求检查相关 IpForwardType_U8 对象。

——子索引 05_h:IpForwardAge_U32

子索引	05_h		
名称	IpForwardAge_U32		
数据类型	UNSIGNED32	类别	M
取值范围	UNSIGNED32	访问	ro
缺省值	—	PDO 映射	No

自该路由被上次更新以来，或被确定为正确的以来所经历的秒数。需注意的是，除了通过学习该路由的路由协议外，“too old”不能包含任何语义。

——子索引 06_h：IpForwardItfIndex_U16

子索引	06_h		
名称	IpForwardItfIndex_U16		
数据类型	UNSIGNED16	类别	M
取值范围	UNSIGNED16	访问	rw
缺省值	—	PDO 映射	No

IpForwardItfIndex_U16 标识本地接口(NMT_LocItfGroupN_REC.ItfIndex_U16)，通过此接口应可到达该路由的下一跳。

——子索引 07_h：IpForwardMetric1_S32

子索引	07_h		
名称	IpForwardMetric1_S32		
数据类型	INTEGER32	类别	M
取值范围	INTEGER32	访问	rw
缺省值	−1	PDO 映射	No

该路由的另一种路由度量单位。如果不使用该度量单位，其值应设为−1。度量单位指示使用路由的成本，通常是跳到 IP 目的的次数。本地子网上的任何通信都是一跳，此后每通过一个路由器就增加一跳。如果到相同的目的存在具有不同度量单位的多个路由，则选择最小度量单位的路由。

12.1.7.3 对象 $1D00_h$～$1DFF_h$：RT1_NatTable_XXh_REC

该对象规定位于 POWERLINK 路由器上的 NAT 表，用于双向(1 对 1)NAT。NAT 表应有 256 个条目，可通过 SDO 配置。

为了允许按名称访问，“_XXh”应由名称索引代替。如果对象索引是 $1D00_h$，则名称索引应是“_00h”。名称索引值最大增至“_FFh”，对应的对象索引为 $1DFF_h$。该对象应仅在路由类型 1 中实现。

索引	$1D00_h$～$1DFF_h$	对象类型	RECORD
名称	RT1_NatTable_XXh_REC		
数据类型	RT1_NatTable_TYPE	类别	Cond

——子索引 00_h：NumberOfEntries

子索引	00_h		
名称	NumberOfEntries		
取值范围	4	访问	ro
缺省值	4	PDO 映射	No

——子索引 01_h：EplIpAddr_IPAD

子索引	01_h			
名称	EplIpAddr_IPAD			
数据类型	IP_ADDRESS		类别	M
取值范围	IP_ADDRESS		访问	rw
缺省值	—		PDO 映射	No

StaticEplIpAddr_IPAD 包含到 POWERLINK 网络的 IP 地址。

——子索引 02_h：ExtIpAddr_IPAD

子索引	02_h			
名称	ExtIpAddr_IPAD			
数据类型	IP_ADDRESS		类别	M
取值范围	IP_ADDRESS		访问	rw
缺省值	—		PDO 映射	No

StaticExtIpAddr_IPAD 包含到外部网络的 IP 地址。

——子索引 03_h：Mask_IPAD

子索引	03_h			
名称	Mask_IPAD			
数据类型	IP_ADDRESS		类别	M
取值范围	IP_ADDRESS		访问	rw
缺省值	—		PDO 映射	No

这是用于 EplIpAddr_IPAD 和 ExtIpAddr_IPAD 的网络掩码。双向 NAT 仅对单个主机或同源地址与目的地址大小相等的 IP 地址范围有效，因此仅需要一个掩码。

——子索引 04_h：Type_U8

子索引	04_h		
名称	Type_U8		
数据类型	UNSIGNED8	类别	M
取值范围	other(1)：未规定 invalid(2)：逻辑删除 bidirectional－nat(3)：双向 NAT	访问	rw
缺省值	invalid(2)	PDO 映射	No

将该对象设为 invalid(2)值能使 Type_U8 对象中相应的条目无效。也就是说，有效地使各条目与 Table_REC 分离。代理是否将无效的条目从表中移除，这是实现特定的。因此，必须使管理节点准备就绪以接收来自代理的对应于当前未用条目的表格信息。正确解释这些条目要求对相关 Type_U8 的检查。

12.1.7.4 对象 $1E81_h$：RT1_SecurityGroup_REC

RT1_SecurityGroup_REC 包含关于 POWERLINK 路由器的信息安全设置的信息。该对象应仅在路由类型 1 中实现。

索引	$1E81_h$	对象类型	RECORD
名称	RT1_SecurityGroup_REC		
数据类型	RT1_SecurityGroup_TYPE	类别	有条件的

——子索引 00_h:NumberOfEntries

子索引	00_h		
名称	NumberOfEntries		
取值范围	3	访问	const
缺省值	3	PDO 映射	No

——子索引 01_h:FwdTablePolicy_U8

子索引	01_h		
名称	FwdTablePolicy_U8		
数据类型	UNSIGNED8	类别	M
取值范围	accept(1) drop(2) reject(3)	访问	rw
缺省值	accept	PDO 映射	No

FwdTablePolicy_U8 规定 FORWARD 表(RT1_AclFwdTable_XXh_REC)的缺省策略。

——子索引 02_h:InTablePolicy_U8

子索引	02_h		
名称	InTablePolicy_U8		
数据类型	UNSIGNED8	类别	M
取值范围	accept(1) drop(2) reject(3)	访问	rw
缺省值	accept	PDO 映射	No

InTablePolicy_U8 规定 INPUT 表(RT1_AclInTable_Xh_REC)的缺省策略。

——子索引 03_h:OutTablePolicy_U8

子索引	03_h		
名称	OutTablePolicy_U8		
数据类型	UNSIGNED8	类别	M
取值范围	accept(1) drop(2) reject(3)	访问	rw
缺省值	accept	PDO 映射	No

OutTablePolicy_U8 规定 OUTPUT 表(RT1_AclOutTable_Xh_REC)的缺省策略。

12.1.7.5 对象 $1B00_h$～$1BFF_h$:RT1_AclFwdTable_XXh_REC

该对象规定位于 POWERLINK 路由器上的 FORWARD 表的访问控制列表(ACL),见 12.1.5.1。FORWARD 表应有 256 个条目,可通过 SDO 配置。

为了允许按名称访问,"_XXh"应由名称索引代替。如果对象索引是 $1B00_h$,则名称索引应为"_00h"。名称索引值最大增至"_3Fh",对应的对象索引为 $1BFF_h$。该对象应仅在路由类型 1 中实现。

索引	$1B00_h$～$1BFF_h$	对象类型	RECORD
名称	RT1_AclFwdTable_XXh_REC		
数据类型	RT1_AclTable_TYPE	类别	有条件的

——子索引 00_h:NumberOfEntries

子索引	00_h		
名称	NumberOfEntries		
取值范围	9	访问	const
缺省值	9	PDO 映射	No

——子索引 01_h:SrcIp_IPAD

子索引	01_h		
名称	SrcIp_IPAD		
数据类型	IP_ADDRESS	类别	M
取值范围	IP_ADDRESS	访问	rw
缺省值	—	PDO 映射	No

SrcIp_IPAD 为相应条目规定了源 IP 地址。当其值为 0.0.0.0 且 SrcMask_IPAD 为 0.0.0.0 时,应表示任何 IP 地址。

——子索引 02_h:SrcMask_IPAD

子索引	02_h		
名称	SrcMask_IPAD		
数据类型	IP_ADDRESS	类别	M
取值范围	IP_ADDRESS	访问	rw
缺省值	—	PDO 映射	No

SrcMask_IPAD 是各条目相应源 IP 地址 SrcIp_IPAD 的网络掩码。当 SrcIp_IPAD 为 0.0.0.0 且 SrcMask_IPAD 为 0.0.0.0 时,应表示任何 IP 地址。

——子索引 03_h:DstIp_IPAD

子索引	03_h		
名称	DstIp_IPAD		
数据类型	IP_ADDRESS	类别	M
取值范围	IP_ADDRESS	访问	rw
缺省值	—	PDO 映射	No

DstIp_IPAD 为相应条目规定了目的 IP 地址。当其值为 0.0.0.0 且 DstMask _IPAD 为 0.0.0.0 时，应表示任何 IP 地址。

——子索引 04_h：DstMask_IPAD

子索引	04_h		
名称	DstMask_IPAD		
数据类型	IP_ADDRESS	类别	M
取值范围	IP_ADDRESS	访问	rw
缺省值	—	PDO 映射	No

DstMask _IPAD 是各条目的相应目的 IP 地址 DstIp _IPAD 的网络掩码。当 DstIp_IPAD 的值为 0.0.0.0 且 DstMask _IPAD 为 0.0.0.0 时，应表示任何 IP 地址。

——子索引 05_h：Protocol_U8

子索引	05_h		
名称	Protocol_U8		
数据类型	UNSIGNED8	类别	M
取值范围	UNSIGNED8	访问	rw
缺省值	0	PDO 映射	No

需检测的规则或数据包的协议。在因特网版本 4(Ipv4)[RFC 791]中有一个称为"Protocol"的字段，来标识下一层协议。这是一个 8 比特字段。所规定的协议是列在 http://www.iana.org/assignments/protocol—numbers 中的一个数字。数字 0 对应所有协议。

——子索引 06_h：SrcPort_U16

子索引	06_h		
名称	SrcPort_U16		
数据类型	UNSIGNED16	类别	M
取值范围	UNSIGNED16	访问	rw
缺省值	0	PDO 映射	No

如果规定了协议(Protocol_U8)TCP 或 UDP，则 SrcPort_U16 规定源端口。值 0 表示任何协议。

——子索引 07_h：DstPort_U16

子索引	07_h		
名称	DstPort_U16		
数据类型	UNSIGNED16	类别	M
取值范围	UNSIGNED16	访问	rw
缺省值	0	PDO 映射	No

如果规定了协议(Protocol_U8)TCP 或 UDP，则 DstPort_U16 包含目的端口。值 0 表示任何协议。

——子索引 08_h:SrcMac_MAC

子索引	08_h		
名称	SrcMac_MAC		
数据类型	MAC_ADDRESS	类别	M
取值范围	MAC_ADDRESS	访问	rw
缺省值	00:00:00:00:00:00	PDO 映射	No

匹配源 MAC 地址。值为 00:00:00:00:00:00 时表示任何源 MAC。

——子索引 09_h:Target_U8

子索引	09_h		
名称	Target_U8		
数据类型	UNSIGNED8	类别	M
取值范围	invalid(0) accept(1) drop(2) reject(3)	访问	rw
缺省值	invalid(0)	PDO 映射	No

规定规则的目标。如果该值为 0,则条目应是无效的。如果规则与目标匹配,则该值为 accept、drop 或 reject。

12.1.7.6 对象 $1ED0_h$~$1EDF_h$:RT1_AclInTable_Xh_REC

该对象规定 POWERLINK 路由器上的 INPUT 表的访问控制列表(ACL),见 12.1.5.1。INPUT 表应有 16 个条目,可通过 SDO 配置。

为了允许按名称访问,"_Xh"应由名称索引代替。如果对象索引是 $1ED0_h$,则名称索引应为"_0h"。名称索引值最大增至"_Fh",对应的对象索引为 $1EDF_h$。该对象应仅在路由类型 1 中实现。

索引	$1ED0_h$~$1EDF_h$	对象类型	RECORD
名称	RT1_AclInTable_Xh_REC		
数据类型	RT1_AclTable_TYPE	类别	有条件的

——子索引 00_h:NumberOfEntries

子索引	00_h		
名称	NumberOfEntries		
取值范围	9	访问	const
缺省值	9	PDO 映射	No

——子索引 01_h:SrcIp_IPAD

子索引	01_h		
名称	SrcIp_IPAD		
数据类型	IP_ADDRESS	类别	M
取值范围	IP_ADDRESS	访问	rw
缺省值	—	PDO 映射	No

SrcIp_IPAD 为相应条目规定了源 IP 地址。当其值为 0.0.0.0 且 SrcMask_IPAD 为 0.0.0.0 时，应表示任何 IP 地址。

——子索引 02_h：SrcMask_IPAD

子索引	02_h		
名称	SrcMask_IPAD		
数据类型	IP_ADDRESS	类别	M
取值范围	IP_ADDRESS	访问	rw
缺省值	—	PDO 映射	No

SrcMask_IPAD 是各条目相应源 IP 地址 SrcIp_IPAD 的网络掩码。当 SrcIp_IPAD 的值为 0.0.0.0 且 SrcMask_IPAD 为 0.0.0.0 时，应表示任何 IP 地址。

——子索引 03_h：DstIp_IPAD

子索引	03_h		
名称	DstIp_IPAD		
数据类型	IP_ADDRESS	类别	M
取值范围	IP_ADDRESS	访问	rw
缺省值	—	PDO 映射	No

DstIp_IPAD 为相应条目规定了目的 IP 地址。当其值为 0.0.0.0 且 DstMask _IPAD 为 0.0.0.0 时，应表示任何 IP 地址。

——子索引 04_h：DstMask_IPAD

子索引	04_h		
名称	DstMask_IPAD		
数据类型	IP_ADDRESS	类别	M
取值范围	IP_ADDRESS	访问	rw
缺省值	—	PDO 映射	No

DstMask _IPAD 是各条目相应目的 IP 地址 DstIp _IPAD 的网络掩码。当 DstIp_IPAD 为 0.0.0.0 且 DstMask _IPAD 为 0.0.0.0 时，应表示任何 IP 地址。

——子索引 05_h：Protocol_U8

子索引	05_h		
名称	Protocol_U8		
数据类型	UNSIGNED8	类别	M
取值范围	UNSIGNED8	访问	rw
缺省值	0	PDO 映射	No

需检测的规则或数据包的协议。在因特网版本 4(Ipv4)[RFC 791]有一个称为“Protocol”的字段，来标识下一层协议。这是一个 8 比特字段。规定的协议是列在 http://www.iana.org/assignments/protocol-numbers 中的一个数字。数字 0 对应所有协议。

——子索引 06_h：SrcPort_U16

子索引	06_h		
名称	SrcPort_U16		
数据类型	UNSIGNED16	类别	M
取值范围	UNSIGNED16	访问	rw
缺省值	0	PDO 映射	No

如果规定了协议(Protocol_U8)TCP 或 UDP，则 SrcPort_U16 规定源端口。值 0 表示任何协议。

——子索引 07_h：DstPort_U16

子索引	07_h		
名称	DstPort_U16		
数据类型	UNSIGNED16	类别	M
取值范围	UNSIGNED16	访问	rw
缺省值	0	PDO 映射	No

如果规定了协议(Protocol_U8)TCP 或 UDP，则 DstPort_U16 规定目的端口。值 0 表示任何协议。

——子索引 08_h：SrcMac_MAC

子索引	08_h		
名称	SrcMac_MAC		
数据类型	MAC_ADDRESS	类别	M
取值范围	MAC_ADDRESS	访问	rw
缺省值	00:00:00:00:00:00	PDO 映射	No

匹配源 MAC 地址。值为 00:00:00:00:00:00 时规定任何源 MAC。

——子索引 09_h：Target_U8

子索引	09_h		
名称	Target_U8		
数据类型	UNSIGNED8	类别	M
取值范围	invalid(0) accept(1) drop(2) reject(3)	访问	rw
缺省值	invalid(0)	PDO 映射	No

规定规则的目标。如果该值为 0，则条目应是无效的。如果规则与目标相符，则该值为 accept、drop 或 reject。

12.1.7.7 对象 $1EE0_h$～$1EEF_h$：RT1_AclOutTable_Xh_REC

该对象规定 POWERLINK 路由器上的 OUTPUT 表的访问控制列表(ACL)，见 12.1.5.1。OUTPUT 表应有 16 个条目，可通过 SDO 配置。

为了允许按名称访问，"_Xh"应由名称索引代替。如果对象索引是 $1EE0_h$，则名称索引应为"_0h"。

名称索引值最大增至“_Fh”,对应的对象索引为 $1EEF_h$。该对象应仅在路由类型 1 中实现。

索引	$1EE0_h$～$1EEF_h$	对象类型	RECORD
名称	RT1_AclOutTable_Xh_REC		
数据类型	RT1_AclTable_TYPE	类别	有条件的

——子索引 00_h:NumberOfEntries

子索引	00_h		
名称	NumberOfEntries		
取值范围	9	访问	const
缺省值	9	PDO 映射	No

——子索引 01_h:SrcIp_IPAD

子索引	01_h		
名称	SrcIp_IPAD		
数据类型	IP_ADDRESS	类别	M
取值范围	IP_ADDRESS	访问	rw
缺省值	—	PDO 映射	No

SrcIp_IPAD 为相应条目规定了源 IP 地址。当其值为 0.0.0.0 且 SrcMask_IPAD 为 0.0.0.0 时,应表示任何 IP 地址。

——子索引 02_h:SrcMask_IPAD

子索引	02_h		
名称	SrcMask_IPAD		
数据类型	IP_ADDRESS	类别	M
取值范围	IP_ADDRESS	访问	rw
缺省值	—	PDO 映射	No

SrcMask_IPAD 是各条目相应源 IP 地址 SrcIp_IPAD 的网络掩码。当 SrcIp_IPAD 为 0.0.0.0 且 SrcMask_IPAD 为 0.0.0.0 时,应表示任何 IP 地址。

——子索引 03_h:DstIp_IPAD

子索引	03_h		
名称	DstIp_IPAD		
数据类型	IP_ADDRESS	类别	M
取值范围	IP_ADDRESS	访问	rw
缺省值	—	PDO 映射	No

DstIp_IPAD 为相应条目规定了目的 IP 地址。当其值为 0.0.0.0 且 DstMask _IPAD 为 0.0.0.0 时,应表示任何 IP 地址。

——子索引 04_h:DstMask_IPAD

子索引	04_h		
名称	DstMask_IPAD		
数据类型	IP_ADDRESS	类别	M
取值范围	IP_ADDRESS	访问	rw
缺省值	—	PDO 映射	No

DstMask _IPAD 是各条目相应目的 IP 地址 DstIp _IPAD 的网络掩码。当 DstIp_IPAD 为 0.0.0.0 且 DstMask _IPAD 为 0.0.0.0 时,应表示任何 IP 地址。

——子索引 05_h:Protocol_U8

子索引	05_h		
名称	Protocol_U8		
数据类型	UNSIGNED8	类别	M
取值范围	UNSIGNED8	访问	rw
缺省值	0	PDO 映射	No

需检测的规则或数据包的协议。在因特网版本 4(Ipv4)[RFC 791]有一个称为"Protocol"的字段,来标识下一层协议。这是一个 8 比特字段。规定的协议是列在 http://www.iana.org/assignments/protocol－numbers 中的一个数字。数字 0 对应所有协议。

——子索引 06_h:SrcPort_U16

子索引	06_h		
名称	SrcPort_U16		
数据类型	UNSIGNED16	类别	M
取值范围	UNSIGNED16	访问	rw
缺省值	0	PDO 映射	No

如果规定了协议(Protocol_U8)TCP 或 UDP,则 SrcPort_U16 规定源端口。值 0 表示任何协议。

——子索引 07_h:DstPort_U16

子索引	07_h		
名称	DstPort_U16		
数据类型	UNSIGNED16	类别	M
取值范围	UNSIGNED16	访问	rw
缺省值	0	PDO 映射	No

如果规定了协议(Protocol_U8)TCP 或 UDP,则 DstPort_U16 规定目的端口。值 0 表示任何协议。

——子索引 08_h:SrcMac_MAC

子索引	08_h		
名称	SrcMac_MAC		
数据类型	MAC_ADDRESS	类别	M
取值范围	MAC_ADDRESS	访问	rw
缺省值	00:00:00:00:00:00	PDO 映射	No

匹配源 MAC 地址。值为 00:00:00:00:00:00 时规定任何源 MAC。

——子索引 09_h:Target_U8

子索引	09_h		
名称	Target_U8		
数据类型	UNSIGNED8	类别	M
取值范围	invalid(0) accept(1) drop(2) reject(3)	访问	rw
缺省值	invalid(0)	PDO 映射	No

规定规则的目标。如果该值为 0,则条目应是无效的。如果规则与目标相符,则该值为 accept、drop 或 reject。

12.1.7.8 路由器类型 1 对象类型

12.1.7.8.1 对象 0430_h:RT1_EplRouter_TYPE

索引	0430_h	对象类型	DEFSTRUCT
名称	RT1_EplRouter_TYPE		
子索引	成员名称	值	数据类型
00h	NumberOfEntries	02_h	
01h	EnableNat_BOOL	0001_h	BOOLEAN
02h	EnablePacketFiltering_BOOL	0001_h	BOOLEAN

12.1.7.8.2 对象 0431_h:RT1_IpRoutingTable_TYPE

索引	0431_h	对象类型	DEFSTRUCT
名称	RT1_IpRoutingTable_TYPE		
子索引	成员名称	值	数据类型
00h	NumberOfEntries	07_h	
01h	IpForwardDest_IPAD	0402_h	IP_ADDRESS
02h	IpForwardMask_IPAD	0402_h	IP_ADDRESS
03h	IpForwardNextHop_IPAD	0402_h	IP_ADDRESS
04h	IpForwardType_U8	0005_h	UNSIGNED8
05h	IpForwardAge_U32	0007_h	UNSIGNED32
06h	IpForwardItfIndex_U16	0007_h	UNSIGNED16
07h	IpForwardMetric1_S32	0004_h	INTEGER32

12.1.7.8.3 对象 0432_h:**RT1_NatTable_TYPE**

索引	0432_h	对象类型	DEFSTRUCT
名称	RT1_NatTable_TYPE		
子索引	成员名称	值	数据类型
00h	NumberOfEntries	04_h	
01h	EplIpAddr_IPAD	0402_h	IP_ADDRESS
02h	ExtIpAddr_IPAD	0402_h	IP_ADDRESS
03h	Mask	0007_h	IP_ADDRESS
04h	Type_U8	0005_h	UNSIGNED8

12.1.7.8.4 对象 0433_h:**RT1_SecurityGroup_TYPE**

索引	0433_h	对象类型	DEFSTRUCT
名称	RT1_SecurityGroup_TYPE		
子索引	成员名称	值	数据类型
00h	NumberOfEntries	03_h	
01h	FwdTablePolicy_U8	0005_h	UNSIGNED8
02h	InTablePolicy_U8	0005_h	UNSIGNED8
03h	OutTablePolicy_U8	0005_h	UNSIGNED8

12.1.7.8.5 对象 0434_h:**RT1_AclTable_TYPE**

索引	0434_h	对象类型	DEFSTRUCT
名称	RT1_AclTable_TYPE		
子索引	成员名称	值	数据类型
00h	NumberOfEntries	09_h	
01h	SrcIp_IPAD	0402_h	IP_ADDRESS
02h	SrcMask_IPAD	0402_h	IP_ADDRESS
03h	DstIp_IPAD	0402_h	IP_ADDRESS
04h	DstMask_IPAD	0402_h	IP_ADDRESS
05h	Protocol_U8	0005_h	UNSIGNED8
06h	SrcPort_U16	0007_h	UNSIGNED16
07h	DstPort_U16	0007_h	UNSIGNED16
08h	SrcMac_MAC	0401_h	MAC_ADDRESS
09h	Target_U8	0005_h	UNSIGNED8

12.1.8 POWERLINK 路由器 MIB

POWERLINK 路由器管理信息库(MIB)规定了可通过 SNMP 访问的管理对象。

12.2 路由类型 2

POWERLINK 路由器类型 2 是一个耦合部件,它允许 POWERLINK 网络中的节点与 CANopen 网络中的节点通信。

图 113 示出 POWERLINK 路由器类型 2。

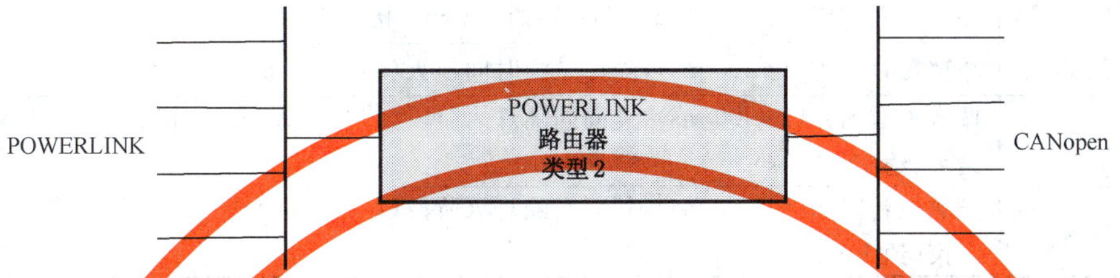

图 113 POWERLINK 路由器类型 2

路由类型 2 应提供 POWERLINK 节点与 CANopen 节点间的 CANopen 兼容的 SDO 通信。

它还提供基于 POWERLINK 机器网络(见图 107)的 CANopen 到 CANopen 的交叉通信。

通过 POWERLINK 路由器类型 1 与 POWERLINK 路由器类型 2,可从车间层网络及更远的基于 IP 的网络(见图 107)访问 CANopen 节点。

POWERLINK 路由类型 2 将由一个单独的标准进行规定。

路由类型 2 是可选的。是否支持该选项应通过 D_RT2_RT2Support_BOOL 来指示。

13 指示器

每个 POWERLINK 节点应支持以下两种方式之一:

——两个 LED:

- 一个红色的 ERROR LED;
- 一个绿色的 STATUS LED。

——使用一个称为 S/E LED 的双色(绿色/红色)LED 组合。S/E LED 的红色子功能等效于 ERROR LED,绿色子功能等效于 STATUS LED。

另外,还可使用如下 POWERLINK 特定 LED:

——每个节点

- 发送数据(TX LED):黄色。

——每个端口

- 接收数据(RX LED):黄色;
- 以太网链接(LINK LED):绿色;
- 冲突(COL LED):红色(推荐);
- 对于 LINK LED 和 COL LED,可使用双色(绿色/红色)LED(L/C LED)。

还可使用如下可选 POWERLINK 特定 LED:

——每个端口

- 以太网链接/数据活动(LINK/DATA ACTIVITY LED)双色(绿色/黄色)LED,或者;
- 以太网链接/数据活动(LINK/DATA ACTIVITY LED)绿色 LED。

13.1 指示器状态和闪烁率

表 146 列出指示器的各种状态。

表 146 LED 指示器状态

LED 亮	常亮
LED 灭	常灭
LED 快闪	亮灭时间相等，频率约为 10 Hz：亮约 50 ms，灭约 50 ms
LED 慢闪	亮灭时间相等，频率约为 2.5 Hz：亮约 200 ms，接着灭约 200 ms
LED 单次闪烁	一次短暂闪光(约 200 ms)，随后是长时间熄灭(约 1 000 ms)
LED 两次闪烁	两次短暂闪光(约 200 ms)，其间间隔灯灭阶段(约 200 ms)的一个序列。该序列以长时间灯灭结束(约 1 000 ms)
LED 三次闪烁	三次短暂闪光(约 200 ms)，其间间隔灯灭阶段(约 200 ms)的一个序列。该序列以长时间灯灭结束(约 1 000 ms)

13.2 指示器信号

——ERROR LED

ERROR LED 功能由 NMT 状态机的转换控制。ERROR LED 状态机如图 114 所示。

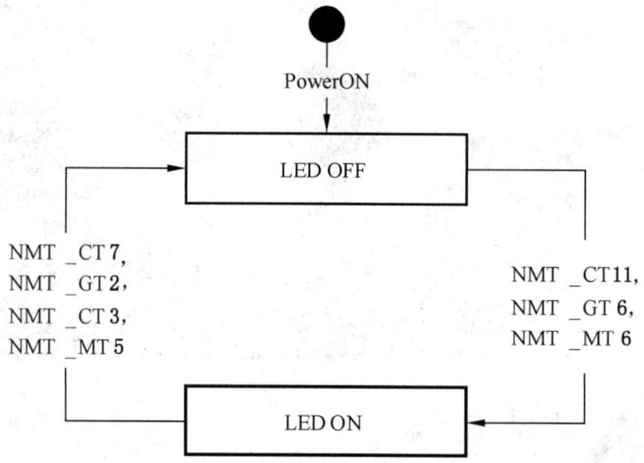

图 114 ERROR LED 状态机

——STATUS LED

STATUS LED 功能由 NMT 状态机的状态控制，见表 147。

表 147 STATUS LED 状态

STATUS LED	状　态
LED 灭	NMT_GS_OFF，NMT_GS_INITIALISATION，NMT_CS_NOT_ACTIVE/NMT_MS_NOT_ACTIVE
LED 快闪	NMT_CS_BASIC_ETHERNET
LED 单次闪烁	NMT_CS_PRE_OPERATIONAL_1/NMT_MS_PRE_OPERATIONAL_1
LED 两次闪烁	NMT_CS_PRE_OPERATIONAL_2/NMT_MS_PRE_OPERATIONAL_2
LED 三次闪烁	NMT_CS_READY_TO_OPERATE/NMT_MS_READY_TO_OPERATE
LED 亮	NMT_CS_OPERATIONAL/NMT_MS_OPERATIONAL
LED 慢闪	NMT_CS_STOPPED

——S/E LED

ERROR LED 和 STATUS LED 的组合，STATUS LED 优先于 ERROR LED 功能，例如，如果要求 STATUS LED 闪烁，则 ERROR LED 将在闪烁期间熄灭。

——TX LED

当正在发送数据时，应为 LED 亮。

——RX LED

当正在接收数据时，应为 LED 亮。

——LINK LED

当建立以太网链接时，应为 LED 亮。

——COLLISION LED

当识别出以太网帧冲突时，应为 LED 亮。

——LINK/DATA ACTIVITY LED

- 双色(黄色/绿色)LED

  当建立以太网链接时应为绿色 LED 亮，当接收或者发送数据时应为黄色 LED 亮。允许仅指示 TX 或 RX 方向，或者指示两个方向。DATA ACTIVITY LED 优先于 LINK LED。
- 绿色 LED

  当建立以太网链接时应为绿色 LED 亮，当接收或者发送数据时应为 LED 闪烁。允许仅指示 TX 或 RX 方向，或者指示两个方向。DATA ACTIVITY LED 优先于 LINK LED。

13.3 推荐标记

——对于 STATUS LED，推荐使用"BS"或"Status"；

——对于 ERROR LED，推荐使用"BE"或"Error"；

——对于 S/E LED，推荐使用"S/E"；

——对于 TX LED，推荐使用"Tx"；

——对于 RX LED，推荐使用"Rx"；

——对于 LINK LED，推荐使用"L"；

——对于 COLLISION LED，推荐使用"C"；

——对于 LINK LED 和 COL LED 组合，推荐使用"L/C"；

——对于 LINK/DATA ACTIVITY LED，推荐使用"L/A"或可选"LS/DA"。

标记不区分大小写，例如，"RUN"、"run"和"Run"应是等效的。

附　录　A
（规范性附录）
对象库一览表

A.1　对象字典条目，按索引排序

索引	名　　称	类别	对象类型
0001_h	BOOLEAN		DEFTYPE
0002_h	INTEGER8		DEFTYPE
0003_h	INTEGER16		DEFTYPE
0004_h	INTEGER32		DEFTYPE
0005_h	UNSIGNED8		DEFTYPE
0006_h	UNSIGNED16		DEFTYPE
0007_h	UNSIGNED32		DEFTYPE
0008_h	REAL32		DEFTYPE
0009_h	VISIBLE_STRING		DEFTYPE
$000A_h$	OCTET_STRING		DEFTYPE
$000B_h$	UNICODE_STRING		DEFTYPE
$000C_h$	TIME_OF_DAY		DEFTYPE
$000D_h$	TIME_DIFFERENCE		DEFTYPE
$000F_h$	DOMAIN		DEFTYPE
0010_h	INTEGER24		DEFTYPE
0011_h	REAL64		DEFTYPE
0012_h	INTEGER40		DEFTYPE
0013_h	INTEGER48		DEFTYPE
0014_h	INTEGER56		DEFTYPE
0015_h	INTEGER64		DEFTYPE
0016_h	UNSIGNED24		DEFTYPE
0018_h	UNSIGNED40		DEFTYPE
0019_h	UNSIGNED48		DEFTYPE
$001A_h$	UNSIGNED56		DEFTYPE
$001B_h$	UNSIGNED64		DEFTYPE
0023_h	IDENTITY		DEFSTRUCT
0040_h～$005F_h$	制造商特定复杂数据类型		DEFSTRUCT
0060_h～$007F_h$	设备行规(0)特定标准数据类型		DEFTYPE
0080_h～$009F_h$	设备行规(0)特定复杂数据类型		DEFSTRUCT

表(续)

索引	名　称	类别	对象类型
00A0h～00BFh	设备行规 1 特定标准数据类型		DEFTYPE
00C0h～00DFh	设备行规 1 特定复杂数据类型		DEFSTRUCT
00E0h～00FFh	设备行规 2 特定标准数据类型		DEFTYPE
0100h～011Fh	设备行规 2 特定复杂数据类型		DEFSTRUCT
0120h～013Fh	设备行规 3 特定标准数据类型		DEFTYPE
0140h～015Fh	设备行规 3 特定复杂数据类型		DEFSTRUCT
0160h～017Fh	设备行规 4 特定标准数据类型		DEFTYPE
0180h～019Fh	设备行规 4 特定复杂数据类型		DEFSTRUCT
01A0h～01BFh	设备行规 5 特定标准数据类型		DEFTYPE
01C0h～01DFh	设备行规 5 特定复杂数据类型		DEFSTRUCT
01E0h～01FFh	设备行规 6 特定标准数据类型		DEFTYPE
0200h～021Fh	设备行规 6 特定复杂数据类型		DEFSTRUCT
0220h～023Fh	设备行规 7 特定标准数据类型		DEFTYPE
0240h～025Fh	设备行规 7 特定复杂数据类型		DEFSTRUCT
0401h	MAC_ADDRESS		DEFTYPE
0402h	IP_ADDRESS		DEFTYPE
0403h	NETTIME		DEFTYPE
0420h	PDO_CommParamRecord_TYPE		DEFSTRUCT
0422h	SDO_ParameterRecord_TYPE		DEFSTRUCT
0424h	DLL_ErrorCntRec_TYPE		DEFSTRUCT
0425h	NWL_IpGroup_TYPE		DEFSTRUCT
0426h	NWL_IpAddrTable_TYPE		DEFSTRUCT
0427h	PDL_LocVerApplSw_TYPE		DEFSTRUCT
0428h	INP_ProcessImage_TYPE		DEFSTRUCT
0429h	NMT_ParameterStorage_TYPE		DEFSTRUCT
042Bh	NMT_InterfaceGroup_Xh_TYPE		DEFSTRUCT
042Ch	NMT_CycleTiming_TYPE		DEFSTRUCT
042Eh	NMT_BootTime_TYPE		DEFSTRUCT
042Fh	NMT_MNCycleTiming_TYPE		DEFSTRUCT
0430h	RT1_EplRouter_TYPE		DEFSTRUCT
0431h	RT1_IpRoutingTable_TYPE		DEFSTRUCT
0432h	RT1_NatTable_TYPE		DEFSTRUCT
0433h	RT1_SecurityGroup_TYPE		DEFSTRUCT
0434h	RT1_AclTable_TYPE		DEFSTRUCT
0435h	CFM_VerifyConfiguration_TYPE		DEFSTRUCT
0437h	DIA_NMTTelegrCount_TYPE		DEFSTRUCT

表(续)

索引	名　称	类别	对象类型
0438_h	DIA_ERRStatistics_TYPE		DEFSTRUCT
0439_h	NMT_EPLNodeID_TYPE		DEFSTRUCT
$043A_h$	NMT_RequestCmd_TYPE		DEFSTRUCT
$043B_h$	EPSG DS 302-A 使用的 DLL_MNRingRedundancy_TYPE		DEFSTRUCT
1000_h	NMT_DeviceType_U32	M	VAR
1001_h	ERR_ErrorRegister_U8	M	VAR
1003_h	ERR_History_ADOM	O	ARRAY
1006_h	NMT_CycleLen_U32	M	VAR
1008_h	NMT_ManufactDevName_VS	O	VAR
1009_h	NMT_ManufactHwVers_VS	O	VAR
$100A_h$	NMT_ManufactSwVers_VS	O	VAR
1010_h	NMT_StoreParam_REC	O	RECORD
1011_h	NMT_RestoreDefParam_REC	O	RECORD
1016_h	NMT_ConsumerHeartbeatTime_AU32	O	ARRAY
1018_h	NMT_IdentityObject_REC	M	RECORD
1020_h	CFM_VerifyConfiguration_REC	M	RECORD
1021_h	CFM_StoreDevDescrFile_DOM	O	VAR
1022_h	CFM_StoreDevDescrFormat_U16	Cond	VAR
1030_h～1039_h	NMT_InterfaceGroup_Xh_REC	M(1030_h)/O	RECORD
1101_h	DIA_NMTTelegrCount_REC	O	RECORD
1102_h	DIA_ERRStatistics_REC	O	RECORD
1200_h～$127F_h$	SDO_ServerContainerParam_XXh_REC	O	RECORD
1280_h～$12FF_h$	SDO_ClientContainerParam_XXh_REC	O	RECORD
1300_h	SDO_SequLayerTimeout_U32	M	VAR
1301_h	SDO_CmdLayerTimeout_U32	O	VAR
1400_h～$14FF_h$	PDO_RxCommParam_XXh_REC	Cond	RECORD
1600_h～$16FF_h$	PDO_RxMappParam_XXh_AU64	Cond	ARRAY
1800_h～$18FF_h$	PDO_TxCommParam_XXh_REC	Cond	RECORD
$1A00_h$～$1AFF_h$	PDO_TxMappParam_XXh_AU64	Cond	ARRAY
$1B00_h$～$1BFF_h$	RT1_AclFwdTable_XXh_REC	Cond	RECORD
$1C00_h$	DLL_MNCRCError_REC	M	RECORD
$1C01_h$	DLL_MNCollision_REC	O	RECORD
$1C02_h$	DLL_MNCycTimeExceed_REC	O	RECORD
$1C03_h$	DLL_MNLossOfLinkCum_U32	Cond	VAR
$1C04_h$	DLL_MNCNLatePResCumCnt_AU32	Cond	ARRAY
$1C05_h$	DLL_MNCNLatePResThrCnt_AU32	Cond	ARRAY

表(续)

索引	名　称	类别	对象类型
$1C06_h$	DLL_MNCNLatePResThreshold_AU32	Cond	ARRAY
$1C07_h$	DLL_MNCNLossPResCumCnt_AU32	O	ARRAY
$1C08_h$	DLL_MNCNLossPResThrCnt_AU32	M	ARRAY
$1C09_h$	DLL_MNCNLossPResThreshold_AU32	M	ARRAY
$1C0A_h$	DLL_CNCollision_REC	O	RECORD
$1C0B_h$	DLL_CNLossSoC_REC	M	RECORD
$1C0C_h$	DLL_CNLossSoA_REC	Cond	RECORD
$1C0D_h$	DLL_CNLossPReq_REC	Cond	RECORD
$1C0E_h$	DLL_CNSoCJitter_REC	Cond	RECORD
$1C0F_h$	DLL_CNCRCError_REC	M	RECORD
$1C10_h$	DLL_CNLossOfLinkCum_U32	Cond	VAR
$1C12_h$	DLL_MNCycleSuspendNumber_U32	M	VAR
$1C13_h$	DLL_CNSoCJitterRange_U32	Cond	VAR
$1C14_h$	DLL_CNLossOfSocTolerance_U32	M	VAR
$1C15_h$	DLL_MNLossStatusResCumCnt_AU32	O	ARRAY
$1C16_h$	DLL_MNLossStatusResThrCnt_AU32	M	ARRAY
$1C17_h$	DLL_MNLossStatusResThreshold_AU32	M	ARRAY
$1C40_h$	DLL_MNRingRedundancy_REC，由 EPSG DS 302-A 使用	Cond	RECORD
$1C80_h$	PDO_ErrMapVers_OSTR	O	VAR
$1C81_h$	PDO_ErrShort_RX_OSTR	O	VAR
$1D00_h$～$1DFF_h$	RT1_NatTable_XXh_REC	Cond	RECORD
$1E40_h$～$1E49_h$	NWL_IpAddrTable_Xh_REC	Cond($1E40_h$)/O	RECORD
$1E4A_h$	NWL_IpGroup_REC	Cond	RECORD
$1E80_h$	RT1_EplRouter_REC	Cond	RECORD
$1E81_h$	RT1_SecurityGroup_REC	Cond	RECORD
$1E90_h$～$1ECF_h$	RT1_IpRoutingTable_XXh_REC	Cond	RECORD
$1ED0_h$～$1EDF_h$	RT1_AclInTable_Xh_REC	Cond	RECORD
$1EE0_h$～$1EEF_h$	RT1_AclOutTable_Xh_REC	Cond	RECORD
$1F20_h$	CFM_StoreDcfList_ADOM	Cond	ARRAY
$1F21_h$	CFM_DcfStorageFormatList_AU8	O	ARRAY
$1F22_h$	CFM_ConciseDcfList_ADOM	O	ARRAY
$1F23_h$	CFM_StoreDevDescrFileList_ADOM	Cond	ARRAY
$1F24_h$	CFM_DevDescrFileFormatList_AU8	O	ARRAY
$1F25_h$	CFM_ConfCNRequest_AU32	O	ARRAY
$1F26_h$	CFM_ExpConfDateList_AU32	O	ARRAY
$1F27_h$	CFM_ExpConfTimeList_AU32	O	ARRAY

表(续)

索引	名　　称	类别	对象类型
$1F28_h$	CFM_ExpConfTimeList_AU32	O	ARRAY
$1F50_h$	PDL_DownloadProgData_ADOM	O	ARRAY
$1F51_h$	PDL_ProgCtrl_AU8	Cond	ARRAY
$1F52_h$	PDL_LocVerApplSw_REC	Cond	RECORD
$1F53_h$	PDL_MnExpAppSwDateList_AU32	Cond	ARRAY
$1F54_h$	PDL_MnExpAppSwTimeList_AU32	Cond	ARRAY
$1F70_h$	INP_ProcessImage_REC	Cond	RECORD
$1F80_h$	NMT_StartUp_U32	M	VAR
$1F81_h$	NMT_NodeAssignment_AU32	MN:M;CN:O	ARRAY
$1F82_h$	NMT_FeatureFlags_U32	M	VAR
$1F83_h$	NMT_EPLVersion_U8	M	VAR
$1F84_h$	NMT_MNDeviceTypeIdList_AU32	M	ARRAY
$1F85_h$	NMT_MNVendorIdList_AU32	O	ARRAY
$1F86_h$	NMT_MNProductCodeList_AU32	O	ARRAY
$1F87_h$	NMT_MNRevisionNoList_AU32	O	ARRAY
$1F88_h$	NMT_MNSerialNoList_AU32	O	ARRAY
$1F89_h$	NMT_BootTime_REC	M	RECORD
$1F8A_h$	NMT_MNCycleTiming_REC	M	VAR
$1F8B_h$	NMT_MNPReqPayloadLimitList_AU16	M	ARRAY
$1F8C_h$	NMT_CurrNMTState_U8	M	VAR
$1F8D_h$	NMT_PResPayloadLimitList_AU16	MN:M;CN:O	ARRAY
$1F8E_h$	NMT_MNNodeCurrState_AU8	M	ARRAY
$1F8F_h$	NMT_MNNodeExpState_AU8	O	ARRAY
$1F92_h$	NMT_MNCNPResTimeout_AU32	M	ARRAY
$1F93_h$	NMT_EPLNodeID_REC	M	RECORD
$1F98_h$	NMT_CycleTiming_REC	M	RECORD
$1F99_h$	NMT_CNBasicEthernetTimeout_U32	M	VAR
$1F9A_h$	NMT_HostName_VSTR	Cond	VAR
$1F9B_h$	NMT_MultiplCycleAssign_AU8	Cond	ARRAY
$1F9C_h$	NMT_IsochrSlotAssign_AU8	O	ARRAY
$1F9E_h$	NMT_ResetCmd_U8	M	VAR
$1F9F_h$	NMT_RequestCmd_REC	M	RECORD

A.2 对象字典条目,按名称排序

名　　称	索引	对象类型
BOOLEAN	0001_h	DEFTYPE
CFM_ConciseDcfList_ADOM	$1F22_h$	ARRAY
CFM_ConfCNRequest_AU32	$1F25_h$	ARRAY
CFM_DcfStorageFormatList_AU8	$1F21_h$	ARRAY
CFM_DevDescrFileFormatList_AU8	$1F24_h$	ARRAY
CFM_ExpConfDateList_AU32	$1F26_h$	ARRAY
CFM_ExpConfIdList_AU32	$1F28_h$	ARRAY
CFM_ExpConfTimeList_AU32	$1F27_h$	ARRAY
CFM_StoreDcfList_ADOM	$1F20_h$	ARRAY
CFM_StoreDevDescrFile_DOM	1021_h	VAR
CFM_StoreDevDescrFileList_ADOM	$1F23_h$	ARRAY
CFM_StoreDevDescrFormat_U16	1022_h	VAR
CFM_VerifyConfiguration_REC	1020_h	RECORD
CFM_VerifyConfiguration_TYPE	0435_h	DEFSTRUCT
设备行规(0)特定复杂数据类型	0080_h～$009F_h$	DEFSTRUCT
设备行规(0)特定标准数据类型	0060_h～$007F_h$	DEFTYPE
设备行规 1 特定复杂数据类型	$00C0_h$～$00DF_h$	DEFSTRUCT
设备行规 1 特定标准数据类型	$00A0_h$～$00BF_h$	DEFTYPE
设备行规 2 特定复杂数据类型	0100_h～$011F_h$	DEFSTRUCT
设备行规 2 特定标准数据类型	$00E0_h$～$00FF_h$	DEFTYPE
设备行规 3 特定复杂数据类型	0140_h～$015F_h$	DEFSTRUCT
设备行规 3 特定标准数据类型	0120_h～$013F_h$	DEFTYPE
设备行规 4 特定复杂数据类型	0180_h～$019F_h$	DEFSTRUCT
设备行规 4 特定标准数据类型	0160_h～$017F_h$	DEFTYPE
设备行规 5 特定复杂数据类型	$01C0_h$～$01DF_h$	DEFSTRUCT
设备行规 5 特定标准数据类型	$01A0_h$～$01BF_h$	DEFTYPE
设备行规 6 特定复杂数据类型	0200_h～$021F_h$	DEFSTRUCT
设备行规 6 特定标准数据类型	$01E0_h$～$01FF_h$	DEFTYPE
设备行规 7 特定复杂数据类型	0240_h～$025F_h$	DEFSTRUCT
设备行规 7 特定标准数据类型	0220_h～$023F_h$	DEFTYPE
DIA_ERRStatistics_REC	1102_h	RECORD
DIA_ERRStatistics_TYPE	0438_h	DEFSTRUCT
DIA_NMTTelegrCount_REC	1101_h	RECORD

表(续)

名称	索引	对象类型
DIA_NMTTelegrCount_TYPE	0437_h	DEFSTRUCT
DLL_CNCollision_REC	$1C0A_h$	RECORD
DLL_CNCRCError_REC	$1C0F_h$	RECORD
DLL_CNLossOfLinkCum_U32	$1C10_h$	VAR
DLL_CNLossPReq_REC	$1C0D_h$	RECORD
DLL_CNLossSoA_REC	$1C0C_h$	RECORD
DLL_CNLossSoC_REC	$1C0B_h$	RECORD
DLL_CNSoCJitter_REC	$1C0E_h$	RECORD
DLL_CNSoCJitterRange_U32	$1C13_h$	VAR
DLL_ErrorCntRec_TYPE	0424_h	DEFSTRUCT
DLL_CNLossOfSocTolerance_U32	$1C14_h$	VAR
DLL_MNCNLatePResCumCnt_AU32	$1C04_h$	ARRAY
DLL_MNCNLatePResThrCnt_AU32	$1C05_h$	ARRAY
DLL_MNCNLatePResThreshold_AU32	$1C06_h$	ARRAY
DLL_MNCNLossPResCumCnt_AU32	$1C07_h$	ARRAY
DLL_MNCNLossPResThrCnt_AU32	$1C08_h$	ARRAY
DLL_MNCNLossPResThreshold_AU32	$1C09_h$	ARRAY
DLL_MNCollision_REC	$1C01_h$	RECORD
DLL_MNCRCError_REC	$1C00_h$	RECORD
DLL_MNCycleSuspendNumber_U32	$1C12_h$	VAR
DLL_MNCycTimeExceed_REC	$1C02_h$	RECORD
DLL_MNLossOfLinkCum_U32	$1C03_h$	VAR
DLL_MNLossStatusResCumCnt_AU32	$1C15_h$	ARRAY
DLL_MNLossStatusResThrCnt_AU32	$1C16_h$	ARRAY
DLL_MNLossStatusResThreshold_AU32	$1C17_h$	ARRAY
EPSG DS 302-A 使用的 DLL_MNRingRedundancy_REC	$1C40_h$	RECORD
EPSG DS 302-A 使用的 DLL_MNRingRedundancy_TYPE	$043B_h$	DEFSTRUCT
DOMAIN	$000F_h$	DEFTYPE
ERR_ErrorRegister_U8	1001_h	VAR
ERR_History_ADOM	1003_h	ARRAY
IDENTITY	0023_h	DEFSTRUCT
INP_ProcessImage_REC	$1F70_h$	RECORD
INP_ProcessImage_TYPE	0428_h	DEFSTRUCT
INTEGER16	0003_h	DEFTYPE
INTEGER24	0010_h	DEFTYPE
INTEGER32	0004_h	DEFTYPE

表(续)

名　称	索引	对象类型
INTEGER40	0012_h	DEFTYPE
INTEGER48	0013_h	DEFTYPE
INTEGER56	0014_h	DEFTYPE
INTEGER64	0015_h	DEFTYPE
INTEGER8	0002_h	DEFTYPE
IP_ADDRESS	0402_h	DEFTYPE
MAC_ADDRESS	0401_h	DEFTYPE
制造商特定复杂数据类型	0040_h～$005F_h$	DEFSTRUCT
NETTIME	0403_h	DEFTYPE
NMT_BootTime_REC	$1F89_h$	RECORD
NMT_BootTime_TYPE	$042E_h$	DEFSTRUCT
NMT_CNBasicEthernetTimeout_U32	$1F99_h$	VAR
NMT_ConsumerHeartbeatTime_AU32	1016_h	ARRAY
NMT_CurrNMTState_U8	$1F8C_h$	VAR
NMT_CycleLen_U32	1006_h	VAR
NMT_CycleTiming_REC	$1F98_h$	RECORD
NMT_CycleTiming_TYPE	$042C_h$	DEFSTRUCT
NMT_DeviceType_U32	1000_h	VAR
NMT_EPLNodeID_REC	$1F93_h$	RECORD
NMT_EPLNodeID_TYPE	0439_h	DEFSTRUCT
NMT_EPLVersion_U8	$1F83_h$	VAR
NMT_FeatureFlags_U32	$1F82_h$	VAR
NMT_HostName_VSTR	$1F9A_h$	VAR
NMT_IdentityObject_REC	1018_h	RECORD
NMT_InterfaceGroup_TYPE	$042B_h$	DEFSTRUCT
NMT_InterfaceGroup_Xh_REC	1030_h～1039_h	RECORD
NMT_IsochrSlotAssign_AU8	$1F9C_h$	ARRAY
NMT_ManufactDevName_VS	1008_h	VAR
NMT_ManufactHwVers_VS	1009_h	VAR
NMT_ManufactSwVers_VS	$100A_h$	VAR
NMT_MNCNPResTimeout_AU32	$1F92_h$	ARRAY
NMT_MNCycleTiming_REC	$1F8A_h$	VAR
NMT_MNCycleTiming_TYPE	$042F_h$	DEFSTRUCT
NMT_MNDeviceTypeIdList_AU32	$1F84_h$	ARRAY
NMT_MNNodeCurrState_AU8	$1F8E_h$	ARRAY
NMT_MNNodeExpState_AU8	$1F8F_h$	ARRAY

表(续)

名称	索引	对象类型
NMT_MNPReqPayloadLimitList_AU16	$1F8B_h$	ARRAY
NMT_MNProductCodeList_AU32	$1F86_h$	ARRAY
NMT_MNRevisionNoList_AU32	$1F87_h$	ARRAY
NMT_MNSerialNoList_AU32	$1F88_h$	ARRAY
NMT_MNVendorIdList_AU32	$1F85_h$	ARRAY
NMT_MultiplCycleAssign_AU8	$1F9B_h$	ARRAY
NMT_NodeAssignment_AU32	$1F81_h$	ARRAY
NMT_ParameterStorage_TYPE	0429_h	DEFSTRUCT
NMT_PResPayloadLimitList_AU16	$1F8D_h$	ARRAY
NMT_RequestCmd_REC	$1F9F_h$	RECORD
NMT_RequestCmd_TYPE	$043A_h$	DEFSTRUCT
NMT_ResetCmd_U8	$1F9E_h$	VAR
NMT_RestoreDefParam_REC	1011_h	RECORD
NMT_StartUp_U32	$1F80_h$	VAR
NMT_StoreParam_REC	1010_h	RECORD
NWL_IpAddrTable_TYPE	0426_h	DEFSTRUCT
NWL_IpAddrTable_Xh_REC	$1E40_h$～$1E49_h$	RECORD
NWL_IpGroup_REC	$1E4A_h$	RECORD
NWL_IpGroup_TYPE	0425_h	DEFSTRUCT
OCTET_STRING	$000A_h$	DEFTYPE
PDL_DownloadProgData_ADOM	$1F50_h$	ARRAY
PDL_LocVerApplSw_REC	$1F52_h$	RECORD
PDL_LocVerApplSw_TYPE	0427_h	DEFSTRUCT
PDL_MnExpAppSwDateList_AU32	$1F53_h$	ARRAY
PDL_MnExpAppSwTimeList_AU32	$1F54_h$	ARRAY
PDL_ProgCtrl_AU8	$1F51_h$	ARRAY
PDO_CommParamRecord_TYPE	0420_h	DEFSTRUCT
PDO_ErrMapVers_OSTR	$1C80_h$	VAR
PDO_ErrShort_RX_OSTR	$1C81_h$	VAR
PDO_RxCommParam_XXh_REC	1400_h～$14FF_h$	RECORD
PDO_RxMappParam_XXh_AU64	1600_h～$16FF_h$	ARRAY
PDO_TxCommParam_XXh_REC	1800_h～$18FF_h$	RECORD
PDO_TxMappParam_XXh_AU64	$1A00_h$～$1AFF_h$	ARRAY
REAL32	0008_h	DEFTYPE
REAL64	0011_h	DEFTYPE
RT1_AclFwdTable_XXh_REC	$1B00_h$～$1BFF_h$	RECORD

表(续)

名　称	索引	对象类型
RT1_AclInTable_Xh_REC	$1ED0_h$～$1EDF_h$	RECORD
RT1_AclOutTable_Xh_REC	$1EE0_h$～$1EEF_h$	RECORD
RT1_AclTable_TYPE	0434_h	DEFSTRUCT
RT1_EplRouter_REC	$1E80_h$	RECORD
RT1_EplRouter_TYPE	0430_h	DEFSTRUCT
RT1_IpRoutingTable_TYPE	0431_h	DEFSTRUCT
RT1_IpRoutingTable_XXh_REC	$1E90_h$～$1ECF_h$	RECORD
RT1_NatTable_TYPE	0432_h	DEFSTRUCT
RT1_NatTable_XXh_REC	$1D00_h$～$1DFF_h$	RECORD
RT1_SecurityGroup_REC	$1E81_h$	RECORD
RT1_SecurityGroup_TYPE	0433_h	DEFSTRUCT
SDO_ClientContainerParam_XXh_REC	1280_h～$12FF_h$	RECORD
SDO_ParameterRecord_TYPE	0422_h	DEFSTRUCT
SDO_SequLayerTimeout_U32	1300_h	VAR
SDO_ServerContainerParam_XXh_REC	1200_h～$127F_h$	RECORD
TIME_DIFFERENCE	$000D_h$	DEFTYPE
TIME_OF_DAY	$000C_h$	DEFTYPE
UNICODE_STRING	$000B_h$	DEFTYPE
UNSIGNED16	0006_h	DEFTYPE
UNSIGNED24	0016_h	DEFTYPE
UNSIGNED32	0007_h	DEFTYPE
UNSIGNED40	0018_h	DEFTYPE
UNSIGNED48	0019_h	DEFTYPE
UNSIGNED56	$001A_h$	DEFTYPE
UNSIGNED64	$001B_h$	DEFTYPE
UNSIGNED8	0005_h	DEFTYPE
VISIBLE_STRING	0009_h	DEFTYPE

附 录 B
（规范性附录）
设备描述条目

名 称	描 述	类型	类别		缺省	
			MN	CN	MN	CN
D_CFM_ConfigManager_BOOL	节点执行配置管理器功能的能力	BOOLEAN	O	O	N	N
D_DLL_CNFeatureMultiplex_BOOL	节点执行复用类等时同步通信控制的能力	BOOLEAN	—	O	—	N
D_DLL_ErrBadPhysMode_BOOL	支持数据链路层错误识别：错误的物理工作模式	BOOLEAN	O	O	N	N
D_DLL_ErrMacBuffer_BOOL	支持数据链路层错误识别：TX/RX 缓存区欠载/过载	BOOLEAN	O	O	N	N
D_DLL_ErrMNMultipleMN_BOOL	支持 MN 数据链路层错误识别：多 MN	BOOLEAN	O	—	N	—
D_DLL_FeatureCN_BOOL	节点执行 CN 功能的能力	BOOLEAN	O	O	Y	Y
D_DLL_FeatureMN_BOOL	节点执行 MN 功能的能力	BOOLEAN	M	M	—	—
D_DLL_MNFeatureMultiplex_BOOL	MN 执行复用类等时同步通信控制的能力	BOOLEAN	O	—	Y	—
D_DLL_MNFeaturePResTx_BOOL	MN 发送 PRes 的能力	BOOLEAN	O	—	Y	—
D_NMT_BootTimeNotActive_U32	从冷启动到 NMT_MS_NOT_ACTIVE 或 NMT_CS_NOT_ACTIVE 的最大启动时间[单位为 μs]	UNSIGNED32	M	M	—	—
D_NMT_CNSoC2PReq_U32	CN 的 SoC 最大处理时间[单位为 ns]，在 SoC 处理结束之前将不处理后续的 PReq	UNSIGNED32	—	M	—	—
D_NMT_CycleTimeGranularity_U32	POWERLINK 周期时间的粒度[单位为 μs] 如果 POWERLINK 周期设置为连续的，则该粒度值应为 1 μs。否则，时间粒度应为基本时间粒度 100 μs 或 125 μs 的倍数	UNSIGNED32	O	O	1	1
D_NMT_CycleTimeMax_U32	最大 POWERLINK 周期[单位为 μs]	UNSIGNED32	M	M	—	—
D_NMT_CycleTimeMin_U32	最小 POWERLINK 周期[单位为 μs]	UNSIGNED32	M	M	—	—
D_NMT_EmergencyQueueSize_U32	“错误信号通知”紧急序列中历史条目的最大个数(见 9.5)	UNSIGNED32	O	O	0	0

表(续)

名称	描述	类型	类别		缺省	
			MN	CN	MN	CN
D_NMT_ErrorEntries_U32	StatusResponse 帧(见 10.3.3.3.2)中错误条目(状况和历史条目)的最大个数,取值范围:2～13	UNSIGNED32	M	M	—	—
D_NMT_FlushArpEntry_BOOL	支持 NMT 管理命令服务 NMTFlushArpEntry	BOOLEAN	O	O	N	N
D_NMT_MaxCNNodeID_U8	普通 CN 的最大可用 NodeID 该条目提供了 NodeID 的上限,这些 NodeID 可用于从普通 CN 接收交叉通信的 PDO	UNSIGNED8	O	O	239	239
D_NMT_MaxCNNumber_U8	所支持普通 CN 的最大个数,CN 的 NodeID 范围为 1～239 个数	UNSIGNED8	O	O	239	239
D_NMT_MaxHeartbeats_U8	防护通道数	UNSIGNED8	O	O	254	254
D_NMT_MNASnd2SoC_U32	接收 ASnd 结束与发送 SoC 开始之间的最小延迟[单位为 μs]	UNSIGNED32	M	—	—	—
D_NMT_MNBasicEthernet_BOOL	支持 NMT_MS_BASIC_ETHERNET	BOOLEAN	O	—	N	—
D_NMT_MNMultiplCycMax_U8	每个复用类周期的 POWERLINK 周期的最大个数	UNSIGNED8	O	—	0	—
D_NMT_MNPRes2PReq_U32	接收 PRes 结束与发送 PReq 开始之间的延迟[单位为 ns]	UNSIGNED32	M	—	—	—
D_NMT_MNPRes2PRes_U32	从 CN 接收 ASnd 结束与 MN 发送 PRes 开始之间的延迟[单位为 ns]	UNSIGNED32	M	—	—	—
D_NMT_MNPResRx2SoA_U32	从 CN 接收 PRes 结束与 MN 发送 SoA 开始之间的延迟[单位为 ns]	UNSIGNED32	M	—	—	—
D_NMT_MNPResTx2SoA_U32	MN 发送 PRes 结束与 MN 发送 SoA 开始之间的延迟[单位为 ns]	UNSIGNED32	M	—	—	—
D_NMT_MNSoA2ASndTx_U32	发送 SoA 结束与 MN 发送 ASnd 开始之间的延迟[单位为 ns]	UNSIGNED32	M	—	—	—
D_NMT_MNSoC2PReq_U32	发送 SoC 结束与发送 PReq 开始之间的 MN 最小延迟[单位为 μs]	UNSIGNED32	M	—	—	—
D_NMT_NetHostNameSet_BOOL	支持 NMT 管理命令服务 NMTNetHostNameSet	BOOLEAN	O	O	N	N
D_NMT_NetTime_BOOL	支持通过 SoC 发送 NetTime	BOOLEAN	O	—	N	—

表(续)

名称	描述	类型	类别		缺省	
			MN	CN	MN	CN
D_NMT_NetTimeIsRealTime_BOOL	支持通过 SoC 中 NetTime 的实际时间	BOOLEAN	O	—	N	—
D_NMT_NodeIDByHW_BOOL	节点支持通过硬件设置 NodeID 的能力	BOOLEAN	O	O	Y	Y
D_NMT_ProductCode_U32	对象产品代码标识	UNSIGNED32	O	O	0	0
D_NMT_PublishActiveNodes_BOOL	支持 NMT 信息服务 NMTPublishActiveNodes	BOOLEAN	O	—	N	—
D_NMT_PublishConfigNodes_BOOL	支持 NMT 信息服务 NMTPublishConfiguredNodes	BOOLEAN	O	O	N	N
D_NMT_PublishEmergencyNew_BOOL	支持 NMT 信息服务 NMTPublishEmergencyNew	BOOLEAN	O	—	N	—
D_NMT_PublishNodeState_BOOL	支持 NMT 信息服务 NMTPublishNodeStates	BOOLEAN	O	—	N	—
D_NMT_PublishOperational_BOOL	支持 NMT 信息服务 NMTPublishOperational	BOOLEAN	O	—	N	—
D_NMT_PublishPreOp1_BOOL	支持 NMT 信息服务 NMTPublishPreOperational1	BOOLEAN	O	—	N	—
D_NMT_PublishPreOp2_BOOL	支持 NMT 信息服务 NMTPublishPreOperational2	BOOLEAN	O	—	N	—
D_NMT_PublishReadyToOp_BOOL	支持 NMT 信息服务 NMTPublishReadyToOperate	BOOLEAN	O	—	N	—
D_NMT_PublishStopped_BOOL	支持 NMT 信息服务 NMTPublishStopped	BOOLEAN	O	—	N	—
D_NMT_PublishTime_BOOL	支持 NMT 信息服务 NMTPublishTime	BOOLEAN	O	O	N	N
D_NMT_RelativeTime_BOOL	支持通过 SoC 发送 RelativeTime	BOOLEAN	O	—	N	—
D_NMT_RevisionNo_U32	对象版本号标识	UNSIGNED32	O	O	0	0
D_NMT_SimpleBoot_BOOL	MN 节点仅执行简单启动程序的能力 如果不设置该值,则应提供单独启动程序	BOOLEAN	M	—	—	—
D_NWL_Forward_BOOL	节点转发数据包的能力	BOOLEAN	O	O	N	N
D_NWL_ICMPSupport_BOOL	支持 ICMP	BOOLEAN	O	O	N	N
D_NWL_IPSupport_BOOL	节点通过 IP 进行通信的能力	BOOLEAN	O	O	Y	Y
D_PDO_Granularity_U8	需映射的对象的最小长度[单位为 bit]	UNSIGNED8	O	O	8	8
D_PDO_MaxDescrMem_U32	TPDO 和 RPDO 映射描述对象的最大累积存储空间占用[单位为 byte]	UNSIGNED32	O	O	MAX_U32	MAX_U32

表(续)

名称	描述	类型	类别		缺省	
			MN	CN	MN	CN
D_PDO_RPDOChannelObjects_U8	每个 RPDO 通道所支持映射对象的个数	UNSIGNED8	O	O	254	254
D_PDO_RPDOChannels_U16	所支持 RPDO 通道的个数	UNSIGNED16	O	O	256	256
D_PDO_RPDOCycleDataLim_U32	每周期要接收的 RPDO 数据的数据长度最大和[单位为 Byte]	UNSIGNED32	O	O	MAX_U32	MAX_U32
D_PDO_RPDOOverallObjects_U16	映射 RPDO 对象的最大个数,全部通道之和	UNSIGNED16	O	O	MAX_U16	MAX_U16
D_PDO_SelfReceipt_BOOL	节点接收它自己发送的 PDO 数据的能力	BOOLEAN	O	O	N	N
D_PDO_TPDOChannelObjects_U8	每个 TPDO 通道的映射对象的最大个数	UNSIGNED8	O	O	254	254
D_PDO_TPDOChannels_U16	支持的 TPDO 通道个数	UNSIGNED16	O	—	256	—
D_PDO_TPDOCycleDataLim_U32	每个周期发送的 TPDO 数据的数据长度的最大和[Byte]	UNSIGNED32	O	O	MAX_U32	MAX_U32
D_PDO_TPDOOverallObjects_U16	映射 TPDO 对象的最大个数,全部通道之和	UNSIGNED16	O	O	MAX_U16	MAX_U16
D_PHY_ExtEPLPorts_U8	外部可访问的以太网 POWERLINK 端口的个数	UNSIGNED8	O	O	1	1
D_PHY_HubIntegrated_BOOL	指示设备集成了一个 Hub	BOOLEAN	O	O	N	N
D_RT1_RT1SecuritySupport_BOOL	支持路由类型 1 信息安全功能	BOOLEAN	O	O	N	N
D_RT1_RT1Support_BOOL	支持路由类型 1 功能	BOOLEAN	O	O	N	N
D_RT2_RT2Support_BOOL	支持路由类型 2 功能	BOOLEAN	O	O	N	N
D_SDO_Client_BOOL	设备实现了 SDO 客户机	BOOLEAN	O	O	Y	Y
D_SDO_CmdFileRead_BOOL	支持 SDO 命令 FileRead	BOOLEAN	O	O	N	N
D_SDO_CmdFileWrite_BOOL	支持 SDO 命令 FileWrite	BOOLEAN	O	O	N	N
D_SDO_CmdLinkName_BOOL	支持 SDO 命令 LinkName	BOOLEAN	O	O	N	N
D_SDO_CmdReadAllByIndex_BOOL	支持 SDO 命令 ReadAllByIndex	BOOLEAN	O	O	N	N
D_SDO_CmdReadByName_BOOL	支持 SDO 命令 ReadByName	BOOLEAN	O	O	N	N
D_SDO_CmdReadMultParam_BOOL	支持 SDO 命令 ReadMultiplaParam	BOOLEAN	O	O	N	N

表(续)

名称	描述	类型	类别		缺省	
			MN	CN	MN	CN
D_SDO_CmdWriteAllByIndex_BOOL	支持 SDO 命令 WriteAllByIndex	BOOLEAN	O	O	N	N
D_SDO_CmdWriteByName_BOOL	支持 SDO 命令 WriteByName	BOOLEAN	O	O	N	N
D_SDO_CmdWriteMultParam_BOOL	支持 SDO 命令 WriteMultParam	BOOLEAN	O	O	N	N
D_SDO_MaxConnections_U32	SDO 连接的最大个数	UNSIGNED32	O	O	1	1
D_SDO_MaxParallelConnections_U32	SDO 客户机/服务器对之间 SDO 连接的最大个数	UNSIGNED32	O	O	1	1
D_SDO_SeqLayerTxHistorySize_U16	SDO 顺序层发送者历史中帧的最大个数,值≤31	UNSIGNED16	O	O	5	5
D_SDO_Server_BOOL	设备实现了一个 SDO 服务器	BOOLEAN	O	O	Y	Y

表中使用的缩写如下:

——M:设备描述项目是必备的;

——O:设备描述项目是可选的;

——-:项目对于所选节点类型(MN 或 CN)是不相关的,如果设备支持其他类型,则也可提供该项目。

缺省说明:如果设备描述未提供可选条目,则应使用缺省值。如果未说明缺省值,则应相应地使用值 0 或空字符串。

设备描述条目名称根据如下规则生成。名称应符合 GB/T 15969.3—2005,包括:

——设备描述条目标识前缀“D_”;

——域前缀,指示对象和功能域的关联,3 个大写字母后跟下划线;

——名称(描述性),由单词组成,每个单词首字母大写,后跟小写字母或数字,无下划线或空格;

——数据类型后缀,指示对象的数据类型(下划线后跟 5 个大写字母或数字)。

附 录 C
（规范性附录）
常量值分配

C.1 POWERLINK 报文类型 ID

报文类型	缩写	ID 值
周期开始	SoC	01_h
轮询请求	PReq	03_h
轮询响应	PRes	04_h
异步开始	SoA	05_h
异步发送	ASnd	06_h
活动管理节点指示，由 EPSG DS 302-A 使用	AMNI	07_h
异步授权，由 EPSG DS302—B[2]使用	AInv	$0D_h$

表中没有列出的 ID 值保留。

C.2 AsyncSend 请求优先级

优先级	优先级名称	ID 值
最高	PRIO_NMT_REQUEST	111_b
高	可用于应用目的	110_b，101_b，100_b
中	PRIO_GENERIC_REQUEST	011_b
低	可用于应用目的	010_b，001_b，000_b

C.3 ASnd 服务 ID

服务名称	服务 ID	ID 值
保留	—	00_h
IdentResponse	IDENT_RESPONSE	01_h
StatusResponse	STATUS_RESPONSE	02_h
NMTRequest	NMT_REQUEST	03_h
NMTCommand	NMT_COMMAND	04_h
SDO	SDO SDO_SvcID	05_h
保留	—	06_h～$9F_h$
制造商特定	MANUF_SVC_IDS	$A0_h$～FE_h
保留	—	FF_h

C.4 SoA RequestedServiceID

服务名称	服务 ID	ID 值
NoService	NO_SERVICE	00_h
IdentRequest	IDENT_REQUEST	01_h
StatusRequest	STATUS_REQUEST	02_h
NMTRequestInvite	NMT_REQUEST_INVITE	03_h
保留	—	$04_h \sim 9F_h$
制造商特定	MANUF_SVC_IDS	$A0_h \sim FE_h$
UnspecifiedInvite	UNSPECIFIED_INVITE	FF_h

C.5 对象字典对象类型

NULL	0000_h
DEFTYPE	0005_h
DEFSTRUCT	0006_h
VAR	0007_h
ARRAY	0008_h
RECORD	0009_h

C.6 NMT 状态

	名称	值	
MN 状态和 CN 状态	NMT_GS_OFF	$0000\ 0000_b$	
	NMT_GS_POWERED	$xxxx\ 1xxx_b$	超状态
	NMT_GS_INITIALISATION	$xxxx\ 1001_b$	超状态
	NMT_GS_INITIALISING	$0001\ 1001_b$	
	NMT_GS_RESET_APPLICATION	$0010\ 1001_b$	
	NMT_GS_RESET_COMMUNICATION	$0011\ 1001_b$	
	NMT_GS_RESET_CONFIGURATION	$0111\ 1001_b$	
	NMT_GS_COMMUNICATING	$xxxx\ 11xx_b$	超状态
CN 状态	NMT_CS_NOT_ACTIVE	$0001\ 1100_b$	
	NMT_CS_EPL_MODE	$xxxx\ 1101_b$	超状态
	NMT_CS_PRE_OPERATIONAL_1	$0001\ 1101_b$	
	NMT_CS_PRE_OPERATIONAL_2	$0101\ 1101_b$	
	NMT_CS_READY_TO_OPERATE	$0110\ 1101_b$	
	NMT_CS_OPERATIONAL	$1111\ 1101_b$	
	NMT_CS_STOPPED	$0100\ 1101_b$	
	NMT_CS_BASIC_ETHERNET	$0001\ 1110_b$	

表(续)

	名称	值	
MN 状态	NMT_MS_NOT_ACTIVE	0001 1100_b	
	NMT_MS_EPL_MODE	xxxx 1101_b	超状态
	NMT_MS_PRE_OPERATIONAL_1	0001 1101_b	
	NMT_MS_PRE_OPERATIONAL_2	0101 1101_b	
	NMT_MS_READY_TO_OPERATE	0110 1101_b	
	NMT_MS_OPERATIONAL	1111 1101_b	
	NMT_MS_BASIC_ETHERNET	0001 1110_b	

NMT_CS_OPERATIONAL 和 NMT_MS_OPERATIONAL 可以简单地通过设置的 MSB 来标识。

C.7 NMT 命令

名称		ID 值
可请求的 ASnd ServiceID		01_h ~ $1F_h$
	IdentResponse	01_h
	StatusResponse	02_h
基本 NMT 状态命令		20_h ~ $3F_h$
	NMTStartNodeNMTStartNode	21_h
	NMTStopNodeNMTStopNode	22_h
	NMTEnterPreOperational2NMTEnterPreOperational2	23_h
	NMTEnableReadyToOperateNMTEnableReadyToOperate	24_h
	NMTResetNodeNMTResetNode	28_h
	NMTResetCommunicationNMTResetCommunication	29_h
	NMTResetConfigurationNMTResetConfiguration	$2A_h$
	NMTSwReset	$2B_h$
	NMTGoToStandby 由 EPSG DS 302-A 使用	$2C_h$
扩展 NMT 状态命令		40_h ~ $5F_h$
	NMTStartNodeExNMTStartNodeEx	41_h
	NMTStopNodeExNMTStopNodeEx	42_h
	NMTEnterPreOperational2ExNMTEnterPreOperational2Ex	43_h
	NMTEnableReadyToOperateExNMTEnableReadyToOperateEx	44_h
	NMTResetNodeExNMTResetNodeEx	48_h
	NMTResetCommunicationExNMTResetCommunicationEx	49_h
	NMTResetConfigurationExNMTResetConfigurationEx	$4A_h$
	NMTSwResetEx	$4B_h$

表(续)

名称		ID 值
NMT 管理命令		60_h～$7F_h$
	NMTNetHostNameSetNMTNetHostNameSet	62_h
	NMTFlushArpEntryNMTFlushArpEntry	63_h
NMT 信息服务		80_h～BF_h
	NMTPublishConfiguredNodesNMTPublishConfiguredCN	80_h
	NMTPublishActiveNodesNMTPublishActiveCN	90_h
	NMTPublishPreOperational1NMTPublishPreOperational1	91_h
	NMTPublishPreOperational2NMTPublishPreOperational2	92_h
	NMTPublishReadyToOperateNMTPublishReadyToOperate	93_h
	NMTPublishOperationalNMTPublishOperational	94_h
	NMTPublishStoppedNMTPublishStopped	95_h
	NMTPublishNodeStatesNMTPublishNodeStates	96_h
	NMTPublishEmergencyNewNMTPublishStatusNew	$A0_h$
	NMTPublishTime	$B0_h$
NMT 无效服务		FF_h

未作为特定命令而列出的 ID 值被保留。

C.8 通用目的常量

名称	值	单位	描述
C_ADR_BROADCAST	FF_h	—	POWERLINK 广播地址
C_ADR_DIAG_DEF_NODE_ID	FD_h	—	诊断设备的 POWERLINK 缺省地址
C_ADR_DUMMY_NODE_ID	FC_h	—	POWERLINK 空节点地址
C_ADR_SELF_ADR_NODE_ID	FB_h	—	用于节点自身寻址的 POWERLINK 伪节点地址
C_ADR_INVALID	00_h	—	无效 POWERLINK 地址
C_ADR_MN_DEF_NODE_ID	$F0_h$	—	MN 的 POWERLINK 缺省地址
C_ADR_RT1_DEF_NODE_ID	FE_h	—	路由器类型 1 的 POWERLINK 缺省地址
C_DLL_ASND_PRIO_NMTRQST	7	—	NMT 请求使用的提升 ASnd 请求优先级
C_DLL_ASND_PRIO_STD	0	—	标准 ASnd 请求优先级
C_DLL_ETHERTYPE_EPL	$88AB_h$	—	
C_DLL_ISOCHR_MAX_PAYL	1 490	Byte	PReq 和 PRes 有效载荷数据的最大长度,要求 C_DLL_MAX_ASYNC_MTU
C_DLL_MAX_ASYNC_MTU	1 500	Byte	包括所有首部(以太网首部除外)的最大异步有效载荷,以 Byte 为单位

表(续)

名称	值	单位	描述
C_DLL_MAX_PAYL_OFFSET	1 499	Byte	以太网帧有效载荷的最大偏移，要求 C_DLL_MAX_ASYNC_MTU
C_DLL_MAX_RS	7	—	—
C_DLL_MIN_ASYNC_MTU	300	Byte	包括所有首部(以太网首部除外)的最小异步有效载荷，以 Byte 为单位
C_DLL_MIN_PAYL_OFFSET	45	Byte	以太网帧有效载荷的最小偏移
C_DLL_MULTICAST_AMNI	01—11—1E—00—00—05	—	POWERLINK 活动管理节点指示，规范格式。由 EPSG DS 302-A 使用
C_DLL_MULTICAST_ASND	01—11—1E—00—00—04	—	POWERLINK ASnd 多播 MAC 地址，规范格式
C_DLL_MULTICAST_PRES	01—11—1E—00—00—02	—	POWERLINK PRes 多播 MAC 地址，规范格式
C_DLL_MULTICAST_SOA	01—11—1E—00—00—03	—	POWERLINK SoA 多播 MAC 地址，规范格式
C_DLL_MULTICAST_SOC	01—11—1E—00—00—01	—	POWERLINK SoC 多播 MAC 地址，规范格式
C_DLL_PREOP1_START_CYCLES	10	—	开始进入 NMT_MS_PRE_OPERATIONAL_1 时，未分配 SoA 帧的个数
C_DLL_T_BITTIME	10	ns	在 100 Mbit/s 网络上每比特的传输时间
C_DLL_T_EPL_PDO_HEADER	10	Byte	PReq 和 PRes 的 POWERLINK PDO 报文首部的长度(见 7.6.1.1.3 和 7.6.1.1.4)
C_DLL_T_ETH2_WRAPPER	18	Byte	包括首部和校验和的以太网类型Ⅱ包(wrapper)的长度(见 7.6.1.1.1)
C_DLL_T_IFG	960	ns	以太网帧间隙
C_DLL_T_MIN_FRAME	5 120	ns	最小以太网帧的长度(无前导码和帧起始定界符)
C_DLL_T_PREAMBLE	640	ns	以太网帧前导码加上帧起始定界符的长度
C_ERR_MONITOR_DELAY	10		错误监视开始的延迟时间
C_IP_ADR_INVALID	$00\ 00\ 00\ 00_h$	—	用于指示没有变化的无效 IP 地址(0.0.0.0)
C_IP_INVALID_MTU	0	Byte	用于指示没有变化的无效 MTU 长度
C_NMT_STATE_TOLERANCE	5	周期	对 NMT 状态命令的最大反应时间
C_NMT_STATREQ_CYCLE	5	s	用于仅异步 CN 的 StatusRequest 周期时间
C_SDO_EPL_PORT	3 819	—	POWERLINK 特定 UDP/IP 帧所使用的端口

通用目的常量名称根据以下规则生成：

名称应符合 GB/T 15969.3—2005。它包括：

——通用目的常量标识前缀“C_”；

——域前缀，指示对象和功能域的关联，3 个大写字母后跟下划线；

——名称(描述性)，由单词组成，单词间用下划线分开，仅用小写字符，无空格。

C.9 错误代码常量

名　称	值	描述
—	$816x_h$	硬件错误
E_DLL_BAD_PHYS_MODE	$8\,161_h$	
E_DLL_COLLISION	$8\,162_h$	
E_DLL_COLLISION_TH	$8\,163_h$	
E_DLL_CRC_TH	$8\,164_h$	
E_DLL_LOSS_OF_LINK	$8\,165_h$	
E_DLL_MAC_BUFFER	$8\,166_h$	
—	$82xx_h$	协议错误
E_DLL_ADDRESS_CONFLICT	$8\,201_h$	
E_DLL_MULTIPLE_MN	$8\,202_h$	
—	$821x_h$	帧长度错误
E_PDO_SHORT_RX	$8\,210_h$	
E_PDO_MAP_VERS	$8\,211_h$	
E_NMT_ASND_MTU_DIF	$8\,212_h$	
E_NMT_ASND_MTU_LIM	$8\,213_h$	
E_NMT_ASND_TX_LIM	$8\,214_h$	
—	$823x_h$	定时错误
E_NMT_CYCLE_LEN	$8\,231_h$	
E_DLL_CYCLE_EXCEED	$8\,232_h$	
E_DLL_CYCLE_EXCEED_TH	$8\,233_h$	
E_NMT_IDLE_LIM	$8\,234_h$	
E_DLL_JITTER_TH	$8\,235_h$	
E_DLL_LATE_PRES_TH	$8\,236_h$	
E_NMT_PREQ_CN	$8\,237_h$	
E_NMT_PREQ_LIM	$8\,238_h$	
E_NMT_PRES_CN	$8\,239_h$	
E_NMT_PRES_RX_LIM	$823A_h$	
E_NMT_PRES_TX_LIM	$823B_h$	
—	$824x_h$	帧错误
E_DLL_INVALID_FORMAT	$8\,241_h$	
E_DLL_LOSS_PREQ_TH	$8\,242_h$	
E_DLL_LOSS_PRES_TH	$8\,243_h$	
E_DLL_LOSS_SOA_TH	$8\,244_h$	

表(续)

名　　称	值	描述
E_DLL_LOSS_SOC_TH	8 245h	
E_DLL_LOSS_STATUSRES_TH	8 245h	
—	84xxh	启动错误
E_NMT_BA1	8 410h	
E_NMT_BA1_NO_MN_SUPPORT	8 411h	
E_NMT_BPO1	8 420h	
E_NMT_BPO1_GET_IDENT	8 421h	
E_NMT_BPO1_DEVICE_TYPE	8 422h	
E_NMT_BPO1_VENDOR_ID	8 423h	
E_NMT_BPO1_PRODUCT_CODE	8 424h	
E_NMT_BPO1_REVISION_NO	8 425h	
E_NMT_BPO1_SERIAL_NO	8 426h	
E_NMT_BPO1_CF_VERIFY	8 428h	
E_NMT_BPO1_SW_INVALID	8 429h	
E_NMT_BPO1_SW_STATE	842Ah	
E_NMT_BPO1_SW_UPDATE	842Bh	
E_NMT_BPO1_SW_REJECT	842Ch	
E_NMT_BPO2	8 430h	
E_NMT_BRO	8 440h	
E_NMT_WRONG_STATE	8 480h	

错误代码常量名称根据以下规则生成：

名称应符合 GB/T 15969.3—2005。它包括：

——错误代码常量标识前缀“C_”；

——域前缀，指示对象和功能域的关联，3 个大写字母后跟下划线；

——名称(描述性)，由单词组成，单词间用下划线分开，仅用小写字符，无空格。

C.10　SDO 中止代码

名　　称	中止代码	描　　述
—	0503 0000h	保留
—	0504 0000h	SDO 协议超时
—	0504 0001h	客户机/服务器命令 ID 无效或未知
—	0504 0002h	无效块长度
—	0504 0003h	无效顺序号
—	0504 0004h	保留
—	0504 0005h	存储空间不足
—	0601 0000h	不支持的对象访问

表(续)

名　称	中止代码	描　述
—	0601 0001$_h$	试图读只写对象
—	0601 0002$_h$	试图写只读对象
—	0602 0000$_h$	对象在对象字典中不存在
—	0604 0041$_h$	对象不能被映射到 PDO
E_PDO_MAP_OVERRUN	0604 0042$_h$	要映射对象的个数和长度超出 PDO 长度
—	0604 0043$_h$	通用参数不兼容
E_NMT_INVALID_HEARTBEAT	0604 0044$_h$	无效心跳声明
—	0604 0047$_h$	设备中的通用内部不兼容
—	0606 0000$_h$	由于硬件错误的访问失败
—	0607 0010$_h$	数据类型不匹配,服务参数长度不匹配
—	0607 0012$_h$	数据类型不匹配,服务参数长度太长
—	0607 0013$_h$	数据类型不匹配,服务参数长度太短
—	0609 0011$_h$	子索引不存在
—	0609 0030$_h$	超出参数的取值范围(仅对写访问)
—	0609 0031$_h$	写入参数值太大
—	0609 0032$_h$	写入参数值太小
—	0609 0036$_h$	最大值小于最小值
—	0800 0000$_h$	通用错误
—	0800 0020$_h$	数据不能被传输或存储到应用
—	0800 0021$_h$	因为本地控制,数据不能被传输或存储到应用
—	0800 0022$_h$	因为当前设备状态,数据不能被传输或存储到应用
—	0800 0023$_h$	对象字典动态生成失败或对象字典不存在(例如对象字典由文件生成,由于文件错误导致生成失败)
E_CFM_DATA_SET_EMPTY	0800 0024$_h$	EDS、DCF 和简明 DCF 数据集为空集

未列出的中止代码是保留的。

附 录 D
（规范性附录）
数据手册要求

用于实现 POWERLINK 设备的硬件关系到数量广泛的资源和计算能力。这些差异导致了影响 POWERLINK 通信定时的反应时间和缓存区大小的巨大差别。

为了给工程师一个简洁总览，每个 POWERLINK 设备的制造商应提供一个简明的显示关键设备属性的数据手册。

——对于 CN 设备，数据手册应提供如下参数：
- POWERLINK 周期时间：
  - 最小值，如果设备支持连续范围的调整；
  - 值的列表，如果设备仅支持离散值。
- 等时同步发送缓存区的大小（等时同步帧的最大长度）。
- 等时同步接收缓存区的大小（等时同步帧的最大长度）。
- 等时同步数据的总缓存区大小。
- PReq 到 PRes 的延迟（CN 等时同步反应时间）。
- SoA 到 ASnd 的延迟（CN 异步反应时间）。
- 最大异步 MTU。
- 支持复用类等时同步访问的能力。
- 异步 SDO 传输方法（UDP/IP 和/或 POWERLINK ASnd）。

——对于 MN 设备，数据手册应提供如下参数：
- POWERLINK 周期时间：
  - 最小值，如果设备支持连续范围的调整；
  - 值的列表，如果设备仅支持离散值。
- 等时同步发送缓存区的大小（等时同步帧的最大长度）。
- 等时同步接收缓存区的大小（等时同步帧的最大长度）。
- 等时同步数据的总缓存区大小。
- 发送与发送间的最小间隙（控制 MN 帧传输顺序）。
- 接收与接收间的最小间隙（控制 MN 帧传输顺序）。
- 最大异步 MTU。
- 支持复用类等时同步访问的能力。

对于支持 CN 和 MN 的设备，应独立提供两个参数表。

参 考 文 献

[1] GB/T 1988—1998 信息技术 信息交换用七位编码字符集(ISO/IEC 646:1991)

[2] GB/T 25931—2010 网络测量和控制系统的精确时钟同步协议(IEC 61588:2009)

[3] IEC 61076-2-101:2008 Connectors for electronic equipment—Product requirements—Part 2-101:Circular connectors—Detail specification for M12 connectors with screw-locking

[4] RFC 768 User Datagram Protocol(UDP)

[5] RFC 791 Internet Protocol(IP)

[6] RFC 792 Internet Control Message Protocol(ICMP)

[7] RFC 793 Transmission Control Protocol(TCP)

[8] RFC 826 Ethernet Address Resolution Protocol

[9] RFC 1122 Requirements for Internet Hosts—Communication Layers

[10] RFC 1213 Management Information Base for Network Management of TCP/IP-based internets:MIB-Ⅱ

[11] RFC 1354 IP Forwarding Table MIB

[12] RFC 1631 The IP Network Address Translator (NAT)(NAT)

[13] RFC 1812 Requirements for IP Version 4 Routers

[14] RFC 1918 Address Allocation for Private Internets

[15] RFC 2663 IP Network Address Translator (NAT) Terminology and Considerations

[16] RFC 2993 Architectural Implications of NAT

[17] RFC 3022 Traditional IP Network Address Translator (Traditional NAT)

[18] RFC 3027 Protocol Complications with the IP Network Address Translator

[19] CiA DS 301 CANopen Application Layer and Communication Profile

[20] CiA DS 302 Framework for programmable CANOpen devices

[21] EPSG DS 311 XML Device Description(V 1.0.0)

[22] IAONA Planing and Installation Guide,Release 3.0"

[23] http://www.netfilter.org

[24] http://www.iana.org/assignments/protocol—numbers

ICS 07.060
A 47

中华人民共和国国家标准

GB/T 27961—2011

气象服务分类术语

Weather service classification terminology

2011-12-30 发布 2012-03-01 实施

中华人民共和国国家质量监督检验检疫总局
中国国家标准化管理委员会 发布

前　言

本标准按照 GB/T 1.1—2009 给出的规则起草。

本标准由中国气象局提出。

本标准由全国气象防灾减灾标准化技术委员会(SAC/TC 345)归口。

本标准起草单位:贵州省气象台。

本标准主要起草人:谭健、李登文、李文彬、陈光德。

气象服务分类术语

1 范围

本标准规定了气象服务分类的基本术语及定义。

本标准适用于气象及相关部门的气象服务业务。

2 术语

2.1

公共气象服务 public weather service

使用各种公共资源或公共权力向政府、社会和生产部门提供气象信息和技术服务。

注：包括决策、公众、专业和专项气象服务。

2.2

决策气象服务 weather service for decision-making

为各级政府科学决策提供的气象信息服务。

2.3

公众气象服务 weather service for general public

为公众提供的气象信息服务。

注：包括气象监测、预报、警报等信息。

2.4

专业气象服务 customized weather service

为经济社会特定行业和用户提供的有专门用途的气象服务。

2.4.1

农业气象服务 weather service for agriculture

针对农业生产提供的农业气象情报、农作物发育期气象条件预报、农作物病虫害气象条件预报、农业产量预报、农业气候区划等气象服务。

2.4.2

林业气象服务 weather service for forestry

针对林业生产提供的林业飞播气象条件预报、林业病虫害气象条件预报、森林火险气象条件等级预报等气象服务。

2.4.3

牧业气象服务 weather service for animal husbandry

针对牧业生产、牧区防灾减灾提供的天气监测、预报、警报等气象服务。

2.4.4

渔业气象服务 weather service for fishing industry

针对渔业生产提供的天气监测、预报、警报等气象服务。

2.4.5

水利气象服务 weather service for hydrological management

针对水利规划、工程建设、水资源开发利用、防洪抗旱、减灾等提供的气象服务。

2.4.6

交通气象服务　weather service for transportation

针对交通运输及其规划设计提供的交通干线天气监测、预报、警报以及交通气象评估论证等气象服务。

2.4.7

航空气象服务　weather service for aviation

针对航空运输提供的航站、航线天气监测、预报、警报等气象服务。

2.4.8

海洋气象服务　marine weather service

针对海上航运、渔业捕捞和海洋资源开发利用提供的气象服务。

2.4.9

环境气象服务　environmental weather service

针对环境保护、资源利用、环境评价等提供的气象服务。

2.4.10

建筑气象服务　weather service for construction industry

针对建筑规划、设计、工程建设等提供的气象服务。

2.4.11

能源气象服务　weather service for energy industry

针对能源开发利用、安全生产等提供的气象服务。

2.4.12

体育气象服务　sports weather service

针对体育训练、体育比赛等提供的气象服务。

2.4.13

盐业气象服务　weather service for salt industry

针对盐业资源开发利用、生产、储备和盐区防灾减灾等提供的气象服务。

2.4.14

保险业气象服务　weather service for insurance industry

针对保险险种设计、避险、理赔等业务提供的天气气候监测、预报、警报、评估、咨询等气象服务。

2.4.15

公共卫生气象服务　weather service for public health section

针对公众健康、疾病发生、传播和防治、突发公共卫生事件等提供的气象服务。

2.4.16

城市气象服务　city weather service

针对城市规划、运行、防灾减灾等提供的气象服务。

2.4.17

旅游气象服务　weather service for tourism

针对旅游资源开发、线路设计、出行安排提供的气象服务。

2.5

专项气象服务　special weather services

为保障重大活动、重大工程、国防建设和应对突发公共事件等提供的气象服务。

汉语拼音索引

英文对应词索引

ICS 07.060
A 47

中华人民共和国国家标准

GB/T 27962—2011

气象灾害预警信号图标

Graphical symbols for meteorological disaster warning signal icon

2011-12-30 发布 2012-03-01 实施

中华人民共和国国家质量监督检验检疫总局
中国国家标准化管理委员会 发布

前　言

本标准按照 GB/T 1.1—2009 给出的规则起草。

本标准由中国气象局提出。

本标准由全国气象防灾减灾标准化技术委员会(SAC/TC 345)归口。

本标准起草单位:国家气象中心。

本标准主要起草人:李佳英、马清云、田翠英、王维国、张钛仁、耿慧、陈玉洁、丁祎。

引　言

气象灾害预警信号图标作为公众了解气象灾害预警信息的最基本表达方式之一，被电视、网络、报纸等公众媒体广泛使用，同时也应用于移动电视、电子显示屏、警示牌等，并为公众认可和接受。

编制本标准，旨在规范气象灾害预警信号的图标构成、表现方式等。

气象灾害预警信号图标

1 范围

本标准规定了气象灾害预警信号图标的构成、表现方式和使用说明等。

本标准适用于气象灾害预警信号的发布与传播。

2 图标

气象灾害预警信号图标见表1～表14。

3 级别颜色

3.1 气象灾害预警信号级别依据气象灾害可能造成的危害程度、紧急程度和发展态势一般划分为四级，分别为Ⅰ级(特别严重)、Ⅱ级(严重)、Ⅲ级(较重)、Ⅳ级(一般)。

3.2 气象灾害预警信号图标用颜色表示气象灾害预警信号级别，分别为红色表示Ⅰ级，橙色表示Ⅱ级，黄色表示Ⅲ级，蓝色表示Ⅳ级。

3.3 气象灾害预警信号图标中的气象灾害图形符号颜色为信号颜色。图标中的中英文文字颜色均为白色。

3.4 台风、暴雨、暴雪、寒潮和大风五类气象灾害预警信号分别有四种图标，相应为蓝色、黄色、橙色、红色。

3.5 沙尘暴、高温、雷电、大雾和道路结冰五类气象灾害预警信号分别有三种图标，相应为黄色、橙色、红色。

3.6 霜冻气象灾害预警信号有三种图标，相应为蓝色、黄色、橙色。

3.7 干旱和冰雹两类气象灾害预警信号分别有两种图标，相应为橙色、红色。

3.8 霾气象灾害预警信号有两种图标，相应为黄色、橙色。

4 图标的构成

4.1 气象灾害预警信号图标为统一整体，由四个部分构成，中间以深灰色线条分隔。左上部底色为浅灰色，左下部、右上部和右下部底色均为信号颜色。

4.2 气象灾害预警信号图标的左上部图形符号表示气象灾害种类，右上部简体中文为气象灾害的种类，左下部简体中文表示气象灾害预警信号颜色的中文名称，右下部英文表示气象灾害的种类。

4.3 气象灾害预警信号图标呈长方形，长与宽之比为6∶5。

4.4 使用时应按照表1中气象灾害预警信号图标的图形及其与长方形边线(或角标)的位置关系等比例放大或缩小。

5 应用

表1～表14给出了14类气象灾害预警信号图标的静态图形表示方法，各媒体、气象服务机构等使

用时，应符合本标准的规定。气象灾害预警信号图标方案应按照附录A中规定的颜色、几何形状和其他准则进行设计。

表1 台风预警信号图标

序号	符　号	名　称	说　明
1-1		台风蓝色预警信号图标 typhoon blue warning signal icon	发布台风蓝色预警信号时使用
1-2		台风黄色预警信号图标 typhoon yellow warning signal icon	发布台风黄色预警信号时使用
1-3		台风橙色预警信号图标 typhoon orange warning signal icon	发布台风橙色预警信号时使用
1-4		台风红色预警信号图标 typhoon red warning signal icon	发布台风红色预警信号时使用

表 2 暴雨预警信号图标

序号	符　号	名　称	说　明
2-1		暴雨蓝色预警信号图标 rain storm blue warning signal icon	发布暴雨蓝色预警信号时使用
2-2		暴雨黄色预警信号图标 rain storm yellow warning signal icon	发布暴雨黄色预警信号时使用
2-3		暴雨橙色预警信号图标 rain storm orange warning signal icon	发布暴雨橙色预警信号时使用
2-4		暴雨红色预警信号图标 rain storm red warning signal icon	发布暴雨红色预警信号时使用

表 3　暴雪预警信号图标

序号	符　　号	名　　称	说　　明
3-1		暴雪蓝色预警信号图标 snow storm blue warning signal icon	发布暴雪蓝色预警信号时使用
3-2		暴雪黄色预警信号图标 snow storm yellow warning signal icon	发布暴雪黄色预警信号时使用
3-3		暴雪橙色预警信号图标 snow storm orange warning signal icon	发布暴雪橙色预警信号时使用
3-4		暴雪红色预警信号图标 snow storm red warning signal icon	发布暴雪红色预警信号时使用

表 4 寒潮预警信号图标

<table>
<tr><th>序号</th><th>符　　号</th><th>名　　称</th><th>说　　明</th></tr>
<tr><td>4-1</td><td>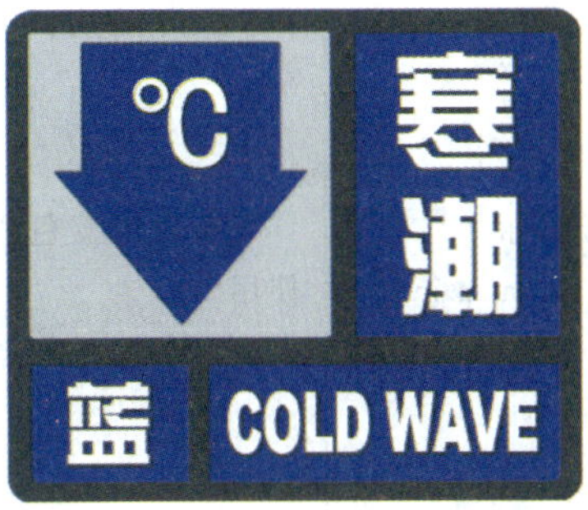
</td><td>寒潮蓝色预警信号图标
cold wave blue warning signal icon</td><td>发布寒潮蓝色预警信号时使用</td></tr>
<tr><td>4-2</td><td>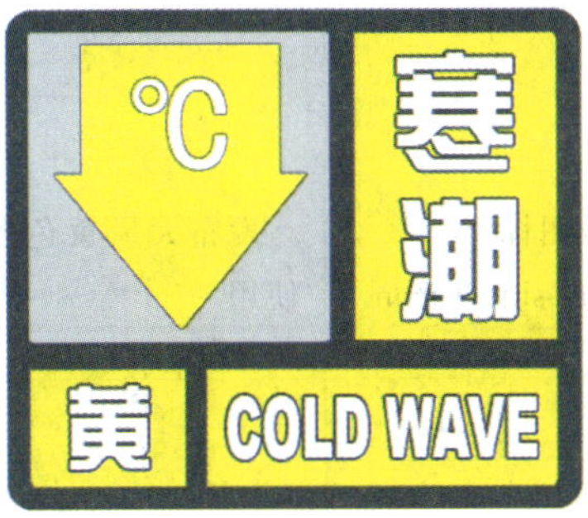
</td><td>寒潮黄色预警信号图标
cold wave yellow warning signal icon</td><td>发布寒潮黄色预警信号时使用</td></tr>
<tr><td>4-3</td><td>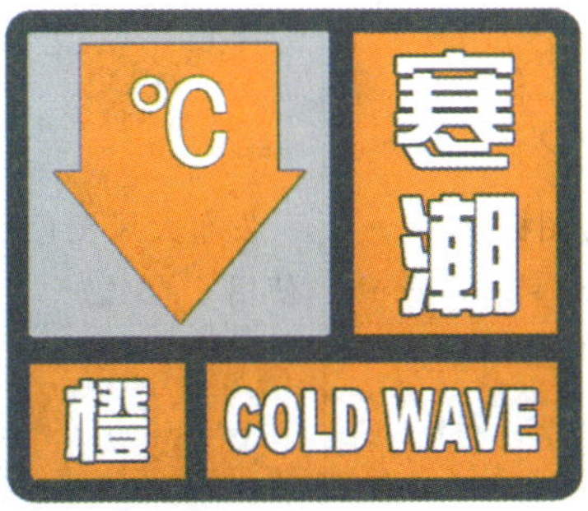
</td><td>寒潮橙色预警信号图标
cold wave orange warning signal icon</td><td>发布寒潮橙色预警信号时使用</td></tr>
<tr><td>4-4</td><td>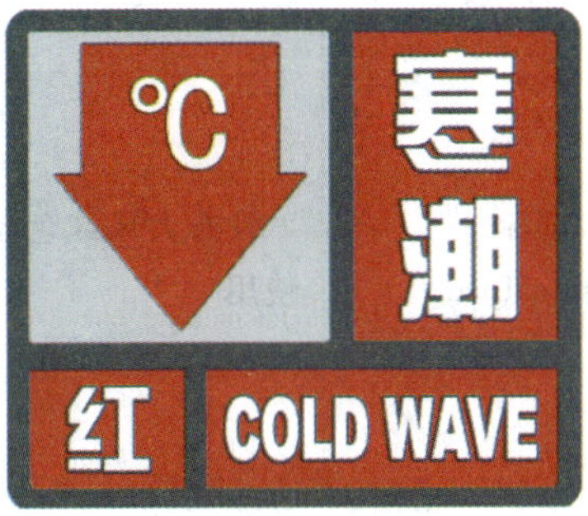
</td><td>寒潮红色预警信号图标
cold wave red warning signal icon</td><td>发布寒潮红色预警信号时使用</td></tr>
</table>

表 5　大风预警信号图标

序号	图　　标	名　　称	说　　明
5-1		大风蓝色预警信号图标 gale blue warning signal icon	发布大风蓝色预警信号时使用
5-2	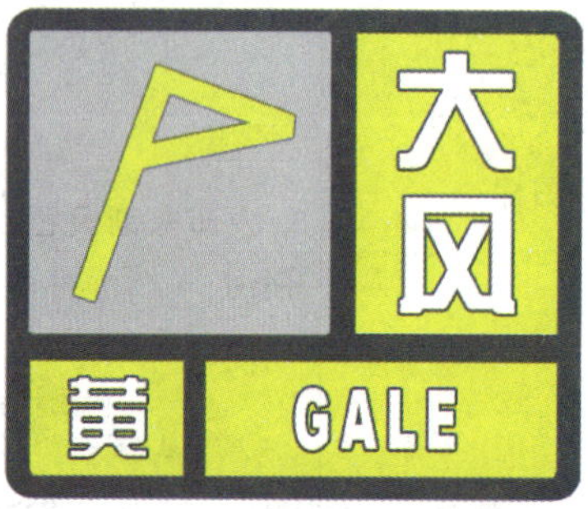	大风黄色预警信号图标 gale yellow warning signal icon	发布大风黄色预警信号时使用
5-3	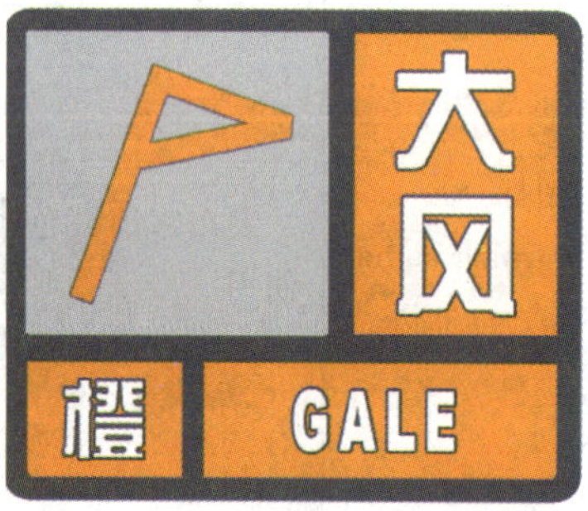	大风橙色预警信号图标 gale orange warning signal icon	发布大风橙色预警信号时使用
5-4	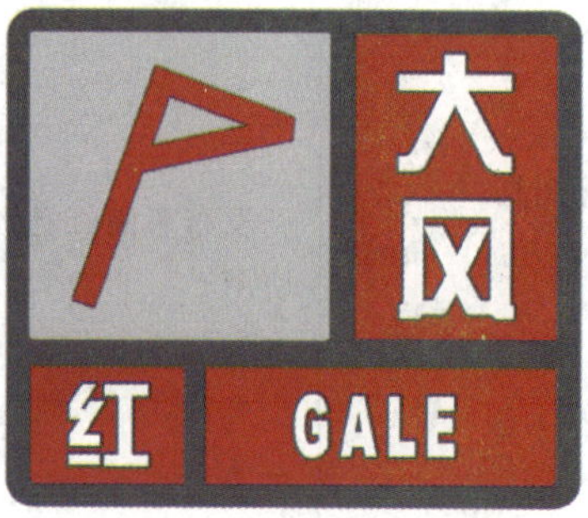	大风红色预警信号图标 gale red warning signal icon	发布大风红色预警信号时使用

表 6　沙尘暴预警信号图标

序号	图　　标	名　　称	说　　明
6-1		沙尘暴黄色预警信号图标 sand storm yellow warning signal icon	发布沙尘暴黄色预警信号时使用
6-2		沙尘暴橙色预警信号图标 sand storm orange warning signal icon	发布沙尘暴橙色预警信号时使用
6-3		沙尘暴红色预警信号图标 sand storm red warning signal icon	发布沙尘暴红色预警信号时使用

表 7　高温预警信号图标

序号	图　　标	名　　称	说　　明
7-1	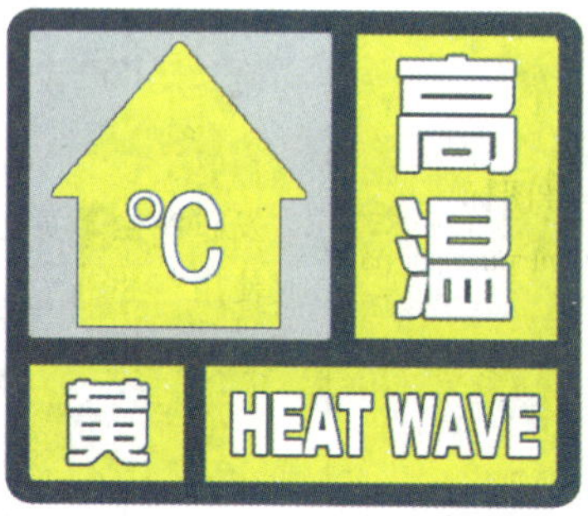	高温黄色预警信号图标 heat wave yellow warning signal icon	发布高温黄色预警信号时使用
7-2	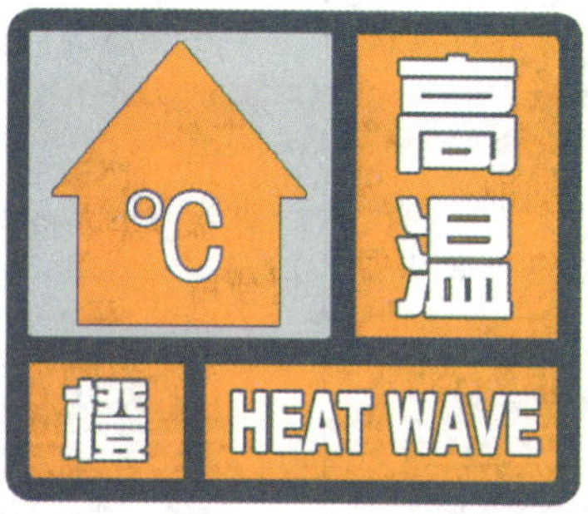	高温橙色预警信号图标 heat wave orange warning signal icon	发布高温橙色预警信号时使用
7-3	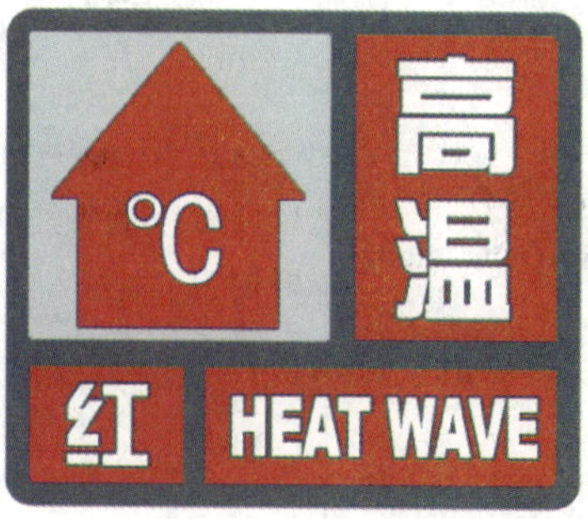	高温红色预警信号图标 heat wave red warning signal icon	发布高温红色预警信号时使用

表 8 干旱预警信号图标

序号	图　　标	名　　称	说　　明
8-1		干旱橙色预警信号图标 drought orange warning signal icon	发布干旱橙色预警信号时使用
8-2		干旱红色预警信号图标 drought red warning signal icon	发布干旱红色预警信号时使用

表 9 雷电预警信号图标

序号	图　　标	名　　称	说　　明
9-1		雷电黄色预警信号图标 lightning yellow warning signal icon	发布雷电黄色预警信号时使用

表 9（续）

序号	图　　标	名　　称	说　　明
9-2		雷电橙色预警信号图标 lightning orange warning signal icon	发布雷电橙色预警信号时使用
9-3		雷电红色预警信号图标 lightning red warning signal icon	发布雷电红色预警信号时使用

表 10　冰雹预警信号图标

序号	图　　标	名　　称	说　　明
10-1		冰雹橙色预警信号图标 hail orange warning signal icon	发布冰雹橙色预警信号时使用
10-2		冰雹红色预警信号图标 hail red warning signal icon	发布冰雹红色预警信号时使用

表 11 霜冻预警信号图标

序号	图　　标	名　　称	说　　明
11-1		霜冻蓝色预警信号图标 frost blue warning signal icon	发布霜冻蓝色预警信号时使用
11-2		霜冻黄色预警信号图标 frost yellow warning signal icon	发布霜冻黄色预警信号时使用
11-3		霜冻橙色预警信号图标 frost orange warning signal icon	发布霜冻橙色预警信号时使用

表 12 大雾预警信号图标

序号	图 标	名 称	说 明
12-1		大雾黄色预警信号图标 heavy fog yellow warning signal icon	发布大雾黄色预警信号时使用
12-2		大雾橙色预警信号图标 heavy fog orange warning signal icon	发布大雾橙色预警信号时使用
12-3		大雾红色预警信号图标 heavy fog red warning signal icon	发布大雾红色预警信号时使用

表 13 霾预警信号图标

序号	图　　标	名　　称	说　　明
13-1		霾黄色预警信号图标 haze yellow warning signal icon	发布霾黄色预警信号时使用
13-2		霾橙色预警信号图标 haze orange warning signal icon	发布霾橙色预警信号时使用

表 14 道路结冰预警信号图标

序号	图　　标	名　　称	说　　明
14-1		道路结冰黄色预警信号图标 road icing yellow warning signal icon	发布道路结冰黄色预警信号时使用
14-2		道路结冰橙色预警信号图标 road icing orange warning signal icon	发布道路结冰橙色预警信号时使用

表 14（续）

序号	图 标	名 称	说 明
14-3		道路结冰红色预警信号图标 road icing red warning signal icon	发布道路结冰红色预警信号时使用

附 录 A
（资料性附录）
图标颜色及设计要求

A.1 图标颜色参考值

气象灾害预警信号图标的使用可能需要在视觉上有一个指导性指标。出于这个目的，表 A.1 给出了气象灾害预警信号图标的颜色配比。作为示列，表 A.1 给出了中国颜色体系(GB/T 15608—2006)中气象灾害预警信号图标颜色的中心色度坐标。

表 A.1 中国颜色体系中的气象灾害预警信号图标示列

颜色	红色	橙色	黄色	蓝色	白色	深灰	浅灰
颜色标号	7.5R 4.5/12	5YR 6.5/14	5Y 8/12	7.5PB 5/14	N9.5	N4.0	N8.0

A.2 图标的设计要求

气象灾害预警信号图标的设计需要有一个指导性指标，作为示列，图 A.1 给出一个气象灾害预警信号图标的设计要求，其他气象灾害预警信号图标设计也应遵守图 A.1 中给出的设计要求。

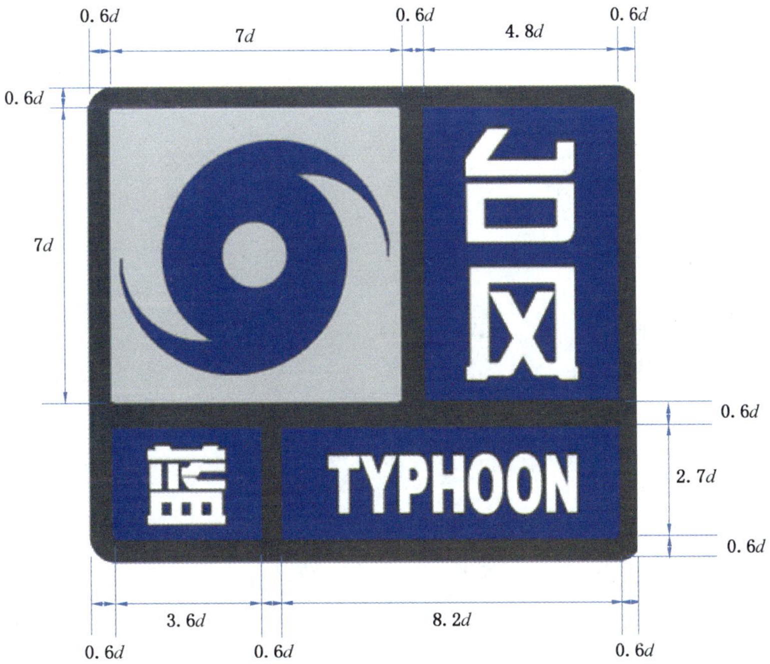

图 A.1 气象灾害预警信号图标的设计要求

参 考 文 献

［1］ 中华人民共和国气象法.1999年10月31日

［2］ 中华人民共和国标准化法.1988年12月29日

［3］ 大气科学辞典.［M］.北京：气象出版社，1994

［4］ 阮水根等.电视气象服务与标准化研究.［M］.北京：气象出版社，2005

［5］ 中国气象局.气象灾害预警信号发布与传播办法.2007年6月12日

［6］ GB/T 15608—2006 中国颜色体系

［7］ GB/T 22164—2008 公众气象服务 天气图形符号

中文名称索引

英文名称索引